Perspektiven der Mathematikdidaktik

Reihe herausgegeben von

Gabriele Kaiser, Sektion 5, Universität Hamburg, Hamburg, Deutschland

In der Reihe werden Arbeiten zu aktuellen didaktischen Ansätzen zum Lehren und Lernen von Mathematik publiziert, die diese Felder empirisch untersuchen, qualitativ oder quantitativ orientiert. Die Publikationen sollen daher auch Antworten zu drängenden Fragen der Mathematikdidaktik und zu offenen Problemfeldern wie der Wirksamkeit der Lehrerausbildung oder der Implementierung von Innovationen im Mathematikunterricht anbieten. Damit leistet die Reihe einen Beitrag zur empirischen Fundierung der Mathematikdidaktik und zu sich daraus ergebenden Forschungsperspektiven.

Reihe herausgegeben von
Prof. Dr. Gabriele Kaiser
Universität Hamburg

Weitere Bände in der Reihe https://link.springer.com/bookseries/12189

Stephanie Gerloff

Begründen bei Geometrieaufgaben der Grundschule

Eine Untersuchung der schulischen Anforderungen und der Kompetenzen im dritten und vierten Schuljahr

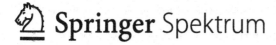

Stephanie Gerloff
Lüneburg, Deutschland

Zgl.: Lüneburg, Universität, Dissertation, 2021

ISSN 2522-0799 ISSN 2522-0802 (electronic)
Perspektiven der Mathematikdidaktik
ISBN 978-3-658-36027-6 ISBN 978-3-658-36028-3 (eBook)
https://doi.org/10.1007/978-3-658-36028-3

Die Deutsche Nationalbibliothek verzeichnet diese Publikation in der Deutschen Nationalbibliografie; detaillierte bibliografische Daten sind im Internet über http://dnb.d-nb.de abrufbar.

Planung/Lektorat: Marija Kojic
Springer Spektrum ist ein Imprint der eingetragenen Gesellschaft Springer Fachmedien Wiesbaden GmbH und ist ein Teil von Springer Nature.
Die Anschrift der Gesellschaft ist: Abraham-Lincoln-Str. 46, 65189 Wiesbaden, Germany

Danksagung

Mein besonderer Dank gilt Prof. Dr. Silke Ruwisch.

Danke für deinen Anstoß zur Promotion, deine zuverlässige Begleitung, deine vielen konstruktiven Rückmeldungen, die richtigen Worte zwischendurch und deine immer bereitwillige Unterstützung.

Des Weiteren bedanke ich mich ganz herzlich für die freundliche Zusammenarbeit bei Prof. Dr. Simone Reinhold und Prof. Dr. Renate Rasch, die diese Arbeit als Zweit- und Drittgutachterin betreut haben.

Für den Zusammenhalt und das Miteinander in der Arbeitsgruppe bedanke ich mich bei Dr. Marleen Heid, Dr. Cathleen Heil, Dr. Marieke Vogt und Dana Farina Weiher.

Mein Dank gilt außerdem all denjenigen, die mir privat und beruflich bei dem Abschluss der Promotion helfend zur Seite standen. Auch hier ist meine Arbeitsgruppe hervorzuheben, die mich bis zum Schluss durch wertvolle Hinweise unterstützt hat. Für die Durchsicht einzelner Kapitel danke ich ebenso Isabell Hofmeister, Marlene Helfen und Dr. Svenja Bruse. Ein besonderer Dank gilt an dieser Stelle aber auch meinem Mann Moritz Gerloff, der mich über all die Jahre begleitet, unterstützt und insbesondere im Endspurt auf viel gemeinsame Zeit verzichtet hat.

Abschließend bedanke ich mich bei allen Lehrerinnen und Lehrern sowie Schülerinnen und Schülern, die mit ihrer Teilnahme an der Studie zu diesem Werk beigetragen haben.

Einleitung

„Wenn man eine Aufgabe hat, zum Beispiel 5x5 = 25, steht da manchmal ‚Begründe!'
Das heißt, dass man aufschreiben soll, warum das Ergebnis 25 ist."

„Wenn man etwas erklärt, zum Beispiel wenn man eine Aufgabe erklärt und beschreibt, wieso das so ist, dann ist das eine Begründung."

„In einer Begründung schreibt man, wie man die Aufgabe gelöst hat."

„Eine Begründung ist, wenn man etwas erklären soll, dann soll man etwas ‚begründen'. Begründen ist einen Grund, eine Tatsache für etwas zu finden."

Die angeführten Antworten von Schülerinnen und Schülern der dritten und vierten Klasse auf die Frage, was eine Begründung ist, geben einen ersten Eindruck von der engen Kopplung der Auffassung des Begründens an konkrete Aufgabenstellungen und weitere Begriffe wie dem des Erklärens oder Beschreibens. Sie machen auch deutlich, wie praxisnah und anforderungsbezogen das Begründen verstanden werden kann. „Was ist eine Begründung?" scheint für diese Kinder im Kontext des Mathematikunterrichts fast gleichbedeutend mit der Frage „Was soll man bei einer Begründungsaufgabe tun?" zu sein.

Darüber hinaus gehen die Kinder in ihren Aussagen bereits darauf ein, wann eine Begründung notwendig bzw. gefragt ist. Dies scheint für sie in diesem Zusammenhang ebenfalls besonders bedeutsam zu sein (z. B. „[...] wenn man etwas erklären soll [...], [...] steht da manchmal ‚Begründe!'"). Einige Kinder der dritten und vierten Klasse antworteten auf die gezielte Nachfrage, wann man denn etwas begründen müsse, wie folgt:

„Wenn jemand wissen will, warum etwas so ist wie es ist."

„Wenn es die Lehrer wissen wollen."

„Man muss etwas begründen, wenn es in der Aufgabe steht."

„Wenn da steht ‚Begründe!'"

Diese Antworten legen die Vermutung nahe, dass die Begründungsanforderungen im Mathematikunterricht häufig von außen gestellt werden und die Grundschulkinder primär dann eine Begründungsnotwendigkeit sehen. So scheinen typischerweise die Aufgabenstellung und die Anforderung der Lehrkraft, evtl. noch einiger Mitschülerinnen und Mitschüler, maßgeblich dafür zu sein, wann tatsächlich eine Begründung zu formulieren ist.

„Man muss etwas begründen, wenn etwas unklar ist."

„Damit man versteht, was da gemeint ist."

„Wenn man etwas nicht versteht."

„Wenn man es nicht weiß, dann kann ein anderes Kind begründen und dann weiß man es."

Diese Antworten von Grundschulkindern lassen inhaltliche Gründe erkennen, die die mögliche Funktion einer Begründung, eine Unklarheit bzw. ein fehlendes Verstehen zu beseitigen, eingeht. Diese Funktion kann für einen selbst wie auch für andere gelten.

„Man muss oft begründen, wenn die Aufgabe schwer ist."

„Wenn dir etwas auffällt."

„Wenn etwas komisch ist."

Schließlich gibt es noch Kinder, die bei dieser Frage auf mögliche Begründungsanlässe wie eine Auffälligkeit, eine unerwartete Beobachtung oder eine besonders schwierige Aufgabe eingehen, die für sie bereits eng mit einer Begründungsnotwendigkeit verknüpft sind. In diesen Fällen könnte die Begründungsnotwendigkeit auch von den Kindern selbst erkannt werden, ohne als Aufforderung durch die Lehrkraft oder Aufgabe formuliert zu werden.

Die angeführten unterschiedlichen Auffassungen der Kinder spiegeln sich auch in der Literatur wider. Wie bei den ersten Zitaten angedeutet, wird im Mathematikunterricht tatsächlich primär dann begründet, wenn diese Anforderung explizit durch die Lehrkraft und die von ihr vorgegebenen Aufgaben gestellt wird. Dies verdeutlichen auch verschiedene Unterrichtsbeobachtungen im Rahmen von Studien zum Begründen und Argumentieren in der Grundschule (Schwarzkopf 2000, Meyer 2007, Bezold 2009, 2010, Peterßen 2012, vgl. auch S. 100).

Demgegenüber steht das mögliche Ziel eines subjektiven, anzustrebenden Begründungsbedürfnisses als zu etablierende Grundhaltung der Schülerinnen und Schüler, wie es eher in den letzten drei Zitaten erkennbar wird und wie bspw. Krauthausen es für den Mathematikunterricht einfordert:

> „Ziel des MU sollte es sein, dass die Lernenden (zunehmend) einen impliziten Begründungsansporn verinnerlichen und *aus der Sache* heraus eine *Selbstverständlichkeit* empfinden, gewonnene Einsichten sich selbst oder Anderen [sic] gegenüber zu begründen – und nicht erst nach Aufforderung durch Lehrende in einer künstlich geschaffenen Begründungssituation."[1]

An dieser Stelle lässt sich die bedeutende Rolle der entwickelten Begründungskultur einer Klasse und damit auch die Einflussmöglichkeit der Lehrkraft auf die Begründungshaltung ihrer Schülerinnen und Schüler bzgl. der zu entwickelnden Selbstverständlichkeit des Begründens bereits erahnen. Dies kann je nach Haltung und Kenntnisstand der Lehrkraft zum Begründen als Schwierigkeit, aber auch als Chance bewertet werden.

Unabhängig von der Lehrkraft sind die bestehenden Anforderungen und der mögliche Wert des Begründens für den Mathematikunterricht jedoch deutlich. Das Begründen wird in den Anforderungen der Bildungsstandards (s. 3.2), den Schulbuchaufgaben (s. 3.3) und der Mathematikdidaktik bereits in der Grundschule und zum Teil explizit bereits ab Klasse eins gefordert und für wesentlich erachtet.

> „Das Begründen ist wie das Definieren oder das Problemlösen von grundlegender Bedeutung für jegliches mathematische Tun. Demgemäß sollten Kinder bereits ab dem ersten Schuljahr beim Ausprobieren von Lösungswegen oder beim Angeben von Lösungen lernen, ihr Vorgehen und ihre Ergebnisse angemessen zu begründen."[2]

> „Diesen Hang (nach dem Warum und Wieso zu fragen, nach Antworten zu suchen, zu grübeln, Einsicht zu wollen) auszudifferenzieren und mehr und mehr bewußt zu machen und dafür die notwendigen Instrumente zu entwickeln ist m. E. eines der zentralen Lernziele der Schule überhaupt, speziell des Mathematikunterrichts. [...] Vom ersten Schultage an müssen die Wörter ‚warum', ‚wieso', ‚denn', ‚also', ‚wenn-dann', ‚weil', ‚obwohl' usw. eine hervorragende Rolle spielen."[3]

---

[1] Krauthausen 2001, S. 104.
[2] Käpnick 2014, S. 104–105.
[3] Winter 1975, S. 109.

Die aus mathematikdidaktischer Perspektive zentrale Stellung und der Wert des Begründens im Mathematikunterricht lassen sich über die möglichen Funktionen des Begründens erklären. Fachmathematisch sind wohl besonders die *Zusammenhang stiftende Funktion*, welche sich auf die Einordnung der zu begründenden Aussage im theoretischen Gesamtgefüge bezieht, und die Funktion der *Überzeugung* oder *Verifikation*, welche den Nachweis der Richtigkeit einer Aussage aufgrund der Begründung fokussiert, hervorzuheben. Darüber hinaus finden sich in der mathematikdidaktischen Literatur jedoch noch zwei Funktionen wieder, welche für den Unterricht und den Lernprozess mindestens ebenso bedeutsam sein dürften: *die Funktion der Erklärung*, welche das Verständnis fokussiert, und die *der Kommunikation*, welche die Weitergabe und Darstellung des eigenen Wissens umfasst. Schließlich lässt sich noch die Funktion *des Entdeckens* ergänzen, welche in Bezug auf die mögliche Entdeckung neuer Erkenntnisse während des Begründens weiteres Potential bietet. Die letzten drei Funktionen sind es auch, die bereits in den oben angeführten Zitaten von den Schülerinnen und Schülern selbst erwähnt wurden.[4]

Der zu entwickelnden Begründungskultur und der Relevanz des Begründens steht die Problematik gegenüber, dass über die Begründungskompetenz von Grundschulkindern vergleichsweise wenig bekannt ist, was den Lehrkräften helfen könnte eine produktive und altersangemessene Begründungshaltung und -kultur im Unterricht zu entwickeln. Während zur Sekundarstufe bereits vielfältige Studien vorliegen (vgl. 2.2), fehlen für die Grundschule, und hier insbesondere für das schriftliche Begründen, aussagekräftige Ergebnisse dahingehend, wie viele Kinder bereits zum Begründen in der Lage sind. Diese Forschungslücke, wie auch die fehlende Kenntnis über mögliche grundschuladäquate Formen des Begründens, wird aus eigener Sicht als hinderlich dafür betrachtet, Grundschulkindern das Begründen zuzutrauen, es im Unterricht zu etablieren, einzufordern und gemeinsam weiterzuentwickeln.

Bei fehlenden Kenntnissen der Lehrkräfte darüber, was in der Grundschule überhaupt unter dem Begründen gefasst werden kann, was als erfolgreiche Begründung gewertet werden kann, welche Aufgabenstellungen und Inhaltsbereiche sich besonders zum Begründen eignen und wo Entwicklungsmöglichkeiten bzw. realistisch in der Grundschule zu erreichende Niveaus der Kompetenz liegen, erscheint eine schülergerechte Vermittlung der Kompetenz sowie ein Erreichen des oben genannten Ziels der Selbstverständlichkeit des Begründens im Mathematikunterricht schwierig bis unmöglich. Somit ist es nicht verwunderlich, wenn

---

[4] Vgl. Villiers 1990, S. 18–22; Malle 2002, S. 4; Peterßen 2012, S. 39–44.

Lernende und Lehrende das Begründen stattdessen mit Schwierigkeiten verbinden, aus der eigenen Unsicherheit heraus vermeiden oder das Begründen als besonders voraussetzungsvolle Tätigkeit nur für besonders leistungsstarke Kinder in Betracht ziehen.[5]

Begründen kann damit für den Unterricht als zentrale mathematische und für das Verstehen, Entdecken und Lernen mathematischer Zusammenhänge wesentliche Tätigkeit interpretiert werden. Um diese jedoch sowohl aus Sicht der Lehrenden als auch der Lernenden adäquat bereits in der Grundschule einzusetzen und eine entsprechend zielführende Grundhaltung zum Begründen einnehmen zu können, bedarf es weiterführender Kenntnisse. Dies gilt insbesondere in Hinblick auf das zu erreichende Niveau in der Grundschule und die mögliche Gestaltung von Begründungsaufgaben wie Begründungen bei Grundschulkindern. Hierzu soll die vorliegende Arbeit einen Beitrag leisten.

Dabei wird, entsprechend der oft schriftlich gestellten Anforderungen in den Schulbuchaufgaben, das schriftliche Begründen fokussiert. Insbesondere das schriftliche Begründen stellt Grundschulkinder zunächst vor eine Herausforderung. Diese Beobachtung lässt sich in der Literatur bspw. bei Bezold (2009) nachlesen und ist mir auch aus der eigenen Unterrichtspraxis vielfach bekannt. Dies macht es aus eigener Sicht jedoch umso interessanter, zu prüfen, inwieweit Grundschulkinder diesem in den vorliegenden Schulbuchaufgaben bestehenden Anspruch auch gerecht werden können. Eine Schülerin meiner Klasse beantwortete die Frage, warum sie schriftliches Begründen besonders schwierig finde, einmal wie folgt:

> „Weil man oft weiß, wie man es mündlich sagen kann, warum das so ist, es aber nicht aufschreiben kann. Weil das ist zum Beispiel wie bei einer Autorin: Die denkt sich ja auch erst die Geschichte im Kopf und wenn man man das aufs Papier bringen muss, ist das oft viel schwerer."

Auch bei der Pilotierung der eigenen Aufgaben stellte sich durch Rückfragen wie „Wie soll ich das denn aufschreiben?" heraus, dass das Aufschreiben zum Teil eine zusätzliche, jedoch auch für viele schwächere Schülerinnen und Schüler überwindbare Herausforderung darstellt. Zudem konnte festgestellt werden, dass die Schriftlichkeit tendenziell eher mit einer Beschränkung und Formulierung sowie zusätzlichen Überlegungen zu den wesentlichen Aspekten einherging, als mit einem Aufgeben oder Verweigern. Da auch schwächere Schülerinnen und

---

[5] Vgl. Peterßen 2012, S. 230–250.

Schüler in der Pilotierung fast immer in der Lage waren, schriftliche Antworten zu formulieren, konnte das Forschungsinteresse als vielversprechend beibehalten werden (s. vertiefend dazu unter 4.2).

Die Geometrie als inhaltlicher Ansatzpunkt der vorliegenden Forschungsarbeit stellt eine zweite Setzung bzgl. der Fokussierung des Forschungsinteresses dar. Dieser wurde in erster Linie gewählt, um das vielfältige, auch anschauungs- und vorstellungsgebunden vorliegende Potential dieses Inhaltsbereichs aufgreifen zu können und den Kindern damit zunächst möglichst viele Zugänge zum Begründen anbieten zu können. So plädiert bspw. auch Hasemann (2007) im Kontext des Entdeckens, Begründens und Darstellens für die Eignung der Geometrie, da diese sich häufig aus der Lebenswelt der Kinder ergebe und besonders anschaulich sei.[6] Hinzu kommt, dass das weiterführende Beweisen häufig in der Geometrie umgesetzt wird und es daher naheliegend erscheint, für das Begründen als Vorläuferfähigkeit des Beweisens[7] ebenfalls ein hohes Potential in der Grundschule zu vermuten. In Bezug auf bestehende Forschungserkenntnisse lassen sich hier zudem am ehesten relevante Anknüpfungspunkte an bestehende Forschungsergebnisse finden, deren Übertragbarkeit auf die Grundschule geprüft werden kann.

Um der hier angedeuteten Forschungslücke im Bereich des schriftlichen Begründens in der Geometrie angemessen begegnen zu können und einen Beitrag zu deren Schließung leisten zu können, widmet sich der erste empirische Teil der eigenen Forschungsarbeit zunächst einer umfassenden Schulbuchanalyse. Bei dieser werden die geometrischen Begründungsaufgaben aus 20 bundesweit besonders verbreiteten Schulbüchern der Klasse drei und vier analysiert und im Rahmen eines theoretischen Leitfadens zu den verschiedenen Möglichkeiten geometrische Begründungsaufgaben zu stellen, theoretisch gefasst.

Aufbauend auf diesen grundlegenden Erkenntnissen zur Gestaltung schriftlicher Begründungsaufgaben fokussiert die eigene Hauptstudie anschließend die schriftliche Begründungskompetenz von Grundschulkindern der dritten und vierten Klasse. Die vorliegende Theorie und die erarbeiteten empirischen Befunde zur Begründungskompetenz von Grundschulkindern werfen die folgenden beiden zentralen Fragestellungen auf:

1. Welche Niveaustufen schriftlicher Begründungskompetenz lassen sich in den Antworten von Kindern der dritten und vierten Klasse bei geometrischen Begründungsaufgaben identifizieren?

---

[6] Vgl. Hasemann 2007, S. 153.
[7] Vgl. Reiss und Ufer 2009, S. 158.

2. Welche Niveaustufenverteilung zeigt sich in den schriftlichen Antworten von Kindern der dritten und vierten Klasse bei geometrischen Begründungsaufgaben?

Zur Beantwortung dieser Forschungsfragen werden die schriftlichen Antworten von 238 Grundschulkindern auf ein Set entwickelter geometrischer Begründungsaufgaben erhoben und ausgewertet. Die aus dieser Erhebung vorliegenden 5364 schriftlichen Antworten erlauben eine umfassende und vertiefende Beantwortung der beiden Forschungsfragen.

Darüber hinaus werden einige Fallbeispiele aus diesen Daten aufgegriffen, um, den empirischen Teil abschließend, einen Ausblick auf zentrale Charakteristika geometrischer Begründungen zu geben und hierzu ein erstes, auf Basis der Theorie und der vorliegenden Empirie entwickeltes, Kategorienmodell zum geometrischen Begründen vorzustellen.

Das Kapitel 1 der vorliegenden Arbeit widmet sich zunächst der Begriffsklärung. Neben den zentralen Begriffen des *Begründens* und der *Begründung* wird dabei auch auf das angrenzende Begriffsfeld des *Argumentierens* und ergänzend des *Beweisens* eingegangen. Es erfolgt insbesondere eine Auseinandersetzung mit den verschiedenen theoretischen Relationsauffassungen zum Argumentieren und Begründen sowie eine daraus abgeleitete Unterscheidung und Definition der Begriffe, welche sich auch auf die Grundschule und dort gestellte schriftliche Aufgabenstellungen anwenden lässt.

In Kapitel 2 wird der Frage nachgegangen, welche bestehenden empirischen Erkenntnisse zur schriftlichen Begründungskompetenz von Grundschulkindern bereits vorliegen. Dabei werden sowohl die Ergebnisse verschiedener Leistungsvergleichsstudien als auch vertiefende mathematikdidaktische Untersuchungen zur Begründungskompetenz näher betrachtet und zusammenfassend dargestellt. Dies geschieht, dem Forschungsinteresse entsprechend, schwerpunktmäßig zu dem Potential von Grundschulkindern beim Begründen, zu den Charakteristika ihrer Begründungen sowie zu möglichen Niveaustufen des Begründens in der Grundschule. Ergänzend werden empirische Ergebnisse zum Einfluss der naheliegenden Faktoren der Klassenstufe, der Klassenzugehörigkeit und des Geschlechts betrachtet und diesbezüglich vorliegendes weiteres Forschungspotential geprüft.

Kapitel 3 umfasst mit der Schulbuchanalyse den ersten empirischen Teil der vorliegenden Arbeit und widmet sich inhaltlich der Konkretisierung der bestehenden Anforderungen in geometrischen Begründungsaufgaben der Klassenstufe drei und vier. Dabei wird zunächst eine weitgehend repräsentative und begründete Schulbuchauswahl für die Analyse der bestehenden Anforderungen getroffen. Anschließend wird die wesentliche und auch auf die Hauptstudie Einfluss nehmende Unterscheidung zwischen *expliziten* und *impliziten Begründungsaufforderungen* als erste Konkretisierung der vorliegenden Anforderungen thematisiert. Darauf aufbauend widmet sich die qualitative Aufgabenanalyse der Geometrieaufgaben von 20 bundesweit besonders verbreiteten Schulbüchern schwerpunktmäßig der Herausarbeitung der verschiedenen expliziten und impliziten Begründungskompetenzen und ihrer aufgabenbezogenen Beschreibung. Dabei wird das übergeordnete Ziel verfolgt, die Aufgabenvielfalt des Begründens bei Geometrieaufgaben theoretisch zu fassen und dadurch die vielfältigen Gestaltungsmöglichkeiten für die Praxis aufzuzeigen.

Des Weiteren werden die bestehenden Anforderungen in den Schulbüchern in diesem Kapitel quantitativ gefasst und in Hinblick auf die verschiedenen Begründungskompetenzen, die Anforderungen in Jahrgang drei und vier sowie die verschiedenen geometrischen Inhaltsbereiche ausgewertet und dargestellt.

In Kapitel 4 wird die Hauptstudie und damit der umfassendere zweite empirische Teil der vorliegenden Arbeit dargestellt. Dieser widmet sich den vorliegenden Begründungskompetenzen der Grundschulkinder der dritten und vierten Klasse. Dabei wird vorrangig den beiden Forschungsfragen nachgegangen, welche Niveaustufen schriftlicher Begründungskompetenz sich in den Antworten von Kindern der dritten und vierten Klasse bei geometrischen Begründungsaufgaben identifizieren lassen (1) und welche Niveaustufenverteilung sich in den schriftlichen Antworten von Kindern der dritten und vierten Klasse bei geometrischen Begründungsaufgaben zeigt (2). Im Rahmen der zweiten Forschungsfrage werden in den vertiefenden Fragestellungen auch mögliche Unterschiede zwischen *implizit* und *explizit gestellten Begründungsaufgaben*, den geometrischen Inhaltsbereichen *Muster und Strukturen* und *Raumvorstellung* sowie der dritten und vierten Klassenstufe bei der Niveaustufenverteilung geprüft und näher untersucht.

Die zur Beantwortung der Forschungsfragen erfassten und analysierten Daten umfassen dabei 5364 schriftliche Antworten von 238 Schülerinnen und Schülern aus sechs dritten und sechs vierten Grundschulklassen zu selbst entwickelten schriftlichen Begründungsaufgaben. Die mithilfe dieser Antworten erarbeiteten Ergebnisse beziehen sich, entsprechend der Forschungsfragen, im Wesentlichen auf ein entwickeltes Niveaustufenmodell zum Begründen in der Grundschule (4.6) und auf die vorliegenden Niveaustufen bei Kindern der dritten und vierten Klasse (4.7). Die Ergebnisse zu den vertiefenden Forschungsfragen geben darüber hinaus Aufschluss über den Einfluss des gewählten expliziten bzw. impliziten Aufgabenformats und des geometrischen zwei- bzw. dreidimensionalen Inhaltsbereichs auf die erreichten Niveaustufen sowie über (zum Teil) bestehende Unterschiede bei der Niveaustufenverteilung in den Klassenstufen drei und vier.

Unter 4.8 stehen schließlich die geometrischen Charakteristika der vorliegenden Begründungen im Vordergrund. Aus der vorliegenden Theorie und anschaulichen Fallbeispielen der Studie wird ein erstes Kategoriensystem für ein Modell zum Begründen bei Geometrieaufgaben entwickelt und dargestellt. Dieses berücksichtigt im Wesentlichen die verschiedenen möglichen Darstellungsformen einer geometrischen Begründung, die Charakteristika möglicher Gründe und die möglichen Legitimationsarten. Damit geben die Kategorien einen fachdidaktischen wie auch empirischen Ausblick auf die vielfältigen Möglichkeiten von Grundschulkindern bei Geometrieaufgaben zu begründen.

In Kapitel 5 erfolgt eine Zusammenfassung und Diskussion wesentlicher Ergebnisse sowie ein Ausblick auf weiteres, an die vorliegende Arbeit anknüpfendes, Forschungspotential. Abschließend werden die Ergebnisse in ihrer Relevanz und in ihren möglichen Konsequenzen für die Schulpraxis diskutiert.

Inhaltsverzeichnis

Abkürzungsverzeichnis

BB   Brandenburg
BE   Berlin
BW   Baden-Württemberg
BY   Bayern
HB   Hansestadt Bremen
HE   Hessen   '
HH   Hansestadt Hamburg
Hj.   Halbjahr
Kl.   Klasse
MS   Muster und Strukturen
MV   Mecklenburg-Vorpommern
NI   Niedersachsen
NW   Nordrhein-Westfalen
RP   Rheinland-Pfalz
RV   Raumvorstellung
SH   Schleswig-Holstein
Sj.   Schuljahr
SL   Saarland
SN   Sachsen
ST   Sachsen-Anhalt
TH   Thüringen

Abbildungsverzeichnis

Tabellenverzeichnis

Theoretische Grundlagen

Begründen, Argumentieren und Beweisen

1

Wenngleich das *Begründen* in der vorliegenden Arbeit im Mittelpunkt steht und damit auch dessen Definition für die Begriffsklärung zentral ist, kann das *Begründen* nicht ohne eine enge Bezugnahme auf das *Argumentieren* und *Beweisen* geklärt werden. Diese drei Begriffe liegen theoretisch so eng beieinander, dass sie häufig sogar unter direkter Bezugnahme aufeinander definiert werden.

Hinsichtlich dieser begrifflichen Nähe gehen einige Autorinnen und Autoren so weit, dass sie auf eine genaue Abgrenzung verzichten und die Begriffe damit weitgehend gleichsetzen. So spricht Malle bspw. eher aus didaktischen Gründen von der persönlichen Bevorzugung des Wortes *Begründen* gegenüber dem *Beweisen:* „Ich ziehe übrigens das sanftere Wort ‚Begründen' dem Wort ‚Beweisen' vor, weil das letztere manchmal abschreckend wirkt."[1] Rehms Auffassung reicht sowohl in Bezug auf die mögliche Begriffsunterscheidung als auch deren didaktischen Sinnhaftigkeit noch weiter:

> „Es sei dem Leser überlassen die Wörter ‚begründen' und ‚beweisen' miteinander zu identifizieren oder aus methodischer Sicht in gewissen Zusammenhängen voneinander abzuheben. Eine scharf abgrenzende Sprachregelung ist jedoch kaum möglich und wohl auch nicht von didaktischem Wert."[2]

Walsch schließlich, als drittes Beispiel, benennt für alle drei Begriffe die fehlende Notwendigkeit einer trennscharfen Definition, wenn er schreibt:

> „Ich finde es durchaus tolerierbar, wenn diese drei Begriffe nicht streng voneinander abgegrenzt sind. [...] Ich meine, dass die relativ geringe Trennschärfe der drei

---

[1] Malle 2002, S. 4.
[2] Rehm 1990, S. 95.

© Der/die Autor(en), exklusiv lizenziert durch Springer Fachmedien Wiesbaden GmbH, ein Teil von Springer Nature 2021
S. Gerloff, *Begründen bei Geometrieaufgaben der Grundschule*, Perspektiven der Mathematikdidaktik, https://doi.org/10.1007/978-3-658-36028-3_1

Begriffe *Begründen, Argumentieren und Beweisen* trotzdem kaum zu Fehlern oder
Missverständnissen in der Kommunikation führen dürfte."[3]

Mit dem Hintergrund dieser drei Positionen erscheint es bereits weniger überraschend, dass schließlich auch solche Positionen gefunden werden können, die
nicht nur von einer nicht notwendigen Unterscheidung sprechen, sondern die
drei Begriffe so deutlich gleichsetzen wie bspw. Lauter dies tut: „Argumentieren im Mathematikunterricht ist letztlich nichts anderes, als mit *Begründen* oder
Beweisen gemeint ist."[4]

Auch wenn diesen exemplarischen Standpunkten nachfolgend nicht zugestimmt wird, geben die Gleichsetzungen doch einen Eindruck von der inhaltlichen
Nähe der Begriffe und lassen vorhandene Gemeinsamkeiten bereits erahnen.
Für eine präzise Begriffsdefinition des Begründens stellt sich folglich die Frage
nach den konkreten Überschneidungen und ggf. doch vorhandenen Abgrenzungen zum *Argumentieren* und *Beweisen*. Aus diesem Grund werden nachfolgend
die Relationen zum *Argumentieren* und *Beweisen* mit betrachtet.

Dem Standpunkt der weitgehenden Gleichsetzung der Kompetenzen wird
dabei vor allem aufgrund der fachdidaktischen schulischen Anforderungen nicht
zugestimmt. So wird es als problematisch erachtet, *Begründen, Argumentieren*
und *Beweisen* in der fachdidaktischen Literatur[5] sowie in den Bildungsstandards
und Konkretisierungen der Länder[6] explizit als unterschiedliche Lernziele zu
benennen, diese fachdidaktisch aber nicht so zu definieren, dass sie klar voneinander unterschieden werden können.[7] Diese Problematik gilt insbesondere
für eine angestrebte Umsetzung im Unterricht. Wenn diese drei Kompetenzen ganz konkret über Aufgabenstellungen eingefordert werden sollen, müssten
die Aufforderungen zum Begründen, Argumentieren und Beweisen auch für
dementsprechend unterschiedliche Anforderungen stehen. Diesen Anforderungen fehlt es ohne eine klare theoretische Unterscheidung der Begriffe jedoch
an Transparenz und sie können in ihrer Unterschiedlichkeit nicht verstanden

---

[3] Walsch 2000, S. 7–8.

[4] Lauter 2005, S. 49.

[5] Vgl. Winter 1975, S. 109; Krauthausen 1998, S. 55; Reiss und Heinze 2004, S. 465; Meyer
und Prediger 2009, S. 1.

[6] Vgl. Ständige Konferenz der Kultusminister der Länder in der Bundesrepublik Deutschland
2004, S. 8, 2005, S. 8; Freie und Hansestadt Hamburg, Behörde für Schule und Berufsbildung 2011, S. 12; Niedersächsisches Kultusministerium 2017, S. 7–8. Die Auswahl ist
exemplarisch und an der Stichprobe der Hauptstudie orientiert.

[7] Die bildungspolitischen Anforderungen können ausführlicher unter 3.2 nachgelesen werden.

werden. Eine fehlende Abgrenzung wäre dann vielmehr gleichbedeutend mit einer Begriffsunsicherheit bis -beliebigkeit in Bezug auf die zu vermittelnden und zu fordernden Kompetenzen. Unsichere und unterschiedliche Begriffsvorstellungen der Lehrpersonen und Schülerinnen und Schüler und damit verbundene Missverständnisse und Fehlvorstellungen können im Rahmen gestellter und zu bewältigender Anforderungen jedoch nicht zielführend sein. Eine Definition, die eine klare Unterscheidung dessen erlaubt, was bei welchem Begriff vermittelt und gefordert werden kann, erscheint daher notwendig.

In der gegenwärtigen Situation kommt erschwerend hinzu, dass auch unter den Positionen, die eine Begriffsunterscheidung vornehmen, kein theoretischer Konsens vorliegt. Sowohl in der mathematikdidaktischen Theorie, in den Standards, bei Leistungsmessungsstudien und in der Praxis werden den Begriffen unterschiedliche theoretische Konzeptualisierungen und Relationen zugrunde gelegt.[8] Brunner fasst die Breite des fehlenden theoretischen Konsens 2014 wie folgt zusammen:

> „Nicht nur die Begrifflichkeiten werden unterschiedlich verwendet, auch das Verhältnis zwischen Argumentieren und Begründen und ihre Beziehung zum Beweisen werden verschieden interpretiert."[9]

Aus diesem Grund stellt es derzeit eine Herausforderung dar, die Begriffsauffassungen in ihrem jeweiligen Kontext zu verstehen bzw. festzulegen und sensibel für unterschiedliche Begriffsverwendungen zu sein. Dementsprechend findet in diesem Kapitel zunächst eine ausführliche und systematische Auseinandersetzung mit einzelnen aktuellen theoretischen Positionen und ihren entsprechenden Begriffsdefinitionen und -relationen statt (1.1) ehe darauf aufbauend der hier zugrunde gelegte Begriff des *Begründens* expliziert wird (1.2).

Der Fokus liegt dabei auf einer Klärung der zentralen Relation des *Begründens* und *Argumentierens*. Dies begründet sich darin, dass sich kontroverse Positionen insbesondere auf das Verhältnis zwischen *Begründen* und *Argumentieren* einerseits und *Beweisen* und *Argumentieren* andererseits beziehen.[10] Hinzu kommt die geringere Relevanz des *Beweisens* im Grundschulkontext.

Bei der Betrachtung dieser fokussierten Relation wird sich nachfolgend zeigen, dass das *Argumentieren* mit dem *Begründen* theoretisch so eng verflochten

---

[8] Vgl. Brunner 2014, S. 29.

[9] Ebd., S. 29.

[10] Vgl. Brunner 2014, S. 29.

ist, dass auch das *Argumentieren* im Kontext der vorliegenden Arbeit weiterführend eine Rolle spielen wird. Das *Beweisen* wird anschließend ergänzend
betrachtet und im Zusammenhang verortet (1.3). Denn wenngleich dies für die
Grundschule nicht primär relevant ist, erlaubt es doch einen Ausblick darauf,
wofür das Begründen und Argumentieren in der Grundschule eine Grundlage bilden können und bietet seinerseits theoretische Schnittstellen und Erkenntnisse,
die auch für das Begründen im Kontext der Grundschule von Relevanz sein können. Zudem vervollständigt es die theoretische Begriffsbetrachtung im Kontext
der vorliegenden Positionen und trägt zur weiteren Ausschärfung der Definition
des *Begründens* bei.

1.1   Die Begriffsrelation ‚Begründen – Argumentieren'

Zum *Begründen* und *Argumentieren* als zu unterscheidende Begriffe lassen sich
in der Literatur zwei verschiedene Grundpositionen finden. So gibt es Autorinnen
und Autoren, die *Argumentieren* als übergeordneten Begriff betrachten, und solche, die andersherum das *Begründen* als übergeordneten Begriff verstehen. Die
Definitionen der Begriffe variieren dementsprechend deutlich.

Die Tabellen 1.1 und 1.2 geben einen Überblick über die möglichen Relationsauffassungen und ihre theoretischen Vertreterinnen und Vertreter.[11] Dabei stellen
die mit A benannten Positionen links *Argumentieren* als übergeordnet dar, während die mit B benannten Positionen sich für das *Begründen* als übergeordneten
Begriff aussprechen.[12]

Für die Einordnung als unter- bzw. übergeordnet gibt es grundsätzlich zwei
verschiedene Möglichkeiten: Dies kann als Element eines noch weitere Elemente
umfassenden Begriffs der Fall sein (Möglichkeit 1) oder als spezifischer Fall
eines allgemeineren Begriffs – also der allgemeinere Begriff unter bestimmten
Bedingungen (Möglichkeit 2). Der übergeordnete Begriff umfasst also anders

---

[11] Diese Personen haben die Relation entweder besonders deutlich beschrieben oder umfassende Veröffentlichungen zu der Thematik vorgelegt, die eine Deutung zulassen. Zudem
handelt es sich aufgrund der im Fokus stehenden Begrifflichkeiten um deutschsprachige
Veröffentlichungen, da die Begriffe *Begründen* und *Argumentieren* im Englischen keine eindeutige Übersetzung haben.

[12] Sofern die zugeordneten Autorinnen und Autoren nicht selbst eine der beiden Kompetenzen als *übergeordnet* bzw. *Oberbegriff* benannt haben, erfolgte eine Zuordnung aufgrund von
Beschreibungen, die verdeutlichen, dass der untergeordnete Begriff unter den übergeordneten Begriff fällt.

herum den untergeordneten Begriff, da er entweder inhaltlich umfassender definiert ist – „mehr ist" (1) oder eine höhere Allgemeinheit besitzt – „allgemeiner
ist" (2).

Die zweite Möglichkeit kann richtigerweise auch als Oberbegriffs-
Unterbegriffs-Relation beschrieben werden. Denn ein Begriff X heißt mathematisch betrachtet nur dann *Oberbegriff* eines Begriffs Y, wenn der Begriffsumfang
von Y eine echte Teilmenge des Begriffsumfangs von X ist.[13] Jeder Fall des
Begriffs Y muss dann auch dem übergeordneten Begriff X zugeordnet werden
können. Betrachtet man daraufhin die beiden oben benannten Möglichkeiten,
lässt sich feststellen, dass es möglich ist, jeden spezifischen Fall auch mit
dem allgemeineren übergeordneten Begriff zu bezeichnen (Möglichkeit 2). Ein
Element bzw. Teilaspekt kann dagegen für sich nicht mit dem umfassenderen
Begriff bezeichnet werden (Möglichkeit 1). Die erste Relationsmöglichkeit ist
daher korrekter als Teil-Ganzes-Relation zu verstehen. Für die übergeordneten
Begriffe werden dementsprechend im Folgenden die redundanten, aber dafür sehr
deutlichen Bezeichnungen *umfassenderes Ganzes* und *allgemeinerer Oberbegriff*
gewählt.

Beides sind auftretende Möglichkeiten im Begriffsverhältnis ‚Begründen-
Argumentieren', die nicht miteinander vereinbar sind. Wird bspw. das Begründen
als Teilkomponente des umfassenderen Argumentierens aufgefasst, welches per
Definition noch weitere Teilkomponenten bspw. das Beschreiben beinhaltet, kann
Begründen alleine nicht gleichzeitig als spezifische Argumentationsform ver-
standen werden. In dem Fall würden dem Begründen die weiteren definierten
Komponenten fehlen, um als Argumentieren bezeichnet werden zu können. Es
entstünde ein Widerspruch. Insofern ist eine eindeutige Einordnung bzw. Positionierung für die eine oder andere Relation notwendig. Die differenzierte Sicht der
Tabellen auf die Relationsauffassungen als Teil-Ganzes-Relation (Tab. 1.1) und
Oberbegriffs-Unterbegriffsrelation (Tab. 1.2) mit den entsprechenden Auffassungen des Begründens bzw. Argumentierens als übergeordneten Begriff soll daher
auch nachfolgend beibehalten und für die Einordnung in miteinander vereinbare
oder widersprüchlich bleibende Begriffsauffassungen genutzt werden.

Über die benannten Relationen hinaus wären selbstverständlich immer noch
weiterführende Ausdifferenzierungen möglich. Diese würden dazu führen, dass
sich die unter einer Subkategorie zusammengefassten Positionen weiter annähern.
Es blieben, sofern keine direkte Anlehnung erfolgt, jedoch immer auch Unterschiede zwischen den theoretischen Positionen und ihrer Begriffsauffassungen. Es
kann daher auch innerhalb der angeführten (Sub-)Kategorien der Tabellen nicht

---

[13] Vgl. Holland 2007, S. 51–52.

von einer Gleichsetzung, sondern vielmehr von einer gemeinsamen Auffassung in Bezug auf die benannte Relation gesprochen werden. Zudem sind Schnittstellen zwischen den Kategorien möglich und für eine Begriffsklärung sogar von besonderem Interesse. In diesem Sinne wird nachfolgend ein genauerer Blick auf die jeweiligen Definitionen und getroffenen Unterscheidungen gerichtet, ehe die eigene Positionierung erfolgt.

Tab. 1.1   Positionen zur Teil-Ganzes-Relation ‚Begründen-Argumentieren'

Positionen der Teil-Ganzes-Relation	
Argumentieren als *umfassenderes Ganzes* vs. Begründen als ein Element des Argumentierens	**Begründen als *umfassenderes Ganzes*** Argumentieren als ein Element des Begründens

Argumentieren als Ganzes			**Begründen** als Ganzes		
Begründen als Teilkomponente	weitere definierte Teilkomponente	**...** (ggf. weitere definierte Teilkomponenten)	**Argumentieren** als Teilkomponente	weitere definierte Teilkomponente	**...** (ggf. weitere definierte Teilkomponenten)

Begründen …

<u>A1) als Teilbereich des Lernziels Argumentieren</u>

• Heinrich Winter (1972, 1975, 1978)

• Erich Ch. Wittmann (1981, 1. Aufl. 1974)

    angelehnt an Winter, (2014) angelehnt an die KMK

• Andreas Ambrus (1992) angelehnt an Wittmann

• Günter Krauthausen (1998)

<u>A2) als (Prozess-)Element des Argumentierens</u>

• Lisa Hefendehl-Hebeker, Stephan Hußmann (2011, 1. Aufl. 2003)

• Christine Knipping (2003)

• Marei Fetzer (2007, 2011)

• Kristina Reiss, Stefan Ufer (2009)

• Angela Bezold (2009)

• Astrid Beckmann (2010)

• Katja Peterßen (2012) angelehnt an Bezold

<u>A3) als (Struktur-)Element eines Arguments</u>

• Stephen E. Toulmin (2003 1. Auflage 1958, 1975), daran angelehnt bspw. Schwarzkopf (2000), Krummheuer (2003), Knipping (2003), Fetzer (2007)

• Krummheuer (2003, 2010) angelehnt an Toulmin

Diese theoretische Position liegt nach eigener Erkenntnis nicht vor.

Die eingeordneten Positionen sind innerhalb der Kategorien chronologisch und mit entsprechenden Hinweisen auf deutliche Anlehnungen untereinander kommentiert. Diese beziehen sich nicht auf eine vollständige Positionsübernahme, sondern fokussieren den Relationsaspekt zwischen Begründen und Argumentieren. Dadurch werden erste Beziehungen zwischen den theoretischen Positionen bereits deutlich. Inhaltlich werden diese in den nachfolgenden Unterkapiteln 1.1.1 bis 1.1.3 näher ausgeführt und dabei wesentliche Merkmale und Unterschiede herausgearbeitet.

Tab. 1.2 Positionen zur Oberbegriffs-Unterbegriffsrelation ‚Begründen-Argumentieren'

Positionen der Oberbegriffs-Unterbegriffsrelation	
Argumentieren als *allgemeiner Oberbegriff* vs.	**Begründen als *allgemeiner Oberbegriff***
Begründen als spezifischer Fall des Argumentierens	Argumentieren als spezifischer Fall des Begründens

Argumentieren
(Oberbegriff)
/ \
definierte Bedingung | definierte Bedingung
für das Begründen | für das Begründen
erfüllt | nicht erfüllt
↓ | ↓
Begründen | Argumentieren
(als spezifische | (und ggf. eine andere
Argumentationsform) | Argumentationsform)

Begründen
(Oberbegriff)
/ \
definierte Bedingung | definierte Bedingung
für das Argumentieren | für das Argumentieren
erfüllt | nicht erfüllt
↓ | ↓
Argumentieren | Begründen
(als spezifische | (und ggf. eine andere
Begründungsform) | Begründungsform)

A4) Begründen als spezifisches Argumentieren
- Klaus Freytag (1983, 1986)
- Ralph Schwarzkopf (2000, 2001)
- Michael Meyer (2007, 2008) angelehnt an Schwarzkopf
- Andreas Büchter, Timo Leuders (2007)
- Peter Bardy (2013)

A5) Begründung als spezifischer Fall (mögliches Ergebnis) einer Argumentation
- Roland Fischer, Günther Malle (1985); Günther Malle (2002)
- Wolfgang Ratzinger (1991)
- Lisa Hefendehl-Hebeker, Stephan Hußmann (2011, 1. Aufl. 2003)

Argumentieren...
B1) als eine mögliche Begründungsform
- Johannes Kratz (1978)
- Astrid Beckmann (1997) angelehnt an Kratz
- Esther Brunner (2014)

1.1.1 Argumentieren als umfassenderes Ganzes

Die Zusammenstellung der Positionen in Tabelle 1.1 zeigt, dass in Bezug auf die Teil-Ganzes-Relation der Begriffe *Begründen* und *Argumentieren* lediglich Positionen gefunden werden konnten, die das Begründen als Element des Argumentierens interpretieren. Damit stellt sich in Bezug auf diese Relationsauffassung die Frage, was beim Argumentieren neben dem Begründen „mehr" vorhanden sein soll und, ob alle diese Elemente immer dazu gehören, oder, ob eine unterschiedliche Anzahl an Teilelementen vorkommen kann. Dies ist die Frage nach dem dort angenommenen Unterschied zum Begründen.

Eine dahingehende Literaturanalyse zeigt, dass diese Position vielfach vertreten ist und dabei drei Perspektiven vorliegen, die zu unterschiedlichen Legitimationen der Relation führen. So lassen sich einige Autorinnen und Autoren dem Argumentieren als *umfassenderes Ganzes* zuordnen, weil sie Argumentieren als übergeordnetes Lernziel mit mehreren Teillernzielen (A1), Argumentieren als Prozess aus mehreren Teilschritten (A2) oder die Strukturelemente eines einzelnen Arguments in Anlehnung an die Argumentationstheorie von Toulmin analysieren (A3). Alle drei Perspektiven sind dabei eng miteinander verknüpft und können sich grundsätzlich inhaltlich ergänzen. So ist es theoretisch möglich, verschiedene Elemente des Argumentierens auch als Teillernziele zu formulieren. Genauso kann die Strukturanalyse der Elemente eines einzelnen Arguments helfen, die Elemente des Argumentierens im Prozess besser zu begreifen. Der letzte Punkt zeigt sich auch darin, dass Autorinnen und Autoren wie Knipping (2003) und Fetzer (2007) sich bei der vertiefenden Analyse von Argumentationen in Unterrichtssituationen der Argumentationsanalyse nach Toulmin bedienen, welche einzelne Argumente in den Fokus nimmt. Die Gruppierung in A1 bis A3 dient somit eher der Herausstellung zentraler Merkmale unter den verschiedenen Perspektiven. Gemeinsamkeiten und Unterschiede können im Rahmen der gruppierten Relationen besser herausgearbeitet und verortet werden und einige zunächst als solche erscheinende Widersprüche durch die genaueren Einordnungen der Begriffe aufgelöst werden.

A1) Begründen als Teilbereich des Lernziels Argumentieren

- Heinrich Winter (1972, 1975, 1978)
- Erich Ch. Wittmann (1981, 1. Aufl. 1974) angelehnt an Winter, (2014) angelehnt an die KMK
- Andreas Ambrus (1992) angelehnt an Wittmann
- Günter Krauthausen (1998)

Winter benennt bereits 1972 die Argumentationsfähigkeit als anzustrebendes *allgemeines Lernziel* für die Curricula der Gesamtschule des Landes Nordrhein-Westfalen. Damit legt er einen Grundstein für die Legitimation des Argumentierens im Unterricht, auf dem auch viele der nachfolgenden Begriffspositionen und nicht zuletzt die Bildungsstandards aufbauen.

Mit *allgemein* beschreibt Winter dabei die Eigenschaft der Lernziele für den Mathematikunterricht als Ganzes bedeutsam zu sein. Er betont, dass diese Lernziele deshalb keineswegs inhaltsfrei seien. Der Begriff *allgemein* steht hier vielmehr dafür, dass es sich bei diesen Lernzielen um spezifische „Grundtätigkeiten"[14] des Mathematiklernens handle, die nicht auf einzelne Inhalte eingeschränkt seien. Das Argumentieren ordnet Winter zudem den Zielen anzustrebender Haltungen, gegenüber denen der allgemeinen Fertigkeiten, zu.[15]

Argumentationsfähigkeit als ein solches Lernziel stellt für Winter eine anzustrebende Verhaltensweise dar, die gleichbedeutend mit den Bezeichnungen *Dialogfähigkeit* und *Dialogwilligkeit* bzgl. mathematischer Inhalte ist. Er versteht Argumentieren als eine sachliche bzw. rationale Gesprächsform mit mindestens zwei Teilnehmerinnen und Teilnehmern. Diese zeichne sich dadurch aus, dass eine Einigung auf einen gemeinsamen Gesprächsgegenstand und gemeinsam ausformulierte Grundannahmen erfolge, die von allen Gesprächsteilnehmerinnen und -teilnehmern als wahr anerkannt werden. Je weniger Übereinstimmungen dabei bestehen, desto kontroverser werde dann die Argumentation ablaufen. Der schwierigste Aspekt bestehe jedoch darin, dass die Teilnehmerinnen und Teilnehmer sich zusätzlich auf ein Entscheidungsverfahren für den Beweis bzw. die Anerkennung einer Behauptung als wahre Aussage einigen müssen. So kann eine Aussage z. B. als wahr anerkannt werden, wenn sie beiden plausibel oder wahrscheinlich erscheint, wenn sie durch eine Autorität hervorgebracht wird, wenn sie sich experimentell bestätigt hat oder durch logische Schlüsse aus den Grundannahmen abgeleitet werden konnte. Unabhängig von dem gewählten Entscheidungsverfahren betont Winter die anzustrebende Haltung, dass beim Argumentieren keine Aussage einfach unbegründet hingenommen werden dürfe. Auch nachfolgend spricht er im Zusammenhang mit dem Argumentieren von der „Begründung von Aussagen"[16] und dem möglichen Aufbauen verschiedener Begründungen aufeinander in einer Argumentation.[17]

---

[14] Winter 1975, S. 107.
[15] Vgl. Winter 1972, S. 67–72, 79.
[16] Ebd., S. 72.
[17] Vgl. ebd., S. 71–73.

1978 thematisiert Winter das Argumentieren dann explizit im Zusammenhang mit der Primarstufe und fasst den Begriff wie folgt: „Unter Argumentationen seien hier Verhaltensweisen verstanden, die der Vergewisserung dienen, daß etwas so ist, warum etwas so ist, wann etwas so ist, wozu etwas so gemacht wird, ...“[18] Diese Vergewisserung zu der jeweiligen Aussage könne ganz unterschiedlich erfolgen. Dazu werden Möglichkeiten von der unmittelbaren sinnlichen Wahrnehmung, über die Angabe plausibler oder hinreichender Gründe bis hin zum globalen Ordnen (formales Deduzieren) benannt.

Das Begründen im Rahmen des umfassenderen Argumentierens wird somit einmal als Entscheidungsverfahren über den Wahrheitsgehalt einer Aussage im Dialog dargestellt und einmal als Vergewisserungsmöglichkeit über den Hintergrund einer Aussage. Dies ist nicht unbedingt als Widerspruch zu sehen, da es zur gemeinsamen Vergewisserung über eine Aussage durchaus notwendig ist, ein Verfahren zu finden, das von allen Teilnehmerinnen und Teilnehmern als ausreichend akzeptiert werden kann. Darüber hinaus wird deutlich, dass auch die Aussage, über die sich vergewissert werden soll, mit dem „wie, warum, wann, wozu etwas so ist" ganz unterschiedlicher Art sein kann, ebenso wie die Art der dafür angegebenen Gründe.[19]

Winter betrachtet das Begründen folglich als das Element des Argumentierens, welches sich jeweils auf die (Vergewisserung über die) Wahrheit einzelner Aussagen in der Argumentation bezieht und je nach Komplexität der Argumentation auch häufiger und aufeinander aufbauend auftreten kann. Wie diese Begründung einer Aussage jeweils aussieht, ist im Kontext der Argumentation bei ihm jedoch von dem gewählten Verfahren der Gesprächsteilnehmerinnen und -teilnehmer abhängig und mit der Spannbreite vom einfachen „Plausibel-Erscheinen" bis hin zum logischen Ableiten aus Grundannahmen ganz unterschiedlich möglich.

Während in der Veröffentlichung von 1978 nicht ganz deutlich wird, ob die angesprochene Vergewisserung nach Winter auch monologisch erfolgen kann oder ob stets eine gemeinsame gemeint ist[20], werden zumindest für den 1972 angesprochenen Dialog des Argumentierens eindeutig zusätzliche Elemente zum Begründen benannt, die auch den umfassenderen Charakter des Argumentierens näher bestimmen. Dies sind die benannte gemeinsame Festlegung des Gesprächsgegenstands, die Formulierung gemeinsamer Grundannahmen und die Einigung auf ein Entscheidungsverfahren, das durch das gemeinsame Begründen eine vermutete bzw.

---

[18] Winter 1978, S. 293.

[19] Vgl. Winter 1978, S. 293–294.

[20] Es wird nur ein Hinweis auf die erforderliche Kooperationsfähigkeit und -bereitschaft gegeben, welcher nahelegt, dass das Argumentieren für mehrere Personen gedacht wird.

behauptete Aussage zu einer (für die Teilnehmerinnen und Teilnehmer) wahren Aussage werden lässt. Damit spiegelt sich in allen zusätzlichen Teilelementen des Argumentierens der dialogische und kooperative Charakter wider. Die Angabe einer oder mehrerer Begründungen ist dabei als Teilelement notwendig, um gemeinsam von einer behaupteten Aussage zu einer für alle Beteiligten als wahr anerkannten Aussage zu gelangen. Insofern kann Argumentieren als Lernziel nach Winter zusammenfassend als ein Dialog mit dem Ziel der gemeinsamen Aussagenfindung und -absicherung über (ganz unterschiedliche und auszuhandelnde) Begründungen verstanden werden.

Wittmann greift die Lernziele von Winter auf und formuliert diese zu weiter ausdifferenzierten Lernzielen aus. Dabei unterscheidet er übergeordnet nicht wie Winter zwischen anzustrebenden Haltungen und allgemeinen Fertigkeiten, sondern zwischen kognitiven Strategien (intellektuelle Haltungen und Fähigkeiten) sowie Grundwissen und Grundtechniken. Argumentieren fällt bei ihm unter die kognitiven Strategien und wird wie bei Winter als eigenes Lernziel berücksichtigt. Wittmann differenziert dieses jedoch in fünf verschiedene Teillernziele aus.[21]

„Der Schüler soll lernen zu argumentieren

(1) sich an Vereinbarungen (z. B. Definitionen) halten
(2) allgemeine Aussagen an Spezialfällen testen (Beispiele – Gegenbeispiele)
(3) begründen, folgern, beweisen
(4) Begründungen auf Stichhaltigkeit prüfen, Scheinargumente aufdecken
(5) mathematische Überlegungen bz. [sic] ihrer Bedeutung bewerten"[22]

Das Begründen wird als ein solches Teillernziel (3) des Argumentierens verstanden. Für das Argumentieren sind nach Wittmann jedoch noch weitere Aspekte zu beherrschen, weshalb es hier übergeordnet angeführt wird. Eine dialogische Komponente wie bei Winter wird in diesen Punkten nicht deutlich. In Bezug auf die benannten Komponenten lassen sich dennoch Schnittstellen beider Positionen ausmachen. So lässt das Teillernziel (1) einen intendierten gemeinsamen Rahmen erkennen, der als Basis für einen Dialog im Sinne Winters notwendig ist, (2) wird bei Winter als eine mögliche Begründungsform benannt, wohingegen es hier zunächst eine prüfende Strategie (vermutlich vor der eigentlichen Begründung) darstellt und mit dem Teillernziel (3) beinhaltet das Argumentieren wie bei Winter das Begründen selbst. Bei den Teillernzielen (4) und (5) von Wittmann werden Aspekte deutlich, die auch bei Winter notwendig sind, wenn die Gesprächspartner sich auf gültige Aussagen und

---

[21] Vgl. Wittmann 1981, S. 53–55.
[22] Wittmann 1981, S. 54–55.

Begründungen einigen sollen und weitere Überlegungen kommunizieren. Wittmann formuliert somit deutlicher als Winter einzelne individuelle Strategien bzw. anzustrebende Lernziele. Die benannten Aspekte fließen aber auch bei dem von Winter beschriebenen dialogischen Argumentieren als Komponenten bereits mit ein. Die Positionen widersprechen sich daher nicht. Die Position Wittmanns wird bspw. von **Ambrus** vollständig übernommen, jedoch ohne die Positionsübernahme oder die Begriffe weiter auszuführen.[23]

2014 beschreibt Wittmann das Argumentieren dann, angelehnt an die Bildungsstandards der Sekundarstufe I, als allgemeine mathematische Kompetenz mit dem Begründen als einen Teilaspekt des Argumentierens. Weitere exemplarisch von ihm benannte Teilaspekte sind das Beschreiben, Erläutern und Bewerten von Lösungswegen, das Stellen geeigneter und zielführender Fragen oder das Einordnen von Beispielen und Gegenbeispielen. Diese Auffassung des Argumentierens ist dadurch recht weit gefasst, dass verschiedene Situationen bzw. Anlässe mit eingeschlossen werden, die das Begründen erst anregen bzw. eine Begründung erst erforderlich machen können.[24]

Krauthausen benennt das Argumentieren ebenfalls als allgemeines Lernziel. Mit *allgemein* meint er jedoch etwas weiter gefasst „(auch) fächerübergreifende und in gewisser Weise inhaltsunabhängige Qualifikationen, die ihre Legitimation nicht zuletzt aus einer langfristigen und gesellschaftspolitischen Relevanz erhalten sowie in Hinblick auf den individuellen Lebensentwurf in einer demokratischen Gesellschaft."[25] In seiner Definition des Argumentierens fasst er dieses als spezielle Ausprägung der Ausdrucksfähigkeit auf. Darunter fallen für ihn das Beschreiben, das Begründen und das Beweisen von Mustern im Sinne von Regelhaftigkeiten. Darüber hinaus lehnt sich Krauthausen in seinem Verständnis des Argumentierens an Krummheuer 1997 an, der diesbezüglich mündliche Interaktionen näher untersucht hat.[26] Dementsprechend versteht Krauthausen die Argumentation auch als Unterbrechung kommunikativen Handelns aufgrund einer strittigen Gültigkeit einer Aussage bzw. eines strittigen Geltungsanspruches oder als anhaltenden Versuch, anderen handlungsbegleitend die Rationalität des eigenen Tuns anzuzeigen und darüber einen Konsens herzustellen. Die Argumentation wird somit als interaktive Methode aufgefasst, die dazu dient, den Geltungsanspruch einer Aussage zu sichern und anderen gegenüber zu vertreten. Dies könne sowohl als monologische

---

[23] Vgl. Ambrus 1992, S. 4.

[24] Vgl. Wittmann 2014, S. 35–36.

[25] Krauthausen 1998, S. 54.

[26] Da diese Bezugnahme nicht die Relation ‚Begründen-Argumentieren' betrifft, erfolgt in dieser Subkategorie kein Verweis auf die Bezugnahme auf Krummheuer in der Tabelle.

Darstellung (für andere) erfolgen wie auch in der wechselseitigen Auseinandersetzung mit Interaktionspartnern entwickelt werden. Damit wird aufgezeigt, dass
eine monologische Argumentation durchaus denkbar ist, Argumentationssituatio-
nen hier jedoch immer interaktiv gedacht werden, da als Ziel stets ein (mündlicher)
Konsens mit anderen Personen hergestellt werden soll. Auf das Begründen an sich
wird nicht näher eingegangen, jedoch wird deutlich, dass dieses im umfassenderen
Argumentieren im Unterricht nach Krauthausen natürlicherweise mündlich und in
interaktiven Situationen stattfindet.[27]

Insgesamt wurden damit für das Argumentieren als umfassenderes Lernziel
folgende Aspekte neben dem Begründen als wichtig erachtet: das Festlegen und
Beschreiben eines Gesprächsgegenstandes, die Formulierung von Grundannahmen
und Vereinbarungen wie bspw. Definitionen, das Folgern, das (Entscheidungs-)
Verfahren zur Anerkennung von Aussagen bzw. das Prüfen und Bewerten von Aussagen und Begründungen. Diese Aspekte beziehen sich vor allem auf mögliche
Anlässe und Voraussetzungen zum Begründen sowie die notwendigen dialogischen
Elemente rund um die gemeinsame Anerkennung der Gültigkeit einer oder mehrerer
Aussagen. Argumentieren ist übereinstimmend situationsabhängig und insbesondere dann gefordert, wenn ein Konsens mit anderen Personen angestrebt wird. So
ist es nicht verwunderlich, dass das Argumentieren als Lernziel typischerweise
mündlich und dialogisch bzw. interaktiv beschrieben wird, da in dem Fall mindestens ein realer Gesprächspartner vorhanden ist, der seine Zustimmung bzw. seinen
Widerspruch direkt zum Ausdruck bringen kann.

A2) Begründen als (Prozess-)Element des Argumentierens

- Lisa Hefendehl-Hebeker, Stephan Hußmann (2011, 1. Aufl. 2003)
- Christine Knipping (2003)
- Marei Fetzer (2007, 2011)
- Kristina Reiss, Stefan Ufer (2009)
- Angela Bezold (2009)
- Astrid Beckmann (2010)
- Katja Peterßen (2012) angelehnt an Bezold

Bei den Positionen aus A1 liegt der Fokus darin, zu schauen, welche Teilfähigkeiten
dem Lernziel Argumentieren neben dem Begründen zugeordnet werden. Bei den
hier zusammengefassten Positionen wird dagegen der beim Argumentieren ablau-
fende Prozess näher beleuchtet und es werden einzelne Teilschritte bestimmt. Dabei

---

[27] Vgl. Krauthausen 1998, S. 54, 57–58; Krummheuer 1997, S. 6–8.

werden in der Analyse selbstverständlich Schnittstellen zu A1, aber auch Hinweise auf notwendige und mögliche Teilschritte des Argumentierens erwartet. A1 und A2 sind in diesem Sinne keine widersprüchlichen Positionen, sondern stellen mit dem Lernziel und Prozess lediglich unterschiedliche Aspekte in den Mittelpunkt ihres Interesses.

Hefendehl-Hebeker und Hußmann verstehen das Argumentieren als eine prozesshafte Suche nach Gewissheit mit dem Ziel der *schlüssigen Argumentation*, die bei ihnen auch als *Begründung* bezeichnet wird. Der Argumentationsprozess wird ihrer Auffassung nach durch begründete Zweifel an individuellen oder kollektiven Überzeugungen und eine daraus resultierende Warum-Frage initiiert. Dies führe zu dem Versuch, die Frage gegenüber fiktiven oder realen Gesprächspartnern durch eine schlüssige Argumentation zu beantworten und so neue Gewissheit zu erlangen. Die *Argumentation* definieren sie dabei wie folgt:

> „Darunter verstehen wir eine Rede für oder gegen die Wahrheit einer Aussage bzw. für oder gegen die Gültigkeit einer Norm mit dem Ziel, die Zustimmung oder den Widerspruch wirklicher oder fiktiver Gesprächspartner zu dieser Aussage bzw. Norm zu erlangen."[28]

Die Argumentation sei zudem dann als *schlüssig* (und damit auch als Begründung) zu werten, „[...] wenn niemand, der ihren Ausgangssätzen (Aussagen oder Normen) zugestimmt hat, irgendeinem ihrer Schritte die Zustimmung verweigern kann, ohne sich in Widersprüche zu verwickeln."[29] Als Produkt des Argumentierens soll dementsprechend nach Hefendehl-Hebeker und Hußmann eine möglichst lückenlose und auf anerkannte Aussagen bzw. Normen zurückgeführte Form der Argumentation entstehen, die sich typischerweise aus mehreren Schritten, den einzelnen Argumenten, zusammensetzt.[30]

Interessant ist dabei der Gesichtspunkt, dass eine *schlüssige Argumentation* für eine Aussage bzw. Norm von Hefendehl-Hebecker und Hußmann auch als *Begründung* derselben bezeichnet wird und, dass sich das Begründen (wie auch das Infragestellen und Überprüfen) gleichzeitig auf dem Weg der Argumentation vollziehe.[31] Damit tun sich gleich zwei Relationen auf. Einerseits findet *Begründen* im Rahmen des *Argumentierens* als eine Teilkomponente im Prozess statt, sobald eine schlüssige Argumentation formuliert wird. Das ist der Grund, warum die Position unter dieser Kategorie verortet wurde. Andererseits wird die *Argumentation*

---

[28] Hefendehl-Hebeker und Hußmann 2011, S. 94–95.

[29] Ebd., S. 95.

[30] Vgl. ebd., S. 94–95.

[31] Vgl. Hefendehl-Hebeker und Hußmann 2011, S. 95.

für eine Aussage bzw. Norm, wenn sie das Kriterium erfüllt *schlüssig* zu sein, auch als *Begründung* bezeichnet. In Bezug auf die Relation zwischen den beiden Begriffen bedeutet das, dass die *Begründung* einen spezifischen Fall der *Argumentation* darstellt. An dieser Stelle überschneiden sich erstmals unterschiedliche Relationen, ohne dass ein Widerspruch entsteht. Dies wird dadurch möglich, dass mit *Argumentieren* der gesamte Prozess des Infragestellens, Überprüfens und Begründens (sowie ggf. weiterer Komponenten) bezeichnet wird, mit der *Argumentation* jedoch das Produkt, welches am Ende des Gesamtprozesses steht. *Begründen* findet als Teilkomponente in diesem Prozess statt, sobald die schlüssige Argumentation formuliert wird. Die weiteren Teile des Prozesses wie das Infragestellen, Prüfen und Zustimmen stellen weitere Teilkomponenten des Argumentierens auf dem Weg zur erfolgreichen Argumentation bzw. Begründung als Endprodukt dar.

Knipping setzt sich intensiv mit Argumentations- bzw. Beweisprozessen[32] im Unterricht auseinander und tangiert im Rahmen dessen auch immer wieder die Relation zum Begründen als Element. Den Argumentationsbegriff definiert sie, angelehnt an Habermas (1999), wie folgt:

> „Unter Argumentation soll [...] eine Folge von Äußerungen verstanden werden, in der ein Geltungsanspruch formuliert wird und Gründe mit dem Ziel vorgebracht werden, diesen Geltungsanspruch rational zu stützen."[33]

Damit wählt sie in Hinblick auf die Verortung im Unterricht eine bewusst breit anwendbare Definition, die sowohl mündliche als auch schriftliche Argumentationen einschließt und auch eine zu eng gedachte Auffassung von Argumentationen als streng deduktive Schlussfolgerungen vermeidet. Darüber hinaus verzichtet sie auf die Annahme einer notwendigen Strittigkeit als Ausgangspunkt für Argumentationen im Unterricht. Dies begründet sie mit der empirischen Erkenntnis von Krummheuer und Brandt (1999, 2001) sowie Schwarzkopf (2000, 2001a), dass derartige Ausgangspunkte in der Unterrichtspraxis äußerst selten sind. Viel üblicher seien von der Lehrkraft initiierte Prozesse, bei denen kollektiv in Interaktionsprozessen argumentiert wird und in der Gesamtheit eine Argumentation erzeugt wird.[34]

In Bezug auf die Relation zum Begründen spricht Knipping, passend zu den zuvor angeführten Positionen, ebenfalls von *zu begründenden Aussagen* und der Hervorbringung von *Gründen* im Rahmen des Argumentierens. Darüber hinaus

---

[32] Beweise stellen für Knipping in Anlehnung an Toulmin eine spezifische Form der Argumentation dar.

[33] Knipping 2003, S. 34.

[34] Vgl. ebd., S. 34–35.

führt sie näher aus, wie in einer Argumentation begründet werden kann. So sei
es möglich eine Aussage in einem *Argumentationsschritt* durch die Anführung
einer nicht bezweifelten Aussage und den logischen Schluss zwischen beiden zu
begründen (entsprechend der rekonstruierbaren Argumentationsstruktur nach Toulmin, s. S. 24 ff.). Es sei aber auch möglich, und in den meisten Fällen zutreffender,
dass eine Aussage durch einen *Argumentationsstrang* begründet wird. Darunter versteht Knipping mehrere aufeinanderfolgende Argumentationsschritte, die zu der zu
begründenden Zielaussage führen. In Hinblick auf die Relation zwischen Argumentieren und Begründen können damit sowohl einzelne Argumentationsschritte
als auch mehrschrittige Argumentationen für eine Begründung in Betracht kommen. Dementsprechend unterschiedlich umfangreich kann die Begründung der
Zielaussage ausfallen.

   In Hinblick auf den Unterricht und die prozesshafte Suche nach einer gemeinsamen Argumentation weist Knipping zudem darauf hin, dass in der interaktiven
Entwicklung ganz unterschiedliche prozesshafte Strukturen möglich sind. Es
können bspw. zunächst unterschiedliche Argumentationsstränge und Begründungsangebote verfolgt werden oder es kann in der Abfolge auf Voraussetzungen von
Aussagen zurückgegangen werden und von diesen neue Argumentationsstränge
weiterentwickelt werden. Begründen ist demnach als Element der Argumentation im
Unterricht ebenso in unterschiedlichen und prozesshaften Strukturen zu denken.[35]

   Schließlich weist Knipping noch darauf hin, dass die Begründung einzelner
Schritte zwischen den Argumentierenden auch implizit bleiben kann, also nicht notwendigerweise alle Aussagen begründet versprachlicht werden: „Eine kollektive
Akzeptanz ist unabhängig davon möglich, ob die Beteiligten für sich die einzelnen argumentativen Schritte erklären bzw. begründen."[36] Das bedeutet auch, dass
entscheidende Begründungen der Argumentierenden sogar unterschiedlich (mitge-
dacht) sein können, wenn Aussagen stillschweigend akzeptiert werden. Zudem wird
deutlich, dass Begründungen beim Argumentieren auch individuell für einen selbst
erfolgen können ohne nach außen kommuniziert zu werden.

   Fetzer thematisiert das Argumentieren ebenfalls im Rahmen von Unterrichtspro-
zessen. Ihr Fokus liegt dabei auf dem *interaktiven Argumentieren* in der Grundschule. Allerdings bezieht sie sowohl individuell und in Partnerarbeit interaktiv
hergestellte schriftliche Argumentationen aus einer Verschriftlichungsphase als
auch deren Präsentation und mündliche Diskussion in einer Veröffentlichungsphase

---

[35] Vgl. Knipping 2002, S. 263–265, 2003, S. 34–35, 66–67, 151, 157.

[36] Knipping 2003, S. 35.

in der Klasse mit ein.[37] Schriftliche oder mündliche Einzelbeiträge versteht sie dabei als *individuelle Argumentationen,* die in der gemeinsamen Diskussion zu interaktiven *kollektiven Argumentatione*n führen bzw. hier eingebracht werden. Sie unterscheidet somit von vorneherein zwischen einer individuell möglichen Form der Argumentation durch verschriftlichte oder mündlich eingebrachte Einzelbeiträge und einer kollektiven interaktiven Form der Argumentation durch mündliche Prozesse, die auch das Ziel haben können, gemeinsam etwas zu verschriftlichen. Dabei bezeichnet sie die *kollektive Argumentation* als mehr bzw. etwas anderes als die Summe der individuellen Argumentationen. Dies wird im Wesentlichen mit der Bedeutung in der Situation, der Gebundenheit des individuellen Arguments an kollektive Argumentationen, begründet.[38]

Durch die Anwendung der funktionalen Analyse nach Toulmin auf die beobachteten Argumentationen der Grundschulkinder (vertiefend dazu s. A3, S. 24 ff.), gelangt sie zu einem sehr breiten Argumentationsbegriff, der auch Äußerungen mit einbezieht, die auf den ersten Blick keinerlei Begründungen beinhalten. Ähnlich wie Knipping rückt sie von einem deduktiven Verständnis der Argumentation ab, tut dies in Hinblick auf die Grundschule jedoch noch weitreichender. Fetzer bezieht sich mit ihrem Begriff der Argumentation vor allem auf beobachtete *einfache Schlüsse* der Form „Aufgabenstellung/Informationsbasis → Antwort". Aber auch so genannte *substanzielle Schlussformen,* bei denen zusammenhängende Aussagen herausgearbeitet werden, aber entgegen einer lückenlosen deduktiven Schlusslegitimierung eine gewisse Unsicherheit durch fehlende Informationen bleiben darf, werden von ihr im Sinne des grundschulgerechten Argumentierens als solches akzeptiert.[39]

Das Begründen bzw. dessen Relation zum Argumentieren wird von Fetzer nicht explizit definiert, jedoch in zwei Kontexten als Element des Argumentierens verwendet. Zum einen können benannte Informationen und Fakten eine geschlussfolgerte Aussage begründen, zum anderen können Aussagen beim Argumentieren dazu dienen, den Schluss selbst zu begründen. Dadurch wird die Relation des Begründens als Element des Argumentierens deutlich. In ihrer Analyse von Unterrichtsargumentationen ordnet sie die verbalisierten Elemente ebenfalls nach Toulmin ein und erfasst

---

[37] Die Präsentation der schriftlich fixierten Argumentationen vor der Klasse dient dabei dazu, eine Grundlage für die anschließende interaktive Argumentation zu bieten, bei der die präsentierte Argumentation diskutiert wird.

[38] Vgl. Fetzer 2007, S. 60–68, 113, 132–133, 141–143, 181–182.

[39] Vgl. Fetzer 2011, S. 31–37.

sie damit als theoretische Strukturelemente (Datum und Garant, s. A3). Wie Knipping stellt sie dabei fest, dass einzelne Elemente der Argumentation auch implizit bleiben können und auch Begründungen nicht immer verbalisiert werden.[40] **Reiss und Ufer** betrachten das logisch konsistente Argumentieren sowie das Begründen von Aussagen im Rahmen der zentralen mathematischen Fähigkeit des Beweisens und erachten es dort als selbstverständlich zugehörig. In ihrer Begriffsklärung des mathematischen Argumentierens unterscheiden sie in Anlehnung an Balacheff (1999) zwischen dem Argumentieren als *diskursive Tätigkeit* zur Überzeugung eines Gegenübers und dem Argumentieren als *individuelle Fähigkeit* zur Generierung, Untersuchung und Absicherung von Vermutungen und Hypothesen mit dem Fokus auf deren Wahrheitsgehalt. Lediglich in der zweiten Bedeutung wird ein enger Zusammenhang zum mathematischen Begründen (und Beweisen) gesehen. Dabei betonen sie, dass diese als individuell bezeichnete Fähigkeit durchaus in einen sozialen Kontext mit entsprechenden Regeln und einer davon abhängigen Akzeptanz eingebettet sei. Beim Argumentieren sind nach Reiss und Ufer, wie bereits auch bei Knipping und Fetzer, auch nicht-deduktive Formen zugelassen. Darunter fallen bspw. Schlüsse durch Analogien, Metaphern, ein induktives[41] oder abduktives Vorgehen.[42]

> „In dieser Form kann mathematisches Argumentieren ergebnisoffen sein in dem Sinne, dass in einer bestimmten mathematischen Situation eine als (plausible) Vermutung zu formulierende Regelmäßigkeit gesucht oder eine vorgegebene Vermutung auf ihre Plausibilität hin geprüft und gegebenenfalls angepasst bzw. korrigiert wird. [...] Mathematisches Argumentieren umfasst – aufbauend auf den beschriebenen explorativen Tätigkeiten – natürlich auch Aktivitäten zur Absicherung einer bereits als plausibel angenommenen Behauptung."[43]

Dem Argumentieren wird damit bei Reiss und Ufer, nicht zuletzt durch die mögliche Ergebnisoffenheit der Argumentation, eine ganze Bandbreite von Tätigkeiten zugewiesen.

Mathematisches Begründen wird hingegen enger gesteckt und als „der Teilbereich von Argumentieren verstanden, der sich auf die primär deduktive Absicherung einer als plausibel angenommenen Behauptung bezieht."[44] Als Behauptung werden

---

[40] Vgl. Fetzer 2011, S. 31–37.

[41] Dazu geben Reiss und Ufer den expliziten Hinweis, dass darunter ein Schluss von Einzelfällen auf allgemeine Gesetzmäßigkeiten verstanden wird, keine vollständige Induktion.

[42] Vgl. Reiss und Ufer 2009, S. 155–158.

[43] Ebd., S. 157.

[44] Ebd., S. 158.

dabei bspw. induktiv gewonnene Zusammenhänge, aber auch eigene Lösungswege oder -strategien anerkannt. Es muss sich also keineswegs um zu begründende Aussagen mit dem Anspruch der Allgemeingültigkeit handeln. Den Unterschied zwischen Argumentieren und Begründen verdeutlicht zudem das folgende Zitat: „Begründungen werden in der Regel weniger mit einer argumentativen Auseinandersetzung als mit der fundierten Darlegung einer Position verbunden."[45] Begründen wird somit nach Reiss und Ufer einerseits als der primär deduktive Teil des Argumentierens verstanden, weshalb das Vorgehens auch als Vorläuferfähigkeit des Beweisens gefasst wird. Andererseits bezieht sich *Begründen* auf den Teil der Absicherung einer Behauptung bzw. Fundierung einer Position, während *Argumentieren* den gesamten Prozess der Auseinandersetzung mit einer Aussage beinhaltet. Zusätzliche von Reiss und Ufer benannte Elemente des Argumentationsprozesses sind dabei die vorab mögliche Generierung, Überprüfung und Anpassung/Korrektur der zu begründenden Aussage(n).[46]

Bezold beschäftigt sich mit dem Argumentieren bei Forscheraufgaben in der Grundschule. In diesem Rahmen definiert sie, angelehnt an die Lernziele Winters und die Bildungsstandards, vier Bausteine des Argumentierens als zusammenhängende Kette (s. Abb. 1.1).

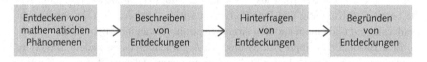

Abb. 1.1 Vier Bausteine des Argumentierens (Bezold 2010, S. 3)

Das Entdecken von mathematischen Besonderheiten bzw. Phänomenen wird dabei zunächst als mögliche Voraussetzung für das Argumentieren beschrieben, während die Bausteine zwei bis vier nach Bezold explizit argumentative Tätigkeiten darstellen.[47] Dementsprechend definiert sie Argumentieren wie folgt:

> „Argumentieren bedeutet Vermutungen über mathematische Eigenschaften und Zusammenhänge zu äußern (zu formulieren), diese zu hinterfragen sowie zu begründen bzw. hierfür eine Begründungsidee zu liefern."[48]

---

[45] Reiss und Ufer 2009, S. 156.

[46] Vgl. ebd., S. 157–158.

[47] Vgl. Bezold 2009, S. 37–38.

[48] Ebd., S. 38.

Damit wird der letzte Baustein, das Begründen als Element des Argumentierens, dahingehend relativiert, dass bereits eine Begründungsidee ausreichen kann. Dem ersten Baustein des mathematischen Entdeckens, den Bezold zunächst als Voraussetzung bezeichnet, ordnet sie in der Grundschule einen hohen Anspruch zu. Um diesen besser zu wertschätzen, erweitert sie die zunächst abgegebene Bezeichnung als Voraussetzung des Argumentierens in ihrem Begriffsverständnis jedoch dahingehend, dass das Entdecken mathematischer Besonderheiten bzw. Phänomene von ihr ebenfalls als eine argumentative Tätigkeit gewertet wird. Argumentieren fängt demnach bei Bezold im engeren Sinne beim Beschreiben und Hinterfragen als dem Erkennen der Begründungsnotwendigkeit[49] an, während im etwas weiter gefassten Sinne auch das Entdecken bereits als argumentative Aktivität gewertet wird. Die in dem Modell dargestellte Abfolge ist dabei so zu verstehen, dass diese grundsätzlich von links nach rechts durchlaufen wird, je nach Aufgabenstellung bzw. Situation jedoch auch ein späterer Einstieg in den Prozess möglich ist.[50]

Über die Beschreibung der Abfolge und Teileelemente hinaus grenzt Bezold ihr Begriffsverständnis des Argumentierens von dem ebenfalls möglichen Begriffs-verständnis eines *inneren Argumentierens* als rein mental ablaufenden Prozess ab. Während es beim inneren Argumentieren möglich wäre bspw. Vermutungen und Begründungen nicht zu explizieren, betrachtet Bezold das sprachliche Formulie-ren für ihre Forschungsarbeit als unverzichtbar. Implizit bleibende Elemente wie sie bereits bei Knipping und Fetzer erwähnt wurden, werden von ihr somit nicht berücksichtigt und einem anderen Argumentationsverständnis zugeordnet.[51]

Eine Besonderheit ihrer Auffassung des Argumentierens ist zudem, dass dem Entdecken ein besonders hoher Stellenwert zukommt. Dies erscheint im Kontext der von ihr fokussierten Forscheraufgaben nachvollziehbar. Sie fasst Begründen und Entdecken jedoch weitreichender explizit „als eine Einheit"[52] auf. Dabei stützt sie sich auf Meyer (2007), nach dessen Auffassung Begründungen ohne Entdeckungen den Kern des aktiven Lernens verfehlen. Auch an dieser Stelle ist somit eine Set-zung und damit verbundene Einengung bzw. Fokussierung im Begriffsverständnis enthalten.[53]

Des Weiteren liegt hier, wie bereits bei Fetzer, ein explizit grundschulbe-zogenes Argumentationsverständnis vor. Dies zeigt sich in der weit gesteckten Begriffsauffassung argumentativer Tätigkeiten, aber auch darin, dass Bezold darauf

---

[49] Bezold 2010, S. 4.
[50] Vgl. Bezold 2009, S. 37–39.
[51] Vgl. ebd.
[52] Bezold 2012, S. 10.
[53] Vgl. Meyer 2007, S. 29; Bezold 2012, S. 10.

hinweist, dass sie unter dem Argumentieren wie Krummheuer (und Fetzer, bzw. ursprünglich Toulmin) *substanzielles Argumentieren* versteht und dieses explizit von einem streng deduktiven Beweisen als *analytisches Argumentieren* unterscheidet. *Substanzielles Argumentieren* fasst sie als „Bilden und Verstehen von logischen Argumentationsketten einschließlich Begründen"[54] auf.[55]

Das Begründen selbst zielt nach Bezold, ähnlich wie bei dem Argumentationsverständnis nach Reiss und Ufer, darauf, den Wahrheitsgehalt einer Vermutung zu untersuchen.[56]

Die Position Bezolds zur Relation des Begründens als eine argumentative Tätigkeit neben weiteren wird von **Peterßen** übernommen. Sie bezieht sich dabei im Wesentlichen auf die beschriebenen Schritte der Argumentationskette Bezolds und die hohe Passfähigkeit der Position zu den Bildungsstandards.[57]

Zur näheren Fassung des Begründens orientiert sie sich ergänzend an Toulmin (s. A3, S. 24 ff.). Auf dieser Basis wertet sie die Anführung von Tatsachen, die eine Behauptung stützen, als notwendig (Toulmins Daten) und die überzeugende Verknüpfung von Tatsachen mit der Behauptung (Toulmins Garant und Stützung) als mögliche weitere Bestandteile einer Begründung. Darauf aufbauend definiert sie ihren Begriff des Begründens unter Einbezug verschiedener Begründungsanlässe.[58]

„Begründen wird verstanden als das Stützen einer Behauptung, die nicht unmittelbar einleuchtet, die von einem Publikum als zweifelhaft eingestuft wird oder der von vorneherein mehr Glaubhaftigkeit und Nachdruck verliehen werden soll."[59]

Beckmann betrachtet das Argumentieren als eine Schnittstelle der Fächer Mathematik und Deutsch. Das Argumentieren definiert sie dabei als „das Herstellen von rationalen, logischen Begründungszusammenhängen."[60] Dieses geschehe immer dann, wenn strittige oder bestreitbare Behauptungen vorliegen. Sie relativiert damit die Position Krummheuers, Schwarzkopfs oder auch Knippings dahingehend, dass sie eine Strittigkeit zwar ebenfalls nicht als notwendigen Ausgangspunkt für Argumentationen sieht, aber alternativ von einer Bestreitbarkeit spricht. Die Behauptung muss in dem Sinne nicht tatsächlich bestritten werden, hat aber durchaus einen

---

[54] Bezold 2009, S. 30.

[55] Vgl. ebd.

[56] Vgl. Bezold 2010, S. 4.

[57] Vgl. Peterßen 2012, S. 18–19, 22–24.

[58] Vgl. ebd., S. 24–27.

[59] Ebd., S. 27.

[60] Beckmann 2010, S. 165.

„anfechtbaren" Status. Dies geht weitgehend konform mit dem zu stützenden *Geltungsanspruch* bei Knipping (s. S. 17), entgegen einer bereits bestehenden *Gewissheit.* Argumentiert werden kann nach Beckmann auch aus der Anschauung heraus, umgangssprachlich und auch ohne die Nennung von zugrunde liegenden Sachverhalten oder Sätzen, wie es bei dem Beweisen der Fall wäre. Notwendig sei jedoch eine schlüssige verbale Darstellung der Begründungsschritte. Diese Auffassung ist konform zu der der substanziellen Argumentationsform, die in den vorangegangenen Positionen bereits mehrfach angeführt wurde und auf Toulmin zurückgeht (s. Fetzer unter A2, Toulmin unter A3).[61]

Das Begründen wird von ihr nicht explizit definiert. Indem sie das Herstellen von Begründungszusammenhängen jedoch als Argumentieren bezeichnet, wird die Relation deutlich. Argumentieren ist für Beckmann prozesshaft und enthält notwendigerweise Begründungen, die in einen schlüssigen Zusammenhang zu stellen und zu verbalisieren sind, um auf diese Weise einer Aussage (ein Sachverhalt, eine Meinung oder ein Problem) mit dem unklaren Status einer strittigen oder bestreitbaren Behauptung zu mehr Klarheit zu verhelfen und damit zu überzeugen. Behauptungen, die so offensichtlich oder selbstverständlich sind, dass sie keiner Begründung bedürfen, bieten für sie auch keinen Argumentationsanlass.[62]

A3) Begründen als (Struktur-)Element eines Arguments

- Stephen E. Toulmin (2003, 1. Auflage 1958, 1975)
- Krummheuer (2003, 2010) angelehnt an Toulmin

Der Philosoph **Toulmin** lieferte 1958 mit seiner in „The Uses of Argument" publizierten Argumentationstheorie eine grundlegende und mittlerweile auch in der Mathematikdidaktik verbreitete Analysemöglichkeit für vorliegende Argumentationen. Er identifiziert in seiner Theorie einzelne Elemente der Argumentation hinsichtlich ihrer Funktion und zeigt somit deren grundlegende logische Struktur auf. Diese Theorie konnte in der Vergangenheit bereits vielfach auf die Analyse mathematischer Unterrichtsargumentationen angewendet werden und beeinflusst somit auch das Begriffsverständnis vieler mathematikdidaktischer Positionen (bspw. Schwarzkopf 2000, Krummheuer 2003, Knipping 2003, Fetzer 2007).

Toulmins Fokus liegt bei den so genannten *justificatory arguments*, bei den Argumentationen, die zur Rechtfertigung von Behauptungen hervorgebracht werden. Ernsthafte Behauptungen erheben nach Toulmin immer einen Geltungsanspruch,

---

[61] Vgl. Beckmann 2010, S. 165.
[62] Vgl. Beckmann 2003, S. 52, 2010, S. 165.

der aber durchaus auch infrage gestellt werden kann. Das in diesem Kontext formulierte Zitat gibt erste Aufschlüsse zu den Begriffsrelationen.[63]

> „[…] only that we are confident that any claim they make weightily and seriously will in fact prove to be well-founded, to have a sound case behind it, to deserve – have a right to – our attention on its merits."[64]

> „Es heißt nur, daß wir darauf vertrauen, daß sich für jede ernsthaft gemachte Behauptung tatsächlich herausstellen wird, daß sie wohlbegründet ist, daß gültiges Beweismaterial dahintersteht und daß sie verdient – einen Anspruch darauf hat – daß ihre Qualitäten von uns beachtet werden."[65]

Hinter jeder Behauptung sollte demnach eine Begründung stehen, die bei Bedarf in einer Argumentation dargelegt werden kann. Die Anerkennung des Geltungsanspruchs einer Behauptung ist nach Toulmin zwar auch ohne eine angeführte Argumentation möglich, diese sollte aber bei Bedarf zur Anerkennung der Behauptung angeführt werden können. Dann werde der Fokus auf die Gründe (*grounds*), für Toulmin Stützungen, Daten, Fakten, Beweismittel, Erwägungen oder Hauptpunkte, für die Behauptung gelenkt. Die anführbaren Gründe stellen demnach die zentralen und überzeugend darzustellenden Komponenten der Argumentation dar und dienen dazu, die Behauptung zu verteidigen bzw. überzeugend zu legitimieren.[66]

Das einfachste Schema zur Analyse von Argumentationen nach Toulmin beinhaltet drei logisch miteinander verknüpfte Elemente: die *Behauptung* oder *Konklusion* (K), die Tatsachen, die als Grundlage herangezogen werden – genannt *Daten* (D) – und die *Schlussregel (SR),* allgemeine hypothetische Aussagen, die den Schluss von D auf K legitimieren (s. Abb. 1.2).[67]

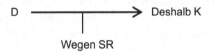

Abb. 1.2 Einfaches Analyseschema nach Toulmin (vgl. Toulmin 1975, S. 90)

Daten (*data*) bezieht sich auf die oben angeführten Tatsachen und wird in der deutschen Übersetzung auch als *Begründung* für die Konklusion beschrieben. Das

---

[63] Vgl. Toulmin 1975, S. 17.
[64] Toulmin 2003, S. 11.
[65] Toulmin 1975, S. 17.
[66] Vgl. Toulmin 1975, S. 17–22, 2003, S. 11–12.
[67] Vgl. Toulmin 1975, S. 88–90.

englische *foundation* in der Aussage „the facts we appeal to as a foundation for the claim"[68], in der deutschsprachigen Ausgabe übersetzt mit „den Tatsachen, die wir als Begründung für die Behauptung heranziehen"[69], könnte jedoch auch etwas vorsichtiger als *Grundlage* für die Behauptung übersetzt werden. Ob es sich bei den Daten daher im Sinne Toulmins wirklich um eine Begründung handelt, ist im englischen Original nicht eindeutig formuliert. Wohl unbestritten ist jedoch, dass den Daten Tatsachen zuzuordnen sind, auf denen das Argument aufbaut und von denen auf die Konklusion geschlussfolgert werden kann bzw. auf die sich die Konklusion stützt. Sie bilden den logischen Ausgangspunkt des Arguments: „What have you got to go on?"[70]

Der Begriff *Schlussregel* (*warrant*) steht für Aussagen, die den Schluss von den Daten auf die Konklusion legitimieren. Der Schlussregel wird daher auch eine Brückenfunktion zugeschrieben. Da es sich dabei um allgemeine, hypothetische Aussagen handeln soll, sind hier keineswegs zusätzliche Informationen anzuführen, sondern vielmehr Regeln oder Prinzipien der Form „Wenn D, dann K" oder ausführlicher „Vorausgesetzt, dass D, dann kann man annehmen, dass K". Eine scharfe Trennlinie zwischen den Daten und der Schlussregel ist nicht möglich. Im Extremfall kann eine Aussage laut Toulmin sogar beide Funktionen erfüllen. Die logische Funktion der Schlussregel ist jedoch eher die der Brücke: „How do you get there?"[71]

Toulmin versucht die oft schwierige Unterscheidung zwischen Daten und Schlussregel über zwei Aussagen zu kontrastieren: „Whenever A, one *has found* that B"[72] steht „Whenever A, one *may take it* that B"[73] gegenüber. Daten können somit zur deutlicheren Unterscheidung als vorliegende und als relevant erkannte Fakten verstanden werden, während Schlussregeln Annahmen zu legitimen Schlussfolgerungen darstellen. Anders ausgedrückt kann von einem vorliegenden theoretischen Fall D (Datum[74]) mithilfe einer für den Fall angebrachten, aber allgemeinen hypothetischen Aussage (Schlussregel in der Form „Wenn D, dann K") eine Konklusion K gezogen werden.[75]

---

[68] Toulmin 2003, S. 90.

[69] Toulmin 1975, S. 89.

[70] Toulmin 2003, S. 89–90.

[71] Ebd., S. 90; vgl. Toulmin 1975, S. 89–90.

[72] Toulmin 2003, S. 92.

[73] Ebd.

[74] *Datum* wird in diesem Kontext als Einzahl von *Daten* verwendet.

[75] Vgl. Toulmin 1975, S. 90–91.

Die Schlussregel kann bei genauerer Betrachtung unterschiedlich starke bzw. wahrscheinliche Konklusionen zulassen. In einem erweiterten Schema (s. Abb. 1.3) ergänzt Toulmin daher noch die beiden Komponenten *Operator* (O) und *Ausnahmebedingung* (AB). Der Operator (*qualifier*) schränkt die Stärke des Schlusses ein, die die Schlussregel ihm zuschreibt. Wenn dieser Schluss nur unter Vorbehalt gewisser Bedingungen, Ausnahmen oder Einschränkungen gültig ist, so kann es angebracht sein, diesen durch Operatoren wie „wahrscheinlich" oder „vermutlich" zu relativieren. Die entsprechenden Umstände, unter denen der Schluss nicht gültig wäre, werden von Toulmin im Schema den Ausnahmebedingungen (*conditions of rebuttal*) zugeordnet.[76]

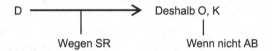

Abb. 1.3 Einschränkungen der Gültigkeit der Konklusion (vgl. Toulmin 1975, S. 92)

Darüber hinaus kann es nach Toulmin sein, dass die Zulässigkeit einer Schlussregel in der Argumentation hinterfragt wird. In dem Fall ist es zusätzlich notwendig, die Schlussregel abzusichern und zu begründen (s. Abb. 1.4). Eine entsprechende Komponente bezeichnet Toulmin als *Stützung* (S) bzw. *backing*. Je nach Bereich, in dem die Argumentation sich verortet, kann es sich dabei bspw. um Gesetze, Klassifikationen, Statistiken usw. handeln. Für die Mathematik wird dies nicht ausgeführt. Dahinter steht die Frage, warum eine Schlussregel allgemein als zulässig akzeptiert werden sollte.[77]

Abb. 1.4 Das vollständige Argumentationsschema (vgl. Toulmin 1975, S. 95)

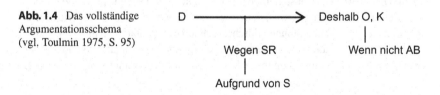

Toulmin trägt mit seiner Theorie wesentlich zum Verständnis des funktionalen Aufbaus von Argumenten bei und liefert damit einen guten theoretischen

---

[76] Vgl. Toulmin 1975, S. 91–92, 2003, S. 93–94.
[77] Vgl. Toulmin 1975, S. 94–95, 2003, S. 96–97.

Anhaltspunkt für die Auffassung des Begründens als (mögliches) Element des Argumentierens. Wenngleich Toulmin die Relation ‚Begründen-Argumentieren' nicht explizit definiert, zeichnen sich durch seine Theorie verschiedene Bedeutungsmöglichkeiten für das Begründen im Rahmen des Argumentierens ab. So können die angegebenen Daten als „faktische" Gründe für die Konklusion, die Schlussregel als Begründung für den legitimen Schluss von den Daten zu der Konklusion und die Stützung als Grund für die Passfähigkeit der Schlussregel interpretiert werden.

Insbesondere in Hinblick auf die Grundschule erscheint die vollständige Struktur einer Argumentation (s. Abb. 1.4) sehr umfangreich. **Fetzer** stellt im Rahmen ihrer Argumentationsanalysen nach Toulmin diesbezüglich fest, dass Grundschülerinnen und Grundschüler oft nur in *einfachen Schlussformen* argumentieren. Das bedeutet, dass sie in der Form „Datum, deswegen Konklusion" von dem Datum ausgehend ihre Konklusion äußern ohne eine Schlussregel (oder eine Stützung) anzuführen. Krummheuer nennt dies auch schlicht den *Schluss*.[78] Grundschulkinder wählen also oft die kürzeste denkbare Argumentationsform für ihre Äußerungen. Dies hängt eng mit der Feststellung Fetzers zusammen, dass Argumentationen von Grundschulkindern eine geringe Explizität aufweisen. Schon Toulmin selbst wies darauf hin, dass auf die Schlussregel im Allgemeinen nur implizit Bezug genommen wird.[79] Fetzer beobachtete darüber hinaus jedoch auch für das Datum und die Stützung, dass diese von den Kindern oft nicht versprachlicht wurden.[80] Diese Feststellungen decken sich auch mit den Erkenntnissen von Meyer und Schwarzkopf, die unter anderem Viertklässler und Viertklässlerinnen in ihre Studien mit einbezogen und ebenfalls von implizit verwendeten, aber nicht explizierten Bestandteilen nach Toulmins Argumentationsstruktur berichten.[81] Daher kann zusammenfassend angenommen werden, dass die verbalisierten Argumentationen von Grundschulkindern häufig nur Teile der vollständigen Argumentationsstruktur nach Toulmin umfassen und keineswegs alle Bestandteile beinhalten müssen. Dementsprechend können auch Begründungen in der verbalisierten Argumentation leicht entfallen. Wie bereits angeführt, können Behauptungen durchaus ohne Argumentationen anerkannt werden. Eine Argumentation allerdings erscheint ohne die Angabe irgendwelcher Gründe nach der Struktur Toulmins nicht möglich, wenn man annimmt, dass sowohl

---

[78] Vgl. Krummheuer 2003, S. 248, 2003b, S. 124.

[79] Vgl. Toulmin 1975, S. 91.

[80] Operatoren und Ausnahmebedingungen wurden in ihrer Analyse nicht berücksichtigt.

[81] Vgl. Schwarzkopf 2000, S. 102, 270, 431–432; Meyer 2007, S. 125.

die Daten, die Stützung als auch die Schlussregel begründende Komponenten darstellen. Lediglich das, was begründet wird (die Konklusion, der Schluss oder die
Passung der Schlussregel), kann sich unterscheiden.[82]

Krummheuer verwendet die Argumentationsanalyse Toulmins im Kontext des
argumentativen Lernens im Mathematikunterricht der Grundschule. Er betrachtet
kollektive mündliche Lernprozesse und analysiert dabei die geäußerten Argumentationen der Grundschulkinder. Daraus resultierend steht für ihn das Argumentieren
im Sinne eines gemeinsamen Lernprozesses mit der Gewinnung neuer Überzeugungen im Vordergrund. Strittigkeiten sind, wie bei der Position Knippings bereits
erwähnt, dabei nicht notwendig.[83]

Für ihn spielen in diesem Kontext die Elemente Datum (*data*), Konklusion (*con-
clusion*), Garant (*warrant*) und Stützung (*backing*) eine Rolle. Toulmins *warrant*
übersetzt Krummheuer jedoch bewusst nicht mit *Schlussregel*, da ihm dieser Begriff
irreführend und zu technisch erscheint. Die zentrale Funktion des Garanten sei es
„[...] die Zustimmung zu gegebenen Daten auf die Konklusion zu übertragen; d. h.
durch den Garanten werden unstrittige Aussagen zu Daten einer Argumentation."[84]
Der von ihm gewählte Begriff *Garant* soll die Funktion, den Schluss vom Datum
zur Konklusion abzusichern bzw. zu garantieren, deutlicher hervorheben.[85]

Wie im Zusammenhang mit Knipping vorab erwähnt, geht auch Krummheuer
nicht von einer streng deduktiv ablaufenden Argumentationsstruktur aus, wie sie
Toulmins Schema nahelegt. Gerade in Hinblick auf die betrachteten kollektiven
Argumentationsprozesse erscheint es plausibel, dass sich verschiedene Argumentationen auch wechselseitig unterstützen oder widersprechen können und somit nicht
geradlinig verlaufen. Krummheuer betont jedoch, dass sich dennoch einzelne so
genannte *Argumentationsstränge* nach Toulmin analysieren ließen. Das Schema
ist somit weniger als gegebener, geradlinig und vollständig ablaufender Prozess,
sondern eher als Strukturierungs- oder Rekonstruktionshilfe zum Verständnis des
logischen Aufbaus einer Argumentation zu verstehen.[86]

Eine weitere Erkenntnis bietet Krummheuer dadurch, dass er bei der Struktur einer Argumentation nach Toulmin auch solche Argumentationen mitdenkt, die
mehrere Schritte bzw. Schlüsse umfassen. Krummheuer spricht dann von so genannten *mehrgliedrigen Argumentationen*. Dabei werden mehrere Schlüsse miteinander

---

[82] Vgl. Fetzer 2011, S. 30–40.

[83] Vgl. Krummheuer und Brandt 2001, S. 17–18; Krummheuer 2003, S. 247, 251, 2003b,
S. 122–123.

[84] Krummheuer 2003, S. 249.

[85] Vgl. ebd.; Krummheuer 2003b, S. 124.

[86] Vgl. Krummheuer 2003, S. 247–248, 2010, S. 5.

verkettet. Er zeigt außerdem auf, dass eine Konklusion für einen anschließenden
Schluss die Funktion eines Datums übernehmen kann (s. Abb. 1.5).[87]

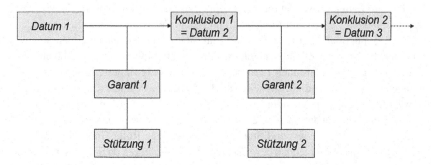

Abb. 1.5 Eine mehrgliedrige Argumentation (Krummheuer 2003, S. 248)

Eine deutliche Abgrenzung der Begriffe *Argumentieren* und *Begründen* nimmt
Krummheuer nicht vor. Er bietet in Bezug auf das Schema jedoch einige hilfreiche,
ausdifferenzierende Hinweise:

> „Allgemein handelt es sich bei einer Argumentation um eine Folge von Äußerun-
> gen, durch welche die *Gültigkeit* einer anderen Äußerung gestützt wird. Die gesamte
> Folge nennt man >>Argument<< und den Prozess ihrer Hervorbringung >>Argumen-
> tation<<."[88]
> „Eine Argumentation besteht notwendigerweise aus mehreren Äußerungen, die für
> das Argument unterschiedliche *Funktionen* übernehmen. [...] Die generelle Wir-
> kungsweise einer Argumentation besteht darin, dass man eine zu begründende Aus-
> sage aus unbezweifelten Aussagen (>>Daten<<) erschließt: Aus den Daten wird eine
> >>Konklusion<< abgeleitet."[89]

In Bezug auf die nach Toulmin rekonstruierte Argumentationsstruktur bedeutet das,
dass sämtliche Äußerungen (Daten, Garanten, Stützungen und bei mehrgliedrigen
Argumenten ggf. auch Konklusionen), von denen auf die zu stützende Äußerung
(letzte Konklusion im Schema) geschlossen wird, im Rahmen der *Argumentation* hervorgebracht werden. Wird die Konklusion mit einbezogen, kann man nach
Krummheuer von einem „fertigen" bzw. „ganzen" *Argument* als Produkt dieser

---

[87] Vgl. Krummheuer 2003, S. 248, 2010, S. 4–5.

[88] Krummheuer 2010, S. 4.

[89] Ebd.

Argumentation sprechen. Argumentieren verfolgt demnach das Ziel, durch die prozesshafte Argumentation am Ende ein überzeugendes Argument als Produkt hervorzubringen, welches die Gültigkeit der Äußerung aufzeigt.

Da Krummheuer darüber hinaus von einer *zu begründenden Aussage* spricht, stellt sich die Frage, wodurch diese begründet wird. Eine mögliche Schlussfolgerung der angeführten Zitate wäre es, anzunehmen, dass die in der Argumentation hervorgebrachten Elemente des am Ende stehenden Arguments, also sämtliche Elemente ohne die zu begründende Konklusion, eine Begründung darstellen können. Gleichzeitig scheinen Begründungen bei Krummheuer besonders eng mit einer anerkannten Rationalität verbunden zu sein und sich daher eher auf das akzeptierte Produkt zu beziehen, während Argumentationen zwar auch immer eine Gültigkeit stützen sollen, aber nicht unbedingt erfolgreich verlaufen müssen. Dementsprechend spricht er im Rahmen des Schemas auch von *rekonstruierbaren Begründungsversuchen*.[90] Darunter fallen Äußerungen, die in ihrer Struktur Argumentationen entsprechen, aber lediglich einen Versuch der Begründung darstellen. Es scheint also vielmehr so zu sein, dass Krummheuer Begründungen mit rational anerkannten Argumentationen für eine Aussage verbindet.[91]

Hinsichtlich der einzelnen Argumentationselemente scheinen dabei insbesondere *Daten* als *unbezweifelte* (s. Zitat S. 30) bzw. anerkannte Aussagen relevant zu sein. Diese Auffassung zeigt sich in Formulierungen wie „Mit ‚warum' werden gewöhnlich zunächst Daten eingefordert, [...]"[92] und solchen wie der, dass „[...] durch weitere Daten eine zusätzliche Begründung eingebracht wird."[93] Im Rahmen des Garanten spricht er dagegen eher von einer Absicherung des Schlusses (und nicht der zu begründenden Aussage). Dass dieser Schluss selbst aber sowohl implizit als auch explizit durch die Angabe eines Garanten und einer Stützung in seiner Rationalität begründet werden kann, wird ebenso deutlich. So stellt Krummheuer im Rahmen der Analyse einer kollektiven Argumentation mit implizit bleibendem Garanten bspw. fest: „Es bleibt somit offen, welche Garanten und Stützungen zur Begründung der einzelnen Lösungen relevant gewesen sein könnten."[94]

---

[90] Vgl. Krummheuer 2010, S. 5.
[91] Vgl. Krummheuer 2003, S. 249–251.
[92] Ebd., S. 249.
[93] Ebd., S. 248.
[94] Ebd., S. 251.

Diese Überlegungen decken sich insbesondere mit der bei Toulmin bereits angeführten Interpretation von angegebenen Daten als „faktische" Gründe für die Konklusion, der möglichen Schlussregel (hier Garant) als Begründung für den legitimen Schluss von den Daten zu der Konklusion und der möglichen Stützung als Grund für die Passfähigkeit der Schlussregel (hier des Garanten). Nach Krummheuer ist daher die Begründung, und hier insbesondere das Datum, als Element eines Arguments zu sehen. Sie stellt darüber hinaus jedoch auch eine erfolgreiche, im Sinne von rational anerkannte, Argumentation für eine Aussage dar.

Die Unterscheidung Krummheuers zwischen der Argumentation und dem Argument (s. auch Abb. 1.6) ist entscheidend für die Relation und bietet einen Anhaltspunkt für die mögliche Vereinbarkeit verschiedener Auffassungen.[95] Es ist daher im Folgenden sensibel zu schauen, ob sich *Argumentieren* jeweils eher auf den Argumentationsprozess und die dort hervorzubringenden Elemente (die prozesshafte Argumentation Krummheuers) oder auf das Ergebnis der produzierten Argumentation und der zu begründenden Aussage (das Argument als Produkt bei Krummheuer) bezieht. Bezieht sich Argumentieren auf das gesamte Produkt (beide Kästen der Abb. 1.6), ist es möglich Begründen als Element zu betrachten. Liegt der Fokus dagegen eher auf der angebrachten Argumentation (linker Kasten in Abb. 1.6), welche die Konklusion begründet, kann Begründen zudem als anerkanntes Argumentieren verstanden werden. Es ist somit bei der Unterscheidung der im Prozess hervorgebrachten und am Ende stehenden Elemente möglich, unterschiedliche Relationen zum Begründen zuzuordnen und miteinander zu vereinbaren.

Abb. 1.6 Ein (ggf. mehrschrittiges) rational anerkanntes Argument nach Krummheuer (vgl. Krummheuer 2003, S. 247–251, 2010, S. 4–5)

---

[95] Dies kann exemplarisch bei der Position von Hefendehl-Hebeker, Hußmann (s. S. 16 f.) nachgelesen werden.

1.1.2 Argumentieren als Oberbegriff

Betrachtet man die Oberbegriffs-Unterbegriffsrelation zwischen Argumentieren und Begründen, so lassen sich sowohl Positionen finden, die Argumentieren als Oberbegriff verwenden, als auch solche, die Begründen als Oberbegriff setzen (s. Tab. 1.2, S. 9). Diese sind als Gegenpositionen zu betrachten. Des Weiteren stehen grundsätzlich sämtliche Positionen im Widerspruch zu den Positionen aus 1.1.1, da *Begründen* und *Argumentieren* bei vergleichbarer Definition nicht gleichzeitig eine Teil-Ganzes-Relation darstellen können. Deshalb ist nachfolgend neben der Relation ebenso von Interesse, wie die Begriffe verstanden werden bzw. worauf sich die Begriffe jeweils beziehen, und, ob *Argumentieren* im Sinne von *Argument (Widerspruch)* oder *Argumentation (kein Widerspruch)* nach Krummheuer gemeint ist (s. dazu Krummheuer unter A3).

Wie eingangs unter 1.1. festgestellt, liegt eine Oberbegriffs-Unterbegriffsrelation dann vor, wenn der Unterbegriff einen spezifischen Fall des Oberbegriffs darstellt. In Bezug auf die nachfolgenden Positionen stellt sich damit einerseits die Frage, in welchem Fall bzw. unter welchen Bedingungen Argumentieren auch als Begründen verstanden werden kann (s. Tab. 1.2, linke Spalte) oder Begründen als Argumentieren (s. Tab. 1.2, rechte Spalte). Andererseits stellt sich abschließend die Frage, in Bezug auf welche Aspekte sich Positionen ggf. doch vereinbaren lassen oder weiterhin widersprechen und deshalb eine eigene Positionierung verlangen.

A4) Begründen als spezifisches Argumentieren

- Klaus Freytag (1983, 1986)
- Ralph Schwarzkopf (2000, 2001)
- Michael Meyer (2007, 2008) angelehnt an Schwarzkopf
- Andreas Büchter, Timo Leuders (2007)
- Peter Bardy (2013)

Freytag benennt das *Argumentieren* explizit als Oberbegriff zum *Begründen*.[96] Aufbauend auf Positionen der Fachdidaktik, aber auch unter Heranziehung der Logik und Sprachwissenschaft versteht er die Begriffe in ihrer Hierarchie wie folgt:

---

[96] Vgl. Freytag 1983, S. 98.

„Dabei wird unter Argumentieren das Belegen der Wahrheit und Falschheit von Aussagen sowie das Rechtfertigen oder Ablehnen von Standpunkten oder Vorgehensweisen mit einem bewußt angezielten, möglichst hohen Maß an Wahrscheinlichkeit verstanden. Begründen ist dann ein Argumentieren mit Sicherheit [...]"[97]

Die gesuchte Bedingung, bei der *Argumentieren* auch als *Begründen* bezeichnet werden kann, ist demnach die möglichst hohe Wahrscheinlichkeit bzw. Sicherheit, mit der das Argumentieren erfolgen kann. Wann dieses aber nicht nur als sehr wahrscheinlich, sondern als ausreichend sicher gelten kann, ist subjektiv zu deuten: „Argumentieren soll in starkem Maße den subjektiven Faktor bei der Wahrheitssicherung oder Rechtfertigung berücksichtigen, der in hohem Maße vom Stand des Wissens und Könnens abhängt."[98]

Bezüglich der genaueren Begrifflichkeiten, wie sie Krummheuer unterscheidet, verwendet Freytag *Argumentieren* synonym zu *Argumentation*, so dass seine Auffassung nicht im Widerspruch zu der Auffassung von Argumentieren als *umfassenderes Ganzes* (A1 bis A3) steht. Lediglich *Argument* versteht er nicht im Sinne Krummheuers als Gesamtprodukt von Argumentation und Konklusion, sondern als Teilelement einer Argumentation bzw. des Argumentierens. Ein Bezugspunkt Freytags für diese Auffassung des Begriffs *Argument* liegt in der Logik. Daran anlehnend umfasst der Begriff für ihn die Übertragung der Wahrheit der Begründung auf die gefolgerte Aussage, so dass beim Begründen ein Rückgriff auf bestehende Erkenntnisse im Sinne wahrer Aussagen notwendig ist.[99]

Ein weiterer Bezugspunkt Freytags liegt in der Sprachwissenschaft nach Harnisch und Schmidt (1977). Dort wird Argumentieren allerdings als umfassendes und besonders komplexes Kommunikationsverfahren aufgefasst, welches unter anderem Einschätzungen, das Aufdecken von Beziehungen und die Ableitung von Konsequenzen erfordere und dafür auch anderer Kommunikationsverfahren wie dem des Begründens bedarf. Somit stellt dieser Bezugspunkt bzgl. der Relation eher ein Argument für eine Teil-Ganzes-Beziehung mit dem Argumentieren als umfassenderes Ganzes dar und ist nicht geeignet, um die Oberbegriffs-Unterbegriffsrelation zu stützen.[100]

Schwarzkopf beschäftigte sich umfassend mit mündlichen Argumentationsprozessen und analysierte diese mithilfe des Toulmin-Schemas. Konform zu den unter A3 angeführten Positionen betrachtet er Begründungen durchaus auch als Elemente einer Argumentation und wäre diesbezüglich dort zuzuordnen. So spricht

---

[97] Freytag 1986, S. 233.
[98] Freytag 1983, S. 98–99.
[99] Vgl. ebd., S. 96.
[100] Vgl. Harnisch und Schmidt 1977, S. 164–167; Freytag 1983, S. 99–100.

er explizit von Argumentationen, in denen Begründungen hervorgebracht werden oder davon, dass in der Interaktion unbezweifelte Aussagen im Sinne eines Datums als Begründung fungieren.[101] Weshalb er dennoch nach eigener Interpretation schwerpunktmäßig die Oberbegriffs-Unterbegriffsrelation vertritt und wie beiden Relationen bei ihm vereinbart werden, soll im Folgenden näher betrachtet werden.

Schwarzkopf definiert die Relation der Begriffe *Argumentation, Argument* und *Begründungsangebote* in Anlehnung an Klein (1980) wie folgt:

> „Der im Unterricht stattfindende *soziale Prozeß*, bestehend aus dem Anzeigen eines Begründungsbedarfs und dem Versuch, diesen Begründungsbedarf zu befriedigen, wird als *Argumentation* bezeichnet. Die in diesem Prozeß hervorgebrachten *Begründungsangebote* werden mathematikspezifisch als *Argumente* analysiert."[102]

Argumentation ist bei Schwarzkopf demnach umfassender definiert und bezieht sämtliche Schritte des Unterrichtsprozesses von dem Äußern einer Begründungsnotwendigkeit bis zu deren (versuchsweisen) Beantwortung mit ein. Argumente stellen demgegenüber nur Teile einer Argumentation dar, weshalb die Begriffsauffassung trotz der ebenfalls erfolgenden Differenzierung zwischen *Argument* und *Argumentation* deutlich von Krummheuer zu unterscheiden ist. Während Krummheuer das Gesamtprodukt als *Argument* auffasst (s. Abb. 1.6, S. 32), stellt jedes Begründungsangebot für eine Aussage bei Schwarzkopf ein in den Prozess eingebrachtes *Argument* dar. Auch bzgl. der *Argumentation* distanziert sich Schwarzkopf selbst von Krummheuer und beschreibt, dass er einen engeren Argumentationsbegriff verwende. So stehe bei ihm nicht die kollektiv hergestellte Rationalität des Vorgehens im Vordergrund, sondern der im zwischenmenschlichen Prozess angezeigte Begründungsbedarf und dessen Befriedigung. Damit wird deutlich, dass das Begründen für Schwarzkopf im Rahmen des Argumentierens zentral und notwendig ist. Durch eine explizit geäußerte Begründungsnotwendigkeit (nicht notwendigerweise eine Strittigkeit) werde das Argumentieren überhaupt erst initiiert und erst durch geäußerte Begründungsangebote/Argumente komme eine Argumentation zustande. Zusammenfassend gilt daher nach Schwarzkopf: „In Argumentationen wird versucht, Aussagen inhaltlich zu begründen."[103] Eine Argumentation ist bei ihm als initiierter und versuchsweiser Begründungsprozess mit einzelnen eingebrachten Argumenten als Begründungsangeboten zu verstehen (s. Abb. 1.7). Begründen kann damit

---

[101] Vgl. Schwarzkopf 2000, S. 270–271, 431, 2001a, S. 253.

[102] Schwarzkopf 2000, S. 240.

[103] Ebd., S. 446.

nicht nur als besondere Form des Argumentierens, sondern auch als dessen Ziel interpretiert werden.[104]

Bezüglich der Relation zum Begründen bedeutet dies zusammenfassend, dass Argumente nach Schwarzkopf unter bestimmten Bedingungen Begründungen sein können, ebenso wie Argumentationen Begründungsprozesse darstellen können. *Argumentieren* wird daher als Oberbegriff des *Begründens* verstanden. Die entscheidende Bedingung stellt dabei *der befriedigte Begründungsbedarf*, also die Akzeptanz der Beteiligten als Begründung, gegenüber dem reinen Begründungsversuch dar.[105]

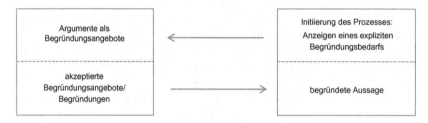

Abb. 1.7   Erfolgreicher Argumentationsprozess/Begründungsprozess nach Schwarzkopf

Es entsteht dadurch kein Widerspruch zu der Auffassung von A3, dem Begründen als Strukturelement des Argumentierens, an die sich Schwarzkopf ebenfalls anlehnt. Dies erklärt sich dadurch, dass Argumentationen mit entsprechenden argumentativen Strukturen Begründungsprozesse darstellen können und beide rekonstruierbare argumentative Strukturen im Sinne Toulmins enthalten.[106] Oberbegriff (*Argumentation*) wie Unterbegriff (*Begründungsprozess*) beinhalten nach diesem Verständnis also durchaus versuchte oder erfolgreiche Begründungen als Teilelement. Die Oberbegriffs-Unterbegriffs-Relation ist damit bei Schwarzkopf bzgl. der Begriffe *Argumentation* zu *Begründungsprozess* sowie *Argument* zu *Begründung* ebenso erfüllt wie die Teil-Ganzes-Beziehung bzgl. *Argument/Begründung* zu *Argumentation/Begründungsprozess*.

Wenn darüber hinaus davon ausgegangen wird, dass ein Argument/eine Begründung in seinem/ihrem Aufbau nach Toulmin rekonstruierbar ist und dabei auch mehrere Begründungen (mehrere Daten, aber auch Begründungen für den Schluss usw.) enthalten kann, kann die Teil-Ganzes-Beziehung sogar auch für ein Argument/eine

---

[104] Vgl. Schwarzkopf 2000, S. 238–239, 2001a, S. 254–256.

[105] Vgl. Schwarzkopf 2001a, S. 263.

[106] Vgl. ebd., S. 256.

Begründung als Ganzes mit einem oder mehreren Argumenten/Begründungen als Teil(en) gelten. Dies ist konform zur Position Schwarzkopfs, der auch einzelne „[...] Begründungen in argumentative Komponenten differenziert".[107] Insgesamt wird bei genauerer Betrachtung der Position deutlich, dass eine Oberbegriffs-Unterbegriffs-Relation und gleichzeitig eine Betrachtung argumentativer Strukturen zu einem komplexen Begriffsverständnis und vielfachen Relationen führt. Begriffe scheinen in den Relationen beliebig austauschbar, obwohl bei genauerer Analyse unterschiedlich spezifische Formen des gleichen Begriffs gemeint sein können oder auch auszudifferenzierende Aspekte wie der Prozess, das Produkt oder das Strukturelement fokussiert werden. Dies gilt erst recht bei der übergreifenden Betrachtung verschiedener Positionen mit entsprechend unterschiedlichen Definitionen. So merkt bspw. Brunner zu Schwarzkopfs Definition der Argumentation (s. S. 35) für den Mathematikunterricht kritisch an, dass diese auch für das Begründen gelte.[108] Erst bei genauerer Analyse der jeweils betrachteten Aspekte, spezifischen oder allgemeineren Formen sowie den jeweils definierten Merkmalen werden die Gründe für die unterschiedlichen möglichen Relationen transparent.

Meyer, der sich umfassend mit dem Entdecken und Begründen und im Rahmen dessen auch mit dem Argumentieren beschäftigt, übernimmt den Argumentationsbegriff Schwarzkopfs. Er führt in seinen Arbeiten ebenfalls das Zitat Schwarzkopfs (s. S. 35) an und übernimmt explizit dessen Ansatz.[109] Seine Definition fällt dementsprechend vergleichbar zu der von Schwarzkopf aus: „Das *Argumentieren* ist also ein sozialer Prozess, bei dem *Argumente* zur Befriedigung eines Begründungsbedarfs hervorgebracht werden."[110] Begründen kann demnach ebenso als spezifisches Argumentieren verstanden werden. Eine Strittigkeit betrachtet er dabei wie Schwarzkopf als nicht notwendig.[111]

Dass er dennoch 2008 von *Begründen* als „Oberbegriff"[112] spricht, erscheint zunächst widersprüchlich zu Schwarzkopf. Die Erklärung hierfür liegt in der betrachteten Relation zum Beweisen: „Entsprechend wird das Begründen als Oberbegriff betrachtet, um deutlich zu machen, dass das Beweisen nur eine spezielle Ausprägung des Begründens darstellt."[113] Anschließend werden weitere mögliche Ausprägungen des Argumentierens aufgezeigt. Die Bezeichnung des Begründens

---

[107] Schwarzkopf 2001a, S. 253.

[108] Vgl. Brunner 2014, S. 28–29.

[109] Vgl. Meyer 2007, S. 83, 2008, S. 121.

[110] Meyer 2008, S. 121.

[111] Vgl. Meyer 2007, S. 22.

[112] Meyer 2008, S. 121.

[113] Ebd.

als *Oberbegriff* wird daher in Bezug auf die Relation zwischen Begründen und Argumentieren als irreführend gewertet. *Argumentieren* stellt nach der inhaltlichen Analyse seiner Äußerungen den Oberbegriff in Bezug auf die drei Begriffe *Argumentieren, Begründen und Beweisen* dar. Begründen wird von Meyer als eine spezifische Form des Argumentierens verstanden, Beweisen wiederum als eine spezifische Form des Begründens. Die zunehmend spezifische von ihm dargestellte Begriffshierarchie ist demnach Argumentieren – Begründen – Beweisen. Das Argumentieren kann damit sowohl in das Begründen als auch in das Beweisen münden. Beides sind bei Meyer spezifische Ausprägungen des Argumentierens.[114]

Da er selbst jedoch sehr stark das Begründen fokussiert, thematisiert er die Begriffe Argumentieren und Beweisen zudem beide als *Begründungsmöglichkeiten.* Für die Interpretation, dass er Begründen als Oberbegriff im Sinne verschiedener möglicher Ausprägungen bzw. Begründungsmöglichkeiten versteht, spricht auch seine Fokussierung verschiedener möglicher logischer Schlussformen beim Begründen mit der einhergehenden Unterscheidung verschiedener Begründungsformen (Induktion und Deduktion, s. auch 2.2.2.1). In diesem Sinne verstanden könnte *Begründen* tatsächlich auch als Oberbegriff der Begründungsmöglichkeiten Beweisen (deduktiv) und einer oder mehrerer weiterer spezifischer Argumentationsformen[115] verstanden werden, nicht jedoch des allgemeineren Argumentierens.

Büchter und Leuders übernehmen den Argumentationsbegriff von Hefendehl-Hebecker und Hußmann, die darunter die Rede für oder gegen die Wahrheit einer Aussage mit dem Ziel der Zustimmung wirklicher oder fiktiver Gesprächspartner verstehen (s. auch unter A2, S. 16 f.).[116] Sie unterscheiden darüber hinaus jedoch *inner-* und *außermathematisches Argumentieren.* Diese beiden Argumentationsformen grenzen sich insbesondere durch eine hohe Schlüssigkeit des innermathematischen und durch subjektive und normative Entscheidungen am Übergang von Realität und Mathematik des außermathematischen Argumentierens voneinander ab. Von Interesse für die vorliegende Arbeit ist insbesondere das innermathematische Argumentieren, denn: „Beim Argumentieren in **innermathematischen Situationen** [Hervorhebung im Original] spricht man allgemein vom *Begründen* und je nach Strenge auch vom *Beweisen,* eine scharfe Grenze gibt es hier nicht."[117] Das Merkmal, welches Argumentieren laut Büchter und Leuders auch als

---

[114] Vgl. Meyer 2008, S. 121–122.

[115] Während unter dem Aspekt der begründenden Schlussformen noch die induktive Begründung angegeben wird, wird im Kontext verschiedener Ausprägungen des Argumentierens die (hypothetische) Erklärung vom (deduktiven) Begründen unterschieden (Vgl. Meyer 2007b, S. 307, 2008 S. 121–122).

[116] Vgl. Büchter und Leuders 2007, S. 45.

[117] Ebd.

Begründen charakterisiert, ist demnach der innermathematische Kontext mit seiner (objektiv betrachtet) höheren Schlüssigkeit. Es gilt hier, wie auch bei Meyer zuvor, die Begriffshierarchie Argumentieren – Begründen – Beweisen, allerdings ausgehend vom realitätsbezogenen außermathematischen Argumentieren, über das innermathematische Argumentieren (Begründen) mit zunehmend mathematischer Formalisierung (Beweisen).

In einem späteren Kapitel zum Argumentieren in Aufgaben differenzieren Büchter und Leuders die Teilprozesse des Argumentierens dagegen wie folgt aus:

- „beim Explorieren von Zusammenhängen eigene Vermutungen finden,
- Vermutungen präzisieren und damit einer Begründung zugänglich machen,
- die Behauptung schlüssig begründen,
- eine Begründung durch Interpretation und Darstellung verstehen,
- Vermutungen verwerfen und modifizieren, neue Vermutungen aufstellen."[118]

Die Teilprozesse sind laut Büchter und Leuders idealtypisch zu sehen. Sie müssen weder alle beteiligt sein noch streng linear durchlaufen werden.[119]

Der dritte Teilprozess in ihrer Aufzählung beinhaltet jedoch das *Begründen*, wodurch sich Büchter und Leuders bzgl. der vorab angeführten Begriffsrelation des *Begründens* als spezifischen Fall des *Argumentierens* selbst widersprechen. Die hier dargestellten Teilprozesse des Argumentierens beschreiben eine Teil-Ganzes-Relation und wären damit der Relation A2, dem Begründen als (Prozess-) Element des Argumentierens, zuzuordnen. Dieser Widerspruch kann hier auch nicht aufgelöst werden, da die beschriebenen Teilprozesse bei innermathematischer Aufgabenbearbeitung auch Teilprozesse des Begründens darstellen müssten.

Insgesamt wird im Aufbau der angeführten Teilprozesse dennoch deutlich, dass das Begründen bei Büchter und Leuders das zentrale Element im Prozess des Argumentierens darstellt. Die beiden zuvor angeführten Teilprozesse stellen gewissermaßen vorbereitende Schritte und die beiden nachfolgenden Schritte nachbereitende Schritte des Begründens dar. Interessant ist, bspw. im Gegensatz zu Bezold, dass der letzte Teilprozess das Verwerfen und Modifizieren, sowie das erneute Aufstellen von Vermutungen beinhaltet. Dieser Teilprozess deutet das von Büchter und Leuders auch als *Argumentationsspirale* beschriebene wiederholte Durchlaufen der Prozesse bis zur Fertigstellung der Argumentation an.[120]

---

[118] Büchter und Leuders 2007, S. 80.

[119] Vgl. ebd.

[120] Vgl. ebd.

Bardy grenzt Begründen und Beweisen in seinem Buch über mathematisch begabte Kinder als einen Förderschwerpunkt zusammenfassend wie folgt voneinander ab:

> „Um in diesem Buch Begründen und Beweisen deutlich unterscheiden zu können, will ich hervorheben, dass Begründen (als schlüssige Argumentation für *eine* Aussage) sich auf eine Einzelaussage beziehen und Beweisen als eine Kette von Begründungen angesehen werden soll."[121]

Da Bardy auch die *Argumentation* in seine Begriffsabgrenzung einbezieht, sind auch Rückschlüsse zur Relation ‚Begründen-Argumentieren' möglich. Damit reiht er sich bzgl. der Schlüssigkeit als Kriterium für das spezifischere Begründen als Unterbegriff neben Hefendehl-Hebecker (Argumentation zur Begründung) sowie Büchter und Leuders (Argumentieren zu Begründen) ein. Er setzt jedoch noch ein zweites Kriterium an, das für das Begründen erfüllt sein muss: das der Einzelaussage. Während Argumentieren durchaus ein- oder mehrschrittig sein kann, spezifiziert Bardy das Begründen durch den Bezug auf eine Einzelaussage und angelehnt an Müller (1991) als einschrittig. Begründen wird von ihm als weniger komplex und streng in der Formulierung aufgefasst als das Beweisen, aber als ebenso stichhaltig. Das Kriterium der Einzelaussage ist konform zu der Auffassung der zuvor angeführten Positionen, bei denen sich das Begründen immer auf eine Aussage bezieht. So erscheint es auch passend, dass Bardy im Anschluss an seine Begriffsklärung das Argumentationsmodell Toulmins angeführt, welches ein- und mehrschrittige schlüssige Argumentationen (anders ausgedrückt auch eine einzelne Begründung bzw. mehrschrittige/verkettete Begründungen) repräsentieren kann. Dabei bleibt allerdings die Frage, ob durch mehrschrittige Argumentationen mit verketteten Begründungen nicht letztlich auch wieder *eine* Aussage begründet wird, offen.[122]

Insgesamt wird deutlich, dass eine Schnittstelle zu der Auffassung des Begründens als Element des Argumentierens besteht. Zwar ist Begründen bei Bardy nicht Element jedes Argumentierens, aber jedes schlüssigen Argumentierens (s. Abb. 1.8). Aufgrund der zwei angesetzten Kriterien bzw. der getroffenen Unterscheidung zwischen der Schlüssigkeit für *eine* Aussage (Begründen als spezifischer Fall) und der Schlüssigkeit für mehrere Aussagen (Argumentieren als Kette mehrerer Begründungen) ist dies miteinander vereinbar.

---

[121] Bardy 2013, S. 162.
[122] Vgl. Müller 1991, S. 738; Bardy 2013, S. 162–164.

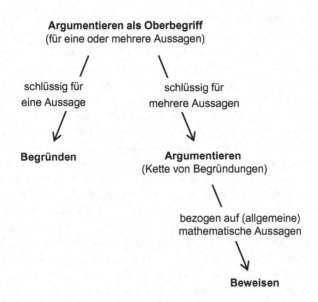

Abb. 1.8 Argumentieren als Oberbegriff nach Bardy

A5) Begründung als spezifischer Fall (mögliches Ergebnis) einer Argumentation

- Roland Fischer, Günther Malle (1985); Günther Malle (2002)
- Wolfgang Ratzinger (1991)
- Lisa Hefendehl-Hebeker, Stephan Hußmann (2011, 1. Aufl. 2003)

Weitere Positionen, die *Argumentieren* als Oberbegriff auffassen, tun dies nur bzgl. der Argumentation. Eine bereits dargestellte Position, da sie vorrangig dem Argumentieren als *umfassenderes Ganzes* zugeordnet wurde, ist die von **Hefendehl-Hebeker und Hußmann** (s. unter A2, S. 16). Diese fassen, wie bereits dargestellt, die prozesshafte Suche nach einer Begründung, von der Initiierung einer Warum-Frage aufgrund erhobener Zweifel bis zum Endprodukt der fertigen Argumentation als *Argumentieren*. Zwar vollzieht sich im Rahmen dieses Prozesses das Begründen als Element, das Endprodukt der *schlüssigen Argumentation* wird von ihnen jedoch, wie auch von Büchter und Leuders sowie Bardy, als *Begründung* verstanden (vertiefend zur Vereinbarkeit beider Relationen s. S. 16 f.).

Fischer und Malle vertreten eine weitere Position, bei der die Begründung als spezifischer Fall der Argumentation aufgefasst wird. Diese Relation wird nicht explizit definiert, lässt sich jedoch aus verschiedenen Aussagen bzw. Darstellungen ableiten. So führen Fischer und Malle 1985 verschiedene *Begründungsarten* an, die aufzeigen, dass bei einer angezweifelten Aussage „auf verschiedene Weise Gründe für deren Richtigkeit"[123] angeführt werden können. Während das Beweisen dabei explizit als eine Form des Begründens benannt wird, fällt für das Argumentieren lediglich der Begriff *Argumentationsbasis*. Auch später betont Malle im Kontext des Begründens immer wieder die Argumentationsbasis, bezieht aber den Begriff *Argumentation* mit ein: „Jede Begründung bedarf einer Argumentationsbasis, d. h. eines Fundaments, auf das man sich bei seiner Argumentation stützt."[124] Unter einer *Argumentationsbasis* verstehen Fischer und Malle eine Menge von Aussagen, die als richtig angesehen werden, zusammen mit den Schlussweisen, die als zulässig anerkannt werden. Die entspricht nach eigener Auffassung den Strukturelementen des Datums und der den Schluss begleitenden Stützung von Toulmin. Diese von Malle auch als *Fundament* der Argumentation bezeichneten Elemente können daher als entscheidende Grundlage der Argumentation verstanden werden. Da beide Elemente, um als Argumentationsbasis zu gelten, zusätzlich den Status *als richtig* bzw. *zulässig angesehen* erfordern, beziehen sie sich genau genommen auf die Grundlage des erfolgreichen Endprodukts der Argumentation. Da die Argumentationsbasis zudem als für das Begründen notwendig aufgefasst wird, kann die erfolgreiche Argumentation auch als Begründung verstanden werden. Das gesuchte die Argumentation spezifizierende Merkmal für die Relation der Argumentation als Oberbegriff der Begründung ist demnach die erfolgreiche Argumentationsbasis. Die Exaktheit einer Begründung hängt nach Malle darüber hinaus von der Detailliertheit der Begründungsschritte und der Deutlichkeit der Bezüge zu der Argumentationsbasis ab. In der Regel verbleibe hier vieles implizit. Letzteres ist konform zu einigen der zuvor angeführten Positionen, bspw. der Toulmins oder Fetzers.[125]

Zusammengefasst verfolgt Argumentieren daher bei Fischer und Malle wie auch bei Hefendehl-Hebeker und Hußmann das Ziel einer Argumentation, die als Begründung anerkannt werden kann. Die Beurteilung der Argumentation ist bei beiden vom Subjekt abhängig, allerdings präzisieren Fischer und Malle diese Abhängigkeit in Bezug auf die beiden Aspekte der Argumentationsbasis: die empfundene Richtigkeit der angeführten Menge von Aussagen und die empfundene Zulässigkeit der verwendeten Schlussweisen.

---

[123] Fischer und Malle 1985, S. 179.

[124] Malle 2002, S. 5.

[125] Vgl. Fischer und Malle 1985, S. 179–180; Malle 2002, S. 5.

Ratzinger stimmt in seiner Position mit Fischer und Malle weitgehend überein. Im Beweiskontext, seiner Auffassung nach eine spezifische Begründungsform[126], schreibt er:

> „Will man eine Aussage A durch Schließen begründen, ist es im allgemeinen notwendig, daß Aussagen B, C, ... vorliegen, die als richtig angesehen werden und aus denen die Richtigkeit von A geschlossen werden kann. Eine Menge von Aussagen, die als richtig angesehen werden, soll zusammen mit den Schlußweisen, die als zulässig anerkannt werden, als Argumentationsbasis bezeichnet werden."[127]

Auch hier wird deutlich, dass die Begründung einer Aussage das Ziel des Argumentierens darstellt. Als Kriterien für das Begründen werden ebenso die als richtig anerkannten Aussagen sowie zulässigen Schlussweisen angesetzt. Je nach gewählter Argumentationsbasis ergeben sich nach Ratzinger zudem unterschiedliche Begründungsmöglichkeiten wie bspw. auch das Beweisen.[128]

1.1.3 Begründen als Oberbegriff

Im Folgenden soll unter ähnlichen Gesichtspunkten wie in 1.1.2 ein analytischer und kritischer Blick auf die Positionen geworfen werden, die Begründen als Oberbegriff betrachten. Diese Relation ist als Gegenpositionen zu der des Argumentierens als Oberbegriff zu betrachten (s. 1.1.2). Des Weiteren stehen diese Positionen grundsätzlich auch im Widerspruch zu den Positionen aus 1.1.1, da *Begründen* und *Argumentieren* bei gleicher Definition nicht gleichzeitig eine Teil-Ganzes-Relation darstellen können.[129] Die mögliche Auflösung der benannten Widersprüche ist jedoch wie bereits in den zuvor angeführten Positionen zu prüfen.

In Bezug auf die nachfolgenden Positionen steht damit einerseits die Frage im Vordergrund, in welchem Fall bzw. unter welchen Bedingungen Begründen als Argumentieren verstanden werden kann. Gleichzeitig stellt sich auch hier die Frage, wo sich Positionen ggf. doch vereinbaren lassen oder weiterhin widersprechen und deshalb begründet auszuwählen sind.

---

[126] Vgl. Ratzinger 1992, S. 33.

[127] Ebd., S. 45.

[128] Vgl. ebd., S. 45–48.

[129] Die nähere Ausführung dieser Annahme kann eingangs unter 1.1 nachgelesen werden.

B1) Argumentieren als eine mögliche Begründungsform

- Johannes Kratz (1978)
- Astrid Beckmann (1997) angelehnt an Kratz
- Esther Brunner (2014)

Kratz stellt 1978, für den Kontext des Geometrieunterrichts der Mittelstufe, eine Begriffsunterscheidung vor, die das Begründen als Oberbegriff des Argumentierens fasst.

Er betrachtet komplexes und strenges Beweisen für Schülerinnen und Schüler der Mittelstufe noch als zu anspruchsvoll und hält daher Vorformen des Beweisens zunächst für relevanter.

> „Solches vorläufige Begründen wollen wir als Argumentieren bezeichnen, wenn es darum geht, Gründe für die Gültigkeit eines Satzes anzugeben, ohne Vollständigkeit anzustreben und ohne für die Gründe selbst wieder Gründe zu suchen."[130]

Kratz versteht das Argumentieren somit als eine vorläufige Form des Begründens. Dieses soll das Beweisen als zunehmend komplexere und strengere Begründungsform vorbereiten.[131] Er weist somit, im Gegensatz zu den unter 1.1.2 angeführten Positionen, dem Argumentieren grundsätzlich den Status des Begründens zu, weshalb diese Positionen widersprüchlich zueinander bleiben. Beide, Argumentieren und Beweisen, sind bei Kratz nicht als Begründungsversuche, sondern als Begründungsformen zu verstehen. *Begründen* ist bei Kratz dementsprechend als Oberbegriff mit unterschiedlich strengen und komplexen möglichen Ausprägungen in seinen spezifischen Formen des Argumentierens und Beweisens zu interpretieren.

Dies erscheint insofern plausibel, als dass das Angeben von Gründen für die Gültigkeit bei ihm eine zentrale Rolle einnimmt. Diese Auffassung spiegelt sich in seinem Grundschema einer Argumentation wider: „A gilt, *weil* B zutrifft, bzw. bei einer kritischeren Betrachtung: A gilt, *wenn* B zutrifft."[132] Argumentieren als Unterbegriff bei Kratz bedeutet demnach das Angeben eines Grundes im Sinne einer Ursache B („weil") oder eines Zusammenhangs („Wenn B, dann folgt A"). Dies erinnert an Fetzers einfache Schlussform „Datum, deswegen Konklusion" und ist hierzu durchaus passfähig. Insofern liegt eine inhaltliche Schnittstelle zu

---

[130] Kratz 1978, S. 94.
[131] Vgl. ebd., S. 94–95.
[132] Ebd., S. 94.

einer Position der Relation vor, die Argumentieren als Oberbegriff auffasst. Dies verdeutlicht, wie nah die Auffassungen trotz unterschiedlich beschriebener Relationen beieinanderliegen können. Der entscheidende Unterschied liegt in diesem Fall jedoch darin, dass Kratz Argumentieren als Begründen definiert, weil dies für ihn eine mögliche Begründungsform darstellt, während sich das Begründen bei Fetzer als Element in das Argumentieren eingliedert.

Eine weitere Schnittstelle der Positionen liegt bei **Beckmann** vor. Wurde sie vorrangig dem Begründen als Prozesselement des Argumentierens zugeordnet (A3), so übernimmt sie 1997, in ihrer Veröffentlichung zum Beweisen im Geometrieunterricht, bzgl. des Argumentierens die Definition von Kratz. Sie versteht Argumentieren dort folglich als ein verbales und vorläufiges Begründen nach selbigem Grundschema und bedient sich des auf der vorherigen Seite bereits angeführten Zitats. Des Weiteren fasst sie das Argumentieren dort als *Begründungsaktivität* auf.[133]

Es scheint die Schnittstellen zu der Relation *Begründen als Prozesselement* zusammenfassend schlüssig, den Oberbegriff *Begründen* hier exakter im Sinne von *Begründungsaktivität* zu interpretieren und damit die beschriebenen Widersprüche zwischen den Relationen *Begründen als Prozesselement des Argumentierens* (A3) mit dem *Argumentieren als umfassenderes Ganzes* und *Argumentieren als eine mögliche Begründungsform* (B1) mit dem Begründen als Oberbegriff aufzulösen. Dies wäre möglich, da eine *Begründungsaktivität* für die Anwendung des Begründens in einer umfasseneren Aktivität stehen kann und damit auch das Verständnis des Argumentierens als eine solche umfassendere Anwendung ermöglicht. Das Argumentieren und Beweisen könnten somit als spezifische Ausprägungen des Oberbegriffs *Begründungsaktivität* aufgefasst werden.[134]

Brunner beschäftigt sich intensiv mit dem Argumentieren, Begründen und Beweisen, insbesondere in der Sekundarstufe I. Dabei benennt sie *Begründen* explizit selbst als Oberbegriff über *Argumentieren* und *Beweisen* und beschreibt die Relation wie folgt:

„Im Rahmen dieser Publikation wird Begründen als Oberbegriff verstanden und als Kontinuum mit den Stationen alltagsbezogenes Argumentieren, Argumentieren mit mathematischen Mitteln und formal-deduktives Beweisen konzeptualisiert."[135]

---

[133] Vgl. Beckmann 1997, S. 12.

[134] Vgl. ebd., S. 14.

[135] Brunner 2014, S. 30.

„Argumentieren und Beweisen können somit als zwei spezifische Formen von Begründen verstanden werden, die sich auf unterschiedliche Kontexte beziehen und damit auch teilweise unterschiedlichen Regeln folgen und andere Mittel verwenden."[136]

Begründen kann demnach ganz unterschiedlich gestaltet sein, wobei Brunner den jeweiligen Kontext mit seinen Regeln als entscheidend betrachtet (s. Abb. 1.9). Je nach Kontext sei eine ganz unterschiedliche Verwendung von Mitteln (bspw. die Berufung auf eine Autorität beim alltagsbezogenen Argumentieren, Beispiele als ein mögliches mathematisches Mittel usw.), eine unterschiedliche Strenge in der Logik der Schlüsse oder auch eine formal-symbolische Sprache mit einer streng deduktiven Vorgehensweise notwendig, um die Annahme oder Ablehnung eines bestimmten Standpunkts zu erreichen. So seien Beweise bspw. in der Mathematik sehr wichtig, für das Argumentieren im Alltag aber weniger geeignet. *Mathematisches Argumentieren* umfasst für sie das Argumentieren mit mathematischen Mitteln, welches noch nicht zwingend einer strengen Logik folgen muss. Auch explorative Tätigkeiten und Beispiele werden hier anerkannt. Erst in Hinblick auf die Sekundarstufe erfolgt dann eine zunehmende Fokussierung auf das deduktive Schließen und damit Beweisen.[137]

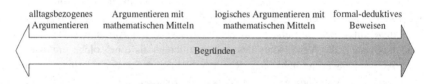

Abb. 1.9 Begründen als Kontinuum zwischen Argumentieren und Beweisen nach Brunner (Brunner 2014, S. 31)

Ein ergänzender Blick in die Bildungsstandards der Schweiz, für eine mögliche Erklärung der Auffassung des Begründens als Oberbegriff, zeigt ergänzend auf, dass dort *Argumentieren und Begründen* einen so genannten *Handlungsaspekt* darstellt, vergleichbar mit den allgemeinen bzw. prozessbezogenen Kompetenzen. Daraus lässt sich eine hohe Wichtigkeit des Begründens im Rahmen der Kompetenzziele, jedoch noch keine Relation als Oberbegriff ableiten. Im

---

[136] Brunner 2014, S. 30.
[137] Vgl. ebd., S. 30–31, 44–45.

neueren Lehrplan 21 wird der Handlungsaspekt zudem in „Erforschen und Argumentieren" umbenannt, bei dem unter anderem das Begründen erwähnt wird.[138]

Brunner selbst legitimiert ihre Relationsauffassung im Wesentlichen mithilfe eines Zitats von Duval:

> „Deductive thinking does not work like argumentation. However these two kinds of reasoning use very similar linguistic forms and propositional connectives. This is one of the main reasons why most of the students do not understand the requirements of mathematical proofs."[139]

Aus diesem Zitat schlussfolgert Brunner, dass Duval Begründen als Oberbegriff versteht, unter den sowohl das Argumentieren als auch das Beweisen fallen.[140] Ob *two kinds of reasoning* bzw. „deux formes de raisonnement"[141] jedoch tatsächlich mit *Begründungsformen* oder *Begründungsarten* zu übersetzen ist, kann nach eigener Auffassung nicht eindeutig beantwortet werden. Eine Übersetzung mit Schlussfolgern oder logischem Denken erscheint zumindest ebenfalls möglich. Von Duval selbst konnte diesbezüglich keine Aufschluss gebende Definition gefunden werden.

Auch über die Begriffsrelation hinaus zeigen sich deutliche Parallelen zu Duval. Duval sieht bei den von ihm unterschiedenen Begriffen *le raisonnement déductif* im Sinne des deduktiven Beweisens und *une argumentation* ebenfalls den Kontext als entscheidend an. Argumente sind bei ihm zudem wie bei Brunner durch ganz unterschiedliche Mittel möglich: „An argument is considered to be anything which is advanced or used to justify or refute a proposition."[142] Gleichzeitig versteht er den Argumentationsbegriff diskursiv und dementsprechend die Argumentation nicht als ein einzelnes Argument, sondern als eingebettete Argumente in eine dynamische diskursive Debatte. Beweisen wird bei ihm dem Argumentieren gegenüber ebenfalls objektiver und strenger eingeordnet, so dass die von Brunner gewählten Begrifflichkeiten (s. Abb. 1.9 über dem Pfeil) im Großen und Ganzen zu Duval konform sind. Während Brunner jedoch einen

---

[138] Vgl. Schweizerische Konferenz der kantonalen Erziehungsdirektoren 2011, S. 3, 12, 40–41; Deutschschweizer Erziehungsdirektorenkonferenz 2013, S. 293–294; Brunner 2014, S. 32.

[139] Duval 1991, S. 233.

[140] Vgl. Brunner 2014, S. 30.

[141] Duval 1991, S. 233.

[142] Duval 1999, S. 2.

fließenden Übergang zwischen dem Beweisen und Argumentieren sieht, kontrastiert Duval diese beiden Begriffe stärker und hinterfragt einen möglichen Übergang der Prozesse ineinander. Weitergehend sieht er in der Unterschiedlichkeit des alltäglichen Argumentierens und des Beweisens sogar eine Ursache für die Schwierigkeiten von Schülerinnen und Schülern beim Erlernen des Beweisens (s. auch angeführtes Zitat S. 47).[143]

In einer Veröffentlichung zum Geometrieunterricht von 1998 wird zudem deutlich, dass er *reasoning* eher als kognitiven Prozess betrachtet, der für diskursive Prozesse *argumentation* und *proof* eine Rolle spielt. Der Begriff *reasoning* kann daher bei Duval, unabhängig von seiner Übersetzung, auch als kognitiver, parallel ablaufender Prozess oder als Teilprozess interpretiert werden. Dies passt einerseits sehr gut zu der Abbildung 1.9, entspräche aber keinem Oberbegriff.[144]

1.1.4 Zusammenfassung und Positionierung

In der vorangegangenen Darstellung und Analyse der Positionen haben sich bereits Tendenzen in sich stimmiger und weniger stimmiger sowie miteinander vereinbarer und widersprüchlich bleibender Positionen abgezeichnet. Oftmals hat sich dabei in der näheren inhaltlichen Betrachtung herausgestellt, dass diese lediglich durch unterschiedliche Perspektiven oder unterschiedlich gewählte Begriffe widersprüchlich erscheinen. Durch eine inhaltliche Analyse, Differenzierung und Interpretation der Begriffe konnten diese Widersprüche teilweise aus dem Weg geräumt werden. Die Erkenntnisse sollen nun zusammenfassend in der eigenen fundierten Positionierung münden.

Bereits ein einfacher Blick auf Tabellen 1.1 und 1.2 (s. S. 8 f.) zeigt, dass die Mehrheit der eingeordneten Positionen das Argumentieren als *umfassenderes Ganzes* betrachtet. Diese sind, trotz unterschiedlicher Perspektiven bei A1 bis A3 (Begründen als Teilbereich des Lernziels, als Prozesselement oder als Strukturelement) auch weitgehend passfähig zueinander. Darüber hinaus hat sich in der Darstellung und Analyse der Positionen gezeigt, dass die Positionen, die Begründen als Oberbegriff betrachten (B1), bei inhaltlich sinnvoller und exakterer Interpretation des Oberbegriffs als *mögliche Begründungsaktivität*, durchaus mit der Auffassung von Argumentieren als *umfassenderes Ganzes* (A1 bis A3) vereinbart werden können.

---

[143] Vgl. Duval 1999, S. 2–5; Knipping 2003, S. 36.
[144] Vgl. Duval 1998, S. 38.

Schwieriger gestaltet sich der zusammenfassende Blick auf die Positionen, die das Argumentieren als Oberbegriff interpretieren und dabei das Begründen als spezifisches Argumentieren auffassen (A4). Es fällt jedoch auf, dass gerade diese Positionen inhaltliche Schnittstellen zu dem Argumentieren als *umfassenderes Ganzes* im Sinne einer Teil-Ganzes-Relation aufweisen und damit auch in sich widersprüchlich bleiben. So widerspricht sich Freytag, indem er mit Schmidt argumentiert, der Argumentieren als umfassender auffasst. Schwarzkopf analysiert Argumentationen mithilfe von Toulmin und betrachtet Begründungen für Aussagen oder Schlüsse somit durchaus auch als Elemente einer Argumentation. Meyer lehnt sich in der Definition und Relationsauffassung an Schwarzkopf an. Büchter und Leuders widersprechen sich in einem späteren aufgabenbezogenen Kapitel selbst, indem sie dort das Begründen als einen Teilprozess des Argumentierens darstellen und Bardy setzt zwei spezifizierende Kriterien für das Argumentieren an, die gleichzeitig eine Interpretation des Begründens als Element des schlüssigen Argumentierens erlauben.

Die Positionen, die lediglich das Produkt der *Argumentation* als Oberbegriff der *Begründung* ansehen (A5) zeigen nach eigener Auffassung dabei eine differenziertere Sichtweise auf und sind in ihrer Grundidee mit den weiteren Positionen vereinbar. Insbesondere Hefendehl-Hebeker und Hußmann, die deshalb auch zwei Kategorien zugeordnet sind, haben hier bereits aufgezeigt, dass es eine schlüssige Sichtweise darstellt, das Begründen als Element des Prozesses des Argumentierens zu betrachten (A2) und gleichzeitig das Produkt einer schlüssigen Argumentation als Begründung anzustreben (A5). Als entscheidend wurde dabei die Differenzierung zwischen dem Prozess mit seinen Teilelementen (Argumentieren mit u. a. dem Begründen) und dem Produkt betrachtet, welches bei der Erfüllung definierter Merkmale (bspw. die Schlüssigkeit) in der allgemeineren (Argumentation) oder spezifischeren Form (Begründung) vorliegen kann. Die Argumentation wird im Kontext dieser Positionen als aus mehreren Argumenten bestehend verstanden, da insbesondere im Prozess in der Regel mehrere Aussagen zu begründen bzw. Argumente einzubringen sind. Um insbesondere im Kontext der mehrschrittigen Argumentation die daraus folgenden Relationen zwischen Begründen und Argumentieren zu präzisieren, wird das Schema von Toulmin als hilfreiches Instrument gewertet. Auf dieses wird daher nachfolgend im Rahmen der eigenen Definition zurückgegriffen (s. 1.2).

So scheint es insgesamt plausibel und mindestens in Teilen mit allen Positionen vereinbar, sich auf das Begründen als Element des Argumentierens festzulegen und darüber hinaus das Argumentieren als eine Begründungsaktivität, im Sinne einer Anwendung des Begründens beim Argumentieren, zu betrachten.

Das Produkt dieser Aktivität wird als Argumentation interpretiert, die in schlüssiger Darstellung auch einer Begründung der Zielaussage entspricht. In Bezug auf die unterschiedenen Relationen wird damit *Argumentieren* als *umfassenderes Ganzes* betrachtet und das (einschrittige) *Argument* sowie die (mehrschrittige) *Argumentation* als Oberbegriff von *Begründung*.

1.2   Definition des Begründens und Argumentierens

Im Sinne der erfolgten Relationsklärung soll nun eine dazu und zu dem eigenen Vorhaben stimmige Definition erfolgen. Diese Definition muss die Erkenntnisse der vorab angeführten Darstellungen und Analysen aufgreifen und auf das schriftliche Begründen von Grundschulkindern anwendbar sein.

Ein offensichtlich bei allen Positionen auftauchender Zusammenhang ist zunächst die grundlegende Tatsache, dass sich die Tätigkeit des Begründens immer auf eine Aussage bezieht, für die zumindest ein entsprechender Grund gefunden werden soll. Diese Aussage kann je nach Kontext unterschiedlicher Art sein. Dementsprechend ist manchmal, wie z. B. bei Winter, Krummheuer oder Schwarzkopf, ganz allgemein von einer zu begründenden Aussage oder der Begründung einer Aussage die Rede, oft aber auch von konkreten zum Kontext passenden Aussageformen wie z. B. zu begründende Muster im Sinne von Regelhaftigkeiten, Vermutungen über Eigenschaften oder Zusammenhänge, bestreitbare Behauptungen, Standpunkte, Sätze usw. Für den in dieser Arbeit thematisierten Kontext des schriftlichen Begründens in der Grundschule bei unterschiedlichen geometrischen Aufgabenstellungen erscheint es sinnvoll, für die Definition bei dem allgemeineren und gleichzeitig vielfältigen Begriff *Aussagen* zu bleiben.[145] Die einzige Einschränkung, die mit dem Kontext verbunden ist, ist die, dass aufgrund der im Fokus stehenden Mathematikaufgaben selbstverständlich immer mathematikbezogene Aussagen gemeint sind. *Begründen* wird daher als Angabe eines Grunds oder mehrerer Gründe für eine (mathematikbezogene) Aussage verstanden.

Für eine Abgrenzung des Begründens zum Argumentieren bleibt nach deren Relation auch deren Unterschiedlichkeit genau festzulegen. Da das Begründen in der eigenen Arbeit als Element des Argumentierens verstanden wird (s. 1.1.4),

---

[145] Ein Einblick in die vielfältigen spezifischen zu begründenden Aussagenformen beim schriftlichen Begründen in der Grundschule kann jedoch im Rahmen der Ergebnisse der Schulbuchanalyse unter 3.3.4 gegeben werden. Die dort herausgearbeiteten Erkenntnisse über die Variationsmöglichkeiten der zu begründenden Aussagen werden darüber hinaus unter 4.3.3 als vielfältige und variable Aufgabenmerkmale dargestellt.

sind die zusätzlichen Bausteine des Argumentierens darzulegen. Die dargestellten Positionen aus A1 bis A3, die das Argumentieren als umfassender betrachten, und hier insbesondere die Toulmin-Struktur, geben zusammenfassend darüber Aufschluss.

So haben vor allem die Positionen von Winter, Wittmann, Ambrus und Krauthausen (A1) neben dem Begründen in erster Linie solche Lernzielelemente benannt, die bei mündlichen interaktiven Prozessen eine Rolle spielen. Dementsprechend wurden dort Elemente wie das Festlegen eines Gesprächsgegenstands, gemeinsame Grundannahmen usw. angeführt. Zusammenfassend handelt es sich um Aspekte, die Anlässe oder Voraussetzungen zum Begründen schaffen und für eine gemeinsame Anerkennung der Gültigkeit einer Aussage notwendige Komponenten darstellen.

Neben den angeführten mündlichen und interaktiven Argumentationen sind jedoch auch schriftliche und individuelle Argumentationen denkbar (s. Fetzer, Reiss und Ufer unter A2). Reiss und Ufer beurteilen die individuellen Argumentationen, deren Fokus auf der Generierung, Untersuchung und Absicherung von Vermutungen und Hypothesen (und damit weniger auf der Überzeugung) liegt und die durchaus auch im sozialen Kontext stattfinden können, sogar als enger mit dem mathematischen Begründen (und Beweisen) zusammenhängend.

Unter A2, dem Begründen als Prozesselement, wurde einerseits aufgezeigt, dass Argumentieren als (dialogischer) Unterrichtsprozess in der Regel mehrschrittig erfolgt (s. bspw. Hefendehl-Hebecker und Knipping), andererseits aber auch einschrittig denkbar ist (s. Fetzer). Mehrschrittige Argumentationen werden dabei keineswegs streng deduktiv und geradlinig entwickelt. Vielmehr sind verschiedene Strukturen, bspw. Rückschritte oder parallel verlaufende Stränge, denkbar. Zudem wurde aufgezeigt, dass Begründungen in einer Argumentation auch implizit bleiben können. Dies geschieht, wenn Aussagen oder Schlüsse nicht hinterfragt, sondern unbegründet geäußert und von allen Beteiligten akzeptiert werden. Knipping nennt dies *kollektive Akzeptanz* (s. S. 18). Um schriftliches Argumentieren jedoch als schriftliche Begründungsaktivität fassen zu können, müssten die Begründungen nach eigener Auffassung zumindest teilweise explizit gemacht werden.

Den „Schlüssel" für eine genauere Abgrenzung der Begriffe *Argumentieren und Begründen* sowie der zugehörigen Begriffe *Begründung, Argumentation, Argument* liefert in der vorliegenden Arbeit die Auseinandersetzung mit der Struktur Toulmins.

Toulmin trägt mit seiner Unterscheidung einzelner Elemente wesentlich zum Verständnis des funktionalen Aufbaus eines Arguments bei. Da er sich dabei auch auf begründende Elemente bezieht, gibt die Struktur einen wesentlichen

Aufschluss über das Verständnis von Begründen als Element des Argumentierens. So wurde bereits festgehalten, dass die angegebenen Daten (*data*) als „faktische" Gründe für die Konklusion, die Schlussregel (*warrant*) als Begründung für den legitimen Schluss von den Daten zu der Konklusion und die Stützung als Grund für die Passfähigkeit der Schlussregel interpretiert werden können.

In Hinblick auf die begründenden funktionalen Elemente in einem Argument ergibt sich daraus das abgeleitete Schema in Abbildung 1.10, das auch als *einschrittige Argumentation* bezeichnet werden kann. Neben der Begründung für die Aussage stellen dabei die zu begründende Aussage selbst und die Schlussfolgerung als Verknüpfung von der Begründung zur Aussage die wesentlichen weiteren Elemente eines Arguments dar. Darüber hinaus kann die Schlussfolgerung über eine Begründung zusätzlich legitimiert werden.[146] Da *Begründen* und *Begründung* bzw. *Argumentieren* und *Argument/Argumentation* nach eigener Auffassung nur die prozesshafte und produktorientierte Perspektive voneinander darstellen, kann *Begründen* mit der Angabe mindestens einer Begründung und *Argumentieren* mit der Angabe mindestens eines Arguments gleichgesetzt werden. Die zusätzlichen Elemente des dargestellten Arguments/der einschrittigen Argumentation sind dementsprechend auf das Argumentieren übertragbar: Das Argumentieren erfordert über das Begründen/die Angabe einer Begründung hinaus die Angabe der Schlussfolgerung auf die darauffolgende, zu begründende Aussage.

Abb. 1.10   Ein Argument bzw. eine einschrittige Argumentation

Wann eine verbalisierte Begründung als Begründungsversuch oder tatsächlich als erfolgreiche Begründung gilt, soll in Anlehnung an die vorab angeführten Positionen (bspw. Knipping, Reiss und Ufer, Schwarzkopf) als abhängig von der Akzeptanz der Beteiligten betrachtet werden. Je nachdem, für wen begründet bzw.

---

[146] Die weiteren relativierenden Elemente Operator und Ausnahmebedingung (s. Toulmin S. 27) könnten ebenfalls noch berücksichtigt werden, tragen hier jedoch nicht wesentlich zur Begriffsklärung bei.

argumentiert wird, kann dies eine individuelle Akzeptanz für sich selbst oder eine sozial eingebettete Akzeptanz von einer Mitschülerin oder einem Mitschüler bis hin zur mathematischen Community sein. Dementsprechend können unterschiedliche Kriterien zur Akzeptanz, wie bspw. die logische Schlüssigkeit der Argumentation oder die Autorität des Sprechers, angesetzt werden. Die Akzeptanz einer Begründung ist dabei nach eigener Auffassung auch als Akzeptanz des gültigen Schlusses von dem Grund bzw. den angeführten Gründen zur zu begründenden Aussage zu verstehen, da die Begründung immer im engen Kontext zur Aussage steht und nicht unabhängig hiervon akzeptiert werden kann.

Betrachtet man den Aufbau eines Arguments (s. Abb. 1.10) in Hinblick auf den, wenn auch idealtypisch dargestellten, Prozess, wird ein weiterer Unterschied deutlich: Während Argumentieren bei Toulmin von den ausgehenden Fakten, den Daten, schlussfolgernd auf die Aussage von links nach rechts gedacht wird, verhält es sich bei dem Begründen genau andersherum. So ist der gegebene Ausgangspunkt für das Begründen die zu begründende Aussage rechts und es wird die Begründung links gesucht. Die zuvor vorläufige Definition von *Begründen* als Angabe eines Grunds oder mehrerer Gründe für eine Aussage kann auf dieser Basis bzgl. ihres feststehenden Ausgangspunkts abgrenzend präzisiert werden.

> **Begründen** meint die Angabe eines Grunds oder mehrerer Gründe zu einer feststehenden Aussage.

Feststehend meint, dass die zu begründende Aussage nicht mehr festgelegt bzw. gefunden werden muss. In dem Moment, wo etwas begründet wird, ist die zu begründende Aussage gegeben bzw. gefunden und wird als solche zumindest vorläufig anerkannt. Damit ist in der Begründungssituation klar, welche Aussage begründet werden soll. Als Leitfrage für mathematische Begründungssituationen kann die Frage „Warum ist das so?" verstanden werden. Diese verdeutlicht durch das *warum* die Suche nach einem oder mehreren Gründen, durch das *ist* den Gültigkeitsanspruch der feststehenden Aussage und durch *das so* den Bezug zu der zu begründenden Aussage.

Für eine Begründungssituation ergibt sich daraus das Grundschema von Abbildung 1.11. Ausgehend von einer selbst erkannten oder vorgegebenen Begründungsnotwendigkeit wird mindestens ein Grund gesucht, der eine Begründung für die Aussage darstellt. Diese Begründung soll schließlich in der sinngemäßen Form „Die zu begründende Aussage gilt, weil gefundener Grund/gefundene Gründe" verbalisiert werden.

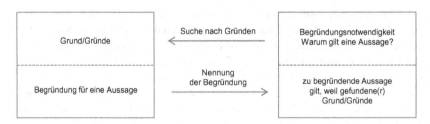

Abb. 1.11 Grundschema des Begründens

Für das Argumentieren hingegen verdeutlicht die Abbildung 1.10 (s. S. 52), dass die Aussage ein fester Bestandteil des Arguments ist und damit einen zusätzlichen Bestandteil gegenüber dem Begründen darstellt. Die zu begründende Aussage ist im Rahmen des Argumentierens erst noch festzulegen und zu äußern. Ausgehend von den vorliegenden Fakten und eigenen Überlegungen oder Entdeckungen soll dabei auf eine sich selbst oder andere überzeugende Position geschlussfolgert werden. In diesem Sinne ist die eigene Aussage erst festzulegen. Selbstverständlich ist es dabei häufig so, dass vorab schon verschiedene mögliche Standpunkte und vielleicht sogar eine eigene Vermutung oder Behauptung im Raum stehen. Diese werden dann aber noch nicht als feststehende eigene Aussage betrachtet, sondern sind als Standpunkt noch einzunehmen und so zu vertreten, dass die Argumentation auch andere überzeugen kann. Es wird also für oder gegen einen Standpunkt bzw. eine noch unsichere Aussage argumentiert. Bei erfolgreicher Argumentation wird die Gültigkeit der Aussage anschließend akzeptiert.

Argumentieren meint Position für oder gegen eine unsichere Aussage zu beziehen, diese also erst einmal festzulegen, und diesen Standpunkt bzw. Geltungsanspruch nachvollziehbar und begründend zu vertreten.

Dabei wird die Gültigkeit der Aussage selbst und, sofern notwendig, auch die Gültigkeit jedes Schlusses von einer Aussage (Begründung) zur nächsten Aussage (Schlussfolgerung) begründet.

Inwieweit das Begründen der Schlüsse dabei zusätzlich *notwendig* ist, ergibt sich aus der Komplexität der erforderlichen Argumentation und der damit verbundenen Einschätzung der sich äußernden Person sowie der Akzeptanz oder Einforderung ggf. vorhandener Rezipienten.

Als Leitfrage für eine Argumentationssituation kann die offen gehaltene Frage „Wie ist es und warum?" oder für eine verstärkt standpunktbezogene Positionierung auch „Kann das stimmen?" oder „Würdest du zustimmen?" verstanden werden.

Für eine Argumentationssituation ergibt sich daraus das Grundschema von Abbildung 1.12. Ausgehend von einer selbst erkannten oder vorgegebenen Argumentationsnotwendigkeit wird nach mindestens einem Grund für die Festlegung auf eine Aussage gesucht. Der Grund bzw. die Gründe und die geschlussfolgerte Aussage können dann als Argumentation in der sinngemäßen Form „Die nun festgelegte und zu vertretende Aussage gilt, weil gefundener Grund/gefundene Gründe" verbalisiert werden.

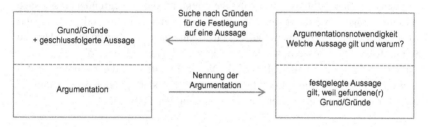

Abb. 1.12 Grundschema des Argumentierens

Um sich bei einer eingeforderten Positionierung zu einer Aussage nicht nur auf diese festzulegen, sondern hierfür auch Gründe anzugeben und die Schlussfolgerungen transparent zu machen, erscheint es naheliegend Argumentieren in einen sozialen Kontext einzubetten und auf diese Weise einen deutlichen Argumentationsanlass zu schaffen. In einem Dialog können entsprechende Gründe eingefordert, Gegenargumente geliefert und Äußerungen kritisch hinterfragt bzw. angezweifelt, aber letztlich auch als gültig akzeptiert werden, so dass der Anlass, Aussagen argumentativ zu äußern insgesamt größer ist. Aus diesem Grund erfolgt das Argumentieren häufig sowohl dialogisch als auch mündlich und wurde bisher dementsprechend vor allem im Rahmen mündlich ablaufender Unterrichtsprozesse erforscht (bspw. Schwarzkopf 2000, Knipping 2003, Krummheuer 2003, Peterßen 2012).

Da sich die erfolgte Darstellung des Verhältnisses ‚Begründen-Argumentieren' (s. Abb. 1.10, S. 52) nur auf einzelne Argumente, also einschrittige Argumentationen bezieht, ist die Bedeutung des definierten Verhältnisses ‚Begründen-Argumentieren' und der angeführten Definitionen ergänzend noch für mehrschrittige Argumentationen zu überlegen. Grundsätzlich setzen sich mehrschrittige Argumentationen aus einzelnen Argumenten zusammen und stellen gewissermaßen deren Aneinanderreihung dar. Es kommen also keine anderen funktionalen Elemente hinzu. Dennoch ergibt sich aus der Verknüpfung mehrerer Argumente ein weiterführendes und tiefergehendes Begriffsverständnis für das Argumentieren und Begründen.

Abbildung 1.13 stellt eine solche mehrschrittige Argumentation in ihrer funktional strukturierten Idee in Anlehnung an Toulmin und Krummheuer dar (s. A3, S. 24 ff.). Wie die einschrittige Argumentation (s. Abb. 1.10, S. 52) beginnt auch die mehrschrittige Argumentation mit Ausgangsinformationen im Sinne eines akzeptierten Datums. Dieses kann als Grund für eine geschlussfolgerte Aussage fungieren. Handelt es sich dabei noch nicht um die Zielaussage bzw. ist es nicht möglich von dieser anfänglichen Aussage direkt auf die zu begründende Aussage zu schlussfolgern, wird eine mehrschrittige Argumentation notwendig. Dann sind weitere Aussagen einzubauen und logisch so miteinander zu verknüpfen, dass die Schlussfolgerung von dem Ausgangspunkt zur Zielaussage über diese logischen Zwischenschritte nachvollziehbar wird. Dies kann aufgrund der Komplexität des Sachverhalts bzw. aufgrund des fehlenden eigenen oder fremden Verständnisses bei einer einschrittig zu weiten Schlussfolgerung der Fall sein.

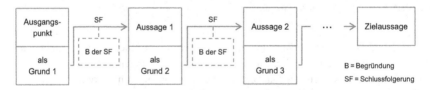

Abb. 1.13 Eine mehrschrittige Argumentation mit mehreren Argumenten

Wie bei Krummheuer bereits ausgeführt (s. S. 29 ff.), übernimmt die erste geschlussfolgerte Aussage dabei in der Weiterführung der Argumentation die Funktion des Datums für die nächste Aussage. Die Schlussfolgerung ist also jeweils eine durch den Schluss neu als gültig akzeptierte Aussage, von der aus weitergedacht werden kann. Diese neu akzeptierte Information liefert damit jeweils den Grund für die nächste Aussage (Grund 1 für Aussage 1 usw.). Dies kann beliebig oft fortgeführt werden, bis schließlich (nach eigenem Empfinden oder einer entsprechend eingeforderten Positionierung) die Zielaussage erreicht wird.

Während der mehrschrittigen Argumentation können die Schlussfolgerungen (SF) selbst ebenso wie bei der einfachen Argumentation begründet werden (B der SF). Auch wenn es sich bei Abbildung 1.13 nur um ein idealisiert strukturiertes Modell zum möglichen Verständnis und der Analyse von Argumentationen handelt, hilft das Modell, die Begriffe näher zu fassen.

Die **mehrschrittige Argumentation** stellt wie die einschrittige Argumentation ein Produkt des Argumentierens dar. Während die einschrittige Argumentation jedoch nur aus einem Argument besteht, werden bei der mehrschrittigen Argumentation mehrere Argumente miteinander verknüpft. Ziel ist es, durch eine Kette nachvollziehbarer Schlussfolgerungen von einer als gültig akzeptieren Aussage als Ausgangspunkt zu einer als gültig akzeptierten Zielaussage zu gelangen.

Die Strittigkeit der (Ziel-)Aussage wird dabei in Anlehnung an die empirischen Erkenntnisse aus den Unterrichtsbeobachtungen von Schwarzkopf (2000), Knipping (2003) und Krummheuer (2003) weder für ein Begründen an sich, noch für eine ein- oder mehrschrittige Argumentation als notwendig erachtet. Vielmehr soll beim Begründen von der *zu belegenden Gültigkeit einer Aussage* und beim Argumentieren von der *als gültig zu vertretenden (Ziel-)Aussage* die Rede sein. In diesem Sinne wurde auf den letzten Seiten ein Geltungsanspruch für den eigenen Standpunkt argumentativ dargestellt und dabei versucht, die Leserin oder den Leser mittels der einen oder anderen Begründung zu überzeugen, so dass der Schluss auf die jeweilige Definition und Relation logisch erscheint und nachvollzogen werden kann.

Abschließend stellt sich für ein tieferes Begriffsverständnis die Frage, was bei einer mehrschrittigen Argumentation als Begründung der Zielaussage gilt. Ist es der unmittelbar vorab angeführte Grund, von dem auf die Zielaussage geschlussfolgert werden kann, ein vorher angeführter oder sind gar alle vorab angeführten Gründe als Begründung der Zielaussage zu betrachten? Da Begründen und Begründung als prozess- und produktorientierte Perspektive zueinander festgehalten wurden, ist dies mit der Frage gleichzusetzen, durch welchen Grund oder welche Gründe die Zielaussage in einer mehrschrittigen Argumentation begründet wird. Die Definition von Begründen als Angabe eines Grunds oder mehrerer Gründe zu einer feststehenden Aussage lässt diese Frage noch offen.

Da die mehrschrittige Argumentation mehrere Argumente der Struktur einfacher Argumente enthält, könnte man davon ausgehen, dass die Begründung der Zielaussage folglich der zuvor angeführte Grund ist. Aussage 1 wird dann durch Grund 1 begründet, Aussage 2 durch Grund 2 usw. und die Zielaussage entsprechend durch den Grund unmittelbar davor. Dies funktioniert bei notwendigen mehrschrittigen Argumentationen jedoch nur in der aufeinander aufbauenden Logik von links nach rechts, da die Aussagen hier erst nach und nach durch die Schlüsse ihre Gültigkeit erlangen.[147] Aussage 2 bspw. ist erst eine als gültig anerkannte Aussage, wenn von dem akzeptierten Ausgangspunkt aus zwei logische Schlüsse weiter gedacht wurde. Würde man nur Aussage 2 als Grund angeben, entspräche dies nur der Angabe einer noch nicht als gültig akzeptierten Aussage. Ohne die mitgelieferten oder sich selbst erschlossenen Argumente von dem gültigen Ausgangspunkt zur Aussage 2, fehlt deren Nachvollziehbarkeit und damit auch die Möglichkeit diese als Begründung zu akzeptieren. Andernfalls wäre die mehrschrittige Argumentation nicht notwendig.

Das bedeutet, der Grund vor der Zielaussage einer notwendigerweise mehrgliedrigen Argumentation kann nur als solcher nachvollzogen und damit auch akzeptiert werden, wenn dieser durch die Argumentation von der Ausgangsinformation ausgehend auf akzeptierte Weise geschlussfolgert wird. Gleiches gilt für sämtliche Aussagen als mögliche Gründe zwischen dem Ausgangspunkt und der Zielaussage, wobei hier zusätzlich der Zusammenhang zur zu begründenden Aussage aufgezeigt bzw. verstanden werden müsste. Den Status einer von Anfang an akzeptierten Aussage, die als Grund ohne vorherige Argumentation angeführt werden kann, besitzt nur der Ausgangspunkt. Wenn von diesem, wie bei der mehrschrittigen Argumentation, jedoch nicht direkt auf die Zielaussage geschlussfolgert werden kann, sind Zwischenschritte notwendig, um den Zusammenhang von dem Grund zur Zielaussage herzustellen. Wie detailliert bzw. kleinschrittig diese ausfallen müssen, um eine Nachvollziehbarkeit zu erreichen, richtet sich, wie bereits im Kontext des Begründens beschrieben, nach der individuellen und/oder sozialen Akzeptanz und ist damit stark von den jeweiligen Personen abhängig, die die Begründung formulieren und als solche akzeptieren sollen. Eine Person, die bspw. bereits weiß, dass die Winkelsumme im Dreieck 180°

---

[147] Das Vorgehen wird trotz der beschriebenen Struktur bewusst nicht als *deduktiv* bezeichnet. Auch wenn in der rekonstruierten Struktur einer Argumentation eine logische Folge von aufeinander aufbauenden Aussagen steht, sind im schulischen und insbesondere Grundschulkontext hierunter nicht nur theoretisch gesicherte Aussagen gefasst, sondern auch induktiv am Beispiel gewonnene, legitimierte Schlüsse über Autoritäten etc.

beträgt, kann diese (für sie bereits feststehende) Aussage als Grund direkt nutzen, um eine fehlende Winkelangabe zu belegen. Eine andere Person müsste sich die Aussage erst erschließen bzw. als gültig anerkennen, ehe sie diese als Grund anführen kann oder auch nach ganz anderen Möglichkeiten der Argumentation suchen. Neben unterschiedlichen möglichen Ausgangspunkten sind personenabhängig auch unterschiedlich weite Schlüsse denkbar.

Zusammengefasst ist es durchaus möglich jeden Grund einer notwendigerweise mehrgliedrigen Argumentation als Grund für die Zielaussage zu verstehen bzw. anzuführen. Keiner der Gründe wird jedoch ohne die zugehörige Argumentation als solcher nachvollziehbar sein und entsprechend als gültig akzeptiert werden.

Die Begründung **einer mehrschrittigen Argumentation** gibt es nicht. Die mehrschrittige Argumentation beinhaltet für jedes eingebaute einzelne Argument mindestens eine Begründung. Begründungen der Schlussfolgerungen sind zusätzlich möglich. Der angeführte Grund, der in der logischen Folge vor der zu begründenden Zielaussage steht, kann jedoch als direkte Begründung dieser verstanden werden. Die weiteren Gründe begründen dessen Gültigkeit und damit indirekt auch die Zielaussage. Sie stellen notwendige Elemente in der nachvollziehbaren Verknüpfung vom Ausgangspunkt zur Zielaussage dar. Nur mit den weiteren Elementen der Argumentation, das heißt zusammen mit den Schlussfolgerungen und ggf. deren notwendigen Begründungen, können sie jedoch als Gründe für die schließlich gefolgerte Zielaussage verstanden werden.

1.3 Begründen und Argumentieren im Zusammenhang zum Beweisen

Beweisen ist gegenüber dem *Begründen* und *Argumentieren* der fachspezifischere Begriff. So wird die Mathematik häufig auch als *beweisende Disziplin* bezeichnet, während das Begründen und Argumentieren auch außerhalb dieses Fachs weit verbreitet sind und eine bedeutende Rolle spielen. Dementsprechend ist in Bezug auf das Beweisen häufig von einer *zentralen mathematischen Fähigkeit* mit fachspezifischen Kriterien die Rede. Auch wenn diese Kriterien für den Schulkontext zum Teil weniger streng gesehen werden, wird nachfolgend ein

Begriffsverständnis verfolgt, bei dem der Beweis sinnvollerweise als eine spezifische Argumentation nach bestimmten Kriterien und Beweisen als spezifisches Argumentieren verstanden werden kann. Der Oberbegriff des *Beweisens* ist demnach *Argumentieren*. Das Begründen ist folglich nicht nur ein Teilelement des Argumentierens, sondern auch des Beweisens.[148]

Während in Bezug auf die Auffassung des Beweisens als spezifische Argumentationsform ein weitgehender Konsens herrscht, zeigen die nachfolgenden Positionen exemplarisch auf, dass in Bezug auf die Kriterien, wann Argumentieren im Schulkontext auch als Beweisen bzw. eine Argumentation als Beweis verstanden werden kann, unterschiedliche Grenzen gezogen werden. Dies führt letztlich zu der Problematik, dass keine einheitlichen Kriterien für einen gültigen mathematischen Beweis vorliegen.[149]

Wittmann (2014) sieht im Argumentieren „eine mathematische Kompetenz, die in formales Beweisen münden kann, aber nicht unbedingt muss, sondern in allen Schulformen und Jahrgangsstufen eine eigenständige Bedeutung besitzt."[150] Das 1981 von ihm mitbenannte Teillernziel Beweisen im Rahmen des Lernziels Argumentierens (s. 1.1.1) ist also dahingehend zu verstehen, dass Beweisen eine mögliche zu erlernende Argumentationsform darstellt. In Bezug auf die Frage, wann ein Beweis dabei als solcher gelten darf, weist er zunächst auf unterschiedliche Abgrenzungen und benannte Merkmale hin. Laut Wittmann bestehe aber zumindest in der *Scientific Community* ein weitgehender Konsens bei drei Kriterien: Lückenlosigkeit und Vollständigkeit, Minimalität und Formalisierung von Struktur, Sprache und Symbolik. Ein Beweis soll dementsprechend erstens mithilfe logischer Schlussregeln zeigen, dass Behauptungen aus den bestehenden Voraussetzungen, Axiomen, Definitionen und bereits bewiesenen Aussagen folgen. Er ist also deduktiv. Er soll sich zweitens für die Gültigkeit der Behauptung nur auf unbedingt notwendige Voraussetzungen stützen und keine redundanten Argumentationsschritte enthalten. Drittens erfolgt die Präsentation typischerweise in einer formalisierten Struktur, in Fachsprache, mit präzisen Formulierungen und unter der Verwendung von Symbolen. Beweise, die akzeptiert werden sollen, müssen diesen Kriterien laut Wittmann genügen. Dagegen sei es letztlich immer eine Wertungsfrage, ob eine Argumentation als schlüssig gelten darf.[151]

---

[148] Vgl. Reiss und Ufer 2009, S. 155–156; Ufer et al. 2009, S. 31; Brunner 2013, S. 106; Wittmann 2014, S. 35.

[149] Vgl. Ufer et al. 2009, S. 35; Grundey 2015, S. 9.

[150] Vgl. Wittmann 2014, S. 35.

[151] Vgl. ebd. 2014, S. 35–36.

Das Kriterium der typischerweise formalisierten Struktur wird von Wittmann in Hinblick auf den Begriff im schulischen Kontext als nicht zu streng auszulegen gesehen. So plädieren Wittmann und Müller (1988) dafür, das Beweisen an die Verstehensgrundlage und den Kommunikationsrahmen von Schule anzupassen und eine Loslösung von formalen, deduktiv durchorganisierten Darstellungen zugunsten vermehrt inhaltlich-anschaulicher Darstellungen vorzunehmen. Dies begründen sie im Wesentlichen mit der enormen Wichtigkeit des Verständnisses der inhaltlichen Bedeutung der Beweise und der Tatsache, dass inhaltlich-anschauliche Aspekte aus diesem Grund auch für Mathematiker eine bedeutende Rolle spielen. Der Beweisbegriff ist somit nach Wittmann kontextabhängig zu betrachten. Ein schulischer Beweisbegriff benötigt dabei weniger formale Strenge und greift im Sinne des Verstehens vermehrt auf inhaltlich-anschauliche Aspekte zurück, während bei einem fachmathematischen Beweisbegriff eine größere formale Strenge anzusetzen wäre.[152]

Diese Auffassung wird von Blum und Kirsch (1989) unterstützt, die darauf aufbauend und unter Ergänzung des handlungsbezogenen Beweises vier verschiedene zu unterscheidende Beweisstufen benennen: *Experimentelle „Beweise"*, *handlungsbezogene Beweise* und *inhaltlich-anschauliche Beweise* als präformale Beweise sowie *formale Beweise*. Experimentelle „Beweise" stellen nach Blum und Kirsch keine eigentlichen Beweise dar, da sie nur Spezialfälle verifizieren und somit auf Beispielebene verbleiben statt auf verallgemeinerter Ebene gültig zu sein. Inhaltlich-anschauliche Beweise werden als eine Kette korrekter Schlüsse verstanden, die vom inhaltlich-anschaulichen Fall direkt verallgemeinerbar ist, wobei diese Verallgemeinerung intuitiv erkennbar sein soll. Während Wittmann darunter solche Beweise fasst, die entscheidende Argumente auf enaktiver oder ikonischer Darstellungsebene inhaltlich darstellen, differenzieren Blum und Kirsch hier zwei Stufen: *handlungsbezogene Beweise* und *inhaltlich-anschauliche Beweise*.[153] Der Begriffsumfang des Beweisens unterscheidet sich somit im Grunde nicht. An der erfolgten Einteilung in *experimentelle „Beweise"*, *präformale Beweise* und *formale Beweise* wird jedoch deutlich, dass der Einsatz einer anderen Darstellungsebene im Rahmen der präformalen Beweise als zugänglichere Beweisform bei Blum und Kirsch möglich ist und auch zu dem Begriffsumfang im schulischen Kontext zählt. Dabei sollen die grundsätzlich angesetzten Kriterien dennoch beachtet werden. Dies sind im Wesentlichen die korrekten verwendeten mathematischen Argumente und die Verallgemeinerbarkeit.[154]

---

[152] Vgl. Wittmann und Müller 1988, S. 238–240, 249–254.

[153] Vgl. Wittmann 2014, S. 51.

[154] Vgl. Blum und Kirsch 1989, S. 202–203.

Dieses Begriffsverständnis passt auch zu aktuelleren Positionen wie bspw. der Brunners (2013, 2014). Für sie besteht die Zielsetzung des Beweisens als „sehr besondere Form des Argumentierens"[155] bzw. „Sonderfall des Argumentierens"[156] darin, Erkenntnis über die Allgemeingültigkeit eines vermuteten oder behaupteten Zusammenhangs zu erlangen. Dies werde durch eine die Vermutung stützende mathematisch-symbolische Argumentationskette erreicht, die notwendigerweise widerspruchsfrei sein muss. Wenngleich sie die Argumentationskette explizit als mathematisch-symbolisch charakterisiert, wird in ihren nachfolgenden Ausführungen deutlich, dass sie je nach Kontext und Beweistyp durchaus ein Spektrum verschiedener Ausprägungen des beweisenden Argumentierens zulässt und darunter nicht nur eine formal strenge symbolische Ausdrucksweise fasst.[157]

Diese Auffassung verdeutlicht der in Abbildung 1.14 erweitert dargestellte Ausschnitt von Brunners Modell zur Relation von Argumentieren, Begründen und Beweisen. Das Modell zeigt auf Prozessebene zunächst die verschiedenen möglichen Argumentationsprozesse, die immer auch Begründungsprozesse sind und deshalb vorab als weitere Elemente umfassender Begründungsaktivitäten interpretiert wurden (s. 1.1.3, 1.1.4). Das Modell zeigt darüber hinaus auch für das Beweisen, dass die unterschiedlichen Formen des prozesshaften Argumentierens in unterschiedliche Beweistypen münden können. So kann *alltagsbezogenes Argumentieren* zu einem *experimentellen Beweis* auf Beispielebene führen, *(logisches) Argumentieren mit mathematischen Mitteln* zu *inhaltlich-anschaulichen* bzw. *operativen Beweisen* und *formal-deduktives Beweisen* zu einem *formal-deduktivem Beweis*. Damit lehnt sich Brunner an die bereits erwähnten Beweisformen von Wittmann und Müller an und greift auch die verschiedenen Darstellungsebenen als Merkmal der entsprechenden Beweistypen auf. *An Beispiele gebunden* ist dabei zwar als eigene Darstellungsebene angeführt, wird von Brunner jedoch auch als enaktiv auf konkreter Handlungsebene verstanden. Bezüglich des experimentellen Beweisens nimmt sie wie Wittmann und Müller nur eine Gültigkeit für den Alltag an, da Verfahren wie der Wahrscheinlichkeitsschluss aufgrund einer fehlenden Gewissheit der Verallgemeinerbarkeit bzw. Allgemeingültigkeit in der Mathematik nicht akzeptiert werden.[158]

---

[155] Brunner 2013, S. 108.

[156] Brunner 2014, S. 40.

[157] Vgl. Brunner 2013, S. 108–110; 2014, S. 7.

[158] Vgl. Brunner 2013, S. 109–111, 2014, S. 49–50.

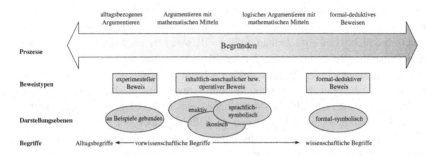

Abb. 1.14 Beweistypen in dem Begriffsmodell Brunners (Ausschnitt aus: Brunner 2014, S. 49)

In Hinblick auf eine Begriffsauffassung des *mathematischen Beweisens* im Mathematikunterricht kommen bei Brunner dementsprechend *das (logische) Argumentieren mit mathematischen Mitteln* und *das formal-deduktive Beweisen* als Prozessaktivitäten für einen angestrebten *inhaltlich-anschaulichen/operativen* bzw. *formal-deduktiven Beweis* als Produkt infrage. Das *alltagsbezogene Argumentieren* und *experimentelle Beweisen* können dagegen als *außermathematische Aktivitäten* eingeordnet oder als anfängliche Aktivitäten im Entwicklungsverlauf zu einem mathematischen Vorgehen hin verstanden werden. Ist die Aktivität erfolgreich, werden also tatsächlich als gültig anerkannte Beweise als Produkt des Argumentierens angegeben, handelt es sich bei dem Argumentieren auch um Beweisen.[159]

In der Position Brunners und ihrer grafischen Darstellung der Relationen (s. Abb. 1.14) wird eine Vorstellung deutlich, bei der Argumentieren mit zunehmend streng angesetzten Kriterien bspw. in Bezug auf die verwendeten Fachbegriffe und den Einsatz zunehmend mathematischer Mittel und formal-symbolischer Sprache allmählich in ein (formal-deduktives) Beweisen übergehen kann.

Hanna und de Villiers (2008) weisen diesbezüglich darauf hin, dass in der Forschung dazu zwei kontroverse Standpunkte vorliegen. Einige Forscherinnen und Forscher verstehen die Begriffe eher als Teil eines ineinander übergehenden Kontinuums wie bspw. Brunner, andere unterscheiden deutlich. Hanna und de Villiers selbst verstehen bspw. unter einer Argumentation „a reasoned discourse that is not necessarily deductive but uses arguments of plausibility"[160] und unter

---

[159] Vgl. Brunner 2013, S. 110–111.
[160] Hanna und Villiers 2008, S. 331.

einem mathematischen Beweis „a chain of well-organized deductive inferences that uses arguments of necessity"[161]. Zwar führen sie anschließend durchaus unterschiedliche Beweistechniken (wie z. B. *proof by mathematical induction*) und Darstellungen (*verbal, visual* oder *formal*) an, das Beweisen wird jedoch durch den Anspruch der streng deduktiven Kette an Schlussfolgerungen deutlich von der Angabe plausibler Argumente beim Argumentieren abgegrenzt.[162]

Bei allen unterschiedlichen Variationen und Auffassungen des mathematischen Beweisens sei nach Hanna und de Villiers jedoch ein Prinzip essentiell: „To specify clearly the assumptions made and to provide an appropriate argument supported by valid reasoning so as to draw necessary conclusions."[163] Damit wird in Bezug auf die Argumentation und die einzelnen Elemente der Annahmen, Schlussfolgerungen und Begründungen zumindest ein jeweiliger Qualitätsanspruch für die Anerkennung der Argumentation als Beweis definiert.[164]

Heinze und Reiss liefern 2003 einen Ansatz, um den fehlenden hinreichenden Beweiskriterien zu begegnen. Sie formulieren drei Bereiche bzw. Aspekte methodischen Beweiswissens: *proof scheme, proof structure* und *logical chain*.[165]

Das *Beweisschema (proof scheme)* bezieht sich auf die einzelnen Schritte eines Beweises. Hier sind nur deduktive Schlüsse zugelassen. Für die Argumente sind zudem neben den Voraussetzungen und Schlussfolgerungen auch Stützungen der Schlussfolgerungen anzubringen. Empirisch-induktive Argumente, Berufungen auf eine Autorität oder auf die Anschauung sind nicht zugelassen. Einschränkend darf im schulischen Kontext allerdings durchaus auf als wahr geltende Aussagen aufgrund der Anschauung zurückgegriffen und von diesen aus deduktiv geschlussfolgert werden. Die *Beweisstruktur (proof structure)* beschreibt die Geschlossenheit der Argumentation. Die deduktiven Schlüsse sollen mit den Voraussetzungen beginnen und mit der Behauptung schließen. Zudem sollen eingebrachte Stützungen bereits gesichert sein. Die *Beweiskette (logical chain)* bezieht sich auf die Verbindung der Beweisschritte und fordert einen Aufbau, bei dem „[...] jede neu gezeigte Aussage – nötigenfalls unter Hinzuziehung gesicherten Wissens – aus der im vorherigen Schritt gezeigten Aussage folgt."[166] Diese

---

[161] Hanna und Villiers 2008, S. 331.

[162] Vgl. ebd., S. 329–332.

[163] Ebd., S. 329.

[164] Vgl. ebd.

[165] Vgl. Heinze und Reiss 2003, o. S.

[166] Ufer et al. 2009, S. 36.

methodisch formulierten Kriterien zeigen die Relation zum Argumentieren deutlich auf, denn sie spezifizieren dieses in seiner Struktur hinsichtlich der absolut notwendigen Elemente in jedem Einzelargument (Datum, Schlussregel, Stützung und Konklusion nach Toulmin), der logischen Schlussform (deduktiv) und dessen logischen und lückenlosen Aufbaus als Kette.[167]

Wann ein Beweisversuch ein gültiger Beweis ist, hängt ähnlich wie beim Begründen von der Akzeptanz der beteiligten Personen ab. Einige übliche Kriterien aus der Fachwissenschaft wurden mit der Lückenlosigkeit und Vollständigkeit, Minimalität, Formalisierung von Struktur, Sprache und Symbolik, Allgemeingültigkeit/Verallgemeinerbarkeit, gültigen Begründungen und den korrekten sowie korrekt zu verbindenden mathematischen Argumenten bzw. der Widerspruchsfreiheit bereits benannt. Welche Kriterien bei einem schulischen Begriffsverständnis angesetzt werden, ist, wie bereits bei Wittmann angedeutet, letztlich eine Wertungsfrage in Abhängigkeit des Kontextes bzw. der relevanten Community.[168] Ufer et al. bezeichnen dies auch als „sozialen Aushandlungsprozess"[169]. Grundey geht an dieser Stelle sogar soweit, dass sie aufgrund der fehlenden allgemein gültigen Kriterien im schulischen Kontext empfiehlt, diese gemeinsam auszuhandeln und so eine Brücke zwischen den Vorstellungen der Fachwissenschaft in Hinblick auf Allgemeingültigkeit, Deduktivität und logischer Struktur und den vorgeschlagenen bzw. akzeptierten Kriterien der Schülerinnen und Schüler zu schlagen.[170]

Insgesamt wurde in den dargestellten Positionen deutlich, dass insbesondere bei dem Kriterium der formalen Strenge kontextabhängig über die Notwendigkeit bzw. Angemessenheit in der jeweiligen Unterrichtssituation und Klassenstufe zu entscheiden ist. Brunner betont jedoch auch, dass auf eine Strenge im Denken und eine Korrektheit der Argumentation bei dem Beweisen nie verzichtet werden darf. Diese seien immer notwendig.[171]

Um dieser relativ vagen Vorstellung der Kriterien in Hinblick auf die Begriffsvorstellung und die Praxis einen etwas konkreteren Rahmen zu geben, aber auch um neben dem Produkt des Beweises auch das Beweisen als Prozess zu berücksichtigen, erscheint abschließend ein Blick auf das von Reiss und Ufer angeführte Prozessmodell sinnvoll. Dieses beinhaltet sieben Phasen, von denen

---

[167] Vgl. Heinze und Reiss 2003, o. S.
[168] Vgl. Reiss und Ufer 2009, S. 156, 162.
[169] Ufer et al. 2009, S. 31.
[170] Vgl. Grundey 2015, S. 12–13.
[171] Vgl. Brunner 2014, S. 9–10.

die ersten sechs auf Boero zurückgehen.[172] Dieses für Expertinnen und Experten, also Fachwissenschafterinnen und Fachwissenschaftler, gedachte Modell gibt eine recht konkrete Vorstellung des Beweisprozesses. Eine Anpassung an die jeweilige Situation erscheint zudem denkbar. Das Modell lässt gerade in Hinblick auf unterschiedliche Kriterien und die jeweilige Community Spielraum :

1. „Finden einer Vermutung aus einem mathematischen Problemfeld heraus.
2. Formulierung der Vermutung nach üblichen Standards.
3. Exploration der Vermutung mit den Grenzen ihrer Gültigkeit; Herstellen von Bezügen zur mathematischen Rahmentheorie; Identifizieren geeigneter Argumente zur Stützung der Vermutung.
4. Auswahl von Argumenten, die sich in einer deduktiven Kette zu einem Beweis organisieren lassen.
5. Fixierung der Argumentationskette nach aktuellen mathematischen Standards [sic]
6. Annäherung an einen formalen Beweis.
7. Akzeptanz durch die mathematische Community."[173]

Die sieben Phasen sollen dabei weder strikt in der vorgeschlagenen Reihenfolge, noch unbedingt vollständig durchlaufen werden. Insbesondere die sechste Phase werde laut Reiss und Ufer häufig nicht verwirklicht. Oft werde bereits die in Phase fünf gefundene Argumentationskette von der mathematischen Community als Beweis geprüft bzw. im schulischen Kontext von der Lehrkraft als gültiger bzw. ungültiger Beweis beurteilt.[174]

In Hinblick auf die Begriffsvorstellung vom Beweisen verdeutlichen die Phasen sehr gut, dass das Beweisen nicht (nur) die Notation des formalen Produkts umfasst. Vielmehr wird deutlich, dass wie beim Argumentieren zunächst nur ein vager Ausgangspunkt vorliegt, der verschiedene Standpunkte zu bzw. Varianten einer Aussage zulässt und als Anlass für eine Beweisfindung genommen werden kann. Die Aussage hat also zunächst den für das Argumentieren als typisch festgehaltenen unsicheren Status. Als besondere Argumentationsform ist es für die Anerkennung als Beweis dann jedoch notwendig, nicht nur für die Gültigkeit einer Aussage zu argumentieren, sondern die gefundenen Argumente auch adäquat als Beweis darzustellen. Dies umfasst bei Reiss und Ufer im

[172] Vgl. Boero 1999, o. S.
[173] Reiss und Ufer 2009, S. 162.
[174] Vgl. ebd., S. 162–163.

Wesentlichen deren Auswahl und Ordnung sowie angemessene logisch geordnete mathematische Versprachlichung. Wie bei einer allgemeinen Argumentation auch, entscheidet die jeweilige Community über dessen Akzeptanz.[175]

> **Ein Beweis** kann als spezifische Darstellung einer korrekten mathematischen Argumentation in Hinblick auf eine allgemeingültige Aussage verstanden werden. Die spezifisch notwendige Gestaltung der Darstellung hängt von den angesetzten Kriterien der Community ab. **Schulische Beweise** erlauben unter Umständen eine geringere formale Strenge zugunsten des Verständnisses auf Basis inhaltlich-anschaulicher Aspekte.
>
> **Beweisen** ist damit ein spezifisches Argumentieren, welches das Ziel verfolgt, über einen Beweis als anerkanntes Gültigkeitskriterium die Akzeptanz der Gewissheit hinsichtlich der Allgemeingültigkeit einer Aussage zu erreichen.

Diese Auffassung des Beweisens ist mit den zuvor angeführten Definitionen zum Begründen und Argumentieren vereinbar. Dies zeigt sich auch darin, dass die für das Argumentieren zurate gezogene Struktur Toulmins auch für das Beweisen als besondere Argumentationsform passfähig ist. Dies wird bspw. von Brunner explizit gestützt:

> „Beim mathematischen Beweisen als Sonderfall des Argumentierens lässt sich die Struktur eines Arguments ebenfalls auf der Basis des Modells von Toulmin (1996) beschreiben, denn auch ein Beweis umfasst die Bestandteile Datum, Konklusion, Regel und Stützung."[176]

Bezüglich der Relation zum Begründen kann abschließend gefolgert werden, dass zwischen dem Beweisen (als spezifisches mehrschrittiges Argumentieren) und dem Begründen die gleiche Relation gelten muss wie zwischen dem Argumentieren und Begründen. Das Begründen stellt beim Beweisen, ebenso wie beim Argumentieren ein festes Element dar und Argumentieren wie Beweisen werden als weitere Elemente umfassende Begründungsaktivitäten verstanden. Für die Gesamtrelation der Begriffe bedeutet das, dass das Produkt des Beweises aus passenden und korrekten Argumenten besteht (s. Abb. 1.15). Den Kern jedes

---

[175] Vgl. Reiss und Ufer 2009, S. 161–162.
[176] Brunner 2014, S. 40.

Arguments stellt eine die Aussage stützende Begründung dar. Unter entsprechender logischer Ordnung und bei der geforderten Darstellung kann dann eine Akzeptanz der mehrschrittigen Argumentation als Beweis stattfinden.

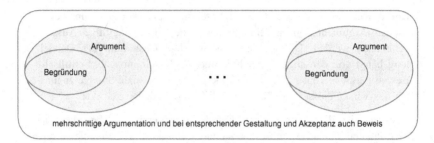

Abb. 1.15 Begründung und Argument als Elemente einer mehrschrittigen Argumentation bzw. eines Beweises

Begründungskompetenzen von Grundschulkindern

2

Im Schulkontext wird häufig nicht nur vom Begründen, Argumentieren und Beweisen gesprochen, sondern vielfach auch von der Begründungs-, Argumentations- und Beweiskompetenz von Schülerinnen und Schülern.[1]

Die Ursache hierfür liegt in der aktuellen Kompetenzorientierung der schulischen Anforderungen. Die Idee eines stärkeren Fokus auf die Kompetenzen der Schülerinnen und Schüler wurde in der Mathematikdidaktik schon länger verfolgt. Die schlechten Ergebnisse deutscher Schülerinnen und Schüler in Leistungsvergleichsstudien wie vor allem TIMSS 1997 und PISA 2000 führten in den letzten Jahren jedoch zu einer verstärkten Diskussion. Das dadurch angeregte und nachfolgende Umdenken der schulischen Anforderungen von einer Input- zu einer Outputorientierung wird auch als Wende in der Bildungspolitik bezeichnet. Statt der von den Schulen zu durchlaufenden inhaltlichen Stofflehrpläne sollen von den Schülerinnen und Schülern zu erreichende Lernergebnisse nun stärker im Vordergrund stehen. Diese Umorientierung spiegelt sich in den 2004 beschlossenen und ab dem Schuljahr 2005/2006 verbindlichen bildungspolitischen Anforderungen der Bildungsstandards und den anschließend eingeführten curricularen Vorgaben der Länder wider. Sie definieren zu erreichende inhaltliche, aber auch prozessbezogene Kompetenzen wie das Argumentieren und Begründen und konkretisieren den Kompetenzbegriff damit wesentlich für die Praxis.[2]

In der Konsequenz der verstärkten Kompetenzorientierung wirft der konkrete Blick auf die Praxis aus der Forschungsperspektive heraus aber auch

---

[1] Vgl. Reiss et al. 2002b; Bezold 2008; Fetzer 2009; Kern und Ohlhus 2012.

[2] Vgl. Klieme et al. 2007a, S. 11–14, 21–22; Fleischer et al. 2013, S. 5–6; Biehler und Leuders 2014, S. 1–3.

S. Gerloff, *Begründen bei Geometrieaufgaben der Grundschule*, Perspektiven der Mathematikdidaktik, https://doi.org/10.1007/978-3-658-36028-3_2

die Frage auf, ob bzw. wie gut Grundschulkinder diese angestrebten Kompetenzen bewältigen können, wie gut sie bspw. schon mathematisch begründen können. Dementsprechend ist die begleitende Forschung verstärkt gefordert, kompetenzorientierte Fragen zu beantworten.

Im Folgenden liegt der Fokus auf dem Forschungsstand zur Begründungskompetenz von Grundschulkindern. In 2.1 wird zunächst ein Kompetenzbegriff für diese Arbeit festgelegt, ehe in 2.2 ein Überblick über den aktuellen Forschungsstand gegeben wird. Dabei werden sowohl wesentliche Erkenntnisse aus den Leistungsvergleichsstudien als auch der mathematikdidaktischen Forschung zusammengefasst. Auf dieser Basis wird anschließend ein Schwerpunkt der vorliegenden Arbeit vertiefend betrachtet: Die für die Einschätzung der Begründungskompetenz und ihrer Spannbreite relevanten vorliegenden theoretischen Niveaustufenmodelle zur Begründungskompetenz stehen in 2.3. im Vordergrund.

2.1   Kompetenz

In der Mathematikdidaktik wird in Bezug auf den Kompetenzbegriff häufig auf den Psychologen Weinert verwiesen.[3] Weinert selbst betont, dass es aufgrund der vielen möglichen Anwendungsbereiche und Bedeutungsmöglichkeiten des Begriffs *Kompetenz* keine allgemeingültige Definition geben kann. Dennoch fasst er 2001 verschiedene theoretische Konzepte und dementsprechend unterschiedliche Interpretationsmöglichkeiten des Kompetenzbegriffs zusammen.[4]

So werde *Kompetenz* laut Weinert, je nach theoretischem Begriffskonzept, bspw. mit grundlegenden gebietsunabhängigen kognitiven Fähigkeiten und Fertigkeiten gleichgesetzt. Der Begriff kann aber auch spezialisierter für den jeweiligen Kontext bzw. das jeweilige inhaltliche Gebiet und seine notwendigen Voraussetzungen verstanden und verwendet werden. Kompetenz kann als genetisch bestimmt oder erlernbar aufgefasst werden. Motivation und Kognition können im Rahmen ihres Einflusses auf die gezeigte Kompetenz unterschiedlich gewichtet werden. Es kann zwischen definierter Kompetenz als objektiv messbare, auf Performanz basierende Kompetenz und Kompetenz als subjektive Einschätzung der benötigten Fähigkeiten und Fertigkeiten für eine bestimmte Aufgabe oder ein Problem unterschieden werden.[5]

---

[3] Vgl. Klieme et al. 2007b, S. 6–7; Gasteiger 2010, S. 20–21; Fleischer et al. 2013, S. 6–7; Philipp 2013, S. 85–86; Biehler und Leuders 2014, S. 1; Brunner 2014, S. 80.

[4] Vgl. Weinert 2001a, S. 45–46.

[5] Vgl. ebd., S. 46–51.

Aus den dargelegten Variationen vorliegender Konzepte leitet Weinert fünf pragmatische Schlussfolgerungen für eine Fokussierung und Anwendbarkeit des Konzepts vom Kompetenzbegriff ab.

1. Das Konzept beziehe sich sinnvollerweise auf notwendige Voraussetzungen, die einem Individuum oder einer Gruppe von Individuen verfügbar sein müssen, um komplexen Anforderungen erfolgreich zu begegnen. Auf diese Weise kann Kompetenz von spezifisch gesteckten Anforderungen aus gedacht und näher bestimmt werden.[6]

2. Das Konzept sollte verwendet werden, wenn diese Voraussetzungen kognitive und (in vielen Fällen) auch motivationale, ethische, volitionale und/oder soziale Komponenten enthalten. Damit berücksichtigt Weinert die vielfältigen personen- aber bspw. auch situationsbezogenen Einflüsse in seiner Auffassung und zeigt die mögliche Breite des Begriffs auf. In Hinblick auf die Messung eines solchen Kompetenzbegriffs weist er allerdings auf die damit einhergehende Komplexität hin, da in diesem Fall mehrere Skalen benötigt werden, die die einzelnen Komponenten zudem in die nachweislich richtige Relation zueinander stellen müssten.[7]

3. Das Konzept des Kompetenzbegriffs impliziere einen gewissen Grad an Komplexität, denn wären die Voraussetzungen vollständig automatisierbar, handle es sich lediglich um erlernbare *Fertigkeiten*. Kompetenzfordernde Aufgaben benötigen demnach Anforderungen jenseits des Reproduzierens erlernter Fertigkeiten, um sich von diesem Begriff abzugrenzen. Die Grenze zwischen *Kompetenz* und *Fertigkeiten* ist laut Weinert jedoch nicht trennscharf.[8]

4. Es seien Lernprozesse und Übung notwendig, um die Voraussetzungen für entsprechend komplexe Aufgaben zu erwerben. Kompetenzen können demnach nicht unmittelbar vermittelt, aber durch Lernprozesse entwickelt und gefördert werden. Dies erscheint in Bezug auf bestehende Kompetenzlernziele und ihre Erreichbarkeit besonders relevant.[9]

5. Die Begriffe *Schlüsselkompetenz* und *Metakompetenz* sollten bei Verwendung voneinander differenziert werden. Dabei solle *Schlüsselkompetenz* für Kompetenzen stehen, mit deren Hilfe vielfältigste Situationen gemeistert werden können. *Metakompetenz* stehe demgegenüber für die Kompetenz, die eigenen Kompetenzen adäquat zu beurteilen und einzusetzen.[10]

---

[6] Vgl. Weinert 2001a, S. 62.
[7] Vgl. ebd., S. 61–62.
[8] Vgl. ebd., S. 62.
[9] Vgl. ebd., S. 63.
[10] Vgl. ebd., S. 60, 63.

Die Schlussfolgerungen Weinerts für den Kompetenzbegriff lassen sich auch auf die *Begründungskompetenz* übertragen. Für die *Begründungskompetenz* als schulische Leistungsanforderung kann hieraus abgeleitet werden, dass sich der Begriff nach Weinert auf die zugrunde liegenden und durch Lernprozesse erwerbbaren Voraussetzungen des Individuums bezieht, die nötig sind, um Begründungsanforderungen, das heißt ausreichend komplexe Begründungsaufgaben[11], zu bewältigen. Neben kognitiven Komponenten sind dabei auch die motivationalen und volitionalen Komponenten als Voraussetzung relevant und können die gezeigte Leistung beeinflussen, da eine Begründungsnotwendigkeit häufig erst erkannt und darüber hinaus auch bereitwillig erfüllt werden muss. Dies ist grundsätzlich zwar auf jede Kompetenz übertragbar, Beobachtungen in Studien zufolge scheint dieser Aspekt beim mathematischen Begründen jedoch eine besondere Rolle zu spielen.[12] Wird das Begründen darüber hinaus in mündlichen interaktiven Prozessen eingefordert, ist davon auszugehen, dass auch der sozialen Komponente eine stärkere Gewichtung zuteilwird.

Die Definition Weinerts, auf die sich in der Mathematikdidaktik häufiger gestützt wird,[13] stammt aus dem Kontext der Leistungsmessung in Schulen und spiegelt die vorab angeführten Konsequenzen großteils wider.

> „Dabei versteht man unter Kompetenzen die bei Individuen verfügbaren oder durch sie erlernbaren kognitiven Fähigkeiten und Fertigkeiten, um bestimmte Probleme zu lösen, sowie die damit verbundenen motivationalen, volitionalen und sozialen Bereitschaften und Fähigkeiten um die Problemlösungen in variablen Situationen erfolgreich und verantwortungsvoll nutzen zu können [...]."[14]

Die Formulierung *bestimmte Probleme* kann hier im oben genannten Sinne als ausreichend komplex und konkret gestellte Anforderung entgegen rein automatisiert wiederzugebenden Fertigkeiten interpretiert werden und ist dann auch passfähig zu entsprechenden Begründungsaufgaben. Weiterhin wird deutlich, dass *Kompetenzen* und *Fertigkeiten* zwar wie angeführt zu unterscheidende Begriffe darstellen, Fertigkeiten als Bestandteil von Kompetenzen aber durchaus eine Rolle spielen. Die Formulierung *kognitive Fähigkeiten und Fertigkeiten* wird in der Schlussfolge als verbindlich interpretiert. Etwas offen gehalten ist die Definition dahingehend, dass von *verfügbaren oder durch sie erlernbaren* Fähigkeiten

---

[11] Aufgaben, die nicht nur das Reproduzieren von Begründungen fordern, s. 3.

[12] Vgl. Schwarzkopf 2000, S. 428–431; Peterßen 2012, S. 290, 340–343.

[13] Vgl.Klieme et al. 2007a, S. 21; Gasteiger 2010, S. 21; Philipp 2013, S. 85; Brunner 2014, S. 80.

[14] Weinert 2001b, S. 27–28.

und Fertigkeiten gesprochen wird. Im Zusammenhang mit der vierten Schlussfolgerung kann jedoch auch bei den verfügbaren Fähigkeiten und Fertigkeiten von einem bedeutenden Einfluss des Lernprozesses ausgegangen werden.

Über die Definition hinaus spricht sich Weinert dafür aus, den Begriff *Kompetenz* in Hinblick auf die Anforderungen domänenspezifisch zu verstehen und anzuwenden: „[...] it seems theoretically und pragmatically expedient to restrict the concept of competence to domain-specific learning and domain-specific skills, knowledge, and strategies."[15] Durch das Ziel der vorliegenden Arbeit, das Begründen im Rahmen von Geometrieaufgaben näher zu untersuchen, ist dieser domänenspezifische Kontext gegeben. Allerdings soll bei Weinert nicht nur auf die Notwendigkeit aufmerksam gemacht werden, Kompetenzen immer in einem fachspezifischen inhaltlichen Kontext abzufragen. Vielmehr ist die Aussage gleichzeitig auch als pragmatische Setzung und Beschränkung mit dem Hintergrund zu verstehen, dass bei jeder Kompetenz auch allgemeine und grundlegende intellektuelle Fähigkeiten bzw. kognitive Funktionen wie die Gedächtnisfunktion oder Lernfähigkeit eine wichtige Rolle spielen. Diese betreffen jedoch eher relativ stabile kognitive Voraussetzungen und weniger die erlernbaren Bestandteile im Sinne Weinerts. Sie sollen daher bei dem Konzept eines Kompetenzbegriffs möglichst unberücksichtigt bleiben.[16]

Eine weitere Ausschärfung und Eingrenzung dieser Definition bieten Klieme und Leutner (2006) für das von 2007 bis 2013 umgesetzte DFG-Schwerpunktprogramm „Kompetenzmodelle zur Erfassung individueller Lernergebnisse und zur Bilanzierung von Bildungsprozessen". Dieses ist zwar fachdisziplinübergreifend angelegt, einer der Forschungsschwerpunkte liegt jedoch explizit bei den mathematischen Kompetenzen.[17] Klieme und Leutner definieren Kompetenzen für dieses Programm als „*kontextspezifische kognitive Leistungsdispositionen*, die sich funktional auf Situationen und Anforderungen in bestimmten *Domänen* beziehen."[18] Damit beschränken sie den Begriff, im Unterschied zu Weinert, auf den kognitiven Bereich und schließen die weiteren Handlungskompetenzen, die notwendigen motivationalen, volitionalen und sozialen Bereitschaften und Fähigkeiten für den Einsatz entsprechender kognitiver Kompetenzen, bewusst aus. Für diese Einschränkung beziehen sie sich auf die Überlegungen Weinerts, dass für eine empirische Erfassung ohnehin getrennte

---

[15] Weinert 2001a, S. 57.

[16] Vgl. ebd., S. 57–60.

[17] Vgl. Deutsches Institut für Internationale Pädagogische Forschung (DIPF) o. J., S. 1.

[18] Klieme und Leutner 2006, S. 879.

Messungen notwendig wären und übernehmen diese Trennung aus pragmatischen Gründen für ihre Begriffsdefinition. Das bedeutet für sie jedoch nicht, dass die ausgeschlossenen Aspekte für erfolgreiches Handeln in Anforderungssituationen keine Rolle spielen. Die zweite sich von Weinert abgrenzende Festlegung in ihrer Definition, ist die deutlich stärkere Betonung der Kontextspezifität, die eng mit dem Ausschluss der allgemeineren Handlungskompetenzen zusammenhängt. Dementsprechend heißt es an anderer Stelle von Klieme und Leutner auch: „Kompetenz bezieht sich immer darauf, Anforderungen in spezifischen Situationen bewältigen zu können."[19] Darüber hinaus betonen sie deutlicher noch als Weinert die Erwerbbarkeit von Kompetenzen durch Erfahrung und Lernen in relevanten Anforderungssituationen.[20]

Diese deutlich spezifischere Definition steht in Übereinstimmung zum fachspezifischen Kompetenzbegriff großer Schulleistungsstudien wie PISA und TIMSS.[21] Bei PISA heißt es bspw.: „Wenn im Rahmen von PISA von mathematischer oder naturwissenschaftlicher Kompetenz sowie Problemlösefähigkeit gesprochen wird, liegt dem ein kognitiver Kompetenzbegriff zu Grunde, der sich auf prinzipiell erlernbare, mehr oder minder bereichsspezifische Kenntnisse, Fertigkeiten und Strategien bezieht."[22] Die zentralen Kriterien *kognitiv, kontextspezifisch* und *erlernbar* werden somit auch hier aufgegriffen. Selbstreguliertes Lernen, Kommunikations- und Kooperationsfähigkeit werden dagegen als Handlungskompetenzen bezeichnet und als Zusammenspiel kognitiver, motivationaler und emotionaler Komponenten im Sinne Weinerts verstanden. Auch im Rahmen von PISA wird ein zusammenfassender Kompetenzbegriffs als schwierig angesehen, weshalb sich auch hier nur auf den kognitiven Teilaspekt konzentriert wird.[23]

Neben den pragmatisch bzw. empirisch orientierten Argumenten für einen engeren Kompetenzbegriff, wie sie von Klieme und Leutner aber bspw. auch Hartig (2008) angebracht werden[24], lassen sich auch inhaltliche Argumente für eine stärkere Fokussierung auf die kontextspezifischen erlernbaren kognitiven Leistungsdispositionen finden.

---

[19] Klieme und Leutner 2006, S. 879.
[20] Vgl. Weinert 2001b, S. 28; Klieme und Leutner 2006, S. 879–880; Fleischer et al. 2013, S. 5–7; Philipp 2013, S. 85, 86.
[21] Vgl. Klieme et al. 2007b, S. 7.
[22] Baumert et al. 2001b, S. 22.
[23] Vgl. ebd., S. 22–23.
[24] Vgl. Hartig 2008, S. 17–18.

„Die Fokussierung auf die Anwendung von Kenntnissen, Fertigkeiten und Fähigkeiten in bestimmten Situationen bzw. Domänen macht deutlich, dass Kompetenzen durch Lernen und Agieren in entsprechenden Kontexten erlernbar sind oder erweitert werden können [...]"[25]

Die Betonung der damit einhergehenden Erlernbarkeit bei Gasteiger kann aus schulischer bzw. didaktischer Sicht als deutlicher Vorteil betrachtet werden. Dies lasse sich nach Hartig außerdem gut mit den Bildungszielen curricularer Vorgaben vereinbaren. Zudem sieht Hartig die domänenspezifische Orientierung aufgrund der breiten alltagssprachlichen Bedeutungsvielfalt sowie unterschiedlicher Vorstellungen in den Wissenschaftsbereichen als unausweichlich an. Darüber hinaus spricht er sich explizit für den Ausschluss motivationaler Voraussetzungen aus (s. Schlussfolgerung 2 bei Weinert). Dies begründet er mit der zeitlichen Variation dieser Komponente. Ein Ausschluss führe zu einem Kompetenzbegriff mit vergleichsweise stabileren erworbenen Kompetenzen und präziseren Aussagemöglichkeiten.[26]

Zusammenfassend wird *Kompetenz* in Anlehnung an die vorab angeführten Positionen sowie in Hinblick auf die angestrebte empirische und lernzielbezogene Anwendbarkeit als erlernbare kontextspezifische kognitive Leistungsdisposition verstanden, die unter der Voraussetzung grundlegender Kompetenzen und Bereitschaften in ausreichend komplexen Anforderungssituationen gezeigt werden kann.

Mathematische Begründungskompetenz wird dementsprechend als erlernbare, im mathematischen Kontext stehende, kognitive Leistungsdisposition verstanden, die unter der Voraussetzung grundlegender Kompetenzen (bspw. die Lesekompetenz, die eigene schriftsprachliche Kompetenz und bei der Ziehung eigener Schlüsse auch das logische Denken) sowie der Bereitschaft zum Begründen in ausreichend komplex gestellten Begründungsaufgaben gezeigt werden kann.

Eine schriftliche oder mündlich formulierte *mathematische Begründung* wird dabei als anforderungsbezogen gezeigte Performanz der vorliegenden *mathematischen Begründungskompetenz* verstanden.

---

[25] Gasteiger 2010, S. 21.
[26] Vgl. Hartig 2008, S. 17–19, 23.

Die formulierte *Begründung* wird der *Performanz* der Kompetenz zugeordnet, da diese nach dem eigenen Verständnis für das sprachliche geäußerte bzw. schriftlich fixierte Produkt des Begründens steht und dementsprechend der gezeigten und messbaren Kompetenzleistung entspricht (s. auch S. 70). Diese steht auch in der vorliegenden Arbeit im Fokus.

2.2   Forschungsstand

Für eine Einschätzung dessen, inwieweit bereits bei Grundschülerinnen und Grundschülern eine mathematische Begründungskompetenz erwartet werden kann und was aus verschiedenen Studien bereits über mathematikbezogene Begründungen im Grundschulalter bekannt ist, soll nachfolgend ein Überblick über den Forschungsstand gegeben werden.

In 2.2.1 werden zunächst die bereits erwähnten Ergebnisse der kompetenzorientierten größeren Leistungsvergleichsstudien betrachtet und es wird geprüft, welche Aufschlüsse diese über die bestehende Begründungskompetenz von Grundschulkindern geben können. In 2.2.2 werden dann vertiefende mathematikdidaktische Forschungsergebnisse zur Begründungskompetenz von Grundschulkindern zusammenfassend dargestellt, wobei entsprechend der eigenen Schwerpunkte das Potential von Grundschulkindern, die Charakteristika der Begründungen und der Einfluss der Klasse, der Klassenstufe und des Geschlechts im Vordergrund stehen.

2.2.1 Begründungskompetenz in Leistungsvergleichsstudien

Die großen Leistungsvergleichsstudien TIMSS 1995 und PISA 2000 und die darin dokumentierten unerwartet schlechten Ergebnisse deutscher Sekundarstufenschülerinnen und -schüler führten in den Folgejahren zu einem Umdenken in der Bildungspolitik, welches neben einer stärkeren Kompetenzorientierung auch die konkrete Maßnahme von regelmäßigen Leistungsvergleichsstudien umfasste. Die Kultusministerkonferenz beschloss bereits 1997 im so genannten *Konstanzer Beschluss* als Reaktion auf TIMSS die „Durchführung regelmäßiger länderübergreifender Vergleichsuntersuchungen zum Lern- und Leistungsstand von Schülerinnen und Schülern ausgewählter Jahrgangsstufen an allgemeinbildenden Schulen"[27] als Maßnahme zur Qualitätssicherung. In diesem Beschluss ist

---

[27] Kultusministerkonferenz 1997, o. S.

eine ausdrückliche Ausrichtung auf grundlegende, unter anderem mathematische, Kompetenzen dokumentiert. Dieser fokussierte jedoch zunächst nur die Sekundarstufe I.[28]

Die kurz darauf veröffentlichten Ergebnisse aus PISA 2000 verstärkten jedoch noch einmal die Diskussion in der Bildungspolitik und waren Anlass für weitere Veränderungen. Die Analyse der Bildungssysteme besonders erfolgreicher Staaten hatte gezeigt, dass sich diese sowohl durch einheitlich definierte Standards als auch eine regelmäßige Überprüfung der darin formulierten Ziele durch Vergleichsstudien hervortaten. Als Konsequenz hieraus wurden ab 2002 die fachbezogenen verbindlichen Bildungsstandards entwickelt, die 2003 für die Sekundarstufe I und 2004 für die Grundschule verabschiedet werden konnten. Parallel wurde das Institut für Qualitätsentwicklung im Bildungswesen (IQB) eingerichtet, welches den Auftrag bekam, die in den Standards festgelegten Kompetenzen zu operationalisieren und deren Erreichen bundesländerübergreifend regelmäßig zu prüfen.[29]

Die schlechten Ergebnisse in der Sekundarstufe I gaben darüber hinaus den Impuls für Leistungsmessungsstudien in der Grundschule, um ggf. bereits dort vorhandene Schwierigkeiten und damit auch mögliche Ursachen für spätere Leistungsschwächen zu finden und genauer zu überprüfen.[30] Es folgte die Teilnahme deutscher Grundschulen an einem mathematischen Subtest von IGLU 2001 (mit dadurch nachträglich für TIMSS 1995 erhobenen Grundschuldaten), an TIMSS seit 2007 und dem IQB-Ländervergleich seit 2009.[31]

Aufgrund der häufigen Betonung und des engen Zusammenhangs zu den kompetenzorientierten Bildungsstandards, die das Argumentieren und Begründen explizit einfordern (s. vertiefend unter 3.2) und der umfangreichen Stichproben dieser Untersuchungen, könnte man sich aus den Ergebnissen der Leistungsvergleichsstudien einen fundierten Aufschluss über die vorliegende Begründungskompetenz (deutscher) Grundschulkinder erhoffen. Dies ist, wie sich nachfolgend in der gezielten Analyse der Berücksichtigung des Begründens in der Konzeption der Aufgaben, der Auswertung und den vorliegenden Ergebnissen zeigen wird, in Ansätzen und nur für die Fragestellung, ob Grundschulkinder überhaupt in der Lage sind, Begründungen zu erbringen oder nicht, möglich.

In der **Internationalen Grundschul-Lese-Untersuchung (IGLU) 2001** wurde im Rahmen eines nationalen Subtests erstmals die mathematische Kompetenz

---

[28] Vgl. Kultusministerkonferenz 1997, o. S.

[29] Vgl. Böhme et al. 2012, S. 12.

[30] Vgl. Walther et al. 2003, S. 189–190.

[31] Vgl. Kultusministerkonferenz 2006, S. 5; Böhme et al. 2012, S. 12–13.

deutscher Grundschulkinder am Ende des vierten Jahrgangs in größerem Umfang erfasst. Rund 6000 Grundschulkinder aus zwölf Bundesländern[32] nahmen an dieser nationalen Erweiterung von IGLU teil.[33]

In der Grundkonzeption sollten die Aufgaben neben verschiedenen Inhalts- und Begriffsfeldern (*Arithmetik, Geometrie, Größen und Sachrechnen*) sowie verschiedenen Kontexten (*innermathematisch, außermathematisch* und *kontextfrei*[34]) auch bestimmte Prozesse (*Verfahren, Herangehen/Denken, Repräsentationen*) abdecken. Der Prozess *Herangehen/Denken* wird dabei als „Beobachten, Entdecken, Begründen, Argumentieren, Modellieren, außer-, innermathematisches Problemlösen"[35] beschrieben. Während die inhaltlichen Bereiche jedoch bewusst in etwa gleichen Anteilen berücksichtigt wurden, waren Aufgaben zum Entdecken, Argumentieren und Begründen nach eigenen Angaben nur in geringer Zahl vertreten.[36]

Die Studie umfasst insgesamt einen Pool aus 58 mathematischen Testaufgaben, wobei sechs Aufgaben von allen Kindern gelöst werden sollten und die übrigen auf verschiedene Testhefte verteilt wurden. Die Konzeption der Aufgabenformate zeigt, dass kaum Rückschlüsse auf eine Begründungs- bzw. Argumentationskompetenz möglich sein können. Bei 37 der 58 Aufgaben handelt es sich um ein Multiple-Choice-Format. Von den übrigen 21 offenen Aufgaben erfordern wiederum 18 lediglich eine Kurzantwort wie die Lösung einer Rechnung, so dass nur drei von 58 Aufgaben die Begründung oder Beschreibung einer mathematischen Gesetzmäßigkeit durch einen Text erfordern. Maximal 5 % der Aufgaben bieten damit überhaupt nur die Möglichkeit eine Begründung verschriftlichen zu können.[37]

Die Auswertung der Daten erfolgte national und international im Vergleich zu den **TIMSS-Daten von 1995**. Für den internationalen Vergleich wurden die Daten der 27 TIMSS-Items in IGLU nachträglich ausgewertet und im Vergleich zu den Ergebnissen der 26 Länder eingeordnet. Die nationale Auswertung erfolgte mithilfe eines gesamtmathematischen Kompetenzstufenmodells aus fünf Niveaustufen und ist dabei stark inhaltlich fokussiert. Die Kompetenzstufeneinordnung

---

[32] Niedersachsen, Mecklenburg-Vorpommern, Brandenburg und Sachsen-Anhalt nahmen nicht teil.

[33] Vgl. Walther et al. 2003, S. 189, 195–196.

[34] Diese Aufgaben sind im weiteren Sinne *innermathematisch*, thematisieren jedoch ausschließlich die Ausführung bekannter Verfahren ohne innermathematische Eigenschaften oder Beziehungen erkennen zu müssen.

[35] Walther et al. 2003, S. 194.

[36] Vgl. ebd., S. 194–198.

[37] Vgl. ebd., S. 196.

lässt somit Rückschlüsse zu, inwieweit Kinder in den Inhaltsbereichen Anforderungen erfüllen können und bspw. noch keinerlei geometrische Aufgaben lösen können (Stufe I), Grundfertigkeiten zur ebenen Geometrie besitzen (Stufe II) usw. Aussagen zu der Kompetenz in den oben benannten Prozessen sind anhand dessen nicht möglich. Das Begründen wird in dem Modell zudem nicht als Anforderung in einer der Stufen formuliert. Mithilfe der Ergebnisse kann daher vielmehr eingeschätzt werden, inwieweit die Kinder über die inhaltlichen Voraussetzungen in einem Themengebiet verfügen. Die Einordnung in die TIMSS-Daten erlaubt darüber hinaus eine Einschätzung der Leistungen im internationalen Vergleich. Dabei lagen die deutschen Grundschulkinder 2001 mit 545 Punkten deutlich oberhalb des internationalen Mittelwertes von 1995 mit 529 Punkten, wenngleich ein großer Abstand zur Spitze (Singapur mit 625 Punkten) bestand. Ein erfolgter Vergleich der Grundschulwerte mit den TIMSS-Sekundarstufenwerten von 1995 (Mittelwert 509 bei internationalem Mittelwert von 513) spricht dafür, dass das festgestellte schwache Leistungsniveau deutscher Schülerinnen und Schüler nicht bereits in der Grundschule vorgeprägt war. Dieses Bild bestätigt sich auch im Vergleich zu den Sekundarstufenwerten von PISA 2000, bei denen die Schülerinnen und Schüler mit 490 Punkten bei einem internationalen Mittelwert von 500 Punkten vergleichsweise schlechter abschnitten.[38]

Ab 2007 erfolgte eine reguläre Teilnahme deutscher Grundschulen an der *Trends in International Mathematics and Science Study* (TIMSS). Die aktuellsten vorliegenden Ergebnisse aus **2015** stammen aus dem dritten regulären Durchlauf mit vergleichbarer Konzeption, so dass mittlerweile auch Entwicklungsaussagen möglich sind. Zudem liegt diese Studie zeitlich besonders nahe an der eigenen Studie in 2016. Auf nationaler Ebene nahmen 2015 rund 4000 Viertklässlerinnen und Viertklässler aus allen 16 Bundesländern teil.[39] Wie bei dem Subtest im Rahmen von IGLU 2001 wurden verschiedene Inhaltsbereiche, in diesem Fall *Arithmetik, Geometrie/Messen* und *Umgang mit Daten,* untersucht. Zusätzlich wurden die drei verschiedenen kognitive Anforderungsbereiche *Reproduzieren, Anwenden* und *Problemlösen* unterschieden und ausgewertet. Das Begründen findet sich dabei in recht anspruchsvoll definierter Weise explizit beim *Problemlösen* wieder. Dieses wird bei TIMSS 2015 als „Lösen von komplexen Berechnungs-, Anwendungs- und Begründungsproblemen *(Reasoning)*"[40] definiert. Darüber hinaus werden die kognitiv geforderten Aktivitäten des Problemlösens als diejenigen verstanden, „die vor allem von systematischem und logischem Denken sowie

---

[38] Vgl. Walther et al. 2003, S. 202–217.
[39] Vgl. Institut für Schulentwicklungsforschung o. J., o. S.
[40] Selter et al. 2016, S. 90.

schlussfolgernd-begründenden Aktivitäten geprägt sind"[41]. Grundschulkinder, die diesem kognitiven Anforderungsbereich in TIMSS gerecht werden können, sollten folglich in der Lage sein, bei mathematischen Aufgaben zu begründen. Begründen selbst wird in diesem Rahmen als „mathematische Begründungen für eine Strategie oder Lösung liefern"[42] aufgefasst.[43]

Der Aufgabenpool der TIMS-Grundschulstudie 2015 ist mit 169 Aufgaben deutlich umfangreicher als in der Erhebung im Rahmen von IGLU 2001. Zudem versprechen die Aufgabenformate mehr Aussagekraft in Hinblick auf die Fragestellung. So sind zwar immer noch etwas mehr als die Hälfte der Aufgaben im Multiple-Choice-Format gestaltet, für die übrigen Aufgaben besteht jedoch die Möglichkeit, die Antwort in einem offenen Textfeld zu formulieren. Im Unterschied zu 2001 sind zudem nicht nur Aussagen zu den Inhaltsbereichen, sondern auch zu den einzelnen Anforderungsbereichen möglich. 20 % der Aufgaben sind dem Anforderungsbereich *Problemlösen* (mit Begründen) zugeordnet und können in der Auswertung für sich betrachtet werden. Selbstkritisch wird dennoch betont, dass die allgemeinen bzw. prozessbezogenen Kompetenzen trotz der engen Passung zu den Bildungsstandards bei den Inhalts- und Anforderungsbereichen kein expliziter Bestandteil der TIMSS-Rahmenkonzeption sind. Begründen und Argumentieren werden folglich nicht als eigener Bestandteil in der Konzeption berücksichtigt und dementsprechend auch nicht separat ausgewertet.[44]

Die Auswertung erfolgte erneut national und international, nun aber unter Einbeziehung der Daten von 47 teilnehmenden Staaten und sechs Regionen[45] aus dem zeitgleichen Durchgang und zusätzlich in Hinblick auf die Entwicklung von 2007 bis 2015 (hier liegen vollständige Vergleichsdaten zu 24 anderen Teilnehmerstaaten vor). Die Entwicklungsaussagen werden dadurch gestützt, dass jeweils 60 % der 169 Aufgaben mit Aufgaben aus der TIMS-Studie vier Jahre zuvor übereinstimmen.[46] Die nationale Auswertung erfolgte weitaus differenzierter. Die Ergebnisse wurden sowohl auf einer mathematischen Gesamtskala von fünf Kompetenzstufen als auch in Hinblick auf die einzelnen Inhalts- und Anforderungsbereiche ausgewertet.[47]

---

[41] Selter et al. 2016, S. 91.

[42] Ebd.

[43] Vgl. ebd., S. 88–91.

[44] Vgl. Bos et al. 2016, S. 14; Selter et al. 2016, S. 91–94.

[45] Von 48 TIMSS-Teilnehmerstaaten und sieben Regionen wurden diese für Mathematik ausgewertet (Vgl. Selter et al. 2016, S. 104–107).

[46] Vgl. Selter et al. 2016, S. 94.

[47] Vgl. ebd., S. 105, 110–113.

In der mathematischen Gesamtskala findet sich das Begründen bei TIMSS 2015 in der *fortgeschrittenen* Stufe V wieder. Dort heißt es unter anderem „Schülerinnen und Schüler können ihre mathematischen Fertigkeiten und Fähigkeiten für das Lösen von relativ komplexen Problemen anwenden und ihre Begründungen erklären."[48] Was unter dem *Erklären von Begründungen* verstanden werden soll, wird nicht näher ausgeführt. Die Einordnung bedeutet dennoch, dass die Items, die diese Kompetenz im Rahmen des Problemlösens fordern, im höchsten definierten Intervall auf der Skala der Itemschwierigkeit liegen. Diese Stufe wurde jedoch in Deutschland nur von 5,3 % der Viertklässlerinnen und Viertklässler erreicht. Dabei zeigten sich keine signifikanten Unterschiede zu 2007 (5,6 %) oder 2011 (5,2 %). Dieser Wert ist im Vergleich der Länder als besonders niedrig zu betrachten, da insgesamt ähnlich leistungsstarke Länder hier bei rund 10 % lagen. Der internationale Mittelwert der 40 verglichenen Teilnehmerstaaten[49] lag bei 10,3 %, der Mittelwert der EU-Staaten bei 8,9 %. Der internationale Spitzenwert von Singapur lag demgegenüber bei 50,1 % und verdeutlicht das enorme Entwicklungspotential von Grundschulkindern dieses Alters. Weitere Einordnungen der Begründungskompetenz in das insgesamt erneut stark inhaltlich orientierte Kompetenzstufenmodell sind bei TIMSS 2015 nicht gegeben und entsprechende Aussagen zu Abstufungen des Begründens daher nicht möglich.[50]

Bezüglich des Anforderungsbereichs *Problemlösen*, welcher so definiert ist, dass die Kinder hier unter anderem in der Lage sind, mathematische Begründungen für eine Strategie oder Lösung aufzuschreiben, zeigt sich jedoch eine relative Leistungsstärke deutscher Grundschülerinnen und Grundschüler. Tatsächlich ist der Anforderungsbereich *Problemlösen* mit 535 Punkten der stärkste Anforderungsbereich und liegt damit signifikant über dem deutschen Gesamtmittelwert von 522 Punkten. Im Vergleich zu den Vorjahren liegt beim Problemlösen zudem kein signifikanter Unterschied in den Testergebnissen vor, weshalb das Ergebnis von 2007 bis 2015 als stabil zu bezeichnen ist. International betrachtet liegen die Werte der deutschen Grundschulkinder 2015 in allen drei Anforderungsbereichen signifikant über dem internationalen Mittelwert. Für das *Problemlösen* ist der Unterschied zum Mittelwert jedoch am deutlichsten (535 zu 507 Punkten), so dass dieser Bereich auch international als Stärke betrachtet werden kann.[51]

---

[48] Selter et al. 2016, S. 100.

[49] 13 signifikant schlechtere Teilnehmerstaaten wurden von dem Kompetenzstufenvergleich ausgeschlossen.

[50] Vgl. Selter et al. 2016, S. 100, 104, 114–124.

[51] Vgl. ebd., S. 123–125, 134.

Eine genauere Aufschlüsselung der Daten dahingehend, in welchem Inhaltsbereich das Problemlösen am erfolgreichsten war und damit per definitionem auch der Anspruch des Begründens bewältigt werden kann, liegt darüber hinaus leider nicht vor.[52]

International zeigt die TIMS-Grundschulstudie auf, dass die deutschen Viertklässlerinnen und Viertklässler 2015 nicht mehr im oberen Drittel, sondern „lediglich" noch im Mittelfeld zu finden sind. Der deutsche Mittelwert lag dabei mit 522 Punkten immer noch signifikant über dem internationalen Mittelwert von 509 Punkten, jedoch signifikant unterhalb des erreichten Wertes der EU-Teilnehmer (527 Punkte). International betrachtet sind die deutschen Grundschulkinder nach TIMSS 2015 somit in ihrer mathematischen Leistungsstärke als „gutes Mittelmaß mit deutlichem Potential nach oben" (Spitzenwert Singapur 618) zu betrachten.[53]

Der **IQB-Ländervergleich** verfolgt das Ziel, die Schulleistung in den deutschen Bundesländern miteinander zu vergleichen, Schulen zu evaluieren und das Erreichen der Bildungsstandards gemäß der 2006 beschlossenen und 2015 fortgeführten Gesamtstrategie der Kultusministerkonferenz (KMK) zu überprüfen.[54] Dabei sollen die Daten laut KMK auch Auskunft darüber geben, „in welchem Ausmaß die Schülerinnen und Schüler die Kompetenzerwartungen der Bildungsstandards erreichen."[55] Dementsprechend sind differenzierte Kompetenzaussagen zu erwarten.

Der **Leistungsvergleich 2011** fand in der Grundschule für die Fächer Deutsch und Mathematik statt und erfasste die Kompetenzstände von rund 27.000 Grundschulkindern des vierten Jahrgangs aus allen 16 Bundesländern.[56]

In der Rahmenkonzeption orientieren sich die Ländervergleiche sinngemäß eng an den Bildungsstandards und berücksichtigen alle fünf Inhaltsbereiche in ausdifferenzierter Form. Während die Bildungsstandards nur *Regelstandards* beschreiben, das heißt im Durchschnitt zu erreichende Kompetenzen, werden in den Ländervergleichen fünf Kompetenzabstufungen definiert und erfasst. Dies geschieht mittels einer vorab normierten Punkteskala und unter der Annahme einer Normalverteilung mit dem mittleren Niveau der *Regelstandards*. Niveau 1 liegt dabei unterhalb der Mindeststandards. Ein Erreichen der so genannten *Mindeststandards,* dem Minimum für die erfolgreiche Integration in die

---

[52] Vgl. Selter et al. 2016, S. 116–120, 133–134.

[53] Vgl. ebd., S. 131.

[54] Vgl. Kultusministerkonferenz 2006, S. 5–6; Kultusministerkonferenz 2015, S. 6.

[55] Kultusministerkonferenz 2015, S. 10.

[56] Vgl. Richter et al. 2012, S. 85.

Sekundarstufe I, wird Niveau 2 zugeordnet. Das mittlere Niveau 3 entspricht den *Regelstandards* und Niveau 4 den *Regelstandards plus*, einer ersten Zielperspektive über den durchschnittlich zu erreichenden Leistungen. Niveau 5 schließlich steht für einen so genannten *Optimal-* bzw. *Maximalstandard*. Diese Niveaustufen werden sowohl als zusammenfassendes Globalmodell mathematischer Leistung als auch für die fünf spezifischen Inhaltsbereiche ausformuliert. In diesen inhaltlichen Beschreibungen wird auch das Begründen in leicht differenzierter Form erwähnt, so dass hieraus auch einige Rückschlüsse auf die Begründungskompetenz möglich sind. Eine den inhaltlichen Kompetenzen entsprechende Berücksichtigung der allgemeinen mathematischen Kompetenzen wie der des Argumentierens erfolgt jedoch auch hier, trotz des expliziten Ziels der Überprüfung der Bildungsstandards, nicht. Dies wird damit begründet, dass insbesondere die allgemeinen Kompetenzen nicht trennscharf seien und meistens in Kombination zum Einsatz kämen. Somit sei eine Messung allgemeiner mathematischer Kompetenzen praktisch nicht möglich, die differenzierte Messung inhaltlicher Kompetenzen dagegen in Schulleistungsstudien üblich.[57]

In Bezug auf die Aufgabenkonzeption setzte der Ländervergleich 2011 mit 38 verschiedenen Testheften bewusst eine hohe Anzahl verschiedener Aufgaben ein, um die Kompetenzbereiche möglichst umfassend zu repräsentieren. Jedes Heft testete dabei drei bis fünf Kompetenzbereiche ab. Die Aufgaben selbst bestanden aus einem ein- bis fünfzeiligen Text und bis zu sechs zugehörigen Fragen (Items). Als Aufgabenformate wurden sowohl geschlossene Aufgaben (Multiple-Choice, Richtig-Falsch-Aufgaben und Zuordnungsaufgaben), halboffene mit erwarteten Kurzantworten als auch offene Aufgabenstellungen, die eine ausführlichere Antwort ermöglichen, gewählt. Möglichkeiten für Begründungen waren somit, in leider nicht näher bekanntem Umfang, gegeben.[58]

Die nach Itemschwierigkeit normierte mathematische Globalskala und deren Einteilung in Niveaustufen mit entsprechenden Kompetenzbeschreibungen ermöglicht nicht nur den Vergleich der Bundesländer untereinander. Sie stellt als Ergebnis auch eine Einschätzung der unterschiedlichen Schwierigkeiten mathematischer Kompetenzen dar. Dies gilt in einzelnen Auszügen auch bzgl. des Begründens. So wird auf Stufe III, den *Regelstandards* und damit dem durchschnittlichen Leistungsbereich, das Begründen im Rahmen der Stochastik

---

[57] Vgl. Pant et al. 2012, S. 48–84; Roppelt und Reiss 2012, S. 42–44.
[58] Vgl. Richter et al. 2012, S. 86–89.

gefordert: „Bei nicht allzu komplexen Zufallsexperimenten werden Gewinnchancen korrekt eingeschätzt und begründet."[59] Auf Stufe IV heißt es dann interessanterweise: „Sie beschreiben eigene Vorgehensweisen korrekt, verstehen und reflektieren die Lösungswege anderer Kinder [...]."[60] Das bedeutet, das Beschreiben eigener Vorgehensweisen, welches noch kein Begründen umfasst, wird hier bereits als überdurchschnittlich eingeordnet. Gleiches gilt für das Hinterfragen und Diskutieren geometrischer Aussagen, Kompetenzen typischer Argumentationsverläufe. Bewertungen und Verallgemeinerungen gehören bereits zu Stufe V. Erst auf dieser Stufe wird auch das Begründen als allgemeine Kompetenz beherrscht: „Das Vorgehen kann nachvollziehbar kommuniziert und begründet werden. Mathematische Argumentationen werden angemessen bewertet."[61] Diese Aspekte gehören zu den Maximalstandards.[62]

Daraus lässt sich eine Leistungseinschätzung von Viertklässlerinnen und Viertklässlern ableiten: Der Kompetenzbeschreibung der nach Anspruch geordneten Niveaus kann zusammenfassend entnommen werden, dass das Begründen in ersten einfachen spezifischen Kontexten dem durchschnittlichen Grundschulkind der vierten Klasse möglich sein sollte. Das Beschreiben eigener Vorgehensweisen sowie das Hinterfragen und Diskutieren von Aussagen stellen jedoch bereits überdurchschnittliche Kompetenzen dar. Das Bewerten (auch mathematischer Argumentationen), das Verallgemeinern und das Begründen sind nur Optimalstandards, die von relativ wenigen Kindern erreicht werden. *Optimal-* bzw. *Maximalstandards* werden dabei wortwörtlich aufgefasst als:

> „[...] Leistungsvoraussetzungen, die bei sehr guten oder ausgezeichneten individuellen Lernvoraussetzungen und der Bereitstellung besonders günstiger Lerngelegenheiten innerhalb und außerhalb der Schule erreicht werden können und bei weitem die Erwartungen der KMK-Bildungsstandards übertreffen."[63]

Die Auffassung des Begründens als solch ein *Optimal-* bzw. *Maximalstandard* geht nicht mit den Leistungserwartungen der Bildungsstandards konform (s. 3.2).

Ergänzend können die inhaltlich spezifischen Kompetenzstufenmodelle Aufschluss geben. Während auf Stufe I und II auch hier kein Begründen erwartet wird, werden auf Stufe III neben der Einschätzung und Begründung nicht allzu komplexer Gewinnchancen auch Gesetzmäßigkeiten in Zahlenfolgen erkannt

---

[59] Reiss et al. 2012, S. 74.

[60] Ebd.

[61] Ebd., S. 76.

[62] Vgl. ebd., S. 72–76.

[63] Pant et al. 2012, S. 55.

und begründet. Auf Stufe IV können, entgegen der vorher angeführten globalen Beschreibung, zumindest Vorgehensweisen bei Zahlenfolgen begründet und Begründungen für geometrische Zusammenhänge angemessen beurteilt werden. Auf Stufe V können geometrische Zusammenhänge dann selbst korrekt begründet werden und auch verschiedene Operationen verbindende Gesetzmäßigkeiten erkannt und begründet werden. Daraus lässt sich ableiten, dass der Begründungsanspruch sich zum einen mit der inhaltlichen Komplexität und der Anzahl der zu berücksichtigenden Aspekte, aber auch aus dem offensichtlich einfacheren Beurteilen vorliegender Begründungen gegenüber dem eigenen Erbringen solcher ergibt.[64]

Insgesamt wurde die höchste Kompetenzstufe, in der das eigene Begründen beherrscht wird, je nach Bundesland nur von 7,3 % (Berlin) bis 20,9 % (Bayern und Sachsen-Anhalt) der Viertklässlerinnen und Viertklässler erreicht. Der Durchschnitt der 16 Bundesländer lag bei knapp 15 %. Zusammenfassend lässt sich hieraus die Vermutung ableiten, dass die Begründungskompetenz nur einen gerechtfertigten Anspruch an besonders leistungsstarke Schülerinnen und Schüler darstellt.[65]

Der **IQB-Ländervergleich 2016** stellt die zweite bundesweite Überprüfung der erreichten Kompetenzstände in Deutsch und Mathematik dar. Es wurden rund 29.000 Schülerinnen und Schüler des vierten Jahrgangs aus allen 16 Bundesländern getestet.[66]

Wie bereits 2011 wurde die mathematische Leistung zusammenfassend global, als auch in den einzelnen Inhaltsbereichen der Bildungsstandards erfasst. Dafür wurden die gleichen fünf Kompetenzabstufungen mit der entsprechenden globalen bzw. inhaltsbezogenen Beschreibung verwendet wie bereits 2011. Dementsprechend wurde auch das Begründen in den gleichen Kompetenzstufen verortet.[67]

Die Aufgabenkonzeption ist ebenso vergleichbar. Es wurden allerdings dieses Mal, mit 63 statt 39, noch deutlich mehr verschiedene Testhefte eingesetzt; elf davon identisch zu 2011.[68]

Die höchste Kompetenzstufe, in der das Begründen auch in diesem Ländervergleich vorrangig verortet wurde, konnte 2016 je nach Bundesland von rund

---

[64] Vgl. Reiss et al. 2012, S. 76–83.

[65] Vgl. Stanat et al. 2012, S. 137–171.

[66] Vgl. Stanat et al. 2017, S. 387.

[67] Vgl. Kohrt et al. 2017, S. 141; Reiss et al. 2017, S. 71–82.

[68] Vgl. Rjosk et al. 2017, S. 83–85, 89–90.

6 % (Bremen) bis maximal 19 % (Sachsen) der Viertklässlerinnen und Viertklässler erreicht werden. Der Mittelwert der Bundesländer lag bei rund 13 % und
damit 2 Prozentpunkte unter dem Mittelwert aus 2011.[69] Auch diese Ergebnisse
legen damit die Vermutung eines hohen Anspruchs des Begründens nahe, dem
nur besonders leistungsstarke Kinder gerecht werden können.

Aufgrund der Bedeutsamkeit der **Leistungsvergleichsstudien der Sekundarstufe I** für die Kompetenzorientierung und der höheren Aussagekraft hinsichtlich
des Begründens, werden die dort vorliegenden Ergebnisse zur Begründungskompetenz nachfolgend ergänzend mit einbezogen. Dies geschieht in Hinblick auf
die für die Kompetenzorientierung ausschlaggebenden Studien TIMSS 1995[70]
und PISA 2000 sowie die aktuelleren Daten aus PISA 2012, als aktuellste
PISA-Studie mit mathematischem Schwerpunkt, und 2018.[71]

Bei **TIMSS 1995** wurden in der Teilstudie zu der mathematisch-
naturwissenschaftlichen Schulleistung die beiden Populationen TIMSS-II (Sekundarstufe I) und TIMSS-III (Sekundarstufe II) in Deutschland mit erfasst. **TIMSS-
II** bezieht sich auf Daten von 13-jährigen Kindern der siebten und achten Klasse.
Dabei wurden im Schuljahr 1993/94 in Deutschland zunächst rund 3300 Schülerinnen und Schüler der siebten Jahrgangsstufe und im Rahmen der internationalen
Hauptuntersuchung 1994/95 noch einmal rund 6900 Schülerinnen und Schüler der siebten und achten Klasse untersucht. Die Mehrheit der teilnehmenden
deutschen Schülerinnen und Schüler ist in den erhobenen Klassenstufen bereits
älter als 13 Jahre und damit älter als ihre internationale Vergleichsgruppe. Dennoch zeigte sich für Deutschland eine Mathematikleistung, die mit 509 Punkten
nur nahe am internationalen Mittelwert von 513 Punkten liegt.[72] „Dies entspricht einem Fähigkeitsniveau, auf dem mathematische Routineverfahren, die
Unterrichtsstoff der sechsten bis achten Jahrgangsstufe sind, einigermaßen sicher
ausgeführt werden können."[73] Stärken liegen nach TIMSS II eher bei algorithmi-
schen Verfahrensweisen, der Reproduktion von Faktenwissen und einschrittigen
elementaren Operationen.[74] Hinzu kommt, dass die nord-, ost- und westeuropäi-
schen Länder eine so deutlich bessere Leistung nachweisen konnten, dass dies
einem Leistungsvorsprung von mehr als einem Schuljahr entspricht. Sowohl das

---

[69] Vgl. Kohrt et al. 2017, S. 142.

[70] Aktuellere Studien von TIMSS beziehen sich auf die Grundschule und wurden vorab
bereits dargestellt.

[71] Vgl. Sälzer et al. 2013, S. 50.

[72] Vgl. Walther et al. 2003, S. 211.

[73] Baumert et al. 1997, S. 23.

[74] Vgl. Baumert et al. 2000, S. 177.

durchschnittlich erreichte Fähigkeitsniveau in seiner Beschreibung als auch die festgestellten Stärken der Schülerinnen und Schüler liegen somit in Bereichen außerhalb des Begründens.[75]

Bei der Suche nach expliziten Hinweisen zur Begründungskompetenz zeigt sich, dass in TIMSS II verschiedene Inhaltsbereiche und Anforderungsarten unterschieden wurden. Zudem wurden in einem Drittel der Testzeit offene Aufgabenformate eingesetzt. Die in den deskriptiven Befunden nicht näher erläuterten Anforderungsarten *Wissen, Beherrschung von Routineverfahren, Beherrschung von komplexen Verfahren* und *Anwendungsbezogene und mathematische Probleme* und auch die inhaltsbezogenen Niveaus erlauben jedoch keine direkten Rückschlüsse auf die Begründungskompetenz der Schülerinnen und Schüler. Tatsächlich wird das Begründen im Rahmen der deskriptiven Befunde zur Mathematik überhaupt nur an einer Stelle erwähnt: In einem begleitenden Lehrerfragebogen sollte die Wichtigkeit der Schülerverhaltensweise „eigene Lösungen begründen" als Bedingung guter Schulleistungen beurteilt werden. Hier beurteilen nahezu alle Lehrkräfte die Verhaltensweise mit wichtig oder sehr wichtig. Dieser Fragebogen steht bei TIMSS im Kontext der Vorstellungen zu einem anspruchsvollen Unterricht, was die Vermutung nahelegt, dass das Begründen ebenfalls als besonders anspruchsvoll eingeordnet wird. Konkrete empirische Befunden und Aussagen fehlen jedoch.[76]

Ein abschließender Blick in die Ergebnisse der **TIMSS-III** Population weist dafür umso deutlicher auf später bestehende Schwierigkeiten und den zugeordneten Anspruch der Begründungskompetenz im Rahmen des Argumentierens hin:

> „So versagen deutsche Schülerinnen und Schüler insbesondere bei Aufgabenstellungen, die komplexe Operationen, die Anwendung mathematischer oder naturwissenschaftlicher Modellvorstellungen und selbstständiges fachliches Argumentieren verlangen. Je anspruchsvoller eine Aufgabe, umso mehr fallen die deutschen Abiturienten hinter Schüler anderer europäischen Länder zurück."[77]

Diese Teilstudie umfasst die Daten von rund 8000 deutschen Schülerinnen und Schülern des Abschlussjahrgangs der Sekundarstufe II mit einem im internationalen Vergleich hohem Durchschnittsalter von 19,5 Jahren.[78] Das zitierte Ergebnis betont explizit das Argumentieren als besonders ausgeprägte Schwierigkeit der

---

[75] Vgl. Baumert et al. 1997, S. 21–23, 50–52.

[76] Vgl. ebd., S. 48–50, 78–81.

[77] Baumert et al. 2002, S. 355.

[78] Vgl. ebd., S. 353.

Schülerinnen und Schüler. Diese Aussage ist in TIMSS-III deshalb so genau möglich, weil hier *Mathematisches Argumentieren* als eine eigene Niveaustufe mathematischer Grundbildung definiert und ausgewertet wird. Diese entspricht nach den Stufen *Alltagsbezogene Schlussfolgerungen, Anwendung von einfachen Routinen, Bildung von Modellen und Verknüpfung von Operationen* der vierten und höchsten Stufe, also rückblickend auf das Zitat den benannten besonders anspruchsvollen Aufgaben. Diese Stufe wurde national von 13,9 % der Schülerinnen und Schüler erreicht. Damit stellt die Stufe die von den wenigsten Schülerinnen und Schülern erreichte Stufe dar, während eine Verortung auf der Stufe II *Anwendung von einfachen Routinen* mit 36,6 % der Schülerinnen und Schüler in der Studie am häufigsten ist. Auch international konnte festgestellt werden: „Sobald die Verknüpfung von mathematischen Operationen oder mathematisches Argumentieren verlangt werden, fallen die deutschen Schüler zurück."[79] So erreichten in den Ländern mit vergleichbarer Alterskohorte (Frankreich, Niederlande, Norwegen und die Schweiz) zwischen 18,1 % und 33,4 % der Schülerinnen und Schüler die Stufe *Mathematisches Argumentieren.*[80]

Ähnliche Hinweise lassen sich auch im Rahmen der für die Kompetenzorientierung ausschlaggebenden Studie **PISA 2000** finden. Reiss, Hellmich und Thomas schreiben 2002 als Fazit aus den schlechten Ergebnissen aus PISA 2000: „Deutsche Schüler haben demnach Schwierigkeiten bei der Bearbeitung von Items, die argumentative Fähigkeiten erfordern."[81] An PISA 2000 nahmen rund 180.000 15-jährige Schülerinnen und Schüler aus 32 Staaten teil. Die Mathematikleistung der deutschen Schülerinnen und Schüler lag dabei lediglich im unteren Mittelfeld (490 Punkte bei einem OECD-Schnitt von 500 Punkten).[82] Auch in dieser Studie wurden Kompetenzstufen in Anlehnung an eine Skala mit dort verorteten Aufgabenschwierigkeiten und den zugehörigen Kompetenzen bestimmt. Die höchste Stufe V, *Komplexe Modellierung und innermathematisches Argumentieren,* umfasst dabei explizit auch das Begründen.[83]

> „Eine kleine Spitzengruppe von 15-Jährigen (Anteil in Deutschland: 1,3 %) erreicht die höchste Stufe der mathematischen Grundbildung, Stufe V, die *komplexe Modellierung und innermathematisches Argumentieren* beinhaltet. Diese Schülerinnen und Schüler können Begründungen und Beweise angeben, mathematische Modelle verallgemeinern und über deren Gültigkeit reflektieren [...]."[84]

---

[79] Baumert et al. 2001a, S. 17.

[80] Vgl. ebd., S. 12–19.

[81] Reiss et al. 2002b, S. 52.

[82] Vgl. Artelt et al. 2001, S. 21–22.

[83] Vgl. Baumert et al. 2001b, S. 17–18; Klieme et al. 2001, S. 159–161.

[84] Klieme et al. 2001, S. 167–168.

Die Beschreibung der vorangehenden Kompetenzstufe IV macht außerdem deutlich, dass selbst einfache Begründungen vor dem Erreichen der Stufe V noch nicht möglich sind: „Auf dieser Stufe werden die Verallgemeinerungen und Begründungen, die für das höchste Grundbildungsniveau typisch sind, nicht mehr bewältigt."[85] Die Begründungskompetenz stellt offensichtlich einen so hohen Anspruch dar, dass eine weitere Abstufung nicht möglich erscheint.

Ein zentrales Fazit zur mathematischen Grundbildung in PISA 2000 lautet daher vielmehr: „Die Spitzengruppe, die selbstständig mathematisch argumentieren und reflektieren kann, ist äußert klein."[86] Im internationalen Vergleich verdeutlicht der von Japan als Spitzenland erreichte etwa viermal so hohen erreichten Wert zudem das deutliche Entwicklungspotential.[87]

In der **PISA-Studie 2012** wird dank des mathematischen Schwerpunkts der Studie ein deutlich umfassenderes Bild der Mathematikkompetenzen geboten. An dieser Studie nahmen rund 510.000 15-jährige Schülerinnen und Schüler aus 65 Staaten teil. Bei der mathematischen Gesamtleistung zeigt sich eine deutliche Verbesserung der deutschen Schülerinnen und Schüler. Diese hat sich von einer Gesamtleistung im (unteren) mittleren Bereich (TIMSS 1995, PISA 2000) hin zu einer Leistung verbessert, die mit 514 Punkten signifikant über dem internationalen Mittelwert der OECD-Staaten von 494 Punkten und damit im oberen Leistungsdrittel liegt (PISA 2012).[88]

Neben der Gesamtleistung wurde dieses Mal auch das Argumentieren als eine von *sieben fundamentalen mathematischen Fähigkeiten* explizit überprüft. Dies geschah bei allen der *fundamentalen Fähigkeiten* im Zusammenhang mit drei verschiedenen *Prozessen*. Argumentieren wurde somit nicht separat gemessen, sondern zusammen mit verschiedenen Anforderungen abgefragt. Die Aufgaben zum Argumentieren verknüpft mit dem Prozess *Situationen mathematisch formulieren* fordern die Darlegung, Verteidigung oder Lieferung einer Begründung für erkannte oder ausgedachte Repräsentationen einer Realsituation. In Verknüpfung mit dem Prozess *Mathematische Konzepte, Fakten, Prozeduren und Schlussfolgerungen anwenden* sind Begründungen verwendeter Vorgänge, das Verknüpfen von Daten, Verallgemeinerungen und mehrstufige Beweise gefordert. Zusammen mit dem dritten Prozess *Mathematische Ergebnisse interpretieren, anwenden und*

---

[85] Klieme et al. 2001, S. 158.
[86] Ebd., S. 170.
[87] Vgl. ebd., S. 172–173.
[88] Vgl. Sälzer et al. 2013, S. 70–72.

bewerten wird das Begründen im Rahmen von Erklärungen und Beweisen, die eine Lösung für ein Problem stützen, widerlegen oder relativieren, abgefragt.[89]

In den modellierten Stufen mathematischer Kompetenz von PISA 2012 erfolgte im Unterschied zu der vorgestellten Studie aus 2000 eine abgestufte Berücksichtigung der Begründungs- bzw. Argumentationskompetenz (neben weiteren dort formulierten Kompetenzen). Die Argumentationskompetenz findet sich 2012 bei den höchsten drei der sechs Stufen mathematischer Kompetenz wieder. Es wird zwischen flexiblem Argumentieren mit einem gewissen mathematischen Verständnis und der Angabe von Begründungen für eigene Interpretationen, Argumentationen und Handlungen (Stufe IV), gut entwickelten Denk- und Argumentationsfähigkeiten (Stufe V) und der Fähigkeit zu anspruchsvollem Denken und Argumentieren mit der Fähigkeit, die Überlegungen dahingehend präzise zu beschreiben, zu kommunizieren und deren Angemessenheit zu beurteilen (Stufe VI), unterschieden. Ausgehend von diesem breiter gestuften Begründungs- bzw. Argumentationsverständnis liegen für 2012 Werte vor, die aufzeigen, dass sich 17,5 % der 15-jährigen Schülerinnen und Schüler in Deutschland auf Stufe V oder VI befinden. Das bedeutet, 17,5 % der Schülerinnen und Schüler besitzen nach PISA 2012 eine mindestens gut entwickelte Argumentations- und damit auch Begründungskompetenz. Damit liegen die Werte der Schülerinnen und Schüler nicht nur deutlich höher als noch im Jahr 2000, sondern auch höher als der zum Vergleich angegebene OECD-Durchschnitt von 12,6 %.[90]

Stufe IV, bei der die Angabe eigener, weniger anspruchsvoller, Begründungen bereits möglich ist, wurde zudem von 21,7 % der der Schülerinnen und Schüler erreicht. Rund 39 % der 15-Jährigen sind somit nach PISA 2012 in der Lage, mathematische Begründungen abzugeben (21,7 % auf Stufe IV, 12,8 % auf Stufe V und 4,7 % auf Stufe VI).[91]

In Bezug auf Geschlechtsunterschiede zeigt sich, dass mit 20 % deutlich mehr Jungen in der Lage waren, auf Stufe IV oder V zu begründen als Mädchen (rund 15 %). Auch Stufe IV erreichten geringfügig mehr Jungen, wohingegen die Mädchen mehrheitlich die niedrigen Stufen erreichten.[92]

An der aktuellsten **PISA-Studie 2018** haben rund 600.000 Schülerinnen und Schüler aus 79 Staaten teilgenommen. Die mathematische Kompetenz ist

---

[89] Vgl. OECD 2013, S. 3; Sälzer et al. 2013, S. 54–56.

[90] Vgl. Sälzer et al. 2013, S. 61, 73–75.

[91] Vgl. ebd., S. 61, 88.

[92] Vgl. ebd., S. 89.

kein Schwerpunktthema dieser Studie. Dank der bestehenden Kompetenzstufen aus 2012 lassen sich dennoch einige Trends für die Begründungs- und Argumentationskompetenz ableiten.[93]

Es zeigt sich, dass die mathematische Gesamtleistung mit 500 Punkten auch 2018 signifikant über dem OECD-Durchschnitt (489 Punkte) verbleibt. Im Vergleich zu 2012 ist sie damit allerdings rückläufig. In Bezug auf die Argumentations- und Begründungskompetenz zeigt sich bei den relevanten Kompetenzstufen, dass nach PISA 2018 rund 13 % der Schülerinnen und Schüler dazu in der Lage sind, die Stufe V oder VI zu bewältigen und auf mindestens gutem Niveau zu begründen und argumentieren. Damit ist auch dieser Wert über dem OECD-Durchschnitt (11 %) und im Vergleich zu 2012 rückläufig (17,5 %). Ein Wert für die Stufe IV wird nicht beschrieben.[94]

In Bezug auf das Geschlecht setzt sich der Trend der leistungsstärkeren Jungen bei den Stufen V bis VI fort. Es gelang 15 % der Jungen und 11 % der Mädchen, diese Stufen zu erreichen.[95]

Zusammenfassend zeigt sich für die Grundschule in den groß angelegten Leistungsvergleichsstudien eine nicht zufriedenstellende Erfassung der mathematischen Begründungskompetenz. Diese insgesamt eher negative Bilanz ergibt sich in erster Linie durch eine nach wie vor starke Fokussierung auf die Inhaltsbereiche in allen angeführten Studien. Obwohl sich bei der Konzeption der Studien häufig eng an den Bildungsstandards orientiert und teils sogar die Dringlichkeit der Erfassung der *allgemeinen Kompetenzen* betont wurde, erfolgte dahingehend keine gezielte Auswertung. Dies wird nicht oder mit der fehlenden Trennschärfe und der üblichen Messung mathematischer Kompetenz in Leistungsvergleichsstudien begründet. Dass dennoch einige Rückschlüsse auf die Begründungskompetenz möglich sind, liegt daran, dass das Begründen als Konzeptelement in den Aufgaben und in den unterschiedlichen inhaltlichen Niveaubeschreibungen zunehmend verortet ist. Während IGLU 2001 (mit TIMSS 1995) dieses nur in der Aufgabenentwicklung miteinbezieht, berücksichtigen die aktuelleren TIMS-Studien Begründen im Rahmen eines Anforderungsbereichs und dessen Auswertung. Die meisten Erkenntnisse ergeben sich jedoch aus den vorgenommenen Skalierungen von Itemschwierigkeiten und den entsprechenden Zuordnungen mathematischer Kompetenzen in eingeteilten Niveaustufen. Diese sind zwar zunächst rein inhaltlich fokussiert (IGLU 2001), erfassen dann in der Entwicklung und umfassenderen mathematischen Kompetenzerhebung

---

[93] Vgl. Weis und Reiss 2019, S. 16.
[94] Vgl. Reinhold et al. 2019, S. 192, 195, 198–199.
[95] Vgl. ebd., S. 204–205.

aber auch das Begründen auf der höchsten (TIMSS 2015) oder sogar den höchsten drei Kompetenzstufen (IQB-Ländervergleich 2011, 2016). Dies an sich ist ein Ergebnis, aus dem sich ein hoher Anspruch von Begründungsaufgaben ableiten lässt.

Die vorliegenden Werte lassen sich dementsprechend so interpretieren, dass ein anspruchsvoll definiertes Begründen tatsächlich nur von einer kleinen besonders leistungsstarken Minderheit der deutschen Viertklässlerinnen und Viertklässler bewältigt werden kann. So sind es in TIMSS 2015 nur 5,3 % der Kinder, die ihre Begründungen entsprechend der höchsten mathematischen Kompetenzstufe erklären können (während international bis zu 50,1 % erreicht werden). Gleichzeitig zeigt die Studie auf, dass das *Problemlösen*, welches das schriftliche Begründen einer Strategie oder Lösung beinhaltet, eine Stärke der deutschen Viertklässlerinnen und Viertklässler darstellt. Die IQB-Ländervergleichsstudie stellt diesen Werten durchschnittlich rund 15 % (2011) bzw. 13 % (2016) der Viertklässlerinnen und Viertklässler gegenüber, die entsprechend der höchsten Stufe der *Optimalstandards* nachvollziehbar begründen können. Begründungskompetenz wird mit dieser Bezeichnung jedoch als kaum erreichbares Ziel dargestellt.

Insgesamt zeigt sich damit für die Kompetenz in der Grundschule ein eher gemischtes Bild, welches die Frage offenlässt, ob die Kompetenz in ihren unterschiedlichen Ausprägungen hinreichend abgestuft erfasst wurde, um diese tatsächlich nur der Leistungsspitze von maximal 15 % der Viertklässler und Viertklässlerinnen zuordnen zu können. Diese Frage stellt sich insbesondere deshalb, weil die Begründungskompetenz in den großen Leistungsvergleichsstudien bislang nicht gleichermaßen gezielt operationalisiert und gemessen wurde wie die Inhaltskompetenzen. International zeichnet sich zudem ein deutliches Entwicklungspotential auch für die leistungsstarken deutschen Schülerinnen und Schüler ab.

Die weiterführenden Leistungsvergleichsstudien der Sekundarstufe geben an dieser Stelle bereits deutlichere, gleichzeitig aber auch gravierendere Hinweise in Bezug auf den Leistungsstand beim Begründen und Argumentieren. Insbesondere die Ergebnisse aus der Sekundarstufe II im Rahmen von TIMSS 1995 zeigen bestehende Schwierigkeiten auf. Selbstständiges fachliches Argumentieren wird explizit als Schwäche deutscher Schulabsolventinnen und Schulabsolventen in den Vordergrund gestellt. Durch die Erfassung der Niveaustufe *Mathematisches Argumentieren* ist die Aussage möglich, dass diese Kompetenz national von 13,9 % der Schülerinnen und Schüler im Abschlussjahrgang erreicht wird. Stärken liegen dagegen bei Routineaufgaben.

PISA 2000 stellt die Kompetenz für die 15-Jährigen der Sekundarstufe I deutlich gravierender dar. So erreichen dort nur rund 1,3 % der Schülerinnen und Schüler *die Stufe Komplexe Modellierung und innermathematisches Argumentieren*, in der Begründungen und Beweise angegeben werden können. Dieser sehr niedrigen Zahl stehen mittlerweile aktuellere und deutlich bessere Werte gegenüber. So erreichen bei genauerer Erfassung in PISA 2012 national immerhin 17,5 % (international 12,6 %) die Kompetenzstufen V und VI, die mindestens eine gut entwickelte bis anspruchsvolle Argumentations- und damit auch Begründungskompetenz voraussetzen. Rund 39 % der Schülerinnen und Schüler sind zudem in der Lage, eigene mathematische Begründungen abzugeben (Stufe IV bis VI). Die deutlich höheren Werte bei der Begründungskompetenz 2012, aber auch noch 2018 (rund 13 % auf Stufe V oder VI) sprechen für eine deutliche Leistungssteigerung in den vergangenen Jahren. Insgesamt scheint jedoch auch ein breiteres und im Niveau abgestuftes Kompetenzverständnis (in nicht näher fassbarem Verhältnis zum Leistungszuwachs) zu deutlich besseren Werten zu führen.

Es kann somit die Frage abgeleitet werden, ob eine differenziertere Erfassung der Begründungskompetenz mit entsprechender Berücksichtigung verschiedener Anforderungen in den Aufgaben und einer Niveauabstufung in der Auswertung nicht nur zu einem wesentlich umfassenderen und aussagekräftigeren, sondern auch zu einem leistungsstärkeren Bild der Begründungskompetenz von Grundschülerinnen und Grundschülern führen würde.

2.2.2 Vertiefende Studien zur Begründungskompetenz

Neben den größeren Leistungsstudien, die die mathematische Kompetenz, jedoch nicht schwerpunkthaft das Begründen thematisieren, liegen eine Reihe von Studien aus der Mathematikdidaktik vor, die dieses bzw. das umfassendere Argumentieren stärker fokussieren. Einleitend wird ein Überblick über die Forschungsschwerpunkte der Studien für den Grundschulbereich gegeben. In 2.2.2.1 bis 2.2.2.3 werden die für das vorliegende Vorhaben wesentlichen Ergebnisse zu dem Potential von Grundschulkindern und den Charakteristika kindlicher

Begründungen vorgestellt, um empirische Erkenntnisse zum Einfluss der Klassenstufe, der Klasse und des Geschlechts ergänzt und zu eigenen Schlussfolgerungen zusammengefasst.

Insbesondere im Rahmen des Potentials von Grundschulkindern sowie der Charakteristika (2.2.2.1 und 2.2.2.2) werden dabei trotz erfolgter internationaler Recherchen vor allem deutschsprachige Studien angeführt. Dies lässt sich auf zwei Aspekte zurückführen. So erwies es sich einerseits aufgrund der fehlenden eindeutigen Übersetzung des *Begründens* im Englischen als schwierig, passfähige Forschungsergebnisse zu diesbezüglich spezifischen Themen, bspw. zu expliziten Merkmalen von Begründungen, zu finden. Andererseits zeigte sich, entsprechend der *Principles and Standards for School Mathematics,* international ein starker Fokus auf dem beschriebenen Standard *Reasoning and Proof* für alle Jahrgangsstufen.[96] Die wenigen Studien, die *Reasoning* im Elementarbereich fokussieren, tun dies vielfach in Hinblick auf eine mögliche Verankerung und Vorbereitung des gültigen Beweisens im Unterricht (bspw. Maher, Martino 1996; Martino, Maher 1999, Loewenberg Ball, Bass 2003, Peretz 2006, Stylianides 2007) oder die älteren Jahrgänge fünf und sechs der *elementary* bzw. *primary school* (Lampert 1990, Brousseau, Gibel 2005, Lin, Mintzes 2010; Flegas, Charalompos 2013, Cervantes-Barraza, Cabañas-Sánchez, Reid, 2019).

Ein Begründen im Sinne eines grundschulgerechten und gültigen Beweisens im Unterricht steht jedoch nicht im Fokus der eigenen Arbeit. Daher werden internationale Forschungsergebnisse, neben den Leistungsvergleichsstudien in 2.2.1, nachfolgend vor allem dann mit einbezogen, wenn zu spezifischen Bereichen wie Lerngruppenunterschieden, Niveaustufen oder Legitimationsarten auch weiterführende Forschungsergebnisse zum Beweisen in älteren Jahrgangsstufen von Relevanz sind (s. 2.2.2.3, 2.3, 4.8).

Bei den vorliegenden Studien zur Begründungskompetenz von Grundschulkindern zeigt sich insgesamt betrachtet ein deutlicher Forschungsschwerpunkt: Der Großteil der Studien fokussiert die Analyse mündlicher interaktiver Argumentationsprozesse im Mathematikunterricht (Krummheuer 1997, 2001, 2003b, Schwarzkopf 2000, Steinbring 2000, 2009, Fetzer 2007, 2011[97], Meyer 2007, 2011, Rumsey, 2012, 2013, Nordin, Hartkens 2013, 2018, Boistrup 2018).[98] Naheliegende Gründe dafür, das Argumentieren mündlich und interaktiv zu untersuchen, wurden bereits in Bezug auf die Intention der Konsensherstellung aus

---

[96] Vgl. National Council of Teachers of Mathematics (NCTM) 2000, S. 56–59, 188–192.

[97] Bei Fetzer wurden neben den mündlichen Prozessen auch Verschriftlichungen betrachtet.

[98] In den Studien von Schwarzkopf und Meyer wurden sowohl Grundschulkinder als auch Sekundarstufenschülerinnen und -schüler untersucht.

der Lernzielperspektive (s. 1.1.1) und in Bezug auf die nach eigener Auffassung mit dem Argumentieren verbundenen Intention der Positionierung (s. 1.2) dargelegt. Während Krummheuer dabei seinen genaueren Fokus auf die Analyse von interaktiven Gruppenarbeiten setzt, analysieren Steinbring, Schwarzkopf und Meyer Argumentationen in ausgewählten frontal geführten Unterrichtsszenen. Nordin und Boistrup fokussieren erfolgte Verteidigungs- und Diskussionsphasen in der Klasse, Fetzer und Hartkens sowohl interaktive Arbeitsphasen als auch Plenumsphasen und Rumsey sämtliche mündliche Argumentationen dokumentierter Schulstunden. Die interaktiven Analysen beziehen sich damit sowohl auf Interaktionen unter Schülerinnen und Schülern als auch auf typische Unterrichtsgespräche in Form von Lehrer-Schüler-Interaktionen.

Vertiefend stehen dabei häufig funktionale Analysen einzelner Elemente (Schwarzkopf, Fetzer, Hartkens, Rumsey) sowie die Charakteristika kindlicher Argumentationen im Vordergrund (Krummheuer, Steinbring, Fetzer, Rumsey). Darüber hinaus wurden bereits bestimmte Aspekte zu Prozessen oder einzelnen Elementen vertieft. Dies sind bspw. der Einsatz von Verschriftlichungs- und Veröffentlichungsphasen (Fetzer), Prozessverläufe und angeführte Argumentationsbasen (Schwarzkopf), argumentative Reflexionen (Hartkens), aber auch die Rekonstruktion rationaler Schlussweisen der Erkenntnisgewinnung (Meyer) sowie Rollenverteilungen und Initiierungen von Prozessen (Schwarzkopf, Meyer).

Daneben gibt es kaum Studien, die explizit die Begründungs- oder Argumentationsfähigkeiten der Grundschulkinder untersuchen (Stein 1999, Neumann, Beier und Ruwisch 2014). Während Stein die Argumentationsfähigkeiten von Grundschulkindern im Rahmen von Problemlöseaufgaben in Interviewsituationen auslotet, erfassen Neumann, Beier und Ruwisch diese in schriftlichen Tests und leiten daraus eine Niveaustufenverteilung der Begründungskompetenz ab. Ein entwickeltes Niveaustufenmodell findet sich zudem bei Bezold (2009), die dieses als Auswertungsinstrument für ihre Studie entwickelte, bei der die Förderung der Argumentationsfähigkeit durch ein Unterrichtskonzept mit Forscheraufgaben im Vordergrund steht.

Weitere Studien fokussieren den Mathematikunterricht in seiner aktuellen Begründungskultur (Peterßen 2012, Hahn 2014), womit im Wesentlichen die Unterrichtsgestaltung und Lehrervorstellungen gemeint sind, oder bzgl. einzelner Unterrichtselemente wie Aufgabengestaltungen und deren Effekte (Moll, 2013, Rathgeb-Schnierer 2014, 2015, Rathgeb-Schnierer und Green 2015, Rezat 2016).

Von besonderem Interesse für die vorliegende Arbeit sind dabei die Ergebnisse der Studien, die explizit die Begründungskompetenz der Grundschulkinder beschreiben und die eigenen Schwerpunkte berücksichtigen. Das bedeutet, die Studien, die Bezug darauf nehmen, ob bzw. inwieweit Grundschulkinder in der

Lage sind, zu begründen (2.2.2.1) und wie diese Begründungen sich charakterisieren lassen (2.2.2.2). Ergänzend ist von Interesse, ob diesbezüglich nach der aktuellen Studienlage von wesentlichen Unterschieden zwischen den Klassenstufen, Lerngruppen (Klassen) oder Geschlechtern auszugehen ist 2.2.2.3).

2.2.2.1 Das Potential von Grundschulkindern

Für die Frage, ob bzw. inwieweit Grundschulkinder bereits zu Begründungen in der Lage sind, werden insbesondere die Studien von Stein (1999), Meyer (2007) und Bezold (2009) herangezogen und wesentliche Ergebnisse bzgl. des darin festgestellten Potentials von Grundschulkindern vorgestellt. Diese werden durch Ergebnisse von Krummheuer (1997, 2001), Schwarzkopf (2000) und Peterßen (2010, 2012) ergänzt. Anschließend werden für das vorliegende Forschungsvorhaben wesentliche Schlussfolgerungen aus der Studienlage und den vorliegenden Befunden gezogen.

Stein untersuchte im Rahmen einer qualitativen Interviewstudie das logische Denken und Argumentieren von Grundschulkindern.[99] In 200 Interviews wurden jeweils zwei Kindern zwei lösbare und zwei unlösbare Problemlöseaufgaben aus verschiedenen Bereichen (Geometrie, Arithmetik, Kombinatorik, Spiele) vorgelegt. Die unlösbaren Probleme sollten dabei als Anlass dienen, die Nicht-Erreichbarkeit des Aufgabenziels, bspw. die Unmöglichkeit des Auslegens einer Vorlage mit gegebenen Steinen, schlüssig zu begründen. Die Notwendigkeit Einsichten zu begründen soll auf diese Weise durch die ungelöste Situation und nicht durch eine Aufforderung entstehen. Stein nennt dies *implizite Begründungsaufforderung* und möchte auf diese Weise das „natürliche Begründungsverhalten" erfassen.[100]

Mittels ausgewählter Fallbeispiele stellt Stein seine Beobachtungen und Interpretationen zu den Lösungsprozessen und ihrer logischen Steuerung, bspw. durch verschiedene Problemlösestrategien und erfolgte logische Schlüsse, dar. Im Rahmen dessen kann er Beispiele anführen, in denen die Schülerinnen und Schüler mit großer Sicherheit und präzise argumentieren und dabei schlüssig begründen. Es werden sowohl Fallunterscheidungen vorgenommen als auch logische

---

[99] Die Jahrgangsstufen der Stichprobe werden nicht explizit beschrieben, jedoch werden Beispiele aus Klasse drei und vier angeführt. Das übergeordnete DFG-Projekt widmet sich Kindern ab Klasse zwei.

[100] Vgl. Stein 1999, S. 4, 7.

Schlussketten aufgestellt. Insgesamt hält Stein als Ergebnis bzgl. der Begründungskompetenz daher fest, dass auch jüngere Kinder zu Argumentationen fähig sind, sogar zu solchen, die für das Kind Beweischarakter[101] haben.[102]

Trotz dieser grundsätzlich als möglich festgehaltenen Kompetenz von Grundschulkindern stellt Stein auch Schwierigkeiten fest. Er betont, dass viele Kinder nicht zu einer schlüssigen Begründung der Unlösbarkeit der Aufgaben gelangen. Dazu beobachtet er, dass einige Grundschulkinder bei der Zulässigkeit ihrer Überlegungen als Begründung noch sehr unsicher sind. Andere Kinder können längere Argumentationen noch nicht im Zusammenhang überblicken und erkennen daher das Begründungspotential ihrer eigenen Äußerungen noch nicht.[103]

Des Weiteren verweigern viele Kinder trotz bereits geäußerter richtiger Begründung der Unlösbarkeit nicht die Aufforderung nach einem weiteren Ansatz zu suchen. Nach Stein bedeutet das, dass sie den Beweischarakter ihrer eigenen Aussage nicht erkennen. Zumindest aber kann hieraus auf eine fehlende Überzeugtheit bzw. leicht herzustellende Verunsicherung bzgl. der eigenen Begründung bei vielen Kindern geschlossen werden. Kinder, bei denen diese Unsicherheit nicht vorliegt, begründen dagegen in beachtlicher logischer Kompetenz in logischen Sequenzen, mit übergeordneten (gefundenen) Regeln oder durch kombinatorisches Ausschöpfen der Möglichkeiten.[104]

Insgesamt hält Stein fest, dass Kinder nicht unfähiger im logischen Denken sind als Erwachsene und die benötigten Fähigkeiten bei den Kindern bereits vorhanden sind. Allerdings nehmen Kinder nach Stein unterschiedliche „interne Wertungen" ihrer logischen Prozesse vor. Demnach besitzen Grundschulkinder bereits das Potential in logischen Schlussfolgerungen zu begründen, können das Potential ihrer eigenen Überlegungen für Begründungen aber noch nicht immer sicher erkennen bzw. selbst angemessen beurteilen.[105]

Welche logischen Schlussformen dabei auch bereits in der Grundschule möglich sind und wie sich deren rationale Struktur analytisch rekonstruieren lässt, zeigt Meyer differenzierter auf. Abgeleitet aus der Theorie entwirft er ein so genanntes *Begriffsnetz* zum Verständnis und zur Rekonstruktion von Prozessen der Erkenntnisgewinnung und -sicherung und zeigt dessen Anwendbarkeit in der Analyse von Unterrichtssequenzen auf. Die Daten hierfür stammen aus

---

[101] Die Kinder begründen richtig und lehnen die Aufforderung einen anderen Ansatz zu suchen ab.
[102] Vgl. Stein 1999, S. 3, 10–14, 20, 24.
[103] Vgl. Stein 1999, S. 17–19, 24.
[104] Vgl. ebd., S. 20, 24.
[105] Vgl. ebd., S. 25.

ausgewählten, transkribierten und analysierten Unterrichtsszenen aus 14 Unterrichtsstunden in sieben Klassen der Stufe vier, sieben und zehn.

Die von Meyer herausgearbeiteten logischen Schlussformen der Erkenntnisgewinnung und -sicherung sind das Entdecken (Abduktion) als Erkenntnisgewinnung, das empirisch bestätigende oder widerlegende Prüfen (Induktion) als empirische Erkenntnissicherung und das theoretisch sichernde Begründen bzw. Beweisen ((eine Kette von) Deduktionen) als theoretische Erkenntnissicherung. Begründen kann dabei empirisch als Induktion mit verbleibender Unsicherheit oder theoretisch als sichere Deduktion erfolgen. In der Mathematik hat die Induktion nach Meyer jedoch keine hinreichende Funktion in der Geltungsbegründung (s. auch 4.8.3 Legitimationsarten).[106] Er stellt daher für das mathematische Begründen den „typischen mathematischen" Erkenntnisweg aus Abduktion und Deduktion in den Vordergrund seiner Analysen. Damit meint er das Entdecken eines Gesetzes als Vermutung/Hypothese sowie dessen absichernde theoretische Begründung, die idealerweise als Kette von Deduktionen in Beweisform dargestellt werden kann.[107] Die Bedeutung des empirischen Vorgehens im Sinne der induktiven Überprüfung sieht Meyer für den Mathematikunterricht demgegenüber eher darin, Zusammenhänge an konkreten Fällen zu plausibilisieren.[108]

Die analysierten Fallbeispiele seiner Studie zeigen auf, dass diese Verbindung von Abduktion und Deduktion sowohl bei Schülerinnen und Schülern weiterführender Schulen als auch bei Schülerinnen und Schülern der Grundschule rekonstruiert werden kann. Das bedeutet, dass einzelne Kinder im Unterrichtsgespräch bereits Aussagen formulieren, die sich nicht nur als Entdeckungen im Sinne einer Abduktion, sondern auch als deduktive Begründungen rekonstruieren lassen. Hierzu muss einschränkend jedoch darauf hingewiesen werden, dass in der Studie interaktive Dialoge zwischen einer Lehrkraft und Schülerinnen und Schülern im Sinne eines frontal geleiteten Unterrichtsgesprächs analysiert wurden. So zeigen die Ergebnisse zwar auf, dass einzelne Kinder zu entsprechenden Gedankengängen und Äußerungen in der Lage sind, sagen jedoch nichts über die vorliegende Kompetenz in Bezug auf die ganze Klasse oder die Kompetenz in gänzlich eigenständigen Prozessen aus.[109]

Stein und Meyer sind sich somit darüber einig, dass bereits Grundschulkinder ein hohes Potential in Bezug auf logische Schlüsse bis hin zu deduktiven Ketten besitzen. Wenngleich noch keine formalen Darstellungsweisen und auch keine

---

[106] Es sei denn, die Aussage kann mittels Induktion sicher widerlegt werden.

[107] Siehe auch Beweisen als spezifisches Begründen unter 1.1.2

[108] Vgl. Meyer 2007, S. 74–76, 112–117, 231, 234–235;2007b, S. 286–291, 303–304.

[109] Vgl. Meyer 2007, S. 156–164, 233–235.

vollständig und geordnet geäußerten Schlussketten im Sinne Toulmins gemeint sind, liegen elementare Grundbausteine für das spätere Beweisen bei einigen Kindern bereits vor. Einschränkend muss beachtet werden, dass es sich hierbei um zwei qualitative Studien handelt, die zwar das mögliche Potential aufzeigen, jedoch keine flächendeckend vorliegende Kompetenz nachweisen.

Quantitative Aussagen darüber, wie viele Kinder in der Grundschule zum mathematischen Begründen fähig sind, können in der aktuellen Studienlage kaum gefunden werden. Neben den im vorherigen Kapitel erwähnten Leistungsmessungsstudien bietet Bezold einige Anhaltspunkte dahingehend, wie viele Grundschulkinder einer Klasse zum Begründen ihrer Aussagen in der Lage sind. Umrahmt von einem Vor- und Nachtest untersucht Bezold, inwieweit sich die Argumentationskompetenz durch ein entwickeltes Unterrichtskonzept rund um sechs verschiedene arithmetische und kombinatorische Forscheraufgaben fördern lässt. Dieses Konzept, welches im Wesentlichen individuelle und gemeinsame Forschungs- und Präsentationsphasen beinhaltet, wurde in je 20 Unterrichtsstunden über vier bis fünf Monate in fünf dritten Klassen umgesetzt. Dabei wurden sowohl die schriftlichen individuellen Aufgabenbearbeitungen als auch die gemeinsamen Notationen aus Forschertreffs erfasst.[110]

Als ein zentrales Ergebnis ihrer Studie schreibt Bezold: „38 % der Kinder sind in der Lage ihre Entdeckungen (in der individuellen Phase) auch zu begründen."[111] Diese Aussage bezieht sich auf die gesamten schriftlichen Aufgabenbearbeitungen während der Förderung und umfasst einen Datenpool von 654 Argumentationen von 109 Schülerinnen und Schülern, wobei Argumentationen nach Bezold bereits beim Entdecken und Beschreiben beginnen (s. auch 1.1.1 unter A2). Die Aussage ist somit dahingehend zu verstehen, dass während der Förderung im Schnitt rund 38 % der Drittklässlerinnen und Drittklässler bei den Argumentationsaufgaben auch schriftliche Begründungen abgeben konnten. Diese wurden in den Aufgaben, anschließend an geforderte Beschreibungen der Entdeckungen, explizit erfragt. Ein selbstständiges Erkennen der Begründungsnotwendigkeit war dementsprechend nicht gefordert.[112] Einen Eindruck davon, wie viele Kinder auch ohne den Einsatz eines solchen Förderkonzepts in der Lage sind, schriftliche Begründungen abzugeben, gibt der Vergleich der Daten aus dem Vor- und Nachter der Studie. Während im Vortest nur 29 % (Item 1) bzw. 22 % (Item 2) der Schülerinnen und Schüler zusätzlich zu ihrer Entdeckung auch eine Begründung abgeben konnten, waren es im Nachtest bei beiden

---

[110] Vgl. Bezold 2009, S. 163, 251–268.
[111] Ebd., S. 280.
[112] Vgl. Bezold 2010, S. 348–363.

Items 72 %. Dieser Unterschied ist hoch signifikant und zeigt eine deutliche Begründungszunahme. Diese reflektiert Bezold selbstkritisch dahingehend, dass die deutliche Zunahme von Begründungen vermutlich nicht mit einer derartigen Steigerung der Begründungskompetenz gleichzusetzen ist. Sie hält Übungs- und Gewöhnungseffekte für das neu eingeführte Aufgabenformat für wahrscheinlich. Dies gilt insbesondere, weil Vor- und Nachtest identisch sind. Außerdem geht Bezold von einem Lerneffekt dahingehend aus, dass die Kinder nun geschulter darin sind, zu erkennen, welche ihrer Entdeckungen begründungsnotwendig sind.[113]

Die Ergebnisse von Bezold weisen somit zusammenfassend darauf hin, dass eine deutliche Mehrheit der Drittklässlerinnen und Drittklässler bei einer Gewöhnung an entsprechende Aufgabenformate und bei einer Sensibilisierung für die zu begründenden Aussagen durchaus zum Begründen fähig ist. Dies gilt mindestens bei regelmäßiger schriftlicher Übung.

Ähnlich wie bei Stein wird bei Bezold ein grundsätzlich vorhandenes Potential deutlich, welches jedoch (noch) nicht immer gezeigt werden kann. Oft scheint es noch an einem Gefühl dafür, wann und für welche Aussage eine Begründung gefordert ist und in welcher Form diese angemessen ist, zu fehlen.

Eine mögliche Ursache für diese Schwierigkeiten im Erkennen der Begründungsnotwendigkeit, aber auch in der Akzeptanz einer hervorgebrachten Begründung, könnte in einer gemeinsamen Beobachtung von Schwarzkopf, Meyer und Peterßen zu finden sein. Diese analysierten in ihren Studien den üblichen Mathematikunterricht in der Grundschule und beobachteten dabei Folgendes:

„In den Unterrichtsstunden der empirischen Untersuchung war dieses Zustandekommen typisch: Die Schüler brachten eine Aussage hervor, für die von der Lehrperson eine Begründung eingefordert wurde."[114]

„Durch die Lehrperson wurde des Weiteren festgelegt, ob der Begründungsbedarf durch ein Argument befriedigt wurde, d. h. sie achtete auf die Richtigkeit des Arguments und darauf, daß die Stützung ihrem Anspruch an die Argumentation genügte. Konnte dies aus Sicht der Lehrperson von einem Begründungsansatz der Schüler nicht geleistet werden, forderte sie andere Begründungen ein."[115]

„Dem Lehrer kam nicht nur zur Erkenntnisgewinnung, sondern auch zur Erkenntnissicherung eine entscheidende Rolle zu. Zumeist zeigte er den Begründungsbedarf an, der von den Schülern argumentativ befriedigt wurde. Als „Advocatus Diaboli" konnte

---

[113] Vgl. Bezold 2010, S. 268, 283–284.

[114] Schwarzkopf 2000, S. 428.

[115] Ebd., S. 433.

er zudem einen bereits bestehenden Begründungsbedarf verschärfen und somit die Erkenntnissicherung forcieren."[116]

„Es wird deutlich, dass Begründungen überwiegend vom Lehrer initiiert werden und Schüler beim eigenständigen Begründen eher zurückhaltend erscheinen."[117]

Die formulierten Beobachtungen lassen deutliche Parallelen dahingehend erkennen, dass sowohl das Erkennen der Begründungsnotwendigkeit als auch die Begründungsakzeptanz Aspekte darstellen, die typischerweise durch die Lehrkraft erfolgen. Das bedeutet, dass Begründungsprozesse im Unterrichtsgespräch meist von der Lehrkraft initiiert werden und die Angemessenheit formulierter Begründungen normalerweise ebenfalls durch die Lehrkraft bewertet wird. Daher lässt sich vermuten, dass Schülerinnen und Schüler in diesen beiden Fähigkeiten häufig kaum gefordert werden.

Die Studien von Krummheuer (1997) und Peterßen (2012) geben jedoch Hinweise darauf, dass dieser Aspekt nicht damit gleichzusetzen ist, dass Kinder per se kein Begründungsbedürfnis besitzen bzw. keine Begründungsprozesse initiieren. So findet Krummheuer in seiner Analyse von Gruppenarbeitsphasen zwischen Schülerinnen und Schülern der zweiten und dritten Klasse durchaus Passagen vor, in denen die Kinder von sich aus das Bedürfnis haben, anderen die Rationalität ihres Tuns aufzuzeigen und deshalb von sich aus begründen.[118] Auch Peterßen, die in ihrer Studie neun Unterrichtsstunden aus verschiedenen dritten und vierten Klassen hinsichtlich verschiedener Aspekte zur Begründungskultur umfassend analysierte und dazu Interviews mit Lehrkräften führte, sieht hier ein differenziertes Bild und spricht von einem durchaus vorhandenem Begründungsbedürfnis. So wurden in den Unterrichtsstunden ihrer Studie immerhin 26 % der beobachteten Begründungen von Schülerinnen und Schülern initiiert, was zwar einer mehrheitlichen Lehrerinitiierung, aber auch einem nicht unbeträchtlichen Anteil durch die Schülerinnen und Schüler entspricht. Zwischen den Klassen zeigten sich dabei durchaus Unterschiede, weshalb Peterßen diesbezüglich von einem Zusammenhang zwischen dem Begründungsbedürfnis und der Begründungskultur einer Klasse ausgeht.[119]

Des Weiteren stellte Meyer in seinen vertiefenden Gesprächsanalysen fest, dass die Begründungsbedürftigkeit zwar häufig durch die Lehrperson angezeigt und herausgefordert wird, dass Abduktionen den entsprechenden Part jedoch

---

[116] Meyer 2007, S. 235.
[117] Peterßen 2012, S. 290.
[118] Vgl. Krummheuer 1997, S. 2, 7; 2001, S. 168–169.
[119] Vgl. Peterßen 2012, S. 290, 342–343.

übernehmen können. Er beobachtete in seiner Studie dazu Folgendes: „Nach dem Veröffentlichen einer abduktiven Vermutung wurde diese teilweise direkt von dem betreffenden Schüler begründet, ohne dass von außen ein Begründungsbedarf angezeigt worden war [...].“[120] Meyer vermutet daher, dass die Unsicherheit eines abduktiven Schlusses zu einem subjektiv empfundenen Begründungsbedarf führen kann. Demnach können einige Schülerinnen und Schüler einen Begründungsbedarf insbesondere dann selbstständig erkennen bzw. verspüren, wenn eine noch unsichere Entdeckung als potentiell zu begründende Aussage vorliegt.[121]

Schwarzkopf erkannte in seinen Unterrichtsanalysen in Klasse vier und fünf darüber hinaus auch bei klarer Begründungsnotwendigkeit noch so genannte *Deutungsdifferenzen bzgl. der begründungsbedürftigen Aussage*: „Dabei stellte sich öfter heraus, daß zwischen den Beteiligten nicht klar war, *welche Aussage begründet werden sollte.*“[122] So wurden insbesondere Fragestellungen der Lehrkraft zur Begründung bestimmter Rechenverfahren von den Schülerinnen und Schülern umgedeutet. Während die Lehrkraft mit ihrer Frage auf das Verständnis und die Rechtfertigung des Verfahrens abzielte, begründeten die Schülerinnen und Schülern in ihren Antworten stattdessen die korrekte Durchführung des Verfahrens. Aus Lehrersicht klar intendierte Begründungsaspekte können sich für Schülerinnen und Schüler dementsprechend nach Schwarzkopf leicht missverständlich darstellen. Aber auch eine Ausweichstrategie auf eine mögliche, leichtere Antwort scheint in diesem Kontext als Erklärung für die Beobachtungen denkbar.[123]

Im Zusammenhang mit den vorab angeführten Studien lässt sich zusammenfassend schlussfolgern, dass vielen Schülerinnen und Schülern eine entsprechende Übung und Sicherheit in der selbstständigen Einschätzung der Begründungsnotwendigkeit und in der Beurteilung angemessener und ausreichender Begründungen fehlt. Hierin könnte eine wesentliche Hemmschwelle für die Äußerung von Begründungen liegen.

Des Weiteren kann in Anlehnung an die beschriebenen Ergebnisse angenommen werden, dass die Ausprägung des Begründungsbedürfnisses und die eng damit verbundene Fähigkeit Begründungsnotwendigkeiten zu erkennen und entsprechend umzusetzen stark von der jeweiligen Begründungskultur der Klasse abhängig sind. Diese Annahme kann zusätzlich durch die Ergebnisse von Studien

---

[120] Meyer 2007, S. 235.
[121] Vgl. Meyer 2007, S. 235.
[122] Schwarzkopf 2000, S. 434.
[123] Vgl. ebd., S. 434–435.

mit älteren Schülerinnen und Schülern gestützt werden (s. 2.2.2.3). Das selbstständige Erkennen einer Begründungsnotwendigkeit im Rahmen der Begründungskompetenz wird jedoch in Anlehnung an die Ergebnisse grundsätzlich auch
in der Grundschule bereits für möglich gehalten.

Insgesamt kann außerdem auf der Grundlage des in den vertiefenden
fachdidaktischen Studien aufgezeigten möglichen Potentials und der deutlich
vielversprechenderen Zahlen Bezolds vermutet werden, dass es um die Begründungskompetenzen der Grundschulkinder deutlich besser gestellt ist als die
Leistungsvergleichsstudien (s. 2.2.1) dies zunächst nahelegen. Dafür sprechen
auch die nachfolgend angeführten Studienergebnisse zur genaueren Gestaltung
kindlicher Begründungen, welche ohne ein entsprechendes Potential nicht möglich wären. Eine quantitative zuverlässige Aussage über das Ausmaß der aktuell
vorliegenden Begründungskompetenz von Grundschulkindern ist auf Basis der
Studienlage jedoch nicht möglich.

2.2.2.2 Charakteristika kindlicher Begründungen

Für die Frage, wie Begründungen von Grundschulkindern typischerweise aussehen und welche Merkmale bereits aus Studienergebnissen bekannt sind, werden
insbesondere die diesbezüglich besonders passend erscheinenden Ergebnisse
von Krummheuer (1997, 2001, 2003b), Fetzer (2007, 2011) und Steinbring
(2000, 2009) herangezogen und zusammenfassend vorgestellt. Ergänzend fließen
Erkenntnisse aus den Studien von Schwarzkopf (2000) und Meyer (2007) ein.

Krummheuer analysierte in seinen Studien verschiedene argumentative Unterrichtssequenzen interaktiver mündlicher Gruppenarbeitsphasen von Kindern aus
dem Mathematikunterricht. Im Vordergrund der Studie stehen dabei Szenen des
argumentativen alltäglichen Lernens. Damit sind interaktive Szenen gemeint, in
denen Kinder sich argumentativ von einer mathematischen Aussage überzeugen.
Anhand einiger solcher Sequenzen aus der zweiten und dritten Klasse zeigt er
den Charakter kindlicher Argumentationen auf.[124]

> „Die Vernünftigkeit bzw. Rationalität, die die Schüler in ihren gemeinsamen Aufga-
> benbearbeitungsprozessen mitentwickeln, ähnelt in ihrer Darstellungsform den Struk-
> turen beim Erzählen von Geschichten. Die Argumentation kann als *narrativ* beschrie-
> ben werden.“[125]

Mit dem narrativen Charakter sind für ihn vier charakteristische Eigenschaften
verbunden, die auf Bruner (1990) zurückgehen und von Krummheuer in den

---

[124] Vgl. Krummheuer 2001, 167, 170–172; 2003b, S. 123–131.
[125] Krummheuer 2001, S. 172.

Argumentationen wiedergefunden werden konnten: 1. die spezifische Sequentialität in der Darstellung, 2. die Indifferenz zwischen Wahrem und Fiktivem, 3. der spezifische Umgang mit Abweichungen von Normalerwartungen und 4. die Dramaturgie der Darstellung.

Im Kontext von Argumentationen können sich diese Merkmale so äußern, dass bspw. gefundene Lösungswege oder Problemlöseprozesse wie nacheinander folgende Ereignisse dargestellt werden oder bestehende sequentielle Ordnungen wie die Zahlenfolge genutzt werden (1.). Wahre und unwahre Argumente können in der Argumentation nebeneinanderstehen (2.) und Ungewöhnliches wie ein unerwartetes besonderes Ergebnis argumentativ wieder an Bekanntes und bereits Bewältigtes angeknüpft werden (3.). Auch entsprechend spannend dargestellte Aspekte wie ungewöhnliche Ergebnisse oder entdeckte Zusammenhänge sind möglich (4.). Insgesamt zeigt sich so in kindlichen Argumentationen nach Krummheuer eine Tendenz zu Geschichten-Erzählprozessen, die typisch für kindliche Lernprozesse ist.[126]

Fetzer fokussiert in ihrer Studie die interaktive Argumentation auf Basis von Schreibanlässen. Dafür begleitete sie eine Grundschulklasse von Klasse eins bis drei und videografierte einzelne Stunden. Nach der Grundidee dieses Unterrichts arbeiten die Kinder alleine oder interaktiv zu zweit zunächst mit so genannten *Schreibanlässen* in Form von schriftlich vorliegenden Aufgabenstellungen. Diese fordern sie dazu auf, die Aufgabe zu lösen und ihre Problemlöseprozesse anschließend schriftlich zu fixieren (Verschriftlichungsphase[127]). Auch Zeichnungen und Skizzen sind dabei erlaubt. In der Veröffentlichungsphase sollen ausgewählte Verschriftlichungen dann für eine Präsentation und Diskussion genutzt werden und so Interaktionen im Plenum entstehen. Fetzer analysierte im Rahmen ihrer Forschung sowohl die Argumentationen aus der Verschriftlichungsphase als auch der Veröffentlichungsphase.[128]

Auf Basis dieser Daten identifizierte sie vier Aspekte, die die Argumentationen von Grundschulkindern näher beschreiben: 1. einfache Schlüsse, 2. substanzielle Argumentationen, 3. eine geringe Explizität und 4. verbales und nonverbales Argumentieren.[129]

---

[126] Vgl. Bruner 1990, S. 43–52; Krummheuer 2001, S. 171–172; 2003b, S. 131–132.

[127] *Verschriftlichung* steht bei Fetzer für das Aufschreiben von innerer Sprache/Gedanken und in diesem Sinne eine mediale und konzeptionelle Veränderung. Diese ist abzugrenzen von der *Verschriftung* als mediale Übertragung von Phonemen zu Graphemen ohne konzeptionelle Veränderung, z. B. bei einer Transkription. (Vgl. Fetzer 2007, S. 74–76, 79–80).

[128] Vgl. Fetzer 2007, S. 59–65, 114.

[129] Vgl. Fetzer 2011, S. 27, 33.

Im Rahmen der Betrachtung des Begründens als Strukturelement eines Arguments wurde unter 1.1.1 bereits festgehalten, dass die verbalisierten Argumentationen von Grundschulkindern häufig nur Teile einer vollständigen Argumentationsstruktur nach Toulmin beinhalten und einzelne Strukturelemente dabei implizit bleiben können. Wählen die Schülerinnen und Schüler dabei die kürzeste denkbare Argumentationsform für ihre Ausführung, so äußern sie ein Argument schlicht in der Form „Datum, deswegen Konklusion". Von dem Datum ausgehend wird also auf die Konklusion geschlussfolgert ohne eine Schlussregel (oder eine Stützung) anzuführen. Diese Form der Argumentation bezeichnet Fetzer als *einfachen Schluss* und bestätigt durch ihre Studie das, was Krummheuer zuvor einen *Schluss* nannte. Auch er konnte bereits Beispiele anführen, in denen Kinder entsprechend argumentieren.[130] Grundschulkinder wählen also oft die kürzeste denkbare Argumentationsform ohne ihre Schlussfolgerungen weiter zu legitimeren. Dies hängt eng mit dem dritten von Fetzer benannten Aspekt der *geringen Explizität* zusammen, welches von Meyer, Schwarzkopf und Toulmin bereits bestätigt wurde.[131] Während Toulmin vor allem feststellte, dass die Schlussregel häufig implizit bleibt, beobachtete Fetzer dies in ihrer Studie zusätzlich für das Datum und die Stützung (s. auch 1.1.1.). Kinder stellen ihre Schlussfolgerungen also häufig nicht nur besonders knapp (ohne weitere Legitimation ihres Schlusses) als *einfache Schlüsse* dar, sondern auch unvollständig (ohne Datum). Dies stellt ebenfalls eine mögliche Ursache für die bereits erwähnten, von Schwarzkopf festgestellten Deutungsdifferenzen (s. 2.2.2.1) bzgl. der zu begründenden Aussage dar.[132] Ohne Datum würde zwar aus argumentationstheoretischer Sicht nur die Angabe der verwendeten Ausgangsinformation fehlen, aus Begründungsperspektive jedoch fehlt die Begründung für die Konklusion. Daraus lässt sich schlussfolgern, dass es sich bei Aufgaben mit einer einschrittig zu schlussfolgernden Konklusion zwar bereits um eine Argumentationsaufgabe nach Fetzer handelt, diese von den Grundschulkindern aber unter Umständen nur mit einer Verbalisierung der Konklusion beantwortet wird und keineswegs auch mit einer Begründung.

Die Bezeichnung des zweiten Aspekts, *substanzielle Argumentationen,* geht ebenfalls auf Toulmin zurück und wurde nach Fetzer als eine Argumentationsform festgehalten, die dazu dient, Zusammenhänge zwischen Aussagen herauszuarbeiten, bei der aber entgegen der lückenlosen deduktiven Schlusslegitimierung auch eine gewisse Unsicherheit bleiben darf (s. auch 1.1.1, unter

---

[130] Vgl. Krummheuer 2003, S. 248–249.
[131] Vgl. Schwarzkopf 2000, S. 102, 270, 431–432; Meyer 2007, S. 125.
[132] Vgl. Fetzer 2011, S. 38.

A2). Entsprechend kann ein Schluss in der Grundschule auch über Aspekte wie die Zustimmung der Lehrkraft oder der Vergleich des Ergebnisses mit dem Mitschüler überzeugend legitimiert werden, obwohl dies keine sichere mathematische Begründung darstellt. Krummheuer, der den Begriff der *substanziellen Argumentation* ebenfalls aufgriff und für die Grundschule als angemessen betrachtet, betont, dass entgegen der streng-deduktiven Argumentation im Sinne eines Beweises damit nicht primär die mathematische Richtigkeit einer Aussage bewiesen werden soll, sondern es vorrangig darum geht, die Plausibilität für das Zutreffen der Aussage zu erhöhen. Auch Bezold und Beckmann sprechen sich für ein ähnliches Argumentationsverständnis für die Grundschule aus (s. auch 1.1.1, unter A2).[133]

Aus den von Fetzer häufig beobachteten substanziellen Argumentationen lässt sich für die Kompetenz schlussfolgern, dass die Spannbreite legitimer Begründungen in der Schule aus der Lernperspektive heraus deutlich breiter gedacht werden muss als dies aus fachsystematischer Strenge zulässig erscheint. Dies gilt aufgrund des frühen Entwicklungsstands vermutlich insbesondere in der Grundschule.[134]

Die vierte beobachtete Aspekt, das *verbale und nonverbale Argumentieren*, bezieht sich darauf, dass Grundschulkinder sowohl verbale als auch nonverbale Kommunikationsformen nutzen, um ihre Argumentation mitzuteilen und nachvollziehbar zu machen. „Sie fassen nicht alles in Worte, sondern nehmen die Chance wahr, durch Zeigen, Ausprobieren, Zeichnen oder Verschieben zu überzeugen."[135] Nicht alle Elemente ihrer Argumentation explizieren Grundschulkinder also verbal. Vielmehr können nonverbale Elemente wie eine Zeichnung oder eine Zeigegeste verbale ersetzen oder ergänzen. In Bezug auf die funktionalen Elemente stellt Fetzer fest, dass insbesondere das Datum, aber auch der Garant häufig nonverbal verdeutlicht werden. Die Konklusion dagegen wird in der Regel sprachlich ausformuliert. Das bedeutet, dass Begründungen im Rahmen interaktiver Argumentationen in der Grundschule häufig noch nonverbal geäußert werden. Gleichzeitig stellen damit nonverbale Kommunikationsformen aber auch wichtige Unterstützungsmöglichkeiten dar.[136]

Auch die Studie von Steinbring widmet sich interaktiven Argumentationsprozessen in der Grundschule und ihren Charakteristika. Anhand einzelner Analysen

---

[133] Vgl. Krummheuer 2003b, S. 125.
[134] Vgl. Fetzer 2011, S. 35–37.
[135] Ebd., S. 44.
[136] Vgl. ebd., S. 41–45.

von Unterrichtsszenen der dritten und vierten Klasse zeigt Steinbring die Art und Weise kindlicher Argumentationen im Rahmen des Mathematikunterrichts auf.[137]

Bereits 2000 entwickelte er ein Klassifikationsraster mathematischer Interaktionen, über das sich verschiedene Begründungstypen im Unterricht unterscheiden lassen. Diese verdeutlicht er anhand von zwei Unterrichtsepisoden, einer zu figurierten Zahlen und einer zu Streichquadraten. Dabei interessiert er sich, ähnlich wie Krummheuer, für das Argumentieren im Sinne einer gemeinsamen Wissenskonstruktion im Unterricht. Dementsprechend umfasst sein Raster zwei Dimensionen: Er erkennt in den Unterrichtsbeispielen einerseits ein Spannungsfeld zwischen der (direkten) Vermittlung von Faktenwissen und der Konstruktion neuer Deutungen. Das bedeutet, Begründungen können zu einer direkt mitgeteilten Eigenschaft oder zu einer selbst konstruierten neuen Deutung, im Sinne eines „echten Konstruktionsprozesses", als Gegenstand stattfinden. Andererseits sieht er in den Beispielen ein Spannungsfeld zwischen der *empirischen Situiertheit* und der *strukturellen, relationalen Allgemeinheit* des neuen Wissens. Für die eigentliche Charakterisierung des Begründens ist diese zweite Dimension interessanter, denn diese bezieht sich nicht auf den Begründungsgegenstand, sondern auf die Art und Weise, wie begründet wird. So konnte Steinbring aufzeigen, dass sich in den Unterrichtsepisoden von Grundschulkindern sowohl situierte als auch verallgemeinerte Begründungen wiederfinden lassen. Altersgemäße Begründungen können also in dem konkreten Kontext und am Beispiel verbleiben oder bereits Bezüge zu allgemeinen Strukturen nehmen.[138]

In seinen späteren Analysen arbeitet Steinbring dann weitere Merkmale kindlicher Argumentationen heraus. Diese zeigt er anhand von zwei Unterrichtsepisoden zu Streichquadraten und Zahlenmauern in der dritten und vierten Klasse beispielhaft auf und kontrastiert die Merkmale kindlicher Argumentationen zu denen wissenschaftlich mathematischer.[139]

> „Mathematical argumentation in science is unequivocal, strict and coherent, it is steered by a strict communicative regulation – the mathematical proof. Mathematical communication along the learning students is inconsistent, refers to concrete examples and is full of everyday descriptions as well as personal judgements."[140]

Steinbring ist es dabei wichtig zu betonen, dass die Kinder sich bei schulischen Argumentationen in Lern- und Verstehensprozessen befinden und erst in die

---

[137] Vgl. Steinbring 2009, S. 63, 69–70.
[138] Vgl. Steinbring 2000, S. 29, 35–48.
[139] Vgl. Steinbring 2009, S. 63–69.
[140] Ebd., S. 69.

mathematische Kultur eingeführt werden.[141] In der Aufforderung diesen Kontext auch in Bezug auf die kindlichen Argumentationen im Sinne eines noch weniger strengen Anspruchs zu berücksichtigen, stimmt er mit den zuvor angeführten Positionen überein. Als Fazit seiner Analysen hält er in diesem Sinne drei festgestellte und legitime Merkmale kindlicher Argumentationen fest:

1. Grundschulkinder nutzen ihre eigenen, ganz besonderen Sprechweisen, um zu erklären und zu argumentieren.
2. Sie arbeiten und argumentieren in Beispielkontexten, z. B. mit konkreten Zahlen.
3. Sie benötigen konkretes Arbeits- und Visualisierungsmaterial, Übungsaufgaben mit Zahlen und verstehbaren Problemen.[142]

Während der erste Punkt zwar recht vage verbleibt, aber doch kaum verwundert, ist insbesondere der zweite Punkt erkenntnisbringend. Steinbring verdeutlicht damit, dass er, entgegen den ebenfalls vorgefundenen Verallgemeinerungen, den Beispielkontext in Bezug auf die meisten Grundschulkinder für typischer hält. Dies ist für ihn jedoch nicht gleichbedeutend mit einem dortigen Verbleiben. Vielmehr betont er die Wichtigkeit, Kinder auf dieser Basis und der Basis von konkreten und notwendigen Materialien zu ermutigen, auch zunehmend Verallgemeinerungen zu verbalisieren.[143] Beide Varianten und ebenso ein Übergang von einem zum anderen sind demnach in der Grundschule bereits möglich. Der dritte Punkt zum Gebrauch von Materialien steht dabei in enger Übereinstimmung mit dem Merkmal des verbalen und nonverbalen Argumentierens Fetzers und stützt ihre diesbezüglichen Beobachtungen.

Neben den angeführten Merkmalen der beschriebenen Studien liegen nur wenige weitere Erkenntnisse zur Charakterisierung altersgerechter Begründungen bzw. der Begründungskompetenz in der Grundschule vor. Diese betreffen die angeführten Gründe, den Klassen- und den Geschlechtseinfluss und werden nachfolgend ergänzend dargestellt.

So ist die für das Begründen elementare Frage, worauf sich Grundschulkinder bei ihren Begründungen vorzugsweise beziehen, also welche Art von Gründen in der Grundschule bereits angeführt wird bzw. welche Vielfalt hier bereits vorgefunden werden kann, weitgehend ungeklärt. Schwarzkopf bietet hier am

---

[141] Vgl. ebd.

[142] Vgl. Steinbring 2009, S. 69.

[143] Vgl. ebd., S. 70.

ehesten noch einen Anknüpfungspunkt durch seine Studie in vierten und fünften Klassenstufen. Seine qualitativen Analysen argumentativer Unterrichtsszenen aus einem Datenpool von allerdings nur neun Unterrichtsstunden zeigten sieben verschiedene Argumentationsbasen auf, die bereits in der vierten Klasse beobachtet werden konnten. Unter Argumentationsbasen versteht Schwarzkopf dabei, entgegen der zuvor von Fischer und Malle bereits angeführten Definition (s. 1.1.2), eine Klasse von Stützungen. Er beschreibt mit Argumentationsbasen somit das, worauf sich die Schülerinnen und Schüler beziehen, um ihren Schluss zu legitimieren. Ein Begründungsbedarf kann dementsprechend durch die Stützung auf einen Aspekt aus diesem Bereich befriedigt werden. Für die vierte Klasse kann er dabei Rechengesetze, die Anwendung von Rechenalgorithmen, Erfahrungen aus dem außermathematischen Alltag (z. B. Sachkenntnisse), schulische Gewohnheiten mit mathematischen Zusammenhängen (z. B. proportionale Zusammenhänge annehmen), Beziehungen zwischen Rechenoperationen, Erfahrungen mit sozialen Regelmäßigkeiten des Unterrichts (bspw. die Annahme der Lösbarkeit einer Sachaufgabe) und Veranschaulichungen feststellen.[144]

Rathgeb-Schnierer und Green (2015) analysierten darüber hinaus im Rahmen einer Studie zur Flexibilität 902 Begründungen aus einer gemeinsamen Studie mit 69 Interviews von deutschen und amerikanischen Kindern der zweiten und vierte Klasse dahingehend, wie diese leichte und schwere Additions- und Subtraktionsaufgaben lösen. Dafür unterschieden sie zwischen *einem Begründen über Merkmale* und einem *Begründen über Rechenwege*.[145] Sie stellten fest, dass sich rund 55 % aller Begründungen auf Merkmale und rund 31 % auf Rechenwege beziehen.[146] In der genaueren Analyse stellten sie außerdem fest, dass leichte Aufgaben zu einer größeren Bandbreite von Merkmalen führten als schwerere. Des Weiteren tendierten Viertklässlerinnen und Viertklässler stärker dazu über Merkmale zu begründen als Zweitklässlerinnen und Zweitklässler. In einem Klassenvergleich von drei zweiten Klassen konnten sie zudem beobachten, dass die Klasse mit einem geschlossenen, lehrerzentrierten Mathematikunterricht eher dazu tendierte über Rechenwege und vereinzelt auswendiges Wissen zu begründen. Bei den offeneren und schülerzentrierteren beiden Klassen begründete eine Klasse vorrangig über Merkmale, die andere ausgewogen über Merkmale und Rechenwege. In Hinblick auf die Flexibilität zeigte sich insgesamt, dass das

---

[144] Vgl. Schwarzkopf 2000, S. 260, 436–442.

[145] Im Englischen unter *reasoning by problem* und *reasoning by solution* veröffentlicht (Vgl. Rathgeb-Schnierer, Green 2015, S. 341).

[146] Die übrigen Begründungen waren nicht zuzuordnen.

Begründen über Merkmale deutlich vielfältiger ausfiel als solches über Rechenwege. Die Studie zeigt somit neben dem grundsätzlich möglichen Begründen über Merkmale und Rechenwege erste Ansätze für mögliche Einflussfaktoren auf die Wahl der Gründe auf.[147]

2.2.2.3 Der Einfluss von Klassenstufe, Klasse und Geschlecht

In Bezug auf die Begründungskompetenz von Grundschulkindern sollen nachfolgend die Faktoren Klassenstufe, Geschlecht und Zugehörigkeit zu einer Lerngruppe/Klasse hinsichtlich der vorliegenden Ergebnisse näher betrachtet werden. Diese wurden aufgrund der wesentlichen Bedeutung für die Praxis und in Hinblick auf die Studie der vorliegenden Arbeit ausgewählt. Bei der Studie soll die Begründungskompetenz in den beiden Klassenstufen drei und vier betrachtet werden. Die möglichen Einflussfaktoren Klasse und Geschlecht werden ergänzend in den Blick genommen, um die Forschungslage und ggf. weiteres Forschungspotential aufzuzeigen.

In Bezug auf Klassenstufenunterschiede in der Grundschule und damit einhergehende Unterschiede in der Begründungskompetenz kann für die Grundschule lediglich eine Studie von Neumann, Beier und Ruwisch (2014) angeführt werden. Diese Untersuchung schriftlicher Begründungskompetenz in Klasse drei, vier und sechs mit 243 Schülerinnen und Schülern zeigt keine signifikanten Unterschiede zwischen den Klassenstufen hinsichtlich des erreichten Niveaus der Begründungskompetenz.[148]

Weitere bestätigende Studien aus dem Grundschulbereich konnten nicht gefunden werden, so dass hier keine abgesicherte Studienlage besteht. Eine Einbeziehung der Ergebnisse weiterführender Schulformen ergibt an dieser Stelle aus eigener Sicht keinen Sinn, da entsprechende altersbezogene Entwicklungssprünge keine Rückschlüsse auf die Grundschule erlauben. Der mögliche Einflussfaktor der Klassenstufe wird dementsprechend als Forschungslücke betrachtet.

In Bezug auf Klassen- bzw. Lerngruppenunterschiede besteht eine recht umfassende Forschungslage für die Sekundarstufe I, jedoch eine deutliche Forschungslücke für die Grundschule. Wie der vorangegangenen Darstellung der Studienlage für die Begründungskompetenz zu entnehmen ist, erfolgten in der Grundschule vor allem qualitative Studien mit geringen Datenmengen. Da es sich zudem vorrangig um Analysen von mündlichen Gesprächen handelt, verwundern in der Folge dessen die fehlenden Ergebnisse bzgl. größerer vergleichbarer

---

[147] Vgl. Rathgeb-Schnierer 2015, S. 728–731; Rathgeb-Schnierer und Green 2015, S. 339–342.
[148] Vgl. Neumann et al. 2014, S. 113, 116, 121.

Anzahlen schriftlich vorliegender Ergebnisse zu den Begründungsleistungen der Schülerinnen und Schüler verschiedener Klassen nicht. Es kann hier nur auf Basis qualitativer Beobachtungen vermutet werden. So gibt bspw. die Studie von Rathgeb-Schnierer und Green (2015) Anlass zu der Vermutung, dass eine andere Art der Unterrichtsgestaltung auch zu anderen Begründungsformen führt (s. 2.2.2.2).

Allerdings sind die Ergebnisse der Studien in den weiterführenden Schulen recht aussagekräftig und umfassend. Goldberg (1984), Reiss, Hellmich und Reiss (2002) bzw. Reiss, Hellmich und Thomas (2002), Küchemann und Hoyles (2003)und Heinze und Reiss (2004) bzw. Reiss und Heinze (2004) zeigen einheitlich deutliche bestehende Klassenunterschiede auf.[149]

Diese Einschätzung wird aufgrund der hohen Anzahl der getesteten Schülerinnen und Schüler (Goldberg 135, Reiss, Hellmich und Reiss bzw. Reiss, Hellmich und Thomas 659, Küchemann und Hoyles 3083 und Heinze und Reiss 524[150])[151] sowie der Einheitlichkeit über die Studien hinweg für die weiterführenden Schulformen als abgesichert betrachtet.

Reiss, Hellmich und Thomas stellten als Ergebnis ihrer Untersuchung von rund 660 Schülerinnen und Schülern aus 27 Klassen des siebten und achten Jahrgangs zu den individuellen und schulischen Bedingungsfaktoren für Argumentationen und Beweise nicht nur deutliche Klassenunterschiede fest. Sie konnten auch aufzeigen, dass diese Klassenunterschiede insbesondere bei einem höheren Anforderungsniveau bestehen. Sobald nicht nur die Anwendung von Regeln und Begriffen im Vordergrund stand, sondern ein- oder mehrschrittige Argumentationen mit Begründungen gefordert waren, fielen die schwächeren Klassen in der Studie deutlich ab.[152]

Darüber hinaus stellten sie deutliche Unterschiede im Begründungsverhalten der einzelnen Klassen fest, die auf eine mögliche Ursache für die Leistungsunterschiede hinweisen:

„Bei prinzipiell korrekt gelösten Aufgaben, in denen der Aufgabentext nur nach einem Ergebnis, nicht aber nach einer Herleitung verlangte, begründeten Schüler

---

[149] Vgl. Goldberg 1984, S. 41; Reiss et al. 2002a, S. 116; Reiss et al. 2002b, S. 57; Küchemann und Hoyles 2003, S. 73; Heinze und Reiss 2004, S. 241, 246–247; Reiss und Heinze 2004, S. 466.

[150] Diese stammen aus der gleichen Population wie die 659, jedoch aus einer eigenständigen Teilstudie. Vgl. Heinze und Reiss 2004, S. 239; Reiss und Heinze 2004, S. 466.

[151] Vgl. Goldberg 1984, S. 38; Reiss et al. 2002a, S. 114; Reiss et al. 2002b, S. 54; Küchemann und Hoyles 2003, S. 3.

[152] Vgl. Reiss et al. 2002b, S. 54–58.

aus leistungsstärkeren Klassen ihre Rechnungen signifikant häufiger als Schüler aus leistungsschwächeren Klassen [...].“[153]

Dieses Ergebnis spricht dafür, dass Klassenunterschiede beim Begründen und Beweisen auf unterschiedliche Begründungskulturen hinsichtlich der Etabliertheit und Selbstverständlichkeit des Begründens zurückzuführen sind. Gleichzeitig zeichnet sich das selbstständige und gewohnte Begründen damit insbesondere als Leistungsmerkmal starker Klassen ab.

Die Teilstudie von Heinze und Reiss baut auf diesen Daten auf und liefert weiterführende Erkenntnisse zu den Klasseneffekten. Heinze und Reiss halten als Ergebnis ihrer Untersuchung der Leistungstests zum geometrischen Begründen und Beweisen von 524 Schülerinnen und Schülern aus den 27 Klassen Ende Klasse sieben und Mitte Klasse acht ferner einen anhaltenden Klasseneffekt fest.[154]

„Sowohl im Vortest [...] als auch im Nachtest im Anschluss an die Unterrichtseinheit zum Beweisen und Begründen zeigten sich signifikante Klasseneffekte.“[155]

„Insgesamt lässt sich mit den Ergebnissen unserer Untersuchung sagen, dass die Klassenebene und damit wohl auch der Unterricht Einfluss auf die Leistungsentwicklung im Bereich des Beweisens und Begründens hat.“[156]

Die Zugehörigkeit zu einer Klasse stellte sich in der Studie zwischen dem Vor- und Nachtest zudem als besserer Prädiktor heraus als die individuelle Leistung. Die Klassenzugehörigkeit scheint demnach entscheidender zu sein als die eigene Lernausgangslage. Dieser Klasseneinfluss gilt bei Heinze und Reiss insbesondere für schwächere Klassen, denen anspruchsvolle Themen wie die des Begründens und Beweisens besonders schwerfallen. Dies ist konform zu der Feststellung von Reiss, Hellmich und Thomas, dass insbesondere anspruchsvolle Aufgaben zu deutlichen Klassenunterschieden führen.[157]

Über die Feststellung von deutlichen Klassenunterschieden in der Begründungs- bzw. Beweiskompetenz hinaus liegen für die Sekundarstufe auch erste weiterführende Studien vor, in denen die Unterschiede in den Klassen näher betrachtet und analysiert wurden. So untersuchten bspw. Kuntze, Rechner

---

[153] Ebd., S. 57.
[154] Vgl. Heinze und Reiss 2004, S. 239–241.
[155] Ebd., S. 241.
[156] Heinze und Reiss 2004, S. 247.
[157] Vgl. ebd.; Reiss und Heinze 2005, S. 187.

und Reiss aufbauend auf den festgestellten Ergebnissen der Klassenunterschiede die geleisteten inhaltlichen Elemente (bspw. Behauptungen formulieren, Argumente sammeln usw.) und die unterschiedlichen Anforderungsniveaus der Lehrpersonen beim Anfangsunterricht zum geometrischen Beweisen in acht achten Klassen. Dabei stellten sie in beiden Bereichen deutliche Klassenunterschiede fest.[158]

Auch Brunner stellt in ihrer Untersuchung zur Beweis- und Begründungskultur systematische Bearbeitungsunterschiede zwischen 32 achten und neunten Klassen bei den gleichen arithmetischen Aufgabenstellungen im Unterricht fest. Diese betreffen bspw. den gewählten Beweistyp in Abhängigkeit von der Leistungsfähigkeit der Klasse. In einer kontrastierenden Fallstudie zeigt sie zusätzlich die Vielfältigkeit der Bearbeitungsunterschiede zwischen zwei unterschiedlich leistungsstarken Klassen auf.[159]

Die Ergebnisse der Sekundarstufe legen zusammenfassend nahe, dass insbesondere der Aspekt des etablierten Begründungsbedürfnisses bzw. der Begründungsgewohnheit im Sinne unterschiedlicher Begründungskulturen einer Klasse relevant für die bestehenden Leistungsunterschiede der Klassen ist. Da unter 2.2.2.1 für die Grundschule bereits aufgezeigt werden konnte, dass auch hier unterschiedlich ausgeprägte Begründungsbedürfnisse und Begründungskulturen vorliegen, erscheinen bestehende Klassenunterschiede in der Schlussfolge auch für die Grundschule wahrscheinlich. Auf Basis der aktuellen Studienlage ist jedoch keine Einschätzung über deren Deutlichkeit möglich.[160]

Die Ergebnisse der Studien schließlich, bei denen der Geschlechtsunterschied bei der Begründungs-, Argumentations- oder Beweiskompetenz untersucht wurde, weisen übereinstimmend darauf hin, dass dieser nicht oder nicht in signifikantem Ausmaß besteht. Dies gilt sowohl für die vorliegende grundschulbezogene Studie (Bezold 2009) als auch für eine vorschulische Studie mit fünf- und sechsjährigen Kindern (Lindmeier, Grüßing und Heinze 2015) und die wesentlich stärker vertretenen Studien zu den weiterführenden Schulformen (Senk 1982, Usiskin 1982, Senk und Usiskin 1983, Cronjé 1997, Küchemann und Hoyles 2003, Heinze et al. 2007).

Zusammengenommen kann daher aufgrund der Einheitlichkeit der Ergebnisse davon ausgegangen werden, dass keine wesentlichen Geschlechtsunterschiede hinsichtlich der Begründungskompetenz bestehen.

---

[158] Vgl. Kuntze et al. 2004, S. 3, 10–21; Kuntze und Reiss 2004b, S. 357, 364–378.

[159] Vgl. Brunner 2013, S. 9–10, 381, 485, 495–514.

[160] Vgl. Peterßen 2012, S. 342–343.

Diese Schlussfolgerung wird auch rückblickend auf PISA 2012 und 2018 (s. 2.2.1) beibehalten. Dort wurden die höheren Kompetenzstufen, die unter anderem das Argumentieren und Begründen beinhalten, von mehr Jungen als Mädchen erreicht. Bei diesen Stufen wurden jedoch noch viele weitere Aspekte mit einbezogen, so dass die Aussage eher für die mathematische Gesamtleistung gilt und die hier angeführten Studien als deutlich aussagekräftiger in Hinblick auf die Begründungskompetenz gewertet werden.

2.3   Niveaustufenmodelle

Um die mathematische Begründungskompetenz in der Grundschule näher beschreiben zu können, ist es ein vorrangiges Ziel dieser Arbeit, die altersgemäß zu erwartende Spannbreite der Kompetenz transparent und damit auch bewusst zu machen. Dies ist nicht nur in Hinblick auf eine Leistungsmessung und -bewertung, sondern vor allem auch in Hinblick auf adäquate Erwartungen und einen sensiblen Umgang mit den bestehenden Fähigkeiten und darauf aufbauenden fachdidaktischen Entscheidungen von Interesse. Hierfür sind so genannte *Kompetenzniveau-* oder *Kompetenzstufenmodelle*[161] unerlässlich.

Kompetenzniveaumodelle konkretisieren unterschiedliche Ausprägungen einer Kompetenz in Niveaus bzw. Stufen, die in ihrer inhaltlichen Beschreibung sowie ihrer Reihenfolge Aufschluss darüber geben, welche Anforderungen Personen mit unterschiedlich hoch ausgeprägter Kompetenz bewältigen können.[162]

Dementsprechend ist es in diesem Unterkapitel von Interesse, inwieweit 1. bestehende Kompetenzniveaumodelle bereits vorliegen und 2. inwieweit diese ggf. bereits Aufschluss darüber geben können, wie sich die Begründungskompetenz in ihrer Leistungsspannbreite für die Grundschule modellieren lässt.

Die betrachteten Leistungsvergleichsstudien geben hier, rückblickend auf 2.2.1, nur wenig Aufschluss. Zwar wurden im Rahmen der Studien eine Reihe mathematischer Kompetenzstufenmodelle entwickelt, diese erwiesen sich jedoch in Hinblick auf das Begründen aufgrund eines starken Fokus auf den inhaltlichen Kompetenzen als noch zu unspezifisch. Meist wurde das Begründen bzw. Argumentieren gar nicht oder nur auf der höchsten Kompetenzstufe als besonders anspruchsvolle Kompetenz mit integriert. Zwar zeigte sich in der Entwicklung der Leistungsvergleichsstudien durchaus eine zunehmend differenziertere Erfassung, diese reicht jedoch für eine Beschreibung spezifischer Niveaustufen nicht

---

[161] Beide Begriffe werden in der vorliegenden Arbeit synonym verwendet.

[162] Vgl. Klieme et al. 2007b, S. 11–12; Fleischer et al. 2013, S. 8; Philipp 2013, S. 86–87.

annähernd aus. So unterschied PISA ab 2012 bzgl. des mathematischen Argumentierens in der Kompetenzstufenbeschreibung noch am deutlichsten zwischen einem flexiblem Argumentieren mit einem gewissen mathematischen Verständnis, gut entwickelten Argumentationsfähigkeiten und anspruchsvollem Argumentieren auf den höchsten drei von sechs Stufen mathematischer Kompetenz.[163]

Auch die rahmengebenden Bildungsstandards helfen hier nicht durch ein evaluiertes Modell weiter. Neben den inhaltlich orientierten Regelstandards wird das Argumentieren zwar als prozessbezogene Kompetenz erwartet (s. vertiefend dazu 3.2), es werden jedoch keine spezifischen Abstufungen hierfür vorgegeben. Stattdessen geben die Anforderungsbereiche *Reproduzieren, Zusammenhänge herstellen* und *Verallgemeinern und Reflektieren* lediglich allgemeine Hinweise darauf, wie der Anspruch in Aufgaben ausdifferenziert werden kann.[164]

In der das Begründen bzw. Argumentieren vertiefenden fachdidaktischen Forschung finden sich demgegenüber einige Ansätze. Bezüglich der Begründungskompetenz in der Grundschule sind die Kompetenzstufenmodelle von Bezold (2009) sowie Neumann, Beier und Ruwisch (2014) zu nennen. Weitere empirisch geprüfte Modelle wie das von Reiss, Hellmich und Thomas (2002) oder theoretisch formulierte Niveaustufen wie die von Holland (2007) thematisieren das Begründen insbesondere im Rahmen geometrischer Beweise und werden anschließend bezüglich möglicher Anknüpfungspunkte für die Grundschule analysiert.

Bezold entwickelte im Rahmen ihrer Studie zur Förderung der Argumentationskompetenz bei Forscheraufgaben (s. 2.2.2.1) ein Niveaustufenmodell als Auswertungsinstrument. Dieses wurde im Rahmen der Studie für den Vergleich der Argumentationskompetenz im Vor- und Nachtest rund um ein erprobtes Unterrichtskonzept eingesetzt. Wie in Abbildung 2.1 ersichtlich, unterscheidet sie dabei auf einer Dimension das Begründungsniveau und auf einer weiteren die Komplexität der entdeckten Zahlbeziehung. Die Niveaus ergeben sich in Abhängigkeit von beiden Skalen. Damit wird die enge inhaltliche und aufgabenbezogene Verortung des Modells bereits deutlich. Bezold selbst weist darauf hin, dass sich das Modell nur für Forscheraufgaben anwenden lässt. Darunter fasst sie Aufgaben, bei denen Entdeckungen mathematischer Zahl- und Rechenphänomene möglich sind, die darüber hinaus ein Argumentations- bzw. Begründungspotential aufweisen und eine natürliche innere Differenzierung ermöglichen. Bezolds

---

[163] Vgl. Prenzel et al. 2013, S. 61.
[164] Vgl. Ständige Konferenz der Kultusminister der Länder in der Bundesrepublik Deutschland 2005, S. 13.

Forscheraufgaben umfassen dabei arithmetische und kombinatorische Aufgabenstellungen, was sich in der Skale der Komplexität der entdeckten Zahlbeziehung
widerspiegelt.[165]

Die zugehörigen Beschreibungen der Begründungsniveaus geben Aufschluss
über die angesetzten Kriterien, lassen jedoch auch einen deutlichen Interpretati-
onsspielraum zu.

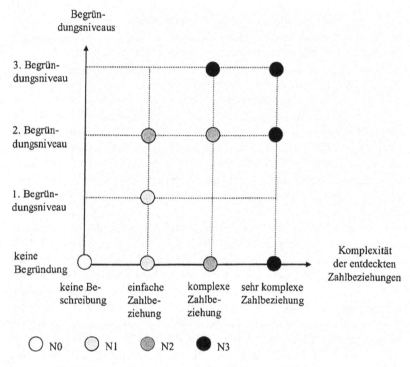

Abb. 2.1 Das Kompetenzstufenmodell von Bezold (2009, S. 161)

Dem *1. Begründungsniveau* sind nach Bezold Begründungen zuzuordnen,
„wenn es sich um eine sehr einfache Begründung für einen einfachen Sachverhalte handelt, die nahezu offensichtlich ist."[166]

---

[165] Vgl. Bezold 2009, S. 111, 146, 163.
[166] Bezold 2009, S. 158.

Das *2. Begründungsniveau* umfasst einfach zu durchschauende Sachverhalte, geeignete Begründungsideen, unvollständige Begründungen, herauslesbare
Begründungsideen aus der Beschreibung, Begründungen für (sehr) komplexe
Sachverhalte mit geringem Fehler und beschriebene Kausalzusammenhänge.[167]
Auf dem *3. Begründungsniveau* befinden sich bei Bezold die Begründungen,
die vollständig und schlüssig für komplexe Sachverhalte sind oder Verallgemeinerungen von Begründungen für komplexe Sachverhalte darstellen.[168]

Damit sind die Niveaustufen der Begründungen über ein Zusammenspiel aus
den Qualitätskriterien der *Schwierigkeit der Begründung* und der *Komplexität
des zu begründenden Sachverhalts* definiert. Zusätzlich werden die Kriterien der
*formulierten Begründung (statt Beschreibung), Korrektheit, Vollständigkeit, Schlüs-
sigkeit* und *Verallgemeinerung* für eine Abstufung verwendet. Da die Kriterien
damit letztlich immer an eine Einschätzung der Schwierigkeit bzw. Komplexität
der Begründungen und des Sachverhalts geknüpft sind, beinhalten die Niveaubeschreibungen keine deutlichen Kriterien im Sinne von „erfüllt/nicht erfüllt".
Vielmehr wären weitere Kriterien für die Einordnung der Schwierigkeit und
Komplexität notwendig. Dennoch können die Kriterien *Korrektheit, Vollständigkeit* und *Schlüssigkeit* sowie *das Vorliegen von Begründungen in Abgrenzung
von Beschreibungen* und *Verallgemeinerungen* als mögliche Qualitätsmerkmale
in Hinblick auf ein Niveaustufenmodell festgehalten werden. In einer Handrei-
chung für den Unterricht betont Bezold zudem die Unterscheidung von einer
Begründung für den Einzelfall gegenüber der weiter in Richtung des Beweises
entwickelten *allgemein gültigen Begründung.*[169]

Neumann, Beier und Ruwisch entwickelten ein weiteres Modell zum schriftlichen Begründen bei arithmetischen Aufgabenstellungen und evaluierten dieses
in einer Studie mit 243 Schülerinnen und Schülern der dritten, vierten und sechsten Klasse. Die Aufgaben der Studie sind so konzipiert, dass zunächst ein oder
mehrere Zusammenhänge entdeckt und in ihrer Struktur auf weitere Aufgaben
übertragen sowie anschließend begründet werden sollten. Entsprechend dieser
Konzeption liegt in dem Modell eine eigene Skala zur Auswertung der entdeckten
mathematischen Zusammenhänge und eine zweite für die mathematische Begründungsstruktur vor (s. Abb. 2.2). Darüber hinaus enthält das Modell eine dritte
Skala, die sich eigens der sprachlichen Begründungsstruktur widmet. Diese stellt
insofern eine deutliche Besonderheit des Modells dar, als dass hier mathematische

---

[167] Vgl. ebd.
[168] Vgl. Bezold 2009, S. 158.
[169] Vgl. Bezold 2010, S. 8.

und linguistische Kriterien bewusst in einem gemeinsamen Modell, aber dennoch voneinander getrennt, berücksichtigt werden.[170]

Mathematische Zusammenhänge	Mathematische Begründungsstruktur	Sprachliche Begründungsstruktur
unwesentliche Zusammenhänge fortgeführt	Zusammenhänge (z.T.) beschrieben	Indikatoren ohne Begründungsstruktur
	ansatzweise begründet	Grund-Folge-Beziehung
Zusammenhänge teilweise übertragen	beispielbezogen begründet	expliziter sprachlicher Aufgabenbezug
Zusammenhänge vollständig übertragen	z.T. verallgemeinernd begründet	Vollständigkeit und Widerspruchsfreiheit
	verallgemeinernd / formal begründet	Fachsprache / deutliche Dekontextualisierung

Abb. 2.2 Das Niveaustufenmodell von Neumann, Beier und Ruwisch (2014, S. 118)

Die Skala *mathematische Zusammenhänge* unterscheidet, entsprechend der speziellen Aufgabenkonzeption, in drei Stufen zwischen Bearbeitungen, bei denen unwesentliche Aspekte aufgegriffen werden oder sich verrechnet wird, solchen, bei denen nur einzelne Zusammenhänge übertragen werden, und solchen, bei denen es gelingt, alle Zusammenhänge zu erfassen und korrekt zu übertragen. Diese Skala stellt so gesehen eine Grundlage bzw. Einsicht in das vorliegende mathematische Verständnis bei der Aufgabe dar.[171]

Die zweite Skala *mathematische Begründungsstruktur* wird aus der eigenen Perspektive als die für das mathematische Begründen vordergründige Niveaustufeneinteilung betrachtet und erfasst die Spannbreite von einer grundlegenden Beschreibung bis zu dem Begründen in Beweisform. Stufe 1 beginnt dementsprechend bei der Beschreibung einer mathematischen Auffälligkeit, stellt aber noch kein Begründen dar. Stufe 2 erfordert darüber hinaus eine ansatzweise Begründung. Das heißt, einer von zwei in der Aufgabe relevanten Aspekten wird beschrieben und begründet. In Stufe 3 werden dann beide Aspekte erfasst und beispielbezogen begründet. Beinhaltet die Begründung dagegen schon verallgemeinernde Aspekte, wird diese Stufe 4 zugeordnet. In Stufe 5 schließlich wird

---

[170] Vgl. Neumann et al. 2014, S. 114–118.
[171] Vgl. Neumann et al. 2014, S. 118.

eine vollständig abstrakte Begründung eingeordnet, bei der alle Aspekte verallgemeinernd geäußert und bereits mathematische Symbole verwendet werden. Diese letzte Stufe, unter die auch der Beweis fällt, wird von den Autorinnen in der Grundschule jedoch noch nicht erwartet.[172]

Die dritte Skala *sprachliche Begründungsstruktur* berücksichtigt zusätzlich die Versprachlichung einer Beschreibung (Stufe 1), einer Begründungsstruktur im Sinne einer Grund-Folge-Beziehung (Stufe 2) und eines zusätzlichen Aufgabenbezugs (Stufe 3). Sind die Antworten zudem in ihrer Begründungsstruktur vollständig und widerspruchsfrei, werden sie Stufe 4 zugeordnet. Stufe 5 erfordert darüber hinaus die Verwendung adressatenorientierter Fachsprache.[173]

Die Ergebnisse der Studie bestätigten in Hinblick auf das Modell die Erwartung, dass die Skala *mathematische Begründungsstruktur* schwieriger zu bewältigen ist als die Skala *mathematische Zusammenhänge*. Die Skala *sprachliche Begründungsstruktur* erwies sich darüber hinaus als am schwiersten. Des Weiteren konnte bei dem Modell nach Aussage der Autorinnen vereinzelt noch ein Optimierungsbedarf bei der Unterscheidung der Stufen festgestellt werden. So erwies es sich bspw. als eher schwierig, bei der mathematischen Begründungsstruktur zwischen einer Beschreibung und einer ansatzweisen Begründung zu unterscheiden. Auch bei der sprachlichen Skala traten teilweise Schwierigkeiten auf. Insgesamt zeigte sich dennoch eine gute Anwendbarkeit, die insbesondere für die Klassenstufe vier eine differenzierte und in diesem Sinne passfähige Abbildung der Begründungskompetenz erlaubt. Dabei lassen sich die Leistungen mithilfe des Modells sowohl in den Teilaspekten der einzelnen Skalen, aber tendenziell als auch als globales Konstrukt über alle drei Fähigkeitsbereiche hinweg abbilden.[174]

Rückblickend auf Bezolds Kriterien bestätigt die Skala mathematischen Begründens die Kriterien bzw. den höheren Anspruch des Begründens gegenüber dem der Vorstufe des Beschreibens sowie den höheren Anspruch des Verallgemeinerns gegenüber dem des beispielbezogenen Begründens. Da bzgl. der Grundschule keine weiteren Modelle vorliegen, werden diese beiden Ansatzpunkte auch für das angestrebte Modell zum schriftlichen Begründen bei Geometrieaufgaben als wesentlich festgehalten.

Weitere Modelle liegen insbesondere in Hinblick auf die Sekundarstufe und das Beweisen in der Geometrie vor. Dabei ist vorrangig das empirisch bestätigte Kompetenzmodell von Reiss, Hellmich und Thomas zu nennen. Dieses

---

[172] Vgl. Ruwisch und Beier 2013, S. 859; Neumann et al. 2014, S. 118.

[173] Vgl. Ruwisch und Beier 2013, S. 860; Neumann et al. 2014, S. 118–119.

[174] Vgl. Neumann et al. 2014, S. 119–123.

entwickelten sie im Rahmen ihrer Studie zu individuellen und schulischen Einflussfaktoren auf die Argumentations- und Beweiskompetenz (s. auch unter 2.2.2.3 zu Einfluss der Klasse) mit rund 660 Schülerinnen und Schülern am Ende der siebten und Mitte achten Klasse auf Basis der Kompetenzstufen von Klieme für TIMSS-III und der empirischen Daten der eingesetzten geometrischen Leistungstests zum Basiswissen und Argumentieren bzw. Beweisen. Den Kompetenzstufen aus TIMSS ist dabei bereits zu entnehmen, dass alltagsbezogene bzw. elementare Schlussfolgerungen auf Basis einfacher Operationen sowie die Anwendung einfacher Routinen bzw. mathematischer Begriffe und Regeln leichter fallen als mathematisches Argumentieren, welches bei TIMSS der höchsten Stufe mathematischer Grundbildung entspricht (s. auch 2.2.1).[175]

Reiss, Hellmich und Thomas unterscheiden daran anknüpfend für ihre Daten zwischen drei Kompetenzstufen des Argumentierens bzw. Beweisens (s. Abb. 2.3).

Kompetenzstufe I	Kompetenzstufe II	Kompetenzstufe III
Einfaches Anwenden von Regeln und elementares Schlussfolgern	Argumentieren und Begründen (einschrittig)	Argumentieren und Begründen (mehrschrittig)
M = 0,69	M = 0,56	M = 0,24

Abb. 2.3 Kompetenzstufen nach Reiss, Hellmich, Thomas (Ausschnitt aus Reiss, Hellmich, Thomas 2002, S. 56)

Der Mittelwert (M) der einzelnen Kompetenzstufen gibt dabei die aus den Daten ermittelte Lösungswahrscheinlichkeit aller Items der jeweiligen Stufe an.[176] Auf der Kompetenzstufe I wird das elementare geometrische Basiswissen im Sinne der einfachen Anwendung von Begriffen und Regeln abgefragt. Auf der Kompetenzstufe II soll das Wissen bereits auf geometrische Problemsituationen angewendet werden können, so dass die Notation einschrittigen Argumentierens

---

[175] Vgl. Klieme 2000, S. 84–97; Reiss et al. 2002b, S. 56.

[176] Das bedeutet, das einschrittige Argumentieren gelingt den Kindern durchschnittlich bei 56 % der Aufgaben, das mehrschrittige bei 24 %.

und Begründens gefordert ist. Auf Stufe III ist es zudem notwendig, mehrere Argumente zu einer Argumentationskette miteinander zu verknüpfen und in diesem Sinne mehrschrittig schriftlich argumentieren zu können.[177]

Dieses Modell konnte in zwei weiteren Studien von Reiss et al. mit 243 und 641 Schülerinnen und Schülern der siebten und achten Klasse zur Förderung der Beweiskompetenz in seiner Schwierigkeitsabstufung empirisch bestätigt werden.[178]

In Bezug auf die Abstufung der Begründungskompetenz für die Grundschule kann hieraus die Frage abgeleitet werden, ob mehrere, aufeinander aufbauende Schlussfolgerungen, bei einer geringeren Erwartung in der angemessenen Notation, bereits in der Grundschule geleistet werden können. Diese würden dann eine mögliche Abstufung in der Begründungskompetenz darstellen.

Ergänzend lassen sich einige Modelle bzw. Abstufungen anführen, die noch deutlicher in Hinblick auf angestrebte formale Beweise entstanden sind, denen aber dennoch einige Hinweise bzgl. mögliche Niveauabstufungen auch für die Grundschule entnommen werden können. Hierfür werden Ansätze von Balacheff (1988), Vollrath (1980), van Hiele (1986, 1999) und Holland (2007) ergänzend vorgestellt.

Balacheff stellt 1988 als Ergebnis einer kleinen experimentellen Studie mit 28 Schülerinnen und Schülern im Alter von 13 bis 14 Jahren eine Hierarchie verschiedener Beweistypen vor. Diese konnte er in Interaktionen jeweils zweier Schülerinnen und Schüler beobachten. Dabei erhielten die Schülerinnen und Schüler eine geometrische Problemstellung, die sie interaktiv lösen und deren Lösung sie für Gleichaltrige schriftlich notieren sollten. Balacheff interessierte vorrangig die Frage, wie sie ihre Antwort in der eigenen Praxis validieren. Dementsprechend praxisbezogen und lernbasiert ist sein Beweisbegriff zu verstehen.[179] Die vier Beweistypen, die er auf dieser Basis unterscheidet sind *naive empiricism, crucial experiment, generic example* und *thought experiment*. Die ersten drei Typen werden von ihm zudem als pragmatisch *(pragmatic)*, der letzte als konzeptuell *(conceptual)* bezeichnet. Diese Unterscheidung bezieht sich darauf, dass es Beweisformen gibt, die kontextbezogen durch die Anschauung, durch bestimmte Aktivitäten am Beispiel oder durch Kontrastierung mit anderen Fällen funktionieren. Demgegenüber sieht er solche, die losgelöst vom Kontext

---

[177] Vgl. Reiss et al. 2002b, S. 56–57.

[178] Vgl. Reiss et al. 2006, S. 198–200.

[179] Die ersten beiden Typen werden hier von Balacheff lediglich als Beweise bezeichnet, weil sie für die Kinder solche darstellen, sie belegen jedoch nicht die Wahrheit einer Behauptung im Sinne eines mathematischen Beweises (Vgl. Balacheff 1988, S. 218).

gelten und sich eher auf allgemeine Eigenschaften und Beziehungen berufen, als konzeptuell an. Für den Übergang von pragmatisch zu konzeptuell spricht er von *decontextualisation, depersonalisation* und *detemporalisation* im Sinne eines notwendigen Entwicklungsschritts und notwendiger Distanzierungen, um von dem vorliegenden Konkreten in Bezug auf bestimmte Objekten oder Beispiele, zeitliche Geschehnisse, Abfolgen oder personenbezogene Handlungen zu einem hiervon unabhängigen allgemeingültigen mathematischen Verständnis zu gelangen.[180]

Der Beweistyp *naive empiricism* verifiziert eine Aussage dabei typischerweise über wenige, beliebige Fälle, von denen aus keine Generalisierung möglich ist. *Crucial experiment* nutzt ein bewusst als typisch und überzeugend ausgewähltes Beispiel, um eine Hypothese zu verifizieren. *Generic example* steht darüber hinaus für eine Verifizierungsform, bei der ein repräsentatives Beispiel nicht nur angeführt wird, sondern vielmehr dafür genutzt wird, Eigenschaften und Strukturen aufzuzeigen, die Gründe für die Gültigkeit einer Behauptung darstellen. *Thought experiment* steht demgegenüber als konzeptuelle Beweisform für eine allgemeingültige, vom Beispiel gelöste Darlegung von Strukturen und ausschlaggebenden Zusammenhängen. Balacheff beobachtete in seiner Studie interessanterweise eine Art Bruch zwischen den beiden Beweistypen *naive empiricism* und *crucial experiment* gegenüber den beiden Typen *generic example* und *thought experiment*. Gemeint ist, dass einige Schülerinnen und Schüler während ihrer Argumentation die ersten beiden aufeinander aufbauend verwendeten, ebenso die beiden letzten. Dazwischen findet jedoch kein Übergang statt. Sie nutzten also zunächst beliebige Beispiele und sicherten sich dann über einen besonders überzeugenden Fall hinsichtlich ihrer Aussage ab oder begannen mit einem bewusst repräsentativen Fall, um sich von diesem aus das allgemeingültige Konzept dahinter zu erschließen. Dazwischen scheint aufgrund des Umdenkens von reinen Fakten als Basis hin zu tatsächlichen Gründen im Sinne von Eigenschaften und Strukturen eine deutliche gedankliche Hürde zu liegen. Während es bei den ersten beiden Typen möglich ist etwas schlicht zu zeigen, müssen bei den beiden weiteren Typen Gründe erfasst und angegeben werden.[181]

Hieraus lassen sich ergänzende Hinweise für die vorangestellte Überlegung aufeinander aufbauender Schlussfolgerungen ableiten. Sollten bereits in der Grundschule verschiedene Formen aufbauend aufeinander genutzt werden, so

---

[180] Vgl. Balacheff 1988, S. 216–220, 228.

[181] Vgl. ebd., S. 216–220, 228–229.

scheinen demnach Übergänge wahrscheinlich, die entweder beispielbezogen verbleiben oder anhand eines bewusst repräsentativen Beispiels die allgemeine Struktur aufzeigen. Dabei könnten, angelehnt an Balacheff, zunächst beliebige Fälle ausprobiert werden und dann ein typisches, besonders ausschlaggebendes Beispiel als zentrales Argument für die Allgemeingültigkeit ausgewählt werden. Es wäre aber auch möglich, von einem bewusst repräsentativen Fall aus eine Struktur bzw. bestimmte Eigenschaften aufzuzeigen, die dann in der Schlussfolge noch einmal verallgemeinert formuliert werden.

Vollrath analysierte 1980 schriftliche Argumentationsbearbeitungen von Schülerinnen und Schülern der siebten und neunten Klassenstufe nach verschiedenen Vorstufen des Beweisens. Diese bezeichnet er aufgrund zunehmender Abstraktion auch als unterschiedliche Niveaus. Dabei unterscheidet er Schülerinnen und Schüler, die anschaulich an Repräsentanten bzw. konkreten Objekten argumentieren, das höhere Niveau der Schülerinnen und Schüler, die verbal beschreiben, und schließlich solche, die stärker formal argumentieren. Daraus lässt sich neben der zunehmend formalen Sprache, ähnlich wie bei Balacheff, vor allem eine zunehmende Loslösung vom konkreten Beispiel hin zur Abstraktion ablesen.[182]

Van Hiele erarbeitete ein empirisch geprüftes Modell zur Entwicklung geometrischen Denkens, welches in seiner zunehmenden Abstraktheit der Niveaustufen auch einige elementare Hinweise für unterschiedliche Anforderungsniveaus zum Begründen bei Geometrieaufgaben beinhaltet.[183]

Auf der ersten Niveaustufe, welche auch *visual level* oder *Niveaustufe räumlich-anschauungsgebundenen Denkens* genannt wird, erfassen Kinder Figuren ganzheitlich und beurteilen sie nach ihrem Erscheinungsbild. Ein Kind würde eine Aussage auf diesem Niveau bspw. mit „Weil es so aussieht." oder „Weil ich es sehe." rechtfertigen. Das Gesehene reicht dem Kind für sein Urteil, eine Nennung mathematischer Gründe kann noch nicht stattfinden.[184]

Erst auf der zweite Niveaustufe, *the descriptive level* oder der *Niveaustufe analysierend-beschreibenden Denkens*, sind erste mathematische Begründungen möglich. Kinder können Eigenschaften durch Handlungen oder genaue Betrachtungen erfassen und mit diesen bspw. einfache Begriffszuordnungen begründen.[185]

Auf der dritten Niveaustufe, *the informal deduction level* bzw. der *Niveaustufe abstrahierend-relationalen Denkens*, ist ein erstes logisches Ableiten und

---

[182] Vgl. Vollrath 1980, S. 29, 33, 38–39.

[183] Vgl. van Hiele 1986, S. 109–114, 1999, S. 311.

[184] Vgl. van Hiele 1986, S. 110, 1999, S. 311; Franke und Reinhold 2016, S. 136.

[185] Vgl. van Hiele 1999, S. 311; Franke und Reinhold 2016, S. 137.

Schließen möglich. Eigenschaften sind nun logisch geordnet und stehen in Beziehungen zueinander, die erkannt und im Zusammenhang verbalisiert werden können. Argumente können abgeleitet, erste logische Schlüsse gezogen und eigene Erkenntnisse formuliert werden.[186]

Auf der vierten Stufe, *formal deduction* bzw. *Niveaustufe schlussfolgernden Denkens*, sind dann eigene deduktive Beweise in entsprechender Formalität möglich. Zudem wird die Bedeutung von Axiomen, Definitionen und Sätzen erkannt.[187]

Andere formulierte Niveaustufen zum Beweisen, wie die von Holland in seinem Buch zur Geometrie in der Sekundarstufe 2007, fokussieren verstärkt das Beweisen. Holland unterscheidet für den Unterricht zwischen der *Stufe des Argumentierens*, der *Stufe des inhaltlichen Schließens* und dem *formalen Schließen*. Die erste Stufe steht bei ihm zwar noch für ein mündliches Argumentieren, das über ein Zeichnen und Messen hinaus eine Einsicht in die Allgemeingültigkeit geometrischer Beziehungen vermittelt. Auf der zweiten Stufe soll dann aber bereits eine so deutliche Strukturierung der Argumente vorliegen, dass eine Notation als Beweissequenz möglich ist, wobei eine umgangssprachliche Darstellungsweise noch legitim ist. Auf der dritten Stufe wird der Beweis dann unter dem rein theoretischen Aspekt gesehen. Er soll formal aufdecken, aus welchen anderen Sätzen ein Satz geschlussfolgert werden kann. Die Abstufungen solcher Modelle umfassen keine Vorstufen des Beweisens und liegen damit zu weit im „Beweisfeld" selbst mit entsprechenden formalen Kriterien verortet, als dass hieraus weiterführende Erkenntnisse für die Grundschule gezogen werden könnten.[188]

---

[186] Vgl. van Hiele 1999, S. 311; Franke und Reinhold 2016, S. 138–139.

[187] Vgl. van Hiele 1999, S. 311; Franke und Reinhold 2016, S. 139.

[188] Vgl. Holland 2007, S. 133–135.

Empirischer Teil I

Begründungsanforderungen bei Geometrieaufgaben in der Grundschule

In diesem ersten empirischen Teil werden die aktuellen Anforderungen in Bezug auf das Begründen bei Geometrieaufgaben in der Grundschule erarbeitet und dargestellt. Dies geschieht anhand umfassender Schulbuchanalysen. Ziel ist es, eine Wissensgrundlage über die in der Grundschule eingesetzten Begründungsaufgaben zu erhalten. Dabei steht auf der einen Seite die qualitative Frage nach der Aufgabengestaltung im Vordergrund: Welche Aufgabenformate lassen sich finden und wie lassen sich die Begründungsaufgaben charakterisieren? Auf der anderen Seite werden Fragen nach der Quantität thematisiert: Wie viele Begründungsaufgaben sind in den geometrischen Aufgabenstellungen überhaupt zu finden und welche Typen bzw. geometrischen Inhaltsbereiche sind vorrangig vertreten? Das Kapitel liefert einen wesentlichen Beitrag zur Konkretisierung der vorliegenden Anforderungen in der Grundschule und arbeitet verschiedene Formen möglicher Begründungsaufgaben heraus.

Gleichzeitig dient das Kapitel als Vorbereitung der Hauptstudie, die einer Wissensbasis über ebendiese Bereiche bedarf. Mithilfe der Ergebnisse der Schulbuchanalyse können weiterführend die aktuellen Kompetenzen von Grundschulkindern durch passende Aufgaben anforderungsgerecht erhoben und verschiedene Aufgabenformate vergleichend geprüft werden (s. 4., v. a. Abschnitte 4.3, 4.7).

Für ein besseres Verständnis der Hintergründe und der Einflussmöglichkeiten auf die aktuell vorliegenden Anforderungen werden vor der eigentlichen Schulbuchanalyse zunächst die Entscheidungsträger in Bezug auf das

Ergänzende Information Die elektronische Version dieses Kapitels enthält Zusatzmaterial, auf das über folgenden Link zugegriffen werden kann https://doi.org/10.1007/978-3-658-36028-3_3.

gewählte Schulbuch und seine Aufgaben dargestellt (3.1). Des Weiteren werden die verpflichtend in den Schulbüchern umzusetzenden Anforderungen der Bildungsstandards betrachtet (3.2). Anschließend folgt unter 3.3 die eigentliche Schulbuchanalyse.

3.1 Ein Überblick: Wesentliche Entscheidungsträger im deutschen Schulbuchsystem

Das deutsche Schulbuchsystem ist durch weitgehende Entscheidungsfreiheiten der Schulen und unterschiedliche Handhabungen und Vorgaben der Bundesländer regional sehr unterschiedlich geprägt. Dabei spielen insbesondere die Verlage, die Kultusministerien und die Schulen als Entscheidungsträger zentrale Rollen.

Die durch die verschiedenen Kultusministerien eingeräumte Mitsprachemöglichkeit der Schulen bei der Schulbuchauswahl variiert deutlich. So gibt es auf der einen Seite Bundesländer, die ihre Schulen uneingeschränkt selbstständig über die Schulbücher entscheiden lassen und auf der anderen Seite Bundesländer, die verpflichtende Listen zugelassener Schulbücher herausgeben. Die Kultusministerien der Bundesländer mit Zulassungslisten besitzen ein eigenes Einreichungs- und Genehmigungsverfahren. Neben der Korrektheit der Inhalte wird im Wesentlichen die Übereinstimmung mit den bundeslandspezifischen Lehrplänen und damit auch den Bildungsstandards überprüft. Erst nach einem erfolgreichen Durchlaufen dieser Prüfung darf ein Schulbuch in die Zulassungsliste des jeweiligen Landes, auch Schulbuchkatalog genannt, aufgenommen werden. Die Schulen dieser Länder sind verpflichtet eines der Schulbücher dieser Liste für ihre Schule auszuwählen. Sie haben damit eine durch die Kultusministerien eingeschränkte Wahlfreiheit. Die Entscheidung, welches Schulbuch letztlich ausgewählt wird, liegt jedoch immer bei den Schulen bzw. genauer bei den jeweiligen Fachkonferenzen. Neben der inhaltlichen Abdeckung der Bildungs-, Lehr-, Rahmenpläne bzw. Curricula der Länder (nachfolgend zusammenfassend Lehrpläne der Länder genannt) können hier auch schuleigene Präferenzen und ökonomische Faktoren diskutiert werden und in die Entscheidung mit einfließen.[1]

Neben den Schulen und Kultusministerien spielen selbstverständlich die Verlage als Entwickler und Herausgeber eine wesentliche Rolle. Die bildungspolitischen Vorgaben (die Bildungsstandards und die Lehrpläne der Länder) bilden dabei eine Art Leitlinie für alle drei Institutionen.

---

[1] Vgl. Verband Bildungsmedien e. V. 2014, S. 11; Krieg o. J., S. 2–8.

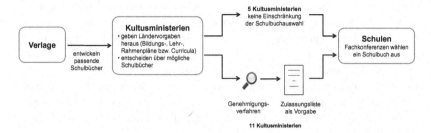

Abb. 3.1 Die drei wesentlichen Institutionen im deutschen Schulbuchsystem (vgl. Verband Bildungsmedien e. V. 2014, S. 10)

Die drei wesentlichen Entscheidungsträger für die Anforderungen, die durch Schulbücher an den Schulen gestellt werden, sind somit die Verlage, Kultusministerien und Schulen. Diese wirken maßgeblich auf die Gestaltung und Verbreitung eines Schulbuchs ein (s. Abb. 3.1).

3.2 Bildungspolitische Anforderungen in den Bildungsstandards

Die bildungspolitischen Anforderungen, die an den Mathematikunterricht der Grundschule gestellt werden, sind in den Bildungsstandards und den länderspezifisch konkretisierten Lehrplänen verschriftlicht. Sie fließen in die Schulbuchgestaltung ein (s. 3.1) und sind entscheidend für die Zulassung von Seiten der Kultusministerien (und idealerweise auch die Auswahl der Fachkonferenzen). Durch die verpflichtende Vorgabe und die Überprüfung der Umsetzung in den Schulbüchern soll sichergestellt werden, dass die Lernziele der Bildungsstandards und Lehrpläne mit den Schulbüchern erreichbar sind. Die Schulbücher können auch als „Umsetzungsinstrumente" der dort vorgegebenen Lernziele betrachtet werden.[2]

> „Die Bildungsstandards für den Primarbereich (Jahrgangsstufe 4) in den Fächern Deutsch und Mathematik werden von den Ländern zu Beginn des Schuljahres 2005/2006 als Grundlagen der fachspezifischen Anforderungen für den Unterricht übernommen."[3]

---

[2] Vgl. Verband Bildungsmedien e. V. 2014, S. 11.

[3] Ständige Konferenz der Kultusminister der Länder in der Bundesrepublik Deutschland 2005, S. 3.

Der in dem Zitat dargestellte Beschluss der Kultusministerkonferenz benennt die Bildungsstandards explizit als verpflichtende und grundlegende *Anforderungen* für den Mathematikunterricht aller Länder. Die darin gestellten Anforderungen zum mathematischen Begründen und zum spezifischeren Begründen in der Geometrie sind somit bundesweit in den Lehrplänen, den Schulbüchern und im Unterricht umzusetzen. Wie diese Lernziele konkret lauten, wird nachfolgend betrachtet. Dabei kann auch ein Eindruck von der dort nahegelegten begrifflichen Auffassung des Begründens, der zugeordneten Relevanz und der Verknüpfung mit inhaltlichen Kontexten gewonnen werden.

In ihrer Grundstruktur beschreiben die Standards fünf allgemeine bzw. prozessbezogene und fünf inhaltsbezogene mathematischen Kompetenzen, die in der Anwendung miteinander verknüpft werden.[4] Dabei wird eingangs insbesondere der Stellenwert der allgemeinen Kompetenzen betont: „Von zentraler Bedeutung für eine erfolgreiche Nutzung und Aneignung von Mathematik sind vor allem die folgenden fünf allgemeinen mathematischen Kompetenzen."[5]

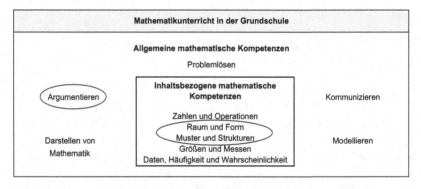

Abb. 3.2 Die Kompetenzen der Bildungsstandards und die Verortung des Begründens in der Geometrie (vgl. Ständige Konferenz der Kultusminister der Länder in der Bundesrepublik Deutschland 2005, S. 7, 8)

---

[4] Vgl. Ständige Konferenz der Kultusminister der Länder in der Bundesrepublik Deutschland 2005, S. 6.

[5] Ständige Konferenz der Kultusminister der Länder in der Bundesrepublik Deutschland 2005, S. 7.

Das Begründen wird in den Bildungsstandards jedoch nicht als eine dieser fünf allgemeinen Kompetenzen definiert. Stattdessen wird die allgemeine mathematische Kompetenz *Argumentieren* angeführt (s. Abb. 3.2). Diese enthält in den Bildungsstandards das Begründen. Die Kultusministerkonferenz beschreibt *Argumentieren* in drei Unterpunkten wie folgt:

• „Mathematische Aussagen hinterfragen und auf Korrektheit prüfen,
• Mathematische Zusammenhänge erkennen und Vermutungen entwickeln,
• Begründungen suchen und nachvollziehen."[6]

Begründen wird damit in den Bildungsstandards als untergeordneter Begriff des Argumentierens verstanden und stellt einen Teilaspekt dieser allgemeinen Kompetenz dar. Nach den Bildungsstandards kann das Begründen daher als wesentliches „Element eines allgemeinen Lernziels"[7] eingeordnet werden, welches in enger Verknüpfung zu den inhaltsbezogenen mathematischen Kompetenzen zu erreichen ist. Für das Begründen in der Geometrie heißt das konkret: Begründen in Verknüpfung zu der geometrischen inhaltsbezogenen Kompetenz *Raum und Form* oder zu den geometrischen Aspekten der inhaltsbezogenen Kompetenz *Muster und Strukturen* (s. Abb. 3.2).

Einen Überblick darüber, welche konkret zu erreichenden Kompetenzen die Bildungsstandards zum Begründen formulieren und in welchem inhaltlichen Kontext das Begründen nahegelegt wird, bietet Tabelle 3.1. Sie zeigt eine einfache Begriffsanalyse der Bildungsstandards. Dabei wurden zentrale Begriffe rund um das Begründen (*begründ...*[8], *warum, wieso, weshalb, Woran liegt das?*, *Grund/Gründe*) ebenso in ihrem Vorkommen überprüft wie das in den Bildungsstandards übergeordnete Argumentieren (*argument...*) und der Vollständigkeit halber das weiterführende Beweisen (*beweis...*). Neben der Häufigkeit wurde auch der inhaltliche Kontext der Nennung erfasst.

---

[6] Ständige Konferenz der Kultusminister der Länder in der Bundesrepublik Deutschland 2005, S. 8.
[7] Peterßen 2012, S. 33.
[8] Die Schreibweise steht nachfolgend für den entsprechenden Wortanfang der Suchbegriffe bei variabler Endung sowie Groß- und Kleinschreibung.

In Bezug auf die Begriffe rund um das Begründen und Argumentieren zeigt sich zunächst, dass *Begründen* in seinen Variationen (*Begründung(en), begründet, Begründe!*) mit acht Nennungen am häufigsten auftritt. Bezieht man die entsprechenden Fragen (*Warum? Woran liegt das?*) noch mit ein, sind es zehn Nennungen. Demgegenüber wird *Argumentieren* nur zweimal benannt, obwohl es sich hierbei um eine der fünf allgemeinen mathematischen Kompetenzen handelt. Bei näherer Betrachtung der Kontexte wird deutlich, dass der Begriff *Argumentieren* tatsächlich nur bei der Benennung der allgemeinen mathematischen Kompetenzen auftaucht. *Begründen* hingegen wird je einmal als bereits benannter Teilaspekt des Argumentierens und als Kompetenz im Inhaltsbereich *Größen und Messen* (*begründet* schätzen) benannt, taucht darüber hinaus aber auch sechs- bzw. achtmal (mit den Fragen *Warum? Woran liegt das?*) bei den Beispielaufgaben auf. Der inhaltliche Schwerpunkt dieser Aufgaben liegt mit fünf Nennungen im Bereich *Muster und Strukturen*, wobei sowohl geometrische als auch arithmetische Muster thematisiert und mit dem Begründen verknüpft werden. Darüber hinaus wird das Begründen bei einer Beispielaufgabe aus dem Bereich *Größen und Messen* bei zwei Aufgaben zum Bereich *Daten, Häufigkeit und Wahrscheinlichkeit* gefordert.

Es lässt sich schlussfolgern, dass das Argumentieren in den Bildungsstandards als allgemeine mathematische Kompetenz zwar eine sehr hohe Bedeutung hat, das *Begründen* als Begriff in Aufgabenstellungen jedoch greifbarer und vermutlich weiter verbreitet ist. Argumentieren wird, konform zu der begrifflichen Definition der Standards, in den Beispielaufgaben zwar gefördert, die Teilkompetenz des Begründens macht jedoch den Aspekt des Argumentierens aus, der in Aufgabenstellungen zur Förderung der Argumentationskompetenz konkret integriert wird. Eine inhaltliche Verknüpfung des Begründens mit der Geometrie erfolgt lediglich in einer Beispielaufgabe zum Bereich *Muster und Strukturen*. Die Anforderungen im Kompetenzbereich *Raum und Form* werden an keiner Stelle mit dem Begründen oder Argumentieren verknüpft.

Beweisen ist in den Bildungsstandards des Primarbereichs noch nicht relevant. Dies ist mit der Altersbegrenzung der Standards auf die ersten vier Jahrgänge erwartungskonform.

Tab. 3.1 Begründen, Argumentieren und Beweisen im Kontext der Bildungsstandards

Begriff	Häufigkeit	Kontext (Kompetenz, ggf. Aufgabenstellung) *Begriffe* kursiv hervorgehoben
begründ...	8x	• <u>Allgemeine mathematische Kompetenz Argumentieren (1x)</u> „*Begründungen* suchen und nachvollziehen" (S. 8) • <u>Inhaltsbezogene mathematische Kompetenz Größen und Messen (1x)</u> „in Sachsituationen angemessen mit Näherungswerten rechnen, dabei Größen *begründet* schätzen" (S. 11) • <u>Beispielaufgaben Muster und Strukturen (5x)</u> • In der Aufgabe „Muster aus Streifen" geforderte „*Begründung:*" zu einem möglichen Muster als Folgeglied einer geometrischen Folge (S. 24), zugeordnete Kompetenz „*Begründungen* suchen und nachvollziehen" (S. 23) • In der Aufgabe „Hunderter-Tafel" geforderte Beurteilung („Stimmt das?") und „*Begründung:*" der Richtigkeit der Aussage „Die Summe von zwei Zahlen nebeneinander kann nie eine gerade Zahl sein." (S. 25); anschließend zu drei nebeneinanderstehenden Zahlen: „Vergleiche die Summe mit der mittleren Zahl. Was fällt dir auf? *Begründe!*" (S. 26), zugeordnete Kompetenz „*Begründungen* suchen und nachvollziehen" (S. 24) • <u>Beispielaufgaben Größen und Messen (1x)</u> Aufgabe „Garten": „Wie hat er wohl gerechnet?" zu einer Kilogrammangabe insgesamt geernteter Kirschen und einer Tabelle einzelner Gewichtsangaben als Kommazahlen (S. 28), zugeordnete Kompetenz „in Sachsituationen angemessen mit Näherungswerten rechnen, dabei Größen *begründet* schätzen" (S. 28)
warum *Woran liegt das?* (*wieso, weshalb* kommt nicht vor)	2x	• <u>Beispielaufgaben Daten, Häufigkeit und Wahrscheinlichkeit (2x)</u> Beispiel Würfeln, zwei Aufgabenstellungen: „Beim Würfeln mit zwei Spielwürfeln wird die Summe 7 wesentlich häufiger gewürfelt als die Summe 12. *Woran liegt das?*" (S. 34); in der Aufgabe danach (5 gegebenen Spielregeln zum Würfeln): „Welche Regel würdest du wählen?" und „*Warum?*" (S. 35)
Grund, Gründe	0x	
argument...	2x	• <u>Argumentieren als allgemeine mathematische Kompetenz (2x)</u> *Argumentieren* im Modell allgemeiner mathematischer Kompetenzen (S. 7); Konkretisierung des *Argumentierens* als „mathematische Aussagen hinterfragen und auf Korrektheit prüfen, mathematische Zusammenhänge erkennen und Vermutungen entwickeln, Begründungen suchen und nachvollziehen." (S. 8)
beweis...	0x	

3.3 Schulbuchanalyse

Für die Schulbuchanalyse wurden die zehn zum Stand der Analyse (Ende 2014) verbreitetsten Mathematikschulbücher der Grundschule in ihrer Version für den Jahrgang drei und vier ausgewählt (s. 3.3.1) und qualitativ wie quantitativ in Hinblick auf die enthaltenen geometrischen Begründungsaufgaben untersucht. Als Ergebnis dieser Analyse stehen zunächst die qualitativen Unterschiede der gefundenen expliziten wie impliziten Aufgaben (s. 3.3.2) in Bezug auf die unterschiedlichen Aufgabenformate des Begründens im Vordergrund (s. 3.3.4). Anschließend werden die Ergebnisse der quantitativen Erfassung der vorgefundenen geometrischen Begründungsaufgaben dargestellt (s. 3.3.5). Dies geschieht für alle Begründungsaufgaben in der Geometrie, aber auch differenzierter in Hinblick auf die verschiedenen Aufgabenformate, geometrischen Inhaltsbereiche und Jahrgänge. Insgesamt ergibt sich dadurch ein guter Überblick über die Bandbreite an Begründungsaufgaben wie auch an gestellten Begründungsanforderungen in der Geometrie der Grundschule.

3.3.1 Die kriteriengeleitete Schulbuchauswahl

Der deutsche Schulbuchmarkt weist eine hohe Anzahl an unterschiedlichen Schulbüchern und Begleitmaterialien auf. So gibt es neben zahlreichen unterschiedlichen Titeln auch unterschiedlich aktuelle und regionale Ausgaben. Damit liegt zunächst eine nur schwer zu überblickende Gesamtheit an Mathematikbüchern für die Grundschule vor.

Für das Ziel, die aktuellen Anforderungen im Bereich des Begründens in der Geometrie zu analysieren, wurde die Auswahl auf zehn unterschiedliche Schulbücher der Jahrgänge drei und vier beschränkt. Damit gehen zwei bewusst gesetzte und aufgrund des begrenzten Rahmens der Arbeit notwendige Entscheidungen einher. Zum einen erfolgte ein Fokus auf das Schulbuch an sich unter Vernachlässigung seiner Begleitmaterialien (Arbeitshefte, Lehrerhandbücher usw.). Dies geschah unter der Annahme, dass das Schulbuch in der Regel den zentralen Ausgangspunkt des Unterrichts darstellt und verwendete Materialien auf dem Schulbuch aufbauen bzw. daran anknüpfen. Zum anderen beinhaltet die Auswahl von zehn Titeln die Entscheidung gegen eine vollständige Analyse aller Schulbücher. Dies wiederum wird damit legitimiert, dass die Schulbücher eine sehr unterschiedliche Akzeptanz und Verbreitung besitzen und für die Analyse der Anforderungen entsprechend unterschiedlich bedeutsam sind.

In Anlehnung an die Leitfrage „Welche Schulbücher spiegeln die aktuellen Anforderungen wider?" wurden konkrete Kriterien gefunden, die der unterschiedlichen Gewichtung der Schulbücher gerecht werden und schließlich eine begründete Eingrenzung auf zehn Titel ermöglichten. Diese Kriterien sollen nachfolgend mit ihren Ergebnissen vorgestellt und die Auswahl so transparent gemacht werden. Gleichzeitig ist es mithilfe der nachfolgenden Erläuterungen und Darstellungen möglich, einen Überblick über den aktuellen Schulbuchmarkt

(Stand 2014/2015) zu gewinnen. Ein kritischer Einblick in die fehlende Datenerfassung der am häufigsten verwendeten Schulbücher soll dabei ebenfalls nicht vorenthalten werden (3.3.1.3).

3.3.1.1 Kriterium 1: Zugelassene Schulbücher

In einem ersten Schritt wurden die Zulassungslisten der Bundesländer betrachtet und sämtliche zugelassenen Schulbücher zusammenfassend gelistet. Auf diese Weise ergibt sich eine erste und bereits sehr umfassende Übersicht über die verwendeten Mathematikschulbücher in den deutschen Grundschulen. Elf von 16 Bundesländern besaßen zum Schuljahr 2014/2015 ein Zulassungsverfahren.

Zulassungsverfahren (elf Bundesländer): BW, BY, HB, HE, MV, NI, NW, RP, SN, ST, TH
kein Zulassungsverfahren (fünf Bundesländer): BB, BE, HH, SH, SL

Die Schulen in den elf Bundesländern mit Zulassungsverfahren sind verpflichtet bei einer Neuanschaffung Schulbücher aus der jeweiligen Liste einzuführen. Daher kann davon ausgegangen werden, dass die zum Schuljahr 2014/15 in den Schulen dieser Bundesländer eingeführten Schulbücher in dieser ersten Zusammenstellung berücksichtigt werden. Diese Zusammenstellung ist jedoch nicht mit den in dem Schuljahr 2014/15 vorhandenen Schulbüchern in den Schulen gleichzusetzen. Denn es gilt: „Nach Ablauf der Genehmigungsdauer dürfen Schulbücher nicht mehr neu eingeführt, aber eingeführte Schulbücher können im Rahmen der Lernmittelausleihe aufgebraucht werden.“[9] Es ist somit möglich, dass an einigen Schulen noch mit älteren, zum Einführungstermin zugelassenen Schulbüchern gearbeitet wird. Diese laufen in den nachfolgenden Jahren jedoch aus und entsprechen bereits zum Schuljahr 2014/15 nicht mehr den aktuellen Anforderungen der Kultusministerien. Daher verbleibt der Fokus dennoch bei diesen zugelassenen Schulbüchern.

In Hinblick auf die Schüleranzahlen in den jeweiligen Bundesländern kann außerdem argumentiert werden, dass mit den Bundesländern mit Zulassungsverfahren bereits eine deutliche Mehrheit der Schülerinnen und Schüler und damit auch der vorhandenen Schulbücher erfasst wird. So besitzen nicht nur die meisten Bundesländer, sondern auch die besonders schülerstarken Bundesländer (vorrangig NW, BY, BW, NI, HE), ein Zulassungsverfahren.[10]

---

[9] Niedersächsisches Landesinstitut für schulische Qualitätsentwicklung (NLQ) 2015: o. S.
[10] Vgl. Statistische Ämter des Bundes- und der Länder 2009, S. 26; Statistisches Bundesamt 2014, o. S.

In Bezug auf die fünf Bundesländer ohne Zulassungsverfahren sei vorweg schon einmal auf das Kriterium 3 (s. 3.3.1.3) verwiesen. Dort zeigt sich, dass die bundesweit am weitesten verbreiteten Titel keineswegs außerhalb dieser Zulassungslisten liegen. Die Zusammenstellung der zugelassenen Schulbücher beinhaltet somit bereits die bundesweit (also für alle 16 Bundesländer betrachtet) wesentlichen zehn Schulbücher.

Unabhängig davon wird die Bedingung, dass nur zugelassene Schulbücher ausgewählt und analysiert werden sollen, in Hinblick auf das Ziel, die aktuellen Anforderungen durch die Schulbücher zu erfassen, als sinnvoll erachtet. So kann bei den von den Ländern genehmigten Titeln davon ausgegangen werden, dass diese nicht nur den jeweiligen schulischen, sondern auch den bildungspolitischen Anforderungen (den länderspezifischen Lehrplänen und den Bildungsstandards) entsprechen.

→ **Zusammengefasst** ermöglicht das Kriterium 1 eine vollständige Erfassung der in elf Bundesländern zugelassenen Schulbücher zum Schuljahr 2014/15. Diese entsprechen zudem den bildungspolitischen Anforderungen (s. 3.2).

Es ergibt sich eine recht umfassende Zusammenstellung von 33 zum Schuljahr 2014/15 zugelassenen Mathematikschulbüchern für die Grundschule. Diese basiert auf den elf veröffentlichten Zulassungslisten der jeweiligen Kultusministerien.

Zugelassene Schulbücher mit entsprechender Anzahl der Zulassungen (von elf möglichen) in Klammern sind: *Das Mathebuch* (11), *Das Zahlenbuch* (11), *Denken und Rechnen* (11), *Die Matheprofis* (3), *Duden Mathematik* (7), *eins zwei drei* (7), *Einstern* (11), *Flex und Flo* (10), *Fredo & Co* (7), *Ich rechne mit!* (3), *Jo-Jo Mathematik* (1), *Klick! Mathematik* (1), *Leonardo Mathematik* (5), *Mathefreunde* (4), *Mathehaus* (3), *Mathematikus* (10), *Mathepilot* (9), *Matherad* (4), *Mathetiger* (10), *Mein Mathebuch* (4), *Meine Themenhefte Mathematik* (2), *MiniMax* (8), *multi Mathematik* (1), *Nussknacker* (11), *Primo Mathematik* (7), *Rechenwege* (4), *Spürnasen Mathematik* (7), *Sputnik Mathematik* (8), *Super M* (10), *Tausendundeins* (1), *Welt der Zahl* (11), *Wochenplan Mathematik* (9) und *Zahlenzauber* (11). Eine ausführliche Tabelle mit Informationen zu dem jeweiligen Verlag, (regionalen) Ausgaben und den zugelassenen Bundesländern befindet sich in Anhang A im elektronischen Zusatzmaterial.

In der ersten Zusammenstellung lässt sich bereits erkennen, dass die Akzeptanz der einzelnen Schulbücher durch die Länder sehr unterschiedlich ist. Es gibt sieben Titel, die elf Zulassungen besitzen – also in allen Bundesländern mit Zulassungsverfahren genehmigt wurden. Demgegenüber stehen aber auch deutlich weniger akzeptierte Titel mit einer einzigen oder einigen wenigen Zulassungen. Ohne genaue Verbreitungszahlen zu kennen, lässt sich hieraus bereits eine sehr unterschiedliche Marktgewichtung erahnen (s. dazu 3.3.1.2.).

3.3.1.2 Kriterium 2: Schulbücher mit hoher bildungspolitischer Akzeptanz

Die Titel, die von allen elf Bundesländern mit Zulassungsverfahren genehmigt worden sind, entsprechen den bildungspolitischen Anforderungen im besonderen Maße. Die nachfolgenden sieben Schulbücher sind in Bezug auf die höchstmögliche Anzahl an Zulassungen von besonderem Interesse und werden daher bei der Analyse berücksichtigt: *Das Mathebuch, Das Zahlenbuch, Denken und Rechnen, Einstern, Nussknacker, Welt der Zahl* und *Zahlenzauber*.

Einschränkend kann argumentiert werden, dass die hohe Anzahl regional angepasster Ausgaben zu einem Teil dieser Zulassungen führt. Die regionalen Schulbücher eines Titels sind in der Regel jedoch so ähnlich, dass dennoch von einer hohen Akzeptanz des „Grundkonzepts" gesprochen werden kann. Des Weiteren kann auch anders herum argumentiert werden, dass vermutlich erst besonders erfolgreiche Grundkonzepte eine Konzeption weiterer länderspezifischer Ausgaben lohnenswert machen. Eine Einschränkung der grundsätzlichen Akzeptanz des Schulbuchtitels ist damit aus eigener Sicht nicht gegeben.

→ **Zusammengefasst** ermöglicht das Kriterium 2 die besondere Berücksichtigung der Schulbücher, die den Anforderungen aller elf Bundesländer mit Zulassungsverfahren entsprechen. Diese Schulbücher dürfen somit in allen 16 Bundesländern verwendet werden.

3.3.1.3 Kriterium 3: Schulbücher mit einer weiten Verbreitung

Im Sinne des Ziels, die Anforderungen repräsentativ zu erfassen und zu analysieren, sind insbesondere die Schulbücher interessant, die nicht nur zugelassen und bildungspolitisch akzeptiert, sondern nachweislich auch im Unterricht besonders vieler Schülerinnen und Schüler eingesetzt werden.

Um das Auswahlkriterium der besonders weit verbreiteten Schulbücher ansetzen zu können, sind konkrete Verbreitungsdaten zu den Schulbüchern nötig. Dieser Schritt gestaltete sich als sehr schwierig. Die vorgenommene Recherche zeigte auf, dass zu der Verbreitung der einzelnen Schulbücher keine öffentlich zugänglichen Daten verfügbar sind. Hinzu kommt, dass nach den Informationen der eigenen Recherche weitergehend auch keine zentrale Erfassung dieser Daten erfolgt. Nachfolgend wird ein Einblick in diesen aus wissenschaftlicher

Sicht durchaus kritischen Aspekt gegeben. Des Weiteren wird aufgezeigt, wie das Kriterium 3 dennoch für die Schulbuchauswahl angewendet werden konnte.

Die fehlende Datenerfassung der am weitesten verbreiteten Schulbücher
Wie in 3.1 erläutert, dürfen die Schulen ihr Schulbuch eigenständig (aus einer Zulassungsliste oder ganz frei) auswählen. Welches Schulbuch die jeweilige Schule dann eingeführt hat, wird allerdings an keiner Stelle rückgemeldet. Dass diese aus kultusministerieller Sicht außerdem nicht angefordert werden, kann ebenfalls nachvollzogen werden. So können die bildungspolitischen Vorgaben durch die Genehmigungsverfahren der Schulbücher bzw. durch die zusätzliche oder alleinige Auswahl durch Fachpersonen (Lehrkräfte) in Bezug auf das Schulbuch als erfüllt angesehen werden. Innerhalb des Bildungssystems ist durch die gegebenen Strukturen (s. 3.1) keine zentrale Sammlung der eingeführten Schulbücher mehr notwendig.

Dementsprechend bestätigten die Kultusministerien (u. a. von Nordrhein-Westfalen, Bayern, Baden-Württemberg, Niedersachsen und Hessen als die fünf größten Bundesländer) auf Rückfrage die fehlende Erfassung dieser Daten und verwiesen auf die Entscheidungsfreiheit der Schulen und die veröffentlichten Zulassungslisten der Länder. Auch über das statistische Bundesamt, und damit auf Bundesebene, sind keine Verbreitungsdaten von Schulbüchern verfügbar (Stand 12/2014).

Eine Suche nach Institutionen und Personen, die sich mit Schulbüchern beschäftigen und ein wissenschaftliches Interesse an entsprechenden Daten haben könnten, führte zu dem *Georg-Eckert-Institut (GEI) – Leibnizinstitut für internationale Schulbuchforschung* und der *Internationalen Gesellschaft für historische und systematische Schulbuch- und Bildungsmedienforschung e. V. (IGSBi)*.

Das *Georg-Eckert-Institut (GEI)* sieht sich in seiner Schulbuchforschung zwar als Zentrum für den wissenschaftlichen Austausch und die Bereitstellung relevanter Daten, Quellen und Informationen, setzt dabei jedoch einen kulturwissenschaftlich-historischen Schwerpunkt.[11] Eine direkte Anfrage bei dem Institut ergab, dass sie generell keine Informationen darüber besitzen, welche Schulbücher am häufigsten genutzt werden. Eine Aussage zu Verbreitungsdaten könne aufgrund der föderalistischen Struktur Deutschlands von dem Institut nicht getroffen werden. Hinzu kommt, dass das Fach Mathematik, wie auch alle naturwissenschaftlichen Fächer, nicht zu dem Profil des Instituts gehört.

---

[11] Georg-Eckert-Institut 2014, o. S.

Die *Internationale Gesellschaft für historische und systematische Schulbuch-
und Bildungsmedienforschung e. V. (IGSBi)* „[…] verfolgt das Ziel, die inter-
disziplinäre, historische und systematische Schulbuchforschung umfassend zu
fördern und deren Bedeutung nachhaltig in das Bewusstsein der Öffentlichkeit zu heben."[12] Dabei steht auch die Vernetzung der Schulbuchforschung im
Vordergrund.[13] Verbreitungsdaten zu Mathematikschulbüchern oder eine entsprechende Zusammenstellung besonders verbreiteter Schulbücher sind jedoch auf
Nachfrage auch dieser Fachgesellschaft nicht bekannt. Als mögliche Quelle für
eine Art Bestsellerliste wurde auf den *Verband Bildungsmedien e. V.* und auf den
Börsenverein des Deutschen Buchhandels e. V. verwiesen.

Nachdem sich herausgestellt hatte, dass seitens des Bildungssystems und
der Wissenschaft tatsächlich keine entsprechenden Verbreitungsdaten vorliegen,
wurde aus der empfohlenen wirtschaftlichen Perspektive weiter recherchiert.
Damit wurden die Ideen einer verlagsübergreifenden Datenerfassung entsprechender Verkaufszahlen oder einer entsprechenden Rangliste der Titel am Markt
verfolgt.

Der *Verband Bildungsmedien e. V.* ist der Dachverband der deutschen
Schulbuchverlage und eine verlagsübergreifende Einrichtung, die sich auf den
Bildungssektor spezialisiert hat. Er vertritt bundesweit die Interessen jener Unternehmen, die analoge und digitale Medien für den Bildungsbereich, also u. a.
auch für die Grundschulen, produzieren. Durch die Betreuung der verschiedenen Verlage könnte man annehmen, dass der Verband einen Überblick über die
Marktstärke der verschiedenen Schulbücher hat. Eine direkte Nachfrage ergab
allerdings, dass die Erfassung von Verbreitungs- bzw. Verkaufsdaten nicht zu
dessen Aufgabengebiet gehört. Auch eine einfache Rangliste oder eine Kenntnis
über eine solche liege nicht vor.[14]

Der Börsenverein des deutschen Buchhandels e. V. stellte eine weitere verlagsübergreifende Anlaufstelle dar, von der sich Verkaufsdaten oder andere wei-
terhelfende Informationen erhofft wurden. Er vereinigt als Verband die Verlage,
Buchhandlungen, den Zwischenbuchhandel, Antiquariate sowie Verlagsvertrete-
rinnen und -vertreter und berät die Öffentlichkeit und Politik.[15] Vielversprechend
kommt hinzu, dass der Börsenverein ein *Referat Marktforschung* besitzt, das sich

---

[12] Internationale Gesellschaft für historische und systematische Schulbuch- und Bildungsmedienforschung e. V. 2015, o. S.

[13] Vgl. ebd.

[14] Vgl. Verband Bildungsmedien e. V. 2007, o. S.

[15] Vgl. Börsenverein des deutschen Buchhandels e. V. 2015, o. S.

mit Branchendaten zum deutschen Buchmarkt beschäftigt und diese auch veröffentlicht. Bei der Nachforschung stellte sich allerdings heraus, dass das Thema Schulbuch eher für die Rechtsabteilung des Börsenvereins (Preisbindung etc.) als für die Marktforschung relevant ist. Schulbuchdaten liegen auch hier nicht vor und eine entsprechende Veröffentlichung sei auch dem *Referat Marktforschung* nicht bekannt. Dies sei auch nicht verwunderlich, da Bestsellerlisten in der Regel aus der Motivation heraus erstellt werden, den Verkauf anzukurbeln. Beim Schulbuch entscheide der Endverbraucher allerdings nicht mit, so dass von Seiten des Buchhandels kein Interesse an einer solchen Liste bestehe. Im genaueren Gespräch stellte sich außerdem heraus, dass auch die Möglichkeit eine solche Datenliste erstellen zu lassen von Seiten des Börsenvereins nicht gegeben ist. Umfassende Erfassungsmöglichkeiten von Buchverkaufszahlen und die entsprechenden Erstellungsmöglichkeiten von Bestsellerlisten habe nur die *Gfk entertainment GmbH,* die bei Bedarf mit dem deutschen Börsenverein zusammenarbeite.

Die Gfk entertainment GmbH legt als größtes deutsches Marktforschungsinstitut einen großen Produktschwerpunkt auf das Buch. Hierfür bietet das Unternehmen Bestsellerlisten und so genannte *Insights* an – detailliertere Auswertungen zu Titeln und Warengruppen für den Handel und Verlage.[16]

In Bezug auf die Bestseller können die Daten von über 3700 Verkaufsstellen und damit mehr als 80 Prozent des Gesamtmarkts berücksichtigt werden. Vielversprechend ist zudem der Hinweis, dass die Daten nach über 400 Genres kategorisiert werden. Die *Insights* stellen detailliertere Marktanalysen dar. Sie basieren auf mehr als 52000 Verkaufsstellen in 13 Ländern und ermöglichen Unternehmen, nationale und internationale Trends zu erkennen.[17]

Eine konkrete Anfrage zu dem eigenen Interesse, einer Bestsellerliste von Mathematikschulbüchern der Grundschule (und ggf. Daten zur Marktentwicklung) führte trotz der umfassenden Möglichkeiten des Unternehmens zu keiner zufriedenstellenden Lösung. Im Dialog mit einer Mitarbeiterin stellte sich heraus, dass die Systematik der auswertbaren Warengruppen tatsächlich eine Kategorie *Schulbücher* enthält. Leider wird hier aber nicht weiter nach Fächern oder Schulformen differenziert. Es gebe zwar die Möglichkeit einer individuellen Schlagwortsuche wie z. B. *Mathematik*, die Erfassung aller relevanten Titel könne dabei aber nicht garantiert werden. Hinzu kommt, dass das Unternehmen nur das Bargeschäft erfasst, insbesondere Schulbücher aber häufig direkt beim Verlag bestellt werden. Des Weiteren sind die Daten nur für den internen Gebrauch eines

---

[16] Vgl. GfK Entertainment 2018, o. S.

[17] Vgl. Schmucker 2015, o. S., 2015b, o. S.

Unternehmens bestimmt. Eine Veröffentlichung sei nicht erlaubt. Zusammengefasst führten all diese Aspekte zu einem Ausschluss und der Erkenntnis, dass eine aussagekräftige Liste der verbreitetsten Schulbücher durch die Marktforschung aktuell nicht erstellt werden kann (Stand 2015).

Als Fazit der Recherche nach den verbreitetsten Mathematikschulbüchern der Grundschule kann gesagt werden, dass die Datenerfassung aktuell weder seitens der Bildungspolitik, der Wissenschaft, noch der Wirtschaft gegeben ist. Das ist insofern kritisch, als dass das Schulbuch im Fach Mathematik ein zentrales Gestaltungselement ist, dem grundsätzlich eine hohe Bedeutung für den Unterricht zukommt. Eine fehlende Datenerfassung bedeutet, dass mögliche wertvolle Erkenntnisse zu diesem Gestaltungselement nicht genutzt werden können.

Was für die Analyse als Möglichkeit bleibt, sind die einzelnen Verlage, die zwar nach eigener Aussage keine verlagsübergreifenden Daten besitzen, aber in der Regel über verlagsinterne Statistiken verfügen.

Die Verlage und ihre verbreitetsten Schulbücher
Die Verlage der zugelassenen Schulbücher gehören nur zu vier unterschiedlichen übergeordneten Verlagshäusern. Alle 33 Schulbücher können somit auf vier übergeordnete Verlage bzw. Verlagsgruppen zurückgeführt werden (s. Tab. 3.2). Für das Vorhaben der Schulbuchauswahl bedeutet das, dass insbesondere die größeren Verlagsgruppen einen guten Marktüberblick über eine ganze Reihe von Schulbüchern aus den eigenen Reihen besitzen, der genutzt werden kann.

Die Recherche bei den Schulbuchverlagen ergab, dass die einzelnen Verlagshäuser zwar aus Datenschutzgründen keine Verkaufszahlen herausgeben, aber durchaus bereit sind, ihre derzeitigen Top-Titel zu nennen. Eine verlagsgruppenübergreifende Rangliste der verbreitetsten Titel ist damit nicht möglich. Allerdings kann durchaus eine fundierte Auswahl der derzeit erfolgreichsten und damit auch verbreitetsten Titel getroffen werden: Unter Berücksichtigung der Nennungen der Verlage und der Verlagshausgröße wurden neun Titel ausgewählt (in Tab. 3.2 hervorgehoben). Dabei wurden aus den beiden großen Verlagsgruppen jeweils die Top-3 berücksichtigt, von dem Ernst Klett Verlag die Top-2 und von dem Mildenberger Verlag der erfolgreichere Titel der beiden Schulbücher. Damit liegt eine begründete Auswahl der verbreitetsten neun Mathematikschulbücher vor. Alle neun Titel sind zudem zugelassene Werke (s. 3.3.1.1).

→ **Zusammengefasst** ermöglicht das Kriterium 3 für eine nach Verlagsauskünften bestmögliche Erfassung der bundesweit verbreitetsten Schulbuchtitel.

Tab. 3.2 Die vier Verlagshäuser, ihre zugehörigen Verlage und Schulbücher (Stand Ende 2014)

Verlagshäuser	zugehörige Schulbuchverlage	zugelassene Schulbücher (erfolgreichste Titel hervorgehoben)
Bildungshaus Schulbuchverlage Westermann Schroedel Diesterweg Schöningh Winklers GmbH	Westermann	**Denken und Rechnen** Mathematikus Sputnik Mathematik
	Schroedel	Primo Mathematik **Welt der Zahl**
	Diesterweg	**Flex und Flo**
(9 Schulbücher)	Bildungsverlag 1	Klick! Mathematik multi Mathematik Tausendeins
Cornelsen Schulverlage GmbH	Cornelsen	eins zwei drei **Einstern** Jo-Jo Mathematik Klick! Mathematik Mathehaus Super M
	Oldenbourg	Die Matheprofis Fredo & Co **Zahlenzauber**
	Volk und Wissen	Ich rechne mit! **Mathefreunde** Rechenwege
	Duden	Duden Mathematik Spürnasen Mathematik
(15 Schulbücher)	bsv (Bayerischer Schulbuch Verlag)	Mein Mathebuch
Ernst Klett Verlag GmbH (7 Schulbücher)	Klett	**Das Zahlenbuch** Mathepilot Matherad Meine Themenhefte Mathematik MiniMax **Nussknacker** Wochenplan Mathematik
Mildenberger Verlag GmbH (2 Schulbücher)	Mildenberger	**Das Mathebuch** Mathetiger

3.3.1.4 Die kriterienzusammenfassende Auswahl von zehn Schulbüchern

Mithilfe der Überlegungen aus den vorangegangen Punkten 3.3.1.1 bis 3.3.1.3 wurde eine begründete Schulbuchauswahl von zehn Schulbüchern für die Analyse der aktuellen Anforderungen getroffen. Diese basiert auf den drei vorab angeführten Kriterien.

Ausgehend von den 33 zugelassenen Schulbüchern als Grundlage (Kriterium 1) wurden zunächst die sieben Schulbücher gesetzt, die mit elf Zulassungen die höchstmögliche bildungspolitische Akzeptanz haben (Kriterium 2). Dies betrifft zum Schuljahr 2014/15 die Werke *Das Mathebuch, Das Zahlenbuch, Denken und Rechnen, Einstern, Nussknacker, Welt der Zahl* und *Zahlenzauber.*

In einem nächsten Schritt wurde nach den am weitesten verbreiteten Titeln gesucht, um die tatsächlich gestellten Anforderungen zu erfassen (Kriterium 3). Auch wenn sich die Recherche hier als besonders schwierig herausstellte, konnten durch Verlagsauskünfte schließlich neun Titel bestimmt werden. Die sieben Titel, die bereits durch die Zulassungen ausgewählt wurden (Kriterium 1), sind in diesen neun Titeln enthalten. Damit sind die gesetzten sieben Titel sowohl durch das Kriterium 1 als auch das Kriterium 3 für die Analyse validiert. Aufgrund der ebenfalls hohen Verbreitung kamen noch *Flex und Flo* und *Mathefreunde* hinzu. Während *Flex und Flo* mit zehn Zulassungen auch eine hohe bildungspolitische Akzeptanz besitzt und damit vollständig in das Auswahlschema passt, ist *Mathefreunde* mit vier Zulassungen bundesweit weniger akzeptiert. Da es jedoch nach den Verlagsinformationen zu den verbreitetsten Schulbüchern gehört und in den östlichen Bundesländern vollständig zugelassen ist, wurde es ergänzend mit aufgenommen.

In einem letzten Schritt wurde die erfolgte Auswahl kritisch dahingehend überprüft, dass es Titel geben könnte, die zwar im Einzelnen keines der beiden Kriterien 2 und 3 vollständig erfüllen, aber dafür bei beiden so knapp entfallen sind, dass sie kriterienübergreifend betrachtet ebenfalls von Relevanz sind. Gesucht wurde somit nach nicht erfassten Titeln, die mit zehn statt elf Zulassungen knapp Kriterium 2 entgangen sind und eine weite Verbreitung besitzen. Von den Titeln mit zehn Zulassungen (*Flex und Flo, Mathematikus, Mathetiger* und *Super M*) trifft dies auf *Mathematikus* zu, welches daher als zehnter Titel ergänzt wurde.

Eine zusammenfassende grafische Übersicht über die schrittweise Schulbuchauswahl kann nachfolgend eingesehen werden (s. Abb. 3.3). Die Abbildung geht von den zugelassenen Schulbüchern als Grundlage ganz links aus und verdeutlicht die erfolgte Auswahl nach den Kriterien von links nach rechts. Jeweils neu ausgewählte Titel sind umrandet.

Als Ergebnis der Schulbuchauswahl bleibt festzuhalten:

→ Der Fokus liegt insgesamt auf den zehn besonders verbreiteten und zum Schuljahr 2014/15 zugelassenen Mathematikbüchern der Grundschule.

→ Neun dieser Schulbücher besitzen eine fast vollständige (*Flex und Flo* und *Mathematikus* mit 10 Zulassungen) oder vollständige bundesweite bildungspolitische Akzeptanz (alle anderen mit 11 Zulassungen).

→ *Mathefreunde* besitzt eine vollständige bildungspolitische Akzeptanz in den östlichen Bundesländern.

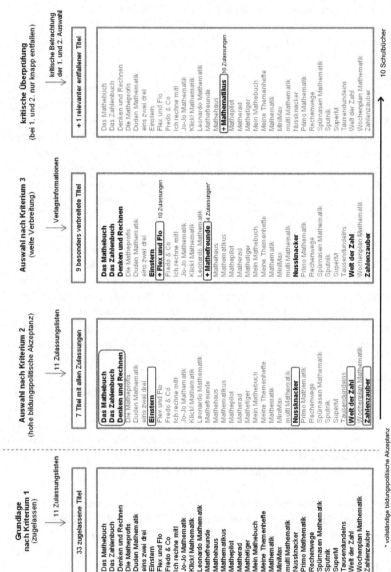

Abb. 3.3 Die Auswahl der 10 Schulbücher für die Analyse

Die Auswahl der (regionalen) Ausgaben

Wie eingangs erwähnt, gibt es neben den unterschiedlichen Titeln an sich auch innerhalb eines Titels meist unterschiedliche Auflagen und regionale Ausgaben.

In Bezug auf die regionalen Ausgaben ist bei sechs der zehn ausgewählten Titel eine allgemeine Ausgabe vorhanden, die in der deutlichen Mehrheit der Bundesländer zugelassen ist (s. Anhang B im elektronischen Zusatzmaterial). Diese wird in der Gestaltung und Verbreitung als am repräsentativsten gewertet.

In den anderen vier Fällen gibt es unterschiedlich umfangreiche regionale Ausgaben. Die Wahl fiel dabei immer auf die regionale Ausgabe inklusive Niedersachsen (und Hamburg, welches jedoch kein Zulassungsverfahren besitzt). In Hinblick auf die herauszufindenden Anforderungen handelt es sich bei dieser regionalen Ausgabe immer um die Ausgabe, die mehrere Bundesländer umfasst und die meisten Schülerinnen und Schüler erreichen kann. Somit wird diese als am aussagekräftigsten gewertet. Warum dieses Kriterium gerade auf Niedersachsen zutrifft, wird deutlich, wenn man die Schulbücher mit ihren regionalen Ausgaben auf die drei schülerstärksten Bundesländer Nordrhein-Westfalen, Bayern und Baden-Württemberg hin betrachtet (s. Anhang B im elektronischen Zusatzmaterial). Diese besitzen, wenn sie nicht Bestandteil der allgemeinen Ausgabe sind, in der Regel[18] eine eigene bundeslandbezogene Ausgabe.[19]

In Hinblick auf die mögliche Auswertung kann die erfolgte Auswahl der regionalen Ausgabe argumentativ weiter bekräftigt werden. Die Vor- und die Hauptstudie sind mit Schülerinnen und Schülern aus Niedersachsen und Hamburg geplant und umgesetzt worden. Eine übereinstimmende Auswahl der Schulregion der Studie und der Schulbuchregion der Schulbuchanalyse hat den entscheidenden Vorteil, dass die Schülerinnen und Schüler der Studie mit ebendiesen Schulbüchern gearbeitet haben können und Rückschlüsse möglich bleiben.

Hinzu kommt weiterhin, dass alle *allgemeinen Ausgaben* auch Niedersachsen und Hamburg enthalten. Diese regionale Einheitlichkeit der ausgewählten Schulbücher ermöglicht zusätzlich eine bessere Vergleichbarkeit der Anforderungen durch die Schulbücher an sich (und nicht der regionalen Unterschiede).

Eine Ausnahme bildet das Schulbuch *Mathefreunde*. Dieses Schulbuch ist in den östlichen Bundesländern sehr stark verbreitet und auch nur hier zugelassen.

---

[18] Eine Ausnahme liegt bei *Zahlenzauber* vor. Hier gibt es eine regionale Ausgabe für das drittstärkste Bundesland Baden-Württemberg und weitere Bundesländer. Diese ist in der möglichen Schüleranzahl allerdings kleiner als die Ausgabe inklusive Niedersachsen, so dass letztere auch hier begründet ausgewählt werden kann.

[19] Vgl. Statistische Ämter des Bundes- und der Länder 2009, S. 26; Statistisches Bundesamt 2014, o. S.

Eine in Niedersachsen zugelassene Variante gibt es nicht. In diesem speziellen Fall wurde die regionale Ausgabe *Nord* ausgewählt, da diese potentiell höhere Schüleranzahlen erreichen kann als die Ausgabe *Süd*.

Kritisch bleibt anzumerken, dass es selbstverständlich möglich ist, dass auf diese Weise eine besonders weit verbreitete regionale Ausgabe eines Titels aussortiert wurde. Denn neben den potentiell erreichbaren Schüleranzahlen der Bundesländer spielen die Verkaufszahlen der unterschiedlichen Ausgaben eine große Rolle. Diese sind jedoch nicht zugänglich und können daher auch nicht berücksichtigt werden.

In Bezug auf die Aktualität der Ausgabe wurde die zum Analysezeitpunkt jeweils aktuellste, für alle vier Jahrgänge veröffentlichte und zugelassene Ausgabe gewählt. Dementsprechend handelt es sich bei den ausgewählten Schulbüchern immer um die zum Schuljahr 2014/15 für Klasse eins bis vier zugelassene aktuellste Ausgabe. Eine umfassende tabellarische Übersicht der zehn Schulbücher und ihrer regionalen Ausgaben unter Hervorhebung der eigenen Auswahl kann im Anhang B im elektronischen Zusatzmaterial eingesehen werden.

Durch die erfolgte Schulbuchauswahl ist zusammenfassend eine Analyse der repräsentativen Anforderungen für die Grundschule möglich.

→ Die zehn zugelassenen Mathematikschulbücher der Grundschule spiegeln die Anforderungen wider, die durch Schulbücher an besonders viele Schülerinnen und Schüler gestellt werden, da diese besonders weit verbreitet sind.

→ Diese Schulbücher besitzen eine hohe bildungspolitische Akzeptanz – bundesweit oder im Fall von *Mathefreunde* in allen östlichen Bundesländern. Sie spiegeln damit auch bildungspolitische Anforderungen wider.

3.3.2 Explizite und implizite Aufgabenformate

Zur Erfassung der Begründungsaufgaben in den ausgewählten Schulbüchern ist es notwendig festzulegen, was als Begründungsaufgabe verstanden werden soll. *Begründen* wurde bereits als Angabe eines Grunds oder mehrerer Gründe zu einer feststehenden Aussage definiert (s. 1.2). Die Leitfrage „Warum ist das so?" verdeutlicht dabei die einzelnen Bausteine, die auch in jeder Begründungsaufgabe als Begründungssituation benötigt werden. Diese sind im Kern immer die Begründungsnotwendigkeit (*Warum*) und eine feststehende (*ist*) Aussage (*das so*), die es zu begründen gilt. Das Ziel ist es dann, die Gültigkeit der Aussage mit einem oder mehreren Gründen zu untermauern (Abb. 3.4).

Eine erste Sichtung vorliegender Begründungsaufgaben in den Schulbüchern zeigte, dass insbesondere bei der Begründungsnotwendigkeit ein wesentlicher Unterschied bei den Aufgaben vorliegt. So gibt es Aufgaben, bei denen diese explizit vorgegeben ist und solche, bei denen die Begründungsnotwendigkeit selbst zu erkennen ist. Diese Unterscheidung wird nachfolgend mit den Begriffen *explizit* und *implizit* gefasst.

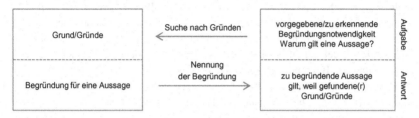

Abb. 3.4 Grundschema des Begründens in Aufgaben

Explizite Begründungsaufgaben sind Aufgaben, die eine klar formulierte Begründungsaufforderung beinhalten. Die Begründungsnotwendigkeit ist damit vorgegeben und eine Begründung ein fest erwarteter Bestandteil der Antwort. Typische explizite Aufforderungen sind „Begründe!" oder „Warum ist das so?"

Implizite Begründungsaufgaben dagegen bieten zwar ebenfalls einen Begründungsgehalt und -anlass, beinhalten jedoch keine formulierte Begründungsaufforderung. Somit muss die Begründungsnotwendigkeit selbstständig beurteilt bzw. erkannt werden. Eine solche Aufgabe kann auch ohne Begründung beantwortet werden, die Antwort wird jedoch erst durch eine Begründung nachvollziehbar. Typische implizite Aufforderungen sind „Was fällt dir auf?" oder „Ist das immer so?"

Die Begriffe *explizit* und *implizit* sind damit entsprechend ihrer allgemein sprachlichen Bedeutung zu verstehen: etwas wird entweder ausdrücklich gesagt oder nicht, ist aber dennoch mitgemeint bzw. inbegriffen.[20] Im mathematikdidaktischen Kontext des Begründens knüpfen die Begriffe an Stein (1999), Peterßen (2012) und Brunner (2013) an. Stein verwendete in seiner Studie Aufgaben mit *impliziter Begründungsaufforderung* und fasst darunter solche Aufgaben, die aufgrund ihrer Unmöglichkeit eine Lösung zu finden die Notwendigkeit beinhalten, zu begründen. Damit handelt es sich um einen sehr spezifischen Aufgabentyp.

---

[20] Vgl. Drosdowski et al. 1996, S. 268, 366.

Der Kerngedanke, dass die Begründung aus der Situation und nicht aus der Aufforderung entsteht, steht jedoch in Übereinstimmung zur eigenen Definition.[21]

Peterßen definiert *explizite Begründungsaufgaben* übereinstimmend mit der eigenen Definition als diejenigen Aufgaben, die die Begründungsaufforderung in der Aufgabenstellung beinhalten, und *implizite* als solche, die aufgrund der Aufgabenstellung oder des Inhalts ein Begründungspotential besitzen.[22] Da die vage Formulierung des *Begründungspotentials* als Kriterium dazu verleiten könnte, beinahe jede oder zumindest jede etwas „gehaltvollere" Aufgabe als *implizite Begründungsaufgabe* zu betrachten, wird in der eigenen Definition neben dem Begründungsgehalt auch der Begründungsanlass hinzugenommen. Dieser bezieht sich in der Regel darauf, dass die Antwort auf die Fragestellung nur mit dem Hintergrund der Begründung nachvollziehbar wird.[23]

Brunner unterscheidet darüber hinaus ganz allgemein zwischen *expliziten* und *impliziten Aufgabenanweisungen*. Damit verdeutlicht sie, dass eine Aufgabenstellung neben explizit formulierten Elementen wie zu beantwortende Fragen und Anweisungen weitere intendierte Elemente beinhalten kann.[24] Wie das gemeint ist, zeigt Brunner anhand einer Beweisaufgabe (als besondere Begründungsaufgabe) auf. So kann in einer Beweisaufgabe explizit nach der Allgemeingültigkeit einer Aussage gefragt werden und diese schlicht mit einem „Ja" oder „Nein" beantwortet werden. Implizit ist jedoch durchaus eine Begründung intendiert. Dieses Verständnis von *impliziten* und *expliziten Aufgabenanweisungen* ist passfähig zur eigenen Auffassung, die dabei lediglich spezifischer die Begründungsaufforderungen fokussiert und ausschließlich diese mit *explizit* und *implizit* bezeichnet.[25]

3.3.3 Methodisches Vorgehen

Das übergeordnete Ziel der Schulbuchanalyse ist es, eine Wissensgrundlage über die in der Grundschule eingesetzten geometrischen Begründungsaufgaben zu erarbeiten (s. auch 3. einleitend). Es soll sowohl die vorliegende Bandbreite gestellter Begründungsaufgaben (qualitativ) als auch ihr aktueller Stellenwert im Schulbuch erfasst und dargestellt werden (quantitativ).

---

[21] Vgl. Stein 1999, S. 4, 7.

[22] Vgl. Peterßen 2012, S. 44, 302.

[23] Dies wird in der nachfolgenden Schulbuchanalyse durch den konkreten Analyseleitfaden noch deutlicher.

[24] Vgl. Brunner 2013, S. 197.

[25] Vgl. ebd., S. 193.

Um dies zu erreichen, war zunächst die Erfassung der geometrischen Begründungsaufgaben in den ausgewählten Schulbüchern als Datengrundlage der Analyse notwendig. Diese methodisch fundiert zu bestimmen stellte gleichzeitig die größte Herausforderung und den entscheidenden, letztlich auch theoriebildenden Schritt der Schulbuchanalyse dar. Neben den offensichtlichen expliziten Begründungsaufgaben waren auch die impliziten Begründungsaufgaben in den vorliegenden Aufgabenstellungen zu erfassen. Dies war aus zwei Gründen eine besondere Herausforderung. Zum einen waren die vorliegenden Aufgabenstellungen sehr unterschiedlich und vielfältig, so dass viele Einzelfallentscheidungen zu treffen waren, ehe sich eine Art theoretisches Muster herausbildete. Zum anderen waren die impliziten Begründungsaufgaben, entsprechend des jeweils eigenen subjektiven Empfindens einer Begründungsnotwendigkeit, nicht leicht objektiv und kriteriengeleitet als Begründungsaufgaben zu identifizieren. Das zentrale Ziel der qualitativen Analyse kann somit dahingehend präzisiert werden, dass neben den offensichtlicheren und theoretisch eindeutigeren expliziten Begründungsaufgaben auch die impliziten Begründungsaufgaben in ihrer Bandbreite qualitativ näher bestimmt und theoretisch beschrieben werden sollen. Als Ergebnis wird ein theoretischer Leitfaden für verschiedene Formen expliziter wie impliziter Begründungsaufgaben angestrebt, der zu jeder geforderten Begründungskompetenz auch eine verallgemeinerte Beschreibung des vorliegenden Ausgangspunkts, des Aufgabenziels und der vorliegenden Indikatoren („Suchwörter") in den Aufgabenstellungen liefert. Aus pragmatischer und auch unterrichtspraktischer Perspektive kann jede Begründungsaufgabe dann anders herum mithilfe der sprachlichen Indikatoren einer abgefragten Begründungskompetenz zugeordnet werden und die Zuordnung mittels der Beschreibung überprüft werden. Die qualitative Analyse der Schulbuchaufgabe soll die Wissensgrundlage somit vor allem dahingehend erweitern, dass die verschiedenen Begründungsaufgaben theoretisch charakterisiert und so die qualitative Vielfalt der Anforderungen bzw. Möglichkeiten Begründungsaufgaben zu stellen dargestellt wird.

Die quantitative Analyse der Anforderungen in den Schulbüchern kann anschließend auf der gesammelten Datenbasis der erfassten Begründungsaufgaben und der mit erfassten Merkmale aufbauend in einem zweiten Schritt erfolgen. Mithilfe der dann vorliegenden Zahlen soll die Wissensgrundlage über die geometrischen Begründungsanforderungen in Bezug auf den aktuellen Stellenwert insgesamt und in Bezug auf die einzelnen Merkmale erweitert werden. Dabei soll aufgezeigt werden, inwieweit implizite und explizite Begründungsaufgaben in den Anforderungen eine Rolle spielen, inwieweit Unterschiede in den Anforderungen zwischen dem dritten und vierten Jahrgang vorliegen und im Rahmen

welcher inhaltlichen geometrischen Kompetenzen und Begründungskompetenzen das Begründen vorrangig eingefordert wird. Damit dies möglich ist, werden
bereits bei der qualitativen Analyse und Dokumentation der gefundenen Aufgaben die Merkmale explizite bzw. implizite Begründungskompetenz, Jahrgang und
Inhaltsbereich mit erfasst.

Für die qualitative Schulbuchanalyse ist bei dem bestehenden Ziel eine
qualitativ-interpretative Methode notwendig, die es ermöglicht die bestehende
Theorie zu den expliziten Begründungskompetenzen (s. 1.) als Ausgangspunkt
aufzugreifen und mit einfließen zu lassen. Darüber hinaus sollte auch eine offene
Theoriegenerierung zu den impliziten Begründungsaufgaben am Material der
einzelnen zu analysierenden Aufgaben möglich sein. Es sollten also sowohl
deduktive als auch von den Daten ausgehende abduktive (bzw. mit der zunehmenden Aufstellung eigener an weiteren Fällen zu prüfenden Hypothesen induktive)
Vorgehensweisen[26] mit einfließen dürfen. Darüber hinaus sollte die Methode die
angestrebte Gleichzeitigkeit der Datenerhebung, -analyse und der Theoriegenerierung berücksichtigen und ihr einen forschungsmethodisch strukturierenden wie
auch legitimierenden Rahmen geben.

Grounded Theory ermöglicht die notwendige offene und gleichzeitig begründete Theoriegenerierung am empirischen Material. Der Forschungsprozess der
gleichzeitigen Datenerhebung, -analyse und Theoriegenerierung ist möglich, findet zirkulär statt und beeinflusst sich somit gegenseitig. Dies erfordert ein
permanentes analytisches Nachdenken. Die Methode bietet bei aller Offenheit
und Zirkularität ein Gerüst einsetzbarer, forschungsmethodisch hilfreicher und
systematischer Vorgehensweisen, die einer Beliebigkeit der entwickelten Theorie entgegenwirken. Zu bestätigende bzw. widerlegende Hypothesen sind, im
Gegensatz zu induktiven Vorgehensweisen, dafür nicht notwendig. Die empirisch
vorliegenden Fälle können vielmehr als Anlass genommen werden erklärende
Hypothesen zu bilden, um die vorliegenden Fälle theoretisch einordnen zu können bzw. bei Bedarf neue Theorie zu generieren. Das Verfahren ermöglicht
somit ebenjene angestrebte Möglichkeit der offenen Entdeckung und Bildung
des theoretischen Leitfadens an den konkreten Aufgaben. In der Logik der Vorgehensweise handelt es sich vorrangig um ein abduktives und damit tatsächlich
theoriebildendes (nicht nur induktiv Hypothesen bestätigendes) Vorgehen, welches außerdem die Hinzuziehung deduktiver Schlüsse zulässt. Entscheidend ist
insgesamt die „Zuordnung von unbekannten Wahrnehmungsinhalten zu kognitiven Strukturen, die diese rahmen, zuordnen und so begrifflich verfügbar machen

---

[26] Zum Verständnis der Begriffsauffassung in Anlehnung an Meyer s. 4.8.3.2, S. 344 f.

[…]."[27] Bestehende Theorie darf dabei in die Analyse der Daten mit einfließen und tut dies insbesondere bei den expliziten Begründungskompetenzen auch.
Sie soll lediglich nicht dahingehend limitierend wirken, dass neue Erkenntnisse
verhindert werden. Alle benannten Punkte stehen in enger Übereinstimmung
zur eigenen Zielsetzung und begründen damit die Passfähigkeit der Methode.
Im Gegensatz zu anderen qualitativ-interpretativen Verfahren stellt die *Grounded Theory* zudem eine qualitativ-interpretative Methode dar, die die Einzelfälle
trotz der notwendigen Einzelfallanalyse der Aufgaben in einen Bezug zueinander setzt. Über ein ständiges komparatives Vorgehen wird bei der Methode eine
Legitimation der Theorie über mehrere Fälle erreicht. Dies erscheint in Hinblick
auf die Aussagekraft der Theorie besonders sinnvoll. Nachfolgend wird das Vorgehen in der Schulbuchanalyse mit seinen wesentlichen Orientierungspunkten an
der Methode transparent gemacht und konkretisiert.[28]

Das konkrete Vorgehen der Methode ist nicht linear, sondern wie bereits
erwähnt vielmehr zirkulär geprägt. Die Datengewinnung und -analyse wurden
dementsprechend konsequent als paralleler Prozess bei gleichzeitiger Entwicklung der Theorie umgesetzt.[29] Dabei lagen permanent zu berücksichtigende
Wechselbeziehungen und notwendige Rückschleifen vor. Insofern gibt es keine
klare Reihenfolge nacheinander erfolgter methodischer Schritte, die hier beschrieben werden könnten. Das konkrete Vorgehen wird stattdessen aus den drei
Perspektiven der Datenerhebung, der Datenanalyse und der Theoriebildung
dargestellt. Wesentliche Zusammenhänge werden im Folgenden aufgezeigt.

Die Datenerhebung
Die zehn Schulbuchtitel bzw. 20 Schulbücher von Jahrgang drei und vier, deren
Aufgaben vollständig analysiert wurden, stehen methodisch für ein repräsentatives *Sampling* der aktuellen Aufgabenanforderungen in der Grundschule. Die
darin enthaltenen 1877 Geometrieaufgaben stellen entsprechend des Forschungsinteresses eine erste Selektion des Materials dar und bilden das repräsentative
Sampling für die Geometrieaufgaben. Bei besonders deutlichen Schnittstellen zu
anderen Inhaltsbereichen erfolgte eine Orientierung an den Bildungsstandards und
deren Bereichen *Raum und Form* sowie *(geometrische) Muster*. Dementsprechend

---

[27] Strübing 2018, S. 32.

[28] Vgl. Glaser und Strauss 2008, S. 38–39; Aeppli et al. 2016, S. 247–250; Strübing 2018,
S. 32, 36–38, 47–50.

[29] Vgl. Glaser und Strauss 2008, S. 53; Aeppli et al. 2016, S. 247; Strübing 2018, S. 37, 48–
49.

wurden auch Aufgaben zu den Bereichen Orientierung in Plänen, Vergrößern und Verkleinern, Umfang und Flächen den Geometrieaufgaben zugeordnet.

Als eine *Aufgabe* wurde dabei immer eine Aufgabe entsprechend der Vorgabe der Schulbücher gewertet. Das heißt, hier wurde sich an der vorgegebenen Aufgabennummerierung orientiert. Gleichzeitig heißt das, dass eine Aufgabe durchaus mehrere Aufgabenstellungen beinhalten kann. Dies ist oft durch verschiedene Teilaufgaben der Fall. Da dies aber auch für einzelne Teilaufgaben gelten kann und eine Aufgabe ohnehin im Zusammenhang betrachtet werden muss, um die Anforderungen zu analysieren, wurde die Aufgabenwertung gemäß den Schulbüchern übernommen.

Welche Aufgaben jedoch innerhalb des geometrischen Materials als implizite oder explizite geometrische Begründungsaufgaben zu werten sind, ist aufgrund der noch fehlenden Theorie vorab nicht festgelegt. Es handelt sich somit zu Beginn der Analyse um ein noch *offenes Sampling* an Begründungsaufgaben im Rahmen der ausgewählten knapp 1900 Geometrieaufgaben.[30]

Die Festlegung, welche der Geometrieaufgaben als Begründungsaufgaben deklariert wurden und damit in die vertiefend zu analysierenden Daten einfließen, erfolgte einzelfallanalytisch unter Berücksichtigung der eigenen Definition (s. 3.3.2) sowie des zunehmend entwickelten theoretischen Leitfadens. Durch die stets noch mögliche Optimierung und Erweiterung des Leitfadens im Analyseprozess hatte diese Entscheidung zunächst einen vorläufigen Charakter. Die endgültigen Kriterien, die eine explizite oder implizite Begründungsaufgabe definieren und in diese Daten einfließen lassen, wurden erst im Analyseprozess selbst gefunden und abschließend mit der Stimmigkeit der Daten und entwickelten Theorie festgelegt.[31] So gesehen ist es im Rahmen der *Grounded Theory* die Datenauswahl selbst, die der theoretischen Konzepterarbeitung dient. Die Vorgehensweise des auf die Generierung von Theorie zielenden Prozesses der Datenerhebung wird bei der *Grounded Theory* daher auch *Theoretisches Sampling* genannt. Gleichzeitig ist es anders herum auch die zunehmend ausgebildete theoretische Konzeptualisierung, welche die weitere Datenauswahl bestimmt. Es liegt also eine wechselseitige Beziehung zwischen der Datenauswahl und der Theoriebildung vor, die über die permanente Analyse verbunden ist.[32]

Wann die Datenerhebung abgeschlossen ist, ist in der *Grounded Theory* deshalb auch theoriebestimmt und abhängig von dem Zeitpunkt der *theoretischen*

---

[30] Vgl. Strauss und Corbin 1999, S. 148, 152–153.

[31] Vgl. Strübing 2018, S. 41.

[32] Vgl. Strauss und Corbin 1999, S. 148; Glaser und Strauss 2008, S. 53; Strübing 2018, S. 40–41.

Sättigung. Auch im eigenen Vorgehen entwickelten sich der Leitfaden mit den Kompetenzbeschreibungen und die begleitende Datentabelle, welche zur Sammlung der Begründungsaufgaben genutzt wurde, kontinuierlich weiter. Mit der zunehmenden Anzahl an eingeordneten Aufgaben war die Einordnung immer häufiger passend ohne (größere) Modifikationen der theoretischen Leitfäden möglich. Es wiederholten sich bspw. bereits eingeordnete sprachliche Indikatoren. Der schließlich erreichte Zeitpunkt, bei dem die Theorie mit der Einordnung weiterer Fälle nicht mehr modifiziert werden muss, weil eine theoretische Repräsentativität erreicht wurde, entspricht dem Zeitpunkt der theoretischen Sättigung und dem möglichen Abschluss der Datenerhebung. Ziel des Umfangs der Datenstichprobe ist es bei der *Grounded Theory* somit nicht eine statistische Repräsentativität zu erreichen, sondern eine theoretische.[33]

Entgegen dem üblichen Vorgehen der *Grounded Theory* wurden in der eigenen Analyse allerdings nicht nur weitere Aufgaben mit in die Daten einbezogen bis kein neuer theoretischer Erkenntnisgewinn mehr vorhanden war.[34] Vielmehr war die theoretische Sättigung zwar ein notwendiges Ziel für die Qualität und Repräsentativität des theoretischen Leitfadens, es wurden jedoch weiterführend sämtliche Geometrieaufgaben der zwanzig Grundschulbücher analysiert und ggf. als Begründungsaufgaben theoretisch eingeordnet. Dies begründet sich in dem zweiten Ziel der quantitativen Analyse und dem dafür notwendigen vollständigen Datenmaterial aller geometrischen Begründungsaufgaben der Schulbücher.

Der gesamte Aufgabenpool umfasste 1877 analysierte Geometrieaufgaben und 266 darin enthaltene, theoretisch zugeordnete und vertiefend analysierte Begründungsaufgaben. Diese wurden in einer Tabelle in Excel gesammelt, bei der für jedes Schulbuch Spalten für die einzelnen expliziten und impliziten Begründungskompetenzen und ihre Merkmale angelegt wurden. Jede identifizierte Begründungsaufgabe wurde nach der Überprüfung am Leitfaden mit ihrer Aufgabenstellung in diese Tabelle eingeordnet. Dabei wurden für alle 266 Begründungsaufgaben die Aufgabenmerkmale *Schulbuch, Jahrgang, explizit/implizit, sprachlicher Indikator, Begründungskompetenz* und *geometrischer Inhaltsbereich* erfasst.

Die Datenanalyse
Die Aufgabenstellungen der 1877 Geometrieaufgaben wurden zunächst alle einzelfallanalytisch dahingehend untersucht, ob und ggf. warum es sich um eine

---

[33] Strauss und Corbin 1999; Aeppli et al. 2016, S. 254–255.
[34] Vgl. Strübing 2018, S. 40.

Begründungsaufgabe handelt. Die Legitimation der Einordnung als Begründungsaufgabe erfolgte dabei über die Passfähigkeit zur eigenen Definition einer Begründungsaufgabe (s. 3.3.2), die mögliche Einordnung in die fortlaufend weiterentwickelte Theorie zu der aufgabenbezogenen Kompetenzbeschreibung im Rahmen des Leitfadens und über den Vergleich mit bereits eingeordneten Aufgaben.

Die Aufgabenstellungen der gefundenen Begründungsaufgaben wurden in die Datentabelle mit den Merkmalen *(Schulbuch, Jahrgang, explizit/implizit, sprachlicher Indikator, Begründungskompetenz* und *geometrischer Inhaltsbereich)* eingeordnet und in Bezug auf den Leitfaden vertiefend einzelfallanalytisch und komparativ analysiert. Dabei ging es um eine analytische Überprüfung der bereits möglichen Einordnung in den vorläufigen Leitfaden und der andernfalls notwendigen Ergänzung der Theorie. Beides wurde methodisch durch ein permanentes *Stellen von Fragen und Vergleichen*[35] umgesetzt. Fragen wie „Welches sprachliche Element fordert zu einer Begründung auf?", „Was ist der inhaltliche Begründungsanlass?", „Was soll begründet werden?", „Wie kann auf die Frage/Aufforderung geantwortet werden?" und „Welcher Begründungskompetenz kann die Aufgabe warum zugeordnet werden?" waren in der Einzelfallanalyse zentral und führten über eine kleinschrittige, theoretisch sensible Analyse der begründungsbezogenen „Sinndimension" der Aufgabenstellung zu einer zunehmend tragfähigen theoretischen Konzeptualisierung der Begründungsaufgaben im Leitfaden. Die herausgearbeitete Theorie zu den einzelnen impliziten und expliziten Begründungskompetenzen kann dabei methodisch jeweils als *Konzept* für eine Begründungskompetenz im Rahmen einer Aufgabe betrachtet werden. Diese einzelnen Konzepte umfassen die typischen sprachlichen Indikatoren als zentrales Aufforderungselement der Aufgabenstellung und eine auf die Aufgabenanforderung passende Kompetenzbeschreibung. Mehrere übergeordnet zusammengefasste Konzepte (Begründungskompetenzen) bilden nach der Auffassung von Strübing bei dieser Methode eine *Kategorie.* So gesehen wurden verschiedene theoretische Konzepte für die explizite und für die implizite Kategorie des Begründens in Aufgaben erarbeitet. Da die Begriffe *Kategorie* und *Konzept* im Rahmen der Methode jedoch häufig auch synonym verwendet werden und Kategorien intuitiv nicht nur für zusammenfassende, übergeordnete Unterscheidungen stehen, wird der Begriff *Kategorie* in der eigenen Arbeit etwas weiter gefasst. Dieser wird als Begriff für gesetzte Unterscheidungen auf verschiedenen Ebenen verwendet, während *Konzepte* für die entwickelten Theorien stehen. Explizites und implizites Begründen stellen somit zusammenfassende *Kategorien* dar, die in Aufgaben

---

[35] Strauss und Corbin 1999, S. 44.

durch verschiedene, kategorisch unterscheidbare Begründungskompetenzen konkretisiert werden können und zu denen einzelne theoretische *Konzepte* erarbeitet wurden.[36]

War die Einordnung durch eine passfähige Beschreibung einer der Begründungskompetenzen sowie einen dort gelisteten sprachlichen Indikator möglich, wurde die Aufgabe als Begründungsaufgabe vorläufig aufgenommen. War diese nicht möglich, aber aufgrund der eigenen Definition und der Analyse dennoch eine Begründungsaufgabe gegeben, wurde der Leitfaden theoretisch erweitert und die Aufgabe ebenfalls aufgenommen. Somit wurde in der Analyse immer erst zur nächsten Aufgabe übergangen, wenn die Aufgabe eindeutig als *Begründungsaufgabe einer bereits definierten Kategorie* oder *keine Begründungsaufgabe* zugeordnet werden konnte. Andernfalls wurde eine bestehende Kategorie modifiziert oder eine neue gebildet. Des Weiteren wurde laufend überprüft, ob sprachliche Indikatoren des Leitfadens auch bei Aufgaben auftauchten, die keiner Begründungsaufgabe entsprachen. In solchen Fällen wurden die Fälle vergleichend gegenübergestellt und es wurde eine zusätzliche Bedingung für den Indikator herausgearbeitet, die erfüllt sein muss, damit eine Begründungsaufgabe vorliegt. Diese Bedingung wurde dann auch in dem Leitfaden mit dem sprachlichen Indikator verknüpft. Die Theorie wurde auf diese Weise fortlaufend präzisiert.

Mit der zunehmenden Anzahl erfolgter Einordnungen von Begründungsaufgaben konnten für alle neu einzuordnenden Aufgaben Vergleiche zu bereits eingeordneten Aufgaben genutzt werden. Diese konnten in vielen Fällen vergleichbarer Aufgabenstellungen dazu beitragen, dass Einordnungen erneut als passend bestätigt wurden. In einigen Fällen führten die Vergleiche aber auch dazu, dass bereits zugeordnete Begründungsaufgaben noch einmal anders betrachtet und unter begründeter Abgrenzung zu anderen eingeordneten Fällen doch nicht als Begründungsaufgabe aufgenommen wurden. Bei Bedarf erfolgte dann auch eine Anpassung des theoretischen Leitfadens. Insbesondere an dieser Stelle wird die Zirkularität der Methode, aber auch der damit verbundene Erkenntnisgewinn und die vielfache Absicherung der Theorie durch die Daten deutlich. Die Methode des *ständigen Vergleichens*[37] wurde aufgrund der damit verbundenen zunehmenden Validierung der zugeordneten Daten und der begleitenden Theorie, wann immer es möglich war, genutzt.

Mit der steigenden Anzahl eingeordneter Aufgaben ergaben sich nicht nur bessere Vergleichsmöglichkeiten und Präzisierungen in der Theorie, sondern

---

[36] Vgl. Strauss und Corbin 1999, S. 37–45; Strübing 2018, S. 42.
[37] Glaser und Strauss 2008, S. 111.

auch eine zunehmend große Sammlung sprachlicher Indikatoren in der Datentabelle und dem theoretischen Leitfaden. Diese wurden für eine bessere Übersicht
und damit auch einer leichteren Zuordnung innerhalb der sehr umfassenden
Begründungskompetenzen *Entdecken* und *Entscheiden* nach und nach sortiert und
schließlich in Gruppen nach ihrem Begründungsanlass[38] zusammengefasst. So
wurde bspw. bei der besonders umfassenden und vielfältigen Begründungskompetenz des *Entdeckens* eine Spalte mit sprachlichen Indikatoren für zu entdeckende
Gesetzmäßigkeiten wie als Begründungsanlass angelegt und diese Gruppierung
auch in dem theoretischen Leitfaden übernommen.

Im Laufe der Analyse konnte jede der 266 Begründungsaufgaben dem
theoretischen Leitfaden zugeordnet werden bzw. dieser durch 266 Begründungsaufgaben theoretisch repräsentativ erarbeitet werden.

Die Theoriebildung
Die Entwicklung des theoretischen Gesamtkonzepts bzw. der Einzelkonzepte zu
den verschiedenen Begründungsaufgaben in den Schulbüchern hängt so eng mit
der Datenerhebung und -analyse zusammen, dass der Prozess der Theoriebildung
schon in den vorangegangenen Punkten und insbesondere im Rahmen der Datenanalyse ausführlich beschrieben wurde. Es werden daher an dieser Stelle nur noch
einige theoretische und methodische Hinweise ergänzt.

Die theoretischen Ausgangspunkte für die Begründungskompetenzen im Leitfaden waren die expliziten Begründungskompetenzen Begründen, Argumentieren
(und Beweisen) entsprechend ihrer Definition im ersten Kapitel. Dabei wurde
das Beweisen in der Grundschule noch nicht erwartet und nur der Vollständigkeit
halber als Kategorie mit aufgenommen. Weitere explizite und vor allem implizite Begründungsformen wurden erst aufgrund der vorliegenden Aufgaben in der
Analyse mit in den Leitfaden aufgenommen und aufgabenorientiert definiert. Dies
erfolgte, entsprechend des beschriebenen analytischen Vorgehens, vom ersten Fall
unter einer laufenden Prüfung der bestehenden Theorie. Diese führte bei Bedarf
zu einer Erweiterung bzw. Modifizierung der formulierten Theorie, bis eine theoretische Sättigung und damit auch theoretische Repräsentativität der entwickelten
Konzepte zu den einzelnen Begründungskompetenzen und des Gesamtkonzepts
in Form des Leitfadens erreicht war. Bereits bestehende Theorie konnte, über
die Kompetenzen Begründen, Argumentieren und Beweisen hinaus, insbesondere
beim Erklären aufgegriffen werden. Dies begründet sich in der strukturellen und

---

[38] Diese können in dem nachfolgenden Leitfaden und vertiefend auch unter 4.3.3 nachgelesen werden.

inhaltlichen Unterschiedlichkeit der Kompetenz, zu der auch theoretische Unterscheidungen gefunden werden können (s. Leitfaden zum Erklären unter 3.3.4). Insgesamt sind es somit die expliziten Begründungskompetenzen, bei denen bestehende Theorie hinzugezogen werden konnte, während insbesondere die impliziten Begründungskompetenzen die analytische Theoriebildung forderten.

Der entwickelte theoretische Leitfaden möglicher Begründungsaufgaben in der Grundschule umfasst als Ergebnis die verschiedenen expliziten und impliziten thematisierten Begründungskompetenzen der Schulbücher und ihre aufgabenbezogene Beschreibung. Jede aufgabenbezogene Kompetenzbeschreibung gliedert sich dabei in *Ausgangspunkt* für das zentrale vorliegende Aufgabenelement für die Begründungskompetenz, *Ziel* für die angestrebte Antwort und *Wie* für die geforderte Umsetzung sowie eine gelistete Sammlung der vorkommenden sprachlichen Indikatoren in den Aufgabenstellungen. Damit dient der Leitfaden einerseits der möglichen Aufgaben-Kompetenzzuordnung und andererseits der Darstellung der vielfältigen, bereits in Schulbüchern umgesetzten Möglichkeiten Begründungsaufgaben zu stellen. Der erarbeitete Leitfaden wird nachfolgend in seinen einzelnen erarbeiteten Kompetenzen vorgestellt (s. 3.3.4).

3.3.4 Qualitative Ergebnisse: die expliziten und impliziten Begründungskompetenzen

Mithilfe der theoretischen Ausgangsbasis und der Schulbuchanalyse konnten vier explizite und fünf implizite Begründungskompetenzen als Aufgabenanforderung herausgearbeitet werden. Diese verschiedenen Begründungskompetenzen zeigen die Vielfalt des Begründens als Anforderung im Aufgabenkontext auf. Sie stellen gleichzeitig ganz unterschiedliche Möglichkeiten dar, das Begründen im Geometrieunterricht der Grundschule abzufragen bzw. anzuregen.

Explizit: Begründen, Argumentieren, Erklären, (Beweisen)

Implizit: Vermuten, Entdecken, Entscheiden, Prüfen, (Beurteilen)

Das Beweisen und Beurteilen stellten sich als theoretische Konzepte[39] von Begründungskompetenzen in Aufgaben heraus, die in keiner der Geometrieaufgaben gefunden werden konnten. Damit wird für das Beweisen bestätigt, dass dies

---

[39] Während Beweisen aufgrund der Theorie in Kapitel 1 berücksichtigt wurde, wurde Beurteilen als theoretisches Konstrukt aus den anderen Kompetenzen als naheliegende Variante abgeleitet, da es ebenso wie bspw. Prüfen ein möglichst zu begründendes Werturteil als Aussage erfordert.

nicht nur in den Standards, sondern auch in den Geometrieaufgaben der Schulbücher noch keine Anforderung der Grundschule darstellt. Das Beurteilen ist dagegen nach den Bildungsstandards durchaus eine grundschulrelevante Anforderung,[40] deren theoretische Beschreibung sich aus der strukturellen Ähnlichkeit zu den anderen Kompetenzen ergeben hat. Aus diesem Grund wird das Beurteilen in der nachfolgenden Theorie zu den Aufgabenanforderungen des Begründens in der Grundschule als theoretische Idee mit beschrieben, während das Beweisen vernachlässigt wird.

Es kann somit im Rahmen der gefundenen Anforderungen von acht theoretisch grundschulrelevanten und sieben empirisch bestätigten Begründungskompetenzen in Geometrieaufgaben gesprochen werden. Nachfolgend werden die verschiedenen Begründungskompetenzen in ihrem entwickelten theoretischen Konzept mit ihren sprachlichen Indikatoren vorgestellt. Dabei sind immer die Indikatoren gemeint, die in der konkret formulierten zu bewältigenden Aufforderung bzw. Frage der Aufgabenstellung stehen. Theoretisch sehr naheliegende, aber in den Schulbüchern nicht auftauchende Indikatoren vervollständigen die theoretische Konzeptualisierung der Kompetenz und sind nachfolgend zur Unterscheidung grau dargestellt.

Tab. 3.3 Begründen in Aufgaben

Kompetenz	sprachliche Indikatoren (und Bedingungen)
Begründen	
Ausgangspunkt: eine zu begründende feststehende Aussage	begründ...[1]
Ziel: Die Untermauerung und Verknüpfung der Aussage mit mathematischen Gründen; Zeigen, warum etwas stimmt	warum weshalb wieso woran liegt das/es
Wie: durch Nennung eines Grunds oder mehrerer Gründe für eine Aussage; dafür müssen zur Situation passende mathematische Gründe selbst gefunden oder aus bereits erlernten Aspekten ausgewählt werden	Grund, Gründe (Aufforderung zur Angabe)

[a] Diese Schreibweise steht in der vorliegenden Arbeit für den entsprechenden Wortanfang bei variabler Endung sowie Groß- und Kleinschreibung

Beim „reinen" Begründen (s. Tab. 3.3) als explizite Begründungskompetenz in Aufgaben wurden im Wesentlichen die Indikatoren *begründe(t)* und *warum* gefunden. Seltener wurde auch *weshalb* verwendet oder zur Angabe eines Grunds aufgefordert. Die Indikatoren *wieso, woran liegt das/es* und *Gründe* wurden als

---

[40] Vgl. Ständige Konferenz der Kultusminister der Länder in der Bundesrepublik Deutschland 2005, S. 13.

theoretisch mögliche Synonyme bzw. logische Erweiterungen ergänzt, jedoch nicht in den Aufgaben gefunden.

Die weiteren expliziten Begründungskompetenzen *Argumentieren, Erklären* und *Beweisen* sind nicht ohne zu begründen möglich. Sie verlangen in diesem Sinne explizit das Begründen (zum Argumentieren und Beweisen s. auch 1.).

Tab. 3.4 Argumentieren in Aufgaben

Kompetenz	sprachliche Indikatoren *(und Bedingungen)*
Argumentieren	argument…
Ausgangspunkt: eine unsichere Aussage (verschiedene mögliche Standpunkte bzw. Positionen)	…? *(Fermiaufgabe als Ganzes[2])*
Ziel: mit Begründungen die Gültigkeit einer Aussage/den Standpunkt zu einem unsicheren Sachverhalt nachvollziehbar zu vertreten und damit zu überzeugen; zeigen, dass etwas (noch Festzulegendes) stimmt	Kann es sein, dass …? Kann das stimmen …? *(zu einer Behauptung)*
Wie: durch die Angabe von Begründungen und nachvollziehbaren (dafür ggf. zusätzlich zu begründenden) Schlüssen zu einer einzunehmenden und zu vertretenden Aussage, wobei alle Elemente nachvollziehbar miteinander verknüpft werden sollen	

[a]Wenn die Fermiaufgabe in einzelne Arbeitsaufträge als Teilschritte vorstrukturiert ist, handelt es sich um einen vorstrukturierten Lösungsweg einzelner anderer Kompetenzen, der keine Gesamtargumentation fordert.

Eine direkte Aufforderung wie *Argumentiere!* analog zu dem typischen *Begründe!* konnte bei den Aufgaben zum Argumentieren nicht gefunden werden (s. Tab. 3.4). Die Ursache hierfür liegt vermutlich darin, dass das Argumentieren eine sehr umfassende Kompetenz darstellt. Statt das Argumentieren als Ganzes zu fordern, wurden die analysierten Aufgaben häufig in Teilaufgaben mit entsprechenden Teilkompetenzen (Vermuten, Begründen etc.) abgefragt. Solche Aufgaben wurden dementsprechend den jeweiligen impliziten Begründungskompetenzen zugeordnet. In solchen Fällen wird dann allerdings nicht nur auf eine sprachliche Aufforderung zum Argumentieren verzichtet, sondern auch auf eine zusammenhängende Gesamtargumentation.

Erklären (s. Tab. 3.5) zeichnet sich im Allgemeinen zunächst dadurch aus, dass ein Verstehen hergestellt werden soll. Dafür ist, sofern möglich, eine Adressatenorientierung notwendig. Damit ist eine Erklärung, im Gegensatz zu bspw. einer Begründung, immer der Versuch ein angenommenes oder vorhandenes Defizit bei einem Adressaten zu schließen und verstehensorientiert ausgerichtet.[41]

---

[41] Vgl. Klein 2009, S. 27; Müller-Hill 2015, S. 640; Kiel et al. 2015, S. 5.

Tab. 3.5 Erklären in Aufgaben

Kompetenz	sprachliche Indikatoren
Erklären	
Erklären-warum („verstehensorientiertes Begründen")	erklär… (warum)
Ausgangspunkt: eine zu begründende feststehende Aussage und ein vorhandenes oder auszuschließendes Defizit bei der Kenntnis und dem Verstehen der Begründung; Jemand hat noch nicht (sicher) verstanden, warum etwas stimmt.	
Ziel: einen mathematischen noch nicht (sicher) verstandenen Sachverhalt jemandem begründend verständlich vermitteln	
Wie: verständliche Darstellung bzw. Ergänzung eines Grunds oder mehrerer Gründe für die Aussage und die Gültigkeit der Schlüsse; Dafür müssen möglichst situations- und adressatengerechte mathematische Gründe gefunden oder aus bereits erlernten Aspekten ausgewählt werden.	
Erklären-wann, -was, -wie („verstehensorientiertes Argumentieren")	erklär… (wann/was/wie)
Ausgangspunkt: eine unbekannte Aussage und ein vorhandenes oder auszuschließendes Defizit bei der Kenntnis und dem Verstehen der Gründe; Jemandem fehlt noch eine zu beschreibende Aussage (zu dem wann, was oder wie) mit den Gründen hierfür in schlüssiger Darstellung (Argumentation).	
Ziel: einen mathematischen noch nicht (sicher) verstandenen Sachverhalt jemandem beschreibend und begründend verständlich vermitteln	
Wie: Beschreibung der Antwort auf das wann/was/wie sowie verständliche Darstellung bzw. Ergänzung eines Grunds oder mehrerer Gründe für die Aussage und die Gültigkeit der Schlüsse; Dafür müssen möglichst situations- und adressatengerechte mathematische Gründe gefunden oder aus bereits erlernten Aspekten ausgewählt werden.	

„ERKLÄREN soll […] Klarheit schaffen über Zusammenhänge, die für den zu erklärenden Sachverhalt, das sog. Explanandum, konstitutiv sind, aber – zumindest nach Vermutung des Sprechers/Schreibers – dem Adressaten bisher unklar waren. Er soll sie *verstehen*."[42]

Es wäre auch möglich zu sagen, Erklären ist verstärkt auf die Vermittlung ausgerichtet.

Unter den definierten expliziten Begründungskompetenzen in den Aufgaben nimmt das Erklären eine besondere Rolle ein, die einer näheren Erläuterung bedarf. Erklären soll zwar immer über ein vorhandenes Defizit im Verstehen Klarheit schaffen, kommt dabei inhaltlich und strukturell jedoch ganz unterschiedlich vor.

---

[42] Klein 2009, S. 27.

Inhaltlich kann auf der einen Seite zwischen einem *Erklären-warum* und auf der anderen Seite zwischen einem *Erklären-wann, -was* oder *-wie* in den Aufgaben unterschieden werden. Die Unterscheidung des *Erklären-warum, -was* und *-wie* lässt sich bspw. auch bei Klein (2009) und Ruwisch und Beier (2013) finden und wurde durch das in den Aufgaben zusätzlich vorkommende *Erklären-wann* ergänzt.[43]

Als strukturelle Unterscheidung fällt dabei auf, dass bei Aufgabenstellungen zu dem *Erklären-warum* ähnlich wie bei dem Begründen die zu begründende Aussage bereits feststeht und die Gründe direkt eingefordert werden. Die (sinngemäße) Frage nach dem *Warum* könnte ansonsten nicht gestellt werden. Anders als beim Begründen steht jedoch das Verstehen für den Rezipienten im Fokus, was eine besonders verständliche und, soweit bekannt, am Adressaten orientierte Vermittlung der Begründung verlangt. Dies ist konform zu Müller-Hill, die Erklären im Sinne von *Erklären-warum* als besondere Form des Begründens versteht.[44]

Bei dem *Erklären-was* und *-wie* (ebenso wie bei dem selbst hinzugefügten *-wann*) ist es dagegen so, dass die inhaltliche Aussage noch im Rahmen der Erklärung formuliert werden muss.

So wird in *Mathefreunde 4* bspw. die Achsensymmetrie an Bildern in der Natur und Technik dargestellt und im Rahmen der zugehörigen Aufgabenstellung heißt es: „Erkläre, was hier durch die Achsensymmetrie erreicht wird."[45] Es ist zunächst mindestens eine inhaltliche (beschreibende) Aussage darüber zu finden, was durch die Achsensymmetrie erreicht wird. Damit ist jedoch noch nichts erklärt, da Erklären in Kleins Worten zusätzlich versucht „die konstitutiven Zusammenhänge"[46], kurzum das Verstehen, beim Adressaten herzustellen. Damit dem Adressaten auch der Zusammenhang zwischen der Symmetrie und ihrer Funktion in der Umwelt verständlich vermittelt wird, ist es unabdinglich den Zusammenhang logisch zu begründen. Auch bei dem *Erklären-wie* und *Erklären-wann* sind Zusammenhänge zu erkennen bzw. zu vermitteln. So gilt es bspw. zu erklären, wie etwas Präsentiertes mit Geodreieck gezeichnet, nach einem Bauplan gebaut oder eine Parkettierung mit einer dargestellten Technik hergestellt wurde. Es geht bei dem *Erklären-wie* typischerweise um nachzuvollziehende Verfahren. Beim *Erklären-wann* geht es typischerweise um konstituierende Bedingungen, die zu erkennen und zu vermitteln sind. Es lässt sich bspw. die Aufforderung

---

[43] Vgl. Klein 2009, S. 25–29; Ruwisch und Beier 2013, S. 858.

[44] Vgl. Müller-Hill 2015, S. 640.

[45] Vgl. Mathefreunde 4 2014, S. 92.

[46] Klein 2009, S. 27.

finden „Erkläre, wann ein Viereck ein Parallelogramm ist."[47] In vorgegebenen Abbildungen soll dabei erkannt werden, welche der abgebildeten Eigenschaften aufgrund der Gemeinsamkeit begriffsbestimmend sein müssen.

Die selbst zu findende Aussage zu dem *Was, Wie* oder *Wann* und die passenden (adressatengerechten und sachgerechten) damit zu verknüpfenden Hintergründe zu finden und logisch und zusammenhängend darzustellen gleicht strukturell weitgehend dem Argumentieren und ist daher in der Tabelle 3.5 auch als „verstehensorientiertes Argumentieren" umschrieben.

Insgesamt betrachtet wurde *Erklären*, unabhängig von dem *Warum, Was, Wie* oder *Wann* in Aufgaben, nie unabhängig von geforderten Begründungen gefunden. Dies bestätigte die bereits theoretisch dargestellte Notwendigkeit des Begründens beim Erklären. Erklären wurde daher ebenfalls dem expliziten Begründen zugeordnet. Dieser engen bzw. notwendigen Verbindung von Erklären und Begründen im Aufgabenkontext entsprechend ist es nicht verwunderlich, dass mathematisches Erklären, unabhängig von dem *Warum, Wann, Was* oder *Wie,* im didaktischen Kontext auch als besondere Form des Begründens definiert wird.

> „[…] ist mit einer Erklärung eine besonders adressatengerechte und inhaltlich treffende Begründung gemeint, warum ein Sachverhalt zutrifft."[48]

> „Erklären kann […] durch eine spezifische Sachverhalts- und Adressatenbezogenheit als besondere Form des Begründens charakterisiert werden."[49]

Die nachfolgenden **impliziten Begründungskompetenzen** *Vermuten, Entdecken, Entscheiden, Prüfen (und Beurteilen)* sind allesamt Kompetenzen, die in irgendeiner Form eine Aussagenfindung als Antwort verlangen, die nicht unmittelbar nachvollziehbar ist und daher implizit das Begründen anregen (s. auch 3.3.2). Je nach Kompetenz ist entweder eine Vermutung, eine Entdeckung, eine Entscheidung oder ein Prüfergebnis zu formulieren und implizit durch eine Begründung nachvollziehbar zu machen. Damit entspricht die Anforderungsstruktur des impliziten Begründens im Wesentlichen dem Begründen im Rahmen des Argumentierens, welches neben der Grundnennung (Begründung) auch die Positionierung für oder gegen eine noch unsichere Aussage (hier dann spezifisch die Vermutung, Entdeckung usw.) verlangt (s. 1.2). Implizites Begründen wird somit im Wesentlichen durch die implizite Notwendigkeit zu argumentieren erreicht.

---

[47] Vgl. Mathematikus 4 2008, S. 36.
[48] Fahse und Linnemann 2015, S. 19.
[49] Müller-Hill 2015, S. 640.

Tab. 3.6 Vermuten in Aufgaben

Kompetenz	sprachliche Indikatoren *(und Bedingungen)*
Vermuten (implizites „noch unsicheres" Argumentieren), oft Vorstufe des Prüfens und Entdeckens	vermut...
Ausgangspunkt: Frage nach einer Vermutung (einer unsicheren, vorläufig angenommenen Aussage)	(Was) glaubst du …
	… wohl …?
Ziel: eine noch unsichere Aussage (Vermutung), die idealerweise auch schon begründet werden soll (Gerade in der Grundschule folgen der Vermutung oft konkrete Beispiele, so dass die Vermutung anschließend überprüft werden kann.)	Was wird (wohl) passieren?
	nicht, wenn Vermuten im Sinne von mental lösen (Kopfgeometrie, Schätzen) vor dem tatsächlichen Lösen gemeint ist
Wie: Angabe einer noch unsicheren Aussage (Vermutung) und einer möglichen Begründung[a] dafür	

[a]Die Begründung hat hier eher den Status einer ersten Idee bzw. eines ersten möglichen Ansatzes, da noch nicht sicher argumentiert werden soll, sondern eher ein erstes Gefühl für die Frage und die eigenen Ideen entwickelt werden soll.

Vermuten (s. Tab. 3.6) wird als Kompetenz in Geometrieaufgaben typischerweise über eindeutige Indikatoren wie *Vermute* bzw. *Schreibe zuerst deine Vermutung auf.* abgefragt. Die Vermutungen beziehen sich oft auf noch nicht real umgesetzte Handlungen wie Messungen. Dabei wird in der Regel eine Einschätzung aufgrund der eigenen Wahrnehmung und erlernter Merkmale, aufgrund einer mentalen Vorstellung oder aufgrund von Erfahrungswerten erwartet.

In den Schulbüchern lassen sich bspw. Geometrieaufgaben finden, bei denen zu vermuten ist, ob Linien parallel sind, welche der abgebildeten Vierecke Quadrate sind, welche Figur bei einer Spiegelung entsteht, was bei einer schief hängenden Schaukel in Aktion passieren wird etc. Oft folgt auf das Vermuten im nächsten Schritt der Aufgabe eine Überprüfung an der Abbildung oder am Material. Dies erfolgt z. B. durch Nachmessen mit dem Geodreieck: „Vermute zuerst, ob die Linien a und b zueinander parallel sind. Überprüfe dann mit dem Geodreieck."[50]

Interessant ist, dass Aufforderungen zum Vermuten (und implizit Begründen) in der Geometrie oft schwierig von Aufforderungen zum mentalen Lösen abzugrenzen sind. Ganz im Sinne eines nicht nachweisbaren inneren Bildes bzw. Lösungswegs wird oft eine Frage gestellt, die eine mentale Lösung (und keine zu begründende Vermutung) im ersten Schritt verlangt, ehe im zweiten Schritt ein Sachverhalt tatsächlich am abgebildeten oder realen Objekt überprüft werden soll.

---

[50] Einstern 4 Heft 3 2013, S. 28.

Hierzu passt z. B. folgende Aufgabe, die keine Vermutungsaufgabe (und aufgrund der Vorgabe des Lösungswegs im Übrigen auch keine gewertete Prüfaufgabe) darstellt: „Mit welchen dieser Netze kannst du diesen Würfel falten? Überprüfe. Zeichne dazu die Netze ab und falte sie zum Würfel.“[51] (Dazu sind einige unterschiedlich angeordnete und gefärbte Netze und ein Würfel mit unterschiedlich gefärbten Flächen abgebildet.) Die Netze sind hier mental zusammenzufalten, so dass als Ergebnis hieraus (ähnlich wie bei einer Vermutung) eine für Außenstehende nicht nachgewiesene Antwort vorliegt. Das mentale Lösen stellt dennoch aus Sicht der Autorin kein Vermuten dar. Genauso wenig bedarf jede mentale Lösung einer Begründung. Es gilt bei mentalen Lösungswegen in der Geometrie allerdings besonders genau zu unterscheiden, ob eine mental gefundene Lösung durch einen einfachen/bekannten mentalen Lösungsweg gefunden wurde (z. B. das mentale Zusammenfalten eines Würfels) oder ob eine neue Erkenntnis verlangt wird und bspw. der Lösungsweg erst neu gefunden wurde. Im letzteren Fall wäre die Lösung ohne Begründung nicht transparent und es bestünde ein Begründungsanlass. Würde jede mentale Lösungsaufgabe tatsächlich eine Begründung erfordern, müsste analog in der Arithmetik auch jede Rechenaufgabe mit Rechenweg als Begründungsaufgabe gewertet werden. Dies erscheint als Aufgabenanforderung nicht haltbar.

Entdecken (s. Tab. 3.7) stellte sich in der Aufgabenanalyse als eine sehr umfassende Begründungskompetenz heraus, zu der besonders vielfältige sprachliche Indikatoren gefunden wurden. Neben Aufgaben mit dem offensichtlichen sprachlichen Indikator *entdeck...* in einer Frage konnten eine Reihe weiterer Indikatoren ausgemacht werden, die sich auf zu verbalisierende Entdeckungen (und Begründungen) zu ganz unterschiedlichen mathematischen Aspekten beziehen. Diese konnten strukturell als fünf unterschiedliche Begründungsanlässe kategorisiert werden: *Auffälligkeit, Gesetzmäßigkeit/Regel, Zusammenhang/Beziehung, Lösungsmöglichkeit(-en)* und *Lösungsweg(-alternative)*.

---

[51] Mathefreunde 4 2014, S. 119.

Tab. 3.7 Entdecken in Aufgaben

Kompetenz	sprachliche Indikatoren *(und Bedingungen)*
Entdecken (Erkennen, implizites Argumentieren)	entdeck… *(in einer Frage, nicht im Sinne von im Bild finden)*
Ausgangspunkt: ein oder mehrere zu entdeckende(s) mathematische Phänomen(e), d. h. Auffälligkeiten, Gesetzmäßigkeiten, Beziehungen, Zusammenhänge, Strukturen, Lösungswege oder Eigenschaften an vorliegenden/zu konstruierenden konkreten Beispielen	**Entdecken I (einer Fallaussage)**
	Auffälligkeit
Ziel: beispielgebundene Gewinnung einer Aussage über ein mathematisches Phänomen anhand von 1.) allen Fällen der Aussage (alle liegen vor, implizites Argumentieren mit den Beispielen) oder 2.) einer exemplarischen Auswahl der Fälle der Aussage (implizites Argumentieren mit der erkannten allgemeingültigen Struktur der Beispiele); Implizit soll die Antwort dabei als (allgemein-)gültig vertreten werden.	besonder… *(in einer Frage)* Was stellst du/stellt ihr fest?/…was du feststellst Was fällt (dir/euch) auf?/Fällt euch etwas auf? … was dir auffällt *(geforderte Angabe)*
	Gesetzmäßigkeit, Regel Regel *(als Frage/Aufforderung zur Benennung, in den Bsp. erkannt)* … immer/für alle …? *(Allgemeingültigkeit)* Wie viele … (benötigst/brauchst du für) …[a] Was bedeuten …[b]
Wie: durch die Betrachtung von Beispielen oder die Konstruktion eigener Beispiele und Nennung entdeckter Auffälligkeiten; bei 1.) möglichst mit begründendem Bezug zu den Beispielen (Die Beispiele sind alle Fälle der Aussage und begründen damit deren Gültigkeit.), bei 2.) möglichst mit begründendem Bezug zu den exemplarischen Beispielen und des darin erkannten mathematischen Phänomens	Zusammenhang, Beziehung Was passiert, wenn … Wie (ver-)ändert sich … (wenn …) Was/Worauf musst du (be-)achten, damit … Woran erkennst … Wie oft müssen … vorkommen? Wie kommt … zustande? Wie … kann … sein (, wenn) … Wie … möglichst … Was/Wie (viele) + *zu erreichendes Ziel*
	Entdecken II (einer Struktur für passende Fälle)
	Lösungsweg(-alternative) Wie kannst du … (noch) … Kannst du jetzt schon/schon vor dem … sagen … Kannst du … auch ohne … anderen Lösungsweg
	bestimmte Lösungsmöglichkeiten *(durch einen Strukturzugang finden/als nicht möglich begründen)* größtmögliche(n)/kleinstmögliche(n) größte(n)/kleinste(n) längste(n)/kürzeste(n) (Wie viele verschiedene) … gibt es/hat/haben /kann/sind es (…) Gibt es … /Geht es auch mit …/Könnt ihr/kann man (eine) … (zeichnen/finden, die) … *(falls es keine Möglichkeit gibt)* Finde(s)t/Kannst (du)/Sind das alle … *(ohne vorgegebene Anzahl)* Welche… *(gegebene Bedingung, keine Auswahlmöglichkeiten)*
	Wichtig ist immer, dass als Antwort nicht nur eine Lösungsangabe (evtl.+ Rechenweg) erwartet wird, sondern implizit auch die Angabe einer entdeckten Struktur, Regel o. Ä. als Grund

[a] z. B. Kügelchen (Ecken) für ein Würfelmodell überlegend
[b] z. B. Grundrisssymbole, selber aus dem Kontext erschließen

Fragen wie *Was fällt dir auf?* oder *Was stellst du fest?* sind recht offene Fragen, die sich auf alle möglichen zu entdeckenden *Auffälligkeiten* beziehen können, deren Gültigkeit in der Antwort begründend vertreten werden kann. Wird dagegen spezifischer die Angabe einer in den Beispielen zu entdeckenden Regel gefordert oder über die Indikatoren *immer* oder *für alle* nach der Allgemeingültigkeit einer Aussage gefragt, fällt dies unter den definierten Begründungsanlass *Gesetzmäßigkeit/Regel*. Fragen wie *Was passiert, wenn ...?*, *Wie verändert sich ..., (wenn ...)?* oder *Wie kommt ... zustande?* thematisieren hingegen „wenn-dann"-Beziehungen im Sinne eines zu entdeckenden Zusammenhangs und gehören daher zu einem weiteren Begründungsanlass, der *Zusammenhang/Beziehung* genannt wurde.

Des Weiteren wurden Fragen wie *Wie kannst du ... (noch) ...?* Und *Kannst du ... auch ohne ...?* gefunden, die sich allesamt auf einen zu entdeckenden *Lösungsweg bzw. eine Lösungswegalternative* beziehen, der erst entdeckt werden soll und daher implizit als gültig zu vertreten ist. Schließlich wurde noch eine Reihe von Indikatoren identifiziert, die *bestimmte Lösungsmöglichkeiten* fokussieren. Dies betrifft sprachliche Indikatoren wie *größtmögliche, (Wie viele verschiedene) ... gibt es ...?* oder *Sind das alle ...?* Sie erfordern eine Lösung auf Basis eines zu entdeckenden Strukturzugangs, der als Begründung für die Gültigkeit der Lösung angegeben werden kann.

Die ersten drei Begründungsanlässe, *Auffälligkeit, Gesetzmäßigkeit/Regel* und *Zusammenhang/Beziehung* unterscheiden sich in ihrer Begründungsstruktur von den beiden Begründungsanlässen *Lösungsmöglichkeit(-en)* und *Lösungsweg (-alternative)*. Analytisch betrachtet besteht eine Begründung in ihrer Struktur, unabhängig von ihrem Inhalt, immer aus einem oder mehreren Fällen, auf den oder die sich die Aussage bezieht, und einer inhaltlichen Fallaussage: „Über was (welche Fälle) sage ich was aus (Fallaussage)." Diese Sichtweise hilft, verschiedene Begründungsstrukturen in der Analyse zu erkennen und zu unterscheiden.

Sowohl *Auffälligkeit, Gesetzmäßigkeit/Regel* und *Zusammenhang/Beziehung* sind dabei Anlässe, die sich auf eine zu entdeckende (und zu begründende) Fallaussage beziehen. *Lösungsmöglichkeit(-en)* und *Lösungsweg(-alternative)* hingegen erfordern die Entdeckung einer Struktur für die Angabe (und Begründung) bestimmter Fälle zu einer vorgegebenen inhaltlichen Aussage.

Dieser Aspekt wurde durch die übergeordneten Kategorien *Entdecken I (einer Fallaussage)* und *Entdecken II (einer Struktur für passende Fälle)* des zu begründenden Aussagenelements mit erfasst und hilft Begründungsaufgaben differenziert zu betrachten (bzw. zu stellen). *Entdecken I* lässt dabei häufig mehr Spielraum in den Antworten, ist also tendenziell eine offenere Aufgabenstellung, während *Entdecken II* oft sehr genau auf bestimmte Lösungen bzw. Lösungswege abzielt. So kann bspw. auf die Aufgabe „Betrachte diese besonderen Bauwerke. Was fällt dir auf?"[52] zu vier abgebildeten Fotografien geometrisch unterschiedlicher Bauwerke recht vielfältig geantwortet werden, während bspw. die Aufgabenstellung „Wie viele Möglichkeiten gibt es für jede Figur? Zeichnet und begründet eure Lösung."[53] in Bezug auf zu ergänzende Würfel- und Quadernetze ganz bestimmte Lösungen erwartet.

Beide analytischen Ergebnisse, die fünf unterschiedlichen gefundenen Begründungsanlässe als auch die zu begründenden Aussagenelemente in der übergeordneten Struktur (*Entdecken I und II*), wurden auch als Variationsmöglichkeiten bei der Aufgabenkonstruktion für die Studie berücksichtigt, um die Kompetenz umfassend abzufragen (vertiefend dazu s. 4.3.3).

Entscheiden ist eine implizite Begründungskompetenz, bei der unabhängig vom Inhalt immer eine zu treffende Auswahl aus (vor-)gegebenen Optionen im Vordergrund steht (s. Tab. 3.8).

Die Analyse der Entscheidungsaufgaben war daher immer besonders deutlich mit der Frage nach den im Fokus stehenden Optionen verbunden, die strukturell als auszuwählendes Aussagenelement *Fälle* oder *Fallaussage* analysiert wurden. Beide Typen konnten bei den Entscheidungsaufgaben gefunden werden. Diese werden nachfolgend als *Entscheiden I* (Entscheidung für Fälle) und *Entscheiden II* (Entscheiden für eine Fallaussage) unterschieden und die Indikatoren hierunter kategorisch zusammengefasst.

Bei Typ I ist die Fallaussage gegeben und zu dieser Fallaussage ist eine bzw. die passende Auswahl an Fällen anzugeben. In den Geometrieaufgaben ist dies typischerweise eine gegebene Eigenschaft mit einer Auswahl möglicher abgebildeter oder benannter Objekte, von denen eines oder mehrere als passend zur Eigenschaft zugeordnet werden sollen. So heißt es bspw. im Zahlenbuch 3: „Dies sind Fünflinge. Zwei Formen kommen jeweils doppelt vor. Welche?"[54] zu sechs abgebildeten Fünflingen. In einer anderen Aufgabe wird gefragt: „Welche Buchstaben und welche Ziffern sind symmetrisch?"[55] Bei beiden Aufgaben ist eine Entscheidung für bestimmte Fälle (Fünflinge bzw. Buchstaben und Zahlen) zu treffen und implizit zu begründen. Hierfür ist die vorgegebene Fallaussage (kommt doppelt vor bzw. symmetrisch) mit den gewählten Objekten überzeugend zu verknüpfen.

---

[52] Zahlenzauber 3 2011, S. 88.

[53] Das Mathebuch 4 2014, S. 10.

[54] Das Zahlenbuch 3 2012, S. 15.

[55] Das Zahlenbuch 3 2012, S. 47.

Tab. 3.8 Entscheiden in Aufgaben

Kompetenz	sprachliche Indikatoren *(und Bedingungen)*
Entscheiden (implizites Argumentieren)	entscheid…
<u>Ausgangspunkt</u>: mehrere gegebene Fälle (Behauptungen, Vorgehensweisen, allg. zuzuordnende Fälle), aus denen ein passender Fall bzw. mehrere passende Fälle (zur entsprechenden Vorgabe/Aussage) ausgewählt werden sollen (Entscheiden I). Oder anders herum mehrere zur Auswahl stehende Fallaussagen (typischerweise Eigenschaften), aus denen (zu den Fällen) passende ausgewählt werden sollen (Entscheiden II).	<u>Entscheiden I (für einen/mehrere Fälle)</u> welche… + *gegebene Bedingung* *(außer Korrektheit → Prüfen)* welche… + *Auswahl fordernder Superlativ* *(beste/am besten/schönsten)* Was stimmt … nicht? *(erkennbarer Fehler, nicht Lösungskontrolle)*
<u>Ziel</u>: Eine möglichst mathematisch begründete Entscheidung für einen oder mehrere Fälle (Entscheiden I) oder eine möglichst mathematisch begründete Entscheidung für eine Aussage zu einem oder mehreren Fällen (Entscheiden II)	<u>Entscheiden II (für eine Fallaussage)</u> … oder … *(außer Korrektheit)* welche… *(passt/gehört zu)* … *(als Zuordnung zu Fällen; sofern nicht nur Lösen)* Wie geht … weiter? Wer hat welchen …
<u>Wie</u>: Treffen einer Entscheidung sowie dessen Benennung, möglichst unter Angabe von mathematischen Aspekten als Gründe	*Dabei jeweils in einer Frage[3] geforderte Auswahl mit gegebenen Auswahlmöglichkeiten und ohne direkt daran anschließende Aufforderung zum Lösen/Prüfen (durch Rechnen, Messen, Bauen usw.[4]).* *Die Entscheidung erfolgt aufgrund eines Strukturzugangs oder eines selbst festgelegten/bekannten Kriteriums (nicht eines bekannten Lösungsverfahrens).*

[a]Diese beinhaltet dann nicht nur die Aufforderung zur Entscheidung, sondern auch zur Antwort (Formulierung der Entscheidung) und nur damit implizit zu einer zu gebenden Begründung.
[b]In dem Fall soll die Entscheidung durch einen bestimmten/erwarteten Lösungsweg erfolgen. Eine formulierte Begründung für eine Entscheidung (warum bin ich so vorgegangen, warum bin ich zu dieser Entscheidung gekommen) ist dann nicht notwendig.

Bei Typ II hingegen sind bestimmte Fälle durch Abbildung oder Nennung gegeben, für die einzeln betrachtet eine Fallaussage auszuwählen ist. Typischerweise liegen diese als Abbildung vor und es muss entschieden werden, welche Eigenschaft hierzu passt. So lautet bspw. die Frage zu einer Reihe einzeln zu betrachtender Fotos von Alltagsobjekten in Flex und Flo 3: „Symmetrisch, nicht symmetrisch oder ungefähr symmetrisch?"[56]

Die beiden Beispiele zur Symmetrie verdeutlichen, dass die beiden Typen *Entscheiden I* und *Entscheiden II* inhaltlich dicht beieinanderliegen können. Der strukturelle Unterschied in den Aufgabenanforderungen muss nicht zu unterschiedlichen Begründungsinhalten führen. Vielmehr liegt der Fokus in dem einen Fall mehr bei der Auswahl und Begründung der Objekte (I), bei dem anderen

---

[56] Flex und Flo 3 Heft Geometrie 2014, S. 28.

mehr bei der Auswahl und Begründung der Eigenschaften (II): Warum passt dieses Objekt (und nicht ein anderes) zu der gegebenen Eigenschaft? vs. Warum passt diese (und nicht eine andere) Eigenschaft zu dem gegebenen Objekt?

Der eindeutige Indikator *entscheid...* konnte, unabhängig vom Aufgabentyp, in keiner Aufgabe gefunden werden. Es spielen jedoch eine Reihe weiterer Indikatoren eine Rolle, die in den Geometrieaufgaben zu einer Entscheidung (und implizit Begründung) auffordern.

So weist allen voran der Indikator *Welche ...?* auf das Entscheiden hin. Dieser kommt zum einen zusammen mit einer gegebenen Bedingung und dieser zuzuordnenden Fällen vor (*Entscheiden I*, s. auch die zuvor angeführten Beispiele). Neben objektiv zu erfüllenden Bedingungen wie bspw. der Symmetrie sind dabei vereinzelt auch eher subjektiv definierte Eigenschaften als Bedingung vorgegeben (Superlative wie *beste/am besten, am schönsten*).

Zum anderen kommt *Welche ...?* auch mit der geforderten Zuordnung einer Aussage zu vorgegebenen Fällen vor (bspw. *Welches Netz passt zu welchem Körper?*[57]). Dann ist den vorliegenden Fällen (Netzen) möglichst begründet eine Aussage („... passt zu Körper ...") zuzuordnen (*Entscheiden II*).

Auch der Begriff *oder* weist auf eine zu treffende Entscheidung hin. Daneben gibt es einige wenige speziellere Entscheidungsindikatoren wie *Was stimmt ... nicht?* in Bezug auf einen visuell zu erkennenden und auszuwählenden Fehler in einer Abbildung (bspw. in Schrägbildern[58] oder einem unmöglichen Würfelgebäude[59]).

Das Prüfen als implizite Begründungskompetenz ist streng genommen immer ein Hinterfragen und Prüfen, denn ohne das Hinterfragen der Korrektheit einer Aussage erfolgt kein Prüfen (s. Tab. 3.9). Dies ist jedoch in der Regel durch die Aufgabenstellung vorgegeben, weshalb das Prüfen als Anforderung im Fokus steht. Geprüft werden typischerweise konkrete Beispiele, Vorgehensweisen oder Ergebnisse in Hinblick auf die Korrektheit einer inhaltlichen Aussage. Für diese ist zu entscheiden und implizit zu begründen, ob diese korrekt sind oder nicht. Prüfen kann daher auch als begründetes und spezifisches Entscheiden über die Korrektheit einer Aussage betrachtet werden.

---

[57] Das Mathebuch 2013: S. 85.

[58] Mathematikus 4 2008: S. 91.

[59] Ebd.: S. 94.

Tab. 3.9 Prüfen in Aufgaben

Kompetenz	sprachliche Indikatoren *(und Bedingungen)*
Hinterfragen und **Prüfen** (implizites Argumentieren)	prüf...
<u>Ausgangspunkt</u>: eine hinterfragte gegebene Aussage bzgl. der Fallaussage (Behauptung zu (vor-)gegebenen überprüfbaren Beispielen[a], einer Vorgehensweise oder einem Ergebnis), die geprüft werden soll	Stimmt das? Stimmt es, dass ... *(Ergebnis, Lösungsweg, Behauptung für überprüfbare Beispiele)*
<u>Ziel</u>: Eine möglichst begründete Stellungnahme zu der Korrektheit der Aussage (der Behauptung über die Beispiele, die Vorgehensweise oder das Ergebnis)	... recht? ... richtig (...)? richtig/wahr oder falsch
<u>Wie</u>: Überprüfen der Korrektheit und Nennung einer möglichst begründeten Aussage hierzu	welche/wer/was ... richtig/falsch/stimmen *(ohne gegebene Anzahl, daher für alle Fälle zu prüfen)* Sind (wirklich) alle ... (in Frage gestellte Aussage) (Sind) ...? *(Frage zur Begriffszugehörigkeit)* Was meinst du? *(zu einer zu prüfenden Aussage)* ... immer/für alle ...? *(zu überprüfende Fälle)* Kann (man) ... Müssen ... Reichen (dafür) ... Hat ... genug ...
	Dabei immer bezogen auf zu überprüfende Fälle; Prüfen ist bei allen Indikatoren nur zuzuordnen, wenn es Prüfen im Sinne von „eine Aussage überprüfen" und eigene Gründe finden ist. Nicht gemeint ist Prüfen im Sinne von „endgültig Lösen"/Kontrollieren (häufig nach Entscheidungsfragen gefordertes Prüfen durch ein festgelegtes Verfahren (Nachrechnen, -messen, -bauen usw.))

[a]Wichtig ist, dass die Beispiele überprüft werden sollen und nicht deren Allgemeingültigkeit. Letzteres fiele unter ein Entdecken der allgemeingültigen Struktur.

In einigen Aufgaben werden die naheliegenden sprachlichen Indikatoren *prüf...* oder *überprüf...* verwendet. Allerdings erwiesen sich diese Aufgaben in der Analyse als schwierig, da es sich hier nicht immer eindeutig um implizite Begründungsaufgaben handelt. *Prüfe* stellt in Aufgaben oft nur eine Aufforderung zur Überprüfung einer Aussage nach einem eingeübten Verfahren dar. So kann bspw. zunächst vermutet werden, ob bestimmte Vierecke rechte Winkel aufweisen, Linien parallel verlaufen o. Ä. und dies dann mit dem Geodreieck endgültig überprüft werden. Ist das Verfahren dabei als „standardisiert" eingeführtes Kontrollverfahren, ähnlich wie bei einer Kontrollrechnung, vorgegeben, ist es mehr ein „endgültiges Lösen" durch ein feststehendes Prüfverfahren als ein Begründen durch das Finden passender Gründe. Prüfen ist daher nur dann dem impliziten Begründen zuzuordnen, wenn Prüfen im Sinne von „eine Aussage überprüfen" gemeint ist und nicht „endgültig Lösen" oder Kontrollieren.

Neben *Prüf...* selbst gibt es noch eine Reihe weiterer Indikatoren, die eine Überprüfung und Positionierung zur Korrektheit einer Aussage einfordern. Dies sind oft eindeutig auf die Korrektheit einer Aussage bezogene Indikatoren wie *Stimmt das?, ...recht?, wahr oder falsch, welche ... richtig?* Aber auch Indikatoren, die inhaltliche Aspekte hinterfragen und darüber eine Überprüfung anregen, kommen vor: *Kann (man) ...?, Reichen (dafür) ...?* usw.

Genauer hinzuschauen ist bei dem Indikator *immer/für alle ...?* Dieser wurde im Rahmen einer zu entdeckenden Allgemeingültigkeit bereits der Kompetenz Entdecken zugeordnet. Im Rahmen des Prüfens ist er ebenfalls bedeutend, wenn sich der Indikator auf konkret zu überprüfende (benannte oder abgebildete) Fälle bezieht. Der Allgemeingültigkeit liegt dann keine zu entdeckende Gesetzmäßigkeit zugrunde, von der auf alle Fälle geschlossen werden kann, sondern eine einfache tatsächliche Prüfung vorliegender, in der Regel abgebildeter, Fälle.

Eine theoretisch naheliegende fünfte implizite Begründungskompetenz wäre Beurteilen. Diese könnte durch Indikatoren wie *beurt...*, *Wie findest du...?* oder *Was hältst du von...?* eingefordert werden. Die eigene Beurteilung wäre dann als Aussage mit mathematischen Aspekten überzeugend zu vertreten. Derartige Aufgabenstellungen wurden jedoch nicht gefunden und sind daher im Rahmen der analysierten geometrischen Begründungsanforderungen in den Schulbüchern als unbedeutend zu beurteilen.

Wenngleich diese implizite Begründungskompetenz sich als empirisch nicht relevant erwiesen hat, bleibt sie hier als Idee erwähnt. Der Grund dafür liegt in der strukturellen Ähnlichkeit zu den anderen Kompetenzen, aus denen die theoretisch mögliche Idee dieser Begründungsvariante abgeleitet wurde. Ebenso wie bspw. Vermuten oder Prüfen erfordert Beurteilen ein möglichst zu begründendes Werturteil als Aussage. Eine mögliche Erklärung dafür, warum es in den Begründungsaufgaben dennoch nicht gefunden wurde, besteht darin, dass Beurteilen mit seinen abgeleiteten Fragestellungen tendenziell zu einer subjektiven Antwort verleiten könnte, weniger zu einer mathematischen. Möglicherweise sind persönliche Werturteile in Geometrieaufgaben (bislang) unüblich.

3.3.5 Quantitative Ergebnisse zu den Begründungsanforderungen

Die analysierten Geometrieaufgaben der zehn besonders verbreiteten und vielfach zugelassenen Schulbuchtitel für den Jahrgang drei und vier (s. 3.3.1.4) liefern aussagekräftige Ergebnisse über die in der Grundschule gestellten Begründungsanforderungen. Diese liegen sowohl in Bezug auf den Anteil der Begründungsaufgaben in der Geometrie insgesamt als auch ausdifferenzierter in Bezug auf die impliziten und expliziten Begründungskompetenzen, Inhaltsbereiche und Jahrgänge vor. Dabei bilden die vorgefundenen 1877 Geometrieaufgaben aus den 20 Schulbüchern die Datengrundlage der Analyse. 835 Aufgaben davon stammen aus den Büchern des Jahrgangs drei, 1042 aus denen des Jahrgangs vier.

3.3.5.1 Vergleich der expliziten und impliziten Begründungsanforderungen

Die Schulbuchanalyse zeigt insgesamt, dass 266 von den 1877 Geometrieaufgaben Begründungsanforderungen enthalten. Damit stellen rund 14 % der Geometrieaufgaben auch Begründungsaufgaben dar.

Diese Anzahl umfasst jedoch nicht nur die deutlichen expliziten, sondern auch die impliziten Aufgabenformate. Insofern kann davon ausgegangen werden, dass nicht alle als solche gewerteten Begründungsaufgaben auch tatsächlich von allen Lehrkräften und Kindern als Begründungsanlass wahrgenommen werden. In Hinblick auf den Unterricht ist die Aussage daher so zu verstehen, dass 14 % der Geometrieaufgaben ein in der Aufgabenstellung angelegtes Begründungspotential beinhalten.

Bei der Analyse der Begründungsaufgaben wurden drei übergeordnete Aufgabenkategorien[60] unterschieden: *explizite Begründungsaufgaben, implizite Begründungsaufgaben* sowie *explizite und implizite Begründungsaufgaben*. Letztere beinhalten sowohl explizite als auch implizite Begründungsaufforderungen in einer Aufgabe, was durch mehrere Teilaufgaben oder auch Aufgabenstellungen in einer Teilaufgabe zustande kommt. Insgesamt betrachtet betrifft dies mit 38 von 1877 Aufgaben allerdings nur rund 2 % der Geometrieaufgaben (s. auch Tab. 3.10). Wesentlich häufiger sind die Aufgaben, die entweder eine explizite oder eine implizite Begründungsaufforderung beinhalten.

Bei einer vergleichenden Betrachtung der Anteile expliziter und impliziter Begründungsaufgaben an den Geometrieaufgaben fällt auf, dass die expliziten Begründungsaufgaben nur selten vorkommen. Tatsächlich sind gerade einmal 3 % der Geometrieaufgaben (62 von 1877 Aufgaben) rein explizite Begründungsaufgaben. Werden die Aufgaben mit einbezogen, die explizite und implizite Begründungsaufforderungen enthalten, so kann die Aussage dahingehend ergänzt werden, dass insgesamt rund 5 % der Geometrieaufgaben (100 von 1877) explizite Begründungsaufforderungen beinhalten.

Implizite Begründungsaufforderungen sind dagegen wesentlich häufiger. Rund 9 % der Geometrieaufgaben (166 von 1877) fordern lediglich implizit zum

---

[60] Zu den untergeordneten Unterscheidungen verschiedener expliziter und impliziter Kompetenzen siehe 3.3.5.3.

Begründen auf. Werden die Aufgaben mit einbezogen, die neben expliziten auch implizite Begründungsaufforderungen beinhalten, sind es 11 % der Geometrieaufgaben (204 von 1877), die implizite Begründungsaufforderungen beinhalten.

Die deutliche Mehrheit der insgesamt 14 % der Geometrieaufgaben, die zum Begründen auffordern, tut dies also lediglich implizit. Von den gefundenen Begründungsaufgaben sind es rund 62 % (166 von 266). Rund 23 % der Begründungsaufgaben (62 von 266) fordern explizit und rund 14 % der Begründungsaufgaben (38 von 266) fordern explizit und implizit zum Begründen auf.

Damit wird deutlich, dass in den impliziten Begründungsaufgaben als weitaus gängigeres Aufgabenformat ein großes Potential für das Begründen im Unterricht liegt. Zwar sind rund 38 % der Begründungsaufgaben aufgrund der expliziten Begründungsaufforderung deutlich als solche erkennbar, demgegenüber stehen aber auch bei dieser zusammenfassenden Betrachtung[61] mit rund 62 % deutlich mehr Begründungsaufgaben gegenüber, die lediglich implizit zum Begründen auffordern. Wird die Begründungsnotwendigkeit impliziter Aufgabenstellungen im Unterricht nicht wahrgenommen, verbleibt durchschnittlich nur etwas mehr als ein Drittel der Begründungsaufgaben eines Schulbuchs zum Begründen. Die Berücksichtigung impliziter Begründungsaufforderungen entscheidet folglich maßgeblich über die Begründungshäufigkeit (und damit auch die Anforderungen) bei der Bearbeitung der Schulbuchaufgaben.

Tab. 3.10 Häufigkeiten expliziter und impliziter Begründungsaufgaben

	Häufigkeiten bei den Geometrieaufgaben (n = 1877)	
	relativ	absolut
rein explizite Begründungsaufgaben	3 %	62
rein implizite Begründungsaufgaben	9 %	166
explizite und implizite Begründungsaufgaben	2 %	38
Begründungsaufgaben (gesamt)	14 %	266

---

[61] Die Anteile der Aufgaben mit expliziter (23 %) und expliziter sowie impliziter Begründungsaufforderung (14 %) zusammengefasst.

3.3.5.2 Vergleich der Begründungsanforderungen in Jahrgang 3 und 4

Ein Vergleich der Schulbücher aus Jahrgang drei gegenüber denen aus Jahrgang vier zeigt einen deutlichen absoluten, jedoch nur einen geringen relativen Unterschied bei der Anzahl der Begründungsaufgaben. In Jahrgang drei sind es 112 von 835 Geometrieaufgaben (ca. 13 %) und in Jahrgang vier 154 von 1042 Geometrieaufgaben (ca. 15 %), die eine Begründungsaufforderung enthalten (s. Tab. 3.11). Es kann somit von einer zunehmenden absoluten Anzahl an geometrischen Begründungsaufgaben von Klasse drei zu vier gesprochen werden. Der Anteil an den Geometrieaufgaben insgesamt ist jedoch nur geringfügig höher.

Das bedeutet für das einzelne Schulkind, dass es in Klasse drei durchschnittlich gerade einmal in elf geometrischen Aufgaben und in Klasse vier durchschnittlich gerade einmal in 15 geometrischen Aufgaben des Schulbuchs zum Begründen aufgefordert wird.

Im Gegensatz zu den relativen Häufigkeiten geometrischer Begründungsaufgaben insgesamt, die sich von Jahrgang 3 zu 4 kaum verändern, zeigt sich bei den relativen Häufigkeiten der Aufgaben mit expliziter Aufforderung ein deutlicher Unterschied: Der Anteil der Aufgaben mit expliziter Begründungsaufforderung steigt von Jahrgang drei zu Jahrgang vier betrachtet deutlich. In Jahrgang drei sind es 30 von 835 Geometrieaufgaben (ca. 3,6 %), in Jahrgang vier 70 von 1042 Geometrieaufgaben (ca. 6,7 %). Dies gilt ebenfalls bei der Betrachtung lediglich expliziter (und nicht auch impliziter) Begründungsaufgaben: In Jahrgang drei sind es dann 20 der Geometrieaufgaben (ca. 2,4 %) und in Jahrgang vier 42 der Geometrieaufgaben bzw. 4,0 %.

Anders verhält es sich bei den impliziten Begründungsaufforderungen. Diese lassen sich in Jahrgang drei in 92 von 835 Geometrieaufgaben (ca. 11,0 %) und in Jahrgang vier in 112 von 1042 Geometrieaufgaben (ca. 10,7 %) wiederfinden. Der Anteil der impliziten Begründungsaufforderungen ist damit in beiden Jahrgängen deutlich höher und nahezu gleich.

Dies gilt auch bei der Betrachtung der Werte lediglich impliziter (und nicht auch expliziter) Aufgaben. In Jahrgang drei lassen sich 82 solcher Aufgaben (rund 9,8 % der Geometrieaufgaben im Jahrgang), in Jahrgang vier 84 (rund 8,1 % der Geometrieaufgaben im Jahrgang) finden.

In Bezug auf die Anforderungen in den Jahrgängen drei und vier kann somit festgehalten werden, dass implizite Begründungsaufforderungen in beiden Jahrgängen in vergleichbarer Häufigkeit gestellt werden. Dies erscheint in Hinblick auf die mögliche Spannbreite bei den Antworten auf implizite Begründungsaufforderungen plausibel (s. 3.3.2, 4.6.2).

Explizite Begründungsaufforderungen werden in Jahrgang vier dagegen deutlich häufiger verlangt als noch in Jahrgang drei.

Tab. 3.11 Häufigkeiten expliziter und impliziter Begründungsaufforderungen in den Jahrgängen

	Häufigkeiten in den Geometrieaufgaben (Jahrgang 3 n = 835, Jahrgang 4 n = 1042)			
	Jahrgang 3		Jahrgang 4	
	relativ	absolut	relativ	absolut
rein explizite Begründungsaufgaben	2,4 %	20	4,0 %	42
rein implizite Begründungsaufgaben	9,8 %	82	8,1 %	84
explizite und implizite Begründungsaufgaben	1,2 %	10	2,7 %	28
Begründungsaufgaben (gesamt)	13,4 %	112	14,8 %	154

3.3.5.3 Die verschiedenen Begründungskompetenzen und Inhaltsbereiche

Wie in 3.3.4 festgestellt, wird das Begründen in der Grundschule in verschiedenen impliziten und expliziten Begründungskompetenzen abgefragt. In welchem Umfang diese sieben Kompetenzen (*Begründen, Argumentieren, Erklären, Vermuten, Entdecken, Entscheiden und Prüfen*) bereits in den Schulbüchern der Grundschule vertreten sind, soll nachfolgend geklärt werden. Dabei kann aufgezeigt werden, welche Kompetenzen als Anforderungen vergleichsweise häufiger und welche seltener vorkommen.

Darüber hinaus soll die Betrachtung in Relation zu den verschiedenen geometrischen Inhaltskompetenzen helfen, die unterschiedlichen Anforderungen und naheliegenden Verknüpfungen verschiedener Begründungskompetenzen und Inhaltsbereiche herauszuarbeiten. Bei der Zuordnung der geometrischen Inhaltsbereiche wurde sich an den Bildungsstandards orientiert.

Bei den expliziten Begründungskompetenzen *Begründen, Argumentieren* und *Erklären* (s. Tab. 3.12) zeigen sich besonders deutliche Schwerpunkte. Die Mehrheit der expliziten Aufgaben fordert das Begründen direkt über das *Begründen* ein. Diese Kompetenz wird bei rund 28 % aller geometrischen Begründungsaufgaben abgefragt. Das Begründen im Rahmen des Argumentierens, aber auch des Erklärens einzufordern ist in den Geometrieaufgaben der Grundschule kaum etabliert. Diese Begründungskompetenzen werden nur in rund 9 % (*Erklären*) und 2 % (*Argumentieren*) aller geometrischen Begründungsaufgaben abgefragt.

Ein möglicher Grund hierfür könnte in der umfassenderen Anforderung und damit auch Komplexität der Kompetenz liegen. Die Angabe eines oder mehrerer Gründe ist eine klarer umrissene Aufgabenstellung als die Darstellung einer Argumentation.

Bei den impliziten Begründungskompetenzen *Vermuten, Entdecken, Entscheiden und Prüfen* (s. Tab. 3.12) fällt zunächst auf, dass es eine breitere Verteilung auf die verschiedenen Kompetenzen gibt. Die Schulbücher bieten somit recht vielfältige implizite Begründungsaufgaben. Dennoch sind auch hier Schwerpunkte erkennbar.

Entdecken zeigt sich als weitaus häufigste implizite Begründungskompetenz. 100 der 266 geometrischen Begründungsaufgaben (rund 38 %) sind Entdeckungsaufgaben. Eine ergänzende Betrachtung des Anteils an den Begründungsaufforderungen zeigt: Es bezieht sich etwa jede dritte Begründungsaufforderung (rund 32 %) in den Geometrieaufgaben auf eine Entdeckung. Beim „direkten" Begründen wäre das vergleichsweise nur etwa jede vierte (rund 24 %). Damit bietet das Entdecken als Anforderung in den geometrischen Begründungsaufgaben insgesamt die meisten Begründungsanlässe. Diese Ergebnisse betonen noch einmal die Relevanz der impliziten Aufgabenformate und die Notwendigkeit auch diese Aufgaben als Potential für das Begründen zu erkennen, wenn man diese Kompetenz möglichst oft fördern möchte.

Ein zweiter Schwerpunkt in den Schulbüchern liegt bei der Anforderung Entscheidungen zu treffen und diese möglichst zu begründen: Rund 35 % der geometrischen Begründungsaufgaben regen das Begründen durch das Entscheiden an. Beide Kompetenzen, sowohl *Entdecken* als auch *Entscheiden* sind auch einzeln betrachtet am häufigsten mit den geometrischen Inhalten aus den Bereichen *sich im Raum orientieren* und *geometrische Figuren* verknüpft.

In Bezug auf die Inhaltsbereiche zeigt sich, dass das Begründen insgesamt in den Schulbuchaufgaben insbesondere mit den Geometriebereichen *sich im Raum orientieren* und *geometrische Figuren* verknüpft wird. Die anderen drei Inhaltsbereiche *geometrische Abbildungen, Flächen- und Rauminhalte* sowie *Muster* werden in geringerer Anzahl als Begründungsinhalte gewählt, stellen aber dennoch weitere mögliche Begründungsinhalte dar.

Eine differenzierte Betrachtung der Aufgabenanzahlen bei den häufigsten Begründungskompetenzen *Begründen* und *Entdecken* in den Jahrgängen drei und vier gibt darüber hinaus Aufschluss über die Schwerpunkte in den beiden Jahrgängen (s. Tab. 3.13).

In Hinblick auf die Anzahl der Aufgaben, die das Begründens und Entdeckens verlangen, fällt auf, dass sich die Aufgabenanzahl beim Begründen von Jahrgang drei zu vier insgesamt nahezu verdoppelt. Im Vergleich dazu liegen

Tab. 3.12 Die Verteilung der Begründungskompetenzen und Inhaltsbereiche in den Aufgaben

	Anzahl der Begründungsaufgaben[a]	Anzahl der Begründungsaufforderungen[b]	Aufgabenanzahl je Begründungskompetenz (ggf. abweichende Aufforderungsanzahl)[c]						
			Begründen	Argumentieren	Erklären	Vermuten	Entdecken	Entscheiden	Prüfen
sich im Raum orientieren	81	101	26 (27)	0	4	0	34	28 (29)	7
geometrische Figuren	82	101	24 (25)	3	11	3	20	22	16 (17)
geometrische Abbildungen	29	30	7	0	3	3	9	8	0
Flächen- und Rauminhalte	42	46	11	2	1	4	17	2	9
Muster	32	37	6	1	4	0	20	6	0
Summe	266	315	74 (76)	6	23	10	100	66 (67)	32 (33)

[a]Die Aufgabenanzahl insgesamt ist niedriger als die Summe der Aufgabenanzahlen der einzelnen Begründungskompetenzen,da einige Aufgaben mehrfach implizite/explizite Begründungskompetenzen abfragen. Dies geschieht in der Regel durch verschiedene Teilaufgaben.
[b]Diese entsprechen der Summe der Aufforderungen je Begründungskompetenz. Bspw. sind es im Bereich *sich im Raum orientieren* 20 Aufgaben, die mehrfach Begründungskompetenzen abfragen (2 davon die gleiche mehrfach).
[c]Vier Aufgaben enthalten verschiedene Aufforderungen zu einer Begründungskompetenz. Diese stellen keine weitere Aufgabe der Kompetenz, wohl aber eine weitere Aufforderung dar (daher abweichende Aufforderungsanzahlen in Klammern).

beim Entdecken in beiden Jahrgängen bereits höhere und dichter beieinander liegende Anzahlen vor. In Jahrgang drei wird somit deutlich seltener das „reine" Begründen verlangt als in Jahrgang vier, jedoch schon annähernd gleich häufig ein Begründungsanlass durch Entdeckungsaufgaben geschaffen.

In Hinblick auf die Geometriebereiche, mit denen das Begründen und Entdecken inhaltlich verknüpft wird, liegt insbesondere beim Entdecken eine Verschiebung in den Jahrgängen vor.

Tab. 3.13   Vergleichende Betrachtung der Schwerpunkte der Jahrgänge 3 und 4

	Anzahl der Begründungsaufgaben	Aufgabenanzahl je Begründungskompetenz			
		Begründen		Entdecken	
		Jg. 3	Jg. 4	Jg. 3	Jg. 4
sich im Raum orientieren	81	10	16	12	22
geometrische Figuren	82	9	15	10	10
geometrische Abbildungen	29	4	3	4	5
Flächen- und Rauminhalte	42	1	10	2	15
Muster	32	1	5	16	4
Summe	266	25	49	44	56

Begründen wird in beiden Jahrgängen am häufigsten im Inhaltsbereich *sich im Raum orientieren* eingefordert. Daneben spielt *geometrische Figuren* in Jahrgang vier eine bedeutende Rolle.

Beim *Entdecken* dagegen fällt auf, dass die Kompetenz in Jahrgang drei am häufigsten mit dem Inhaltsbereich *Muster* verknüpft wurde, während es in Jahrgang vier erneut der Bereich *sich im Raum orientieren* ist. Daneben kommt *Flächen- und Rauminhalte* als typischer geometrischer Begründungsinhalt in Jahrgang vier hinzu.

3.3.6 Zusammenfassung der Ergebnisse

Insgesamt konnte mithilfe der Schulbuchanalyse ...

- das Ziel erreicht werden, die verschiedenen expliziten und impliziten Begründungskompetenzen der Grundschule mit ihren typischen Indikatoren in Aufgaben zu bestimmen und theoretisch zu konzeptualisieren (s. 3.3.4).
- mit der Sammlung sprachlicher Indikatoren zu der jeweiligen expliziten oder impliziten Begründungskompetenz ein theoretischer und praxisnaher Leitfaden für die Klassifizierung vorliegender und die Entwicklung neuer Aufgaben entwickelt werden.

- eine qualitative Ausdifferenzierung der vorliegenden Vielfalt geometrischer Begründungsaufgaben nach Begründungskompetenz und geometrischem Inhalt sowie Begründungsanlass und zu begründendem Aussagenelement bestimmt werden.

  Diese wurden im Rahmen der Dissertation als Grundlage für das Aufgabendesign verwendet (s. 4.3.3 und 4.3.4). Die verschiedenen Begründungsanlässe und Aussagenelemente können dort erklärend nachgelesen werden. Die Vielfalt der Begründungskompetenzen und Geometrieinhalte wurde unter 3.3.4 und 3.3.5 erläutert.

- eine quantitative Übersicht der vorhandenen Begründungsaufgaben und ihrer Verteilung auf die verschiedenen impliziten wie expliziten Begründungskompetenzen, Jahrgänge drei und vier sowie Geometrieinhalte geschaffen werden (s. 3.3.5).

Die in der Schulbuchanalyse herausgearbeiteten zentralen inhaltlichen Ergebnisse sind nachfolgend zusammengefasst.

- In den Schulbüchern lassen sich sowohl geometrische Begründungsaufgaben mit klar formulierter Begründungsaufforderung finden, als auch solche, die das Begründen lediglich durch einen deutlichen Begründungsgehalt und -anlass anregen. Diese werden zur deutlichen Unterscheidung in der vorliegenden Arbeit als *explizite* und *implizite Begründungsaufgaben* betitelt (s. 3.3.2).
- In den Schulbüchern konnten sieben grundschulrelevante Varianten des Begründens in Aufgaben unterschieden werden. Bei den expliziten Begründungsaufgaben konnten Aufgaben zum *Begründen, Argumentieren* und *Erklären* unterschieden werden, bei den impliziten Begründungsaufgaben Aufgaben zum *Vermuten, Entdecken, Entscheiden* und *Prüfen.* Alle sieben Begründungskompetenzen konnten in einem Leitfaden theoretisch konzeptualisiert und mit ihren typischen sprachlichen Aufforderungsbausteinen aufgabenbezogen beschrieben werden (s. 3.3.4).
- Nur rund 5 % der Geometrieaufgaben fragen das Begründen explizit ab. Unter Einbeziehung der impliziten Begründungsaufgaben bieten insgesamt 14 % der Geometrieaufgaben das Potential zu begründen (s. 3.3.5.1).
- Von Jahrgang drei zu Jahrgang vier nimmt die absolute Anzahl an Begründungsaufgaben, aber auch an Geometrieaufgaben insgesamt, zu. Der relative Anteil der Begründungsaufgaben ist aufgrund der steigenden Aufgabenanzahl insgesamt dennoch fast gleich (Jahrgang drei ca. 13 %, Jahrgang vier ca. 15 %).

In beiden Jahrgängen ist der Anteil impliziter Begründungsaufgaben deutlich höher und nimmt einen nahezu gleich großen Anteil ein (Jahrgang drei ca. 11,0 %, Jahrgang vier ca. 10,7 %. Der Anteil expliziter Begründungsaufgaben steigt von Jahrgang drei zu vier von ca. 3,6 % auf 6,7 % und verdoppelt sich damit beinahe (s. 3.3.5.2).

- Bei den Begründungskompetenzen ist *Begründen* die etablierteste explizite Begründungskompetenz und kommt in rund 28 % der Begründungsaufgaben vor. *Entdecken* ist implizit, aber auch insgesamt die am meisten verbreitete Begründungskompetenz in den Geometrieaufgaben. Dieses lässt sich in rund 38 % der Aufgaben wiederfinden (s. 3.3.5.3).

- In Bezug auf die Geometrieinhalte werden die Bereiche *sich im Raum orientieren* und *geometrische Figuren* am häufigsten mit Begründungskompetenzen verknüpft (s. 3.3.5.3).

- In beiden Jahrgängen ist das *Begründen* die häufigste explizite Kompetenz und wird am häufigsten im Inhaltsbereich *sich im Raum orientieren* eingefordert. *Entdecken* wird dagegen in Jahrgang drei am häufigsten im Inhaltsbereich *Muster* abgefragt. In Jahrgang vier ist es erneut der Bereich *sich im Raum orientieren* (s. 3.3.5.3).

Empirischer Teil II

Begründungskompetenzen bei Geometrieaufgaben in der Grundschule

Während im vorherigen Teil die aktuellen Anforderungen im geometrischen Begründen in der Grundschule anhand der Schulbuchanalyse empirisch erarbeitet und dargestellt wurden, liegt der Schwerpunkt in diesem zweiten empirischen Teil bei den in der Grundschule vorhandenen Begründungskompetenzen. Dieses Kapitel widmet sich dementsprechend der eigenen Studie mit Grundschulkindern der dritten und vierten Klasse und den erhobenen Antworten auf geometrische Begründungsaufgaben. Im Erkenntnisinteresse liegen dabei insbesondere die möglichen und erreichten Niveaustufen der Begründungskompetenz bei Geometrieaufgaben in der Grundschule.

In Abschnitt 4.1 werden zunächst das Erkenntnisinteresse der Studie und die Forschungsfragen dargestellt, ehe in 4.2 ein Überblick über die Pilotierungen und die daraus resultierenden Entscheidungen für die Hauptstudie gegeben. 4.3 bis 4.5 enthalten das für die Hauptstudie festgelegte Aufgabendesign, die Stichprobe und das aus den Forschungsfragen und der Pilotierung resultierende Durchführungsdesign. In Abschnitt 4.6 wird das unter Einbezug empirischer Daten entwickelte Niveaustufenmodell zur Erfassung und Darstellung der Spannbreite der vorliegenden Begründungen vorgestellt. Darauf aufbauend widmet sich Abschnitt 4.7 den Ergebnissen zu den vorliegenden Niveaustufen in den schriftlichen Antworten der Studie. Anschließend an eine zusammenfassende Betrachtung der Niveaustufenergebnisse folgen vertiefende Analysen, bei denen insbesondere mögliche Zusammenhänge zwischen den Niveaustufen einerseits und der Begründungsaufforderung, dem Geometriebereich und dem Jahrgang andererseits

Ergänzende Information Die elektronische Version dieses Kapitels enthält Zusatzmaterial, auf das über folgenden Link zugegriffen werden kann https://doi.org/10.1007/978-3-658-36028-3_4.

statistisch geprüft werden. Abschnitt 4.8 schließlich gibt einen Ausblick auf die vorliegenden Charakteristika geometrischer Begründungen. Unter Einbezug von bestehender Theorie und Fallbeispielen der Studie wird abschließend ein qualitativer Ansatz für ein geometrische Begründungen beschreibendes Kategorienmodell geschaffen.

4.1   Erkenntnisinteresse und Forschungsfragen

Die Darstellung bestehender empirischer Befunde zur Begründungskompetenz von Grundschulkindern im zweiten Kapitel hat ein differenziertes Bild aufgezeigt. Während Leistungsvergleichsstudien dem Begründen für die Grundschule meist einen sehr hohen Anspruch zuordnen und dieses höchstens in anspruchsvollen Aufgaben für wenige besonders leistungsstarke Kinder verorten (s. 2.2.1), weisen auf das Begründen fokussierte Studien auf ein umfassenderes vorhandenes Potential hin (s. 2.2.2.1). Diese Auffassung scheint insbesondere dann zu gelten, wenn eine lernorientierte und in diesem Sinne durch verschiedene Niveaus ausdifferenzierte sowie im Sinne kindgerechten Begründens auch breitere Sicht dessen verfolgt wird, was unter Begründen in der Grundschule zu verstehen ist. Als Fazit aus den Leistungsvergleichsstudien stellte sich daher die Frage, ob eine differenziertere Erfassung der Kompetenz durch unterschiedliche Aufgabenanforderungen und eine Niveauabstufung in der Auswertung nicht nur zu einem wesentlich umfassenderen und aussagekräftigeren, sondern auch zu einem leistungsstärkeren Bild der Begründungskompetenz von Grundschulkindern führen würde. Dafür sprechen auch die wenigen empirischen Ergebnisse vertiefender Studienergebnisse (s. 2.2.2.1). Erste Aufschlüsse darüber, was unter einem grundschulgerechten Begründen zu verstehen ist bzw. wie dieses charakterisiert werden kann, sind unter 2.2.2.2 zusammengefasst. Diese fokussieren jedoch insbesondere das interaktive und meist mündliche Begründen in Argumentationen des Mathematikunterrichts. Das schriftliche, individuell zu leistende Begründen verbleibt sowohl in Hinblick auf das Potential, die Niveaustufen als denkbare Abstufungen der Kompetenz als auch in Hinblick auf denkbare Kategorien als weitgehende Forschungslücke. Dies gilt noch einmal mehr, wenn das Begründen inhaltlich weiter spezifiziert wird. Das schriftliche Begründen bei Geometrieaufgaben in der Grundschule stellt eine somit eine weitreichende Forschungslücke dar.

In Hinblick auf die Praxis wird es als wesentlich erachtet, zu wissen, welche Abstufungen der Begründungskompetenz in der Grundschule bereits zu erwarten sind und für welche qualitativen Unterschiede und vielfältigen Möglichkeiten dieser Kompetenz eine Lehrkraft sensibel sein sollte. Dementsprechend wird es als übergeordnetes Ziel der Studie betrachtet, die Leistungsspannbreite und die Vielfalt der Begründungskompetenz in der Grundschule aufzuzeigen. Die Kenntnis beider Aspekte der Kompetenz kann es der Lehrkraft bspw. ermöglichen, auch Begründungsansätze und „einfache Begründungen" im Unterricht als solche zu erkennen, wertzuschätzen und einer größeren Schülergruppe als der Leistungsspitze zuzutrauen. Sie kann den Kindern auf dieser Basis aber auch bewusst vielfältige Zugänge zum Begründen anbieten, diese thematisieren und so eine (unbewusst) einseitige Behandlung des Begründens im Unterricht vermeiden. Die vorliegende Studie leistet hierzu einen Beitrag, indem aus der Theorie und den Daten der Vorstudie ein Niveaustufenmodell generiert wird, welches in seiner Passfähigkeit zu den Daten der Hauptstudie geprüft und anschließend für die Beantwortung konkreter, praxisrelevanter Forschungsfragen eingesetzt wird.

Ergänzend liegen durch die geometrischen Begründungen der Kinder empirische Fallbeispiele vor, die in Verbindung mit einer theoretischen Analyse möglicher Kategorien geometrischen Begründens genutzt werden können, um in einem ersten Kategoriensystem die vielfältigen bestehenden Charakteristika geometrischen Begründens in der Grundschule aufzuzeigen.

Im Rahmen der Studie stehen zwei zentrale Forschungsfragen zu den Niveaustufen im Vordergrund, wobei sich die zweite Forschungsfrage weiterführend in drei vertiefende Forschungsfragen aufgliedert. Alle fünf Fragen widmen sich den Niveaustufen und der damit möglichen Spannbreite der schriftlichen Begründungskompetenz. Die drei untergeordneten Fragen fokussieren zudem mögliche, durch das Aufgabenformat, den Geometriebereich und den Jahrgang bedingte Unterschiede in der Niveaustufenverteilung.

1. Welche Niveaustufen schriftlicher Begründungskompetenz lassen sich in den Antworten von Kindern der dritten und vierten Klasse bei geometrischen Begründungsaufgaben identifizieren?
2. Welche Niveaustufenverteilung zeigt sich in den schriftlichen Antworten von Kindern der dritten und vierten Klasse bei geometrischen Begründungsaufgaben?
   a) Zeigen sich Unterschiede zwischen implizit und explizit gestellten Begründungsaufgaben?
   b) Sind die Begründungskompetenzen im Bereich *Muster und Strukturen* höher als im Bereich *Raumvorstellung*?
   c) Befinden sich die Antworten des Jahrgangs vier auf einer höheren Niveaustufe als die Antworten des Jahrgangs drei?

Die erste Forschungsfrage fokussiert die Formulierung altersangemessener und für den Kontext der Geometrie passfähiger Niveaustufen. Der herausgearbeitete Forschungsstand (s. 2.3) zeigt diesbezüglich einen deutlichen Forschungsbedarf auf. Die wenigen theoretisch vorliegenden Ansatzpunkte sollen aufgegriffen und überprüft sowie mittels der erhobenen Daten der Vorstudie ggf. erweitert werden. Auf diese Weise soll ein adäquates Niveaustufenmodell für das geometrische Begründen in der Grundschule herausgearbeitet werden. Neben der offenen Generierung weiterer Niveaustufen ist es in Hinblick auf die theoretische Anknüpfung (s. 2.2.2.2, 2.3) insbesondere von Interesse, ob die Abstufung zwischen beispielbezogenem und verallgemeinertem Begründen auch für Begründungen von Grundschulkindern in der Geometrie bestätigt werden kann, und, ob auch Grundschulkinder bereits mehrere aufeinander aufbauende Schlüsse für ihre Begründung nutzen.

Die zweite Forschungsfrage bezieht sich auf die bereits in Niveaustufen eingeordneten Daten der Hauptstudie und deren Verteilung. Dabei steht im Vordergrund, wie viele Antworten der Kinder der dritten und vierten Klasse sich auf bestimmten Niveaustufen beim schriftlichen geometrischen Begründen befinden. Die untergeordneten Forschungsfragen stellen die Niveaustufenverteilungen bei gezielter Variation in der Aufgabenstellung (*implizite, explizite Begründungsaufgabe*), dem Inhaltsbereich (*Muster und Strukturen, Raumvorstellung*) und Jahrgang (3, 4) gegenüber. Damit sollen ggf. vorliegende praxisrelevante Unterschiede in der Niveaustufenverteilung aufgezeigt werden.

Forschungsfrage 2a fokussiert den aus der Schulbuchanalyse herausgearbeiteten Unterschied zwischen impliziten und expliziten Aufgabenstellungen. Es soll untersucht werden, inwieweit diese unterschiedlichen Aufgabenformate geeignet sind, um Begründungen einzufordern und ob in Bezug auf deren Niveaustufen bedeutende Unterschiede vorliegen. In diesem Rahmen ist es insbesondere von Interesse, ob und ggf. auf welchem Niveau Kinder auch bei den häufig in Schulbüchern verwendeten impliziten Aufgabenstellungen begründen. Auf Basis der vorliegenden Erkenntnisse kann angenommen werden, dass insbesondere das selbstständige Erkennen einer Begründungsnotwendigkeit eine Herausforderung darstellt (s. 2.2.2.1).

Zudem ist es bzgl. der häufig in der Praxis eingesetzten impliziten Aufgabenformate von Interesse, ob die vorliegenden Begründungen ein niedrigeres, vergleichbares oder höheres Niveau aufweisen als die auf explizite Aufforderungen. So könnte bspw. angenommen werden, dass der individuell mögliche Zugang zu einer Entdeckung zu tiefergehenden Einsichten und damit auch qualitativ höheren Begründungen führt als eine vorgegebene zu begründende Aussage.[1] Vorliegende Erkenntnisse sprechen außerdem dafür, dass im Begründungsverhalten bedeutende Klassenunterschiede bestehen, die auf unterschiedliche Begründungskulturen zurückzuführen sind (s. 2.2.2.3). Diese Annahme soll begleitend für die zweite Forschungsfrage und alle drei untergeordneten Forschungsfragen, aufgrund der Forschungslage jedoch insbesondere für das Begründungsverhalten bei impliziten Aufgabenstellungen, überprüft werden.

Forschungsfrage 2b fokussiert die beiden ausgewählten Inhaltsbereiche und soll näher untersuchen, inwieweit diese Geometriebereiche geeignet sind, Begründungen auf verschiedenen Niveaustufen abzufragen. Dazu soll überprüft werden, ob Begründungen im zweidimensional gehaltenen Inhaltsbereich *Muster und Strukturen* leichter fallen bzw. auf einem höheren Niveau stattfinden als Begründungen im dreidimensionalen Bereich *Raumvorstellung*. Dies könnte insbesondere aufgrund der herausfordernden Versprachlichung räumlicher Vorstellungsprozesse der Fall sein.[2]

Forschungsfrage 2c fokussiert ggf. vorliegende Unterschiede zwischen den Antworten der Kinder des dritten und vierten Jahrgangs. Es soll der Frage nachgegangen werden, ob die fehlenden Unterschiede in der Begründungskompetenz entsprechend der Studie von Neumann, Beier und Ruwisch (s. 2.2.3) zur arithmetischen Begründungskompetenz bestätigt werden können oder ob der weitere Entwicklungs- und Lernstand der Viertklässlerinnen und Viertklässler zu einem höheren Niveau der Begründungsantworten führt. Darüber hinaus sind Unterschiede in der Verteilung der Niveaustufen der Antworten und ggf. entsprechende Verschiebungen von Klasse drei zu vier von Interesse.

4.2 Von den Pilotierungen zur Anlage der Hauptstudie

Vor der Hauptstudie erfolgten eine Reihe von Pilotierungen (s. Abb. 4.1) Diese dienten zum einen dazu, die Aufgabenstellungen in ihrem Verständnis, Umfang und Schwierigkeitsgrad zu überprüfen. Zum anderen wurden auch einige methodische Entscheidungen bzgl. des Durchführungsdesigns und der anvisierten Stichprobe für die Hauptstudie kritisch reflektiert und empirisch abgesichert bzw. angepasst. Dies betrifft insbesondere die schriftliche Durchführung, die Angemessenheit der Durchführung in Klassenstufe drei und vier sowie den Einsatz einer

---

[1] Vgl. Winter 2016, S. 1–6.
[2] Vgl. Mizzi 2017, S. 156–174.

impliziten und expliziten Aufgabenvariante. Diese wurden auf Basis der Beobachtungen und Aufgabenantworten der Pilotierungen endgültig für die Hauptstudie festgelegt.

Die Datenerhebungen (s. Abb. 4.1) erfolgten jeweils zum Ende des dritten bzw. vierten Schuljahres und somit in einem weitgehend vergleichbaren Zeitraum von Mitte Mai bis Mitte Juli 2015 und 2016.

Aufgabenverständnis und Schwierigkeitsgrad: Um das Aufgabenverständnis sicherzustellen, wurden die Nachfragen während der jeweiligen Durchführung notiert sowie die Aufgabenantworten hinsichtlich der Passfähigkeit zu der intendierten Fragestellung gesichtet. Des Weiteren wurden Schülerinnen und Schüler, die das Arbeitsblatt fertig gestellt hatten, gebeten, Aufgaben, die sie besonders schwierig fanden, auf der Rückseite aufzuschreiben. Häufig nicht bearbeitete oder falsch bearbeitete Aufgabenstellungen wurden noch einmal überprüft, um möglichst sicherzustellen, dass die Kinder die Aufgaben in der Hauptstudie auch bearbeiten können. In diesem Rahmen und für die Festlegung entsprechender Aufgabenstellungen ist insbesondere die zweite Pilotierung mit elf nach Einschätzung der Autorin aus ihrem Mathematikunterricht besonders leistungsstarken und redegewandten Kindern aus zwei vierten Klassen hervorzuheben. Hier wurden die vertraute Atmosphäre und das eigene Wissen über das Leistungspotential der Kinder genutzt, um in mündlichen Einzelsituationen und Kleingruppen bei schriftlicher Bearbeitung mit anschließendem Gespräch offen und konstruktiv über die Aufgaben und ihre Hürden zu sprechen. Dabei wurden die Kinder in den Einzelsituationen aufgefordert, ihre Gedanken im Sinne des lauten Denkens zu verbalisieren. Zudem wurden gezielte Nachfragen zu den Aufgaben gestellt wie „Verstehst du die Aufgabe?", „Was soll hier begründet werden?" oder bei bestehender Schwierigkeit „Was hast du noch nicht so ganz verstanden?" Bei bestehenden Schwierigkeiten wurden die Kinder außerdem nach Verbesserungsideen gefragt oder es wurden Alternativen vorgeschlagen und diskutiert („Würdest du die Aufgabe besser verstehen, wenn …?"). Auch nach der Bearbeitung der Aufgaben wurden die Kinder noch einmal rückblickend um eine Einschätzung der Schwierigkeit der Aufgaben gebeten. Insofern erfolgte hier zusätzlich zu den regulären Erprobungen im Sinne einer klassischen Pilotierung eine offene Besprechung der Aufgaben mit den Kindern, die videografiert und anschließend mit Rückgriff auf die Notizen, Videos und Antworten für die Aufgabenüberarbeitung genutzt wurde. An dieser Stelle wurden bewusst leistungsstarke Kinder ausgewählt, um mithilfe der Pilotierung auch das ausreichende Potential der Aufgaben für die Niveaustufen nach oben hin sicherzustellen und festzustellen, inwieweit die Aufgaben auch leistungsstarke Viertklässlerinnen und Viertklässler fordern.

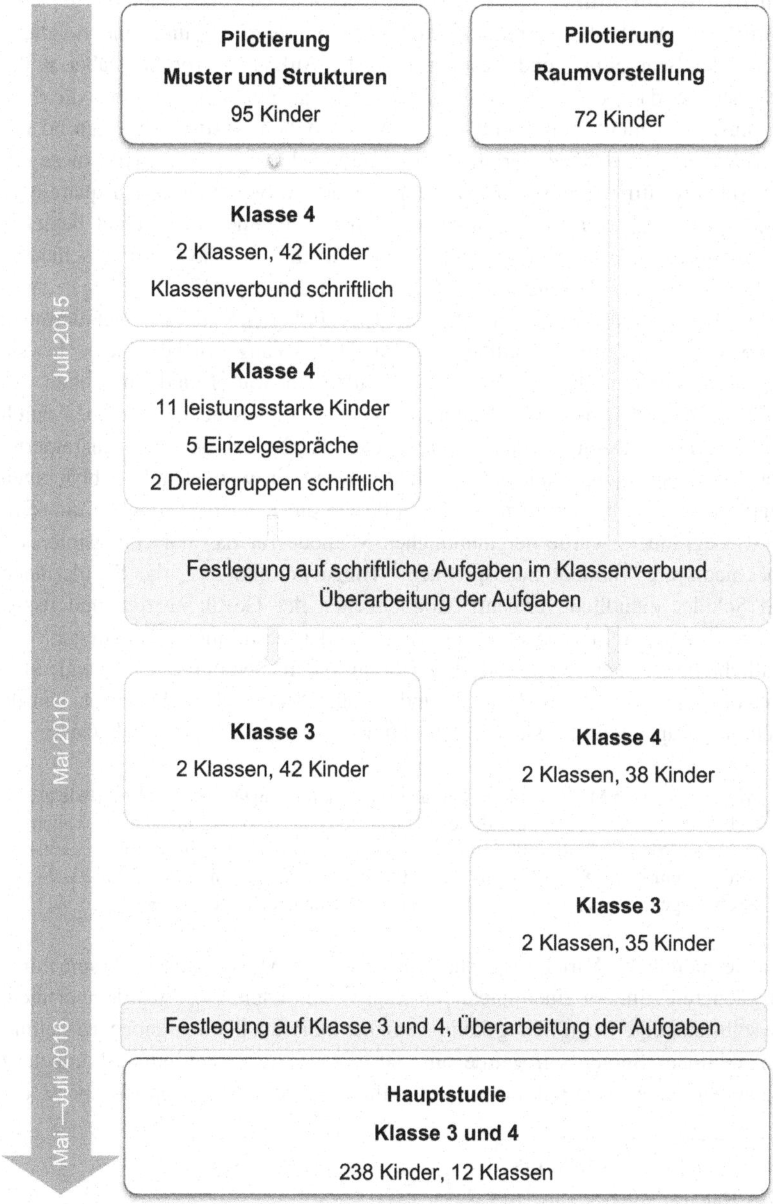

Abb. 4.1 Überblick über die Datenerhebungen

Schriftliche Durchführung: Mit den Einzelgesprächen wurde auch die geplante schriftliche Durchführung noch einmal kritisch hinterfragt und eine mögliche mündliche Bearbeitung und Beantwortung der Aufgaben erprobt. Dabei stellte sich heraus, dass diese Durchführungsform zwar möglich, aber für die Forschungsfragen nicht zielführend ist. Im Wesentlichen wurde sich aufgrund der starken (versuchten) Orientierung an der Interviewleiterin (Wann wirkt diese mit der Antwort zufrieden? Wann akzeptiert sie die Antwort?) und den quantitativ zwar umfangreicheren, jedoch auch von einer Abnahme der Qualität begleiteten mündlichen Antworten gegenüber den schriftlichen Antworten entschieden. In der mündlichen Durchführung zeichnete sich der Nachteil der weniger „neutralen" Untersuchungssituation als zu stark beeinflussend ab.[3] Die Schülerinnen und Schüler tendierten mündlich verstärkt dazu, solange zu begründen, bis sie das Gefühl hatten, dass ihr Gegenüber zufrieden war. Mündlich könnte auf diese Weise höchstens das Begründungspotential eines Kindes nach oben durch Nachfragen gemessen werden, weniger aber das Niveau und die Charakteristika des selbstständigen und von der Interviewleiterin weitgehend unabhängigen Begründens. Da aber erhoben werden soll, wie die Kinder (von außen unbeeinflusst) begründen, wurde der mündlichen Methode für das Forschungsinteresse eine niedrigere Validität zugesprochen.[4] Hinzu kommt, dass die Schülerinnen und Schüler mündlich vermehrt Möglichkeiten der Gestik nutzten und bspw. auf bestimmte Abbildungselemente zeigten oder bestimmte Bewegungen verdeutlichten statt hierfür passende Begriffe zu finden. Sprachlich nicht eindeutige Antworten wie „Weil das da so ist und da auch." oder „Das dreht sich von da nach da." waren typisch. Diese Beobachtung bestätigt das Ergebnis Fetzers:

> „Wenn Kinder im Mathematikunterricht argumentieren, nutzen sie sowohl verbale als auch non-verbale Formen, um die einzelnen Elemente ihrer Argumentation explizit und somit für ihre Mitschüler und Mitschülerinnen und/oder Lehrperson nachvollziehbar zu machen. Sie fassen nicht alles in Worte, sondern nehmen die Chance wahr, durch Zeigen, Ausprobieren, Zeichnen oder Verschieben zu überzeugen."[5]

Für die mündliche Variante spricht damit zwar die Möglichkeit auch sprachlich schwächeren Kindern einen leichteren Zugang zu bieten, diese würde aber nicht die selbstständige Begründungskompetenz bei individuellen Aufgabenbearbeitungen abbilden. Stattdessen würde auf diese Weise die Begründungskompetenz gegenüber einer weiteren Person abgebildet werden, wobei entsprechend der

---

[3] Vgl. Aeppli et al. 2016, S. 165.

[4] Vgl. Hug und Poscheschnik 2015, S. 95.

[5] Fetzer 2011, S. 44.

Situation dann vielfältigere Handlungsmöglichkeiten zur Vermeidung sprachlicher Explikation genutzt werden könnten. Verschiedene Grundschullehrkräfte in den Interviews Bezolds berichteten ebenfalls von solchen Beobachtungen und wiesen gleichzeitig auf eine Hemmschwelle des Aufschreibens hin,[6] die auch in der Pilotierung dieser Studie vereinzelt beobachtet werden konnte. Aufgrund des oft ungewohnten Aufgabenformats fragten einige Kinder, was sie dort nun aufschreiben sollten, konnten die Aufgaben aber mündlich ausführlich beantworten und nach Ermunterung auch eine Antwort notieren. Als Konsequenz hieraus wurden die Kinder bei fehlenden Antworten in der schriftlichen Durchführung nach ihren Gedanken gefragt und konsequent ermuntert, diese auch aufzuschreiben. Eine Bewertung wurde dabei stets vermieden. Dieser Aspekt erfordert zwar eine gute Beobachtung während der Durchführung und eine Kontrolle bei der Abgabe (vor Ablauf der Bearbeitungszeit), spricht jedoch nicht per se gegen eine schriftliche Durchführung. Entscheidender ist, dass die schriftsprachlichen Pilotierungen insgesamt sprachlich präzisere und stärker zusammengefasste Begründungsantworten zeigten. Gleichzeitig boten sie auch schwächeren Schülerinnen und Schüler gute Bearbeitungsmöglichkeiten. Visualisierungen waren zudem als Hilfsmittel, entsprechend des geometrischen Charakters der Aufgaben, auf Papierebene jederzeit möglich. Somit wurde hier keine Notwendigkeit der Abänderung der Fragestellung aufgrund einer Überforderung mit der schriftlichen Durchführung gesehen.

Nach der Festlegung auf die schriftliche Erhebungsmethode wurde im Rahmen der Pilotierung sichergestellt, dass alle vier Aufgabenvarianten (*Muster und Strukturen explizit*, *Muster und Strukturen implizit*, *Raumvorstellung explizit* und *Raumvorstellung implizit*) schriftlich in je einer dritten und vierten Schulklasse erprobt wurden. Die schriftliche Pilotierung im Klassenverbund erfolgte daher in acht Schulklassen (s. Abb. 4.1).

Klassenstufe drei und vier: Zur Absicherung der Schwierigkeit der Aufgaben bzw. der angemessenen Klassenstufen für die Stichprobe erfolgte die Pilotierung jeder Aufgabenvariante immer zunächst in Klasse vier und erst dann in Klasse drei. Wären die Aufgaben für Klasse vier bereits zu schwierig gewesen, wäre dies ein klarer Hinweis auf eine grundlegend notwendige Überarbeitung der Aufgabenschwierigkeit oder auf einen notwendigen Verzicht auf die Stichprobenausweitung auf Klasse drei gewesen. Als Indikator hierfür wurde die Beantwortung der Aufgaben (unabhängig von ihrem Niveau, bei dem eine Spannbreite ja intendiert ist) gewertet. Da jedoch auch die dritten Klassen die Aufgaben

---

[6] Vgl. Bezold 2009, S. 324–325.

umfassend beantworten konnten, wurde die Stichprobe für die Hauptstudie nach der Pilotierung endgültig auf Klasse drei und vier festgelegt.

Anzahl der Aufgaben und Aufgabenvarianten: Zur Abschätzung des Zeitbedarfs für die Aufgabenbearbeitung sowie für den direkten Vergleich der expliziten und impliziten Aufgabenstellung wurde jedem Kind in der schriftlichen Pilotierung die Aufgabe 1 bis 3 in der einen, und Aufgabe 1 noch einmal zusätzlich in der anderen Variante gegeben. Für Nummer 1 war somit bei jedem Kind ein direkter Vergleich der Bearbeitungen in der impliziten und expliziten Aufgabenvariante möglich. Dabei wurden je Jahrgang und Inhaltsbereich beide Reihenfolgen getestet. Die Kinder der einen Klasse erhielten dementsprechend ein Aufgabenset aus Nummer 1, 2 und 3 mit impliziter Begründungsaufforderung und Nummer 1 mit expliziter Begründungsaufforderung, die Kinder der anderen Klasse ein Aufgabenset aus Nummer 1, 2, 3 mit expliziter Begründungsaufforderung und Nummer 1 mit impliziter Begründungsaufforderung. Aus diesem Grund umfasst die schriftliche Pilotierung insgesamt acht Schulklassen (s. Abb. 4.1). Die einzelnen Kinder bearbeiteten dementsprechend in einer Schulstunde, je nach Arbeitstempo, bis zu vier Aufgaben. Dabei zeigte sich, dass viele Kinder dieses zeitlich bewältigen und so gut wie alle Kinder drei Aufgaben in der Zeit bearbeiten konnten. Daher wurde die Bearbeitung von drei Aufgaben (insgesamt zwölf Teilaufgaben) als zeitlich passend für die Hauptstudie gewertet, um diese in Ruhe bearbeiten zu können. Die impliziten und expliziten Aufgabenvarianten von Nummer 1 wurden von den Kindern zwar häufig als ähnlich empfunden, aber nicht identisch beantwortet. Es konnte mittels der Pilotstudie sichergestellt werden, dass die impliziten und expliziten Begründungsaufgabenvarianten selbst bei denselben Kindern und annähernd zeitgleicher Durchführung zu unterschiedlichen Begründungen führen. Dies galt unabhängig von der Reihenfolge der Bearbeitung der impliziten und expliziten Aufgabe. Begründungen lagen zudem bei einigen Kindern in der impliziten Variante vor, bei anderen nicht, so dass das implizite Aufgabenformat auch bezüglich des Begründungsbedürfnisses Unterschiede versprach. Insgesamt wurde daher der Einsatz beider Aufgabenformate für die Haupstudie und die nähere Untersuchung der dabei variierenden Niveaus nach der Pilotierung als sinnvoll gewertet.

Modellgrundlage: Über die Pilotierung der Aufgaben und des Durchführungsdesigns hinaus dienten die Daten der Pilotstudie, neben der Theorie, als Grundlage für ein erstes Niveaustufenmodell für die Auswertung der Hauptstudie (s. 4.6.1, 4.6.2).

4.3 Aufgabendesign

Aus dem Ziel, die unter 4.1 dargestellten Forschungsfragen zu beantworten, können einige Anforderungen an die Aufgaben als Erhebungsinstrument der Studie abgeleitet werden. Diese spiegeln sich in der grundlegenden Konstruktion und in den einzelnen Aufgabengestaltungen wider. Aber auch die in der Schulbuchanalyse herausgearbeiteten Anforderungen und Strukturen der Begründungsaufgaben fließen wesentlich in die Aufgabenkonstruktion ein.

Das vollständige Aufgabensatz der drei Aufgaben bzw. zwölf Teilaufgaben in vier Varianten ist im Anhang C im elektronischen Zusatzmaterial einsehbar. Das Aufgabenset umfasst somit insgesamt 48 Teilaufgaben, die gemäß der Forschungsfragen schriftlich, aber auch mit möglicher Visualisierung und individuell zu lösen sind.

4.3.1 Grundsätzliche Gestaltungsmerkmale

Den konstruierten Aufgaben wurden die nachfolgenden fünf Gestaltungsmerkmale zugrunde gelegt. Diese begründen sich in den Forschungsfragen und -zielen und werden nachfolgend mit der dahinter liegenden Intention erläutert.

- selbstdifferenzierendes, offenes Aufgabenformat
- leichter Zugang zur Aufgabe (weitgehend unabhängig vom Vorwissen)
- Strukturgehalt (ausreichend komplex)
- Vielfalt der Anforderungen und Antwortmöglichkeiten
- schriftsprachlich erwartete Antworten mit dem Angebot der Visualisierung

Für die Beantwortung der Forschungsfragen 1 *Welche Niveaustufen schriftlicher Begründungskompetenz lassen sich in den Antworten von Kindern der dritten und vierten Klasse bei geometrischen Begründungsaufgaben identifizieren?* und 2 *Welche Niveaustufenverteilung zeigt sich in den schriftlichen Antworten von Kindern der dritten und vierten Klasse bei geometrischen Begründungsaufgaben?* ist es notwendig, dass die Aufgabenantworten eine hohe Varianz in den Aufgabenbearbeitungen bzw. Niveaustufen abbilden. Ein übliches Vorgehen zur Generierung solcher Niveaustufenmodelle mit entsprechenden Verteilungsdaten wurde bereits im Rahmen der Leistungsvergleichsstudien beschrieben. Bei diesem Verfahren werden die Aufgaben hinsichtlich verschiedener Merkmale gezielt konstruiert und es wird anhand der Ergebnisse statistisch geprüft, welche Schwierigkeitswerte sich für welche Aufgaben und die zugehörigen zu leistenden Anforderungen ergeben. Eine Niveaustufenanordnung ergäbe sich dann aus den Schwierigkeitswerten. Ein solches psychometrisches Vorgehen auf Erhebungs- sowie Auswertungsebene erscheint in Hinblick auf die aktuell noch dürftige Studienlage und in Hinblick auf die fokussierte Fragestellung nicht passend. Voraussetzung dafür wären bekannte, unterschiedliche und gezielt durch Aufgaben abfragbare Begründungsformen, die dann hinsichtlich der Schwierigkeit geordnet und über Punkte quantifiziert werden könnten. Diese sind für die Grundschule jedoch einerseits nicht ausreichend bekannt, andererseits erscheint eine derart gezielte und normierte Abfrage bestimmter einheitlicher Begründungen durch Aufgaben unrealistisch, sofern nicht nur bestimmte Definitionen abgerufen werden sollen. Hier entsteht also ein Widerspruch zu den anvisierten, theoretisch noch nicht abgesicherten verschiedenen Begründungsniveaus und -formen und deren Erhebung. Da in der vorliegenden Studie zudem großer Wert darauf gelegt wird, weitere Möglichkeiten erreichbarer Niveaustufen nicht durch eine starre Festlegung der richtigen Antwortmöglichkeit von vorneherein auszuschließen, sprechen die genannten Aspekte einheitlich für ein offeneres Aufgabenformat. Wenn eine Aufgabe allerdings die Möglichkeit bietet, ganz unterschiedlich bearbeitet werden zu können und demnach auch in den Anforderungen variabel sein kann, können den Aufgaben per se keine einheitlichen Anforderungsniveaus zugeordnet werden, sondern nur den Antworten ein erreichtes Begründungsniveau. Daher wird ein zu den Leistungsvergleichsstudien ähnliches Auswertungsverfahren ausgeschlossen.

Das gewählte offene Aufgabenformat hat demgegenüber den Vorteil, dass die Daten theoriebestätigend, aber auch -bildend analysiert werden können. Die vorliegenden qualitativen Antworten sollen zwar in der Auswertung in Niveaustufen und Kategorien eingeordnet werden können, diese müssen jedoch anhand der Daten auch kritisch bestätigt bzw. korrigiert oder überarbeitet und ggf. auch erweitert werden können.

Rückblickend auf bestehende Niveaustufenmodelle (s. 2.3) und die intendierte Anknüpfung an die Theorie sollen die Aufgaben das Potential besitzen, sowohl beispielbezogen als auch verallgemeinernd begründend beantwortet werden zu können. Die Begründung sollte außerdem sowohl durch die Angabe eines Grunds als auch in aufeinander aufbauenden Schlüssen möglich sein. Darüber hinaus sollten aus den Daten bei Bedarf weitere, bisher nicht in den Modellen enthaltene Niveaustufen generiert werden können. Hier bietet ein offeneres und vielfältige, verschiedene Antworten generierendes Aufgabenformat mehr Potential und ist somit für die Fragestellung forschungsmethodisch passfähiger. Die Aufgaben sollen dementsprechend möglichst selbstdifferenzierend in Bezug auf die möglichen Niveaustufen und gewählten Begründungen in den Antworten sein. Das bedeutet, sowohl Schülerinnen und Schüler einer besonders niedrigen Niveaustufe als auch einer besonders hohen Niveaustufe sollen einen Zugang zu der Aufgabe haben und auf die gleiche Aufgabe entsprechend ihres Niveaus eine unterschiedliche Begründungsantwort geben können. Das erscheint neben den forschungsmethodischen Überlegungen auch didaktisch, in Hinblick auf die Motivation und Möglichkeit Begründungsaufgaben auch bei niedrigerem Leistungsniveau beantworten zu können, sinnvoll. Sowohl für eine niedrige Eingangsschwelle als auch für ein Potential nach oben ist ein gewisser Strukturgehalt in den Aufgaben notwendig. Dies deckt sich mit dem festgehaltenen Kompetenzbegriff (s. 2.1), der davon ausgeht, dass eine Kompetenz nur dann gezeigt werden kann, wenn die entsprechenden Voraussetzungen vorliegen, aber auch eine ausreichend komplexe Anforderungssituation gestellt wird. *Komplex* wird dabei nicht als schwierig, sondern als strukturell gehaltvoll gegenüber einer Wissens- bzw. Routineabfrage verstanden.

Die Aufgaben werden, vergleichbar mit den schulischen Anforderungen in Schulmaterialien, schriftsprachlich gestellt und die Antworten werden grundsätzlich auch schriftsprachlich erwartet. Diese Entscheidung steht in Übereinstimmung mit der theoretischen Auffassung, dass geforderte Schriftsprache sowohl eine tiefere Durchdringung der mathematischen Zusammenhänge als auch ein höheres sprachliches Niveau bewirken kann.[7] Fetzer, die in ihrer Studie kollektive Verschriftlichungsphasen untersucht, spricht auch davon, dass die Verschriftlichung für einen gedachten Rezipienten „das Auslösen eines qualitativen Umschwunges zu mehr kommunikativer Distanz, zu größerer Präzisierung und zunehmender Konventionalisierung mathematischer Sachverhalte"[8] begünstigt. Dies deckt sich mit den Feststellungen der Pilotierungen (s. 4.2), die ebenso zur Auswahl der schriftsprachlichen Variante führten.

Die Schülerinnen und Schüler antworteten in der Pilotierung aufgrund der fehlenden Verwendungsmöglichkeit von Gesten sprachlich präziser und damit eindeutiger sowie gleichzeitig zusammengefasster als mündlich. Zudem zeigte sich diese Variante als deutlich passfähiger zu der Fragestellung nach der individuellen und selbstständigen Begründungskompetenz (s. 4.2) gegenüber der mündlichen Einzelsituation und der bei dem Gegenüber gesuchten Begründungsakzeptanz.

Neben den schriftsprachlichen Antworten sollen entsprechend der Begründungsmöglichkeiten in der Geometrie auch Visualisierungen als Hilfestellung genutzt werden dürfen. Damit sind sowohl gegebene Abbildungen, in denen markiert oder bei denen etwas eingezeichnet werden kann, aber auch ganz eigene

---

[7] Vgl. Neumann et al. 2014, S. 115.
[8] Fetzer 2007, S. 220.

Skizzen gemeint. Insbesondere in Hinblick auf die im Ausblick thematisierte Fragestellung danach, wie sich Begründungen von Grundschulkindern bei Geometrieaufgaben charakterisieren lassen, soll dieses Potential als Möglichkeit für die Begründungsantworten offengehalten werden. Die Aufgabenstellungen sind dementsprechend zwar schriftsprachlich gestellt, beinhalten aber auch immer zugehörige Abbildungen. Die Antwort wird schriftsprachlich erwartet, kann aber auch immer durch Visualisierungen unterstützt werden. Dabei sind sowohl Markierungen in den Abbildungen als auch zusätzliche eigene Zeichnungen daneben oder auf der Rückseite explizit erlaubt. Die Kinder entscheiden hier selbst.

4.3.2 Vier parallel angelegte Kategorien von Aufgaben

Während die grundsätzlichen Gestaltungsmerkmale sich eher auf allgemeindidaktische Aufgabenmerkmale beziehen, die sich aus den Forschungsfragen und -zielen ergeben, zeigen die vier parallel angelegten Kategorien die spezifischere Gestaltung im Sinne des Studiendesigns und des gewählten inhaltlichen Fokus der Studie deutlicher auf.

Das grundlegende Aufgabendesign besteht dabei aus vier verschiedenen, parallel angelegten Kategorien von individuell und schriftlich zu lösenden Aufgaben, die auch als unterschiedliche *Aufgabenvarianten* bezeichnet werden und einen entscheidenden Einfluss auf das später erläuterte Durchführungsdesign der Studie besitzen. Das übergeordnete Ziel ist es, mithilfe der vier Kategorien *explizit*, *implizit* sowie *Muster und Strukturen* und *Raumvorstellung* die Spannbreite und Vielfalt der geometrischen Begründungen zu erhöhen und Vergleiche zwischen den Kategorien zu ermöglichen.

Für die angestrebte Niveaustufenerfassung mit dem zu berücksichtigenden Merkmal der selbst zu erkennenden Begründungsnotwendigkeit und damit insbesondere für die Beantwortung der untergeordneten Forschungsfrage *Zeigen sich Unterschiede zwischen implizit und explizit gestellten Begründungsaufgaben? (2a)* wurden parallel gestaltete Aufgaben mit impliziter und expliziter Begründungsaufforderung entwickelt (s. Tab. 4.1). *Implizite* und *explizite Begründungsaufgaben* wurden auf Basis der Schulbuchanalyse und in Anlehnung bzw. Abgrenzung zu verschiedenen theoretischen Positionen definiert (s. 3.3.2). Dementsprechend werden unter *explizite Begründungsaufgaben* für die Studie Aufgaben verstanden, die eine explizit formulierte Begründungsaufforderung und damit eine deutlich vorgegebene Begründungsnotwendigkeit beinhalten. Die Begründung ist somit ein notwendiger Bestandteil der Antwort. Dahingegen beinhalten *implizite Begründungsaufgaben* nur einen gegebenen Begründungsanlass bzw. -gehalt. Die

Begründungsnotwendigkeit ist selbst zu erkennen und die Antwort ist zwar ohne Begründung möglich, wird aber erst durch diese nachvollziehbar. In der Studie handelt es sich hierbei um Entdeckungsaufgaben. Mithilfe von Fragestellungen wie *Was fällt dir auf?* oder *Was passiert, wenn...?* wird ein Begründungspotential aufgebaut. Ein Kind kann seine Entdeckung dann schlicht beschreiben oder durch eine Begründung zusätzlich plausibel darstellen und in diesem Sinne nachvollziehbar machen. *Entdecken* wurde neben den weiteren in der Schulbuchanalyse herausgearbeiteten impliziten Begründungsaufgabenmöglichkeiten des *Vermutens*, *Beurteilens*, *Entscheidens* und *Prüfens* (s. 3.3.4) ausgewählt, da es sowohl in Klasse drei als auch in Klasse vier die häufigste Anforderung in den Schulbüchern darstellt (s. 3.3.5.3) und eine große Vielfalt möglicher Begründungsanlässe bietet. Gleichzeitig sind die inhaltlichen Voraussetzungen vergleichsweise gering. Die für eine Begründung notwendigen Aspekte können in die Aufgabe als „zu entdeckend" eingebaut werden und müssen nicht bereits im Unterricht behandelt worden sein. Dies ist im Sinne der Forschungsfragen und des Fokus auf der Begründungskompetenz besonders zweckdienlich.

Für die konkrete und parallele Gestaltung impliziter und expliziter Aufgabenstellungen ergibt sich das in Tabelle 4.1 dargestellte Konstruktionsschema.

Tab. 4.1 Das Aufgabendesign expliziter und impliziter Begründungsaufgaben

	Explizit	Implizit
Aussage	vorgegebene Aussage (gänzlich oder durch eine eigene Lösung vorab gegeben)	Frage nach einer Aussage (eine Entdeckung oder eine Lösung auf Basis einer Entdeckung)
Begründung	Aufforderung zur oder Frage nach einer Begründung	
Beispiel	*Folge c kann man aus den Teilen von Folge a und b zusammenbauen.* *Begründe!*	*Vergleiche die Folgen a und b mit der Folge c. Was fällt dir auf?*

Dabei ist die zu begründende Aussage entweder bereits vorgegeben (explizit) oder es wird erst nach einer eigenen Aussage gefragt (implizit). Bei den expliziten Begründungsaufgaben ist die gegebene Aussage also zunächst nachzuvollziehen. Anschließend folgt eine deutliche Begründungsaufforderung hierzu. Das Kind wird also aufgefordert, die vorgegebene Aussage zu begründen. Bei den impliziten Begründungsaufgaben ist die Aussage dagegen von dem jeweiligen Kind selbstständig zu finden und zu formulieren. Dementsprechend ist bei der zu begründenden Aussage mehr kognitive Eigenleistung, aber auch individuelle Formulierungsfreiheit und ein gewisser inhaltlicher Spielraum gegeben. Die Kinder finden hier (im Rahmen der Aufgabenstellung) ihre eigenen Aussagen. Eine Begründungsaufforderung folgt nicht, denn es ist von Interesse, ob sie ihre eigenen Aussagen anschließend von sich aus begründen. Auch hier ist, durch die selbst zu erkennende Begründungsnotwendigkeit, mehr Eigenleistung gefordert. Eine tabellarische Übersicht mit einer Gegenüberstellung sämtlicher impliziter und expliziter Aufgabenstellungen nach diesem Gestaltungsprinzip kann im Anhang D im elektronischen Zusatzmaterial eingesehen werden.

Für die angestrebten Niveaustufen und die Beantwortung der zweite Forschungsfrage nach der Charakterisierung geometrischer Begründungen, war es darüber hinaus notwendig, die Geometrie in den Aufgaben weitgehend repräsentativ und vielfältig zu berücksichtigen. Dafür wurden zwei nach der Schulbuchanalyse besonders praxisrelevante und vielversprechende (s. 3.3.5.3), aber auch aus geometrischer Perspektive sehr unterschiedliche Bereiche ausgewählt. So wurde einerseits die inhaltlich mit dem Begründen zu verknüpfende Kategorie *Muster und Strukturen* als tendenziell zweidimensionaler geometrischer Bereich, andererseits der Bereich der *Raumvorstellung*, als tendenziell dreidimensionaler geometrischer Bereich ausgewählt.[9] Beide Bereiche erfüllen die Anforderungen, dass sie mit dem Entdecken und einem Strukturgehalt gut verknüpfbar sind und im Sinne einer niedrigen Eingangsschwelle zum Begründen nur wenig Wissen voraussetzen. Während ein Strukturgehalt bei der Kategorie *Muster und Strukturen* schon im Namen offensichtlich und per se „natürlich angelegt" ist, erfordert der Bereich Raumvorstellung eine bewusste Anlegung entsprechender Strukturen und damit verbundener Möglichkeiten des Entdeckens. Aufgaben bspw. zu geometrischen Formen wären demgegenüber voraussetzungsvoller in Hinblick auf das notwendige Begriffs- und damit verbundene Eigenschafts- bzw. Definitionswissen. Fehlendes vorausgesetztes Unterrichtswissen soll die Kinder jedoch in der Studie möglichst wenig daran hindern, ihre Begründungskompetenz zu zeigen. Ziel ist es an dieser Stelle, soweit es dem Kind möglich ist, vorrangig Begründungen, nicht aber geometrisches Vorwissen abzufragen bzw. als Hürde vor den Begründungen einzubauen. Die Entscheidung für strukturhaltige Aufgaben hat kritisch betrachtet allerdings auch eine niedrigere Trennschärfe der angelegten geometrischen Inhaltsbereiche zur Folge, da *Muster und Strukturen*

---

[9] Selbstverständlich sind auch (weniger typische) dreidimensionale geometrische Muster und zweidimensionale Raumvorstellungsaufgaben möglich.

damit im weiter gefassten Begriffsverständnis in allen Aufgaben eine Rolle spielen. Wenn hier von der Aufgabenkategorie *Muster und Strukturen* die Rede ist, soll dieser Begriff daher enger dahingehend verstanden werden, dass geometrische Muster wie Musterfolgen und für die Geometrie spezifischer definierte Muster wie Bandornamente und Parkette gemeint sind. *Raumvorstellung* wird in der vorliegenden Arbeit dagegen als Konstrukt verstanden, das für solche Fähigkeiten bzw. gedanklichen Leistungen steht, die das über die Wahrnehmung hinausgehende gedankliche Operieren, im Sinne eines aktiven Vorstellens sowie Erkennens und/oder Bewegens, räumlicher Objekte und ihrer Relationen erfordern.[10] Als vollständig trennscharf werden die Kategorien dennoch nicht verstanden. Dies erscheint bei gehaltvollen Begründungsaufgaben jedoch allgemein schwierig, vielleicht unmöglich.

Aus diesen vier Kategorien in paralleler Gestaltung ergibt sich das Grundraster aus Tabelle 4.2. Nach diesem wurden alle drei Aufgaben mit ihren zwölf Teilaufgaben[11] in vier Varianten angelegt (s. auch detaillierte Aufgabenvorstellung unter 4.3.4, vollständiges Aufgabenset im Anhang C im elektronischen Zusatzmaterial). Die Parallelität der implizit und explizit gestellten Begründungsaufforderung folgt dabei dem in Tabelle 4.1 dargestellten Schema bei gleichbleibendem Aufgabeninhalt. Zwischen den parallel gestalteten Geometriebereichen wurden dagegen weitgehend bzgl. der Begründungsstruktur vergleichbare Aufgaben konstruiert. Das bedeutet, die übergeordnete Begründungsstruktur mit dem zu begründenden Aussagenelement (ein Fall oder eine Aussage hierzu), dem Begründungsanlass wie bspw. eine Auffälligkeit oder eine Beziehung und auch die Formulierung der Fragestellung sowie die Antwortmöglichkeiten auf Darstellungsebene wurden weitgehend vergleichbar konstruiert. Dies wird nachfolgend an den konkreten Aufgabenstellungen zusammenfassend aufgezeigt (4.3.4). Vorab soll jedoch auf die eben erwähnte Begründungsstruktur als Gestaltungsmerkmal eingegangen werden (4.3.3).

---

[10] Vgl. Rost 1977, S. 21; Besuden 1984, S. 65–66; Quaiser-Pohl 1998, S. 11; Maier 1999, S. 14; Franke und Reinhold 2016, S. 61.

[11] Die Anzahl der Aufgaben ergibt sich aus dem in der Pilotierung erprobten Zeitfaktor und dem Ziel verschiedene Aussagenelemente, Begründungsanlässe und -inhalte abzufragen (s. 4.3.3).

Tab. 4.2 Die vier parallel angelegten Aufgabenkategorien

	Implizites Begründen	Explizites Begründen
Muster u. Strukturen (2-dim.)		
Raumvorstellung (3-dim.)		

4.3.3 Vielfalt zu begründender Aussagenelemente, Begründungsanlässe und Inhalte

Da es auf Ebene der Forschungsfragen sowohl bzgl. der Niveaus als auch der Charakteristika geometrischer Begründungen das Ziel ist, mithilfe der Aufgaben möglichst vielfältige Begründungen zu erfassen, wurde innerhalb jeder Aufgabenvariante eine bewusste (und ebenfalls über die Kategorien hinweg parallel gehaltene) Vielfalt verschiedener Aufgabenmerkmale angelegt. Die Idee dahinter war es, durch bewusst variierte Anforderungen in den Aufgabenstellungen unterschiedliche Begründungen anzuregen und für die Auswertung zu erhalten. Die Unterschiede betreffen, angelehnt an die erfolgte Schulbuchanalyse (s. 3.3.4), die zu begründenden Aussagenelemente und die thematisch übergeordneten Begründungsanlässe. Angelehnt an theoretisch unterscheidbare Bereiche der gewählten

Themenbereiche *Muster und Strukturen* sowie *Raumvorstellung* wurden darüber hinaus verschiedene inhaltliche Anforderungen innerhalb der Geometriebereiche als Aufgabeninhalte gewählt.

Aussagenelemente: Begründen wurde für die vorliegende Arbeit als die Angabe eines Grunds oder mehrerer Gründe zu einer feststehenden Aussage definiert (s. 1.2). Im Rahmen der Schulbuchanalyse und der entsprechenden genaueren Einordnung der Begründungsaufgabe hat sich gezeigt, dass inhaltsunabhängig zwei unterschiedliche Formen von Aufgabenstellungen mit eigenen Variationen möglich sind. Diese unterscheiden sich in Bezug auf das zu begründende Aussagenelement. Jede zu begründende Aussage besteht in ihrer Grundstruktur aus einem oder mehreren Fällen, auf die sich die Aussage bezieht, und einer inhaltlichen Fallaussage: „Über etwas (bestimmte Fälle) sage ich etwas aus (eine bestimmte Fallaussage)." In der Schulbuchanalyse konnten dabei sowohl Aufgaben gefunden werden, die eine Begründung der Fälle fordern, als auch solche, die die Begründung einer inhaltlichen Fallaussage verlangen. Als Leitfragen zur klaren Unterscheidung haben sich die Fragestellungen „Warum passen die Fälle (zu der Aussage)?" für die zu begründenden Fälle und „Warum stimmt die Aussage (für die Fälle)?" für die zu begründende Fallaussage erwiesen. Beide Aussagenelemente können auch im Rahmen des Entdeckens als für die Aufgaben gewählte implizite Begründungsform und in der entsprechend parallelen expliziten Begründungsvariante dazu umgesetzt werden. Die typische Fragestellung des Entdeckens *Was fällt dir auf?* fragt bspw. nach einer zu findenden und implizit zu begründenden Fallaussage. Ein Beispiel für eine Frage nach zu findenden und entsprechend implizit zu begründenden Fällen wäre demgegenüber *Gibt es ...?* oder *Wie geht die Folge weiter?* In der expliziten Variante liegt die Frage dann entsprechend bereits als Aussage vor und es wird direkt nach der Begründung gefragt.

Begründungsanlässe: Darüber hinaus lassen sich die Aufgaben nach ihren jeweiligen Begründungsanlässen variieren bzw. Begründungen ganz unterschiedlich anregen. Für das Entdecken konnten in den Schulbüchern besonders viele verschiedene Anlässe gefunden werden (s. 3.3.4), die auch in den Aufgaben der Studie berücksichtigt werden sollen. Dabei konnten drei Begründungsanlässe für zu begründende Fallaussagen sowie zwei Anlässe für zu begründende Fälle herausgearbeitet werden. Für die Studie ergeben sich daraus die in Tabelle 4.3 dargestellten Variationsmöglichkeiten der Aufgabengestaltung.

Mit einer *Auffälligkeit* als Begründungsanlass sind bei Entdeckungsaufgaben in den Schulbüchern typischerweise Indikatoren verbunden wie *Was stellst du fest?, besonderes (in einer Frage)* oder *Was fällt dir auf? Auffälligkeit* steht damit für einen relativ offen gehaltenen Begründungsanlass, der sich auf alle möglichen

Tab. 4.3 Variationen von Aussagenelement und Begründungsanlass

zu begründendes Aussagenelement	Begründungsanlass
Fallaussage	Auffälligkeit
	Gesetzmäßigkeit, Regel
	Zusammenhang, Beziehung
Fall/Fälle	Lösungsmöglichkeit(en)
	Lösungsweg(-alternative)

zu entdeckenden Aspekte beziehen kann. Eine *Gesetzmäßigkeit* bezieht sich etwas spezifischer auf eine in Beispielen zu erkennende allgemeingültige oder beispielbezogene Regel. Indikatoren wie *Regel, immer* oder *für alle* weisen typischerweise auf einen solchen Begründungsanlass hin. Mit *Zusammenhang/Beziehung* sind „Wenn-dann"-Beziehungen in dem Sinne gemeint, dass eine Bedingung und ein damit eng zusammenhängender Effekt bzw. eine Auswirkung oder ein zu erreichendes Ziel im Vordergrund stehen. Es müssen bspw. Zusammenhänge erkannt werden, um eine bestimmte Lösung zu erhalten oder Ursache-Wirkungsstrukturen verstanden werden, um überraschende Ergebnisse nachvollziehen zu können. Typische Indikatoren sind *Was passiert, wenn …?, Wie (ver-)ändert sich …?, Worauf musst du achten, damit …?* oder *Wie kommt … zustande?*

Lösungsmöglichkeit(en) meint im Rahmen des Entdeckens solche Lösungen, die auf Basis des Strukturzugangs entdeckt bzw. als nicht möglich erkannt wurden. Lösungen, die nach bekannten Verfahren gefunden werden, fallen aufgrund des fehlenden Entdeckungs- und Begründungsgehalts nicht darunter. Indikatoren sind bspw. *Gibt es …?* oder *Sind das alle …? Lösungsweg(-alternative)* meint ganz ähnlich auch solche Lösungswege bzw. Lösungswegalternativen, die bisher noch nicht bekannt waren und daher entdeckt werden müssen. Es werden jedoch gezielt die Lösungswege in den Vordergrund gestellt. Indikatoren wie *anderen Lösungsweg, Wie kannst du … (noch) …?* oder *Kannst du auch ohne …?* weisen auf diese Art von Begründungsanlass hin.

Geometrieinhalte: Innerhalb der gewählten Inhaltsbereiche *Muster und Strukturen* sowie *Raumvorstellung* wurde ebenfalls auf eine Variation der Anforderungen geachtet, um hier nicht nur einen einseitigen Teilbereich, sondern verschiedene Aspekte für das Begründen in den Aufgabenanforderungen abzubilden und so eine breitere Vielfalt in den geometrischen Begründungsantworten zu erreichen.

Der Bereich *Muster und Strukturen* fokussiert geometrische Muster im engeren Sinne. Mathematikdidaktisch wird *Muster* häufig eng im Zusammenhang mit *Regelmäßigkeit* definiert. So bezeichnet Lüken bspw. jegliche numerische oder räumliche Regelmäßigkeit als *Muster* und Franke und Reinhold benennen eben den Aspekt der Wiederholung und die damit einhergehenden Regelmäßigkeit als entscheidenden Aspekt des Musterbegriffs im Mathematikunterricht.[12] Davon abgegrenzt wird meist der Begriff *Struktur*. Dieser wird auch in der vorliegenden Arbeit, in Anlehnung an Lüken (2012), Benz, Peter-Koop und Grüßing (2015) sowie Franke und Reinhold (2016), im Kontext von Mustern so verstanden, dass er sich auf die Beziehungen zwischen den verschiedenen Bestandteilen eines Musters bezieht.[13] Dieser Aspekt der Muster ist für die vorliegende Studie insofern besonders gewinnbringend und relevant, als dass Musterstrukturen auf ganz unterschiedlichen Niveaus geäußert werden können. Bezüge zu einzelnen beispielbezogenen Elementen sind ebenso denkbar wie verallgemeinernde Äußerungen für das gesamte Muster. Aber auch inhaltlich können Musterstrukturen ganz unterschiedlich, bspw. räumlich oder numerisch, gedeutet und versprachlicht werden. Hinzu kommt, dass es immer vielfältige Möglichkeiten gibt, Muster fortzusetzen, hier also ebenfalls Raum für individuelle Zugänge besteht. Strukturen in Mustern bieten damit rückblickend auf die Forschungsfragen (s. 4.1) und die abgeleiteten Gestaltungsmerkmale (s. 4.3.1) ein besonders geeignetes vielfältiges Begründungspotential für Entdeckungen und damit verknüpfte Begründungen. Der Bereich wird aber auch, unabhängig von der eigenen Forschungsperspektive, aus fachdidaktischer Sicht als gute Gelegenheit zum Entdecken und schlussfolgernden Denken benannt.[14] Aus der Perspektive der Schulbuchanalyse kommt außerdem hinzu, dass bereits in Klasse drei eine vergleichsweise hohe Anzahl von Entdeckungsaufgaben mit implizitem Begründungsanlass in den Schulbüchern diesem Bereich zugeordnet werden konnte. Es handelt sich somit um einen vergleichsweise gängigen Begründungsanlass der Schulpraxis.

---

[12] Vgl. Lüken 2012, S. 22; Franke und Reinhold 2016, S. 286.

[13] Vgl. Lüken 2012, S. 22–23; Benz et al. 2015, S. 294; Franke und Reinhold 2016, S. 286–287.

[14] Vgl. Franke und Reinhold 2016, S. 287.

In den Aufgaben der Studie stehen, aus den vorab benannten Gründen, ebendiese *Strukturen* der geometrischen Muster mit ihrem besonderen Begründungspotential im Fokus. Dabei werden verschiedene Arten geometrischer Musterfolgen eingesetzt, die entsprechend unterschiedliche Strukturen beinhalten und damit auch unterschiedliche Begründungen anregen sollen. Es werden, gemäß der fachdidaktischen Unterscheidung, sowohl *sich wiederholende Musterfolgen* als auch *wachsende Musterfolgen* berücksichtigt. „Bei einer sich wiederholenden Musterfolge […] kann eine Grundeinheit identifiziert werden, die beim Fortsetzen der Musterfolge unverändert aneinandergereiht wird, wodurch die Musterfolge eine periodische Struktur erhält.“[15] Diese bezeichnet Lüken aufgrund der gleichbleibenden Grundeinheit auch als *statisch*. „Bei einer wachsenden Musterfolge […] wächst (oder schrumpft) die Grundeinheit systematisch bei jeder Wiederholung.“[16] Aufgrund der Veränderung wird diese Art der Musterfolge von ihr auch als *dynamisch* bezeichnet. Während bei der *sich wiederholenden Musterfolge* damit die sich wiederholende Grundeinheit das zentrale zu erkennende (statische) Element der Struktur darstellt, liegt der Fokus bei den *wachsenden Musterfolgen* vielmehr auf den systematischen (dynamischen) Strukturveränderungen im Vergleich der Folgeglieder. Benz, Peter-Koop und Grüßing sprechen auch von einer *sich regelmäßig wiederholenden Struktur* und einer *Wachstumsstruktur*. Diese stehen jeweils bei der Begründung im Vordergrund.[17]

In den Schulbüchern der Klassen drei und vier konnten in der vorliegenden Analyse beide Arten geometrischer Musterfolgen im Kontext von Begründungsaufgaben gefunden werden. Lüken findet den Themenbereich der Musterfolgen aber durchaus auch schon in fast allen von ihr betrachteten Mathematikbüchern der Klasse eins[18] in einigen Aufgaben wieder. Dabei findet sie am häufigsten sich wiederholende Musterfolgen mit zwei bis drei sich wiederholenden Elementen. Für die weiterführenden Klassenstufen beschreibt sie einen insgesamt geringeren Umfang von Musterfolgen und die inhaltliche Behandlung von Bandornamenten und Parkettierungen als typisch. Auch darin zeigt sich, dass Musterfolgen ein Themengebiet darstellen, welches sich für ganz verschiedene Leistungs-

---

[15] Lüken 2012, S. 30.

[16] Ebd., S. 32.

[17] Vgl. Lüken 2009, S. 748, 2012, S. 29–32; Benz et al. 2015, S. 295.

[18] Bezug nehmend auf neun verschiedene Titel, je 1 bis 4 Klassenstufen, u. a. Denken und Rechnen, Mathematikus, Nussknacker, Die Matheprofis, Primo, Welt der Zahl, erschienen 1982–2009.

und Wissensstände gut eignet.[19] Auf Parkettierungen wurde in der vorliegenden Studie verzichtet, da diese in der zu verstehenden Grundidee des lückenlosen
Aneinanderlegens in verschiedene Richtungen als vergleichsweise umfassender
betrachtet werden als linear verlaufende lückenlose oder „lückenhafte" Musterfolgen. Lineare Musterfolgen sind dabei solche, die in einer Linie dargestellt werden
können und (theoretisch) in beide Richtungen bis ins Unendliche fortlaufen.[20]

Die Studie fokussiert in den drei Aufgaben zu *Muster und Strukturen* dementsprechend die unterschiedlichen Strukturen linear verlaufender Musterfolgen:
Eine Aufgabe mit ihren Teilaufgaben thematisiert *wachsende Musterfolgen*, zwei
widmen sich den *sich wiederholenden Musterfolgen*. Von den zwei *sich wiederholenden Musterfolgen* fokussiert eine relativ „klassisch" Bandornamente.
Die andere fokussiert einzeln stehende Elemente, die sich in ihrer Gestaltung systematisch verändern, jedoch nicht wachsen. So gesehen handelt es sich
bei dem letztgenannten Muster zwar um eine *sich wiederholende Musterfolge*,
bei dieser steht jedoch neben der Wiederholung auch eine systematische Veränderung von Element zu Element im Vordergrund. Damit können bei dem
Muster beide Aspekte in die Begründungen einfließen. Neben diesen grundsätzlichen fachdidaktischen Kategorien gibt es natürlich weitere spezifischere
Gestaltungsmöglichkeiten bspw. Variationsmöglichkeiten von Bandornamenten
etc. Relevante, in den Aufgaben verwendete Aspekte werden nachfolgend in 4.3.4
entsprechend aufgabenbezogen und zusammengefasst vorgestellt.

Für den Bereich *Raumvorstellung* lassen sich ebenfalls verschiedene Auf-
gabenarten unterscheiden, die eine entsprechende Variation der Anforderungen
ermöglichen. Da Raumvorstellung allgemein als Konstrukt aus mehreren Ein-
zelfertigkeiten bzw. unterschiedlichen gedanklichen Leistungen verstanden wird,
wird sich diesbezüglich an bestehende Theorien angelehnt.[21]

Hierbei wurde sich an dem, die psychometrischen Kategorien Thurstones
und die kognitionspsychologischen Kategorien Linn und Petersens zusammenfassenden, Raumvorstellungskomponentenmodell Maiers orientiert. Dieses hat sich
als theoretisches Instrument der Kategorienunterscheidung verschiedener Aufgaben und damit auch der bewussten Variation von Aufgabenanforderungen in
der Vergangenheit bereits in mehreren mathematikdidaktischen Studien (Lüthje

---

[19] Vgl. Lüken 2012, S. 37–38.

[20] Vgl. Lüken 2012, S. 31; Franke und Reinhold 2016, S. 295.

[21] Vgl. Quaiser-Pohl 1998, S. 11; Franke und Reinhold 2016, S. 61.

2010, Plath 2014, Berlinger 2015) bewährt.[22] Eine Verwendung des von Pinkernell vorgeschlagenen psychologischen und mathematikdidaktischen Modells wird, aufgrund der zusätzlichen Einbeziehung räumlicher Handlungen, für das schriftliche Forschungsvorhaben „auf Papierebene" als unpassend eingeordnet.[23]

Im Rahmen der Komponenten Maiers fokussiert die vorliegende Studie explizit durch die Bildungsstandards geforderte Bereiche, die auch in den Schulbüchern vermehrt als Anforderungen zu finden sind.[24] Auf diese Weise sollen besonders praxisrelevante Aufgaben verwendet werden. Daraus ergibt sich eine Berücksichtigung der Komponenten *Veranschaulichung, Räumliche Orientierung* und *Vorstellungsfähigkeit von Rotationen* bzw. *räumliche Beziehungen* in je einer der drei Aufgaben der Studie. Diese Zuordnungen sind, gerade aufgrund der verbleibenden Offenheit der Aufgaben, schwerpunktmäßig zu verstehen. Insbesondere die dritte Aufgabe ist so konstruiert, dass sie variabel mithilfe mentaler Rotation oder der Orientierung an räumlichen Beziehungen gelöst werden kann. Alle vier Komponenten konnten nicht nur für sich, sondern auch in den Begründungsaufgaben der untersuchten Schulbücher von Klasse drei und vier gefunden werden.

Unter *Veranschaulichung* versteht Maier angelehnt an Thurstone „die gedankliche Vorstellung von Aktivitäten wie Verschiebungen, Faltungen oder Schnitten von räumlichen Objekten oder Objektteilen"[25]. Es geht also darum, sich Bewegungen von Objekten oder Objektteilen mental und von einem Standpunkt außerhalb vorzustellen. Die Komponente wird von Maier daher auch als *dynamisch* eingeordnet. Handelt es sich bei der vorgestellten Bewegung um eine schnelle und exakte Drehung eines zwei- oder dreidimensionalen Objekts, wird die Aufgabe der *Vorstellungsfähigkeit von Rotationen* oder *mentale Rotation* in Anlehnung an Linn und Petersen zugeordnet. Diese Komponente kann auch als spezifische Variante der *Veranschaulichung* betrachtet werden. Sie wird als vorrangig dynamische mentale Aktivität mit einem Standpunkt außerhalb der zu drehenden Objekte aufgefasst. Vorrangig deshalb, weil enge Beziehungen zur statischen Komponente *Räumliche Beziehungen* vorhanden sind. Hierunter versteht Maier, angelehnt an Thurstone, die Komponente, bei der das Erfassen bestehender räumlicher Konfigurationen zwischen Objekten oder Objektteilen im Vordergrund

---

[22] Vgl. Maier 1999, S. 50–53; Büchter 2010, S. 86–90; Lüthje 2010, S. 36–38, 100; Plath 2014, S. 19–20, 106; Berlinger 2015, S. 198–211; Franke und Reinhold 2016, S. 64–80.

[23] Vgl. Franke und Reinhold 2016, S. 79.

[24] Vgl. Ständige Konferenz der Kultusminister der Länder in der Bundesrepublik Deutschland 2005, S. 10.

[25] Maier 1999b, S. 10.

steht. In Aufgaben hierzu wird häufig die Identifizierung eines Objekts aus verschiedenen Perspektiven gefordert. Diese werden im Fall *Räumliche Beziehungen* dann vorrangig über die räumlichen Konfigurationen als identisch identifiziert (während im Sinne der *Vorstellungsfähigkeit von Rotationen* vorrangig eine mentale Drehung erfolgen würde). Die eng zusammenhänge Variationsmöglichkeit im Vorgehen spiegelt sich auch in dem entwickelten Aufgabendesign wider, da eine der Aufgaben ebendiesen beiden Komponenten zugeordnet wird. *Räumliche Orientierung* schließlich erfordert, ebenfalls angelehnt an Thurstone, die Fähigkeit sich real oder mental in einer räumlichen Situation zurechtzufinden. Bei Aufgaben dieses Typs wird daher vorrangig ein mentales Hineinversetzen in eine räumliche Situation und damit ein Standpunkt innerhalb gefordert. Damit werden nicht die Objekte, sondern die eigene Perspektive auf diese variiert. Aufgrund dieser geforderten Bewegung der eigenen Position wird diese Komponente vorrangig als *dynamisch* eingeordnet, weist aber ebenfalls Schnittstellen zu *Räumliche Beziehungen* auf.[26]

Damit ergibt sich insgesamt das in Abbildung 4.2 zusammenfassend dargestellte Aufgabendesign für alle drei Aufgaben und ihre vier Varianten.

parallel aufgebaute Kategorien	Muster und Strukturen (zweidimensional)		Raumvorstellung (dreidimensional)	
	explizit	implizit	explizit	implizit
jeweils angelegte Vielfalt	verschiedene zu begründende Aussagenelemente			
	verschiedene (thematisch übergeordnete) Begründungsanlässe			
	verschiedene inhaltliche Anforderungen in dem Themenbereich (Mustertypen, Raumvorstellungskomponenten)			

Abb. 4.2 Zusammengefasstes Aufgabendesign

Die konkrete Umsetzung dieses Designs in den Aufgabenstellungen wird nachfolgend zusammenfassend dargestellt und so konkret an den Aufgaben nachvollziehbar. Gleichzeitig werden mit der Aufgabenkenntnis die später dargestellten Kategorien möglicher Antworten und der Hintergrund angeführter Fallbeispiele plausibler. Schulbuchbezüge zeigen ergänzend die Nähe zu den Anforderungen in Schulbüchern und damit deren Praxisrelevanz auf.

---

[26] Vgl. Maier 1999, S. 34–41, 50–52, 1999b, S. 12–13; Franke und Reinhold 2016, S. 64–80.

4.3.4 Die entwickelten Aufgaben

Aufgabe 1 widmet sich im Bereich *Muster und Strukturen* einer *wachsenden Musterfolge*, im Bereich *Raumvorstellung* vorrangig der *Veranschaulichung* durch Würfelnetze. Beide Aufgaben sind in Hinblick auf das Aufgabendesign bis auf den inhaltlichen Kontext weitgehend parallel gestaltet.

Die Teilaufgaben a bis c der Aufgabe im Bereich *Muster und Strukturen* beziehen sich auf je eine begonnene Musterfolge aus drei Teilfiguren, die von Figur zu Figur systematisch „wachsen" (s. Abb. 4.3). Die Aufgabenstellung für a bis c ist einheitlich und beinhaltet in der implizit gestellten Variante die Frage nach der Fortsetzung der Musterfolge: „Wie gehen die Folgen jeweils weiter?". In der explizit gestellten Variante ist die Aussage entsprechend des impliziten und expliziten Aufgabendesigns (s. Tab. 4.1) mit „So geht die Folge weiter!" bereits vorgegeben und die Begründung wird explizit eingefordert („Begründe:"). Da die gleichen Kinder beide Aufgabenversionen bearbeiten, sind die Musterfolgen in der expliziten Variante vertikal gespiegelt und somit in der Grundidee vergleichbar, jedoch zur Vermeidung des einfachen Abschreibens nicht identisch konstruiert.

Abb. 4.3 Die Musterfolgen aus Nr. 1 (implizit)

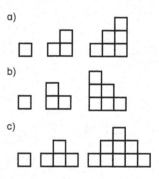

In beiden Varianten ist von a bis c eine *Lösungsmöglichkeit* für die Fortsetzung mit der dahinterstehenden Struktur zu begründen (Begründungsanlass). Als Aussagenelement sind damit Fälle zu der Fallaussage, dass die Folge so weiter geht, zu begründen. Bei der Begründung steht somit der Zuwachs bzw. die Veränderung von einer Teilfigur zur nächsten im Vordergrund. Dies kann aber ganz unterschiedlich, bspw. numerisch oder geometrisch, wahrgenommen, ausgedrückt und dargestellt werden. Auf Darstellungsebene sind neben der schriftlichen Antwort auch zeichnerische Fortsetzungen möglich. Zudem können Markierungen zu der erkannten Struktur vorgenommen werden, um die Begründung visuell zu unterstützen.

In den Teilaufgaben d und e geht es dann um Vergleiche der Folgen. In der impliziten Variante heißt es bei d „Vergleiche die Folgen a und b. Was fällt dir auf?" und bei e „Vergleiche die Folgen a und b mit der Folge c. Was fällt dir auf?". In der expliziten Variante sind die Aussagen mit „Die Folgen a und b sind fast gleich." und „Folge c kann man aus den Teilen von Folge a und b zusammenbauen." bereits vorgegeben und es wird über ein „Begründe!" explizit zum Begründen dieser Aussagen aufgefordert. Unabhängig von dem impliziten oder expliziten Format der Aufgabenstellung fungiert eine *Auffälligkeit* im Vergleich mehrerer Musterfolgen als Begründungsanlass. Das zu begründende Aussagenelement ist folglich eine Fallaussage, nämlich die in der impliziten Begründungsaufgabe erkannte oder in der expliziten Begründungsaufgabe vorgegebene Auffälligkeit zwischen den Folgen. Diese kann unterstützend markiert oder skizziert werden. Das Beispiel macht besonders deutlich, dass die implizite Variante im Allgemeinen mehr Freiheiten in Bezug auf die zu begründende Aussage lässt, während die explizite Variante den zu begründenden Inhalt stärker vorgibt und damit auch einschränkt. So ist bei Teilaufgabe e bspw. vorgegeben, dass der mögliche Zusammenbau begründet werden soll, während in der impliziten Aufgabenvariante im Grunde eine beliebige (sofern zu den Folgen passende) Auffälligkeit im Vergleich der Folgen genannt werden kann.

Schulbuchbezüge

In der Struktur gleiche Musterfolgen lassen sich mit Plättchen oder Quadraten eben oder auch mit Würfeln oder Kugeln räumlich dargestellt in vielen Schulbüchern wiederfinden (z. B. *Denken und Rechnen 3*, S. 4, *Einstern 3*, S. 43, *Flex und Flo 3*, S. 15, *Welt der Zahl 3*, S. 35, 113). Dabei wird typischerweise zeichnerisch oder legend und/oder anzahlorientiert nach der nächsten und evtl. übernächsten Figur gefragt (s. Abb. 4.4, 4.5). Soll zusätzlich eine Regel aufgestellt werden, wird dies häufig ebenfalls arithmetisch als „Rechenregel" gefordert. Oft werden dabei die Dreiecks- oder Quadratzahlen kurz thematisiert.

In der Aufgabe der Studie wird der arithmetische Fokus ebenso wie eine klare Vorgabe der Notation bewusst vermieden, so dass die Kinder selbst entscheiden, ob sie geometrische Aspekte für die Begründung aufgreifen oder auf arithmetische ausweichen. Zudem wird das Begründen in der Aufgabenstellung stärker fokussiert. Eine vorgegebene Notation der

Lösung ohne Begründung wie in *Einstern* (s. Abb. 4.4) zeigt demgegenüber deutlich auf, dass in a und b keinerlei Begründung gefordert wird, obwohl das Potential vorhanden wäre. In den Teilaufgaben b, c in *Welt der Zahl* (s. Abb. 4.5) und c in *Einstern* ist es zumindest möglich zu begründen (implizite Begründungsaufgaben).

1, 3, 6, 10, ...
Diese Zahlen nennt man Dreieckszahlen. Vor ungefähr 200 Jahren hat sie der Mathematiker Carl Friedrich Gauß entdeckt.

Lege die Figuren nach. Setze die Reihe fort.

1 Quadrat   3 Quadrate   6 Quadrate

a) Aus wie vielen Quadraten besteht die nächste Figur? Aus wie vielen die übernächste?

b) Schreibe die Anzahl der Quadrate als Zahlenreihe auf.

c) Findest du die Rechenregel, mit der du die Anzahl der Quadrate bei der 6. Figur bestimmen kannst?

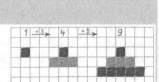

Seite 43 Aufgabe 2
a) ...   b) 1, 3, 6 ...

Abb. 4.4 Die Musterfolge aus b in *Einstern 3* (2012, Heft 2, S. 43)

a) Zeichne die Figuren ab.
   Zeichne dazu die nächste Figur.

b) Aus wie vielen Kästchen besteht die nächste Figur?

c) In der untersten Reihe sind 11 Kästchen. Aus wie vielen Kästchen besteht die Figur insgesamt?

1 +3→ 4 +5→   g

Abb. 4.5 Die Musterfolge aus c in *Welt der Zahl 3* (2014, S. 35)

Die dazu parallele Aufgabe aus dem Bereich der *Raumvorstellung* beinhaltet für a bis c ebenfalls eine einheitliche Aufgabenstellung, wobei anstatt der fortzusetzenden Musterfolgen nun unvollständige Würfelnetze im Vordergrund stehen (s. Abb. 4.6). In der impliziten Variante wird mithilfe der Fragestellung „Welche Möglichkeiten gibt es, das Quadrat passend anzukleben?" nach den jeweils möglichen Ergänzungen der Netze gefragt. In der expliziten Variante ist die zu begründende Aussage mit „Diese Möglichkeiten gibt es, das Quadrat passend anzukleben!" in ähnlicher Weise gegeben und eine Begründung dazu wird explizit eingefordert („Begründung:"). Wie in der parallelen Aufgabe im Bereich *Muster und Strukturen* wurden die Abbildungen für die explizite Variante einmal vertikal gespiegelt, was für c einschränkend bedeutet, dass die Abbildung hier gleichbleibt. Der Begründungsanlass ist ebenso eine zu ergänzende *Lösungsmöglichkeit*. Es geht also auch hier um bestimmte zu findende Fälle. Diese lassen sich über die räumliche Veranschaulichung der zu schließenden Lücke, aber bspw. auch über erlernte Regeln oder notwendige räumliche Beziehungen bei Würfelnetzen begründen. Auf Darstellungsebene sind die Aufgaben parallel so konstruiert, dass die Lösung ebenfalls visualisiert und beschrieben werden kann. Die sprachliche Begründung kann durch Markierungen an der gezeichneten Lösung oder auch weitere Zeichnungen gestützt werden.

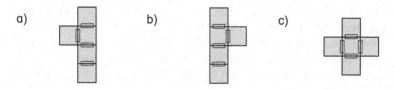

Abb. 4.6 Die Netze aus Nr. 1 (implizit)

Bei den Teilaufgaben d und e geht es ebenfalls um Vergleiche, hier aber der Würfelnetze. Der Arbeitsauftrag ist nahezu identisch zu der parallelen Aufgabe im Bereich *Muster und Strukturen*. Bei d heißt es in der impliziten Variante „Vergleiche die Möglichkeiten von a und b. Was fällt dir auf?", bei e „Vergleiche die Möglichkeiten von c mit den Möglichkeiten von a und b. Was fällt dir auf?" Nur der Begriff *Folgen* wurde durch *Möglichkeiten* ersetzt. In der expliziten Variante sind die Auffälligkeiten als Aussage mit Begründungsaufforderungen bereits gegeben. Diese sind mit „Die Möglichkeiten von a und b sind fast gleich. Begründe!" und „Die Möglichkeiten von c sind schon bei a und b dabei. Begründe!" weitgehend parallel formuliert. Auch inhaltlich wurden die

Auffälligkeiten möglichst parallel gehalten. Bei beiden Aufgaben wurden bei a und b von der Lösung und Begründungsidee vergleichbare Figuren abgebildet, die lediglich jeweils horizontal gespiegelt sind. Bei dem Vergleich mit c ist es beide Male so, dass die Lösungen von c die Lösungen von a und b beinhalten. Damit fungiert bei d und e auch im Bereich *Raumvorstellung* eine zu begründende *Auffälligkeit* im Vergleich als Begründungsanlass und ist als Fallaussage zu begründen. Markierungen und Skizzen sind ebenso möglich.

Schulbuchbezüge

Würfelnetze stellen in allen zehn betrachteten Schulbüchern (*Das Mathebuch, Das Zahlenbuch, Denen und Rechnen, Einstern, Flex und Flo, Mathefreunde, Mathematikus, Nussknacker, Welt der Zahl und Zahlenzauber*) ein gängiges Geometriethema in Klasse drei dar, bei einigen auch noch in Klasse vier. Die Würfelnetze werden zudem vergleichsweise häufig in den Begründungsaufgaben berücksichtigt. Insbesondere wenn ein Netz als passend zu einem Körper ausgewählt werden soll oder nicht passende Faltungen ausgewählt werden sollen, folgen häufig sogar explizite Begründungsaufforderungen (z. B. *Denken und Rechnen 3*, S. 79, *Flex und Flo 3*, Heft Geometrie S. 11, *Zahlenbuch 3*, S. 15, *Denken und Rechnen 4*, S. 92, *Nussknacker 4*, S. 47). Im *Zahlenbuch 3* heißt es bspw. „Aus dem „I" (5 Quadrate nebeneinander) kannst du keinen Würfel falten. Begründe." In *Flex und Flo 3* „Aus welchen Netzen könnt ihr keinen Würfel falten? Begründet." zu der Abbildung dreier Netze. Aber auch das Ergänzen unvollständiger Würfelnetze wird vereinzelt gefordert (z. B. *Flex und Flo 3*, Heft Geometrie, S. 11, *Das Mathebuch 4*, S. 10). In *Das Mathebuch 4* (s. Abb. 4.7) fungieren die zu ergänzenden Lösungsmöglichkeiten wie in der Aufgabe der Studie als Begründungsanlass. Die Fragestellung wurde nur dahingehend abgewandelt und leichter zugänglich gemacht, dass mit „Welche Möglichkeiten gibt es …?" (in der impliziten Variante) bzw. „Diese Möglichkeiten gibt es …" (in der expliziten Variante) auch schon einzelne Lösungen begründet werden können, anstatt dass alle Lösungen und auch deren Vollständigkeit begründet werden müssen.

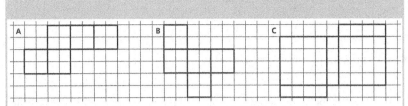

a) Zeichnet die Figuren ab und ergänzt sie so, dass ein Würfelnetz oder ein Quadernetz entsteht.

b) Wie viele Möglichkeiten gibt es für jede Figur? Zeichnet und begründet eure Lösung.

Abb. 4.7 Zu ergänzende Netze in *Das Mathebuch 4* (2014, S. 10)

Bei **Aufgabe 2** stehen ein Ausschnitt eines Bandornaments als typische *sich wiederholende Musterfolge* für den Bereich *Muster und Strukturen* und einige Bausteine aus verschiedenen Perspektiven im Sinne der *Räumlichen Orientierung* für den Bereich *Raumvorstellung* im Vordergrund. Die drei Teilaufgaben sind in ihrem Aufgabendesign parallel gestaltet.

Die Aufgabe aus dem Bereich *Muster und Strukturen* thematisiert einen Ausschnitt eines Bandornaments mit einer sich wiederholenden Grundeinheit aus den drei geometrischen Figuren Dreieck, Quadrat und Kreis (s. Abb. 4.8). In der Aufgabe wird dieser voraussetzungsfreier *Musterstreifen* genannt. Bei der Teilaufgabe a wird beschrieben, dass ein anderes Kind genau das gleiche Muster zeichnen soll und es wird in der impliziten Variante gefragt: „Wie viele Figuren musst du dem Kind nur zeigen, damit es das Muster alleine fortsetzen kann?" Explizit liegen der gleiche Kontext und das in der Idee gleiche Muster, nur mit horizontal gespiegelter Grundeinheit (Kreis, Quadrat, nach links „zeigendes" Dreieck) vor. Die Aussage und die Begründungsaufforderung sind mit „Dafür musst du dem Kind die ersten drei Figuren zeigen. Begründe!" bereits gegeben. In beiden Varianten soll die Struktur, also der Zusammenhang zwischen der notwendigen Grundeinheit und dem abgebildeten Muster, aufgezeigt werden. Dieser *Zusammenhang* im Sinne einer „was passiert, wenn…"- oder „wenn-dann"-Beziehung steht als Begründungsanlass im Vordergrund. In der Aussagenstruktur ist damit eine Fallaussage zu dem Bandornament zu begründen. Die Begründung fokussiert inhaltlich die drei Figuren der kleinsten Grundeinheit des Musters. Die Kinder können sich bspw. eng an diesen orientieren und die Abfolge benennen oder auf allgemeiner Ebene auf deren Wiederholung eingehen. Zudem sind visuelle Darstellungen durch Markierungen im gegebenen Muster oder eine eigene Aufzeichnung der notwendigen, einfach gehaltenen Figuren gut möglich.

Abb. 4.8 Das Bandornament aus Nr. 2 (implizit)

Bei Teilaufgabe b sind nur die ersten vier Figuren in den Streifen eingezeichnet. Die Kinder sollen in der impliziten Variante auf die Frage „Was passiert, wenn du dem Kind die ersten vier Figuren zeigst und es diese wiederholt?" eingehen. Explizit steht die Aussage „Wenn du dem Kind die ersten vier Figuren zeigst und es diese wiederholt, wird es ein anderes Muster zeichnen." mit expliziter Begründungsaufforderung („Begründe!") bereits fest. Als Begründungsanlass steht also der *Zusammenhang* zwischen einer gegebenen Ausgangssituation und seiner Wirkung auf die Gesamtstruktur des Musters (die zu wiederholende Dreiersequenz) im Vordergrund. Diese ist bei vier gegebenen Formen nicht erkennbar. Somit ist eine Fallaussage zu dem Musterstreifen zu begründen. Durch das angefangene Muster ist die Möglichkeit, die Wirkung (auch) visuell darzustellen und damit den Effekt oder Aspekte der Begründung zu untermauern, gegeben.

In der Teilaufgabe c ist wieder der vollständige Musterstreifen gegeben, allerdings wurden die dritte und neunte Teilfigur, also jeder zweite Kreis (bzw. in der expliziten Variante jedes zweite Dreieck) eingefärbt. Die zu wiederholende Grundeinheit verlängert sich damit auf sechs Figuren. In der impliziten Variante geht die Fragestellung „Wie viele Figuren muss das Kind nun kennen, damit es dieses Muster genauso zeichnen kann?" auf ebendiesen *Zusammenhang* zwischen der Veränderung des Musters und der dadurch längeren Grundeinheit ein. In der expliziten Variante ist dieser Zusammenhang als Aussage in der Form „Damit das Kind auch hier das gleiche Muster zeichnen kann, muss es nun die ersten sechs Figuren kennen. Begründe!" mit expliziter Begründungsaufforderung gegeben. Alternativ wäre die Angabe dreier Figuren mit dem zusätzlichen Hinweis an das Kind, dass die Kreise abwechselnd gefärbt und nicht gefärbt sind, als Antwort denkbar. In der Aufgabe ist folglich eine Fallaussage zu dem Musterstreifen zu begründen. Eine direkte Bezugnahme zu einer Abbildung, ggf. mit entsprechenden eigenen Markierungen, ist möglich.

Schulbuchbezüge

Bandornamente finden sich unter den Begründungsaufgaben im Bereich *Muster und Strukturen* nur wenige. Der Schwerpunkt wird bei Schulbuchaufgaben dieses Themenbereichs in der Regel verstärkt auf das Legen oder Zeichnen und weniger die verbale Beantwortung von Fragen zur Struktur gelegt. Diejenigen Begründungsaufgaben, die dazu vorliegen, befassen sich typischerweise mit der richtigen Fortsetzung (z. B. *Flex und Flo 3*, Heft Geometrie, S. 5: „Wie geht das Muster weiter?" als impliziter Begründungsauftrag), der Entdeckung der Regelmäßigkeit (*Nussknacker 4*, S. 91) oder dem Entdecken von Fehlern (z. B. *Denken und Rechnen 3*, S. 48: „Entdeckt ihr die Fehler?" als impliziter Begründungsauftrag). Statt dabei, wie bspw. auch in der Abbildung 4.9, den Fokus auf den genauen visuellen Abgleich der Farben (hier schwarz-weiß abgebildet) oder Anordnungen zu legen, fokussiert die Aufgabe der Studie verstärkt die Struktur der Bandornamente. Darüber hinaus soll im Sinne der Grundkonstruktion der Aufgaben auch hier das Entdecken und nicht, wie in Abbildung 4.9, das Entscheiden als implizite Begründungskompetenz eingebaut werden. Dementsprechend wurde ein Kontext konstruiert, der das Entdecken der Strukturen und ihrer Auswirkungen auf die Fortsetzung der Bandornamente erlaubt.

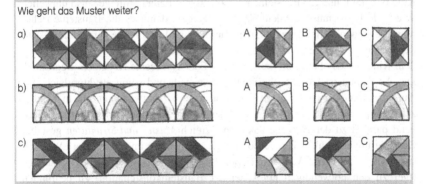

Abb. 4.9 Eine Begründungsaufgabe zu Bandornamenten in Flex und Flo 3 (2014, S. 5)

Die parallele Aufgabe im Bereich *Raumvorstellung* nutzt notwendige Perspektivwechsel bzw. zu erkennende räumliche Beziehungen zwischen mehreren Bausteinen, um entsprechende *Zusammenhänge* als Begründungsanlässe zu konstruieren. Als Ausgangskontext stehen fünf große (als Quader abgebildete) Bausteine und vier kleine (als Zylinder abgebildete) Bausteine nebeneinander. Dazu ist die Draufsicht mit dem Hinweis „Das sieht von oben so aus:" gegeben (s. Abb. 4.10). Die Kinder sollen sich nun vorstellen, sie hätten von jeder Seite ein Foto gemacht.

Abb. 4.10 Die Bausteine
aus Nr. 2 (implizit)

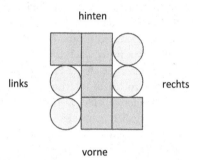

Die Aufgabenstellung der impliziten Variante bei a lautet dann: „Ein anderes Kind bekommt nun die Bausteine und soll sie mit deiner Hilfe genauso hinstellen. Wie viele Fotos musst du dem Kind nur zeigen, damit es die Bausteine richtig hinstellen kann?" In der expliziten Variante wird die Frage durch die feststehende Aussage und explizite Begründungsaufforderung ersetzt: „Dafür reicht es dem Kind nur das Foto von links und das Foto von rechts zu zeigen. Begründe!" Die Abbildung ist lediglich horizontal gespiegelt und somit strukturgleich. Der Aufgabenkontext ist zudem mit dem Konstrukt der notwendigen einem Kind zu zeigenden Anzahl an Elementen und der entsprechenden Formulierung weitgehend parallel zu der Aufgabe aus dem Bereich *Muster und Strukturen* gestaltet. Der Begründungsanlass ist ebenso ein *Zusammenhang* im Sinne einer „Was passiert, wenn..."- oder „Wenn-dann"-Beziehung und es ist ebenso eine Fallaussage (hier zu den notwendigen Fotos bei der Bausteinkonstellation) zu begründen. Dabei gilt es jedoch nicht eine Musterstruktur, sondern sichtbare Bausteine aus bestimmten Perspektiven zu erkennen. Die Höhe der Bausteine kann ebenso als Begründung mit angeführt werden wie die bekannte Anzahl, verdeckte Steine etc. Dazu sind Markierungen in der Abbildung und eigene Skizzen möglich. Die in der expliziten Variante vorgegebene Lösung links und rechts stellt eine mögliche und die vermutlich einfachste Lösung dar, da hier alle neun Steine zumindest in Teilen „gesehen" werden können. Bei der impliziten Variante können auch alternative Lösungen mit weiteren Konstellationen aus zwei Seiten angegeben werden, die jedoch zusätzliche Rückschlüsse über die Anzahl der Steine auf nicht sichtbare Steine erfordern und damit als komplexer gedeutet werden.

Bei Teilaufgabe b wird nur die Seitenansicht von links fokussiert. Die Kinder sollen in der impliziten Variante auf die Frage „Was passiert, wenn du dem Kind nur das Foto von links zeigst?" antworten. In der expliziten Variante ist die Aussage mit „Wenn du dem Kind nur das Foto von links zeigst, wird es bei vier von den Bausteinen nicht wissen, wo sie hingehören. Begründe!" zusammen mit der expliziten Begründungsaufforderung vorgegeben. Die lediglich gespiegelte Version ermöglicht hier die Betrachtung vergleichbarer Strukturzusammenhänge. Als Begründungsanlass steht damit ebenso wie in der parallelen Aufgabe der *Zusammenhang* zwischen einer gegebenen Ausgangssituation (nur die linke Ansicht) und deren Wirkung im Vordergrund. Auch hier ist die Gesamtstruktur (der richtige Aufbau der Steine) auf Basis der gegebenen Information nun nicht mehr erkennbar. Die übrigen vier Steine können nicht eingesehen werden und sind damit nicht eindeutig zu platzieren. Es steht somit eine zu begründende Fallaussage zu der Aufstellung der Bausteine im Vordergrund. Die daneben platzierte Draufansicht bietet dem Kind Möglichkeiten der Markierung sichtbarer und nicht sichtbarer Steine und kann die Begründung und hierbei vermutlich besonders die Beschreibung einzelner Steine bzw. ihrer Lage visuell unterstützen. Ergänzende Skizzierungen bspw. der linken Seitenansicht sind möglich.

In der Teilaufgabe c stehen dem Kind nun wieder alle vier Seitenansichten als mögliche zu zeigende Seitenansichten zur Verfügung. Allerdings sind die Bausteine nun so aufgebaut, dass die vier kleinen Bausteine (die Zylinder) jeweils in der Mitte der vier Seiten stehen (s. Abb. 4.11). Zwei kleine Bausteine wurden also mit einem großen getauscht (s. auch Abb. 4.10). Um alle Steine sehen zu können, sind nun drei Seitenansichten notwendig. Bei der impliziten Variante geht die Fragestellung „Wie viele Fotos muss das Kind nun kennen, damit es die Bausteine richtig hinstellen kann?" auf den *Zusammenhang* zwischen der Veränderung der Position der Bausteine und den zusätzlich benötigten Informationen ein. Bei der expliziten Variante ist der Zusammenhang durch die Aussage „Damit das Kind die Bausteine hier richtig hinstellen kann, muss es nur drei von den Fotos kennen. Begründe!" mit entsprechender Begründungsaufforderung gegeben. Die hier vorgegebene Lösung stellt die Variante dar, bei der alle Bausteine einsehbar sind. Alternativ können in der impliziten Variante auch zwei gegenüberliegende Seiten als konkrete Lösung angegeben und entsprechend begründet werden. In dem Fall bleiben dann nur zwei kleine Bausteine für die übrigen beiden, nicht einsehbaren Positionen übrig und können dadurch zugeordnet werden.

Auch eine Angabe einer Seite mit der zusätzlichen Information für das Kind, dass alle anderen Seiten genauso aussehen, kann als alternative Lösung akzeptiert werden. Für die explizite Version wurde jedoch bewusst die als leichter und zu der vorherigen Teilaufgabe a als passfähiger eingeschätzte Lösungsvariante (alle Bausteine sind einsehbar) ausgewählt. So soll außerdem vermieden werden, dass der Schwierigkeitsgrad in der expliziten Variante gegenüber der impliziten erhöht wird. Im Fokus der Teilaufgabe steht, unabhängig davon, eine zu begründende Fallaussage zu dem Aufbau der Bausteine. Ein Bezug zu den Abbildungen ist auch hier möglich.

Abb. 4.11 Der veränderte Aufbau in 2c

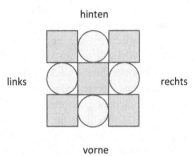

a) Hier stimmt etwas nicht. Welche Bilder passen nicht zu dem Gebäude? Begründet.
b) Von welcher Seite wurden die passenden Bilder jeweils gemacht?

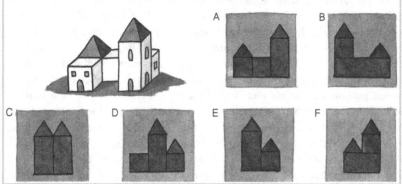

Abb. 4.12 Eine explizite Begründungsaufgabe zu Seitenansichten in *Flex und Flo 3* (2014, S. 19)

Häufig sind die Aufgaben zu Gebäuden aus verschiedenen Perspektiven auch mit der Zuordnung oder Erstellung von Bauplänen verknüpft, die quasi als Draufsicht eine arithmetische Übersicht über die Anzahl der übereinander gestellten Bausteine je Feld geben (z. B. *Denken und Rechnen 3*, S. 78, *Flex und Flo 3*, S. 14, *Welt der Zahl 3*, S. 124). Eine solche Nahelegung arithmetischer Merkmale wurde in der Aufgabe der Studie jedoch bewusst vermieden. Vielmehr wurden die mentalen Seitenansichten und die mental erkennbaren räumlichen Beziehungen in den Vordergrund gestellt und in einen zur parallelen Aufgabe aus dem Bereich *Muster und Strukturen* passenden Kontext gestellt.

Bei **Aufgabe 3** geht es im Bereich *Muster und Strukturen* um eine *sich wiederholende Musterfolge* mit einer zusätzlichen systematischen Veränderung von Teilelement zu Teilelement. In der dazu parallelen Aufgabe aus dem Bereich *Raumvorstellung* steht eine Bilderfolge im Vordergrund, die eng angelehnt an die *Vorstellungsfähigkeit von Rotationen* konstruiert wurde, aber auch deutliche Ansatzpunkte für den Faktor *Räumliche Beziehungen* aufweist.

Die Aufgabe im Bereich *Muster und Strukturen* bezieht sich zunächst auf die ersten vier dargestellten Figuren einer Musterfolge, die immer weiter fortgesetzt werden kann (s. Abb. 4.13). Die Färbung der Dreiecksflächen variiert systematisch von Figur zu Figur. Gleichzeitig stellen die vier abgebildeten Teilfiguren die Sequenz der *sich wiederholenden Musterfolge* dar.

In Teilaufgabe a wird in der impliziten Aufgabenvariante nach der Regel gefragt: „Die Flächen sind nach einer bestimmten Regel angemalt worden. Wie lautet diese Regel?" In der expliziten Variante ist die Aussage durch „Die Flächen sind nach einer bestimmten Regel angemalt worden. Begründe!"[27] vorgegeben. Die Abbildung wurde für die explizite Aufgabenvariante optisch dahingehend variiert, dass statt der Quadrate Rechtecke mit zwei unterschiedlich langen Seiten genommen wurden und die Färbung der Flächen in die andere Richtung „wandert". Bei beiden Varianten bleiben somit die gleiche Systematik und mögliche Vielfalt der Begründungsansätze bestehen. Dabei können die Kinder grundsätzlich mit der (variierenden) Flächenfärbung, mit Spiegelungen oder auch Wiederholungen der vier möglichen Figuren auf ihre Weise begründen, dass eine Regel vorliegt. Auch auf der Darstellungsebene sind wieder verschiedene Visualisierungen neben der Schriftsprache denkbar. Zu begründen ist in beiden Fällen eine vorliegende *Gesetzmäßigkeit/Regel* als Fallaussage zu der vorgegebenen Musterfolge. Diese stellt den Begründungsanlass der Teilaufgabe a dar.

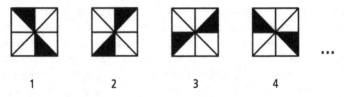

    1   2   3   4

Abb. 4.13 Die ersten Figuren der Folge aus Nr. 3 (implizit)

In der Teilaufgabe b steht die Fortsetzung des Musters mit der fünften Teilfigur und den sich wiederholenden gleichen Figuren im Vordergrund. In der impliziten Variante soll zunächst selbstständig überlegt werden, wie die fünfte Figur aussieht, ehe die eigentliche Aufgabenstellung folgt: „Wenn man die Folge weiterzeichnet, sehen einige Figuren genauso aus wie die 5. Figur. Kannst du auch ohne alle Figuren zu zeichnen sagen, welche das sind?" In der expliziten Variante wird die fünfte Figur in ihrer Färbung ebenso wie die zu begründende Aussage stattdessen vorgegeben und mit einer klaren Begründungsaufforderung versehen: „Auch ohne die nächsten Figuren alle zu zeichnen kann man sagen, dass die 9., 13. und 17. Figur genauso aussehen wie die 5. Figur. Warum ist das so?" Als

---

[27] Eine vorformulierte Regel zu begründen hat sich in der Pilotierung als redundant herausgestellt.

Begründungsanlass steht eine *Lösungswegalternative* zu dem einzelnen Zeichnen der Figuren im Vordergrund, die die Systematik im Muster nutzt. Die gleich aussehenden Figuren sind als (gleiche) Fälle zu begründen.

In Teilaufgabe c soll ein Transfer der Regel auf Dreiecke mit sechs Teilflächen erfolgen. Während bei der impliziten Variante keine Färbung vorgegeben ist (s. Abb. 4.14) und gefragt wird: „Kann man die Flächen der Dreiecke nach der gleichen Regel anmalen?", ist bei der expliziten Variante eine zu der Ausgangsfolge passende Lösung mit entsprechender Aussage und Begründungsaufforderung bereits vorgegeben: „Die Flächen der Dreiecke sind nach der gleichen Regel angemalt. Begründe!" Die Darstellung wurde nur dahingehend variiert, dass die Figuren vertikal gespiegelt sind und die Regel somit in beiden Varianten in gleicher Weise und passend zu Teilaufgabe a angewendet und begründet werden kann. Je nachdem, auf welche Aspekte sich die Kinder bei der Regelformulierung in a konzentriert haben, sind bei der impliziten Variante unterschiedliche Lösungen möglich, während die Lösung bei der expliziten Variante vorgegeben ist. Der Begründungsanlass besteht bei dieser Teilaufgabe darin, dass eine zu a passende *Lösungsmöglichkeit* für die Dreiecke gesucht werden soll. Damit ist die Lösung als Fall mit der gleichen Regel zu begründen.

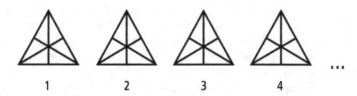

Abb. 4.14 Die noch ungefärbten Dreiecke (implizit)

Schulbuchbezüge

Die Aufgabe findet sich in ihrer Idee des Musters in *Flex und Flo 4* wieder (s. Abb. 4.15) und wurde aufgrund der vielfältigen enthaltenen geometrischen Aspekte aufgenommen. In der dortigen Aufgabe wird die Musterfortsetzung angeregt. Dies wäre als alleinige Frage eine implizite Begründungsaufgabe. Durch den Bearbeitungshinweis jedoch, dass die nächste Figur gezeichnet werden soll, wird das Begründungspotential hier nicht genutzt. Es ist zu vermuten, dass die Kinder hier lediglich die nächste Figur zeichnen.

Wie geht das Muster weiter? Zeichne die nächste Figur in dein Heft.

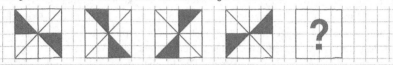

Abb. 4.15 Die Musterfolge in *Flex und Flo 4* (2015, Heft Geometrie, S. 5)

Für die Aufgabe der vorliegenden Studie wurde daher ein Arbeitsauftrag gewählt, der die vielfältigen Geometrieaspekte für eine Begründung durch die Angabe einer Regel einbezieht. Die Aufforderung zu einer direkten Regelangabe ist in Schulbüchern eher selten, kommt aber ebenso wie die Aufforderung ein späteres Folgeglied zu bestimmen vor (z. B. *Denken und Rechnen 4*, S. 90 Nr. 4, *Das Zahlenbuch 4*, S. 22 Nr. 1, 2). In der Aufgabe 2 in *Das Zahlenbuch* (s. Abb. 4.16) werden bspw. sowohl die Regel als auch weitere Folgeglieder erfragt. Allerdings wird explizit nur deren Beschreibung eingefordert. In der Aufgabe der Studie soll das Begründungspotential auch für die Regel aufgegriffen werden. Die Teilaufgaben b bis d weisen Bezüge zur entwickelten Teilaufgabe b auf, da hier ebenfalls nach einem dicht liegenden Folgeglied gefragt wird, ehe (v. a. für d) ein systematischer Lösungsweg entdeckt werden soll. Im Zahlenbuch ist die entdeckte Lösung (b bis d) ein impliziter Begründungsanlass. In der Teilaufgabe b der Studie ist es der dahinterstehende Lösungsweg, der entdeckt und begründet werden soll.

a) Beschreibe eine Regel für die Fortsetzung dieser Folge aus kleinen, mittleren und großen Kreisen, Dreiecken und Quadraten.

b) Welche Figur steht an 25. Stelle der Folge?   c) Welche Figur steht an 45. Stelle der Folge?

d) Welche Figur steht an der 100. Stelle der Folge?

Abb. 4.16 Regelangabe und Folgegliedbestimmung in *Das Zahlenbuch 4* (2013, S. 22 Nr. 2)

In der Teilaufgabe d wird ein Vergleich der Anzahl verschiedener Figuren bei a und c eingefordert. In der impliziten Variante erfolgt dies durch die Aufforderung und Frage „Vergleiche die Anzahl der verschiedenen Figuren bei a und c. Was fällt dir auf?" In der expliziten Variante ist die Lösung als Aussage mit Begründungsaufforderung gegeben: „Bei a gibt es vier verschiedene Figuren. Bei c nur drei. Warum ist das so?" In beiden Varianten dient die *Auffälligkeit* der unterschiedlichen Anzahl an verschiedenen Teilfiguren trotz gleicher Regel als Begründungsanlass und ist für die Folgen als Fallaussage schriftlich und ggf. visuell zu begründen.

Die dazu parallele Aufgabe aus dem Bereich *Raumvorstellung* bezieht sich stattdessen auf vier räumliche Figuren einer Folge, die als vier nebeneinander abgedruckte Bilder vorliegen (s. Abb. 4.17). Von Bild zu Bild liegt die gleiche systematische, als Vierteldrehung konstruierte, Variation vor. Gleichzeitig stellen die vier Figuren ebenfalls die Sequenz einer *sich wiederholenden Musterfolge* dar, was für die parallele Aufgabengestaltung mit dem Fokus auf der Regelmäßigkeit und der sich daraus ergebenden Wiederholung notwendig ist.

Die Teilaufgabe a fragt parallel zu der Aufgabe aus dem Bereich *Muster und Strukturen* in der impliziten Variante nach der Regel der Bilderfolge: „Die Bilder sind nach einer bestimmten Regel geordnet worden. Wie lautet diese Regel?" In der expliziten Variante heißt es entsprechend: „Die Bilder sind nach einer bestimmten Regel geordnet worden. Begründe!", wobei die einzelnen Figuren für diese Variante gespiegelt wurden und sich (wie die Färbung in der Musterfolge) damit auf gleiche Weise, nur in die andere Richtung drehen. Neben der naheliegend erscheinenden Vierteldrehung sind weitere Lösungen möglich. Die Figuren können sich bspw. entsprechend weiter in die andere Richtung drehen und je nachdem, aus welcher Perspektive und auf welche Elemente sich bei der Drehung konzentriert wird, kann die Bewegungsrichtung unterschiedlich beschrieben oder skizziert werden. Alternativ zu der Drehung wäre es außerdem möglich, dass der Dreierturm in der Mitte stehen bleibt und sich nur die abstehenden Würfel von Bild zu Bild bewegen oder vier unterschiedlich ausgerichtete Figuren vorliegen. Je nach Interpretation kann es sich somit immer um die gleiche, vier gleiche oder eine immer leicht umgebaute Figur handeln. Unabhängig davon ist auch hier eine vorliegende *Gesetzmäßigkeit/Regel* als Fallaussage zu einer Bilderfolge der Begründungsanlass.

In der Teilaufgabe b steht, wie in der parallelen Aufgabe, die Fortsetzung der Bilderfolge mit der sich wiederholenden fünften Teilfigur im Vordergrund. In der impliziten Variante soll zunächst selbstständig überlegt werden, wie die fünfte Figur aussieht. Da diese räumliche Figur jedoch deutlich schwieriger zu

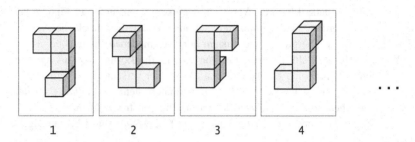

Abb. 4.17 Die ersten Bilder der Folge aus Nr. 3 (implizit)

zeichnen ist als die ebene Figur im Bereich *Muster und Strukturen* und die Kinder dennoch einen Zugang zur Aufgabe haben sollen, ist der Dreierturm bereits vorgegeben und kann zeichnerisch ergänzt werden. Dabei wird eine richtige Positionierung der fehlenden Steine, jedoch keine exakte Zeichnung, verlangt. Die zugehörige implizite Aufgabenstellung lautet dann: „Wenn man die Folge fortsetzt, sehen einige Bilder genauso aus wie das 5. Kannst du auch ohne alle Bilder zu zeichnen sagen, welche das sind?" In der expliziten Variante ist die fünfte Figur vollständig vorgegeben. Dazu gehört die vorgegebene Lösung als Aussage mit expliziter Begründungsaufforderung: „Wenn man die Folge weiter fortsetzt, kann man sagen, dass das 9., 13. und 17. Bild genauso aussehen wie das 5. Bild. Warum ist das so?" Als Begründungsanlass steht damit auch im Bereich Raumvorstellung eine *Lösungswegalternative* zum Zeichnen der Figuren im Vordergrund, die die Systematik der Bilderfolge fokussiert. Die gleich aussehenden Figuren sind als (gleiche) Fälle zu begründen.

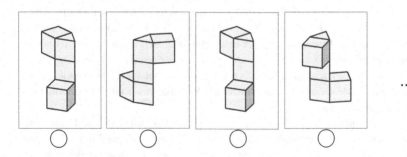

Abb. 4.18 Die noch ungeordneten Dreiecksprismen (implizit)

Bei Teilaufgabe c soll dann der Transfer der Regel auf eine in ihren Möglichkeiten reduzierte Folge stattfinden. Zu diesem Zweck bestehen die Figuren nun aus Dreiecksprismen, so dass eine geringere Anzahl an unterschiedlichen Seitenansichten vorliegt, aber dennoch die gleiche Regel angewendet werden kann (s. Abb. 4.18). Die unterschiedlichen Möglichkeiten wurden somit durch die Eigenschaften der neuen Figur Dreiecksprisma auf ähnliche Weise wie bei den im Bereich *Muster und Strukturen* neu verwendeten Dreiecken reduziert. Die beiden „angehängten" Würfel wurden jedoch nicht variiert, um die Figur optisch nicht zu komplex werden zu lassen und den Vergleich von a und c zu erleichtern. Dieser steht im Fokus der Frage „Kann man diese Bilder nach der gleichen Regel ordnen?" (implizite Variante) bzw. der gegebenen Aussage und Begründungsaufforderung „Diese Bilder sind nach der gleichen Regel geordnet. Begründe!" (explizite Variante) mit den passend zu a sortierten und im Vergleich zur impliziten Variante gespiegelten Figuren. Auch hier ist es implizit bei aller Offenheit in der Begründung entscheidend, dass die Antwort zu der in a abgegebenen Regel passt. Unabhängig davon wird auch hier eine *Lösungsmöglichkeit* gesucht, die als Begründungsanlass dient. Die Lösung ist dann als gefundener Fall mit der gleichen Regel zu begründen.

In Teilaufgabe d wird dann der Vergleich der Anzahl verschiedener Bilder bei a und c gefordert. Implizit geschieht dies durch die Aufforderung „Vergleiche die Anzahl der verschiedenen Bilder bei a und bei c." und die Frage „Was fällt dir auf?" Explizit ist die Lösung als Aussage mit der entsprechenden Begründungsaufforderung gegeben: „Bei a gibt es vier verschiedene Bilder. Bei c nur drei. Warum ist das so?" In beiden Varianten dient die *Auffälligkeit* der unterschiedlich hohen Anzahl verschiedener Bilder trotz gleicher Regel als Begründungsanlass und ist für die Bilderfolgen im Vergleich als Fallaussage schriftlich und ggf. visuell zu begründen.

Schulbuchbezüge

Aufgaben zur mentalen Rotation in den Schulbüchern sind typischerweise mental durchzuführende Kippabfolgen nach einem Wegeplan (z. B. *Mathematikus 3*, S. 109, *Nussknacker 4*, S. 51) oder nach Anweisung zu kippende Körper, typischerweise Würfel mit Seitenmerkmalen wie Würfelaugen oder Färbungen (z. B. *Flex und Flo 4*, S. 11). Handelt es sich um immer weiter gedrehte abgebildete Folgen, so ist dies eher in der Ebene der Fall (z. B. *Flex und Flo 3*, S. 5, *Flex und Flo 4*, S. 5).

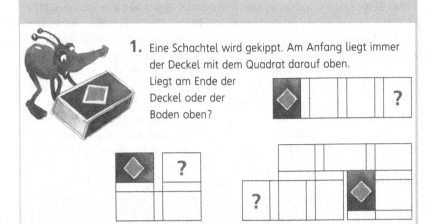

1. Eine Schachtel wird gekippt. Am Anfang liegt immer der Deckel mit dem Quadrat darauf oben.
Liegt am Ende der Deckel oder der Boden oben?

Abb. 4.19 Eine mental räumlich durchzuführende Kippabfolge in *Mathematikus 3* (2008, S. 109)

b)
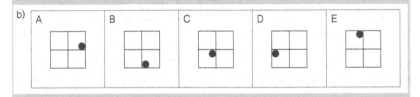

Abb. 4.20 Von Figur zu Figur gedrehte Folge in der Ebene in *Flex und Flo 3* (2014, S. 5)

Die Aufgabe der Studie wurde so konstruiert, dass wie in Abbildung 4.20 eine Folge aus mehreren zusammenhängenden Teilfiguren abgebildet ist und diese parallel zu der Aufgabe aus dem Bereich *Muster und Strukturen* gestaltet ist. Es wurde jedoch wie in Abbildung 4.19 jeweils eine rotierende dreidimensionale Figur gewählt, die die Raumvorstellung stärker fordert. Die Wiederholung der Figur führt zudem zu weiteren Gesetzmäßigkeiten, die in den Teilaufgaben aufgegriffen werden. Als Figuren wurden Würfelfiguren gewählt, die in ihrer Idee an den *Mental Rotation Test* von Vandenberg und Kuse (1978) erinnern (s. Abb. 4.21), jedoch mit fünf Würfeln einfacher gestaltet sind. Zudem steht in der Aufgabe der Studie die systematische Veränderung durch die Rotation bzw. die veränderten räumlichen Beziehungen und nicht der Vergleich (nicht) passender Figuren im Vordergrund.

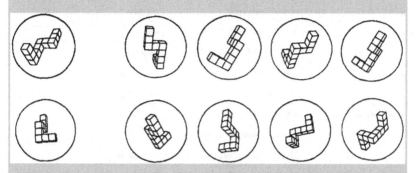

Abb. 4.21 Beispielitem aus dem Mental Rotation Test von Vandenberg und Kuse (1978, S. 600)

Insgesamt liegen damit vielfältige Begründungsanlässe, Aussagenelemente und Inhalte vor, die in dem Set parallel gestalteter impliziter und expliziter Begründungsaufgaben der Hauptstudie berücksichtigt werden. Die Tabelle 4.4 gibt einen zusammenfassenden Überblick über die Verteilung in den Aufgaben.

Daraus ergibt sich eine relativ ausgewogene Verteilung für eine *Fallaussage* und einen oder mehrere *Fälle* als zu begründendes Aussagenelement. Die in den Aufgaben vorliegenden Begründungsanlässe decken zudem das Spektrum aller fünf auf Basis der Schulbuchanalyse definierten Begründungsanlässe ab. Dabei sind für die Begründungsanlässe *Auffälligkeit, Zusammenhang/Beziehung und Lösungsmöglichkeit(en)* mit je drei bis vier Teilaufgaben vergleichsweise häufiger vertreten als *Gesetzmäßigkeit/Regel* und *Lösungsweg* bzw. *Lösungswegalternative* (s. Tab. 4.5). Dies begründet sich in der höheren Spezifität und Komplexität der beiden Begründungsanlässe. Eine *Gesetzmäßigkeit/Regel* kann auch als spezifische „als Regel festzuhaltende" *Auffälligkeit* betrachtet werden. Sie erfordert es jedoch, alle Fälle, für die diese Regel gelten soll, übergreifend in den Blick zu nehmen. Insofern liegt ein höherer Anspruch in den Anforderungen vor als bei der Benennung einer beliebigen Auffälligkeit. Ähnlich ist es bei dem *Lösungsweg* bzw. der *Lösungswegalternative*. Diese erfordern eine hohe Komplexität in

Tab. 4.4   Übersicht der Anlässe, Aussagenelemente und Inhalte in den Aufgaben

Nr. mit „Titel" und Inhalt Muster und Strukturen (MS) Raumvorstellung (RV)	Begründungsanlass	zu begründendes Aussagenelement
1) MS: „Wachsende Folgen" (*wachsende Musterfolge*), RV: „Würfel bauen" (*Veranschaulichung*)		
a	Lösungsmöglichkeit	Fall/Fälle
b	Lösungsmöglichkeit	Fall/Fälle
c	Lösungsmöglichkeit	Fall/Fälle
d	Auffälligkeit	Fallaussage
e	Auffälligkeit	Fallaussage
2) MS: „Musterstreifen" (*sich wiederholende Musterfolge*), RV: „Bausteine" (*Räumliche Orientierung*)		
a	Zusammenhang, Beziehung	Fallaussage
b	Zusammenhang, Beziehung	Fallaussage
c	Zusammenhang, Beziehung	Fallaussage
3) MS: „Gefärbte Flächen" (*sich wiederholende Musterfolge* mit systematischer Veränderung der Teilfiguren) RV: „Bilderfolge" (*Vorstellungsfähigkeit von Rotationen, Räumliche Beziehungen*)		
a	Gesetzmäßigkeit, Regel	Fallaussage
b	Lösungsweg(-alternative)	Fall/Fälle
c	Lösungsmöglichkeit	Fall/Fälle
d	Auffälligkeit	Fallaussage

dem Sinne, dass eine Struktur soweit durchdacht werden muss, als dass eigene Lösungswege konstruiert und begründet werden können. Beide Begründungsanlässe sind vermutlich auch deshalb in Schulbüchern eher unüblich und werden für das Aufgabenset der Studie eher der Vollständigkeit halber in geringerer Anzahl mit aufgenommen.

Tab. 4.5 Übersicht über die abgefragten Begründungsanlässe

zu begründendes Aussagenelement	Begründungsanlass	abfragende Teilaufgaben	Anzahl der Teilaufgaben
Fallaussage (7x)	Auffälligkeit	1d, 1e, 3d	3
	Zusammenhang, Beziehung	2a, 2b, 2c	3
	Gesetzmäßigkeit, Regel	3a	1
Fall / Fälle (5x)	Lösungsmöglichkeit(en)	1a, 1b, 1c, 3c	4
	Lösungsweg(-alternative)	3b	1

4.4 Stichprobe

An der Hauptstudie von Ende Mai bis Anfang Juli 2016 nahmen insgesamt 238 Schülerinnen und Schüler aus zwölf Grundschulklassen teil. Dabei wurden sechs dritte und sechs vierte Klassen in die Stichprobe einbezogen, so dass diese ein relativ ausgeglichenes und gut vergleichbares Verhältnis von 117 Drittklässlerinnen und Drittklässlern zu 121 Viertklässlerinnen und Viertklässlern zum Ende ihres Schuljahres beinhaltet. Identische Zahlen liegen bei der Geschlechterverteilung vor: Wenngleich hier nicht von Unterschieden ausgegangen wird und diese auch nicht näher untersucht werden sollen (s. 2.2.2.3), umfasst die Stichprobe mit 117 Schülerinnen und 121 Schülern ein ebenso ausgewogenes Verhältnis mit entsprechender Aussagekraft für beide Geschlechter.

Die zwölf ausgewählten Grundschulklassen stammen aus sieben verschiedenen Schulen aus Niedersachsen und Hamburg. Dabei wurde insgesamt auf eine bewusst unterschiedliche Schul- und Klassenauswahl geachtet. Entsprechend findet sich unter den Schulen eine große Bandbreite von dem „wohl behüteten" und akademisch geprägten Stadtteil bis zur sozial schwachen „Brennpunktschule" mit hohem Migrationshintergrund. Mit Hamburg befinden sich darüber hinaus drei großstädtische, mit Niedersachsen aber auch neun Schulen aus ganz unterschiedlichen dörflich geprägten Gemeinden oder kleineren Städten unter der Stichprobe. Die ausgewählten Klassen weisen damit eine große Bandbreite in Bezug auf ihre Leistungsstärke, ihr Sozial- und Lernverhalten, Elternhaus, ihre Umgebung und Herkunft auf. Dies wurde in Absprache mit den jeweiligen Lehrkräften, aber auch durch die eigene Einschätzung bekannter Klassen aus dem Referendariat und weiteren Praxisphasen sichergestellt. Diese Unterschiedlichkeit wurde in Hinblick auf die angestrebte zu erhebende Vielfalt von Begründungsantworten, aber auch in Hinblick auf eine möglichst repräsentative Einschätzung der Möglichkeiten in der Grundschule bewusst ausgewählt. Dementsprechend wurden absichtlich auch Kinder mit sonderpädagogischem Förderbedarf, Kinder mit schwachen Deutsch-kenntnissen oder auch sehr leistungsschwache Kinder bzw. Klassen nicht von vorneherein aus der Stichprobe ausgeschlossen. Allerdings nahmen aus morali-schen Gründen insgesamt dreizehn Kinder nicht an der Erhebung teil, da entweder noch fast gar keine Deutschkenntnisse vorlagen (sie die Aufgaben in fünf Fäl-len nicht hätten lesen und auch nicht vorgelesen hätten verstehen können) oder diese aufgrund ihres sonderpädagogischen Status nach Lehrerinnen- und Lehrer-einschätzung so deutlich überfordert gewesen wären, dass dies emotional nicht zugemutet werden sollte. Acht dieser dreizehn Kinder fallen dabei auf zwei Klas-sen einer „Brennpunktschule". In Klasse 3.4 sind vier neue Flüchtlingskinder in die Klasse gekommen und Klasse 4.1 ist eine Integrationsklasse, die alle Kinder mit sonderpädagogischem Förderbedarf des Jahrgangs der Schule beinhaltet.[28] Ein Kind war zudem beide Termine krank.

In Bezug auf den Mathematikunterricht der zwölf Klassen kann von einer Mischung ganz unterschiedlicher Unterrichtsstile ausgegangen werden. Auch hier liegt folglich keine Vergleichbarkeit, sondern eine intendierte vielfältige Auswahl vor, so dass die Gesamtgruppe der zwölf Klassen weitgehend repräsentativ ist. Die zwölf Klassen werden von zehn unterschiedlichen Lehrpersonen, acht Leh-rerinnen und zwei Lehrern, unterrichtet. Dabei reicht die Spannbreite von der jungen Lehrerin im ersten eigenständigen Schuljahr bis hin zu dem kurz vor der Pension stehenden Lehrer, der seit vielen Jahrzehnten unterrichtet. Zusätz-lich kann auch hier aus eigener Unterrichtsbeobachtung gesagt werden, dass mit diesen Lehrerinnen und Lehrern eine Spannbreite verschiedener Unterrichtsstile abgedeckt ist, ohne dass dies in der Studie näher untersucht wurde. Anhand eingesetzter Lehrerfragebögen (s. Anhang E im elektronischen Zusatzmaterial) sind zudem einige Merkmale der zwölf Klassen erfasst worden, die in der Form eines kurzen Klassenprofils nachfolgend zusammenfassend dargestellt werden (s. Tab. 4.6, 4.7, 4.8 und 4.9). Der prozentuale Anteil an Unterrichtsstunden, in denen mit dem Schulbuch gearbeitet wird, die Leistungsstärke im Fach Mathe-matik und bei Begründungsaufgaben sowie der Stellenwert der Geometrie sind dabei Merkmale, die auf Einschätzungen der Lehrkräfte beruhen, während es sich bei den übrigen Antworten um konkret abfragbare Fakten handelt. Die in den Tabellen nachfolgend dargestellten Informationen entsprechen weitgehend dem Wortlaut aus den Antworten der Lehrerkräfte in, aus Übersichtsgründen, teils verkürzter Form.

---

[28] Der erste offizielle Inklusionsjahrgang in Niedersachsen betrifft zum Zeitpunkt der Studie erst den Jahrgang 3.

Tab. 4.6 Profile der Klassen 3.1 bis 3.3

Klasse	3.1	3.2	3.3
TeilnehmerInnen (Mitglieder)	22 (22)	18 (20)	19 (19)
Schulbuch, Anteil an Std. mit dessen Verwendung	Welt der Zahl, 50 %	Denken und Rechnen, 90 %	Flex und Flo, 80 %
Leistungsstärke in Mathematik	mittel	eher schwach	befriedigend
bei Begründungsaufgaben	mittel bis sehr gering	2-3 Starke, Rest schwach	ausreichend
große sprachliche Schwierigkeiten	-	-	2
sonderpädagogischer Förderbedarf	-	- (2, nicht teilgenommen)	-
Geometriestellenwert	zeitlich gering, oft Schuljahresende	ca. 30-40 % gegenüber der Arithmetik	gering
Vorwissen Würfelnetze, geometrische Muster	- Ja, 1. Hj. (November)	Ja, 1. Hj. (1 Std.), Ja, Ende Kl. 2, laufend in 5-Minuten-Heften	Ja, 1. Hj. (September) als Freiarbeit/Zusatz, Ja, 1. Hj. (November)

Tab. 4.7 Profile der Klasse 3.4 bis 3.6

Klasse	3.4	3.5	3.6
TeilnehmerInnen (Mitglieder)	15 (19)	19 (22)	24 (25)
Schulbuch, Anteil an Std. mit dessen Verwendung	Welt der Zahl, > 90 %	Denken und Rechnen, 90 %	Denken und Rechnen, 80 %
Leistungsstärke in Mathematik	mittel, wenige leistungsstarke Schüler	gut, viele Kinder gut bis sehr gut	Durchschnitt
bei Begründungsaufgaben	mittel oder weniger	eher schwach, obwohl wir das seit Kl. 1 üben	Durchschnitt
große sprachliche Schwierigkeiten	- (4, nicht teilgenommen)	- (1, nicht teilgenommen)	2
sonderpädagogischer Förderbedarf	-	- (2, nicht teilgenommen)	- (1, fehlte beide Termine)
Geometriestellenwert	ca. 20 % des Unterrichts	viel weniger Zeit	quantitativ nicht gleichberechtigt, ca. 10 % zu 80 % Arithmetik
Vorwissen Würfelnetze, geometrische Muster	- Ja, Mitte Februar	Ja, Ende April, Ja, Herbst 2015	Ja, vor einer Woche, Ja, immer mal wieder Kl. 1-3, in letzter Zeit nicht

Tab. 4.8   Profile der Klassen 4.1 bis 4.3

Klasse	4.1	4.2	4.3
TeilnehmerInnen (Mitglieder)	21 (21)	20 (20)	15 (19)
Schulbuch, Anteil an Std. mit dessen Verwendung	Das Zahlenbuch, ca. 50 %	Das Zahlenbuch, 70 %	Welt der Zahl, 70 %
Leistungsstärke in Mathematik	mittel	mittel bis stark	sehr unterschiedlich, überwiegend mittel bis schwach
bei Begründungsaufgaben	mittel bis gut	mittel	s. o.
große sprachliche Schwierigkeiten	1	-	-
sonderpädagogischer Förderbedarf	-	2 (Lernen, Konzentration)	- (4 nicht teilgenommen)
Geometriestellenwert	deutlich weniger	keine Angabe	niedriger Anteil
Vorwissen Würfelnetze, geometrische Muster	Ja, vor 2 Wochen, Ja, Zeitraum unbekannt (nicht dieses Sj.)	Ja, Mitte des Sj. Regeln/Muster ist eine Leitidee im Zahlenbuch	Ja, Januar, Februar Ja, Januar, Februar

Tab. 4.9   Profile der Klassen 4.4 bis 4.6

Klasse	4.4	4.5	4.6
TeilnehmerInnen (Mitglieder)	24 (24)	21 (21)	20 (20)
Schulbuch, Anteil an Std. mit dessen Verwendung	Das Zahlenbuch, ca. 50 %	Welt der Zahl, > 90 %	Das Zahlenbuch, 90 % Matherad (Kl. 1, 2)
Leistungsstärke in Mathematik	gut	mittel bis leistungsstark	durchschnittlich bis gut
bei Begründungsaufgaben	gut	mittel	A III → nur nach Beschreiben und Erklären
große sprachliche Schwierigkeiten	1	1	-
sonderpädagogischer Förderbedarf	-	2 (körperlich-motorisch, emotional-sozial)	evtl. 1 (nicht festgestellt)
Geometriestellenwert	eher weniger	ca. 20 % des Unterrichts	60 % Arithmetik, 15 % Geometrie
Vorwissen Würfelnetze, geometrische Muster	Ja, vor ca. 2 Wochen Ja, vermutlich 3. Sj.	Ja, Dezember Nächste Woche	Ja, sehr kurz 2. Kl. Ja, 2. Kl.

4.5 Durchführungsdesign

Aus den Forschungsfragen, den letzten Festlegungen durch die Pilotstudie, der Aufgabenkonstruktion sowie einigen grundlegenden forschungsmethodischen Überlegungen ergibt sich das Durchführungsdesign der Studie. Sowohl das grundlegende Design in seinen konzeptionellen Überlegungen (4.5.1) als auch die konkrete Umsetzung einer einzelnen Datenerhebung (4.5.2) soll nachfolgend forschungsmethodisch transparent gemacht und begründet werden.

4.5.1 Konzeption der Durchführung

Zur Beantwortung der Forschungsfragen (s. 4.1) wurden im Aufgabendesign vier verschiedene parallele Aufgabenvarianten entwickelt (s. 4.3.4). Dies erfolgte, da es neben der grundsätzlichen Erfassung der Niveaustufen (Forschungsfrage 1) und der vorliegenden schriftlichen Begründungskompetenz in den Antworten von Kindern der dritten und vierten Klasse (Forschungsfrage 2) ein wesentliches Forschungsziel der Studie war, die unterschiedlichen Aufgabenvarianten und geometrischen Inhaltsbereiche in Hinblick auf ihr Potential und die erreichten Niveaustufen miteinander vergleichen zu können (Forschungsfragen 2a und 2b). Darüber hinaus sollte ein Jahrgangsvergleich von Stufe drei und vier (2c), sowie ein Klassenvergleich insbesondere in Bezug auf das selbstständige Erkennen einer Begründungsnotwendigkeit bei impliziten Aufgabenstellungen (relevant für 2a) erfolgen. Dafür wurde forschungsmethodisch eine möglichst vergleichbare Erhebung der vier konstruierten Aufgabenkategorien sowie der Durchführung in Jahrgang drei und vier angestrebt.

Zwei Termine je Klasse (Vergleich impliziter und expliziter Aufgabenbearbeitungen)
Um die impliziten und expliziten Aufgabenbearbeitungen möglichst gut miteinander vergleichen zu können, bearbeitete jedes der Kinder an einem Termin die explizite und an einem weiteren Termin die implizite Aufgabenvariante. Die Stichprobe hinter den expliziten und impliziten Aufgabenbearbeitungen ist damit weitgehend identisch.[29] Auf diese Weise konnte der Vergleich von zwei gleich leistungsstarken Gruppen von Schülerinnen und Schülern in Bezug auf die Begründungskompetenz in der Geometrie sichergestellt werden, ohne hierfür (bisher nicht entwickelte) forschungsmethodische Instrumente zur Gruppeneinteilung

---

[29] Einige Kinder (26 von 238) fehlten aus Krankheitsgründen an einem Termin.

zu benötigen. Darüber hinaus bleiben so ggf. interessante gegenüberstellende Einzelfallbetrachtungen beider Bearbeitungen eines Kindes möglich. Beide Gruppen beinhalten mit denselben Klassen zudem dieselben Begründungskulturen, so dass davon auszugehen ist, dass die durch den Forschungsstand anzunehmenden unterschiedlichen Begründungskulturen den impliziten und expliziten Vergleich nicht verfälschen. Gleichzeitig können ggf. vorliegende klassenbezogene Unterschiede und hier insbesondere das Begründungsverhalten bei impliziten Aufgabenstellungen für alle Klassen gleichermaßen untersucht werden.

Um bei der nahezu identischen Stichprobe von einem Aufgabentermin zum nächsten zusätzlich zur Aufgabenvariation denkbaren Verzerrungseffekten wie Lerneffekten zum sehr ähnlichen Inhalt, der fehlenden Motivation der erneuten Bearbeitung ähnlicher Aufgaben, der Zunahme von Begründungen nach der Bearbeitung expliziter Aufgaben oder weiteren denkbaren unerwünschten Einflüssen vorzubeugen bzw. diese auszugleichen, wurden methodisch zwei weitere Maßnahmen in der Durchführung umgesetzt. Einerseits wurde die Reihenfolge der Durchführungen variiert. Die Hälfte der Klassen bearbeitete erst die implizite und dann die explizite, die andere Hälfte der Klassen erst die explizite und dann die implizite Variante. Darüber hinaus wurde zwischen den beiden Terminen ein Zeitabstand von zwei bis drei Wochen gelegt. Auf diese Weise war es zwar immer noch möglich, dass die Kinder die Ähnlichkeit der Aufgaben erkennen, ihre konkreten Antworten zur bereits bearbeiteten parallelen Variante konnten sie aber höchstwahrscheinlich nicht mehr abrufen.[30]

Aufteilung in zwei Gruppen je Klasse (Vergleich der beiden Inhaltsbereiche)
Für den Vergleich der bearbeiteten Begründungsaufgaben der geometrischen Inhaltsbereiche *Muster und Strukturen* und *Raumvorstellung* erhielt jeweils die eine Klassenhälfte an beiden Terminen die Aufgaben des einen, die andere Klassenhälfte an beiden Terminen die Aufgaben des anderen Inhaltsbereichs. Das bedeutet, einige Kinder der Klasse bearbeiteten die impliziten und expliziten Aufgaben des Bereichs *Muster und Strukturen*, einige Kinder der Klasse die impliziten und expliziten Aufgaben des Bereichs *Raumvorstellung*. Dies ist auch für die bereits erwähnten und ggf. interessanten Einzelfallbetrachtungen des Einflusses der impliziten und expliziten Aufgabenstellungen im direkten Antwortvergleich sinnvoll. Dieses Vorgehen wurde jedoch vorrangig gewählt, um bei den Inhaltsbereichen unerwünschte klassenbezogene Effekte zu vermeiden. Trotz der grundlegenden Aufgabenkonstruktion dahingehend, dass die Aufgaben möglichst wenig Vorwissen bedürfen, blieben bei Aufteilung der Klassen auf

---

[30] Dies bestätigte sich in der Hauptstudie.

die Inhaltsbereiche verfälschende Effekte durch den stattgefundenen Unterricht denkbar. So können Kinder einer Klasse möglicherweise anhand im Unterricht gelernter Würfelnetze oder aufgrund der Vertrautheit mit ähnlichen Aufgabeninhalten im Bereich der geometrischen Muster einen schnelleren Zugang zu einer bestimmten Aufgabenlösung erlangen, Lösungen anders begründen etc. Solche Effekte, die letztlich auf den Geometrieunterricht zurückzuführen sind und nicht, wie beabsichtigt, auf die Inhaltsbereiche, werden durch die Aufteilung der Klassen weitgehend vermieden. Jede Klasse ist zur Hälfte in beiden zu vergleichenden Schülergruppen der Inhaltsbereichen vertreten. Dies ist für die zu vergleichenden Niveaustufen (Forschungsfrage 1, 2), aber auch für die geometrischen Charakteristika und die hier erhoffte Vielfalt (s. Ausblick unter 4.8) die vermutlich gewinnbringendere Variante, da auch hier von Einflüssen der Begründungskultur und behandelter Geometrieinhalte ausgegangen werden kann.

Zur weiteren Absicherung gegenüber ggf. unerwünschten klassenbezogenen Effekten und zur genaueren Einschätzung des Vorwissens für die Analyse der vorliegenden Antworten wurden in einem Fragebogen für die Lehrkräfte (s. Anhang E im elektronischen Zusatzmaterial) sowohl die behandelten Geometrieinhalte des zu Ende gehenden dritten bzw. vierten Schuljahres als auch die Behandlung des Themas geometrischer Muster und Musterfolgen sowie des Themas Würfelnetze abgefragt. Im Bereich *Raumvorstellung* wurde sich auf diesen Aspekt beschränkt, da dieser zum einen als Unterrichtsthema für die Lehrkräfte greifbarer erscheint, zum anderen aber auch nach der Schulbuchanalyse den Aufgabeninhalt der Raumvorstellung darstellt, bei dem ein einsetzbares Vorwissen am wahrscheinlichsten ist.

Bei der Teilung der Klassen in die beiden Gruppen wurde darauf geachtet, dass diese möglichst gleichverteilt in Bezug auf die Mathematikleistung erfolgt. Die jeweilige Mathematiklehrkraft wurde dafür gebeten, die Kinder im Vorwege in zwei etwa gleich leistungsstarke Gruppen einzuteilen und diese der Testleitung mitzuteilen. Dabei war ihnen bekannt, dass es um Geometrieaufgaben gehen wird. Die Namen der Kinder konnten dementsprechend schon vorher nach ihrer Zugehörigkeit zu ihrem Inhaltsbereich auf den Aufgabensets notiert und am Durchführungstag in festgelegter Zuordnung verteilt werden. Ein Test zur Erfassung der mathematischen Leistungsstärke im Begründen in der Geometrie und damit eine noch exaktere Einteilung der relevanten Leistungsstärke konnte aufgrund des hierzu fehlenden standardisierten Testinstruments nicht durchgeführt werden. Die Einschätzung der Lehrkraft wurde demgegenüber zur Vermeidung zufälliger Häufungen der leistungsstarken Schülerinnen und Schüler in dem einen und der leistungsstarken Schülerinnen und Schüler in dem anderen Bereich als gute Alternative gewertet.

Gleiches Durchführungsdesign für Klassenstufe drei und vier (Vergleich der Klassenstufen)
Für eine gute Vergleichbarkeit der dritten und vierten Klasse wurden die Daten dieser beiden Gruppen sowohl in Bezug auf die Durchführung als auch das Material in gleicher Weise erhoben. Die Aufgabenstellungen waren dementsprechend identisch, was basierend auf den vermiedenen notwendigen inhaltlichen Voraussetzungen, der Schulbuchanalyse von Klassenstufe drei und vier, dem selbstdifferenzierenden Aufgabenformat und der Pilotierung als zumutbar betrachtet wird und die Bandbreite der erhobenen geometrischen Begründungen erweitern soll.

Grundlegendes Durchführungsdesign und Datenverteilung
Aus den drei angeführten Aspekten folgt das grundlegende Design der Studie mit der entsprechenden Verteilung der zwölf Klassen auf die Durchführungsbedingungen (s. Tab. 4.10). Dabei umfasst die Stichprobe der drei Klassen je definiertem Bedingungsfeld der Bearbeitungsreihenfolge und Klassenstufe zwischen 55 und 65 Teilnehmerinnen und Teilnehmer. Für den Vergleich der impliziten und expliziten Aufgabenbearbeitungen stehen damit die Daten von allen 238 teilnehmenden (davon 212 an beiden Terminen anwesenden) Kindern, für den Vergleich der Inhaltsbereiche die Daten von 119 Kindern für *Muster und Strukturen* (MS) und ebenfalls 119 Kindern aus dem Bereich *Raumvorstellung* (RV) zur Verfügung. Für die Klassenstufen drei und vier sind es 117 und 121 Kinder.

Tab. 4.10 Grundlegendes Durchführungsdesign

	Implizit - Explizit		Explizit - Implizit	
3. Klasse	3 Klassen		3 Klassen	
	MS	RV	MS	RV
4. Klasse	3 Klassen		3 Klassen	
	MS	RV	MS	RV

Das Aufgabenset für ein einzelnes Kind

Das Aufgabenset besteht somit für jedes Kind aus allen drei Aufgaben (zwölf Teilaufgaben) eines Inhaltsbereichs in der impliziten oder expliziten Variante zum ersten Termin sowie der jeweils anderen Variante der Aufgaben aus dem gleichen Inhaltsbereich zum zweiten Termin. Jedes teilnehmende Kind bearbeitete damit insgesamt sechs Aufgaben mit 24 Teilaufgaben, sofern es an beiden Terminen anwesend war.[31] Pro Kind wurden somit bis zu 24 Begründungen erhoben. Für alle Teilnehmerinnen und Teilnehmer der Hauptstudie liegt durch das Aufgaben- und Durchführungsdesign eine Gesamtdatenmenge von 5364 bearbeiteten Teilaufgaben als Datenbasis vor.

Um auch in Hinblick auf die bearbeiteten Aufgaben die Vielfalt zu erhöhen und die dritte Aufgabe des Sets nicht durch die Bearbeitungsreihenfolge weniger häufig und evtl. aus Motivations- oder Konzentrationsgründen schlechter ausfallend einfließen zu lassen, wurde die Aufgabenreihenfolge von Nummer zwei und drei in den Sets variiert. Sechs Klassen bearbeiteten die Aufgaben in der Reihenfolge 1, 2, 3, die anderen sechs Klassen in der Reihenfolge 1, 3, 2. In Hinblick auf die gleichzuhaltenden Bedingungen für die Vergleiche und die Vermeidung von Reihen-Effekten wurde die Variation in der Reihenfolge gleichmäßig auf die implizit-explizite sowie explizit-implizite Durchführungsreihenfolge und die dritten und vierten Klassen verteilt.

4.5.2 Ablauf der Datenerhebung in einer Klasse

Mit den Mathematiklehrkräften der zwölf Schulklassen wurden zunächst zwei Termine in einem Abstand von zwei bis drei Wochen zum Ende des Schuljahres vereinbart. Zu diesen Terminen stand jeweils eine möglichst zeitlich und in den weiteren Rahmenbedingungen vergleichbare, in den ersten vier Stunden liegende Schulstunde von 45 Minuten als Erhebungszeitraum zur Verfügung. Im Vorwege wurde darüber hinaus von der Lehrkraft nur die Aufteilung der Klasse in zwei möglichst gleich leistungsstarke und, sofern in diesem Rahmen möglich, bzgl. des Geschlechts[32] etwa gleichverteilte Gruppen in Form einer Liste der Vornamen gefordert. Keine der Lehrkräfte erhielt konkrete Informationen zu den

---

[31] Die 26 von 238 Kindern, die an einem Termin fehlten, wurden nicht nacherhoben, da der Fokus der Studie auf den Begründungsantworten und nicht den einzelnen Kindern liegt. Drei Kinder verschiedener Klassen verweigerten zudem an einem Termin, so dass auch von diesen Kindern nur zwölf Antworten vorliegen.

[32] Diese Aufteilung ist nicht vorrangig, da die Forschungsergebnisse auf keinen Unterschied in der Begründungskompetenz hinweisen (s. 2.2.2.3).

Aufgaben, um für die Studie verfälschende Übungen, Anweisungen oder Tipps der Lehrkraft zu den geometrischen Inhalten oder schriftlichen Begründungen auszuschließen und tatsächlich die durch den regulär stattfindenden Unterricht vorliegende Begründungskompetenz bei Geometrieaufgaben erfassen zu können. Den Lehrkräften wurde zu den Aufgaben im Vorwege nur gesagt, dass es sich um geometrische Aufgaben handelt, die ähnliche Inhalte abfragen, jedoch verschieden konzipiert sind, weshalb zwei Termine mit einem mindestens zweiwöchigen Zeitabstand notwendig seien. In Bezug auf mögliche Rückfragen nach dem ersten Termin im Unterricht, wurden sie gebeten, diese mit den Kindern erst nach dem zweiten Termin zu besprechen und in der Zwischenzeit mit ihrem regulären Unterricht fortzufahren.

Am Tag des ersten Durchführungstermins erfolgte, angelehnt an einen Leitfaden für die einheitliche und objektive Durchführung in allen Klassen (s. Anhang F im elektronischen Zusatzmaterial), zunächst eine kurze Begrüßung mit Vorstellung der Testleitung und einleitenden Worten zu dem Vorhaben. Das Wort *Begründen* wurde dabei bewusst nicht genannt, um insbesondere auch bei der impliziten Variante das natürliche Begründungsverhalten der Kinder messen zu können (Validität) und hier keine verfälschende subjektive Erwartungshaltung zu implementieren. Darüber hinaus wurden die Kinder darauf hingewiesen, dass die Aufgaben nicht benotet werden, sich die Testleitung aber dennoch sehr freuen würde, wenn sie sich viel Mühe geben und zeigen würden, was sie können. Damit sollte vermieden werden, dass die Kinder sich aufgrund der ggf. unbekannten Inhalte bzw. Aufgabenformate zu sehr unter Leistungsdruck gesetzt fühlen und beunruhigt reagieren.

Anschließend folgte die Instruktion in Form eines mündlichen Arbeitsauftrags, der für alle Klassen einheitlich erteilt wurde. Die nachfolgenden vier Punkte zeigen den verwendeten Leitfadenausschnitt (vollständig im Anhang F im elektronischen Zusatzmaterial) für die standardisierte Durchführung zwischen den unterschiedlichen Klassen und unterschiedlichen Testleiterinnen und Testleitern. Mithilfe dieses Leitfadens wurde sowohl die Einhaltung der Durchführungsobjektivität zwischen den Klassen als auch die Reliabilität der Datenerhebungen verschiedener Testleitungen gesichert.

1. Du bekommst gleich **drei Aufgabenblätter**[33], die du alleine und **der Reihe nach** bearbeiten sollst. Du fängst also auf der ersten Seite bei Nr. 1 oben bei a an, wenn die Aufgabe fertig ist, machst du Nr. 2 und dann Nr. 3 *(zeigen).*

---

[33] Die markierten Begriffe dienten in der freien mündlichen Wiedergabe als visuelle Orientierung zu den zentralen zu nennenden Aspekten.

2. Bei allen Aufgaben gibt es **Linien** zum Aufschreiben deiner Antwort *(zeigen)*. Da ist es mir ganz wichtig, dass du deine Antwort **möglichst genau und gut aufschreibst**, damit ich dich auch gut verstehen kann. Du darfst aber auch immer **etwas dazu zeichnen** und, wenn der Platz nicht reicht, die Rückseite nutzen.

3. Du hast die **ganze Stunde Zeit**, d. h. du kannst die Aufgaben ganz in Ruhe bearbeiten.

4. **Wenn du fertig bist, kontrollierst** du deine Aufgaben bitte noch einmal in Ruhe und **darfst dann** ... *(Aufgabe der Lehrkraft, etablierte Freiarbeit oder etwas malen)*

Durch die vorgegebene Aufgabenreihenfolge konnte sichergestellt werden, dass die Kinder mit der ersten Aufgabe beginnen. Bei dieser fällt der Zugang, bestätigt durch die vielen erfolgreichen Bearbeitungen ohne inhaltliche Rückfragen in der Pilotierung, tendenziell am leichtesten. Darüber hinaus können nicht bearbeitete Aufgaben am Ende des Sets so als zeitlich oder in Einzelfällen auch motivational nicht mehr bewältigte Aufgaben gegenüber zu schwierigen Aufgaben eingeordnet werden. Aus zeitlichen Gründen fehlende oder am Ende schlechter bearbeitete Aufgaben wirken sich aufgrund der variierten Reihenfolge von Nummer zwei und drei weniger stark auf die vorliegende Bearbeitungsanzahl und -qualität einer einzelnen Aufgabe aus. Damit erhöht sich die Wahrscheinlichkeit für die einzelnen Aufgaben, tatsächlich die durch den regulär stattfindenden Unterricht vorliegende Begründungskompetenz erheben zu können. Punkt zwei des Leitfadens stellt noch einmal sicher, dass die Erwartungshaltung einer schriftlichen Antwort in jedem Fall gegeben ist. Ob die Kinder zusätzlich noch etwas visuell darstellen, wird ihnen bewusst freigestellt. Darüber hinaus werden der zeitliche Erwartungs-rahmen und die ruhige Bearbeitungsmöglichkeit für alle Kinder bis zum Ende sichergestellt.

Die in der Reihenfolge gehefteten Aufgabensets wurden anschließend zügig verteilt und die Kinder begannen mit der schriftlichen Bearbeitung. Die Lehrkraft erhielt bei dem ersten Termin zudem den Fragebogen zu ihrer Klasse (s. Anhang E im elektronischen Zusatzmaterial). Bis zum Ende der Stunde wurde gemeinsam mit der Mathematiklehrkraft konsequent in allen Klassen auf eine ruhige und konzentrierte Arbeitsatmosphäre geachtet (Reliabilität).

Fragen waren über leise Meldungen während der Bearbeitung zugelassen, wur-den jedoch entsprechend eines vorher festgelegten Leitfadens für den Umgang mit Fragen (s. Anhang F im elektronischen Zusatzmaterial) beantwortet. Hierzu wurde sich entschieden, um auf Fragen mit inhaltlich nicht verfälschenden Ant-worten und auf kleine Unsicherheiten bspw. in Bezug auf das ungewohnte

Aufgabenformat reagieren zu können und so die Anzahl nicht bearbeiteter oder falsch verstandener Aufgaben zu minimieren. Dementsprechend sollte die Fragenbeantwortung die Validität dahingehend erhöhen, dass tatsächlich vorrangig die Begründungskompetenz zu der intendierten Aufgabe gemessen wird und nicht eine anders verstandene Aufgabenstellung oder die Bereitschaft auch unbekannte Aufgabenformate zu bearbeiten. Ein Ermuntern und Bestärken zur Bearbeitung war dabei ebenso wie ein gemeinsames Durchlesen der Aufgabenstellung erlaubt, ein Helfen, „inhaltliches oder sprachliches Dazutun" oder gar Bewerten und Korrigieren aus Verfälschungsgründen dagegen nicht. Das Leitprinzip bei der Fragenbeantwortung war stets das Erreichen einer Antwort ohne die Antwort selbst in irgendeiner Weise zu verfälschen (Durchführungsobjektivität). Der Leitfaden unterscheidet dafür vier Kategorien von Fragen mit typischen Beispielen, einer dafür standardisierten, festgelegten Verhaltensweise sowie exemplarischen legitimen Antwort- bzw. Reaktionsmöglichkeiten. Damit wird auch bei der Fragenbeantwortung die Durchführungsobjektivität als auch die Reliabilität trotz unterschiedlicher Testleiterinnen und Testleiter erhöht. Fragen zur Notation (z. B. „Soll ich das hier auch zeichnen?") durften standardisiert gemäß der einleitenden Instruktion beantwortet werden. Es wurde dann wiederholt, dass immer eine Antwort aufgeschrieben werden soll, es aber auch erlaubt ist, etwas dazu zu zeichnen. Nachfragen bzw. Unsicherheiten zu der Aufgabenstellung (z. B. „Welche Folgen soll ich vergleichen?") durften durch Zeigen auf die Aufgabenelemente oder mithilfe des Vokabulars der Aufgabenstellung beantwortet werden ohne weitere Informationen zu geben. Ziel war es hier Missverständnisse zu der Aufgabenstellung zu vermeiden und den Zugang zu der Aufgabenstellung (nicht der Begründung) zu sichern ohne dabei Einfluss auf die formulierte Antwort zu nehmen. Sollten die Kinder eine Erklärung der Aufgabe einfordern bzw. deutlich äußern, dass ihnen keine Antwort einfällt (z. B. „Ich versteh nicht, wie das geht." oder „Mir fällt da nichts auf!), war es ebenfalls Ziel, die Kinder zu unterstützen ohne etwas zur Lösung beizutragen. In dem Fall wurde daher mit Zurückfragen, Vorlesen (lassen) und Ermutigen reagiert. Bei Fragen zu den geforderten Begründungen durfte im Sinne des zentralen Forschungsgegenstands der selbstständigen Begründungsantworten der Kinder keinerlei Hilfestellung gegeben werden. Lediglich eine Ermunterung zur Bearbeitung war erlaubt. Wichtig war grundsätzlich das Einhalten der Verhaltensrichtlinie im Leitfaden (s. Anhang F im elektronischen Zusatzmaterial), eine gewisse Anpassung der dort vorgegebenen Antwortmöglichkeiten war für eine bessere Passung zu den Fragen und für eine Natürlichkeit im Dialog erwünscht.

Fertige Bearbeitungen vor dem Ablauf der Bearbeitungszeit wurden von der Testleitung stets dahingehend überflogen, ob alles lesbar war und ob alle Aufgaben bearbeitet waren. Bei fehlenden Antworten wurden die Kinder noch einmal freundlich ermuntert, diese zu bearbeiten. Damit sollte die Anzahl der aus Motivationsgründen fehlenden Antworten minimiert werden. Waren alle Aufgaben bearbeitet, wurden die Aufgaben eingesammelt und die Kinder durften sich leise mit einer von der Lehrkraft erteilten Aufgabe oder mit einer Freiarbeit beschäftigen.

Der zweite Termin, der nach einer zwei- bis dreiwöchigen Pause stattfand, lief forschungsmethodisch weitgehend identisch ab. Lediglich die einleitende Begrüßung wurde entsprechend der bekannten Situation angepasst. Hierbei wurden die Kinder außerdem darauf hingewiesen, dass es sich auf den ersten Blick zwar um sehr ähnliche, aber nicht die gleichen Aufgaben handelt. Damit sollte aus den Erfahrungen der Pilotierung einzelnen Zwischenrufen wie „Die Aufgaben habe ich letztes Mal schon bearbeitet." vorgebeugt werden.

Zur Vergleichbarkeit der Datenerhebung wurden aber sowohl der Arbeitsauftrag als Instruktion nach dem Leitfaden, als auch der Umgang mit Fragen während der Bearbeitung gleichermaßen gehandhabt. Zudem wurde bestmöglich auf eine zeitlich und in der Arbeitsatmosphäre vergleichbare Situation geachtet. Auf diese Weise sollte sichergestellt werden, dass tatsächlich die Aufgabenunterschiede gemessen wurden und nicht bspw. die schlechtere Konzentrationsfähigkeit in einer sechsten Schulstunde (Reliabilität).

Die Testleitung wurde bei sieben von zwölf Klassen durch die eigene Person durchgeführt. Diese Durchführungen wurden mit dreimal zwei und einmal einer Klasse je Bedingungsfeld auf die verschiedenen Durchführungsvarianten des grundlegenden Designs verteilt. Damit sollte die Vergleichbarkeit der vier Gruppen weiter erhöht, aber auch die eigene realistische Einschätzung und Reflexion der unterschiedlichen Durchführungsreihenfolgen bzw. Klassenstufen möglich sein. Die weiteren fünf Durchführungen erfolgten durch Studentinnen und Studenten, die zuvor in einem selbst gehaltenen Seminar zum Begründen in der Geometrie umfassend instruiert wurden. Sowohl die Aufgaben (s. Anhang D im elektronischen Zusatzmaterial), der Fragebogen für die Lehrkräfte (s. Anhang E im elektronischen Zusatzmaterial), der Leitfaden für die Instruktion und Fragenbeantwortung (s. Anhang F im elektronischen Zusatzmaterial) als auch einige Fallbeispiele wurden ausführlich im Vorwege besprochen, um eine einheitliche Handhabung zu gewährleisten (intersubjektive Übereinstimmung im Rahmen der Objektivität[34]). Zudem erhielten die studentischen Testleiterinnen

---

[34] Vgl. Hug und Poscheschnik 2015, S. 94.

und Testleiter eine Checkliste zur Selbstkontrolle mit den notwendigen organisatorischen Schritten vor, während und am Ende des Erhebungstermins. Als weitere Qualitätssicherung wurde ein Puffer von einer Klasse je Bedingungsfeld (s. Tab. 4.10) eingeplant. So war es möglich, die nach der eigenen Einschätzung der tatsächlich abgelaufenen Durchführung bzw. anhand der mündlichen studentischen Berichte und der schriftlichen Dokumentationen in den Hausarbeiten forschungsmethodisch zuverlässigeren erhobenen Daten auszuwählen.

4.6   Auswertung: Entwicklung eines Niveaustufenmodells

Die durch die Hauptstudie vorliegenden Begründungsantworten sollen gemäß der ersten Forschungsfrage in unterschiedliche Niveaustufen eingeteilt werden. Hierfür ist ein Niveaustufenmodell als Auswertungsinstrument notwendig, welches die Unterscheidung von Vorstufen und tatsächlichen Begründungen erlaubt und darüber hinaus die vorliegenden Begründungen nach ihren erreichten Niveaustufen qualitativ weiter ausdifferenziert. Erst dann kann im Sinne des Forschungsinteresses sowohl auf die Frage eingegangen werden, ob und bei welchen Aufgaben die Kinder in ihren Antworten begründen, als auch die Frage, auf welchen Niveaustufen dies ggf. passiert. Das für die Beantwortung dieser Fragen entwickelte Modell ist für alle Aufgaben der Studie einsetzbar und daher nicht inhalts- bzw. aufgabenspezifisch, sondern begründungsbezogen definiert. Die Ausdifferenzierung der Antworten hinsichtlich der Begründungskompetenz steht im gesamten Modell im Fokus. Die Niveaustufen weisen daher in ihrer inhaltlichen Definition keinen geometrischen Bezug auf, sind aber anhand von Bearbeitungen geometrischer Begründungsaufgaben entwickelt worden und auf diese anwendbar.

Damit kann das Modell für die Studie als einheitliches Auswertungsinstrument für alle Antworten eingesetzt werden. Gleichzeitig erhört sich der Erkenntnisgewinn hinsichtlich der vorliegenden Niveaustufen der Begründungskompetenz in der Grundschule. Eine Übertragbarkeit bzw. Anwendbarkeit auch auf andere Begründungsaufgaben und darauf bezogene Antworten ist so grundsätzlich möglich. Empirisch geprüft wird das Modell, entsprechend des Kontexts der vorliegenden Arbeit und der weiteren vertiefenden Auswertung (s. 4.7), in der Studie jedoch ausschließlich in dem Inhaltsbereich der Geometrie.

Das entwickelte Niveaustufenmodell basiert entsprechend des unter 2.3 dargestellten Forschungsstands zu Niveaustufenmodellen zum Teil auf den vorliegenden Anknüpfungspunkten zu bereits bestehenden Erkenntnissen. Darüber hinaus waren jedoch, insbesondere in Hinblick auf die impliziten neben den expliziten

Aufgabenformaten, weitere Ausdifferenzierungen notwendig. Diese sollten die Vorstufen des Begründens ebenso wie das selbstständige Erkennen der Begründungsnotwendigkeit zu berücksichtigen. Ausgehend von diesen Überlegungen erfolgte zunächst eine Analyse und Einordnung der Vorstudiendaten von zwei vierten Klassen, die von einer Generierung weiterer bzw. auszudifferenzierender Niveaustufen begleitet war. Die zu dem Modell führenden methodischen Überlegungen (4.6.1) sowie das eigentliche Modell (4.6.2) werden nachfolgend vorgestellt.

4.6.1 Methodische Überlegungen

Entsprechend der intendierten Anknüpfung an bestehende Niveaustufenunterscheidungen und der knappen empirischen Befundlage (s. 2.3 und 4.1) ist für die Entwicklung eines passfähigen Niveaustufenmodells ein Vorgehen notwendig, welches sowohl deduktive als auch induktive Vorgehensweisen zulässt. Damit sollen die bestehenden Erkenntnisse aufgegriffen werden können, aber gleichzeitig neben deren Passfähigkeit auch deren Vollständigkeit für den neuen Kontext des impliziten und expliziten Begründens in der Geometrie der Grundschule geprüft, überarbeitet und ergänzt werden. Dies geschieht anhand von Vorstudiendaten, um das Modell für die Auswertung der Hauptstudiendaten einsetzen zu können. Da es im Rahmen der Modellentwicklung zudem um eine grundlegende, aber auch offene Annäherung an den Gegenstand der Niveaustufen der Begründungskompetenz geht, steht bei der Modellentwicklung wie auch bei dessen Anwendung ein qualitatives Vorgehen im Vordergrund.

Die für die Modellentwicklung eingesetzte Auswertungsmethode der qualitativen Inhaltsanalyse nach Mayring, unter ergänzendem Einbezug der Ausführungen von Kuckartz sowie Aeppli et al. zur Umsetzung der Methode, bietet an dieser Stelle einen passfähigen und systematischen Zugang für das vorliegende Forschungsvorhaben.

Die qualitative Inhaltsanalyse erfüllt die Anforderungskriterien der qualitativen, regel- und theoriegeleiteten Auswertung bei gleichzeitiger Offenheit für eine mögliche induktive Kategorienbildung am Material. *Theoriegeleitet* wird dabei verstanden als an theoretische Überlegungen anknüpfend, um einen Erkenntnisfortschritt hinsichtlich bereits bestehender Erkenntnisse zu erreichen. *Induktiv* wird dagegen als offener Verallgemeinerungsprozess am Material aufgefasst, der theorieunabhängig (in dem Kontext) neue Erkenntnisse mit einfließen lässt. Damit ist eine deduktiv-induktive Kategorienbildung für die Modellentwicklung möglich. Somit bietet die Methode eine hohe Passfähigkeit zur vorab formulierten

Intention hinsichtlich der Modellentwicklung und der nachfolgend intendierten Anwendung (Auswertung).[35]

Die Methode fordert aber auch eine frühe Systematik im Auswertungsvorgehen dahingehend, dass es notwendig ist, sich bereits in der Modellentwicklung (und nicht erst bei der Anwendung) daran zu orientieren, bestimmte Entscheidungen zu treffen und sich diese für das weitere methodische Vorgehen bewusst zu machen. Aus diesem Grund werden diese Punkte (Festlegung des Materials, Analyse der Entstehungssituation etc.) nachfolgend für vorliegende Vorhaben konkretisiert.[36]

Zunächst lässt sich jedoch festhalten, dass die Methode insgesamt einige vor der eigentlichen Auswertung festzulegende, wegweisende methodische Entscheidungen, eine darauf aufbauende systematische Modellentwicklung unter Einbezug von Theorie und Daten sowie auch die endgültige regelgeleitete Auswertung mithilfe des Modells fordert bzw. ermöglicht. Auf diese Weise ist es später möglich, die Analyseschritte und Entscheidungen im Auswertungsprozess ebenso systematisch und regelgeleitet begründen zu können. Hierauf wird bei der anvisierten qualitativen Analyse der Begründungen ein besonderer Wert gelegt, um neben den definierten Niveaustufen auch die darauf aufbauenden Einordnungen im Rahmen der Analyse legitimieren zu können (intersubjektive Nachprüfbarkeit).[37]

Festlegung des Materials: Entsprechend der Auswertungsmethode steht eine fixierte Kommunikation als Material im Fokus der Analyse.[38] Dieses entspricht in der Studie den Begründungsantworten der Kinder und wird für diesen ersten Auswertungsteil bewusst nicht weiter eingeschränkt: Alle vorliegenden schriftlichen Antworten sollen mit ihren möglichen visualisierenden Ergänzungen in eine Niveaustufe eingeordnet werden können und dadurch potentielle Erkenntnisse für die untergeordneten Fragestellungen sowie das Modell an sich bieten können. In Bezug auf die vorliegende Form der Begründungsantworten zeigt sich ein weiterer Vorteil der qualitativen Inhaltsanalyse: Es werden zwar typischerweise sprachliche Produkte analysiert, aber auch andere Kommunikationsformen wie die bildliche sind als Gegenstand der Analyse möglich.[39] Die Visualisierungen der Kinder können in diesem Sinne als alternative bzw. ergänzende „Ausdrucks-

---

[35] Vgl. Mayring 2015, S. 12–13, 50–63, 85–87, 95; Kuckartz 2016, S. 95.

[36] Vgl. Mayring 2015, S. 50–63; Aeppli et al. 2016, S. 258–259.

[37] Vgl. Mayring 2015, S. 12–13, 50–63, 85–87; Aeppli et al. 2016, S. 258–259; Kuckartz 2016, S. 95.

[38] Vgl. Mayring 2015, S. 12, 54–55; Aeppli et al. 2016, S. 258.

[39] Vgl. Mayring 2015, S. 12.

und Kommunikationsform" der sprachlichen Begründung mit in die Auswertung einbezogen werden.

Das Pilotierungsmaterial von zwei vierten Klassen wird, in Übereinstimmung mit der Methode der qualitativen Inhaltsanalyse, für die Konstruktion und Überarbeitung des Auswertungsmodells (nicht jedoch der Beantwortung der dazu formulierten Forschungsfragen) verwendet.[40] Auf diese Weise können Niveaustufen als Kategorien unabhängig von dem Datenmaterial der Hauptstudie induktiv entwickelt werden und aus der Theorie entnommene Stufen als Kategorien entsprechend unabhängig auf ihre Passfähigkeit hin geprüft und ggf. angepasst werden. Dies ermöglicht trotz des induktiven Anteils an der Modellentwicklung ein für die Analyse der Hauptstudiendaten bestehendes ausdifferenziertes Auswertungsinstrument.

Analyse der Entstehungssituation: Für das Datenverständnis sind Informationen über deren Entstehung relevant und sollen sowohl Hinweise zur Durchführungssituation als auch zu den Teilnehmerinnen und Teilnehmern beinhalten.[41] Die selbst konstruierten geometrischen Begründungsaufgaben als Begründungsanlässe bzw. direkte „Auslöser" des zu analysierenden Materials wurden ausführlich unter 4.3 dargestellt. Die Durchführungssituation wurde im Rahmen des Durchführungsdesigns in der grundlegenden methodischen Konstruktion, aber auch für die ganz konkrete Situation in einer Klasse ausführlich unter 4.5.2 geschildert. Abweichungen von diesem Ablaufschema gab es bei den einbezogenen Klassen für die Hauptstudie nicht. Darüber hinaus wurden die teilnehmenden Klassen im Rahmen der Darstellung der Stichprobe unter 4.4 beschrieben. Damit wurden, im Sinne der gewählten Methode, umfassende Informationen zur Entstehungssituation der Daten gegeben und es konnte „[...] genau beschrieben werden, von wem und unter welchen Bedingungen das Material produziert wurde."[42]

Formale Charakteristika des Materials: Hierbei handelt es sich um die schriftlich von den Schülerinnen und Schülern formulierten Antworten auf die Begründungsaufgaben. Entsprechend des Arbeitsauftrags und des angelegten Materials liegen diese schriftlich vor und können zusätzliche Visualisierungen wie Zeichnungen, Markierungen etc. beinhalten. Die letztlich vorliegende Darstellungsform hängt von der Wahl des jeweiligen Kindes ab und fließt als Originalmaterial in die Analyse ein.

---

[40] Vgl. Mayring 2015, S. 23, 52, 63, 86.

[41] Vgl. Ebd., S. 55; Aeppli et al. 2016, S. 258.

[42] Mayring 2015, S. 55.

Richtung der Analyse und theoriegeleitete Differenzierung der Fragestellung:
Ausgehend von dem vorliegenden Material kann in verschiedene Richtungen
geforscht werden. Die *Richtung der Analyse* soll nach Mayring jedoch vor der
eigentlichen Analyse festgelegt werden. Dies umfasst vordergründig den Forschungsgegenstand, da dieser für die Fragestellungen und die Analysetechnik
ausschlaggebend ist.[43]

Der Forschungsgegenstand als intendierte *Richtung der Analyse* wurde mit
dem Forschungsinteresse und den entsprechenden ausdifferenzierten Forschungsfragen unter 4.1 sowie den vorhandenen theoretischen Anknüpfungspunkten
unter 2.3 festlegt und transparent gemacht.[44] Dieser entspricht im Wesentlichen den zu differenzierenden Niveaustufen im Kontext des Begründens bei
Geometrieaufgaben in der Grundschule. In den untergeordneten Fragestellungen werden zudem Vergleiche der expliziten und impliziten Aufgabenformate,
der geometrischen Inhaltsbereiche *Muster und Strukturen* und *Raumvorstellung*
und der Klassenstufen drei und vier angestrebt. Für die Methode ist dabei die
Festlegung auf den Gegenstand gegenüber den Subjekten als entscheidend zu
betonen. Als Forschungsgegenstand stehen die zu erwartenden Niveaustufen der
Begründungsantworten und später darauf aufbauend deren Analyse hinsichtlich
geometrischer Charakteristika im Vordergrund und nicht die Messung der Leistungsstärke einzelner Kinder. Der empirische Fokus liegt auf „der Sache" und
weniger auf einer Leistungsmessung der Subjekte bzw. auf den individuellen
Subjekten selbst. Intendierte Vergleiche gemäß den untergeordneten Forschungsfragen sind dementsprechend eher für die jeweilige Gesamtmenge an Antworten
innerhalb einer zu vergleichenden Kategorie (bspw. Jahrgang drei) als für einzelne
Kinder von Interesse.

Analysetechnik und Ablaufmodell: Für die Kategorienbildung und damit die
Modellentwicklung wird, wie bereits erwähnt, auf ein deduktiv-induktives Vorgehen zurückgegriffen. Dabei sieht der methodische Ablauf vor, dass mit den
deduktiv abgeleiteten Kategorien als Ausgangspunkte begonnen wird und das sich
daraus ergebende Kategorienmodell mithilfe der Daten induktiv weiterentwickelt
wird. Kuckartz beschreibt diese Ausgangspunkte auch als „eine Art Suchras-
ter"[45], mithilfe dessen das Material anfangs kategorisiert wird und welches
weiter ausgebaut werden kann. Die einzelnen Niveaustufen wurden dabei forschungsmethodisch als *analytische Kategorien* betrachtet, denn sie stellen keine

---

[43] Vgl. Mayring 2015, S. 58–62.

[44] Vgl. ebd.

[45] Kuckartz 2016, S. 96.

direkte Beschreibung einzelner Antworten dar, sondern stehen für das analytisch darin erkannte Begründungsniveau. Sofern sich dieses an die angeführten Theorieaspekte anlehnt, können die Kategorien auch als *theoretisch* bezeichnet werden.[46]

Jede schriftlich vorliegende Antwort auf eine Teilaufgabe mit ihren ggf. vorliegenden Visualisierungen stellt in der Analyse eine so genannte *Kodiereinheit* dar. Damit ist der Teil gemeint, der im Kontext zu der jeweiligen Aufgabe steht und hinsichtlich der erreichten Niveaustufe eingeordnet werden soll.[47] Somit kann jede Begründungsantwort, also die vollständige, vom Kind abgegebene Antwort auf eine implizite oder explizite Begründungsaufforderung, einzeln eingeordnet werden. Dies ist hinsichtlich der *Richtung der Analyse*, also dem vorrangigen Fokus auf den Niveaustufen und nicht der Leistungsmessung und Skaleneinordnung eines Kindes für eine gesamte Aufgabe oder alle Aufgaben als Forschungsgegenstand, sinnvoll.

Die **Interpretationsformen** *zusammenfassen, explizieren* oder *strukturieren* nach Mayring sind für den Kontext der vorliegenden Arbeit nicht ganz passfähig, da die Kategorien nicht inhaltlich orientiert sind. Die intendierte Abstufung der Kompetenz durch verschiedene Kategorien (Niveaustufen) entspricht jedoch zumindest in seiner Idee der *skalierenden Strukturierung*, die bei Kuckartz auch als *evaluativ* bezeichnet wird. Die Begründungen werden in ihrer Struktur hinsichtlich ihrer qualitativen Abstufungen inhaltsunabhängig als Niveaustufen erfasst. Die inhaltliche Ebene dient in diesem Sinne eher als Anlass und Kontext, wird in der Kategorisierung selbst jedoch herausgefiltert. Somit werden lediglich bestimmte prozessbezogene Aspekte fokussiert, die Idee des Strukturierens als Interpretationsform ist jedoch vergleichbar. Durch die Nummerierung der Niveaustufen stehen diese im Modell, wie für die skalierende Strukturierung üblich, in einer Rangfolge der Ausprägung und damit in ordinaler Beziehung zueinander. Die Rangfolge selbst orientiert sich dabei an bestehenden Erkenntnissen und unterschiedlichen Ausprägungen eines Merkmals. Es wird an dieser Stelle also nach begründeten, qualitativen Gesichtspunkten gesucht. Quantitative Aspekte werden im Sinne der skalierenden bzw. evaluativen Strukturierung dann dafür genutzt, qualitative Beschreibungen der Kategorien durch weitere Erkenntnisse sinnvoll zu ergänzen. Für die Forschungsfragen 2a bis c zu den Vergleichen der Aufgabenstellungen, Geometriebereiche und Klassenstufen liefern die durch die qualitativen Einordnungen in Niveaustufen vorliegenden Daten

---

[46] Vgl. ebd., S. 34, 95–96.
[47] Vgl. Mayring 2015, S. 61.

auch entsprechende quantitative Erkenntnisse zu bestehenden Unterschieden in der Häufigkeitsverteilung.[48]

Aus den vorab dargelegten Punkten ergibt sich das methodische Ablaufmodell in Abbildung 4.22. Dabei stehen die Fragestellung und die *Richtung der Analyse*, entgegen dem bei Mayring beschriebenen Ablauf, vor der Entstehungssituation. Dies ist dadurch bedingt, dass auf dieser Basis die Aufgaben konstruiert wurden, die als Erhebungsinstrument dienen, während Mayring methodisch von bereits vorliegendem Material ausgeht.[49]

Im Zentrum steht die (Weiter-)Entwicklung und Anpassung des Niveaustufenmodells auf Basis der vorliegenden Theorie und Daten. Die Daten der Vorstudie wurden in einem laufend kritisch reflektierten und von ständigen Anpassungen begleiteten qualitativen Analyseprozess in aus der Theorie aufgenommene Kategorien eingeordnet. Waren die Kategorien nicht passfähig bzw. wurde ein zusätzlicher Gehalt in den Antworten erkannt, wurden weitere Stufen konstruiert. Das übergeordnete Ziel während der Modellentwicklung war es, alle Antworten in ihren qualitativen Unterschieden hinsichtlich der Begründungen eindeutig einordnen zu können und in der Analyse wahrgenommene Qualitätsunterschiede der Antworten auch in unterschiedlichen Niveaustufen berücksichtigen zu können. Das Niveaustufenmodell stellt aus forschungsmethodischer Sicht das notwendige Kategoriensystem dar und wird nachfolgend vorgestellt.

4.6.2 Das entwickelte Niveaustufenmodell

Das entwickelte und für die Auswertung der Hauptstudie eingesetzte Modell (Tab. 4.11) beinhaltet sechs Niveaustufen. Diese sollen nachfolgend mit ihrem legitimierenden Hintergrund vorgestellt werden. Neben der Niveaustufenbeschreibung werden dazu konkretisierende Beispiele aus der Vorstudie präsentiert, die die analytischen Überlegungen exemplarisch aufzeigen. Außerdem werden wesentliche theoretische Anknüpfungspunkte zur Begründungskompetenz sowie ggf. Anpassungen an die vorliegenden Begründungsaufgaben[50] erläutert. Die theoretischen Anknüpfungspunkte werden dabei erst ab Stufe 2 angeführt, da Stufe 0 und 1 noch keinerlei Begründungskompetenz beinhalten und somit auch

---

[48] Vgl. Mayring 2015, 67–68, 105–109; Kuckartz 2016, S. 123–125.

[49] Vgl. Mayring 2015, S. 62.

[50] Diese beziehen sich auf den Einbezug impliziter Begründungsaufgaben und auf die Abwandlung theoretischer Niveaustufen für spezifische Aufgabenformate hin zu einer breiteren Anwendbarkeit auf verschiedene Aufgabenformate.

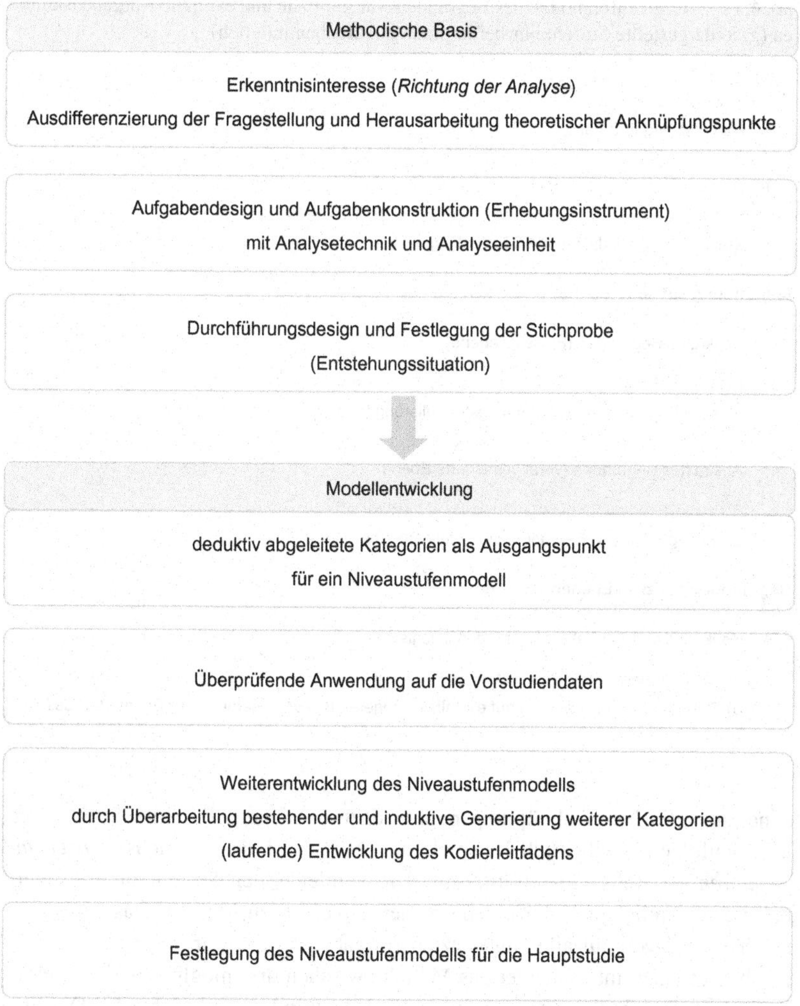

Methodische Basis

Erkenntnisinteresse (*Richtung der Analyse*)
Ausdifferenzierung der Fragestellung und Herausarbeitung theoretischer Anknüpfungspunkte

Aufgabendesign und Aufgabenkonstruktion (Erhebungsinstrument)
mit Analysetechnik und Analyseeinheit

Durchführungsdesign und Festlegung der Stichprobe
(Entstehungssituation)

Modellentwicklung

deduktiv abgeleitete Kategorien als Ausgangspunkt
für ein Niveaustufenmodell

Überprüfende Anwendung auf die Vorstudiendaten

Weiterentwicklung des Niveaustufenmodells
durch Überarbeitung bestehender und induktive Generierung weiterer Kategorien
(laufende) Entwicklung des Kodierleitfadens

Festlegung des Niveaustufenmodells für die Hauptstudie

Abb. 4.22 Die Entwicklung des Niveaustufenmodells

Tab. 4.11 Niveaustufenmodell des Begründens für implizite und explizite Aufgabenstellungen (grau dargestellte Stufen: nur bei impliziten Aufgaben möglich)

Vorstufen
0)   kein passender Zugang
1)   Lösung (Aussagenfindung)
2)   Beschreibung als deklarierte Begründung
Begründung auf einer Ebene
3)   Konkretes Begründen (Einzelfallebene) 　　a) einzelfallbezogene Grundnennung (eher unbewusst) 　　b) einzelfallbezogene Begründungsformulierung (bewusst)
4)   Abstraktes Begründen (verallgemeinerte Ebene) 　　a) verallgemeinerte Grundnennung (eher unbewusst) 　　b) verallgemeinerte Begründungsformulierung (bewusst)
Begründung auf zwei Ebenen
5)   Konkretes und Abstraktes Begründen in logischer Schlussfolge (beide Ebenen) 　　a) Grundnennung auf einzelfallbezogener und verallgemeinerter Ebene (eher unbewusst) 　　b) Begründungsformulierung auf einzelfallbezogener und verallgemeinerter Ebene (bewusst)

keine theoretischen Anknüpfungspunkte dazu vorliegen. Für alle Stufen werden nachfolgend einheitlich Beispiele aus Aufgabe 1 des Bereichs *Muster und Strukturen* (s. 4.3.4) angeführt, um den Vergleich der Stufen zu erleichtern und die wesentlichen Unterschiede besser aufzeigen zu können. Das Modell ist unabhängig davon auf alle eingesetzten Aufgaben anwendbar.

Übergeordnet unterscheidet das Modell zwischen drei möglichen Vorstufen (0 bis 2) und drei Stufen, in denen tatsächlich begründet wird (3 bis 5). Die Stufen drei bis fünf stellen also die „eigentlichen Begründungsniveaustufen" dar, denen Antworten zugeordnet werden, die tatsächlich auch eine Begründung beinhalten. Der Einbezug der Vorstufen ermöglicht eine Einordnung aller Antworten, ist aber auch für die Forschungsfragen direkt von Interesse. Insbesondere die Frage nach den Unterschieden zwischen impliziten und expliziten Begründungsaufgaben (Forschungsfrage 2a) zielt darauf ab, empirisch zu prüfen, ob beide

Aufgabenformate gleichermaßen geeignet sind, Begründungen durch die Aufgabenstellung anzuregen oder ob über ein Aufgabenformat bspw. häufiger nur die Vorstufen erreicht werden.

Darüber hinaus unterscheidet das Niveaustufenmodell im Wesentlichen nach den Kriterien *konkret* und *abstrakt*, der Begründung auf einer oder zwei Ebenen in logischer Schlussfolge und dem bewussten gegenüber unbewussten Begründen. Diese in der Analyse herausgearbeiteten Kriterien werden nachfolgend am Beispiel transparent gemacht.

Stufe 0) kein passender Zugang
Diese Vorstufe umfasst fehlende, vollständig fehlerhafte und unpassende Antworten der Kinder. Neben nicht ausgefüllten Teilaufgaben, werden hier auch Antworten eingeordnet, die keinen richtigen Aspekt beinhalten (s. Abb. 4.23). Des Weiteren fallen hierunter unpassende Antworten. Damit sind Antworten gemeint, die inhaltlich nicht falsch sind, aber keinen passenden Bezug zu der Fragestellung aufweisen. Typischerweise wird eine andere Fragestellung beantwortet (s. Abb. 4.24) oder die Fragestellung sinngemäß als Antwort wiederholt. In Antworten dieser Stufe ist somit kein passender Zugang zur Aufgabenstellung erkennbar.

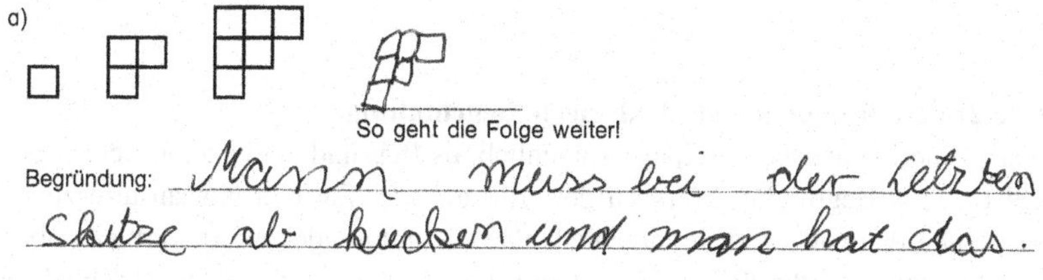

Abb. 4.23 Vorstudienbeispiel für eine als falsch gewertete Antwort (Stufe 0)

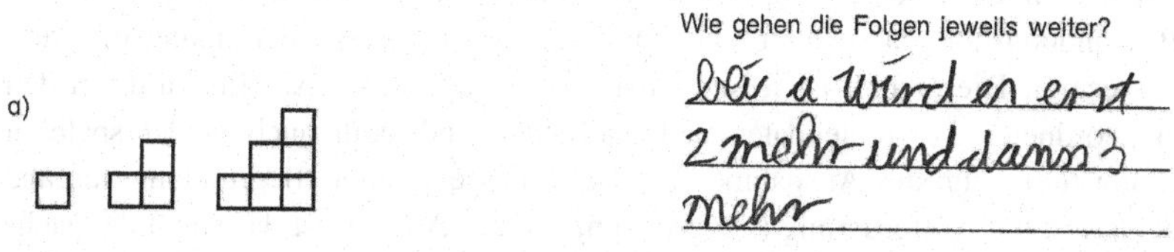

Abb. 4.24 Vorstudienbeispiel für eine unpassende Antwort (Stufe 0)

Stufe 1) Lösung (Aussagenfindung)

Der ersten Niveaustufe werden Antworten zugeordnet, die eine richtige Beschreibung der erfragten Aussage beinhalten. Die Kinder lösen die implizite Aufgabenstellung. Das bedeutet, eine Auffälligkeit, ein Zusammenhang, eine Gesetzmäßigkeit, eine Lösungsmöglichkeit oder ein Lösungsweg wird gefunden und als Aussage sprachlich und/oder zeichnerisch inhaltlich richtig beschrieben bzw. dargestellt. Die Kinder lassen in ihren Antworten also bereits einen passenden Zugang zu der Aufgabenlösung erkennen, verbalisieren aber darüber hinaus keinerlei Begründung oder Begründungsintention (s. Abb. 4.25). Diese Stufe ist nur bei impliziten Begründungsaufgaben möglich, da die zu begründende Aussage in der expliziten Variante bereits vorliegt und nicht mehr selbst als Aussage zu formulieren ist.

a)

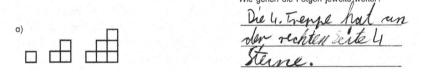

Abb. 4.25   Vorstudienbeispiel für eine richtige *Lösung (Aussagenfindung)* ohne Begründung (Stufe 1)

Stufe 2) Beschreibungen als deklarierte Begründung

Sobald eine Lösungsbeschreibung sprachlich als Begründung gekennzeichnet ist, wird dies als Begründungsversuch gewertet und der zweiten Niveaustufe zugeordnet. Die Antwort ist zwar sprachlich als Begründung deklariert, verbleibt aber inhaltlich auf rein beschreibender Ebene. Es werden somit keine tatsächlichen Gründe für die Aussage angegeben.

Bei einer impliziten Begründungsaufgabe entspräche dies einer eigenen sprachlichen Kennzeichnung als Begründung (z. B. „Das ist so, weil…") mit folgender Beschreibung. Im Gegensatz zu Stufe 1 wird also bereits eine Begründungsnotwendigkeit erkannt und die vorliegende Begründungsintention aufgezeigt. Dieser Fall ist jedoch eher theoretisch definierbar. Er wurde in den eingeordneten Vorstudiendaten nicht gefunden und stellt auch in der späteren Hauptstudie nur die Ausnahme dar. Bei einer expliziten Begründungsaufgabe deklariert die Aufforderung („Begründung:" oder „Warum ist das so?") die nachfolgende Antwort als Begründung. Durch die Beantwortung dieser Aufforderung wird ebenfalls eine Begründungsintention aufgezeigt, es folgt jedoch auch hier nur eine Beschreibung (s. Abb. 4.26). Bei der impliziten wie der expliziten Variante liegt somit bereits eine Begründungsintention vor, die jedoch nicht durch die Angabe von Gründen bewältigt wird.

Abb. 4.26 Vorstudienbeispiel für eine *Beschreibung als deklarierte Begründung* (Stufe 2)

Theoretische Anknüpfungspunkte: Neben den empirischen Vorstudienbeispielen für die Beschreibung als Vorstufe der Begründung und dem damit unterstellten höheren Anspruch des Begründens gegenüber dem des Beschreibens, liegen die entsprechenden Einordnungen in den formulierten Niveaustufenmodellen von Bezold (2009) und Neumann, Beier und Ruwisch (2014) vor (s. 2.3). Auch sie ordnen dem Begründen einen höheren Anspruch bzw. eine höhere Kompetenzstufe zu. Bezold spricht dabei von aus Beschreibungen herauslesbaren Begründungsideen. Neumann, Beier und Ruwisch berücksichtigen das Beschreiben als eigene Stufe im Sinne der Beschreibung von Auffälligkeiten, die jedoch noch keine Begründung beinhaltet. In dem vorliegenden Modell wird das Beschreiben noch stärker als Vorstufe herausgestellt und damit von dem eigentlichen Begründen abgegrenzt. Mit der Bezeichnung „als deklarierte Begründung" soll zudem die Begründungsintention als erster Versuch des Begründens gegenüber der intendierten und umgesetzten Beschreibung berücksichtigt werden.

Stufe 3) Konkretes Begründen (Einzelfallebene)
Die dritte Stufe entspricht der ersten Niveaustufe, auf der auch tatsächlich begründet wird. Die Begründungen beziehen sich auf konkrete Einzelfälle. Dabei orientieren sich die angegebenen Gründe an einem oder mehreren separat angeführten Beispielen. Die Gründe sind immer nur einzelfallbezogen gültig und enthalten noch keine formulierten Verallgemeinerungen.

Die Stufen 3a und 3b unterscheiden dabei noch einmal genauer zwischen einer *unbewusst* und *bewusst* angegebenen Begründung. Beinhaltet eine Antwort auf eine implizite Begründungsaufforderung einzelfallbezogene Gründe, ohne dass diese sprachlich als Begründung gekennzeichnet werden, wird dies als *eher unbewusste Grundnennung* interpretiert (3a, s. Abb. 4.27). Bei sprachlicher Kennzeichnung bzw. expliziter Begründungsaufforderung erfolgt dagegen eine Einordnung als *bewusste Begründung* (3b, s. Abb. 4.28). Inhaltlich sind die Begründungen in ihrem Niveau jedoch vergleichbar und daher beide Stufe 3 zuzuordnen.

Abb. 4.27 Vorstudienbeispiel für eine *eher unbewusste, konkrete Begründung auf Einzelfallebene* (Stufe 3a)

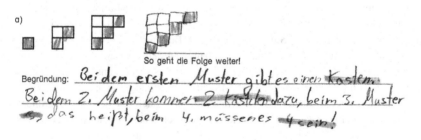

Abb. 4.28 Vorstudienbeispiel für eine *bewusste, konkrete Begründung auf Einzelfallebene* (Stufe 3b)

Die Begründungsantworten aus den Beispielen in Abbildung 4.27 und 4.28 finden auf der *Einzelfallebene* statt, da als Begründung nur Aussagen formuliert werden, die einzelne Elemente der Folge betreffen und nur für diese gültig sind. Trotz der Anführung mehrerer betrachteter Einzelfälle (Elemente des Musters) verbleiben beide Begründungsantworten auf dieser Ebene: In beiden Fällen wird konsequent auf die einzelnen Folgeelemente und deren jeweilige Anzahl an

Quadraten bzw. Kästchen geschaut und hiermit begründet. Die zweite Antwort ist durch die explizite Begründungsaufforderung „Begründung:" als *bewusste Begründung* deklariert.

Theoretische Anknüpfungspunkte: Das konkrete Begründen knüpft an das *beispielbezogene Begründen* im Niveaustufenmodell von Neumann, Beier und Ruwisch (2014) an, welches nach dem *Beschreiben* und *ansatzweisen Begründen* dort als Niveaustufe formuliert wird (s. 2.3). Das *ansatzweise Begründen* geht auf die dortige Aufgabenkonstruktion zurück, die insofern spezifischer gestaltet ist, als dass diese immer zwei zu begründende Aspekte zusammenfassend auswertet. Antworten, die nur einen Aspekt berücksichtigen, werden dieser Stufe zugeordnet. In der vorliegenden Arbeit wird diesbezüglich eine breitere Anwendbarkeit auf Begründungsaufgaben angestrebt, da nicht jede Begründungsaufgabe zwei festgelegte zu begründende Aspekte beinhaltet. Das Stufenmodell der vorliegenden Arbeit ist so angelegt, dass jede Begründungsantwort auf eine zu begründende Aussage (jede Antwort zu einer Teilaufgabe), separat in eine Niveaustufe eingeordnet werden kann. Zudem besteht bei den entwickelten impliziten Aufgabenstellungen eine gewisse Offenheit dahingehend, dass im Vorwege keine Festlegung auf bestimmte zu begründende Aspekte, die zum Teil oder vollständig angeführt und begründet werden könnten, erfolgt. Auch damit wird eine breitere Anwendbarkeit, aber auch die mögliche Einordnung diesbezüglich offenerer Aufgabenformate in Niveaustufen angestrebt. Daher wird die Stufe des *ansatzweisen Begründens* zusammenfassend für das hier vorgestellte Modell nicht als sinnvoll erachtet.

In dem Modell wird zudem der Begriff *konkret* (statt *beispielbezogen*) gewählt, um die Orientierung an einem oder mehreren separat betrachteten Einzelfällen besonders hervorzuheben. Bezugnahmen zu Beispielen können demgegenüber sowohl konkret einzelfallbezogen als auch einzelfallübergreifend verallgemeinert in den Begründungen erfolgen, so dass Stufe 3 und 4 bei der Bezeichnung nicht trennscharf wären. Der Hinweis der *Einzelfallebene* soll dies zusätzlich verdeutlichen. Dieser Begriff knüpft außerdem an die von Bezold herausgearbeitete Unterscheidung zwischen der *Begründung für den Einzelfall* und der *allgemein gültigen Begründung* an (s. 2.3). Dabei wird dort jedoch der Anspruch der davon unterschiedenen *allgemein gültigen Begründung* für die Grundschule als zu beweisorientiert betrachtet und für die nächste Stufe zu einem Begründen auf *verallgemeinerter Ebene* relativiert (s. Stufe 4).

Die Relevanz des *konkreten Begründens auf Einzelfallebene* für Grundschulkinder kann des Weiteren mit den unter 2.2.2.2 dargestellten Charakteristika des *konkreten und situierten Begründens* nach Steinbring (2009) gestützt werden, bei dem die Begründungen auf konkrete Beispielfälle begrenzt bleiben.

Stufe 4) Abstraktes Begründen (verallgemeinerte Ebene)

Auf der vierten Stufe erfolgen die Begründungen *auf verallgemeinerter Ebene.* Dementsprechend werden einzelfallübergreifend gültige Gründe benannt. Statt konkrete einzelne Beispiele für die Begründung zu verwenden werden verallgemeinerte, für mehrere Fälle der Aussage gültige Aspekte formuliert. Die Begründungen auf Niveaustufe 4 sind somit auf einer höheren Abstraktionsebene als die der Stufe 3.

Beinhaltet eine Antwort auf eine implizite Fragestellung verallgemeinerte Gründe, ohne dass diese sprachlich als Begründung gekennzeichnet werden, wird dies als *eher unbewusste Grundnennung* interpretiert (4a, s. Abb. 4.29). Bei sprachlicher Kennzeichnung bzw. expliziter Fragestellung erfolgt dagegen eine Einordnung als *bewusste Begründung* (4b, s. Abb. 4.30).

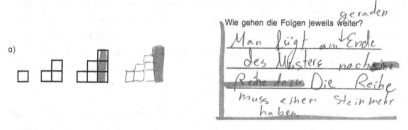

Abb. 4.29 Vorstudienbeispiel für eine *eher unbewusste, abstrakte Begründung auf verallgemeinerter Ebene* (4a)

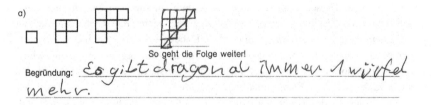

Abb. 4.30 Vorstudienbeispiel für eine *bewusste, abstrakte Begründung auf verallgemeinerter Ebene* (4b)

Die Begründungsantworten aus den Beispielen in Abbildung 4.29 und 4.30 finden auf *verallgemeinerter Ebene* statt, da als Begründung Aussagen formuliert werden, die die ganze Folge betreffen und für diese statt nur für bestimmte Folgefiguren gültig sind. In diesem Sinne sind die Begründungen auch als *abstrakt* zu verstehen. Die zweite Antwort ist durch die explizite Begründungsaufforderung „Begründung:" als *bewusste Begründung* deklariert.

Theoretische Anknüpfungspunkte: Das *abstrakte Begründen* knüpft theoretisch an das nach dem *beispielbezogenen Begründen* als Stufe angeführte *zum Teil verallgemeinernde Begründen* nach Neumann, Beier und Ruwisch (2014) an (s. 2.3). Dieses beinhaltet laut den Autorinnen bereits verallgemeinernde Aspekte, während eine Begründung auf der nachfolgenden Stufe des *verallgemeinernden/formalen Begründens* notwendigerweise alle, durch die Aufgabenkonstruktion eingebauten, Begründungsaspekte in verallgemeinernder Form und zudem eine Verwendung formaler Symbole beinhaltet. Da die Aufgabenkonstruktion der Studie nicht auf mehrere festgelegte Begründungsaspekte zielt und das Modell in dem Sinne bezüglich verschiedener Aufgabenformate offener gestaltet ist (s. auch theoretische Anknüpfungspunkte Stufe 3), wird die Abstufung zwischen einem oder mehreren verallgemeinernden Aspekten für das hier vorgestellte Modell nicht als sinnvoll erachtet. Ein Einbezug der Verwendung mathematischer Symbole bzw. der formalen Sprache stellt jedoch ohne diesen inhaltlichen Aspekt keine eigene, zu den anderen Niveaustufen passfähige Abstufung dar, da hier kein sprachlicher Fokus vorliegt. Zusammenfassend wird daher an dieser Stelle die eine Stufe des *abstrakten Begründens (verallgemeinerte Ebene)* als angemessener betrachtet.

Daneben lassen sich weitere Anknüpfungspunkte für die qualitative Abstufung des *abstrakten Begründens auf verallgemeinerter Ebene* zu dem *konkreten Begründen auf Einzelfallebene* anführen, die diese Unterscheidung empirisch stützen. So findet sich die Unterscheidung mit der als Kriterium beschriebenen Verallgemeinerung auch bei den dargestellten Niveaustufenkriterien Bezolds (2009) und der dargestellten Idee der Steigerung von *beispielbezogenen* zu *allgemeingültigen Beweistypen* bei Balacheff (1988) wieder (s. 2.3). Darüber hinaus kann die Relevanz auch dieser Niveaustufe für die Grundschule mit den unter 2.2.2.2 angeführten Charakteristika von Steinbring (2009) untermauert werden, da er neben *situierten konkreten Begründungen* auch *verallgemeinerte Begründungen* bei Grundschulkindern beobachten konnte.

Stufe 5) Konkretes und abstraktes Begründen in logischer Schlussfolge (beide Ebenen)

Die fünfte Niveaustufe beschreibt diejenigen Begründungen, die auf beiden Ebenen und in logischer Schlussfolge zueinander vorliegen. Beispielbezogen dargestellte Gründe werden schlussfolgernd verallgemeinert oder verallgemeinert dargestellte Gründe in der logischen Schlussfolge noch einmal am Beispiel konkretisiert. Da beide Ebenen im logischen Schluss zueinander stehen, können solche Begründungen auch als mehrschrittig bezeichnet werden. Begründungen auf dieser Stufe sind eine Mehrleistung zu den vorangegangenen Niveaustufen: Die Begründungen werden zusätzlich zu Niveaustufe 3 noch einmal auf eine höhere Abstraktionsebene gebracht (s. Abb. 4.31) bzw. zusätzlich zu Niveaustufe 4 noch einmal am konkreten Beispiel plausibilisiert (s. Abb. 4.32). Zudem ist die logisch zusammenhängende Darstellung beider Ebenen erforderlich.

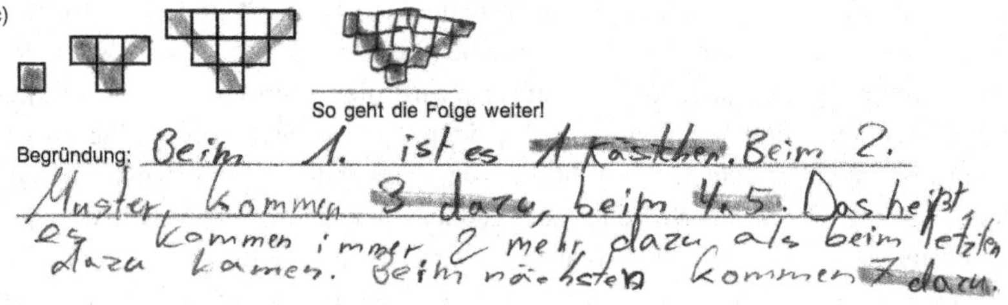

Abb. 4.31 Vorstudienbeispiel für eine logische Schlussfolge vom Konkreten zum Abstrakten (Stufe 5b)

Abb. 4.32 Vorstudienbeispiel für eine logische Schlussfolge vom Abstrakten zum Konkreten (Stufe 5b)

Auch hier wird zwischen einer implizit möglichen *unbewussten Grundnennung* (5a) und einer implizit oder explizit als Begründung sprachlich gekennzeichneten *bewussten Begründung* unterschieden (5b). Ein entsprechendes implizites Beispiel trat in der Vorstudie noch nicht auf, kann aber mithilfe der später eingeordneten Daten der Hauptstudie vorwegnehmend illustriert werden (s. Abb. 4.33).

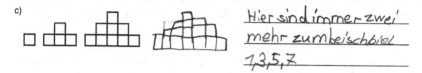

Abb. 4.33 Hauptstudienbeispiel für eine *eher unbewusste* Begründung (Stufe 5a)

Theoretische Anknüpfungspunkte: Die Niveaustufe des *abstrakten und konkreten Begründens in logischer Schlussfolge* besitzt in ihrer Mehrschrittigkeit einen Anknüpfungspunkt bei dem vorgestellten Niveaustufenmodell von Reiss, Hellmich und Thomas (2002). In der höchsten Stufe ihres Kompetenzstufenmodells ist es notwendig, mehrere Argumente und Begründungen miteinander zu verknüpfen und so der Idee mathematischer Beweisschritte näher zu kommen (s. 2.3). Rückblickend auf Balacheff (1988) scheint es für die Verknüpfung verschiedener aufeinander aufbauender Begründungsformen zudem wahrscheinlich, dass im Zusammenhang mit der Schlussfolgerung auf ein allgemeingültiges Konzept wie eine Struktur oder Eigenschaft ein bewusst repräsentativ ausgewähltes Beispiel steht, an dem ebendiese Eigenschaft oder Struktur aufgezeigt werden kann (s. 2.3).

Die herausgearbeiteten Stufen bilden zusammenfassend ein Modell, welches das Niveau schriftlicher Begründungen von Grundschulkindern in drei Vorstufen sowie drei Begründungsstufen altersangemessen beschreibt und damit die Forschungsfrage 1 *Welche Niveaustufen schriftlicher Begründungskompetenz lassen sich in den Antworten von Kindern der dritten und vierten Klasse bei geometrischen Begründungsaufgaben identifizieren?* beantworten kann. Unter 4.7 werden darüber hinaus die quantitativen Ergebnisse aus der Studie mit einbezogen, so dass dort in Bezug auf die Relevanz der einzelnen Stufen weitere Rückschlüsse gezogen werden können.

4.6.3 Das Niveaustufenmodell als Auswertungsinstrument

Gleichzeitig stellt das herausgearbeitete Niveaustufenmodell das zentrale Auswertungsinstrument für die Hauptstudie dar, mit dem die von Kindern der dritten und vierten Klasse erreichten Niveaustufen in den Begründungsantworten bestimmt werden sollen. Entsprechend des regelgeleiteten und systematischen Vorgehens der qualitativen Inhaltsanalyse erfolgte die Einordnung der Begründungsantworten in das Modell mithilfe eines zu dem Modell entwickelten Auswertungsleitfadens, der während der Hauptstudie weiter angepasst wurde. Dieser beinhaltet die jeweilige Kodierung (Niveaustufennummer), den Kategorienamen (Niveaustufenbezeichnung), eine kurze Definition der Stufe, einige typische und abgrenzende Ankerbeispiele sowie, soweit notwendig oder hilfreich, einige spezifische Hinweise in Form von Kodierregeln für die jeweilige Stufe. Auf diese Weise konnte die durchgängig einheitliche und kriteriengeleitete Einordnung (Auswertungsobjektivität) und damit die Intrarater-Reliabilität erhöht werden.[51] Zudem erfolgten bei Bedarf mehrere Auswertungsschleifen: Wenn in der Analyse ein bis dahin nicht im Leitfaden bedachter Fall auftauchte bzw. eine bestehende Einschätzung durch ein neues Verständnis korrigiert oder präzisiert werden musste, wurden die bis dahin bereits ausgewerteten Daten dahingehend noch einmal durchlaufen und, falls notwendig, in ihrer Zuordnung neu angepasst. Daraus ergibt sich der in Abbildung 4.34 dargestellte Ablauf.[52]

In der Kodierungsreihenfolge wurde methodisch so verfahren, dass besonders einheitlich auszuwertende Aspekte zeitlich möglichst dicht beieinander (intensive Einarbeitung und einheitliche Verfahrensweise in einer Kategorie) und zu vergleichende Aspekte möglichst zeitlich im Wechsel ausgewertet wurden (vergleichbare Auswertungsbedingungen der zu vergleichenden Kategorien).

Dem ersten Aspekt dieses Grundprinzips folgend wurde eine Aufgabe als möglichst einheitlich auszuwertender Aspekt vollständig ausgewertet, ehe die nächste Aufgabe eingeordnet wurde. Auf diese Weise sollte die Vergleichbarkeit der Kodierung innerhalb einer Aufgabe erhöht werden. Dies war insbesondere auch für die angestrebten Vergleiche der variierenden Bedingungen (Klassenstufe, Inhaltsbereich, implizite/explizite Version) von Relevanz, um tatsächlich die Unterschiede zwischen den variierten Bedingungen messen zu können und Einflüsse durch unterschiedliche Auswertungszeitpunkte auf diesen Vergleich zu vermeiden.

---

[51] Eine Prüfung der Interrater-Reliabilität wäre ebenso sinnvoll, konnte bislang aber leider nicht geleistet werden.

[52] Vgl. Mayring 2015, S. 29, 62–64, 86–87, 97–98; Kuckartz 2016, S. 39–40.

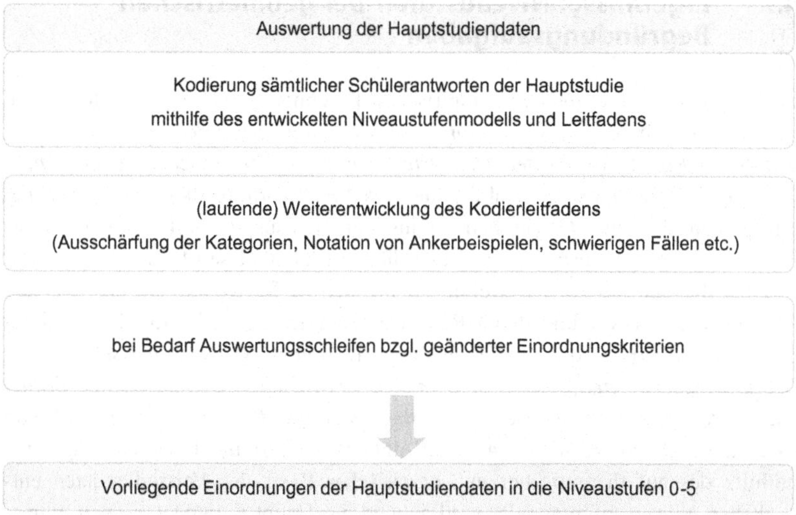

Auswertung der Hauptstudiendaten

Kodierung sämtlicher Schülerantworten der Hauptstudie
mithilfe des entwickelten Niveaustufenmodells und Leitfadens

(laufende) Weiterentwicklung des Kodierleitfadens
(Ausschärfung der Kategorien, Notation von Ankerbeispielen, schwierigen Fällen etc.)

bei Bedarf Auswertungsschleifen bzgl. geänderter Einordnungskriterien

Vorliegende Einordnungen der Hauptstudiendaten in die Niveaustufen 0-5

Abb. 4.34 Ablaufmodell vom Niveaustufenmodell bis zu den kodierten Daten

Dem zweiten Aspekt folgend wurde in der Reihenfolge zwischen den Klassenstufen drei und vier (Nummer 1 Klasse 3a, dann Nummer 1 Klasse 4a, Nummer 1 Klasse 3b, Nummer 1 Klasse 4b usw.) sowie zwischen der erst impliziten und dann expliziten Variante bzw. erst expliziten und dann impliziten Variante in der Auswertung gewechselt. Der Wechsel der Auswertungsreihenfolge der impliziten und expliziten Variante erfolgte dabei immer nach einer dritten und vierten Klasse (Nr. 1 Klasse 3a und 4a implizit-explizit, dann Klasse 3b und 4b explizit-implizit usw.). Auf diese Weise ist die Auswertungsreihenfolge innerhalb der Aufgaben und Klassenstufen (drei dritte und vierte Klassen je Aufgabe implizit-explizit, drei dritte und vierte Klassen je Aufgabe explizit-implizit) ausgeglichen.

Auch die Einordnung der beiden Inhaltsbereiche erfolgte im Wechsel, da die Aufgabennummern eins bis drei jeweils für beide Inhaltsbereiche eingeordnet wurden, ehe die nächste Aufgabe begonnen wurde.

4.7   Ergebnisse: Niveaustufen bei geometrischen Begründungsaufgaben

In diesem Kapitel werden die empirischen Ergebnisse in Bezug auf die zweite Forschungsfrage, *Welche Niveaustufenverteilung zeigt sich in den schriftlichen Antworten von Kindern der dritten und vierten Klasse bei geometrischen Begründungsaufgaben?*, dargestellt. In Hinblick auf die Beantwortung dieser Fragestellung erfolgt zunächst eine Gesamtbetrachtung der Niveaustufenverteilung mit einer Herausstellung der diesbezüglich wesentlichen Erkenntnisse (4.7.1).

Anschließend wird die Verteilung der Daten in Bezug auf die entwickelten Niveaustufen 0 bis 5 und deren Relevanz reflektiert. Dies ist für die abschließende Beantwortung der Forschungsfrage 1, *Welche Niveaustufen schriftlicher Begründungskompetenz lassen sich in den Antworten von Kindern der dritten und vierten Klasse bei geometrischen Begründungsaufgaben identifizieren?*, von Bedeutung. Die in Abschnitt 4.6.2 erfolgte Beantwortung der Forschungsfrage mithilfe des auf theoretischer und empirischer Basis der Vorstudiendaten entwickelten Niveaustufenmodells wird anhand der Hauptstudiendaten noch einmal kritisch hinterfragt (4.7.2).

Im Anschluss erfolgt eine ausdifferenzierende Betrachtung der Niveaustufenverteilung. Die Abschnitte 4.7.3 bis 4.7.5 widmen sich den Ergebnissen zu den vertiefenden Forschungsfragen 2a bis c mit den Vergleichen der erreichten Niveaustufen 0 bis 5 bei den variierten Bedingungen *impliziter* und *expliziter Begründungsaufforderungen,* der Inhaltsbereiche *Muster und Strukturen* und *Raumvorstellung* sowie des dritten und vierten Jahrgangs. Bei dieser vergleichenden Betrachtung der erreichten Niveaustufen unter verschiedenen Bedingungen steht die quantitative Auswertung vorliegender Unterschiede in der Niveaustufenverteilung sowie deren Prüfung auf Signifikanz im Vordergrund. Die hierfür zusätzlich benötigte statistische Auswertungsmethode wird nachfolgend zusammenfassend vorgestellt und begründet, ehe auf die Ergebnisse eingegangen wird.

Die in 4.7.3 bis 4.7.5 im Fokus stehenden Vergleiche erfolgen zunächst deskriptiv in Bezug auf die festgestellten relativen Häufigkeiten bei den Niveaustufen 0 bis 5. Dies ermöglicht einen ersten Eindruck der Unterschiede und die Beschreibung augenscheinlicher Ergebnisse. Des Weiteren werden zentrale Thesen formuliert, die sich im Wesentlichen auf diese Beobachtungen, die Ergebnisse der Schulbuchanalyse und bestehende empirische Erkenntnisse stützen. Diese werden anschließend inferenzstatistisch abgesichert. Dabei werden durch den Zusammenhang zweier Variablen bedingte Unterschiede (bzw. den fehlenden Zusammenhang bedingte vergleichbare Werte) mithilfe verschiedener

Chi-Quadrattests und Zusammenhangsmaße hinsichtlich ihrer statistischen Signifikanz und Effektstärke geprüft. Eine kurze Begründung der jeweils gewählten Testvariante in Abhängigkeit von den betrachteten Variablen ist unter 4.7.3 bis 4.7.5 eingangs zusammengefasst.

Der Einsatz von Chi-Quadrattests für die Prüfung der vorliegenden Zusammenhänge begründet sich jedoch allgemein darin, dass er das Nominalskalenniveau voraussetzt und die vorliegenden Daten hinsichtlich nominaler (Begründungsaufforderung, Inhaltsbereich, Begründungsantwort, Klasse) und ordinaler (Niveaustufen, Jahrgang) Variablen auf ihren Zusammenhang hin analysiert werden sollen. Auch die weiteren Voraussetzungen einer Zufallsstichprobe[53] (s. 4.4), vorliegender absoluter Häufigkeiten und ausreichend hoher Zellhäufigkeiten (maximal 20 % der Zellen kleiner 5) sind in den nachfolgend durchgeführten Tests im Allgemeinen erfüllt.[54]

Der gewählte Test erlaubt die Beantwortung der Frage, ob ein statistisch (hoch) signifikanter Zusammenhang vorliegt: „Der Chi-Quadrattest ist ein Test, der prüft, ob nach ihrer empirischen Verteilung zwei in einer Stichprobe erhobenen [sic] Variablen voneinander unabhängig sind oder nicht."[55] Dafür wird im Wesentlichen die Stärke der Abweichung von den empirisch beobachteten zu den erwarteten Werten (unter der Annahme eines fehlenden Zusammenhangs und einer entsprechenden Gleichverteilung der Daten auf die Möglichkeiten) berechnet. In der Grundidee gilt also: Je größer diese Abweichungen für die einzelnen Zellen einer Kreuztabelle ausfallen, desto wahrscheinlicher ist ein variablenbedingter Zusammenhang. Die Prüfgröße Chi-Quadrat berechnet sich im einfachsten Fall einer Vierfeldertafel wie nachfolgend.[56]

$$\chi^2 = \sum_{j=1}^{m} \frac{\left(f_{b(j)} - f_{e(j)}\right)^2}{f_{e(j)}}$$

m = Anzahl der Zellen
f_b = beobachtete Häufigkeiten
f_e = erwartete Häufigkeiten

---

[53] Die Daten (Antworten) entstammen verschiedenen, nicht gezielt ausgewählten dritten und vierten Klassen.

[54] Vgl. Janssen und Laatz 2013, S. 260; Kuckartz et al. 2013, S. 96–97. Auf einzelne Ausnahmen über 20 % wird nachfolgend gesondert eingegangen.

[55] Janssen und Laatz 2013, S. 260.

[56] Vgl. ebd., S. 259–260; Kuckartz 2016, S. 93–94.

Sind die empirisch getesteten Variablen unabhängig, entsprechen die beobachteten Werte den Erwartungswerten. Chi-Quadrat läge dann bei 0. Abweichungen jeder Zelle hingegen werden aufsummiert und führen zu einem entsprechend größeren Wert für Chi-Quadrat. Liegen für die Variablen mehr als zwei mögliche Kategorien vor (wie bspw. bei den Niveaustufen 0 bis 5), wird die nachfolgende Formel verwendet, bei der sämtliche Spalten und Zeilen durchlaufen werden.[57]

$$\chi^2 = \sum_{i=1}^{k} \sum_{j=1}^{l} \frac{\left(f_{b(i,j)} - f_{e(i,j)}\right)^2}{f_{e(i,j)}}$$

k = Anzahl der Zeilen, l = Anzahl der Spalten
$f_{b(i,j)}$ = beobachtete Häufigkeiten in der i-ten Zeile und j-ten Spalte
$f_{e(i,j)}$ = erwartete Häufigkeiten in der i-ten Zeile und j-ten Spalte

SPSS[58] gibt zu den entsprechenden Kreuztabellen der eingegebenen Daten den χ^2–Wert, die Freiheitsgrade[59] (df-Wert) und eine Wahrscheinlichkeit (p-Wert) für die statistische Unabhängigkeit (bzw. Irrtumswahrscheinlichkeit für einen Zusammenhang) der Variablen an. Damit ist eine Aussage darüber möglich, ob und in welchem Ausmaß ein signifikanter Zusammenhang zwischen den analysierten Variablen besteht oder nicht. Dabei wird ein 5 %-Signifikanzniveau als *signifikant* bezeichnet und aufgrund der hohen Anzahl vorliegender Antworten (n = 5364) ein 1 %-Signifikanzniveau als *hoch signifikant*. In den wenigen Teilbetrachtungen, bei denen die Anzahl unter 1000 liegt, wird das 0,1 %-Niveau für die Bezeichnung *hoch signifikant* gewählt.[60]

Im Allgemeinen wird nachfolgend der Chi-Quadrat-Unabhängigkeitstest (Chi-Quadrat nach Pearson) verwendet, der auf den beschriebenen Werten basiert.

Liegt der Freiheitsgrad jedoch nur bei 1 (df = 1), was einer Vierfeldertafel entspricht, wird der Empfehlung gefolgt einen Chi-Quadrattest mit Korrektur nach Yates zu verwenden. Diese Korrektur verkleinert die Differenzen zwischen erwartetem und beobachtetem Wert jeweils um 0,5. Auf diese Weise kann eine mögliche, fehlerhafte Signifikanz vermieden werden, die dadurch entstehen kann, dass es sich um diskontinuierliche Merkmale (fest definierte und

---

[57] Vgl. Kuckartz 2016, S. 95–96.
[58] IBM SPSS Statistics Version 25
[59] Diese werden nach df = $(l - 1)$ x $(k - 1)$ bestimmt. In einer Kreuztabelle (df = 1) wird bspw. nur eine Zellenhäufigkeit benötigt, um die übrigen drei bei bekannten Randhäufigkeiten zu berechnen. Dieser Wert ist für die Signifikanzprüfung von Relevanz.
[60] Vgl. Kuckartz et al. 2013, S. 149, 292–293.

begrenzte Kategorien) handelt, die angenommene asymptotische Verteilung aber auf kontinuierlichen beruht.[61]

Um über die Prüfung der Existenz des Zusammenhangs hinaus auch etwas über die Stärke des Zusammenhangs aussagen zu können und entsprechend auch Zusammenhänge vergleichen zu können, wird zusätzlich ein Zusammenhangsmaß benötigt. Hier wird Cramer's V, passend für nominalskalierte Daten, genutzt. Dieses liegt zwischen 0 (kein Zusammenhang) und 1 (maximaler Zusammenhang) und berechnet sich nach nachstehender Formel. Für die Aussagen über die Stärke des Zusammenhangs werden die nach Kuckartz et al. üblichen Grenzen gewählt (geringer Zusammenhang: $0,1 \leq$ Koeffizient $< 0,3$, mittlerer Zusammenhang: $0,3 \leq$ Koeffizient $< 0,5$, hoher Zusammenhang: $0,5 \leq$ Koeffizient $< 0,7$, sehr hoher Zusammenhang: $0,7 \leq$ Koeffizient $< 1,0$).[62]

$$V = \sqrt{\frac{\chi^2}{n(k-1)}}$$

$k =$ der kleinere Wert der Anzahl der Reihen oder der Spalten
$n =$ Zahl der Fälle

Ein spezifischer Fall in der nachfolgenden Analyse ist jedoch der Zusammenhang zwischen Jahrgang und Niveaustufe (4.7.5). Hier werden zwei ordinalskalierte Variablen betrachtet. Durch die beiden höheren Skalenniveaus ist es möglich, mithilfe des Mantel-Haenszel Chi-Quadrattests (Zusammenhang linear-linear) nicht nur die Existenz des Zusammenhangs zu prüfen, sondern auch dessen Richtung. Es kann geprüft werden, ob der Zusammenhang „Je höher der Jahrgang, desto höher die Niveaustufe" gilt. Dieser Test nutzt entsprechend der ordinalskalierten, aber nicht intervallskalierten Daten Rangplätze und rechnet mit den Differenzen der Rangplätze zwischen den beiden Variablen. Zur Berechnung der Teststatistik wird hier vor allem der Rangkorrelationskoeffizient nach Spearman genutzt, der gleichzeitig auch das verwendete Zusammenhangsmaß darstellt und zwischen -1 und $+1$ liegen kann. Dabei steht der Wert 0 auch hier für einen fehlenden Zusammenhang, ein Wert < 0 jedoch für einen negativen und ein Wert > 0 für einen positiven Zusammenhang. Für Aussagen über die Stärke des Zusammenhangs können die gleichen Grenzen wie bei Cramer's V verwendet werden.[63]

---

[61] Vgl. Janssen und Laatz 2013, S. 264–265; IBM Knowledge Center 2017, (o. S.); Schwarz und Bruderer Enzler 2017, (o. S.).

[62] Vgl. Janssen und Laatz 2013, S. 267–277; Kuckartz et al. 2013, S. 97–99.

[63] Vgl. Janssen und Laatz 2013, S. 266–267, 274–275; Kuckartz et al. 2013, S. 213.

$$r_s = 1 - \frac{6 \sum_{i=1}^{n} d_i^2}{n^3 - n} \quad Mantel - Haenszel = r_s^2 \cdot (n - 1)$$

$d = $ Differenz zwischen Rangplatz auf der ersten und zweiten Variable

4.7.1 Gesamtbetrachtung der Niveaustufenverteilung

Die Gesamtbetrachtung aller in Niveaustufen eingeordneten 5364 Antworten ermöglicht die Beantwortung der übergeordneten Forschungsfrage 2 nach der Niveaustufenverteilung bei der schriftlichen Beantwortung geometrischer Begründungsaufgaben in der dritten und vierten Klasse. Die Tabelle 4.12 zeigt die absolute und relative Verteilung der erreichten Niveaustufen unter allen Antworten der Hauptstudie. Diese Datenverteilung wird nachfolgend vertiefend und kritisch in Hinblick auf Auffälligkeiten betrachtet. Dies geht einher mit einer umfassenderen Beantwortung der Forschungsfrage.

Tab. 4.12 Die Niveaustufenverteilung unter allen Antworten

		Häufigkeit	
		absolut	relativ
Niveaustufe	0	2122	39,6 %
	1	1258	23,5 %
	2	139	2,6 %
	3	599	11,2 %
	4	1156	21,6 %
	5	90	1,7 %
Gesamt	Stufe 0-5	5364	100 %

Bei der Niveaustufenverteilung liegt auf Stufe 0 mit 39,6 % der höchste Anteil unter allen Antworten vor. Dieser auffällig hohe Wert lässt darauf schließen, dass die Kinder durchschnittlich bei rund 40 % aller Teilaufgaben keinen passenden Zugang zur Aufgabenstellung finden konnten. Dieser Wert umfasst neben falschen und unpassenden auch fehlende Antworten.

Dies spiegelt sich auch in der Verteilung der Niveaustufen auf die drei Aufgaben wider. Innerhalb der etwas leichter konstruierten und von allen zuerst bearbeiteten Aufgabe 1 fallen nur 21,3 % der Antworten auf Stufe 0, während es bei der im Wechsel am Ende bearbeiteten Aufgabe 2 oder 3[64] 56,5 % und 49,7 % der Antworten sind.

Der Anteil der am Ende nicht mehr beantworteten und daher aus Zeit- und evtl. Motivationsgründen als fehlend eingestuften Antworten liegt insgesamt bei 6,6 % aller Antworten. Dieser Anteil wird in Hinblick auf die gewünschte Erfassung möglichst vieler Antworten bei standardisierter Durchführung und gleichzeitig hoher Leistungsheterogenität der Stichprobe als akzeptabel gewertet. Bei der Auswertung dieser fehlenden Antworten fällt jedoch auf, dass hier bereits sehr deutliche Klassenunterschiede vorliegen. Die Anteile am Ende fehlender und deshalb auf Stufe 0 eingeordneter Teilaufgaben liegen je nach Klasse zwischen 0,0 % (Klasse 4.4[65]) und 20,3 % (Klasse 3.3). Gründe hierfür können nicht exakt bestimmt werden, sind jedoch nicht allein auf den Jahrgang zurückzuführen. Die Werte variieren auch innerhalb des dritten Jahrgangs zwischen 2,0 % und 20,3 %. Es kann daher vielmehr von weiteren, bedeutenden Einflussfaktoren wie der Unterrichtskultur und Leistungsstärke einer Klasse auf die zum Erhebungszeitpunkt vorliegende Bearbeitungsfähigkeit solcher Begründungsaufgaben ausgegangen werden. So handelt es sich bspw. bei der Klasse 3.3 um eine Klasse, bei der laut Fachlehrkraft und Klassenleitung voraussichtlich nur drei von 19 Kindern eine Gymnasialempfehlung erhalten werden und anspruchsvollere Aufgaben nur selten gestellt werden. Dies scheint die in 2.2.3 dargestellten Forschungsergebnisse zu deutlich unterschiedlichen Begründungsgewohnheiten bzw. Begründungskulturen zu bestärken. Aber auch ein Einfluss der verschiedenen Testleitungen kann in Hinblick auf die Schülermotivierung, in der Erhebungszeit alle Aufgaben zu bearbeiten, nicht ganz ausgeschlossen werden. Die Heterogenität der Stichprobe ist jedoch grundsätzlich im Sinne der Vielfalt und Repräsentativität der Antworten forschungsmethodisch erwünscht. Gleichzeitig werden die auffallenden Klassenunterschiede als für die Praxis relevanter Faktor gewertet, der über die bearbeiteten Aufgaben hinaus von Interesse ist und daher auch in Hinblick auf die Auswertung in 4.7.3 bis 4.7.5 mitberücksichtigt wird.

---

[64] Die Hälfte der Klassen erhielt die Aufgabenreihenfolge 1, 2, 3, die Hälfte die Reihenfolge 1, 3, 2.

[65] Die Klassenbezeichnung erfolgte nach Jahrgang vor dem Punkt und Durchnummerierung nach dem Punkt, s. auch Beschreibung der Stichprobe unter 4.4.

Die Häufigkeit der nur implizit möglichen Stufe 1 (23,5 % aller Antworten) deutet an, dass viele der passfähigen Antworten auf die impliziten Begründungsaufforderungen auf einer Niveaustufe ohne Begründung verbleiben.

Stufe 2 scheint dagegen nur eine geringe Rolle zu spielen, was dafür spricht, dass den Kindern, die eine Begründungsintention und einen inhaltlich passfähigen Zugang zu der Aufgabe haben, in der Regel auch tatsächlich eine Begründung gelingt.

Des Weiteren fällt bei den tatsächlichen Begründungen (Stufe 3 bis 5) in der Gesamtbetrachtung auf, dass Stufe 4 mit 21,6 % aller Antworten am häufigsten vertreten ist. Auf Stufe 3 und 5 befinden sich dagegen nur 11,2 % und 1,7 % aller Antworten. Die vorliegenden Begründungen wurden somit vorzugsweise schon auf verallgemeinerter Ebene formuliert. Dies zeigt sich noch deutlicher bei einer separaten Betrachtung der Begründungen.

Insgesamt befinden sich unter den 5364 ausgewerteten Antworten 1845 Begründungen. Damit liegt über alle variierten Bedingungen hinweg bei rund 34,4 % der eingesetzten Teilaufgaben auch eine passende Begründung als Antwort vor.

Die entsprechende Niveaustufenverteilung aller Begründungen zeigt: 32,5 % der Begründungen finden auf Stufe 3, 62,7 % der Begründungen auf Stufe 4 und 4,9 % der Begründungen auf Stufe 5 statt. Stufe 4, *das abstrakte Begründen auf verallgemeinerter Ebene*, kann damit als die am häufigsten vorkommende Begründungsstufe unter den Grundschulkindern festgehalten werden. Die Kinder begründen also, trotz des anspruchsvollen Abstrahierens und der dafür notwendigen Herstellung von Zusammenhängen zwischen mehreren Fällen, vorzugsweise bereits in einer für mehrere oder alle Fälle verallgemeinerten Form (Stufe 4). Die Begründung ist dann nicht nur einzelfallbezogen, sondern beispielübergreifend gültig und scheint der Vorstellung der Kinder von der in Aufgaben erwarteten Begründung deutlicher zu entsprechen.[66] Zudem wird diese Begründungsform beinahe doppelt so häufig gewählt wie das *konkrete Begründen auf Einzelfallebene*. Nur rund 5 % der Begründungen erreichen dagegen Stufe 5, die logische Verknüpfung beider Ebenen.

---

[66] Inwieweit dies eigene Einschätzungen der Kinder bzw. erlernte Erwartungshaltungen sind, kann nicht beurteilt werden.

4.7.2 Die Relevanz der einzelnen Niveaustufen

Die Verteilung auf die Niveaustufen gibt außerdem einen ersten Eindruck der Relevanz der verschiedenen, definierten Niveaustufen für die Grundschule. Die Daten bestätigen, wenn auch in unterschiedlich ausgeprägter Häufigkeit, alle Niveaustufen des entwickelten Modells in ihrer Existenz für die Grundschule (Forschungsfrage 1).

Einschränkend treten die Stufen 2 und 5 vergleichsweise selten auf. Dazu lässt sich festhalten, dass Stufe 2 zwar nur in wenigen Fällen vorkommt, in Hinblick auf die vorliegende Begründungsintention jedoch aussagekräftig ist. Antworten auf dieser Stufe können auf eine fehlende Unterscheidung des Beschreibens und Begründens bei dem Kind oder auf inhaltliche Schwierigkeiten beim Begründen im Sinne eines Ausweichens auf das Beschreiben hinweisen. Die Stufe 2 ist damit eher aufgrund ihres didaktischen Werts von Relevanz.

Stufe 5 wiederum kommt mit 1,7 % der Antworten bzw. 5 % der Begründungen ebenfalls selten vor, zeigt jedoch die weit entwickelte Begründungskompetenz einiger Kinder auf. Diese Stufe wird als besonders relevant gewertet, da sie einen Hinweis auf besonders leistungsstarke Begründungen gibt, die in der Form bereits von einigen Kindern in der Grundschule verschriftlicht werden. Die Daten zeigen, dass einige Grundschulkinder nachweislich bereits in der Lage sind, sowohl *konkret* am Einzelfall als auch *abstrakt* in verallgemeinerter Form zu begründen und beides in einer logischen Schlussfolge miteinander zu verknüpfen.[67] Die Übergänge von einer zur anderen Ebene können von diesen Kindern geleistet und versprachlicht werden. Dabei werden ausgehend von den vorliegenden Fällen in der Aufgabe sowohl allgemeine mathematische Strukturen als Begründung angeführt als auch verallgemeinerte, im Sinne von beispielübergreifend für alle vorliegenden Fälle (bspw. einer Folge) gültige, mathematische Strukturen für die Begründung verwendet. Die Stufe 5 kann daher, die Ergebnisse und inhaltlichen Überlegungen zusammengenommen, als realistische, aber besonders anspruchsvolle Niveaustufe gewertet werden.

---

[67] An dieser Stelle gilt es genau zwischen den verschriftlichten Antworten im Sinne der Performanz der Begründungskompetenz und dem theoretischen Leistungspotential der Kinder zu unterscheiden. Die Studie erfasst die Antworten bzw. Niveaustufen wie sie als Begründungsantworten verschriftlicht werden und nicht das theoretische Leistungspotential der Kinder. Es erscheint somit denkbar, dass weit mehr Kinder auf eine gezielte Aufforderung hin zu der Niveaustufe 5 in der Lage wären, eine entsprechende Antwort jedoch nicht „von sich aus" als Begründung verschriftlichen würden. Nichtsdestotrotz weisen die bestehenden Antworten auf die Möglichkeit hin, diese Stufe bereits im Grundschulalter zu erreichen.

In Hinblick auf die im Modell getroffene Unterscheidung einer *eher unbewussten Grundnennung* (Stufe 3a, 4a und 5a) und sprachlich als solche markierten und damit *bewussten Begründung* (3b, 4b, 5b) befinden sich alle Antworten auf eine explizite Aufforderung durch die Aufgabenstellung auf den Stufen der *bewussten Begründung*. Bei den impliziten Aufgabenstellungen benennt die Mehrheit jedoch auf allen drei Stufen *eher unbewusst Gründe*. Nur 23,1 % der Antworten auf Stufe 3, 28,8 % auf Stufe 4 und 9,5 % auf Stufe 5 auf eine implizite Begründungsaufforderung formulieren diese sprachlich bewusst, bspw. durch ein „weil" oder „deshalb", als Begründung. Implizite Begründungsaufforderungen bewirken bei der Mehrheit der Antworten auf Stufe 3 bis 5 eine Formulierung von Gründen, ohne dass diese sprachlich als Begründung gekennzeichnet werden und in diesem Sinne bewusst begründet wird.

4.7.3 Implizite vs. explizite Begründungsaufforderung

Die der Frage nach den Niveaustufen untergeordnete Forschungsfrage 2a *Zeigen sich Unterschiede zwischen implizit und explizit gestellten Begründungsaufgaben?* fokussiert ggf. vorliegende Unterschiede in Bezug auf die daraus resultierende Begründungshäufigkeit einerseits und die erreichten Niveaustufen andererseits. Der hohe Anteil von 23,5 % aller Antworten auf Stufe 1 in der Gesamtbetrachtung der Daten deutete bereits an, dass viele Kinder bei einer impliziten Begründungaufforderung auf dieser Stufe verbleiben. Die Forschungsfrage 2a fokussiert nun eine Gegenüberstellung beider Aufgabenformate.

Dies soll nachfolgend anhand eines direkten Vergleichs der Niveaustufenverteilungen beider Aufgabenformate geschehen, ehe die Daten anschließend zu einzelnen Aspekten, angelehnt an die Forschungslage und das Forschungsinteresse, im Rahmen von drei Thesen genauer geprüft und analysiert werden. Zur Prüfung dieser Thesen stehen 2664 Antworten auf eine implizite Begründungsaufforderung und 2700 eingeordnete Antworten[68] auf eine explizite Begründungsaufforderung zur Verfügung.

Ein Vergleich der erreichten Niveaustufen bei impliziter gegenüber expliziter Begründungsaufforderung zeigt ein uneinheitliches Bild in der Häufigkeitsverteilung auf die einzelnen Stufen. Bei einigen Stufen liegen die Werte augenscheinlich nah beieinander, bei anderen Stufen zeichnen sich Unterschiede in der vorliegenden Häufigkeit der Stufe ab (s. Abb. 4.35).

---

[68] *Antworten* umfasst auch nicht bewältigte/leer gelassene Antwortfelder, die der Stufe 0 zugeordnet wurden.

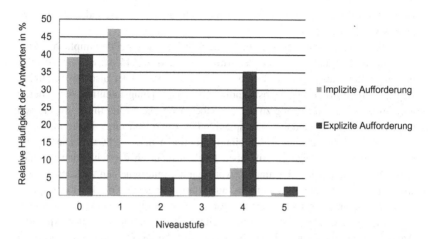

Abb. 4.35 Die Niveaustufenverteilung bei impliziter (n = 2644) und expliziter Begründungsaufforderung (n = 2700)

Von den eingeordneten 2644 Antworten bei impliziter Begründungsaufforderung und den 2700 Antworten bei expliziter Begründungsaufforderung liegen die relativen Häufigkeiten der Antworten auf Stufe 0 (*kein passender Zugang*) mit 39,2 % bei impliziter Begründungsaufforderung) gegenüber 39,9 % bei explizite Begründungsaufforderung sehr eng beieinander. Die beiden Aufgabenformate mit impliziter bzw. expliziter Begründungsaufforderung unterscheiden sich in ihrer Zugänglichkeit für die Kinder somit kaum. Implizite Begründungsaufgaben, die die Verschriftlichung einer entdeckten (und nach eigener Entscheidung ggf. zusätzlich zu begründenden) Aussage fordern, sind keineswegs zugänglicher als direkte Begründungsaufforderungen zu einer fest vorgegebenen Aussage. Es fällt den Kindern somit insgesamt betrachtet keineswegs leichter ihre Entdeckung als Aussage mindestens korrekt zu beschreiben als eine vorgegebene Aussage direkt zu begründen.

Bei impliziter Begründungsaufforderung verbleibt der größte Anteil der Antworten jedoch auf Stufe 1, *Lösung (Aussagenfindung)*. 47,2 % der impliziten Aufforderungen wurden mit einer formulierten, passfähigen Aussage ohne Begründung beantwortet. Kinder, die in der Form antworten, lassen einen passfähigen Zugang zu dem Aufgabeninhalt erkennen, sehen bei impliziter Begründungsaufforderung jedoch keine Begründungsnotwendigkeit. (Bei der expliziten

Aufgabenvariante ist diese Stufe nicht möglich, da die zu begründende Aussage bereits vorgegeben ist.)

Stufe 2, *Beschreibung als deklarierte Begründung*, liegt bei den impliziten Aufforderungen lediglich bei 0,1 % der Antworten (3 von 2644 Antworten) vor. Bei den expliziten Aufforderungen sind es 5,0 %. Wenn Kinder also bei impliziter Begründungsaufforderung selbstständig eine Begründungsintention formulieren und einen passenden Zugang zu der Aufgabe haben, dann folgt in der Regel auch tatsächlich eine Begründung. Ein sprachliches Aufzeigen einer Begründungsintention mit anschließender Beschreibung kommt nahezu nicht vor. Die Kinder scheitern bei den impliziten Aufgaben folglich nicht an der fehlenden Kompetenz, Beschreibung und Begründung voneinander unterscheiden zu können bzw. weichen nicht auf die Beschreibung aus. Entweder sie begründen bei impliziter Aufforderung gar nicht oder sie formulieren erfolgreich eine Begründung. Bei den expliziten Aufgabenstellungen gibt es dagegen mit 5 % aller expliziten Antworten durchaus einige Fälle, bei denen auf die Aufforderung zu begründen mit einer Beschreibung geantwortet wird. Für die Kinder stellt das Begründen gegenüber dem Beschreiben an dieser Stelle vermutlich noch eine Überforderung dar, so dass sie auf dieses ausweichen, um überhaupt auf die Aufgabenstellung antworten zu können.[69]

Die Stufen 3 bis 5, die Stufen auf denen tatsächlich passend zur Aufgabe begründet wird, zeigen ein einheitliches Bild: Die explizite Begründungsaufforderung führt auf allen drei Begründungsstufen zu mehr Begründungen als die implizite. Bei Stufe 3 sind es 17,4 % gegenüber 4,9 %, bei Stufe 4 deutlichere 35,1 % gegenüber 7,8 % und bei Stufe 5 2,6 % gegenüber immerhin noch 0,8 %. Damit kann keine Förderung einer bestimmten Niveaustufe durch eines der beiden Aufgabenformate abgelesen werden. Vielmehr stellt sich die explizite Begründungsaufforderung als durchweg zielführender hinsichtlich des Erreichens einer Begründung heraus. Die Stufe 4, *abstraktes Begründen auf verallgemeinerter Ebene*, ist dabei in der impliziten wie expliziten Aufgabenvariante die häufigste Begründungsstufe. Die Kinder begründen also unabhängig von der Art der Begründungsaufforderung vorzugsweise bereits in einer für mehrere oder alle Fälle verallgemeinerten Form.

---

[69] Ob die Überforderung in dem Verständnis der Aufgabenstellung, der fehlenden Idee einer Begründung o. Ä. verortet liegt, kann an dieser Stelle nicht näher bestimmt werden.

Ausgangsthese 1: Implizite Begründungsaufforderungen führen bei einigen Grundschulkindern zu selbstständigen schriftlichen Begründungen.

Aufgrund der häufigen Verwendung in Schulbüchern (s. 3.3.5) und der dargestellten Studienergebnisse, dass ein selbstständiges Erkennen der und eine Sensibilisierung für eine Begründungsnotwendigkeit gerade bei Aufgaben mit eigenen Entdeckungen bereits in der Grundschule möglich ist (s. 2.2.2.1), kann die These aufgestellt werden, dass einige Grundschulkinder auch bei den impliziten Begründungsaufforderungen selbstständig schriftlich begründen. Gleichzeitig stellt die zu erkennende Begründungsnotwendigkeit eine immer wieder erwähnte besondere Schwierigkeit dar, weshalb dies vermutlich nicht vielen Kindern gelingt. Zu diesbezüglichen Jahrgangsunterschieden kann auf Basis der Forschungslage keine Vermutung aufgestellt werden (s. 2.2.2.3). In den Studien wird jedoch ein bedeutender Einfluss der Unterrichtskultur auf die Begründungsnotwendigkeit (s. 2.2.2.1 und 2.2.2.3) mehrfach benannt, so dass Klasseneinflüsse bzw. -unterschiede hier besonders wahrscheinlich sind.

Für eine einfache Bestätigung oder Widerlegung der These ist eine Betrachtung der Begründungshäufigkeiten bei den Antworten auf die impliziten Begründungsaufforderungen (n = 2664) ausreichend. Für die vertiefende Prüfung des Zusammenhangs zwischen den Variablen Jahrgang (3/4) und Begründungsantwort (Begründung ja/nein) innerhalb der impliziten Daten liegen zwei nominale Variablen mit je zwei möglichen Kategorien vor. Damit ergibt sich eine Vierfeldertafel der Daten mit df = 1, auf die der Chi-Quadrat-Unabhängigkeitstest mit Korrektur nach Yates angewendet wird, um den Zusammenhang auf Signifikanz zu prüfen. Bei der Prüfung des Zusammenhangs zwischen Klassenzugehörigkeit und Begründungsantwort liegen dagegen zwölf Möglichkeiten für die Klassenzugehörigkeit vor. In diesem Fall kann der Chi-Quadrat-Unabhängigkeitstest ohne Korrektur zur Prüfung der Signifikanz angewendet werden. Die Stärke des Zusammenhangs wird in beiden Fällen mit Cramer's V geprüft (zur Begründung s. auch 4.7 einleitend).

Die eingeordneten Schülerantworten auf eine implizite Begründungsaufforderung (n = 2664) zeigen, dass 13,5 % der impliziten Begründungsaufgaben tatsächlich mit einer Begründung (Stufe 3 bis 5) beantwortet werden. Die Ausgangsthese wird somit durch die Daten für das schriftliche Begründen von Grundschulkindern bei impliziten Begründungsaufforderungen bestätigt. Es wird jedoch auch deutlich, dass dies mit 13,5 % der Antworten nur einen geringen Anteil betrifft, so dass das selbstständige Erkennen einer Begründungsnotwendigkeit bei impliziten Aufgabenstellungen als besonders anspruchsvoll eingeordnet werden kann.

Die Kinder des vierten Jahrgangs begründen dabei mit durchschnittlich 18,4 % mehr als doppelt so häufig wie die Kinder des dritten Jahrgangs mit durchschnittlich 8,3 % der Antworten bei impliziter Begründungsaufforderung. Der Chi-Quadrattest mit Korrektur nach Yates bestätigt, dass die beiden Variablen Jahrgang und Begründungsantwort nicht unabhängig sind. Der Zusammenhang zwischen Jahrgang und Begründungsantwort ist statistisch hoch signifikant, jedoch von schwacher Effektstärke ($\chi^2(11$, n $= 2664$) $= 57.422$, p $<$ .001, V $= 0.148$).

Eine dahingehend vergleichende Betrachtung der 24 Klassen macht deutlich, dass hier größere Unterschiede vorliegen. Der Anteil der Begründungen liegt bei allen impliziten Antworten je nach Klasse zwischen deutlichen 2,2 % und 25,8 % (Jahrgang 3: zwischen 2,2 % und 13,7 %, Jahrgang 4 zwischen 11,7 % und 25,8 %). Der Zusammenhang zwischen Klassenzugehörigkeit und Begründungsantwort ist nach dem Chi-Quadrat-Unabhängigkeitstest hoch signifikant und von schwacher Effektstärke ($\chi^2(11$, n $= 2664$) $= 106.875$, p $<$ .001, V $= 0.200$). Die Befunde deuten somit darauf hin, dass die Unterrichtskultur auch den Umgang mit dem Aufgabenformat impliziter Begründungsaufgaben bedeutend beeinflusst. Darüber hinaus spiegelt sich die deutliche Steigerung der Begründungshäufigkeit von Jahrgang drei zu vier auch in den unterschiedlichen Spannweiten der Begründungshäufigkeiten der Klassen deutlich wider. Einschränkend ist es mithilfe der vorliegenden Ergebnisse jedoch nicht möglich zu sagen, wie stark sich der Einflussfaktor der Begründungskultur einer Klasse auf die beschriebenen Unterschiede auswirkt, da auch bzgl. der Leistungsfähigkeit der Kinder einer Klasse von einem Einfluss auszugehen ist.

Einen Hinweis darauf, dass die Ursache nicht nur in der Leistungsstärke zu finden ist, gibt allerdings ein Blick auf die Antworten der Stufe 1 bis 5 auf die impliziten Aufgaben. Werden nur die Antworten betrachtet, bei denen die Schülerinnen und Schüler durchaus einen passenden Zugang zur Aufgabe hatten (mindestens Stufe 1), werden durchschnittlich 22,2 % der Antworten begründet. Zwischen den Klassen verbleiben unterschiedliche Begründungshäufigkeiten von 7,2 % bis 36,9 % (Jahrgang 3 zwischen 7,2 % und 25,8 %, Jahrgang 4 zwischen 18,2 % und 36,9 %). Auch wenn die Antworten außen vor gelassen werden, bei denen die Kinder von ihrem Leistungsvermögen her keinen passenden Zugang zur Aufgabe finden und in einer Lösung verschriftlichen, verbleiben bei impliziten Aufgabenstellungen somit deutliche Klassenunterschiede in der Begründungshäufigkeit dieser Lösung. Der Chi-Quadrat-Unabhängigkeitstest bestätigt einen verbleibenden hoch signifikanten, nicht schwächer werdenden Zusammenhang (gegenüber der Betrachtung aller Antworten auf die impliziten Aufgaben) zwischen Klassenzugehörigkeit und Begründungsantwort für die Antworten ab Stufe 1 ($\chi^2(11$, n = 1620) = 72.222, p < .001, V = 0.211).

Fazit 1: Die These kann durch einige Antworten bestätigt werden. Implizite Begründungsaufforderungen stellen als Aufgabenformat eine hohe Anforderung dar, die in der dritten und vierten Klasse nur bei rund 13,5 % der Antworten auch zu einer Begründung führt. Es zeigt sich jedoch eine deutliche Entwicklungstendenz, da Kinder der vierten Klasse bei impliziter Begründungsaufforderung bereits etwa doppelt so oft begründen wie Kinder der dritten Klasse. Auch deutliche Klassenunterschiede können festgestellt werden. Die Verschriftlichung einer Begründungsantwort bei lediglich impliziter Begründungsaufforderung steht, auch bei grundsätzlichem Zugang zur Aufgabenstellung, in einem hoch signifikanten Zusammenhang zur Klassenzugehörigkeit. Dabei zeigt sich, dass die Klassenzugehörigkeit einen noch stärkeren Effekt auf die Begründungshäufigkeit bei impliziten Aufforderungen besitzt als die Jahrgangsstufe.

Ausgangsthese 2: Explizite Begründungsaufgaben führen bei deutlich mehr Grundschulkindern zu schriftlichen Begründungen als implizite Aufgabenstellungen.

Implizite Aufgabenstellungen erlauben individuelle und damit flexiblere Zugänge, da eine eigene Aussage entdeckt und formuliert werden kann. Daher wäre es naheliegend zu vermuten, dass diese auch leichter zugänglich sind. Die betrachtete Niveaustufenverteilung bei impliziter und expliziter Begründungsaufforderung (Abb. 4.35) deutet jedoch darauf hin, dass die explizite Begründungsaufforderung hinsichtlich des Erreichens einer Begründung deutlich zielführender ist. Mit dem Hintergrund der Schwierigkeit der selbst zu erkennenden Begründungsnotwendigkeit (2.2.2.1) bei impliziten Begründungsaufgaben kann zudem angenommen werden, dass explizite Begründungsaufgaben das geeignetere Aufgabenformat darstellen, um auch tatsächlich Begründungen als Antwort zu erlangen. Hinzu kommt, dass Grundschulkinder beim Argumentieren[70] laut Fetzer (2011) zu einer geringen Explizität neigen, die insbesondere das Datum und damit aus Begründungsperspektive die Begründung der Aussage betrifft. Daraus lässt sich die Vermutung ableiten, dass Kinder auch implizite Begründungsaufgaben häufig mit einer Aussage beantworten, aber nicht zusätzlich von sich aus eine Begründung verbalisieren (s. 2.2.2.2). Gegen die Ausgangsthese spricht auf der anderen Seite, dass explizite

---

[70] Wird bei den impliziten Aufgaben nicht nur eine Entdeckung als Aussage verbalisiert, sondern diese auch mit Gründen untermauert (begründet), ist dies zusammengenommen als Argumentieren zu verstehen.

Begründungsaufgaben noch vergleichsweise selten in Schulbüchern zu finden sind, weshalb sie für viele Kinder vermutlich das ungewohntere Aufgabenformat darstellen. Des Weiteren könnte in der inhaltlich genau vorgegebenen zu begründenden Aussage dieses Aufgabenformats auch eine erhöhte Schwierigkeit liegen. Zu diesbezüglichen Jahrgangsunterschieden kann auf Basis der Forschungslage ebenso wenig eine Vermutung aufgestellt werden wie zu These 1. Klassenunterschiede sind hier aufgrund der klar gestellten Begründungsanforderung evtl. geringer ausgeprägt als bei den impliziten Aufgabenstellungen, aber angesichts der Studienlage dennoch auch hier zu vermuten (s. 2.2.2.3).

Im Zentrum steht die Prüfung des Zusammenhangs zwischen den Variablen Begründungsaufforderung (implizit/explizit) und Begründungsantwort (Begründung ja/nein). Entsprechend der nominalen vier Kategorien wird mithilfe des Chi-Quadrat-Unabhängigkeitstests mit Korrektur nach Yates auf Signifikanz getestet. Gleiches gilt für die vertiefende Prüfung von Jahrgangsunterschieden (3/4) und Begründungsantwort (Begründung ja/nein) innerhalb der impliziten oder expliziten Daten. Bei der Klassenzugehörigkeit (Klasse 3.1 bis 3.6, 4.1 bis 4.6) und dem Begründungsverhalten ist dagegen aufgrund der höheren Anzahl der Kategorien bei der Signifikanzprüfung keine Korrektur nach Yates notwendig. Der Zusammenhang wird mithilfe von Cramer's V in seiner Stärke eingeordnet. Zur Prüfung der These stehen insgesamt 5364 Antworten (davon 2664 auf implizite und 2700 auf explizite Begründungsaufforderungen) zur Verfügung.

Während nur 13,5 % der Teilaufgaben mit impliziter Begründungsaufforderung tatsächlich mit einer Begründung beantwortet werden, sind es bei expliziter Begründungsaufforderung 55,0 %. Insgesamt betrachtet begründen die gleichen Kinder bei den parallel gestalteten expliziten Begründungsaufgaben augenscheinlich somit deutlich häufiger als bei den impliziten. Der Chi-Quadrattest mit Korrektur nach Yates bestätigt, dass das Vorliegen einer Begründung nicht unabhängig von der Art der Begründungsaufforderung ist. Der Zusammenhang zwischen Art der Begründungsaufforderung und der Verschriftlichung einer Begründungsantwort ist hoch signifikant ($\chi^2(1$, n = 5364$) = 1024.625$, p < .001) und von mittlerer Effektstärke ($V = 0.437$).

Eine vergleichende Betrachtung der Antworten ab Stufe 1 ist hier erwartungsgemäß noch deutlicher. Werden alle Antworten einbezogen, die einen passenden Zugang aufweisen, wird in der impliziten Aufgabenform bei 22,2 % und in der expliziten Form bei 91,6 % der Aufforderungen begründet. Der Chi-Quadrattest mit Korrektur nach Yates zeigt, dass der Zusammenhang zwischen der Begründungsaufforderung und der Begründungsantwort hoch signifikant und stark ausgeprägt ist ($\chi^2(1$, n = 3242$) = 1591.544$, p < .001 und $V = 0.701$).

Wenn die Kinder nicht an der Aufgabenstellung an sich scheitern, ist die explizite Begründungsaufforderung somit das deutlich geeignetere Aufgabenformat, um auch tatsächlich Begründungen zu erhalten. Dies ist insbesondere deshalb interessant, weil sich die Aufgabenformate in ihrer Zugänglichkeit wider Erwarten kaum unterscheiden (Bei der impliziten Aufgabenvariante liegt, der Stufe 0 entsprechend, bei 39,2 % der Antworten *kein passender Zugang* zur Aufgabe vor, bei der expliziten Aufgabenvariante bei 39,9 %.).

Darüber hinaus liegen auch innerhalb der Antworten auf eine explizite Begründungsaufgabe Jahrgangsunterschiede vor: Die Kinder des vierten Jahrgangs können bei durchschnittlich 64,8 % der expliziten Begründungsaufforderungen eine passende Begründung verschriftlichen. Bei den Kindern des dritten Jahrgangs sind es durchschnittlich 44,6 %, so dass auch hier eine Entwicklung erkennbar ist. Somit sind Viertklässlerinnen und Viertklässler bei zweifelsfrei bekannter, da explizit gestellter, Begründungsanforderung deutlich häufiger in der Lage eine passende Begründung zu liefern als Drittklässlerinnen und Drittklässler. Jahrgang und Begründungsantwort stehen auch bei den explizite Begründungsaufgaben in einem hoch signifikanten schwach ausgeprägten Zusammenhang nach dem Chi-Quadrattest mit Korrektur nach Yates ($\chi^2(1$, n $= 2700) = 109.836$, p $<$ .001, V $= 0.202$). Der Zusammenhang ist mit der Effektstärke von V $= 0.202$ zwar ebenfalls schwach ausgeprägt, dabei aber etwas stärker als bei impliziter Begründungsaufforderung (V $= 0.148$).

Eine vergleichende Betrachtung der 24 Klassen zeigt, dass auch bei expliziter Begründungsaufforderung und damit klarer Begründungsnotwendigkeit in Hinblick auf das Vorliegen einer passenden Begründung große Unterschiede zwischen den Klassen vorliegen. Der Anteil der erfolgreichen Begründungsantworten (erreichte Stufe 3 bis 5) variiert bei den expliziten Aufgabenstellungen je nach Klasse zwischen 15,3 % und 69,9 % (Jahrgang 3 zwischen 15,3 % und 56,8 %, Jahrgang 4 zwischen 54,5 % und 69,9 %). Der Chi-Quadrat-Unabhängigkeitstest zeigt einen hoch signifikanten, schwachen (beinahe mittleren) Zusammenhang zwischen Klassenzugehörigkeit und Begründungsantwort bei expliziten Aufgabenstellungen, $\chi^2(11$, n $= 2700) = 238.176$, p $<$ .001, V $= 0.297$. Es kann somit davon ausgegangen werden, dass die Klassenzugehörigkeit auch bei expliziten Begründungsaufforderungen darauf Einfluss nimmt, ob die Kinder erfolgreich begründen oder nicht. Dieser Unterschied verbleibt sogar bei einer vergleichenden Betrachtung der Antworten ab Stufe 2 (1 ist bei den expliziten Begründungsaufgabennicht erreichbar). Selbst bei den Antworten, bei denen die Kinder eine Begründungsbereitschaft zeigen und eine korrekte Aussage formulieren, hat die Klassenzugehörigkeit damit einen Einfluss darauf, ob sie auch tatsächlich eine Begründung formulieren oder auf einem beschreibenden Niveau verbleiben

(χ^2(11, n = 1622) = 122.163, p < .001, V = 0.274). Tatsächlich liegt der Effekt der Klassenzugehörigkeit auf die Begründungsantwort bei den expliziten Aufgaben damit sogar noch mit etwas deutlicherer Effektstärke vor als bei den impliziten (V = 0.200, ab Stufe 1: V = 0.211).

Fazit 2: Explizite Begründungsaufgaben sind für die Grundschulkinder als Aufgabe wider Erwarten ebenso zugänglich wie implizite Begründungsaufgaben, wenn es darum geht, eine passende Antwort zu formulieren. Sie stellen aber das geeignetere Aufgabenformat dar, um auch tatsächlich Begründungen zu erhalten. Die These kann daher bestätigt werden.

Eine Entwicklungstendenz zu deutlich mehr erfolgreichen Begründungen von Jahrgang drei zu Klasse vier zeigt sich auch bei expliziten Aufgabenstellungen. Der Zusammenhang zwischen Jahrgang und Begründungsantwort ist bei den expliziten Begründungsaufforderungen sogar etwas stärker ausgeprägt als bei den impliziten. Darüber hinaus bleiben Klassenunterschiede auch bei der nicht selbstständig zu erkennenden Begründungsnotwendigkeit des explizit gestellten Aufgabenformats bestehen und sind noch etwas deutlicher ausgeprägt als bei dem implizit gestellten Aufgabenformat. Der erwartete geringere Effekt der Klassenzugehörigkeit durch das nicht notwendige selbstständige Erkennen der Begründungsnotwendigkeit wird somit durch die Daten nicht bestätigt. Die Verschriftlichung einer Begründung bei expliziter Begründungsaufforderung steht, selbst bei einer inhaltlich richtigen Antwortformulierung, in einem hoch signifikanten Zusammenhang zur Klassenzugehörigkeit.

Ausgangsthese 3: Begründungen selbst entdeckter und formulierter Aussagen bei impliziten Begründungsaufgaben finden auf einer höheren Niveaustufe statt als diejenigen zu vorgegebenen Aussagen bei expliziten Aufgabenstellungen.

Aufgrund der selbst entdeckten und begründeten Aussage kann vermutet werden, dass ein individueller Zugang zur Aufgabe vorliegt, der ein tieferes Verständnis ermöglicht als bei einer streng vorgegebenen zu begründenden Aussage. Des Weiteren sind bei impliziten Begründungsaufgaben mit entsprechend etwas offen gehaltenen Aufgabenstellungen wie in den Testaufgaben verschiedene Aussagenvariationen möglich (s. 4.3.4). Die in der Formulierung, im Anspruch und inhaltlich verschiedenen möglichen Aussagen könnten für die Kinder die Wahrscheinlichkeit erhöhen, ein Verständnis und eine Begründung zu einem ihnen möglichen Aspekt zu entwickeln.

Der Zusammenhang, der hier im Vordergrund steht, ist der zwischen Begründungsaufforderung (implizit/explizit) und Niveaustufe der Begründung (3 bis 5). Entsprechend der nominalen und der ordinalen Variable und der ausreichend hohen Kategorienanzahl wird der Chi-Quadrat-Unabhängigkeitstest zur Signifikanzprüfung mit dem Zusammenhangsmaß Cramer's V zur Erfassung der Stärke des Zusammenhangs eingesetzt.

Die vorliegenden 1845 Begründungen (359 implizit, 1486 explizit) weisen augenscheinlich nur geringe Unterschiede in ihren relativen Häufigkeitsverteilungen auf die Begründungsniveaustufen 3 bis 5 auf (s. Tab. 4.13). Wenn die Kinder bei impliziter oder expliziter Begründungsaufforderung in einer Aufgabenstellung begründen, dann hat die Art der Begründungsaufforderung wider Erwarten keinen deutlichen Einfluss auf die erreichte Niveaustufe. Die Befunde deuten lediglich einen marginalen Unterschied dahingehend an, dass bei impliziter Begründungsaufforderung geringfügig häufiger *konkret auf Einzelfallebene* und bei expliziter Begründungsaufforderung geringfügig häufiger *abstrakt auf verallgemeinerter Ebene* begründet wird. Auch auf der höchsten definierten Begründungsniveaustufe 5, dem Begründen auf beiden Ebenen in logischer Schlussfolge, ist nur ein geringer Unterschied zugunsten der impliziten Begründungsaufforderung erkennbar.

Der Chi-Quadrattest auf Unabhängigkeit der beiden Variablen Begründungsaufforderung und Begründungsniveaustufe bestätigt die augenscheinlichen Beobachtungen und zeigt, dass kein signifikanter Zusammenhang vorliegt ($\chi^2(2,\ n = 1845) = 122.163,\ p = .112,\ V = 0.049$).

Tab. 4.13 Die Niveaustufenverteilung der Begründungen im Vergleich der Begründungsaufforderung

			Begründungsaufforderung	
			Implizit (I)	Explizit (E)
Niveaustufe	Stufe 3	Anzahl	130	469
		% innerhalb von I/E	36,2 %	31,6 %
	Stufe 4	Anzahl	208	948
		% innerhalb von I/E	57,9 %	63,8 %
	Stufe 5	Anzahl	21	69
		% innerhalb von I/E	5,8 %	4,6 %
Gesamt		Anzahl	359	1486
		% innerhalb von I/E	100,0 %	100,0 %

Fazit 3: Die erreichte Niveaustufe der Begründung ist wider Erwarten weitgehend unabhängig von der implizit oder explizit gestellten Begründungsaufforderung. Begründungen auf implizite Aufforderungen gehen wider Erwarten nicht mit dem Erreichen besserer Niveaustufen einher. Damit können der Schwierigkeit, überhaupt eine Begründungsnotwendigkeit zu erkennen, keine qualitativen Vorteile in den erreichten Niveaustufen bei impliziten Aufgabenstellungen gegenübergestellt werden.

Geht man zudem davon aus, dass nur die leistungsstarken Kinder bei impliziten Aufgabenstellungen überhaupt begründen und deshalb in der kleineren Stichprobe impliziter Begründungsantworten enthalten sind, kann der fehlende Vorteil des impliziten Aufgabenformats in den Niveaustufen auch kritischer als Nachteil interpretiert werden: Das implizite Aufgabenformat erhöht die Hürde überhaupt zu einer Begründung zu kommen, ohne dass diejenigen Schülerinnen und Schüler, die diese Hürde meistern, bessere Ergebnisse liefern.

4.7.4 Muster und Strukturen vs. Raumvorstellung

Die der Frage nach den Niveaustufen untergeordnete Forschungsfrage 2b *Sind die Begründungskompetenzen im Bereich „Muster und Strukturen" höher als im Bereich „Raumvorstellung"?* fokussiert ggf. vorliegende Unterschiede zwischen den beiden geometrischen Inhaltsbereichen. Damit wird das Potential der beiden Inhaltsbereiche für das Begründen bei Geometrieaufgaben im Mathematikunterricht der Grundschule näher untersucht und die ggf. nur eingeschränkt erreichbaren Niveaustufen eines dreidimensionalen Bereichs mit angelegtem Begründungsgehalt gegenüber eines zweidimensionalen mit „natürlichem" Begründungsgehalt betrachtet (s. 4.3.2). Die Frage kann mithilfe von zwei Thesen beantwortet werden, die einmal die Begründungshäufigkeit und einmal die Niveaustufenverteilung fokussieren. Zur Prüfung dieser Thesen stehen 2700 eingeordnete Antworten aus dem Bereich *Muster und Strukturen* und 2664 eingeordnete Antworten aus dem Bereich *Raumvorstellung* zur Verfügung.

Ausgangsthese 4: In dem zweidimensionalen Geometriebereich „Muster und Strukturen" wird häufiger erfolgreich begründet[71] als in dem dreidimensionalen Geometriebereich „Raumvorstellung".
Der Inhaltsbereich „Muster und Strukturen" enthält mit seinem per definitionem angelegten und zentralen Strukturgehalt ein natürliches Begründungspotential.

---

[71] Als erfolgreiches Begründen wird das Bewältigen der Begründungsanforderung durch die Angabe einer Begründung, also ein Erreichen mindestens der Stufe 3 gewertet.

Musterfortsetzungen basieren bspw. auf einer dahinter erkannten Regel, die sich als Begründung anführen lässt. Andere Inhaltsbereiche erfordern in der Aufgabenkonstruktion eine stärkere Implementierung solcher Strukturen (s. 4.3.2). Dementsprechend kann vermutet werden, dass Begründungen in Entdeckungsaufgaben zu dem Bereich „Muster und Strukturen" möglicherweise intuitiver umgesetzt werden. So konnten in den Schulbüchern von Klasse drei bspw. auch die meisten Aufgaben zum Entdecken, und damit auch der abgefragten impliziten Begründungskompetenz der Studie, in diesem Bereich gefunden werden (s. 3.3.5.3). Hinzu kommt, dass es sich um einen meist zweidimensionalen Bereich handelt, der eine Umsetzung mithilfe von Skizzen erleichtert. Auch die Versprachlichung entsprechender Begründungen fällt vermutlich leichter als eine Versprachlichung von Begründungen mit mental räumlichen Aspekten.

Die meisten Begründungsaufgaben expliziten Formats wurden in den untersuchten Schulbüchern von Klasse drei und vier demgegenüber jedoch im Bereich „sich im Raum orientieren" gefunden und damit in einem typischerweise dreidimensional angelegten Geometriebereich. Auch bei der gewählten impliziten Begründungsform des Entdeckens ist dieser Inhaltsbereich in Klasse vier am häufigsten vertreten. In der räumlichen Geometrie sind Begründungsaufforderungen (relativ zu dem insgesamt eher geringen Begründungsaufgabenanteil) somit in den Schulbüchern besonders verbreitet. Damit stellt sich als Konsequenz für die Praxis üblicher Aufgabenstellungen die Frage, ob Begründungen in einem (mental) dreidimensionalen Bereich wie der „Raumvorstellung" tatsächlich genauso erfolgreich oder sogar erfolgreicher schriftlich dargestellt werden können als zweidimensionale in einem Bereich wie „Muster und Strukturen". In diesem Fall müssten die Ergebnisse eine Widerlegung der Ausgangsthese zeigen. Dies gilt es mithilfe der Begründungshäufigkeit (Ausgangsthese 4) wie auch für die erreichten Niveaustufen (s. nachfolgend Ausgangsthese 5) kritisch durch eine Bestätigung oder Widerlegung der Ausgangsthese zu prüfen.

Jahrgangsunterschiede können dahingehend vermutet werden, dass die Geometrieinhalte bereits unterschiedlich intensiv und in unterschiedlichem Zeitabstand zum Erhebungszeitpunkt behandelt worden sind. Die Aufgaben wurden zwar so konstruiert, dass sie inhaltlich bereits Ende Jahrgang drei zu lösen sind, die Antworten des Lehrerfragebogens zur Stichprobe (s. 4.4) weisen jedoch darauf hin, dass das Thema „Muster und Strukturen" in Jahrgang drei noch präsenter sein könnte, während es in Jahrgang vier häufig vor längerer Zeit behandelt wurde. Es wäre daher möglich, dass der angenommene Unterschied zwischen den Inhaltsbereichen in Jahrgang drei ausgeprägter ist.

Klassenunterschiede in Bezug auf die Inhaltsbereiche können dahingehend angenommen werden, dass die Geometrieinhalte je nach Schulbuch und Unterricht klassenspezifisch unterschiedlich intensiv behandelt wurden und dementsprechend bspw. die Raumvorstellung oder Strukturerkennung in Mustern in unterschiedlichem Maße trainiert wurde. Diese Vermutung legen die Antworten des Lehrerfragebogens nahe. So lassen sich für beide Inhaltsbereiche Klassen finden, die geometrische Muster oder Würfelnetze (als exemplarisch und für das Vorwissen am relevantesten eingeschätzten Bereich der Raumvorstellung) bisher noch nicht, nur „nebenbei" oder besonders kurz behandelt haben.

Die These stellt den Zusammenhang zwischen den Variablen Inhaltsbereich (Muster und Strukturen, Raumvorstellung) und Begründungsantwort (Begründung ja/nein) in den Vordergrund. Entsprechend der nominalen Variablen mit je zwei Kategorien und dem Freiheitsgrad von 1 wird zur Signifikanzprüfung des Zusammenhangs der Chi-Quadrattest mit Korrektur nach Yates verwendet. Bei der ergänzenden Betrachtung der Klassenzugehörigkeit und der Begründungshäufigkeit innerhalb der beiden Inhaltsbereiche liegen dagegen ausreichend Kategorien für einen Chi-Quadratunabhängigkeitstest ohne Korrektur vor. Als Zusammenhangsmaß wird in allen Fällen Cramer's-V gewählt (zur Begründung s. auch 4.7 einleitend).

Die Ergebnisse zeigen, dass in dem zweidimensionalen Geometriebereich *Muster und Strukturen* 39,0 % aller Aufforderungen auch mit einer Begründung beantwortet werden. Im Bereich *Raumvorstellung* sind es dagegen mit 29,7 % augenscheinlich weniger vorliegende Begründungen. Dieser Unterschied bei der Begründungshäufigkeit ist nach dem Chi-Quadrattest mit der Korrektur nach Yates hoch signifikant, jedoch mit schwacher Effektstärke ($\chi^2(1, n = 5364) = 50.659$, $p < .001$, $V = 0.098$). Die Ausgangsthese 4 kann damit bestätigt werden. Der Unterschied ist vorhanden, jedoch zu gering, als dass der Inhaltsbereich *Raumvorstellung* demgegenüber als für das Begründen ungeeignet beurteilt werden müsste. Dies unterstreichen auch die in den direkten Vergleich gestellten Anteile der erfolgreichen Begründungen im jeweiligen Inhaltsbereich mit 57,1 % im Bereich *Muster und Strukturen* gegenüber 42,9 % im Bereich *Raumvorstellung*.

Für den Einsatz der Inhaltsbereiche im Unterricht stellt sich vertiefend die Frage, ob diese unterschiedlich hohen Anteile erfolgreicher Begründungen durch eine subjektiv geringer eingeschätzte Begründungsnotwendigkeit des dreidimensionalen Inhaltsbereichs *Raumvorstellung* (dann wäre der Unterschied zwischen den Inhaltsbereichen bei den impliziten Aufgaben deutlich größer als bei den expliziten) oder nur durch einen höheren Anspruch dieses Bereichs verursacht werden (dann wäre der Unterschied bei den impliziten wie expliziten Aufgaben nahezu gleich groß).[72]

Die Ergebnisse der Begründungshäufigkeiten zeigen: In der impliziten Variante sind 16,0 % der Antworten im Bereich *Muster und Strukturen* gegenüber 10,9 % im Bereich *Raumvorstellung* auch Begründungen. In der expliziten Variante sind es dagegen 61,8 % der Antworten gegenüber 48,2 %. Sowohl bei impliziter als auch expliziter Aufforderung zeigt sich damit ein Einfluss des Inhaltsbereichs auf die Begründungshäufigkeit dahingehend, dass im Bereich *Muster und Strukturen* häufiger begründet wird. Diese Unterschiede zwischen den Inhaltsbereichen in der Begründungshäufigkeit sind auch nach dem Chi-Quadrattest mit Korrektur nach Yates sowohl bei impliziter als auch expliziter Aufforderung als hoch signifikant festzuhalten (implizit: $\chi^2(1, n = 2664) = 14.352, p < .001, V = 0.074$, explizit: $\chi^2(1, n = 2700) = 49.792, p < .001, V = 0.137$). Der Zusammenhang ist bei impliziter Aufforderung mit $V = 0.074$ jedoch statistisch nicht bedeutend und weniger stark ausgeprägt als bei expliziter Aufforderung mit $V = 0.137$. Dies kommt kritisch betrachtet jedoch vor allem dadurch zustande, dass bei expliziter Aufforderung insgesamt eine höhere Anzahl an Begründungen und damit auch eine höhere Summe absoluter Abweichungen vorliegt, die sich auf die Effektstärke auswirkt. Die Effektstärke ist somit bzgl. der ergänzend fokussierten Fragestellung nur bedingt aussagekräftig. Sie sagt zunächst nur, dass der Unterschied der Begründungshäufigkeit durch die Inhaltsbereiche bei expliziter Aufforderung deutlicher hervortritt, da eine höhere Anzahl auch begründet.[73]

Für die vertiefende Fragestellung ist daher zusätzlich ein Vergleich der Anteile der Inhaltsbereiche innerhalb der erfolgreichen Begründungen notwendig. Diese Betrachtung in Relation zur Menge der erfolgreichen Begründungen zeigt, dass die Begründungen bei den implizit gestellten Aufgaben zu 59,9 % auf den Inhaltsbereich *Muster und Strukturen* und zu 40,1 % auf den Bereich *Raumvorstellung* zurückgehen. Bei den explizit gestellten Aufgaben ist der Unterschied mit 56,4 % zu 43,6 % etwas geringer ausgeprägt. Relativ zu der Anzahl der auf implizite bzw. explizite Aufforderungen hin vorliegenden Begründungen wirkt sich der Inhaltsbereich damit bei der impliziten Variante etwas stärker aus.

---

[72] Ein explizit größerer Unterschied wäre über die Begründungsnotwendigkeit oder den Anspruch der Inhaltsbereiche nicht erklärbar, da der inhaltsbezogene Anspruch implizit wie explizit gleich gehalten wurde, implizit aber zusätzlich die Begründungsnotwendigkeit als Anforderung selbst erkannt werden soll.

[73] Aufgrund des größeren Anteils expliziter Begründungen lassen sich hier auch größere (absolute) Differenzen zu einem bei Unabhängigkeit theoretisch vorliegendem Wert beobachten, die sich auf Cramer's V auswirken.

Diese Werte geben einen Eindruck des Einflusses der selbst zu erkennenden Begründungsnotwendigkeit bzgl. der Inhaltsbereiche, da diese bei implizit gestellten Begründungsaufgaben so gesehen zusätzlich auf den Unterschied zwischen den beiden Inhaltsbereichen wirkt. Die Ergebnisse zeigen, dass die Ursache für die häufigeren Begründungen im Inhaltsbereich *Muster und Strukturen* zu einem geringen Anteil in der bei implizit gestellten Begründungsaufgaben selbst zu erkennenden Begründungsnotwendigkeit liegt. Die Anteile bei der variierten Bedingung der *impliziten* und *expliziten Begründungsaufforderung* unterscheiden sich nur geringfügig (höherer Anteil von 59,9 % bei impliziter Aufforderung gegenüber 56,4 % bei expliziter Aufforderung). Demnach fällt das Erkennen der Begründungsnotwendigkeit hier sogar etwas leichter. Der wesentlich bedeutendere Anteil für den Unterschied zwischen den Inhaltsbereichen liegt jedoch offensichtlich in dem Anspruch des dreidimensionalen Inhaltsbereichs *Raumvorstellung* gegenüber dem zweidimensionalen Bereich *Muster und Strukturen* für das Begründen selbst. Dies zeigt der größere Unterschied bei der Variation der Inhaltsbereiche bei expliziter Aufforderung von 56,4 % bei *Muster und Strukturen* zu 43,6 % bei *Raumvorstellung*.

Eine vergleichende Betrachtung der Begründungshäufigkeiten innerhalb der Inhaltsbereiche für die Jahrgänge drei und vier zeigt, dass in dem Geometriebereich *Muster und Strukturen* in Jahrgang drei 31,4 % und in dem Geometriebereich *Raumvorstellung* 21,7 % aller Aufforderungen auch mit einer Begründung beantwortet werden. In Jahrgang vier sind es 46,0 % im Bereich *Muster und Strukturen* gegenüber 37,6 % im Bereich *Raumvorstellung*. Damit weisen beide Jahrgänge erkennbare Unterschiede dahingehend auf, dass die Begründungshäufigkeit im Bereich *Muster und Strukturen* höher liegt als im Bereich *Raumvorstellung*. Außerdem liegen in beiden Jahrgängen Differenzen der Begründungshäufigkeiten zwischen den Inhaltsbereichen vor, die augenscheinlich auf einen deutlichen Einfluss des Inhaltsbereichs auf die Begründungshäufigkeit schließen lassen. Inferenzstatistisch zeigt sich: Der Zusammenhang zwischen Begründungshäufigkeit und Inhaltsbereich ist für beide Jahrgänge nach dem Chi-Quadrattest mit Korrektur nach Yates hoch signifikant (Jahrgang 3: $\chi^2(1, \text{n} = 2616) = 31.345$, p < .001, Jahrgang 4: $\chi^2(1, \text{n} = 2748) = 19.381$, p < .001). Der Effekt ist dabei in Jahrgang drei mit V $= 0.110$ geringfügig stärker ausgeprägt als in Jahrgang vier mit V $= 0.085$. In Jahrgang vier kann jedoch von keinem statistisch bedeutenden Zusammenhang zwischen Inhaltsbereich und Begründungshäufigkeit gesprochen werden.[74] Die Ausgangsthese kann damit insofern bestätigt werden, als dass die Unterschiede zwischen den Inhaltsbereichen in Bezug auf die Begründungshäufigkeit in Jahrgang drei zwar geringfügig stärker ausgeprägt sind als in Jahrgang vier, diese jedoch auch zunehmend an Bedeutsamkeit verlieren.

Eine Betrachtung der Verteilung der Anteile innerhalb der Begründungen zeigt ergänzend auf, dass in Jahrgang drei 58,7 % der erfolgreichen Begründungen im Bereich *Muster und Strukturen* vorliegen und 41,3 % im Bereich *Raumvorstellung*. In Jahrgang vier sind es 56,1 % im Bereich *Muster und Strukturen* und 43,9 % im Bereich *Raumvorstellung*. Der Anteil des Inhaltsbereichs *Muster und Strukturen* unter den erfolgreichen Begründungen ist damit in Jahrgang drei nur geringfügig höher. Die Werte liegen jedoch so dicht beieinander, dass relativ zu den erfolgreichen Begründungen von keinem deutlichen Unterschied in der Verteilung auf die Inhaltsbereiche zwischen den Jahrgängen gesprochen werden kann.

Insgesamt liegt damit zusammenfassend ein hoch signifikanter und in Jahrgang drei nur geringfügig stärkerer Einfluss der Inhaltsbereiche auf die Begründungshäufigkeit vor. Dieser äußert sich in beiden Jahrgängen darin, dass im Bereich *Muster und Strukturen* häufiger erfolgreich begründet wird als im Bereich *Raumvorstellung*. Auch innerhalb der erfolgreichen Begründungen liegt die Verteilung der Inhaltsbereiche mit 56 % bis 58 % im Bereich *Muster und Strukturen* und 41 % bis 44 % im Bereich *Raumvorstellung* zwischen den Jahrgängen dicht beieinander. Jahrgang drei erreicht dabei entsprechend dem deutlicheren Einfluss der Inhaltsbereiche den etwas niedrigeren Wert im Bereich *Raumvorstellung* und den etwas höheren Wert im Bereich *Muster und Strukturen*. Die Ausgangsthese kann für beide Jahrgänge bestätigt werden.

Eine Prüfung auf vorliegende Klassenunterschiede bei den Begründungshäufigkeiten in den beiden Inhaltsbereichen zeigt, dass in allen zwölf Klassen im Bereich *Muster und Strukturen* häufiger begründet wird als im Bereich *Raumvorstellung*. Die Unterschiede zwischen den Inhaltsbereichen sind jedoch unterschiedlich stark ausgeprägt. Die einzelnen Klassen zeigen zwischen den beiden Inhaltsbereichen *Muster und Strukturen* und *Raumvorstellung* verschwindend geringe Unterschiede von 35,4 % zu 32,8 % bis hin zu deutlicheren 40,9 % zu 24,1 %. Tatsächlich ist der Zusammenhang, der für die gesamte Stichprobe als signifikant festgehalten werden konnte, einzelfallbezogen nur in der Hälfte der Klassen signifikant mit $p < .05$ (zwei Klassen davon mit $p < .001$ auch hoch

---

[74] Der Zusammenhang ist durch den Chi-Quadrat-Unabhängigkeitstest nachweisbar, in seinem Effekt jedoch so gering, dass er nach der verwendeten Werteeinteilung von Cramer's V unter „kein Zusammenhang" fällt.

signifikant). In sechs Klassen kann kein signifikanter Unterschied festgestellt werden. Damit zeigt sich: Auch wenn der Inhaltsbereich insgesamt betrachtet einen hoch signifikanten Einfluss auf die Begründungshäufigkeit besitzt, ist dies nicht zwangsläufig in allen Klassen der Fall. Damit erweist sich die Klassenzugehörigkeit im Einzelnen als so bedeutend, dass sie die Unterschiede zwischen den Inhaltsbereichen weitgehend aufwiegen kann. Die Klassenzugehörigkeit scheint demnach einen entscheidenderen Einfluss auf die Begründungshäufigkeit zu haben als der Inhaltsbereich. Das bestätigt ein Vergleich der Effektstärken: Zwar sind beide Zusammenhänge mit $p < .001$ hoch signifikant, aber während der Zusammenhang zwischen Inhaltsbereich und Begründungshäufigkeit eine Effektstärke von $V = 0.110$ besitzt, weist der Zusammenhang zwischen der Klassenzugehörigkeit und der Begründungshäufigkeit eine Effektstärke von $V = 0.217$ auf.

Neben den Unterschieden zwischen den beiden Inhaltsbereichen innerhalb der Klassen, variieren jedoch auch die Werte der Inhaltsbereiche zwischen den Klassen deutlich. Im Bereich *Muster und Strukturen* werden für die Begründungshäufigkeit klassenbezogene Werte von 11,1 % bis 50,4 % erreicht, im Bereich *Raumvorstellung* sogar Werte von 6,1 % bis 42,4 %. Die jeweils schwächste und stärkste Klasse in Bezug auf die Begründungshäufigkeit liegen somit in den beiden Inhaltsbereichen augenscheinlich weit auseinander. Bei beiden Inhaltsbereichen bestätigt der Chi-Quadrat-Unabhängigkeitstest dementsprechend, dass der Zusammenhang zwischen der Klassenzugehörigkeit und der Begründungshäufigkeit hoch signifikant ist (*Muster und Strukturen*: $\chi^2(1, n = 2700) = 129.532$, $p < .001$, $V = 0.219$), *Raumvorstellung*: $\chi^2(1, n = 2664) = 137.336$, $p < .001$, $V = 0.227$)). Der Effekt der Klassenzugehörigkeit auf die Begründungshäufigkeit ist in beiden Inhaltsbereichen annähernd gleich stark ausgeprägt.

Fazit 4: Die Ergebnisse bestätigen, dass in dem zweidimensionalen Geometriebereich *Muster und Strukturen* häufiger erfolgreich begründet wird als in dem dreidimensionalen Geometriebereich *Raumvorstellung*. Der Unterschied der Begründungsanteile liegt in der Studie insgesamt bei rund 39 % (*Muster und Strukturen*) zu 30 % (*Raumvorstellung*) aller Antworten. 57,1 % der erfolgreichen Begründungen gehen damit auf den Inhaltsbereich *Muster und Strukturen* zurück. Der Unterschied bleibt zudem auch innerhalb der impliziten und expliziten Aufgabenformate sowie der beiden Jahrgänge deutlich erkennbar und ist durchweg hoch signifikant mit höheren Werten in der Begründungshäufigkeit im Bereich *Muster und Strukturen*. Der Vergleich der Begründungshäufigkeiten bei impliziter und expliziter Begründungsaufforderung zeigt außerdem, dass die Ursache für die höheren Werte in der Begründungshäufigkeit in dem Inhaltsbereich *Muster und Strukturen* überwiegend in dem Anspruch des Inhaltsbereichs für das Begründen selbst und nur zu einem geringen Anteil in der leichter zu erkennenden Begründungsnotwendigkeit zu liegen scheint.

Dennoch weist der Inhaltsbereich *Raumvorstellung* mit einer Begründungshäufigkeit von 29,7 % aller Antworten (bzw. 42,9 % aller erfolgreichen Begründungen) ebenfalls ein deutliches und für den Unterricht realistisch erscheinendes Begründungspotential auf.

Im Vergleich der Jahrgänge zeigt sich ergänzend, dass der Unterschied in der Begründungshäufigkeit zwischen den Inhaltsbereichen in Jahrgang drei nur geringfügig stärker ausgeprägt ist als in vier und in Jahrgang vier an Bedeutung verliert. Auch die relative Verteilung der erfolgreichen Begründungen auf die Inhaltsbereiche liegt dicht beieinander und zeigt einen nur geringfügig größeren Unterschied in Jahrgang drei. Obwohl also in Jahrgang vier in absoluten Zahlen deutlich häufiger begründet wird (s. 4.7.3), kann in Bezug auf die relative Verteilung zwischen den Inhaltsbereichen nur ein geringfügiger Unterschied der Begründungshäufigkeit zwischen den Jahrgängen ausgemacht werden.

Bei der Betrachtung der Klassen zeigt sich, dass die Unterschiede zwischen den Begründungshäufigkeiten in den Inhaltsbereichen trotz des bei allen Klassen stärkeren Bereichs *Muster und Strukturen* sehr unterschiedlich stark ausgeprägt sind und durch die Klassenzugehörigkeit weitreichend entfallen können. Tatsächlich erweist sich die Klassenzugehörigkeit für die Begründungshäufigkeit, also die erfolgreiche Formulierung einer Begründung, als entscheidender als der Inhaltsbereich.

Ausgangsthese 5: In dem zweidimensionalen Geometriebereich „Muster und Strukturen" fällt es leichter, eine höhere Niveaustufe des Begründens zu erreichen als in dem dreidimensionalen Geometriebereich „Raumvorstellung".
(Argumentation zur These analog zur Ausgangsthese 4)

Für die statistische Prüfung des Zusammenhangs zwischen dem Inhaltsbereich („Raumvorstellung", „Muster und Strukturen") und der erreichten Niveau- (0 bis 5) bzw. Begründungsstufe (3 bis 5) wird entsprechend der nominalen Variable mit zwei Kategorien und der ordinalen Variable mit sechs bzw. drei möglichen Kategorien der Chi-Quadratunabhängigkeitstest verwendet. Dies gilt auch innerhalb ausgewählter Datenmengen (innerhalb von Jahrgang drei oder vier).

Für die ergänzend betrachteten Klassenunterschiede und den Zusammenhang zwischen Klassenzugehörigkeit (zwölf Klassen) und Niveaustufe sind die Voraussetzungen der nominalen und ordinalen Variable sowie der Anzahl möglicher Kategorien ebenso erfüllt. Es kann daher auch hier der Chi-Quadratunabhängigkeitstest verwendet werden. Für die Prüfung der Effektstärke wird in allen Fällen das passende Zusammenhangsmaß Cramer's-V verwendet (zur Begründung s. 4.7 einleitend). Die in die Niveaustufen eingeordnete Datenmenge umfasst 2700 Antworten für den Bereich „Muster und Strukturen" und 2664 Antworten für den Bereich „Raumvorstellung".

Die Ergebnisse der Niveaustufenverteilung zeigen im Vergleich ein differenziertes Bild in Hinblick auf die beiden Inhaltsbereiche (s. Abb. 4.36). Dabei werden insgesamt betrachtet die niedrigen Niveaustufen im Bereich *Raumvorstellung* und die höheren Niveaustufen im Bereich *Muster und Strukturen* häufiger erreicht.

Bei den Vorstufen 0, *kein passender Zugang*, und 1, *Lösung (Aussagenfindung)*, liegen die Häufigkeiten für beide Inhaltsbereiche dicht beieinander. Die Antworten im Bereich *Raumvorstellung* befinden sich zu 41,1 % auf Stufe 0 und zu 24,9 % auf Stufe 1. Die Antworten im Bereich *Muster und Strukturen* befinden sich zu 38,0 % auf Stufe 0 und zu 22,0 % auf Stufe 1. Auch auf Stufe 2, der *Beschreibung als deklarierte Begründung*, ist der Unterschied mit 4,2 % im Bereich *Raumvorstellung* gegenüber 1,0 % im Bereich *Muster und Strukturen* nicht besonders deutlich. Sämtliche Vorstufen weisen damit zusammengefasst geringe Unterschiede mit einem etwas höheren Anteil im Bereich *Raumvorstellung* auf.

Bei den Begründungsstufen zeigt sich, dass der Unterschied auf Stufe 3, dem *konkreten Begründen*, mit 11,6 % gegenüber 10,7 % bereits geringer ausfällt, der Anteil der Antworten im Bereich *Raumvorstellung* auf dieser Stufe aber immer noch geringfügig höher ausfällt. Im Bereich *Raumvorstellung* gelingen den Kindern Antworten auf dem Niveau des *Begründens auf konkreter Ebene* damit etwa ebenso häufig wie im Bereich *Muster und Strukturen*.

Ab Stufe 4, dem *abstrakten Begründen auf verallgemeinerter Ebene*, zeigt sich in den Daten jedoch ein Wechsel zwischen den geometrischen Inhaltsbereichen. Im Bereich *Muster und Strukturen* wird mit 25,8 % der Antworten häufiger die Stufe 4 erreicht als im Bereich *Raumvorstellung* mit 17,3 % der Antworten. Dieses Ergebnis deutet darauf hin, dass es den Kindern im zweidimensionalen Bereich *Muster und Strukturen* leichter zu fallen scheint zu verallgemeinern als im dreidimensionalen Bereich *Raumvorstellung*.

Die 5. und höchste Stufe, *das konkrete und abstrakte Begründen in logischer Schlussfolge* (und damit auf beiden Ebenen), wird ebenfalls häufiger unter den

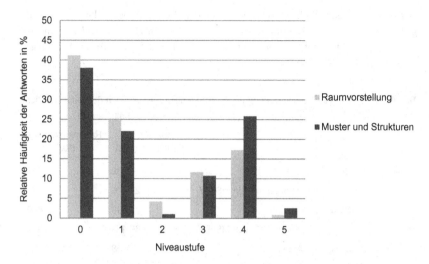

Abb. 4.36 Die Niveaustufenverteilung in den Inhaltsbereichen *Raumvorstellung* (n = 2664) und *Muster und Strukturen* (n = 2700)

Antworten im Bereich *Muster und Strukturen* erreicht. Hier liegt der Unterschied bei 2,5 % zu 0,8 % der Antworten.

Die Daten der Hauptstudie deuten somit darauf hin, dass der Bereich *Muster und Strukturen* für die Kinder nicht nur in Bezug auf das erfolgreiche Begründen zugänglicher zu sein scheint (s. auch These 4), sondern tatsächlich auch in Bezug auf das Erreichen eines höheren Begründungsniveaus. Es zeichnet sich ab, dass die höheren Begründungsstufen 4 und 5 im Bereich *Muster und Strukturen* deutlich leichter zu fallen scheinen.

Der Chi-Quadrat-Unabhängigkeitstest bestätigt an dieser Stelle einen hoch signifikanten Unterschied zwischen den beiden Inhaltsbereichen und den erreichten Niveaustufen (χ^2(5, n = 5364) = 130.374, p < .001). Der Inhaltsbereich wirkt sich mit schwacher Effektstärke auf die Niveaustufen aus (V = 0.156).

Für die vorliegenden 1845 Begründungsantworten (1053 im Bereich *Muster und Strukturen*, 792 im Bereich *Raumvorstellung*) ist der Zusammenhang zwischen Inhaltsbereich und Niveaustufe ebenfalls hoch signifikant mit schwacher Effektstärke (χ^2(2, n = 1845) = 36.230, p < .001, V = 0.140). Der gewählte geometrische Inhaltsbereich hat somit auch dann noch einen hoch signifikanten Einfluss auf das erreichte Niveau, wenn die Kinder in der Lage sind, zu begründen. Dieser Einfluss zeigt sich bei den Begründungen durch die häufiger erreichte niedrige Begründungsstufe 3 im Bereich *Raumvorstellung* und die häufiger erreichten höheren Begründungsstufen 4 und 5 im Bereich *Muster und Strukturen* (s. Tab. 4.14)

Tab. 4.14 Die Niveaustufenverteilung der Begründungen im Vergleich der Inhaltsbereiche

| | | | Inhaltsbereich | |
			Muster und Strukturen (MS)	Raumvorstellung (RV)
Niveaustufe	Stufe 3	Anzahl	289	310
		% innerhalb von MS/RV	27,4 %	39,1 %
	Stufe 4	Anzahl	696	460
		% innerhalb von MS/RV	66,1 %	58,1 %
	Stufe 5	Anzahl	68	22
		% innerhalb von MS/RV	6,5 %	2,8 %
Gesamt		Anzahl	1053	792
		% innerhalb von MS/RV	100,0 %	100,0 %

Eine ergänzende Betrachtung der Jahrgänge zeigt, dass der Zusammenhang zwischen den Inhaltsbereichen und Niveaustufen auch innerhalb der Jahrgänge drei und vier jeweils hoch signifikant ist (Jahrgang drei: $\chi^2(5$, n = 2616) = 79.946, p < .001, Jahrgang vier: $\chi^2(5)$ = 2746) = 56.693, p < .001). Dabei ist die Effektstärke in Jahrgang drei mit V = 0.175 etwas stärker ausgeprägt als in Jahrgang vier mit V = 0.144, beide Effekte sind jedoch von geringer Effektstärke. Ähnlich wie für die Begründungshäufigkeit zeigt sich damit auch für die Niveaustufen nur ein geringfügiger Unterschied zwischen den Jahrgängen bei dem Einfluss der Inhaltsbereiche. Der Einfluss ist jedoch bei Begründungshäufigkeit wie erreichter Niveaustufe in Jahrgang drei etwas stärker ausgeprägt.

In beiden Jahrgängen zeigt sich wie schon bei der Gesamtbetrachtung der Daten, dass die Stufen 0 bis 3 in dem Inhaltsbereich *Raumvorstellung* und die Stufen 4 und 5 in dem Inhaltsbereich *Muster und Strukturen* häufiger vorliegen. Die Unterschiede zwischen den Inhaltsbereichen auf den einzelnen Niveaustufen in Jahrgang drei und die Unterschiede zwischen den Inhaltsbereichen auf den einzelnen Niveaustufen in Jahrgang vier liegen zudem auf allen Niveaustufen nicht weiter als 2 Prozentpunkte auseinander. Wenngleich in Jahrgang drei und vier also unterschiedlich hohe Werte erreicht werden (s. vertiefend 4.7.5), sind die durch die Inhaltsbereiche bedingten Unterschiede in den Jahrgängen auf allen Niveaustufen vergleichbar und geringfügig. Die Inhaltsbereiche wirken sich in beiden Jahrgängen ähnlich und nur geringfügig stärker in Jahrgang drei auf die Niveaustufen aus. Die Ausgangsthese kann zudem sowohl für Jahrgang drei als auch für Jahrgang vier bestätigt werden.

Eine vertiefende Analyse der Ergebnisse der einzelnen Klassen zeigt, dass die Stufe 4 in allen zwölf Klassen häufiger im geometrischen Inhaltsbereich *Muster und Strukturen* erreicht wird. Bei der Stufe 5 sind es elf von zwölf Klassen und eine Klasse, bei der die Stufe 5 in beiden Inhaltsbereichen gleich häufig (je nur einmal) erreicht wird. Die Ausgangsthese, dass die höheren Niveaustufen häufiger im Bereich *Muster und Strukturen* erreicht werden als im Bereich *Raumvorstellung,* gilt somit auch einzeln betrachtet für alle Klassen.

Eine ergänzende Überprüfung der niedrigeren Niveaustufen zeigt, dass die Stufe 3 in neun von zwölf Klassen häufiger im Bereich *Raumvorstellung* erreicht wird. Ähnlich verhält es sich mit den Vorstufen 0 bis 2: Stufe 0 und 1 werden in der Mehrheit der Klassen häufiger, Stufe 2 wird in allen Klassen häufiger im Bereich *Raumvorstellung* erreicht. Die niedrigen Niveaustufen (Vorstufen 0 bis 2 und Begründungsstufe 3) werden somit, im Gegensatz zum Gesamtergebnis, nicht in allen Klassen im Bereich *Raumvorstellung* häufiger erreicht.

Trotz des weitgehend einheitlichen Bildes in Bezug auf die Ausgangsthese, liegen, wie bereits bei der Begründungshäufigkeit (s. These 4), in der genaueren Betrachtung bedeutende Klassenunterschiede vor. So sind die Unterschiede zwischen den Inhaltsbereichen und damit der Einfluss des Geometriebereichs auch in Bezug auf die einzelnen Niveaustufen unterschiedlich stark ausgeprägt. Während die Stufe 4 durchschnittlich bei 25,8 % der Antworten im Bereich *Muster und Strukturen* und bei 17,3 % der Antworten im Bereich *Raumvorstellung* erreicht wird, sind es bei den einzelnen Klassen Unterschiede zwischen verschwindend geringen 30,6 % zu 30,4 % der Antworten bis vergleichsweise deutlichen 33,8 % zu 17,1 % der Antworten. Auf Stufe 5 lassen sich zu den durchschnittlichen 2,5 % der Antworten im Bereich *Muster und Strukturen* zu 0,8 % der Antworten im Bereich *Raumvorstellung* klassenbezogen Häufigkeiten finden, die keinen Unterschied aufweisen (beide Bereiche liegen bei 0 %) und im Höchstfall 2,7 % zu 0 % bzw. 4,9 % zu 2,2 % auseinander liegen. Entsprechend dieser unterschiedlich stark ausgeprägten Differenzen ist der Zusammenhang zwischen den Inhaltsbereichen und den erreichten Niveaustufen einzelfallbezogen nicht in allen Klassen signifikant. Tatsächlich gilt dies nur bei sieben der zwölf Klassen für $p < .05$ (bei vier Klassen auch mit $p < .001$ hoch signifikant). Bei fünf von zwölf Klassen zeigt sich somit kein signifikanter Unterschied in Bezug auf die erreichten Niveaustufen in den beiden Inhaltsbereichen. (Die Aussage wurde aufgrund der geringen Häufigkeiten von 33,3 % der Zellen < 5 in den drei Klassen 3.4, 3.5 und 4.3 noch einmal mit der Monte-Carlo-Methode überprüft. Diese simuliert eine höhere Datenanzahl (10.000) für eine eindeutige Entscheidung. Das Ergebnis bestätigt die fehlende Signifikanz bei drei Klassen für ein Konfidenzintervall von 99 %.) Es lässt sich festhalten, dass der Inhaltsbereich zwar grundsätzlich einen signifikanten Einfluss auf die erreichten Begründungsniveaustufen hat, dies klassenbezogen betrachtet jedoch nicht immer der Fall ist. Hier können die Unterschiede gering ausgeprägt sein.

Damit wird bereits deutlich, dass nicht nur eine unterschiedliche Leistungsfähigkeit zwischen den Klassen in dem Sinne vorliegen kann, dass eine Klasse generell höhere oder niedrigere Niveaustufen erreicht als eine andere. Die unterschiedlichen Differenzen zwischen den Inhaltsbereichen zeigen vielmehr auf, dass der gewählte Inhaltsbereich in den einzelnen Klassen einen unterschiedlich großen Einfluss auf die Niveaustufen hat.

Anders als bei der Begründungshäufigkeit ist der Einfluss der Klassenzugehörigkeit bei den Niveaustufen jedoch keineswegs größer als der der Inhaltsbereiche. Beide Zusammenhänge sind mit $p < .001$ hoch signifikant. Die Klassenzugehörigkeit wirkt jedoch mit einer Effektstärke von $V = 0.132$ und der Inhaltsbereich mit einer Effektstärke von $V = 0.156$ auf die Niveaustufen. Die Effektstärken liegen bei den Niveaustufen somit dicht beieinander. Die Klassenzugehörigkeit und der gewählte Inhaltsbereich haben einen ähnlich starken Einfluss auf die Niveaustufen des Begründens.

Neben den Differenzen, die sich auf den Niveaustufen zwischen den beiden Inhaltsbereichen innerhalb der Klassen zeigen, variieren auch die erreichten Werte der Inhaltsbereiche zwischen den zwölf Klassen deutlich. Im Bereich *Muster und Strukturen* werden auf den Begründungsniveaustufen Werte von 3,2 % bis 14,6 % (Stufe 3), 7,4 % bis 33,8 % (Stufe 4) und 0,5 % bis 4,9 % (Stufe 5) der Antworten erreicht. Die Spannweite zwischen den Klassen ist damit auf allen Stufen deutlich ausgeprägt.

Im Bereich *Raumvorstellung* werden auf den Begründungsniveaustufen Werte von 3,5 % bis 8,8 % (Stufe 3), 2,6 % bis 30,4 % (Stufe 4) und 0 % bis 2,3 % (Stufe 5) erreicht. Auch hier sind die Unterschiede auf allen Stufen deutlich. Es fällt jedoch in beiden Inhaltsbereichen und noch einmal deutlicher im Bereich *Raumvorstellung* auf, dass insbesondere auf Stufe 4, der Stufe des *abstrakten Begründens auf verallgemeinerter Ebene*, besonders große Klassenunterschiede bestehen.

Ein zusammengefasster Vergleich der höheren Niveaustufen in Hinblick auf die Ausgangsthese zeigt für die Klassen: Je nach Leistungsstärke der Klasse befinden sich bei Begründungsaufgaben im Bereich *Muster und Strukturen* 10,5 % bis 35,9 % aller Antworten auf den höheren Begründungsniveaustufen 4 oder 5. Bei Begründungsaufgaben im Bereich *Raumvorstellung* sind es gerade einmal 2,6 % gegenüber 32,6 % aller Antworten. Dabei erreicht die gleiche Klasse in beiden Inhaltsbereichen den unteren und die gleiche Klasse in beiden Inhaltsbereichen den oberen angegebenen Wert. Da die in beiden Bereichen besonders schwache Klasse 3.3[75] auf Stufe 3 ebenfalls geringe Werte von 3,2 % (Muster und Strukturen) und 3,5 % (Raumvorstellung) aufweist, kann auch von keiner Verschiebung auf das *konkrete Begründen* gesprochen werden. Es handelt sich zudem um die gleichen Klassen, die auch bei der Begründungshäufigkeit bereits die oberen und unteren Werte in der Spannweite der Klassen bestimmten. Es liegt also auch unabhängig von einzelnen Niveaustufen eine zum Teil deutlich ausgeprägte klassenbezogene Schwäche bzw. Stärke in der Begründungskompetenz vor.

Nichtsdestotrotz sind die Klassenunterschiede in den Niveaustufen in beiden Inhaltsbereichen sehr deutlich erkennbar. Bei beiden Inhaltsbereichen bestätigt der Chi-Quadrat-Unabhängigkeitstest dementsprechend, dass der Zusammenhang zwischen der Klassenzugehörigkeit und der erreichten Niveaustufe (0 bis 5) hoch signifikant ist (*Muster und Strukturen:* $\chi^2(1, n = 2700) = 286.286$, p < .001, V = 0.146), *Raumvorstellung:* $\chi^2(1, n = 2664) = 265.167$, p < .001, V = 0.141). Der Effekt der Klassenzugehörigkeit auf die erreichte Niveaustufe ist in beiden Inhaltsbereichen annähernd gleich groß.

Da bei dem Chi-Quadrat-Unabhängigkeitstest im Bereich *Muster und Strukturen* 20,8 % der Zellen eine erwartete Häufigkeit < 5 haben (kritischer Wert 20 %), wurde die Signifikanz zur Sicherheit noch einmal mit der Monte-Carlo-Simulation überprüft. Das Ergebnis bestätigt die Signifikanz bei einer Datensimulation von 10.000 mit p < .001 für ein Konfidenzintervall von 99 %.

Fazit 5: Die Ergebnisse bestätigen, dass es den Kindern in dem zweidimensional angelegten Bereich *Muster und Strukturen* leichter fällt, eine höhere Niveaustufe des Begründens zu erreichen als in dem dreidimensionalen Geometriebereich *Raumvorstellung*. Es hat sich gezeigt, dass Antworten, die sich als Vorstufen des Begründens (0 bis 2) einordnen lassen im Bereich *Muster und Strukturen* etwas seltener vertreten sind. Bei der ersten Begründungsstufe, dem *konkreten Begründen auf Einzelfallebene* (Stufe 3) besteht kein nennenswerter Unterschied zwischen den Inhaltsbereichen. Insbesondere in Bezug auf das *abstrakte Begründen* (Stufe 4), welches das Verallgemeinern konkreter Zusammenhänge erfordert, liegt jedoch ein bedeutender Unterschied vor. Hier erweist sich der Bereich

---

[75] Eine Beschreibung der Stichprobe kann unter 4.4. eingesehen werden.

Muster und Strukturen als zugänglicher in dem Sinne, dass die gleichen Kinder in diesem Inhaltsbereich häufiger in der Lage sind, diese hohe Niveaustufe zu erreichen als im Bereich *Raumvorstellung*. Die Umsetzung des *abstrakten Begründens* scheint in dem Inhaltsbereich *Muster und Strukturen* leichter zu fallen. Auch auf der höchsten Stufe, dem *konkreten und abstrakten Begründen in logischer Schlussfolge* gelingt es den Kindern etwas häufiger im Bereich *Muster und Strukturen* diese Stufe zu erreichen. Es erscheint naheliegend zu vermuten, dass dieser ebenfalls durch die leichtere Zugänglichkeit der Verallgemeinerung zustande kommt.

Den höheren Niveaustufen 4 und 5 lassen sich zusammengefasst im Bereich *Muster und Strukturen* etwa 28 % der Antworten und im Bereich *Raumvorstellung* nur etwa 18 % der Antworten zuordnen. Von den vorliegenden Begründungen (Antworten auf Stufe 3 bis 5) konnten im Bereich *Muster und Strukturen* rund 73 % auf den höheren Niveaustufen 4 oder 5 eingeordnet werden. Im Bereich *Raumvorstellung* sind es dagegen rund 61 %. Sowohl für die Niveaustufen (0 bis 5) insgesamt als auch für die Begründungsstufen für sich betrachtet (3 bis 5) liegt ein hoch signifikanter Zusammenhang zum Inhaltsbereich und damit ein bedeutender Einfluss des Inhaltsbereichs auf die erreichte Stufe vor.

Die These gilt auch innerhalb der untersuchten Jahrgänge. Wenngleich Jahrgang drei und vier durchaus unterschiedliche Häufigkeiten bei den Niveaustufen aufweisen (s. auch 4.7.5), sind die durch die Inhaltsbereiche bedingten Unterschiede in den Jahrgängen auf allen Niveaustufen vergleichbar und geringfügig.

Die einzelnen Klassen erreichen auch einzeln betrachtet die höheren Begründungsstufen (4 und 5) häufiger im Bereich *Muster und Strukturen*. Allerdings weisen die Klassen im Gegensatz zu den Jahrgängen deutliche Unterschiede in dem Einfluss der Inhaltsbereiche auf. Auch wenn die Inhaltsbereiche grundsätzlich einen hoch signifikanten Einfluss auf die Niveaustufen haben, ist dies nicht in allen Klassen der Fall. So liegt bspw. in einer Klasse, bei der kein signifikanter Zusammenhang festgestellt werden konnte, auf der grundsätzlich besonders unterschiedlich ausfallenden Stufe 4 (*abstraktes Begründen*) quasi kein Unterschied vor: Im Bereich Muster und Strukturen sind 30,6 % und im Bereich Raumvorstellung 30,4 % der Antworten auf Stufe 4.

Neben dem unterschiedlich starken Einfluss der Inhaltsbereiche fällt auch die unterschiedliche Leistungsstärke der Klassen innerhalb der Inhaltsbereiche auf. So werden die höheren Niveaustufen in den Klassen in *Muster und Strukturen* bei 10,5 % bis 35,9 % und im Bereich *Raumvorstellung* bei 2,6 % bis 32,6 % der Antworten erreicht. Für diese Spannweite scheint weniger eine niveaustufen- oder inhaltsbezogene Schwäche bzw. Stärke als vielmehr eine allgemein schwach bzw. stark ausgeprägte Begründungskompetenz in den Klassen ausschlaggebend zu sein.

4.7.5 Dritte vs. vierte Klasse

Die der Frage nach den Niveaustufen untergeordnete Forschungsfrage 2c *Befinden sich die Antworten des Jahrgangs vier auf einer höheren Niveaustufe als die Antworten des Jahrgangs drei?* fokussiert ggf. vorliegende Unterschiede zwischen den beiden Jahrgängen in Bezug auf die erreichten Niveaustufen. Damit wird die jahrgangsbezogene Kompetenz im Begründen bei Geometrieaufgaben näher bestimmt und ggf. nur einschränkend erreichbare Niveaustufen festgehalten. Auf diese Weise soll eine altersgerechte Anforderung bzgl. der Kompetenz konkretisiert werden. Die Fragestellung kann mithilfe von zwei Thesen beantwortet werden, die zum einen die Begründungshäufigkeit und damit das Erreichen einer tatsächlichen Begründung (Ausgangsthese 6), zum anderen die Niveaustufenverteilung (Ausgangsthese 7) fokussieren. Zur Prüfung dieser Thesen stehen 2616 eingeordnete Antworten des Jahrgangs drei und 2748 eingeordnete Antworten des Jahrgangs vier zur Verfügung.

Ausgangsthese 6: In Jahrgang vier wird häufiger erfolgreich begründet als in Jahrgang drei.

Ausgehend von der Annahme, dass die Begründungskompetenz sich bereits in der Grundschule weiterentwickelt und eine zunehmende Sicherheit in den geometrischen Inhaltsgebieten erlangt wird, kann von einem Entwicklungsfortschritt im Begründen bei Geometrieaufgaben von Jahrgang drei zu vier ausgegangen werden. Dagegen spricht jedoch die bisherige, wenn auch knappe Forschungslage. So konnte in einer Studie von Neumann et al. (2014) kein signifikanter Unterschied zwischen den Jahrgängen drei und vier (und nicht einmal zu sechs) gezeigt werden (s. 2.2.2.3). Da keine weiteren grundschulbezogenen Studien zum Vergleich der Jahrgänge und keinerlei Studien zur Begründungskompetenz in der Geometrie der Grundschule vorliegen, gilt es, die Existenz des Zusammenhangs zu prüfen und entsprechend der Ausgangsthese 6 zu widerlegen oder zu bestätigen. Unter einer „erfolgreichen Begründung" wird dabei eine Antwort verstanden, die tatsächlich eine Begründung darstellt und daher mindestens auf Niveaustufe 3 liegt.

Klassenbezogene Unterschiede wurden bereits für die Begründungshäufigkeiten innerhalb der impliziten und expliziten Antworten (s. Ausgangsthese 1 unter 4.7.3) sowie der beiden Inhaltsbereiche gezeigt (s. Ausgangsthese 4 unter 4.7.4). Es liegt daher nahe zu vermuten, dass die Klassenunterschiede bzgl. der Begründungs-häufigkeit auch bei einer diese Kriterien zusammenfassenden Betrachtung aller Antworten bestehen bleiben. In welcher Deutlichkeit diese jedoch ggf. zu finden sind, gilt es im Folgenden zu prüfen.

Zur Prüfung der These werden die Variablen Jahrgang (3/4) und Begründungs-antwort (Begründung ja/nein) auf ihren Zusammenhang hin untersucht. Da beide Variablen zwei mögliche Ausprägungen besitzen, wird der Chi-Quadrattest mit Korrektur nach Yates zur Signifikanzprüfung angewendet. Dies gilt auch bei der vertiefenden Betrachtung dieses Zusammenhangs innerhalb der Daten auf der impliziten oder expliziten Begründungsaufgaben bzw. innerhalb der Daten eines der beiden Inhaltsbereiche. Bei der vertiefenden Überprüfung eines möglichen Einflusses der Klassenzugehörigkeit in den Jahrgängen wird der Zusammenhang Klassenzugehörigkeit (zwölf mögliche Klassen) und Begründungsantwort (Begrün-dung ja/nein) untersucht. Da hier bei der Variable Klassenzugehörigkeit mehr als zwei Ausprägungen vorliegen, kann der Chi-Quadrat-Unabhängigkeitstest verwen-det werden. Die Effektstärke der betrachteten Zusammenhänge wird einheitlich mittels des Zusammenhangsmaßes Cramer's-V überprüft.

Ein Vergleich der Begründungshäufigkeiten zwischen den Jahrgängen zeigt, dass in Jahrgang drei 26,5 % der gestellten Begründungsaufforderungen auch erfolgreich mit einer Begründung beantwortet werden konnten. In Jahrgang vier sind es dagegen 41,9 %. Diese Unterschiede in der Begründungshäufig-keit sind nach dem Chi-Quadrattest mit Korrektur nach Yates hoch signifikant ($\chi^2(1, n = 5364) = 140.731$, $p < .001$). Der Zusammenhang zwischen Jahr-gang und Begründungshäufigkeit ist mit einer Effektstärke von $V = 0.162$ jedoch gering ausgeprägt. Die Ausgangsthese 6, dass in Jahrgang vier häufi-ger erfolgreich begründet wird als in Jahrgang drei, wird somit durch die Daten gestützt.

Innerhalb der vier Kategorien eingesetzter Aufgaben (*implizit, explizit, Raum-vorstellung* und *Muster und Strukturen*) sind die Jahrgangsunterschiede allerdings unterschiedlich ausgeprägt: Bei impliziten Begründungsaufforderungen begrün-den die Kinder des vierten Jahrgangs mit durchschnittlich 18,4 % mehr als doppelt so oft erfolgreich wie die Kinder des dritten Jahrgangs bei durchschnitt-lich 8,3 %. Bei expliziter Begründungsaufforderung begründen die Kinder in Jahrgang vier durchschnittlich bei 64,8 % und in Jahrgang drei durchschnitt-lich bei 44,6 % der Aufforderungen erfolgreich. Beide Unterschiede sind hoch signifikant (s. auch 4.7.3). Das Zusammenhangsmaß Cramer's V für die bei-den Variablen Jahrgang und Begründungshäufigkeit zeigt im direkten Vergleich auf, dass bei beiden Aufforderungsvarianten ein geringer Zusammenhang besteht.

Dieser ist bei impliziter Aufforderung jedoch mit $V = 0.148$ schwächer ausgeprägt als bei expliziter Aufforderung mit $V = 0.202$. Jahrgangsunterschiede bei den Begründungshäufigkeiten bestehen somit vermehrt bei expliziten Begründungsaufgaben. Die Ausgangsthese 6, dass in Jahrgang vier häufiger erfolgreich begründet wird als in Jahrgang drei, ist dementsprechend besonders bei expliziten Begründungsaufgaben zutreffend. Dies spricht dafür, dass die Kinder in Jahrgang vier insbesondere in der eigentlichen Kompetenz des Begründens stärker sind als die Kinder in Jahrgang drei (und etwas weniger in dem Erkennen der Begründungsnotwendigkeit).

Bei Betrachtung der beiden Inhaltsbereiche begründen die Kinder des vierten Jahrgangs im Geometriebereich *Muster und Strukturen* bei 46,0 % der Aufforderungen erfolgreich, die Kinder des dritten Jahrgangs bei 31,4 %. Im Bereich *Raumvorstellung* sind es 37,6 % in Jahrgang vier gegenüber 21,7 % in Jahrgang drei. Beide Unterschiede sind nach dem Chi-Quadrat-Unabhängigkeitstest mit Korrektur nach Yates hoch signifikant (Bereich *Muster und Strukturen*: $\chi^2(1, \text{n} = 2700) = 59.830$, $p < .001$, $V = 0.150$, Bereich *Raumvorstellung* bei $\chi^2(1, \text{n} = 2664) = 80.680$, $p < .001$, $V = 0.175$). Die beiden Inhaltsbereiche haben somit einen ähnlichen, im Bereich *Raumvorstellung* nur geringfügig stärkeren Effekt auf die Jahrgangsunterschiede. Damit ist keiner der beiden Inhaltsbereiche ausschlaggebend für bestehende Jahrgangsunterschiede. Beide geometrischen Inhaltsbereiche stehen in vergleichbarer Übereinstimmung zu Ausgangsthese 6. Die stärkere Begründungshäufigkeit in Jahrgang vier gegenüber Jahrgang drei ist dementsprechend nicht auf einen deutlichen Leistungsvorsprung in einem der beiden Geometriebereiche zurückzuführen (vertiefend zu den Inhaltsbereichen s. 4.7.4).

Eine Prüfung der klassenbezogenen Begründungshäufigkeiten in den Jahrgängen zeigt auf, dass in elf der zwölf vierten Klassen häufiger begründet wurde als in allen Klassen des Jahrgangs drei. Damit trifft die Ausgangsthese fast für alle vierten Klassen zu. Eine vierte Klasse (4.3[76]) allerdings erreichte insgesamt eine niedrigere Begründungshäufigkeit als drei der dritten Klassen (3.1, 3.2 und 3.4).

Innerhalb des Jahrgangs drei, in dem durchschnittlich eine Begründungshäufigkeit von 26,5 % vorliegt, wurden klassenbezogene Werte von 8,6 % bis 34,0 % erreicht. Innerhalb des Jahrgangs vier, der durchschnittlich eine Begründungshäufigkeit von 41,9 % erreicht, wurden klassenbezogen Werte von 31,5 % bis 45,2 % erreicht.

---

[76] Eine Beschreibung der Stichprobe kann unter 4.4. eingesehen werden.

Der Chi-Quadrat-Unabhängigkeitstest belegt für Jahrgang drei und vier einen hoch signifikanten Zusammenhang zwischen Klassenzugehörigkeit und Begründungshäufigkeit (Jahrgang 3: $\chi^2(5,\ n = 2616) = 106.491$, $p < .001$, Jahrgang 4: $\chi^2(5,\ n = 2748) = 18.143$, $p = .003$). Passend zu der höheren Spannweite von Jahrgang drei ist Cramer's V für die Stärke des Zusammenhangs mit $V = 0.202$ zwar gering, aber deutlich höher als in Jahrgang vier mit $V = 0.081$(kein bedeutender Zusammenhang). Die Werte zeigen somit auf, dass zwar einzelfallbezogen in beiden Jahrgängen bedeutende Unterschiede vorliegen können, dass der Einfluss der Klassenzugehörigkeit auf die Begründungshäufigkeit jedoch in erster Linie in Jahrgang drei vorhanden ist. In Jahrgang vier ist dieser statistisch nicht bedeutend. Die Ausgangsthese kann damit klassenbezogen dahingehend interpretiert werden, dass höhere Werte in der Begründungshäufigkeit mit größerer Zuverlässigkeit in einer vierten Klasse erreicht werden als niedrigere Werte in einer dritten Klasse. In den dritten Klassen sind klassenbezogene Abweichungen von den durchschnittlichen Leistungswerten wahrscheinlicher. Folglich ist in Jahrgang drei mit größeren Leistungsdifferenzen in der Begründungshäufigkeit zu rechnen. (Klassenbezogene Unterschiede in Hinblick auf die Begründungsaufforderung und die Inhaltsbereiche sind unter 4.7.3 und 4.7.4 vertiefend dargestellt.)

Fazit 6: Die Ergebnisse bestätigen die Ausgangsthese 6. Die Begründungshäufigkeit in Jahrgang 4 unterscheidet sich hoch signifikant von der Begründungshäufigkeit in Jahrgang 3. Die Effektstärke ist statistisch gering. Für alle Aufgaben liegen dabei zusammenfassend Begründungshäufigkeiten von 41,9 % in Jahrgang vier gegenüber 26,5 % in Jahrgang drei vor.

Der Zusammenhang ist darüber hinaus auch innerhalb der angelegten Kategorien *implizit, explizit, Muster und Strukturen* sowie *Raumvorstellung* jeweils hoch signifikant. Die Effektstärken sind jeweils gering und bei der expliziten Aufforderung noch am deutlichsten ausgeprägt. Die in Jahrgang vier höhere Begründungshäufigkeit ist somit nicht auf eine spezifische Stärke bei einem Aufgabenformat oder innerhalb eines Geometriebereichs zurückzuführen, sondern übergreifend zutreffend. Der etwas deutlichere Effekt bei der expliziten Aufforderung spricht zudem dafür, dass die Kinder in Jahrgang vier insbesondere in der eigentlichen Kompetenz im Sinne „der erfolgreichen Bewältigung" des geforderten Begründens stärker sind als die Kinder in Jahrgang drei (und etwas weniger im implizit notwendigen Erkennen der Begründungsnotwendigkeit).

Die Ausgangsthese kann außerdem für fast alle vierten Klassen bestätigt werden. Obwohl die Klassenzugehörigkeit und die Begründungshäufigkeit für beide

Jahrgänge in einem hoch signifikanten Zusammenhang stehen, bleiben die Jahrgangseffekte auch im Vergleich der Klassen gut erkennbar. Während in Jahrgang drei jedoch ein geringer statistisch nachweisbarer Effekt besteht, der in seinem Effekt sogar über dem des Jahrgangs liegt, verliert die Klassenzugehörigkeit in Jahrgang vier an Bedeutung. (Diese Ergebnisse sind aufgrund der geringen Anzahl von zwölf Klassen jedoch nur als Tendenzen zu verstehen.)

Ausgangsthese 7: Viertklässlerinnen und Viertklässler erreichen bei geometrischen Begründungsaufgaben höhere Niveaustufen als Drittklässlerinnen und Drittklässler.

(Argumentation analog zur vorherigen, s. Ausgangsthese 6)

Zur Prüfung der These wird der Zusammenhang zwischen Jahrgang (3/4) und Niveaustufe (0 bis 5) bzw. Begründungsstufe (3 bis 5) auf Signifikanz geprüft. Da nun erstmals zwei ordinalskalierte Variablen vorliegen, kann hier der Mantel-Haenszel Chi-Quadrattest (Zusammenhang linear-linear) verwendet werden und Aufschluss über die Existenz eines signifikanten Zusammenhangs „je höher der Jahrgang, desto höher die Niveaustufe" geben. Zur Einschätzung der Stärke des Zusammenhangs wird der Rangkorrelationskoeffizient nach Spearman verwendet. Dies gilt auch bei der Prüfung des Zusammenhangs innerhalb ausgewählter Daten (vertiefend zur Begründung s. auch 4.7 einleitend).

Bei den ergänzenden Prüfungen auf einen Zusammenhang zwischen Klassenzugehörigkeit und Niveau- bzw. Begründungsstufe liegt mit der Klassenzugehörigkeit dagegen erneut eine nominale Variable vor. Daher wird hier auf den Chi-Quadrat-Unabhängigkeitstest mit Cramer's-V zurückgegriffen.

Der Vergleich der Niveaustufenverteilungen für die beiden Jahrgänge zeigt geringe bis deutliche Unterschiede in Hinblick auf das unterschiedliche Potential der Jahrgänge bei den einzelnen Niveaustufen auf (s. Abb. 4.37).

Bei Stufe 0 zeigt sich, dass die Kinder des dritten Jahrgangs bei durchschnittlich 47,1 % der Antworten keinen passenden Zugang zu den Begründungsaufgaben haben. Demgegenüber sind es in Jahrgang vier 32,4 %. Es haben folglich noch deutlich weniger Drittklässlerinnen und Drittklässler überhaupt einen Zugang zu der Aufgabenstellung als dies bei Viertklässlerinnen und Viertklässlern der Fall ist. In dem fehlenden Zugang zu der Aufgabenstellung (Stufe 0) liegt auch der größte Unterschied bei den Niveaustufen und die Hauptursache für die geringere Begründungshäufigkeit in Jahrgang drei (s. auch Ausgangsthese 6).

Auf Stufe 1, der *Lösung (Aussagenfindung)* und auch Stufe 2, der *Beschreibung als deklarierte Begründung*, zeigen sich demgegenüber nur geringe Unterschiede.

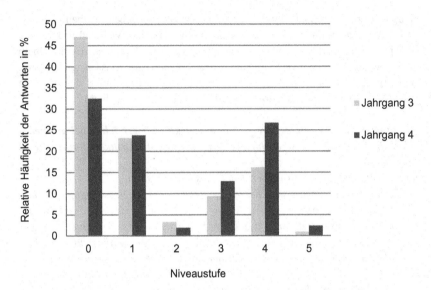

Abb. 4.37 Die Niveaustufenverteilung in den Jahrgängen drei (n = 2616) und vier (n = 2748)

Die Anteile unter den Antworten liegen hier bei 23,1 % und 23,8 % (Stufe 1) sowie 3,3 % und 1,9 % (Stufe 2) für Jahrgang drei und vier.

Die Stufen des Begründens (3 bis 5) weisen dagegen deutlichere Unterschiede zwischen den Jahrgängen auf, die aufschlussreiche Hinweise zu dem unterschiedlichen Potential der Jahrgänge in der Begründungskompetenz geben.

So zeigt sich bei den Begründungsstufen einheitlich eine Überlegenheit des Jahrgangs vier. Auf Stufe 3, dem *konkreten Begründen auf Einzelfallebene*, ist der Unterschied zwischen den Jahrgängen mit 9,4 % zu 12,9 % relativ gering ausgeprägt. Jahrgang drei und vier zeigen somit beim konkreten, einzelfallbezogenen Begründen noch ein dicht beieinanderliegendes Begründungspotential.

Auf Stufe 4, dem *abstrakten Begründen auf verallgemeinerter Ebene*, ist der Unterschied bei den Begründungsstufen am deutlichsten. Während in Jahrgang drei 16,2 % der Antworten auf dieser Niveaustufe liegen, sind es in Jahrgang vier 26,7 %. Die Viertklässlerinnen und Viertklässler besitzen demnach bereits ein deutlich höheres Potential im *abstrakten Begründen auf verallgemeinerter Ebene*. Strukturen werden damit von Viertklässlerinnen und Viertklässlern bereits deutlich häufiger über mehrere Fälle hinweg erkannt und als für alle Fälle gültige und in diesem Sinne abstrahierte Form der Begründung angeführt.

Stufe 5, das *konkrete und abstrakte Begründen in logischer Schlussfolge (beide Ebenen)* wird insgesamt nur selten erreicht (durchschnittlich bei 1,7 % der Antworten). Der Unterschied von 1 % in Jahrgang drei und 2,4 % in Jahrgang vier ist somit gering, aber erkennbar.

Für die beiden ordinalskalierten Kategorien Jahrgang und Niveaustufe zeigt der Mantel-Haenszel Chi-Quadrattest (Zusammenhang linear-linear) einen hoch signifikanten Zusammenhang auf, $MH(1, \text{n} = 5364) = 160.192$, $p < .001$. Die angenommene positive Korrelation zwischen Jahrgang und Niveaustufe (je höher der Jahrgang, desto höher die Niveaustufe) kann ebenfalls bestätigt werden ($r_s = .174$), deutet jedoch auf einen schwach ausgeprägten Zusammenhang hin.[77]

Eine ergänzende Prüfung auf statistisch bedeutsame Abweichungen bzw. stärkere Effekte innerhalb einer der Kategorien *implizit, explizit, Muster und Strukturen* und *Raumvorstellung* von den zusammengefassten Ergebnissen ermöglicht eine genauere Einordnung dieser Erkenntnisse.

Für den Zusammenhang zwischen Jahrgang und Niveaustufe (0 bis 5) zeigen sich in allen vier Kategorien nur geringe Abweichungen von den vorab angeführten Gesamtwerten. Innerhalb aller vier Kategorien ist der Zusammenhang mit $p < .001$ jeweils hoch signifikant. Der Korrelationskoeffizient, der für alle Antworten bei $r_s = .174$ liegt, erreicht innerhalb der Kategorien ebenfalls geringe und dicht beieinanderliegende Werte von $r_s = .189$(explizit), $r_s = .163$ (implizit), $r_s = .168$ (Muster und Strukturen) und $r_s = .178$(Raumvorstellung). Der deutlichste Jahrgangseffekt liegt somit noch bei den Daten zu den expliziten Begründungsaufgaben vor, doch auch dieser unterscheidet sich nur geringfügig von dem Wert aller Antworten. Damit liegen die festgestellten Jahrgangsunterschiede bei den Niveaustufen in allen vier Kategorien in ähnlicher Effektstärke vor. Jahrgang vier ist zwar insgesamt in Hinblick auf die Niveaustufen etwas leistungsstärker, zeigt dabei jedoch keinen spezifischen Leistungsvorsprung in einer der vier Kategorien.

Aufschlussreich ist ebenfalls eine alleinige Betrachtung der tatsächlichen Begründungen (Stufe 3 bis 5). Für die vorliegenden 1845 Begründungsantworten (693 in Jahrgang drei, 1152 in Jahrgang vier) ist der Zusammenhang zwischen Jahrgang und Begründungsstufe signifikant, $MH(1, \text{n} = 1845) = 6.1450$, $p = .011$. Die angenommene positive Korrelation zwischen Jahrgang und Niveaustufe

---

[77] Vertiefend zu der Auswertungsmethode s. 4.7 einleitend.

fällt mit $r_s = .057$ jedoch so gering aus, dass kein bedeutender Zusammenhang der Form „je höher der Jahrgang, desto höher die Begründungsstufe" angenommen werden kann.[78]

Im Zusammenhang zu dem vorher nachgewiesenen bedeutenderen Zusammenhang zwischen Jahrgang und allen Niveaustufen deutet dieses Ergebnis darauf hin, dass Jahrgang vier insbesondere in der Bewältigung von Begründungsaufgaben, also in dem Finden einer passenden Begründung, stärker ist als Jahrgang drei. Eine Stärke dahingehend, dass Jahrgang vier auch qualitativ deutlich bessere Begründungen liefert, kann jedoch nicht in bedeutendem Maße gefunden werden. (Da in 4.7.3 und vorab zu These 6 außerdem bereits gezeigt werden konnte, dass die Jahrgangsunterschiede in der Begründungshäufigkeit sowohl bei impliziter als auch expliziter Aufforderung vorliegen, bestehen abgesicherte Unterschiede in der Begründungskompetenz im Sinne einer erfolgreicheren Begründungsbewältigung in Jahrgang vier, die nicht auf das Erkennen der Begründungsnotwendigkeit zurückzuführen sind.)

Die Erkenntnis, dass die Begründungen in Jahrgang 4 qualitativ keineswegs auf einer höheren Niveaustufe stattfinden, zeigt sich noch einmal deutlicher bei einer gezielten Betrachtung der Verteilung der vorliegenden Begründungen auf die drei Begründungsniveaustufen in den beiden Jahrgängen (s. Tab. 4.15). Innerhalb der vorliegenden Begründungen liegen die Jahrgänge auf allen drei Stufen sehr eng beieinander. Es lässt sich lediglich eine geringe Verschiebung von etwas häufigeren Begründungen auf Stufe 3 in Jahrgang drei zu etwas häufigeren Begründungen auf Stufe 4 und 5 in Jahrgang vier erkennen. Wenn die Kinder in der Lage sind zu begründen, findet dies somit in beiden Jahrgängen etwa gleich häufig auf der gleichen Niveaustufe statt. In den zentralen Niveaustufenmerkmalen der Beispielbezogenheit bzw. Verallgemeinerung und in der Verkettung beider Aspekte liegen demnach keine bedeutenden Jahrgangsunterschiede beim Begründen vor. Vielmehr begründen sich die dicht beieinander liegenden Werte darin, dass aus Jahrgang drei 693 Begründungen, aus Jahrgang vier jedoch 1152 Begründungen vorliegen. In der Datenauswahl insbesondere von Jahrgang drei entfallen somit bereits deutlich mehr Antworten, die gar keine Begründungen darstellen. Die verbleibenden Antworten sind in ihrer Qualität jedoch nicht weit von denen in Jahrgang vier entfernt.

Eine abschließende Prüfung auf bedeutende Abweichungen bzw. stärkere Effekte bei den Begründungen innerhalb einer der Kategorien *implizit, explizit,*

---

[78] Der Zusammenhang ist durch den Mantel-Haenszel Chi-Quadrattest (Zusammenhang linear-linear) nachweisbar, in seinem Effekt jedoch so gering, dass er nach der Werteeinteilung der Korrelationsmaße mit $< 0,1$ unter „kein Zusammenhang" fällt.

Tab. 4.15 Die erreichten Niveaustufen der Begründungen im Vergleich der Jahrgänge

			Jahrgang 3	Jahrgang 4
Niveaustufe	Stufe 3	Anzahl	245	354
		% innerhalb des Jahrgangs	35,4 %	30,7 %
	Stufe 4	Anzahl	423	733
		% innerhalb des Jahrgangs	61,0 %	63,6 %
	Stufe 5	Anzahl	25	65
		% innerhalb des Jahrgangs	3,6 %	5,6 %
Gesamt		Anzahl	693	1152
		% innerhalb des Jahrgangs	100,0 %	100,0 %

Muster und Strukturen und *Raumvorstellung* bietet außerdem durchaus von der Gesamtauswertung der Daten abweichende Ergebnisse. Für den Zusammenhang zwischen Jahrgang und Begründungsstufe (3 bis 5), der für alle Daten zwar signifikant ist, sich aber nur sehr gering und statistisch unbedeutend mit $r_s = .057$ auswirkt, variieren die Zusammenhänge insbesondere innerhalb einer Kategorie überraschend deutlich.

Im Inhaltsbereich *Muster und Strukturen* liegt kein signifikanter Zusammenhang zwischen Jahrgang und Begründungsstufe vor $(MH(1, \text{n} = 1053) = 999, \text{p} = .318)$, im Bereich *Raumvorstellung* ein signifikanter[79], in der Stärke jedoch nicht bedeutender Zusammenhang $(MH(1, \text{n} = 792) = 9.219, \text{p} = .002, r_s = .028)$. Das heißt, wenn Kinder in der Lage sind im Bereich *Muster und Strukturen* zu begründen, liegen die Begründungsleistungen der Kinder des dritten und vierten Jahrgangs im Niveau so eng beieinander, dass sie als vergleichbar beurteilt werden können. Die Begründungen von Viertklässlerinnen und Viertklässlern sind im Bereich Muster und Strukturen somit nicht auf bedeutend höherer Niveaustufe als die von Drittklässlerinnen und Drittklässlern. Im Bereich *Raumvorstellung* ist der Effekt der Jahrgänge innerhalb der Begründungen zwar vorhanden, jedoch auch deutlich geringer ausgeprägt als bei allen Niveaustufen $(r_s = .178)$. Bestehende Jahrgangsunterschiede in der Begründungskompetenz sind damit

---

[79] Aufgrund von n < 1000 wurde hier das 0,1 %-Signifikanzniveau für die Bezeichnung *hoch signifikant* angesetzt, Nach dem 1 %-Signifikanzniveau wäre der Zusammenhang *hoch signifikant*.

in beiden Inhaltsbereichen im Wesentlichen auf die Vorstufen des Begründens zurückzuführen.

Innerhalb der Antworten auf eine implizite Begründungsaufforderung bestehen die deutlichsten Unterschiede zwischen den Jahrgängen. Es zeigt sich ein hoch signifikanter Zusammenhang zwischen Jahrgang und Begründungsstufe ($MH(1$, n $= 359) = 12.825$, p $< .001$). Dieser ist mit $r_s = .191$ gering, jedoch deutlich stärker ausgeprägt als innerhalb aller Begründungsantworten ($r_s = .057$) und etwas höher ausgeprägt als innerhalb aller Antworten ($r_s = .178$). Innerhalb der Antworten auf eine explizite Begründungsaufforderung besteht dagegen kein signifikanter Zusammenhang zwischen Jahrgang und Begründungsstufe ($MH(1$, n $= 1486) = 1, 355$, p $= .244$). Da die expliziten Begründungsantworten mit 1486 gegenüber 359 impliziten Begründungsantworten in der Mehrheit sind, zeigt sich der bestehende Jahrgangseffekt bei impliziter Aufforderung in der vorher angeführten Gesamtheit der Begründungen nicht und fällt erst bei separater Betrachtung der impliziten Begründungen auf.

Aus den Ergebnissen der Begründungen auf eine implizite Aufforderung und der zugehörigen Kreuztabelle (s. Tab. 4.16) kann geschlussfolgert werden, dass Viertklässlerinnen und Viertklässler, wenn sie auf eine implizite Begründungsaufforderung eine erfolgreiche Begründung vorlegen können, dies auf einem höheren Niveau tun als Drittklässlerinnen und Drittklässler. Bei expliziter Begründungsaufforderung ist das Niveau der vorliegenden Begründungen dagegen weitreichend vergleichbar (s. Tab. 4.17).

Die Ursache für den erkennbaren Leistungsunterschied bei den Begründungen innerhalb der impliziten Aufgaben zeigt sich in den „Verschiebungen" der Daten innerhalb der Kategorien im Vergleich zu allen Begründungen (s. Tab. 4.15). Im Vergleich der expliziten und impliziten beantworteten Aufgaben (s. Tab. 4.16, 4.17) fällt auf, dass das implizite Aufgabenformat bei beiden Jahrgängen zu weniger (s. auch Ausgangsthese 1 unter 4.7.3) und in Jahrgang drei auch zu deutlich schwächeren Niveaustufen des Begründens führt. Bei den explizit gestellten Aufgaben fällt der Unterschied zu den Gesamtdaten dagegen deutlich geringer aus. Jahrgang vier zeigt zudem innerhalb der Kategorien *implizit* und *explizit* in der prozentualen Verteilung kaum Abweichungen von den zusammengefassten Daten (Tab. 4.15). Der aufgetretene Leistungsunterschied in der Begründungskompetenz zwischen den Jahrgängen bei dem impliziten Aufgabenformat begründet sich somit vorrangig in den besonders schwachen Begründungen bei impliziter Aufgabenstellung in Jahrgang drei (s. Hervorhebung in Tab. 4.16).

In Bezug auf die vermuteten Klassenunterschiede zeigt eine ergänzende Sichtung der Daten, dass die Ausgangsthese 7, dass Viertklässlerinnen und Viertklässler bei geometrischen Begründungsaufgaben höhere Niveaustufen erreichen

Tab. 4.16 Die erreichten Niveaustufen der Begründungen bei impliziter Aufforderung

			Jahrgang 3	Jahrgang 4
Niveaustufe	Stufe 3	Anzahl	54	76
		% innerhalb des Jahrgangs	49,5 %	30,4 %
	Stufe 4	Anzahl	52	156
		% innerhalb des Jahrgangs	47,7 %	62,4 %
	Stufe 5	Anzahl	3	18
		% innerhalb des Jahrgangs	2,8 %	7,2 %
Gesamt		Anzahl	109	250
		% innerhalb des Jahrgangs	100,0 %	100,0 %

Tab. 4.17 Die erreichten Niveaustufen der Begründungen bei expliziter Aufforderung

			Jahrgang 3	Jahrgang 4
Niveaustufe	Stufe 3	Anzahl	191	278
		% innerhalb von Jahrgang	32,7 %	30,8 %
	Stufe 4	Anzahl	371	577
		% innerhalb von Jahrgang	63,5 %	64,0 %
	Stufe 5	Anzahl	22	47
		% innerhalb von Jahrgang	3,8 %	5,2 %
Gesamt		Anzahl	584	902
		% innerhalb von Jahrgang	100,0 %	100,0 %

als Drittklässlerinnen und Drittklässler, weitgehend auch in den einzelnen Klassen zutrifft. So liegen die Anteile der Antworten auf Stufe 4 in fünf von sechs vierten Klassen höher als in allen dritten Klassen. (Nur eine vierte Klasse[80] erreicht hier mit 21,1 % der Antworten einen niedrigeren Wert als zwei dritte Klassen mit 21,3 % und 23,0 %.) Auf der höchsten Niveaustufe 5 erreichen ebenfalls fünf von sechs vierten Klassen höhere Werte als alle dritten Klassen. (Eine vierte Klasse[81]

---

[80] Klasse 4.3, s. Beschreibung der Stichprobe unter 4.4.

[81] Klasse 4.5, s. ebd.

erreicht hier nur einen Wert von 1,0 %, während zwei dritte Klassen 1,4 % und 1,7 % erreichen.) Letzteres macht aufgrund der geringen absoluten Zahlen der Antworten (5 von 480 (1 %) bzw. 7 von 492 (1,4 %) und 7 von 408 (1,7 %)) nur einen kleinen Unterschied aus. Werden die zwei höchsten Niveaustufen 4 und 5 zusammenfassend betrachtet, so erreicht nur die dritte Klasse 3.2 mit 24,7 % der Antworten einen höheren Wert als die diesbezüglich schwächste vierte Klasse 4.3 mit 23,2 % der Antworten. Die Trennschärfe zwischen den Jahrgängen ist somit relativ groß. Die Spannweite der erreichten Anteile für Stufe 4 oder 5 liegt in Jahrgang drei zudem zwischen 5,2 % und 24,7 % der Antworten (bei durchschnittlich 17,2 %). In Jahrgang vier liegt die Spannweite der erreichten Anteile zwischen 23,2 % und 34,0 % (bei durchschnittlich 29,1 %). Die These trifft somit für fast alle vierten Klassen und damit weitgehend zu.

Der Chi-Quadrat-Unabhängigkeitstest zeigt zudem innerhalb beider Jahrgänge, dass der Zusammenhang zwischen Klassenzugehörigkeit und der erreichten Niveaustufe (0 bis 5) hoch signifikant ist (Jahrgang drei: $\chi^2(25, n = 2616) = 229.555$, p $<$ .001, V $=$ 0.132, Jahrgang vier: $\chi^2(25, n = 2748) = 57.686$, p $<$ .001, V $=$ 0.065). Der Zusammenhang ist in Jahrgang drei gering, in Jahrgang vier besteht kein statistisch bedeutender Zusammenhang. Die erreichten Niveaustufen variieren somit in Jahrgang drei noch etwas deutlicher als in Jahrgang vier. Klassenbezogene Abweichungen der Niveaustufen von „typischen Jahrgangswerten" sind demnach in Jahrgang drei wahrscheinlicher.

Innerhalb der Begründungen gilt diese weitreichende Zustimmung zur Ausgangsthese jedoch nicht: Ähnlich wie bereits bei der zusammengefassten Betrachtung der Daten, sind innerhalb der vorliegenden Begründungen auch für die einzelnen dritten gegenüber den einzelnen vierten Klassen keine so deutlichen Unterschiede mehr erkennbar.

So wird Klasse 4.5 von drei dritten Klassen in ihrem Anteil der Begründungen auf Stufe 4 oder 5 übertroffen (61,4 % gegenüber 65,0 %, 70,1 % und 78,3 %[82]). Klasse 4.6 liegt zudem bei 66,9 %[83], wird also ebenfalls von zwei der dritten Klassen übertroffen. Die weitreichende Trennschärfe der Jahrgangsklassen ist bei den erreichten Anteilen auf den höheren Begründungsstufen (und ebenso bei einer einzelnen Betrachtung von Stufe 4 und 5) nicht mehr gegeben. Die Spannweite der erreichten Anteile für Stufe 4 oder 5 liegt dementsprechend in Jahrgang drei zwischen 51,8 % und 78,3 % der Antworten (bei durchschnittlich 64,6 %), in Jahrgang vier zwischen 61,4 % und 75,3 % (bei durchschnittlich 69,2 %). Die

---

[82] Die absoluten Werte liegen bei dieser fokussierten Betrachtung noch bei 127 von 207 (Klasse 4.5) sowie 106 von 163, 89 von 127 und 101 von 129 Begründungen.

[83] Dies entspricht 121 von 181 Begründungen.

Ausgangsthese 7 ist somit bei den erreichten Begründungen nur für einige der dritten und vierten Klassen zutreffend. Die Begründungen einiger dritten Klassen sind in ihrem Niveau den Begründungen einiger vierten Klassen durchaus vergleichbar und können diese sogar übertreffen.

Der Chi-Quadrat-Unabhängigkeitstest zeigt für den Jahrgang drei und vier einen signifikanten[84] Zusammenhang zwischen Klassenzugehörigkeit und Begründungsstufe (Jahrgang drei: $\chi^2(10, n = 693) = 26.436$, p $= .003$, V $= 0.138$, Jahrgang vier: $\chi^2(10, n = 1152) = 18.496$, p $= .047$, V $= 0.090$). Der Zusammenhang ist in Jahrgang drei (ebenso wie für alle Niveaustufen) gering, in Jahrgang vier liegt, passend zur geringeren Spannweite der Ergebnisse, kein statistisch bedeutender Zusammenhang vor. Die erreichten Begründungsstufen variieren in den Klassen von Jahrgang drei somit ebenfalls etwas deutlicher als in den Klassen von Jahrgang vier. Klassenbezogene Abweichungen von „typischen Jahrgangswerten" sind demnach auch hier bei den Begründungen in Jahrgang drei wahrscheinlicher.

Fazit 7: Die Ergebnisse bestätigen, dass Viertklässlerinnen und Viertklässler bei geometrischen Begründungsaufgaben häufiger höhere Niveaustufen erreichen als Drittklässlerinnen und Drittklässler. Der Zusammenhang zwischen Jahrgang und Niveaustufe konnte zudem als hoch signifikant belegt werden und scheint damit, entgegen den Forschungsergebnissen von Neumann et al. (2014), gegeben zu sein. Dies gilt sowohl insgesamt als auch innerhalb der vier Kategorien *implizit, explizit, Muster und Strukturen* sowie *Raumvorstellung*. Bereits bei Stufe 0 zeigt sich, dass Drittklässlerinnen und Drittklässler dort deutlich häufiger verbleiben und Viertklässlerinnen und Viertklässler dementsprechend deutlich häufiger über einen passenden Zugang zu den Begründungsaufgaben verfügen. Während bei den weiteren Vorstufen kaum ein Unterschied (Stufe 1) oder ein geringfügig höherer Anteil in Jahrgang drei erreicht wird (Stufe 2), erreichen die Viertklässlerinnen und Viertklässler bei allen Begründungsstufen (3 bis 5) höhere Anteile. Ein besonders deutlicher Leistungsunterschied besteht bei Stufe 4, woraus sich ein insgesamt bereits häufiger verfügbares Potential im *abstrakten Begründen* in Jahrgang vier ableiten lässt. Drittklässlerinnen und Drittklässler sind allerdings ebenfalls in der Lage, sämtliche und damit auch die höheren definierten Niveaustufen zu erreichen. Es gelingt ihnen nur noch nicht so häufig wie Viertklässlerinnen und Viertklässlern.

---

[84] Aufgrund von n < 1000 wurde für Jahrgang 4 das 0,1 %-Signifikanzniveau für die Bezeichnung *hoch signifikant* angesetzt. Nach dem 1 %-Signifikanzniveau wäre dieser Zusammenhang hoch signifikant.

Eine gezielte Betrachtung der vorliegenden Begründungen zeigt darüber hinaus auf, dass der Zusammenhang zwischen Jahrgang und Begründungsstufe (3 bis 5) zwar immer noch signifikant ist, jedoch statistisch nicht bedeutend korreliert. Es kann somit kein bedeutender Qualitätsunterschied in Hinblick auf die erreichten Niveaustufen der Begründungen der beiden Jahrgänge festgestellt werden. Eine Tendenz zu etwas häufigerem *konkreten Begründen* auf Stufe 3 in Jahrgang drei und einer Verschiebung zu häufigerem *abstrakten* und *schlussfolgernden Begründen* (Stufe 4 und 5) in Jahrgang vier betrifft nur knapp 5 % der Begründungen. Die Betrachtung der Begründungen innerhalb der vier Kategorien zeigt hier ergänzend auf, dass das gleichwertige Begründungsniveau zwischen den Jahrgängen innerhalb des impliziten Aufgabenformats keineswegs gilt. Jahrgang vier erreicht hier innerhalb der Begründungen die höheren Niveaustufen deutlich häufiger als Jahrgang drei. Die Unterschiede beider Jahrgänge in den Begründungsstufen bei impliziten Begründungsaufgaben sind hoch signifikant.

Die einzelnen vierten Klassen erreichen, entsprechend der These, fast alle häufiger die höheren Niveaustufen als die dritten Klassen. Bei den Begründungsstufen können die höheren Niveaustufen dagegen nur in einigen vierten Klassen häufiger erreicht werden. Einige dritte Klassen begründen, entgegen der These, häufiger auf den höheren Niveaustufen als einige vierte. Da der Klasseneffekt zudem in Jahrgang drei ausgeprägter ist, ist insbesondere bei Begründungen dritter Klassen auch mit von der These abweichenden Ergebnissen zu rechnen.

Im Zusammenhang der Ergebnisse kann festgehalten werden, dass die Kinder aus Jahrgang vier insbesondere in dem Bewältigen des Begründens stärker sind und dies bereits deutlich häufiger (insbesondere auf Stufe 4) erfolgreich umsetzen können. Dies gelingt allerdings in Hinblick auf die erreichten Niveaustufen der Begründungen keineswegs bedeutend besser. Die Antworten in Jahrgang vier sind damit insgesamt (relativ zu allen Antworten und absolut häufiger) auf einer höheren Niveaustufe, die Begründungen (relativ zu ihrer Anzahl) jedoch nicht auf einer höheren Begründungsstufe.

Die These 7 ist daher für alle auf die Begründungsaufgaben erfolgten Antworten zutreffend, jedoch nicht für alle auf die Aufforderungen erfolgten Begründungen. (Es sei denn es werden ausschließlich implizite Begründungsaufgaben gestellt.)

4.8 Ausblick: Charakteristika geometrischer Begründungen

Nachdem die vorliegenden Anforderungen und Kompetenzen im Rahmen von Niveaustufen empirisch untersucht und näher beschrieben wurden, widmet sich dieses Kapitel abschließend noch einmal explizit den Merkmalen von Begründungen bei Geometrieaufgaben. So spielen bspw. Visualisierungen im Sinne mentaler Prozesse, die schriftsprachlich beschrieben oder auch zeichnerisch dargestellt werden, in den geometrischen Begründungen eine besondere Rolle. Es ist das vorrangige Ziel dieses Unterkapitels, die im Laufe der theoretischen und empirischen Arbeit immer wieder auftauchende Vielfalt der geometrischen Begründungen für die Didaktik näher zu fassen und aufzuzeigen. Es soll ein Ansatz für die Frage geschaffen werden, wie Begründungen bei Geometrieaufgaben von Grundschulkindern über die Niveaustufen hinaus qualitativ näher beschrieben werden können und welche vielfältigen Möglichkeiten und Besonderheiten vorliegen. Das Kapitel ist somit als didaktischer und für die weitere Forschung auch als empirischer Ausblick zu verstehen.

Nachfolgend wird auf die im Laufe der Analyse der erhobenen Begründungen immer wieder vordergründigen Aspekte der gewählten Präsentation und Repräsentation (4.8.1), die angegebenen Gründe (4.8.2) und die gewählte Legitimationsart (4.8.3) eingegangen. Alle drei Aspekte sind so eng mit den Begründungen in Schülerantworten verknüpft, dass sie diese näher definieren können. Nachfolgend werden die den einzelnen Aspekten zugeordneten Kategorien beschrieben und theoretische Anknüpfungspunkte dargestellt. Die Kategorien werden zudem an Beispielen aus der vorliegenden Studie in Klasse drei und vier konkretisiert und so deren Existenz in der Grundschule aufgezeigt und veranschaulicht. Jeweils am Ende der drei Abschnitte 4.8.1 bis 4.8.3 steht ein vorläufiges Kategoriensystem. Quantitative Aussagen über die Verbreitung bzw. Akzeptanz einzelner Kategorien in der Grundschule werden als weiterführende mögliche Forschungsarbeit betrachtet und in diesem Kapitel nicht getroffen.

4.8.1 Darstellung: Präsentation und Repräsentation

Der erste Bereich befasst sich mit der Darstellung geometrischer Begründungen. Damit verbunden ist die Feststellung, dass ganz unterschiedliche Formen der Präsentation und Repräsentation bei Begründungen für Geometrieaufgaben von Grundschulkindern gewählt werden können. Zudem berücksichtigt dieser

Aspekt die besonderen mentalen wie realen Visualisierungsmöglichkeiten in der Geometrie.

Tab. 4.18 Mögliche Präsentationsformen einer Begründung

(Äußere) Präsentation	als Zeichnung/ Markierung[a]	schriftsprachlich mit Zeichnung/ Markierung	schriftsprachlich (weiterführend bis formal)

[a]Diese Kategorie ist theoretisch denkbar, konnte jedoch in der eigenen Studie empirisch nicht bestätigt werden.

Mit *Präsentation* (s. Tab. 4.18) ist die äußere Form der Darstellung gemeint. Diese entspricht dem auf dem Papier vorliegenden Darstellungsmodus der Begründung. Nach einer schriftsprachlichen Begründungsaufforderung findet dabei in der Regel eine rein schriftsprachliche Präsentation oder eine schriftsprachliche Präsentation mit visualisierender Zeichnung, Markierungen etc. statt. Die grafischen Elemente können dabei die schriftsprachliche Begründung der Kinder unterstützen, indem sie für die Begründung relevante Lösungen zeichnen, relevante Elemente oder Strukturen in bestehenden Grafiken markieren (s. Abb. 4.38, Abb. 4.39) oder auch räumliche Vorstellungen anschaulich darstellen (s. Abb. 4.40, Abb. 4.41).

Theoretische Bezüge zu unterschiedlichen Darstellungsformen von Begründungen lassen sich bei Vollrath (1980) finden. Er unterscheidet bei den beobachteten Argumentationen von Schülerinnen und Schülern der siebten und neunten Klasse der Hauptschule dahingehend, ob diese am Bild, also am Repräsentanten, argumentieren, ob sie beschreiben oder stärker formal (mit Rechentermen) argumentieren. Die Begründungen sind dementsprechend in dem Bild und zugehörigen versprachlichten Gründen, rein sprachlich oder sprachlich mit formalen Elementen dargestellt. Damit stützt Vollrath die beiden Kategorien *schriftsprachlich* und *schriftsprachlich mit Zeichnung/Markierung*.[85]

Neben den schriftsprachlichen Begründungen und denen mit Zeichnungen bzw. Markierungen, können in besonderen Fällen auch rein visuell dargestellte Begründungen als Grund für eine Aussage nicht ausgeschlossen werden. Zwar trat kein derartiges Beispiel im Datensatz auf, dies mag aber an der Aufgabengestaltung und der nahegelegten Verschriftlichung der Begründung durch vorgegebene Linien liegen. So wäre die Begründung in Abbildung 4.39 ohne den Text in die Kategorie *Zeichnung/Markierung* einzuordnen.

---

[85] Vgl. Vollrath 1980, S. 33, 37–38.

Für die Präsentation der Begründung werden daher die Kategorien *schrift-sprachlich (weiterführend bis formal)*, *schriftsprachlich mit Zeichnung/Markierung* und *Verdeutlichung über Zeichnung/Markierung* unterschieden. Insbesondere die letzte Kategorie ist dabei jedoch unter dem Vorbehalt der fehlenden empirischen Bestätigung zu betrachten.

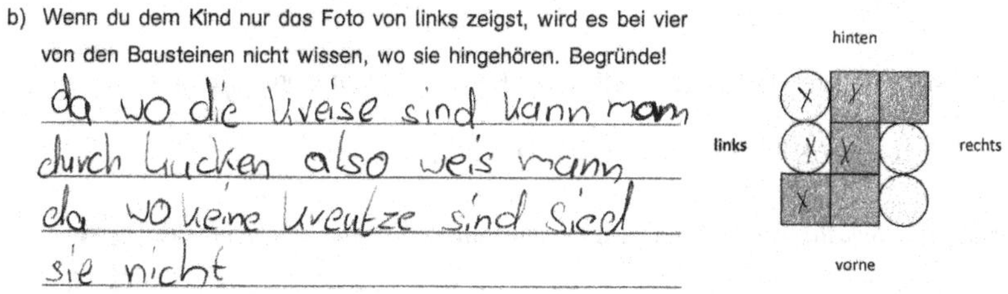

b) Wenn du dem Kind nur das Foto von links zeigst, wird es bei vier von den Bausteinen nicht wissen, wo sie hingehören. Begründe!

da wo die Kreise sind kann man durch Gucken also weis mann da wo keine Kreutze sind Sied sie nicht

hinten

links   rechts

vorne

Abb. 4.38 *Schriftsprachliche* Präsentation *mit unterstützender Markierung* relevanter Elemente

a)

So geht die Folge weiter!

Begründung: *Bei dem ersten Muster gibt es einen Kasten. Bei dem 2. Muster kommen 2 kästchen dazu, beim 3. Muster das heißt, beim 4. müssen es 4 sein!*

Abb. 4.39 *Schriftsprachliche* Präsentation *mit unterstützender Markierung* in Text und Bild

In Abbildung 4.38 und 4.39 nutzen die Kinder die durch die Aufgabe und ihre Lösung vorliegenden Abbildungen, um zentrale Elemente ihrer Begründungen zu visualisieren. In Abbildung 4.38 hat das Kind die für die Begründung relevanten Bausteine markiert, statt deren Lage vergleichsweise aufwendig zu beschreiben. In Abbildung 4.39 ist die erkannte Musterstruktur sowohl in der Abbildung als auch im Text markiert, so dass ein visueller Zusammenhang zwischen Text und Musterabbildung besteht. Die Begründung liegt auf beiden Darstellungsebenen, schriftsprachlich und visualisiert über Markierungen, vor.

Das sind die ersten vier Bilder einer Folge, die man immer weiter fortsetzen kann.

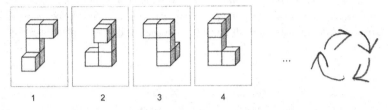

1   2   3   4

a) Die Bilder sind nach einer bestimmten Regel geordnet worden. Begründe!

Sie drehen sich immer nach links

Abb. 4.40 *Schriftsprachliche* Präsentation *mit unterstützender Zeichnung* der Drehung

Folge c kann man aus den Teilen von Folge a und b zusammenbauen. Begründe!

a) und b) überdecken sich und es entsteht
c) sprich ▧ + ▨ = ▦.

Abb. 4.41 *Schriftsprachliche* Präsentation *mit unterstützender Zeichnung* des Zusammenbaus

   In Abbildung 4.40 und 4.41 ergänzen die Kinder ihre Begründung durch eigene Zeichnungen, um räumliche Vorstellungen zu visualisieren. Im ersten Fall wird die mentale Drehrichtung zusätzlich zum Text visuell dargestellt, im zweiten Fall wird die Beschreibung „überdecken sich" visualisiert und am Beispiel konkretisiert.

   Die vier Beispiele verdeutlichen, dass die Markierungen und Zeichnungen ein gutes Instrument darstellen können, um Beschreibungen nicht nur anschaulicher, sondern auch eindeutiger und damit verständlicher zu machen. Zeichnerische Elemente bieten somit eine mögliche Ergänzung oder Alternative zu einer ggf. mühsamen Beschreibung relevanter Einzelkomponenten, Lagebeschreibungen oder Veränderungen in der geometrischen Begründung.

Tab. 4.19 Mögliche Repräsentationsformen der Begründungen

(Innere) Repräsentation	visuell-bildlich (geometrisch)			sprachlich-logisch (analytisch)
	drawing strategy[a] drawing, marks had been made	drawing strategy describes (aspects of a) drawing/mark had been made	visualization strategy describes a mental visualization	non spatial strategy

[a]Diese Variante der *drawing strategy* ergibt sich in der logischen Konsequenz zur rein zeichnerisch/durch Markierungen verdeutlichten Begründung, kann aber dementsprechend ebenso wenig empirisch bestätigt werden.

Die Aufnahme der *Repräsentation* (s. Tab. 4.19) im Kategoriensystem soll darüber hinaus die Möglichkeit eröffnen, auf den „gedachten Modus" als innere Darstellungsform einzugehen. Die übergeordneten beiden Kategorien berücksichtigen die Frage, ob die Begründung eher eine *visuell-bildliche* oder eine *sprachlich-logische* Aktivität beinhaltet und damit eher eine geometrisch-anschauliche oder analytische Tendenz im Denken bzw. auf der mentalen Ebene der Begründung vorliegt. Diese Kategorien lehnen sich an Krutetskii (1976) an, der zwischen *verbal-logical* und *visual-pictorial* als unterschiedliche *modes of thought,* also mentalen Tendenzen zum einen oder anderen Modus, unterscheidet. In einer Untersuchung von 23 aus 1500 ausgewählten, in der Algebra oder Geometrie besonders starken Schülerinnen und Schülern der sechsten bis zehnten Klasse mit einer deutlichen Leistungsdiskrepanz zu dem jeweils anderen Inhaltsgebiet zeigten sich als Ergebnis unterschiedlich ausgeprägte Tendenzen zum sprachlich-logischen bzw. visuell-bildlichen und insgesamt eine Klassifizierung von drei Typen.[86]

> „[…] an analytic type (an analytic or mathematically abstract cast of mind), a geometric type (a geometric or mathematically pictorial cast of mind), and two modifications of a harmonic type (abstract and image-bearing modifications of a harmonic cast of mind)."[87]

Daraus wurden die Kategorien *visuell-bildlich (geometrisch),* als eine mental bildliche und damit geometrisch orientierte Begründung, und *sprachlich-logisch (analytisch)* als eine mental abstraktere bzw. analytischer orientierte Begründung abgeleitet. Eine dritte Kategorie, die sowohl abstrakt logische als auch bildliche Elemente als Gedankengänge in einer Begründung beinhaltet und

---

[86] Vgl. Krutetskii 1976, S. 314–315.

[87] Ebd., S. 315.

vermitteln kann, wurde für ein Kategoriensystem für Begründungen als unpassend angesehen, da einzelne schriftliche Begründungen und nicht Schülerinnen- und Schülertypen betrachtet werden.

Die beiden abgeleiteten Kategorien *visuell-bildlich (geometrisch)* und *sprachlich-logisch (analytisch)* weisen auch deutliche Bezüge zu Bruners Repräsentationsformen *enaktiv, ikonisch* und *symbolisch* auf. Die *visuell-bildliche* Kategorie entspricht im Grunde der ikonischen und bildlich vorgestellten enaktiven, die *sprachlich-logische* der symbolischen. Allerdings werden die Kategorien Krutetskiis aufgrund der stärkeren geometrischen Orientierung als spezifischer und damit auch passfähiger betrachtet.[88]

Eine weitere Ausdifferenzierung, die sich gut mit der *visuell-bildlichen* und *sprachlich-logischen* Unterscheidung der Begründungen verknüpfen lässt, findet sich bei Battista und Wheatley (1989). Im Kontext einer Studie zum Problemlösen, zur räumlichen Visualisierung und zum logischen Schlussfolgern bei Geometrieaufgaben unterscheiden sie die drei Problemlösestrategien *drawing strategy, visualization strategy* und *nonspatial strategy*. Wenngleich in diesem Fall angehende Grundschullehrkräfte untersucht wurden, bietet die Kategorisierung Ansatzpunkte hinsichtlich der inhaltlichen geometrischen Darstellung, die sich auch auf Begründungen übertragen lassen: Bezieht sich die Begründung in ihren angegebenen Gründen inhaltlich auf eine vorliegende Zeichnung/Abbildung (*drawing strategy*), wird ein innerliches Bild visualisiert und beschrieben (*visualization strategy*) oder keins von beidem (*nonspatial strategy*)? Damit kann die *visuell-bildliche* Ebene noch einmal hinsichtlich der inhaltlichen Bezugnahme auf eine vorliegende oder mentale Abbildung gedacht werden. Dies erscheint insbesondere im Rahmen der Geometrie sinnvoll. Die Ausdifferenzierung wurde daher auch für das Kategoriensystem der vorliegenden Arbeit übernommen und integriert.[89]

Das Beispiel aus Abbildung 4.42 ist wie alle schriftsprachlichen Begründungen mit Zeichnungen bzw. Markierungen im Rahmen der Begründung[90] als *visuell-bildliche* Repräsentation mit *drawing strategy* einzuordnen. Ohne die Markierung der Struktur wäre die Begründung als *sprachlich-logisch* und *non-spatial strategy* einzuordnen. Die beiden Kategorien sind daher nicht als trennscharf zu

---

[88] Vgl. Bruner 1971, S. 21, 27–28, 44.

[89] Vgl. Battista und Wheatley 1989, S. 19, 21, 25, 27.

[90] Die alleinige Zeichnung des nächsten Folgeglieds wäre hier lediglich eine Zeichnung im Rahmen der Lösung.

So geht die Folge weiter!

Begründung: *Bei dem ersten Muster gibt es einen Kasten. Bei dem 2. Muster kommen 2 Kästchen dazu, beim 3. Muster, das heißt, beim 4. müssen es 4 sein!*

Abb. 4.42 *Visuell-bildliche* Repräsentation mit *drawing strategy*

verstehen. Sie unterscheiden sich aber dahingehend, ob die Begründung zusätzlich auf markierte bzw. gezeichnete Aspekte eingeht (*drawing strategy*) oder nicht (*non-spatial strategy*).

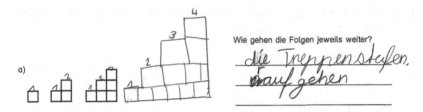

Wie gehen die Folgen jeweils weiter?

die Treppenstufen, rauf gehen

Abb. 4.43 *Visuell-bildliche* Repräsentation mit *visualization strategy*

Das Beispiel aus Abbildung 4.43 weist eine Begründung auf, bei der mit dem Treppensteigen eine *visuell-bildliche* Repräsentation beschrieben wird. Da das Treppensteigen nicht eingezeichnet ist[91], sondern mental erfolgt ist, ist die zuzuordnende Strategie über die begründet wird, die *visualization strategy*.

Umfassendere mentale Beschreibungen im Sinne der *visualization strategy* lassen sich bei der räumlichen Aufgabe zur Ergänzung der Würfelnetze finden. Antworten wie die in Abbildung 4.44 beschreiben den mentalen Zusammenbau der Würfelnetze (*visuell-bildliche* Repräsentation), ohne dass dieser in irgendeiner Weise auf dem Papier abgebildet ist (schriftsprachliche Präsentation). Die Antwort aus Abbildung 4.44 zeigt auf, dass im Rahmen der *visualization strategy* recht umfassende Beschreibungen und auch ein entsprechendes Vokabular zur

---

[91] Die reine Nummerierung wird der Schriftsprache zugeordnet und nicht als Zeichnung/Markierung gewertet.

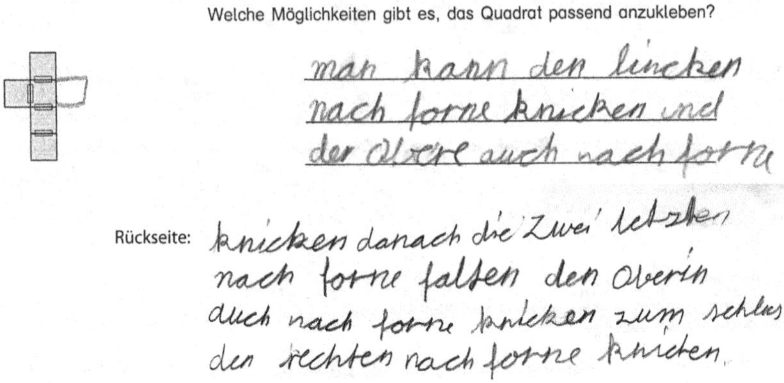

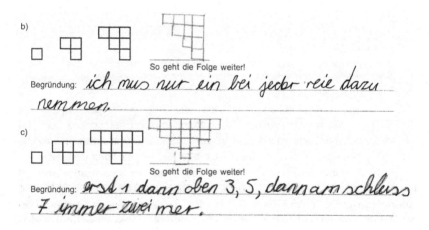

Welche Möglichkeiten gibt es, das Quadrat passend anzukleben?

man kann den lincken nach forne knicken und der obere auch nach forn

Rückseite: *knicken danach die 'zwei' letzten nach forne falten den oberin auch nach forne knicken zum schlus den rechten nach forne knicken.*

Abb. 4.44 Umfassendere *visuell-bildliche* Repräsentation mit *visualization strategy*

Raumlage und Richtung notwendig sein können, um räumliche Handlungsschritte annähernd eindeutig zu verbalisieren.

b)

So geht die Folge weiter!

Begründung: *ich mus nur ein bei jeder reie dazu nemmen.*

c)

So geht die Folge weiter!

Begründung: *erst 1 dann oben 3, 5, dann am schluss 7 immer zwei mer.*

Abb. 4.45 *Sprachlich-logische* Begründung mit *non-spatial strategy*

Abbildung 4.45 schließlich zeigt zwei Beispiele für eine *sprachlich-logische* Begründung. Das Kind formuliert in Teilaufgabe b den verallgemeinerten Zuwachs von Folgeglied zu Folgeglied. In Teilaufgabe c formuliert es zunächst den Zuwachs an konkreten Folgegliedern und verallgemeinert anschließend. Wenngleich auch hier Abbildungen durch die Aufgabenstellung und Lösung vorliegen und aus dieser auch Informationen entnommen werden müssen, verbleiben die Begründungen *schriftsprachlich* und beziehen sich auf numerische Aspekte. Die Begründung bei Teilaufgabe c verdeutlicht, dass dennoch vereinzelt räumliche Begriffe mit einfließen können und die Kategorien nicht vollständig trennscharf sind. „Oben" dient hier jedoch nur dazu, den numerischen Grund in den Zusammenhang zur relevanten Stelle der vorgegebenen Abbildung zu stellen. Die Antworten können daher als Beispiele für eine *sprachlich-logische* Begründung mit *non-spatial strategy* eingeordnet werden.

Für die Darstellung ergibt sich zusammengefasst der Teil I des Kategoriensystems (s. Tab. 4.20). Dabei soll jede Begründung in jeder Zeile eingeordnet werden können. Übereinander sind die Zeilen zueinander passend angeordnet. Weitere Einordnungen sind jeweils nur in die darunter angrenzenden Felder möglich. Eine Begründung, die bspw. rein *schriftsprachlich* vorliegt, kann sprachlich sowohl *visuell-bildliche* als auch rein *sprachlich-logische* Aspekte beinhalten. Eine Bezugnahme auf eigene zeichnerische Elemente ist jedoch nicht möglich (*drawing strategy*).

I. Darstellung

Tab. 4.20 Darstellungsmöglichkeiten bei geometrischen Begründungsaufgaben

(Äußere) Präsentation	als Zeichnung/ Markierung	schriftsprachlich mit Zeichnung/ Markierung	schriftsprachlich (weiterführend bis formal)	
(Innere) Repräsentation	visuell-bildlich (geometrisch)			sprachlich-logisch (analytisch)
	drawing strategy drawing, marks had been made	drawing strategy describes (aspects of a) drawing/mark had been made	visualization strategy describes a mental visualization	non spatial strategy

4.8.2 Angegebene Gründe

Der zweite Bereich geht genauer auf die angegebenen Gründe und ihren geometrischen Charakter ein. Dahinter steht die Frage, womit bei Geometrieaufgaben konkret begründet werden kann.

Tab. 4.21 Mögliche Inhaltsbereiche der Gründe

Geometrische Gründe	andere Gründe (v. a. arithmetisch)

Bei einer Betrachtung der vorliegenden Begründungen lassen sich zahlreiche unterschiedliche angeführte Aspekte wie bspw. eine entdeckte Struktur, eine erkannte Veränderung, eine mentale Handlungsfolge, erlernte Regeln usw. finden, die als Gründe angegeben werden. Aber auch inhaltlich unterscheiden sich die Antworten auffällig dahingehend, ob in den Begründungen geometrische Aspekte aufgegriffen werden oder nicht. Dabei fällt in erster Linie eine Unterscheidung zwischen tatsächlich angeführten geometrischen Aspekten und einer Anzahlorientierung bei den Begründungen auf. Dies gilt insbesondere für die erste Musteraufgabe, bei der eine wachsende Anzahl an Kästchen vorliegt und bei der eine entsprechende Orientierung besonders naheliegt (s. Anhang C im elektronischen Zusatzmaterial).

In Bezug auf das *Womit* kann daher zunächst ganz grundlegend dahingehend unterschieden werden, ob die geometrischen Begründungsaufgaben tatsächlich auch zu der inhaltlichen Angabe *geometrischer Gründe* führen oder ob auch auf *andere, vor allem arithmetische Gründe* ausgewichen werden kann (s. Tab. 4.21). Dass unter Umständen auch weitere Inhaltsbereiche möglich sind, zeigt das nachfolgende Beispiel (s. Abb. 4.46). Das Kind hat versucht eine passende Fortsetzung über das Messen zu finden und zu begründen. Auch wenn die Lösung (das vierte Folgeglied) nicht als korrekt gewertet wurde und die Ausnahme darstellt, ist der Ansatz grundsätzlich möglich. Das Beispiel zeigt auf, dass Begründungen zu geometrischen Aufgaben nicht nur geometrisch oder arithmetisch erfolgen können.

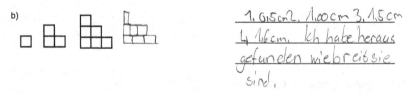

Abb. 4.46 Begründungsansatz über den Inhaltsbereich Größen

Zusätzlich zu den Inhaltsbereichen kann zwischen dem so genannten *prädikativen* und *funktionalen* Wahrnehmen und Denken unterschieden werden.

Tab. 4.22 Mögliche Denkweisen in den Begründungen

statisch-prädikativ	dynamisch-funktional

Kiel, Meyer und Müller-Hill (2015) unterscheiden diese beiden Denkweisen in Anlehnung an Schwank (1996) wie folgt:

> „Prädikatives Denken kann als ein Zurechtfinden anhand eher statischer Darstellungen in Bezug auf Merkmale und ihrer Zusammenhänge aufgefasst werden. Funktionales Denken bezeichnet ein Zurechtfinden anhand dynamischer Darstellungen in Bezug auf Wirkungsweisen und Handlungsfolgen."[92]

Aus diesen Herangehensweisen im Denken leiten sie kognitive Präferenzen bei Erklärungen ab. Begründungen können nach dem Verständnis von Kiel, Meyer und Müller-Hill dabei Erklärungen inhaltlich wie strukturell sehr ähneln. Den zentralen Unterschied sehen sie in der Funktion. Während Begründen nach Kiel, Meyer und Müller-Hill eine Überzeugungsfunktion besitzt, steht beim Erklären das Verstehen und Akzeptieren im Vordergrund. Wenngleich die Überzeugungsfunktion der eigenen Auffassung nach eher dem Argumentieren zuzuordnen ist, wurde Erklären für die vorliegende Arbeit bereits, u. a. in Anlehnung an Müller-Hill (s. 3.3.4), als spezifische verstehensorientierte Form des Begründens definiert. Eine Übertragbarkeit der beiden Denkweisen *prädikativ* und *funktional* erscheint daher für das Begründen naheliegend und in Hinblick auf die mögliche Veranschaulichung in der Geometrie auch besonders passfähig. Die von Kiel, Meyer und Müller-Hill gegebenen Beispiele für die Unterscheidung beim (erklärenden) Beweis[93] stammen aus der Geometrie zum Satz des Pythagoras: Dort entspräche ein Zerlegungsbeweis mit dem visuellen Erkennen von Gleichheiten einem eher *prädikativen* Ansatz, während ein Abbildungsbeweis über eine prozesshafte Bildfolge (oder alternativ dynamische Geometrie-Applets) als Beispiel für eine *funktionale* Herangehensweise angegeben wird.[94]

Schwank selbst spricht von der Anwendung *prädikativer* und *funktionaler kognitiver Strukturen*, die vermutlich individuell unterschiedlich stark ausgeprägt sind. Diese führen ihrer Ansicht nach dazu, dass bei Problemen (solchen Aufgaben, in denen die Lösung nicht schemenhaft erarbeitet werden kann)

---

[92] Kiel et al. 2015, S. 4.

[93] Beweise können nach Kiel, Meyer und Müller-Hill erklärend oder begründend ausgerichtet sein.

[94] Vgl. Kiel et al. 2015, S. 4–5.

unterschiedliche „Brillen" aufgesetzt werden, um das Problem zu lösen. Dabei werden entweder die das Problem konstituierenden Eigenschaften (*prädikativ*) oder die konstituierenden Funktionen (*funktional*) gesichtet. Da die entwickelten Begründungsaufgaben der Studie so konzipiert sind, dass keine schemenhafte bekannte Lösung gefragt ist, entsprechen sie in diesem Sinne Problemlöseaufgaben. Die Kategorien *statisch-prädikativ* und *dynamisch-funktional* (s. Tab. 4.22) berücksichtigen damit letztlich, welche Art des Denkens für eine zu lösende und darzustellende geometrische Begründung bei unbekannter Herangehensweise ausgewählt wird.[95]

Dieses Verständnis wird auch in einer Studie Schwanks (1996) deutlich, bei der sie in Interviews, unter anderem auch mit Drittklässlerinnen und Drittklässlern, zu kommentierende Musterergänzungsaufgaben einsetzte und die Transkripte hinsichtlich des „logischen Typs der benutzten Argumente"[96] analysierte. Dabei unterscheidet sie zwischen der Anwendung von Prädikaten, welche über das Ermitteln der *statischen Aspekte* funktioniert und den Argumenten über Funktionen, welche über das Ermitteln der *dynamischen Aspekte* und des Nutzens von Prozessen funktionieren. Sie findet dabei sowohl *prädikativ* als auch *funktional* vorgehende Versuchspersonen.[97]

Die beiden Kategorien *prädikativ* und *funktional* werden in Anlehnung an Schwank in dem entwickelten Kategoriensystem mit den Begriffen *statisch* und *dynamisch* erweitert. Zum einen wurden diese bereits in der Definition verwendet und sind somit eng miteinander verbunden (s. Zitat Kiel et al. S. 273), zum anderen wurde bereits in der Beschreibung der Aufgaben deutlich, dass die beiden Eigenschaften *statisch* und *dynamisch* im Kontext der Inhaltsbereiche der Aufgaben eine wesentliche Rolle spielen. So wurden in den Aufgaben bewusst sowohl *statische* als auch *dynamische* Musterfolgen wie auch Raumvorstellungsfaktoren berücksichtigt und damit vermutlich auch entsprechende Begründungen angeregt (s. 4.3.3).

Erwähnenswert ist in diesem Kontext auch die Studie von Bauer (2015). Er untersuchte in einer Studie schriftliche Argumentationen von 89 Schülerinnen und Schülern aus Jahrgangsstufe elf unter anderem in Hinblick auf die *dynamischen* gegenüber *statischen* Repräsentationen in Aufgabenstellungen (nach dem eigenen Verständnis *Präsentation* der Aufgabenstellung) und den Repräsentationen in den zugehörigen schriftlichen Argumentationen in den Antworten (nach dem eigenen

---

[95] Vgl. Schwank 1996, S. 171–172.

[96] Ebd., S. 180.

[97] Vgl. ebd., S. 179–181.

Verständnis *Präsentation* der Antwort[98]). Dabei versteht er unter *dynamischen* Repräsentationen solche, die sich während der Betrachtung verändern oder verändern lassen und daher einen besonders hohen Informationsgehalt haben. In der Studie wurden hierfür GeoGebra-Anwendungen in den Aufgaben eingesetzt, aber auch eine Abfolge von Einzelbildern wie in einigen der entwickelten Aufgaben würde unter diese Definition fallen. In den zugehörigen schriftlichen Argumentationen identifiziert er (konform zum eigenen Verständnis von *Repräsentation*) so genannte *interne dynamische Repräsentationen* über Schlüsselwörter wie *verschieben, drehen, spiegeln* etc. Die Argumente, in denen auf solche *dynamischen Repräsentationen* verwiesen wird, bezeichnet er auch als *dynamische Argumente*. Dabei stellt er als qualitatives Ergebnis seiner Studie unter anderem fest, dass die Dynamik meist in dem Strukturelement des *Datums* genutzt wird, um die Behauptung mit entsprechenden Fakten zu stärken. Dies steht in enger Übereinstimmung zu der erfolgten Definition der Begründung und lässt sich auch so lesen, dass es gerade die Gründe bzw. Begründungen in den Argumenten sind, die die Dynamik enthalten (s. auch 1.2). Insofern bestätigt das Ergebnis die Relevanz der Kategorie.[99]

Darüber hinaus kann Bauer das von Bender (1989) formulierte Potential *dynamischer Repräsentationen* (bei Bender stetige Bewegungen und Verformungen) bestätigen.[100] Er stellte fest, dass extern vorliegende *dynamische Repräsentationen* in den Aufgabenstellungen (also *Präsentationen* nach dem eigenen Verständnis) tatsächlich die Allgemeingültigkeit der Argumente fördern, da sie es ermöglichen sehr schnell zahlreiche Fälle zu begutachten und die Übergänge zwischen den Einzelfällen erleichtern.[101] Dies gilt bei den entwickelten Aufgabenstellungen durch die wenigen abgebildeten Einzelbilder möglicherweise nur eingeschränkt. Angeregte mentale dynamische Prozesse, wie bspw. eine durch die Darstellung einer Bilderreihe ausgelöste kontinuierliche mentale Drehung einer Figur, sind aber durchaus möglich. Benders und Bauers Ergebnisse hießen im hier vorliegenden Kontext, dass eine dynamisch angelegte Aufgabenstellung ein höheres Niveau im Sinne der Verallgemeinerung fördern würde. Der Vergleich zwischen den Inhaltsbereichen und den erreichten Niveaustufen in 4.7.4 spricht auf den ersten Blick für keinen derartigen Zusammenhang, da in dem Inhaltsbereich *Muster und Strukturen* häufiger verallgemeinert wurde als

---

[98] Diese würden im eigenen Kontext unter die Präsentation fallen, Bauer bezieht sich jeweils auf die äußere Darstellung.

[99] Vgl. Bauer 2015, S. 38–39, 65–69, 99–100, 112.

[100] Vgl. Bender 1989, S. 129.

[101] Vgl. Bauer 2015, S. 101–102.

im Bereich *Raumvorstellung*. Im Bereich *Muster und Strukturen* sind zwei von drei Aufgabenstellungen durch *sich wiederholende Musterfolgen* eher als *statisch* einzuordnen, im Bereich *Raumvorstellung* sind mit den beiden Aufgaben zur *Veranschaulichung* (Zusammenbau von Würfelnetzen) und *Räumlichen Orientierung* (Bausteine) zwei von drei Aufgaben eher *dynamisch* einzuordnen (s. 4.3.3). Ausgeschlossen werden kann dieser Zusammenhang jedoch nicht, da die Aufgaben bewusst so offen gestellt wurden, dass sie im Sinne des Ziels vielfältiger Antwortmöglichkeiten trotz einer Berücksichtigung sowohl eher statischer als auch eher dynamischer Aufgabenstellungen immer beide Varianten ermöglichen. Zudem wurden die Antworten nicht nach *dynamisch* und *statisch* kategorisiert. In dem Zusammenhang zwischen der Aufgabenstellung und -antwort hinsichtlich des *statischen* bzw. *dynamischen* Charakters und dem erreichten Niveau läge daher ein weiteres zu vertiefendes Forschungspotential der Daten.

Im Rahmen der quantitativen Untersuchung des Zusammenhangs zwischen den *externen Repräsentationen* in der Aufgabenstellung (im eigenen Kontext *Präsentationen*) und den verwendeten *internen Repräsentationen* in der Argumentation kann Bauer bei der Mehrheit seiner eingesetzten Aufgabenpaare[102] zudem signifikante Zusammenhänge ausmachen. Für alle eingesetzten Aufgabenpaare gilt dieser Zusammenhang jedoch nicht, weshalb er eine einfache Übernahme der Repräsentationsform der Aufgabenstellung für die Argumentation als allgemein formulierbaren Zusammenhang ausschließt. Dabei scheinen besonders multiple (also mehrere angebotene) *dynamische Repräsentationen* von der Regel abzuweichen, da sie nach Bauer vermutlich zu viele Informationen enthalten. Nähere Erkenntnisse fehlen.[103]

Trotz bleibender Unklarheiten weist die Studie von Bauer insgesamt auf eine Relevanz der Unterscheidung *dynamischer* und *statischer* Denkweisen und auch Begründungen hin. Dies gilt einerseits, da die entsprechend gestaltete Aufgabenstellung den Charakter der Begründung zu beeinflussen scheint. Andererseits besteht ein möglicher Zusammenhang zu dem Niveau (im Sinne der Verallgemeinerung) der Begründung. Die Wahl der beiden Kategorien scheint in Hinblick auf das Forschungspotential und den Kontext der Geometrie als typisch *statischer* bzw. *dynamischer* Inhaltsbereich sinnvoll.

---

[102] Bei drei von vier Aufgabenpaaren erfolgt ein Wechsel der Repräsentation entsprechend der Aufgabe.

[103] Vgl. Bauer 2015, S. 112–113.

Die vier nachfolgenden Beispiele (s. Abb. 4.47 bis Abb. 4.50) geben einen exemplarischen Eindruck der möglichen Kombinationen *geometrischer statisch-prädikativer*, *geometrischer dynamisch-funktionaler*, *arithmetischer statisch-prädikativer* und *arithmetischer dynamisch-funktionaler* Gründe, wobei *arithmetisch* dabei exemplarisch für einen nicht-geometrischen Inhaltsbereich zu verstehen ist.

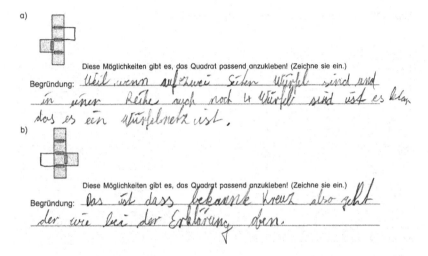

a)

Diese Möglichkeiten gibt es, das Quadrat passend anzukleben! (Zeichne sie ein.)

Begründung: *Weil, wenn auf zwei Seiten Würfel sind und in einer Reihe auch noch 4 Würfel sind ist es klar das es ein Würfelnetz ist.*

b)

Diese Möglichkeiten gibt es, das Quadrat passend anzukleben! (Zeichne sie ein.)

Begründung: *Das ist dass bekannte Kreuz also geht der wie bei der Erklärung oben.*

Abb. 4.47 Geometrische *statisch-prädikative* Gründe

In dem Beispiel aus Abbildung 4.47 sind dem Kind einige Eigenschaften von Würfelnetzen offensichtlich bekannt bzw. besonders plausibel. Die Viererreihe mit einem Quadrat (hier fälschlich „Würfel" bezeichnet) links und rechts stellt für das Kind einen typischen Vertreter dar. Ebenso die Form in Teilaufgabe b, die das Kind als „Kreuz" bezeichnet und ihm bereits bekannt ist. Damit beinhaltet die Begründung in beiden Fällen einen *statisch-prädikativen* Grund und verbleibt inhaltlich bei dem geometrischen Themengebiet der Würfelnetze.

In Abbildung 4.48 ist demgegenüber eine geometrische Begründung mit *dynamisch-funktionalem* Charakter dargestellt. Das Kind begründet seine Lösung über das Treppensteigen, einen offensichtlich mentalen dynamischen Prozess, der eine räumliche Vorstellung beschreibt und dementsprechend der Geometrie zuzuordnen ist (s. auch Abb. 4.43 zur *Repräsentation*). Auch das beschriebene Falten eines Würfelnetzes, wie bspw. in Abbildung 4.44 bereits dargestellt, wäre ein typisches Beispiel für eine geometrische Begründung über einen *dynamisch-funktionalen* Grund.

Abb. 4.48 Geometrischer *dynamisch-funktionaler* Grund

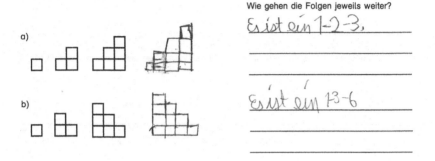

Abb. 4.49 Arithmetische *statisch-prädikative* Gründe

Die Beispiele aus Abbildung 4.49 zeigen dagegen zwei Antworten, die die geometrischen Folgen in Zahlenmuster „übersetzen" und so deren Fortsetzung begründen. Dies geschieht bei Teilaufgabe a je nach Interpretation für die zunehmende Anzahl an Quadraten oder die unterste, rechte oder auch diagonale Reihe der ersten drei Teilfiguren. Bei Teilaufgabe b wird die Gesamtanzahl an Quadraten der Teilfiguren gezählt und als arithmetische Folge ausgedrückt. Beide Antworten sind eindeutig *arithmetisch* und *statisch-prädikativ*, da sie bestehende („Es ist") Eigenschaften der Figuren („1-2-3" bzw. „1-3-6") als Begründung anführen.

Abbildung 4.50 zeigt wie bei einer vergleichbaren Aufgabe eine arithmetische Begründung mit einem *dynamisch-funktionalen* Grund aussehen kann. Das Kind fokussiert bei Teilaufgabe b ähnlich wie das Kind in Abbildung 4.49 die Anzahl an Quadraten der Teilfiguren und führt eine arithmetische Folge als Grund an. Im Idealfall würde es dabei auch auf die drei Ausgangsfiguren eingehen.

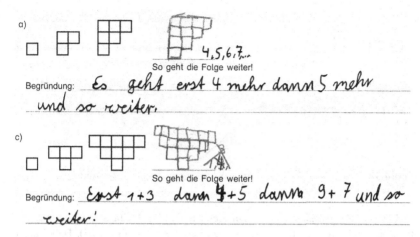

a)

So geht die Folge weiter!

Begründung: Es geht erst 4 mehr dann 5 mehr und so weiter.

c)

So geht die Folge weiter!

Begründung: Erst 1+3 dann 4+5 danm 9+7 und so weiter!

Abb. 4.50 Arithmetische *dynamisch-funktionale* Gründe

Anders als beim vorherigen Beispiel verbalisiert es diese jedoch als prozesshaften Zuwachs („erst... mehr dann... und so weiter"), weshalb die Antwort hier als *dynamisch* eingeordnet wird. Bei Teilaufgabe c wird der *dynamische* Charakter ebenso deutlich. Die prozesshafte Veränderung von Folgeglied zu Folgeglied wird in Rechenoperationen übersetzt.

Einige Antworten weisen im Unterschied zu den zuvor angeführten Beispielen mehrere Begründungen auf. Dadurch kann es vorkommen, dass die Antwort verschiedene Kategorien zu den angegebenen Gründen aufgreift und nicht nur einem der vier Felder des Kategoriensystems zuzuordnen ist. Dies zeigt das Beispiel der Abbildung 4.51.

Bei den beiden dargestellten Teilaufgaben gibt das Kind jeweils zwei Gründe an. Einerseits wird *statisch-prädikativ* („ist wie") über die geometrische Form begründet („wie eine Pyramide") und andererseits über die Veränderung der Anzahl *dynamisch-funktional* und *arithmetisch* („immer einer nach oben weniger" bzw. „auf jeder Seite einer mehr"). Hier liegt die Vermutung nahe, dass das Kind sich mit der arithmetischen Begründung zusätzlich absichern wollte.

Dies wirft die weiterführende Forschungsfrage auf, inwieweit Grundschulkinder (oder auch Lehrkräfte) geometrische Begründungen als ebenso ausreichend bzw. gut wie arithmetische Begründungen bewerten.

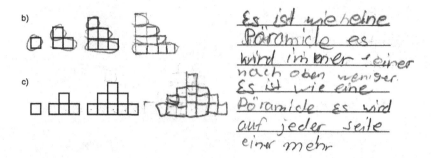

Abb. 4.51 Sowohl *geometrische* als auch *arithmetische* Gründe in den Antworten

Für die Möglichkeiten der anzugebenden Gründe ergibt sich zusammengefasst der nachfolgende Teil II des Kategoriensystems (s. Tab. 4.23). Dabei kann jeder Grund in eines der vier Felder eingeordnet werden. Eine Begründungsantwort kann aber wie aufgezeigt durchaus mehrere Gründe und damit auch Begründungen aus verschiedenen Kategorien beinhalten.

II. Mögliche Gründe

Tab. 4.23 Mögliche Gründe bei geometrischen Begründungsaufgaben

	geometrische Gründe	andere Gründe (v. a. arithmetisch)
statisch-prädikativ	• Eigenschaft, Merkmal, Struktur (Form, Fläche, Lage, Symmetrie …) • (statische) Regel • eingeprägte (fertige) Lösung/Bild • unerwünschter Zustand („weil sonst …") • …	• arithmetische Eigenschaft (Anzahlen) • Größe (bspw. Länge) • …
dynamisch-funktional	• Veränderung einer Eigenschaft, eines Merkmals, einer Struktur (Form, Fläche, Lage, Symmetrie etc.) • (dynamische) Regel • eingeprägte Abläufe/bildliche Lösungsprozesse • unerwünschte Veränderung („weil sonst") • beschriebener eigener mentaler Prozess (RV) • beschriebene Handlungsanweisung • Aktivitäten der Objekte selbst (Personifizierung) • …	• Veränderung einer arithmetischen Eigenschaft (Anzahlveränderungen, Zuwachs, Rechnungen etc.) • Veränderung einer Größe • …

4.8.3 Legitimationsarten

Der dritte Bereich fokussiert die gewählte Art der Aussagenlegitimierung. Es wird auf die Frage eingegangen, worüber Grundschulkinder ihre Aussage bei geometrischen Begründungsaufgaben legitimieren können.

Es interessieren in Abgrenzung zu II. dabei nicht die angegebenen Gründe in ihrer inhaltlichen Charakterisierung, sondern die Kategorisierung des Grunds auf der inhaltsübergreifenden Metaebene. Entscheidend für die Legitimationsart ist also nicht, welcher geometrische Aspekt inhaltlich für die Begründung genutzt wird, sondern woher die Gewissheit genommen wird, dass die Aussage stimmt. Handelt es sich bspw. um eine in der Aufgabe gemachte Entdeckung oder eine aus dem Unterricht bekannte und damit legitimierende Regel?

Dahinter steht die Frage, welche Legitimationsarten bereits für Grundschulkinder bei geometrischen Begründungsaufgaben möglich sind. Eng damit verbunden ist die Frage, welche Legitimationsarten den Kindern zudem überzeugend genug erscheinen, um als ausreichende Begründung für eine schriftliche Antwort zu gelten.[104] Diese Frage ist mit der Annahme verbunden, dass die eigene Einschätzung als ausreichende Begründung die Voraussetzung dafür ist, dass diese überhaupt als Antwort in Betracht gezogen und geäußert wird. Die nachfolgenden Kategorien zeigen verschiedene in der Grundschule vorkommende Legitimationsarten mit ihren konkreten Legitimationsverfahren, ihren theoretischen Anknüpfungspunkten und einigen Fallbeispielen auf. Auf diese Weise wird ein erster Ausblick auf bestehende Begründungsmöglichkeiten für die Grundschule geboten.

Das Kategoriensystem, welches deutlich umfassender ist als die vorangegangenen, wird in diesem Kapitel nach und nach aufbauend erläutert. Es differenziert verschiedene Legitimationsarten aus (vgl. Tab. 4.24) und kombiniert sie mit möglichen Legitimationsverfahren (s. Tab. 4.32 unter 4.8.3.3). Die jeweils fokussierten Kategorien sind grau hinterlegt.

Zu der Fragestellung möglicher Legitimationsarten bestehen bereits einige theoretische Anknüpfungspunkte. In Anlehnung an Vollrath können dabei grundlegend *Verweise auf bestehende Erfahrungen* und *neue Einsichten* unterschieden werden (s. Tab. 4.24). Vollrath beobachtete in seiner Studie mit Schülerinnen und Schülern der siebten und neunten Klasse, dass diese sich in ihren Argumentationen zu einem Vergleich zweier Brüche auf bestehende Erfahrungen wie Beobachtungen an konkreten Objekten aus dem Alltag stützten. Auch bestehende Vorstellungen aus dem Alltag (Was ist bereits von dort bekannt?) wurden für

---

[104] Weitergedacht stellt sich diese Frage auch für die Lehrkräfte, wenn es darum geht, die Antworten der Kinder zu beurteilen (s. auch weiterführendes Forschungspotential unter 5.3).

die Argumentation verwendet. Die meisten Schülerinnen und Schüler verwiesen jedoch auf Einsichten und waren damit zudem erfolgreicher. Bei diesen handelte es sich um neue, in der Aufgabenbearbeitung gewonnene Einsichten, die in der Argumentation dargestellt wurden.[105]

Tab. 4.24 Die Legitimationsarten

	bestehende Erfahrung		neue Einsicht	
Legitimationsart	extern	intern	empirisch	theoretisch - analytisch

In Bezug auf die *bestehenden Erfahrungen* wird in dem entwickelten Kategoriensystem zusätzlich zwischen bestehenden Erfahrungen *externer* und *interner* Art unterschieden (s. Tab. 4.24). Die Charakterisierung als *extern* geht in ihrer Begrifflichkeit auf Harel und Sowder (1998) zurück. Sie charakterisieren einige der bei Studentinnen und Studenten beobachteten *Proof Schemes* als so genannte *External Conviction Proof Schemes*. Darunter fallen für sie Beweiskonzepte, bei denen eine Autorität, die äußere Form oder die formal-symbolische Gestaltung ausschlaggebend sind.[106]

Die Bezeichnung *extern* wird für das Kategoriensystem der vorliegenden Arbeit aufgegriffen und kennzeichnet im Rahmen *bestehender Erfahrungen* die Bezugnahme auf eine als glaubwürdig beurteilte Quelle. Das heißt, hier wird eine fremde Erfahrung aufgegriffen. Analog zur möglichen Beschreibung einer Erfahrung als *extern* kennzeichnet die Beschreibung als *intern* ergänzend bestehende eigene Erfahrungen, auf die ebenso Bezug genommen werden kann. Auf diese Weise kann bei der Legitimationsart zwischen fremden, übernommenen und eigenen Erfahrungen unterschieden werden. Dies dürfte in Hinblick auf die eigene Auseinandersetzung mit einem Inhalt und dessen Verständnis bedeutend sein (s. auch 4.8.3.1).

In Bezug auf die definierte Legitimationsart *neue Einsicht* wird zusätzlich zwischen *empirisch* und *theoretisch-analytisch* getrennt (s. Tab. 4.24). Als *empirisch* werden dabei solche neuen Einsichten verstanden, die über konkrete Fälle hergestellt werden. Je nach Aufgabenkonstruktion können diese bereits gegeben sein oder selbst dargestellt und für die Begründung genutzt werden. Neue Einsichten über *theoretisch-analytische Verfahren* werden dagegen durch logische Schlüsse aus theoretischen Grundannahmen hergestellt.

---

[105] Vgl. Vollrath 1980, S. 34–35.

[106] Vgl. Harel und Sowder 1998, S. 244–251.

Entsprechende theoretische Anknüpfungspunkte, die sich im Verständnis mit dieser Definition decken, finden sich bei Harel und Sowder (1998) und Schwarzkopf (2001b, 2003).

Neben den bereits erwähnten *External Conviction Proof Schemes* stellen die *Empirical Proof Schemes* und die *Analytical Proof Schemes* die beiden weiteren von Harel und Sowder bei Studierenden vorgefundenen Beweisschemata dar. Als *Empirical Proof Schemes* werden Validierungen von Aussagen eingeordnet, die durch vorliegende Fakten oder Sinneswahrnehmungen erfolgen, während die Autoren unter *Analytical Proof Schemes* das Nutzen logisch-deduktiver Schlüsse für die Validierung einer Aussage fassen.[107]

Schwarzkopf (2001b, 2003) analysierte Argumentationen im Rahmen des Mathematikunterrichts der vierten Klasse und zeigt anhand einiger Episoden den Unterschied zwischen *empirischen* und *strukturell-mathematischen Argumenten* auf. Unter *empirischen Argumenten* versteht er solche, die sich auf gesammelte Fakten und die mehr oder wenig systematische Überprüfung aller relevanten Fälle beziehen. Dies funktioniere laut Schwarzkopf insbesondere im Grundschulkontext, da hier im Allgemeinen mit konkreten Zahlen und endlichen Problemen gearbeitet werde. 2003 unterscheidet er zusätzlich zwischen *empirischen* und *empirisch-konstruktiven Argumenten*. Letztere sind für ihn solche, die ein relevantes Phänomen auf andere Beispiele übertragen und so dessen Übertragbarkeit prüfen. Dieser Fall wird jedoch für schriftlich eingeforderte Begründungen zu bestimmten Aussagen als sehr spezifisch eingeordnet und die Unterscheidung zwischen *empirisch* und *strukturell-mathematisch* als ausreichend beurteilt. *Strukturell-mathematische Argumente* sind ergänzend solche, die unabhängig vom konkreten Fall bzw. konkreten Zahlen gültig sind. Werden konkrete Fälle herangezogen, dann nur um allgemeine Erkenntnisse zu erläutern. Bei *strukturell-mathematischen Argumenten* ist somit eine ganzheitliche bzw. verallgemeinerte Betrachtung der Strukturen erforderlich.[108]

Darüber hinaus gibt es zahlreiche theoretische Bezüge zu spezifischeren Kategorien im Begründungskontext, die dieser allgemeineren Unterscheidung zwischen *empirisch* und *strukturell-mathematisch* zugeordnet werden können und sie ebenfalls als relevant bestätigen (bspw. Winter 1972, 1978, Freytag 1983, Meyer 2007, Peterßen 2012). Diese werden im Rahmen der konkreten und weiter ausdifferenzierten Legitimationsverfahren näher betrachtet (s. 4.8.3.2).

---

[107] Vgl. Harel und Sowder 1998, S. 245, 252, 258.

[108] Vgl. Schwarzkopf 2001b, S. 564–567; 2003, S. 211–212, 223, 230–232.

Für das Kategoriensystem der vorliegenden Arbeit wurde der Begriff *empirisch* als Kategorie übernommen. Statt die ebenfalls bestehenden Begriffe *analytical* oder *strukturell-mathematisch* zu verwenden, wurde jedoch die Bezeichnung *theoretisch-analytisch* gewählt. Dies geschah, da aus Sicht der Autorin auch strukturell-mathematische Argumente im konkreten Einzelfall erkannt und genutzt werden können. Dies entspräche dann aber einem bestimmten empirischen Vorgehen, ohne dass hierbei zwangsläufig mathematisch verallgemeinerbare Zusammenhänge aufgezeigt werden müssten. Damit entstünde sowohl ein Widerspruch zum bestehenden Verständnis von *strukturell-mathematisch* nach Schwarzkopf als auch zu dem hier vorliegenden Ziel einer nicht empirischen, sondern theoretisch abgeleiteten Kategorie. *Analytisch* ist als Bezeichnung ebenfalls nicht eindeutig theoretisch. Über die Bezeichnung *theoretisch-analytisch* wird aus Sicht der Autorin eine höhere Trennschärfe zu bestehenden und anders aufzufassenden Bezeichnungen einerseits und zu den empirischen Verfahren andererseits erreicht. Zudem wird der Theoriebezug betont. Entsprechende Unterscheidungen beim empirischen Vorgehen werden darüber hinaus bei den Legitimationsverfahren berücksichtigt (s. 4.8.3.2).

Die Unterscheidung der vier Legitimationsarten wird in den nachfolgenden Unterkapiteln 4.8.3.1 und 4.8.3.2 in Bezug auf mögliche konkrete Legitimationsverfahren ergänzt. Diese werden nach und nach erläutert und anhand einiger Fallbeispiele veranschaulicht. Am Ende steht ein zusammengefasstes Kategoriensystem der Legitimationsarten mit den jeweils möglichen -verfahren (s. Tab. 4.32 unter 4.8.3.3).

4.8.3.1 Konkrete Legitimationsverfahren zu bestehenden Erfahrungen

Tab. 4.25 *Externe* Legitimation über eine *anerkannte Autorität*

Legitimationsart	bestehende Erfahrungen	
	extern	intern
Legitimationsverfahren	anerkannte Autorität	

Über den *Verweis auf bestehende Erfahrungen* und *neue Einsichten* hinaus kategorisiert Vollrath den *Verweis auf Autoritäten* als dritte Art des Verweises.[109]

---

[109] Vgl. Vollrath 1980, S. 34.

Dieser Aspekt wird als Kategorie ebenfalls mit erfasst, jedoch als eine Unterform bereits bestehender Erfahrungen verstanden (s. Tab. 4.25). Er steht für die Anführung einer Autorität, der geglaubt wird.

Mit der Einordnung des *Verweises auf anerkannte Autoritäten* als *externe bestehende Erfahrung* soll deutlich werden, dass es sich um eine übernommene fremde und in diesem Sinne *externe* Erfahrung handelt. Des Weiteren muss die externe Aussage bei der Aufgabenbeantwortung bereits bekannt sein, um angeführt werden zu können, weshalb sie als *bestehend* eingeordnet wird. Die Zuordnung des *Verweises auf anerkannte Autoritäten* als *extern* steht zudem in Übereinstimmung zu Harel und Sowder (1998), die das bei Studentinnen und Studenten beobachtete *Authoritarian Proof Scheme* als ein *External Conviction Proof Scheme* verstehen. Die Erfassung dieser Kategorie und damit auch die mögliche Unterscheidung von den eigenen *internen* Verfahren wird in Übereinstimmung zu Harel und Sowder hinsichtlich des nachgewiesenen Verständnisses als wesentlich erachtet. Zu dem *Authoritarian Proof Scheme* merken sie kritisch an, dass zwar verstanden wird, dass die Aussage wahr sein muss, eine eigene Auseinandersetzung mit der Rechtfertigung, also auch der Begründung der Aussage, dann aber nicht notwendig ist.[110]

> „As a consequence, students build the view of mathematics as a subject that does not require intrinsic justification. Although students understand that the mathematics they do must be true, they are not concerned with the question of burden of proof; their main source for conviction is a statement appearing in a textbook or uttered by a teacher."[111]

Die Bezugnahme auf eine Autorität ist somit auf der Verstehens- und Erkenntnisebene kritisch zu sehen, da sich (zwar in der Regel durchaus begründet) auf eine externe Quelle gestützt wird, die mathematische inhaltliche Begründung der Aussage aber nicht benannt wird. Die Begründung ist also möglicherweise gar nicht bekannt oder kann nicht mehr rekonstruiert werden. Hinzu kommt, dass auch fehlerhafte Aussagen einer Autorität bei diesem Verfahren, aufgrund der fehlenden eigenen Überprüfung, unbemerkt als gültig übernommen werden können.

Die Kategorie selbst, die in dem vorliegenden System *anerkannte Autorität* genannt wird, findet sich jedoch nicht nur bei Vollrath (1980) und Harel und Sowder (1998), sondern in vergleichbarer Weise auch bei vielen weiteren Autorinnen und Autoren als Legitimationsart des Begründens, Argumentierens bzw. Beweisens theoretisch wie empirisch wieder.

---

[110] Vgl. Harel und Sowder 1998, S. 245–247.

[111] Ebd., S. 247.

So erachtet Winter (1972) im Lernzielkontext für Klasse fünf bis zehn ein gemeinsames Entscheidungsverfahren, mithilfe dessen eine Aussage als wahr anerkannt werden kann, für notwendig und benennt *von einer „anerkannten" Autorität vorgebracht* als eine Möglichkeit.[112] Freytag (1983) benennt *Berufung auf Autoritäten oder Lehrbücher* als ein mögliches Verfahren des Argumentierens und fokussiert dabei ebenfalls die Sekundarstufe I.[113] Fischer und Malle (1985) beschreiben im Kontext des Beweisens die „Bestätigung der Richtigkeit durch einen glaubwürdigen Zeugen, etwa einen Text in einem entsprechenden Fachbuch (Berufung auf eine Autorität)"[114] als eine mögliche Begründungsart für die Richtigkeit einer Aussage.[115]

Almeida (2001) verweist auf die Ausführungen von Cobb (1986) und zieht aus den dort zusammengetragenen Erkenntnissen zu *Beliefs*, Mathematiklernen und Beweisen die entscheidende Rolle der zufriedenzustellenden Lehrkraft beim Beweisen. Er formuliert darauf basierend *proof by authority* als ein eigenes *level of proving*. Einen entsprechenden Beleg in der Form „[…] was true because it said so in a work card […]"[116] findet Almeida auch in einer eigenen kleinen Studie mit 19 Schülerinnen und Schülern des zehnten Jahrgangs wieder, in der er mathematische Beweisversuche beobachtete und anschließend Interviews führte. Er bestätigte die Art des Beweises als zwar selten (1 von 26 Fällen), aber vorkommend.[117] Fetzer (2011) beobachtete im Rahmen ihrer Studie von Klasse eins bis drei im Mathematikunterricht häufig so genannte *substanzielle Argumentationen* (s. auch unter 2.2.2.2). Dies sind Argumentationen, bei denen mathematisch eine gewisse Unsicherheit verbleibt, weil Schlüsse bspw. über die Lehrkraft oder andere Kinder der Klasse legitimiert werden.[118]

Peterßen (2012) greift die Kategorie für ihre Betrachtungen verschiedener Formen und Qualitäten von Begründungen in der Grundschule auf. Dem *Verweis auf eine Autorität* ordnet sie dabei aufgrund des kritiklosen Glaubens einen niedrigen Anspruch und eine niedrige Qualität zu. Zudem weist sie diese Begründungsart 2004 in einer dritten Klasse in 5 % der Fälle nach. Dies entspricht kritisch

---

[112] Vgl. Winter 1972, S. 71.

[113] Vgl. Freytag 1983, S. 103; 1986, S. 233.

[114] Fischer und Malle 1985, S. 179.

[115] Vgl. ebd., S. 178–179. Beweisen stellt für sie eine spezifische Form des Begründens dar.

[116] Almeida 2001, S. 55.

[117] Vgl. Cobb 1986, S. 2, 4–7; Almeida 2001, S. 54–56.

[118] Vgl. Fetzer 2011, S. 35–37.

betrachtet bei der geringen Stichprobe von 20 Kindern nur einem Kind, bestätigt aber zumindest das mögliche Vorkommen auch bereits in der Grundschule.[119]

Fahse (2013) schließlich unterscheidet auf Basis einer eigenen Studie mit 365 Schülerinnen und Schülern der Stufe sieben bis 13 drei verschiedene Argumentationstypen. Dabei stehen *Apodiktisch Begründende* für den Typen, der keine fachlichen Garanten verwendet, sondern sich auf Autoritätsgaranten wie Lehrkräfte oder Taschenrechner, aber auch die eigene Autorität bezieht. In dem vorliegenden Kategoriensystem wird die eigene Autorität nicht darunter gefasst, da diese keine *externe* Legitimationsart darstellt.[120] Neu ist bei Fahse, dass er von *Garanten* spricht. Mit dem Begriff bezieht er die Legitimation vorrangig auf den Schluss (der durch einen *Garanten* abgesichert wird) und weniger auf die Aussage selbst. Dies ist vermutlich auf den stärkeren Fokus auf das Argumentieren zurückzuführen und für das vorliegende System aufgrund des fokussierten Begründens nicht passfähig. Hier liegt der Fokus auf dem zur Aussage benannten Datum. Eine Schlussregel oder ein Garant sind dabei eher zusätzlich von Interesse (s. auch 1.2).[121]

Da das hier vorgestellte Kategoriensystem das Begründen und weniger das Argumentieren fokussiert, wird statt der zum Argumentieren passenden Begriffe *Entscheidungsverfahren* oder *Garant* bewusst die Bezeichnung *Legitimationsverfahren* gewählt. Damit wird zusätzlich zu der übergeordneten Kategorie der *Legitimationsart* auch auf die jeweils möglichen konkreten Verfahren, über die die Richtigkeit bzw. Falschheit einer Aussage begründet wird, eingegangen.

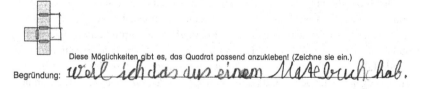

Abb. 4.52 Eine *externe* Legitimation über eine *anerkannte Autorität* (Mathebuchautor)

Abbildung 4.52 zeigt exemplarisch eine solche externe Begründung (Legitimationsart) aus der Studie. Das Kind beruft sich auf ein Mathebuch, vermutlich

---

[119] Vgl. Peterßen 2007, S. 56–57, 61–63.

[120] Aussagen wie „Weil ich es weiß!" werden zudem nicht als Begründung gefasst (s. auch Abb. 4.58).

[121] Vgl. Fahse 2013, S. 301–302.

sein Schulbuch. Es erkennt die Autorin bzw. den Autoren als Autorität in Bezug auf die Richtigkeit der Lösung an und legitimiert darüber seine Antwort (Legitimationsverfahren *anerkannte Autorität*).

Tab. 4.26 *Interne* Legitimation über eine *plausible Überlegung*

Legitimationsart	bestehende Erfahrungen	
	extern	intern
Legitimationsverfahren	anerkannte Autorität	plausible Überlegung

Neben den *externen* Erfahrungen sind auch Bezugnahmen zu eigenen Erfahrungen möglich. Diese als *intern* bezeichneten Erfahrungen umfassen von den Kindern geäußerte Begründungen, die eine Aussage über *plausible Überlegungen* zu bestehenden eigenen Erfahrungen legitimieren (s. Tab. 4.26). Dabei werden konkrete Zusammenhänge zu bekannten Sachverhalten oder erlebten analogen Situationen hergestellt, an die sich das Kind erinnert. Dies können z. B. Alltagserfahrungen oder analoge Situationen aus dem Unterricht sein. Für die Begründung wird dann *intern* ein Zusammenhang zwischen der bestehenden Erfahrung und der zu begründenden Aussage hergestellt und schließlich als Antwort ausformuliert. Die Überlegungen sind also insofern als *plausibel* zu verstehen, als dass passfähige Erfahrungen und Vorwissen vorhanden sind, die eine Aussage für den nun zu begründenden Fall logisch bzw. plausibel erscheinen lassen.

Die Bezeichnung *plausible Überlegungen* ist dabei von Winter (1978) übernommen, der *plausible Überlegungen* als eine Argumentationsweise der Primarstufe benennt. Er versteht darunter „die Begründung von arithmetischen Aussagen durch Verweis auf alltägliche Lebenssituationen, auf analoge Situationen, auf Sonderfälle, …"[122] Bei der hier dargestellten Kategorie wird der Begriff in dem Sinne enger verstanden, als dass sich die *plausiblen Überlegungen* im Rahmen *bestehender Erfahrungen* immer auf die Verknüpfung mit bereits Bekanntem beziehen. Sonderfälle sind insofern nur passfähig, wenn diese bereits bekannt waren.

Darüber hinaus benennt Freytag (1983) *Analoge Überlegungen auf Grund der Erfahrung* als ein (neben dem bereits angeführten *Berufen auf Autoritäten und Lehrbücher*) weiteres mögliches Verfahren des Argumentierens in der Sekundarstufe I.[123]

---

[122] Winter 1978, S. 294.
[123] Freytag 1983, S. 103.

Auch Fischer und Malle (1985) führen (neben der *Berufung auf eine Autorität*) eine weitere Begründungsart an, die enge Bezüge zu den *plausiblen Überlegungen* aufweist und passfähig zur eigenen Kategorie ist. Sie beschreiben das mögliche Anführen von Aussagen, deren Richtigkeit von der zweifelnden Person anerkannt wird und die zudem in einem gewissen, nicht deduktiven Zusammenhang mit der Richtigkeit der zu begründenden Aussage stehen. Dabei benennen sie Analogieschlüsse und Wahrscheinlichkeitsschlüsse als Beispiele. In einem späteren Kontext benennt Malle zudem Alltagserfahrungen als eine mögliche Argumentationsbasis.[124]

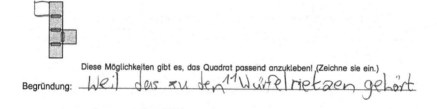

Abb. 4.53 *Interne* Legitimation über eine *plausible Überlegung* (Verknüpfung mit Vorwissen)

Abbildung 4.53 und 4.54 zeigen Begründungen aus der Studie, die der Kategorie *plausible Überlegung* als Legitimationsverfahren entsprechen. Bei der Antwort aus Abbildung 4.53 stellt das Kind einen Zusammenhang zu *intern* abgespeicherten Lösungen (den elf bekannten Würfelnetzen als Wissen) her. Bei den Antworten aus Abbildung 4.54 erfolgt die Legitimation über den Zusammenhang zu bekannten Situationen. Die Begründung ist, unabhängig von der Bezugnahme zu bestehendem Wissen oder auf eine erinnerte Situation, aufgrund der in der Aufgabe wiedererkannten Lösung für das Kind plausibel.

Im Zusammenhang mit den entwickelten Aufgaben fiel zudem auf, dass einige Kinder auch bestehende Erfahrungen aus den vorab beantworteten Teilaufgaben für eine Begründung aufgegriffen haben. Hierfür ist jedoch eine Aufgabenkonstruktion notwendig, die solche Zusammenhänge anbietet. In dem Beispiel aus Abbildung 4.55 waren die zu ergänzenden Würfelnetze aus zwei Teilaufgaben lediglich vertikal gespiegelt und die Begründung somit übertragbar.

---

[124] Vgl. Fischer und Malle 1985, S. 178–179; Malle 2002, S. 5.

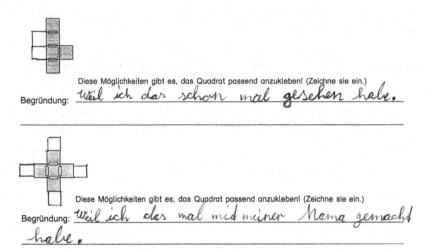

Abb. 4.54 *Interne* Legitimation über eine *plausible Überlegung* (analoge Situation)

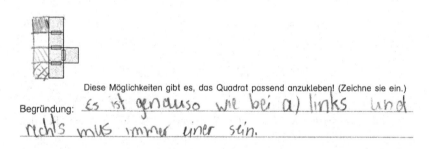

Abb. 4.55 *Interne* Legitimation über eine *plausible Überlegung* (analoge Teilaufgabe)

4.8.3.2 Konkrete Legitimationsverfahren zu neuen Einsichten

Bei der empirischen Legitimation stellt es ein mögliches Verfahren dar, *perzeptuell* zu begründen (s. Tab. 4.27). Dann werden wahrgenommene Aspekte aus gegebenen oder selbst angefertigten Abbildungen für die Begründung genutzt. Im Fall der Geometrie erscheint es besonders naheliegend, dass solche visuellen Aspekte für die Begründung aufgegriffen werden.

Harel und Sowder (1998) definieren im Rahmen ihrer Studie *perceptual* als eine mögliche Form der empirischen Beweisschemata. Sie weisen jedoch auch

Tab. 4.27 *Empirische* Legitimation über ein *perzeptuelles* Verfahren

Legitimationsart	neue Einsichten		
		empirisch	theoretisch - analytisch
Legitimationsverfahren	perzeptuell		

darauf hin, dass diese Form oft problematisch ist, da sie von mentalen oder realen Abbildungen ausgeht, die Transformationen bspw. einer Figur nicht berücksichtigen. In Hinblick auf Beweise seien solche Ansätze für verallgemeinerte Begriffe nicht haltbar bzw. fehlerhaft.[125]

Für die Grundschule und für Aufgabenstellungen mit zu begründenden konkreten Fällen wie in der eigenen Studie, die nicht unbedingt einer Verallgemeinerung bedürfen, sind *perzeptuelle* Begründungen jedoch durchaus möglich und werden daher als Kategorie mit aufgenommen. Konform dazu lassen sich auch bei Winter (1978), Freytag (1983) und Malle (2002) ähnliche Kategorien im Grundschulkontext finden. Winter benennt *unmittelbar sinnliche Wahrnehmungen und wirkliche Handlungen* als eine Argumentationsweise. Damit erkennt er die Option, Wahrnehmungsaspekte als Argumentationsweise zu nutzen, an. Da er sich dabei allerdings auf reale Verkörperungen bezieht, ist diese Form im Kontext des schriftlichen Begründens ohne Material weniger relevant. Darüber hinaus benennt Winter noch die *Anschauliche Modellbildung* als Argumentationsweise. Darunter versteht er (im arithmetischen Kontext) das einsichtige Erfassen gesetzmäßiger Zusammenhänge durch homomorphe Simulation bestimmter Sachverhalte am Material oder mithilfe bildlicher Darstellungen. Wenngleich hier direkt eine höhere Verallgemeinerung erwartet wird und dies in eine andere Kategorie fällt (s. *strukturell*), wird auch bei dieser Argumentationsweise die Nutzung von Einsichten aus Abbildungen anerkannt.[126]

Freytag benennt die *Berufung auf die Anschauung* als ein Argumentationsverfahren und betont deren Relevanz insbesondere für den Geometrieunterricht der Unterstufe und auch Malle beschreibt die Anschauung im Grundschulkontext als mögliches Fundament, auf das sich eine Begründung stützen kann.[127]

Die Begründung aus Abbildung 4.56 zeigt exemplarisch auf, wie perzeptuelle Aspekte für eine Begründung bei einer Geometrieaufgabe genutzt werden

---

[125] Vgl. Harel und Sowder 1998, S. 245, 255–256.

[126] Winter 1978, S. 294.

[127] Vgl. Freytag 1983, S. 103, 107; Malle 2002, S. 5–6.

So geht die Folge weiter!

Begründung: *Wenn man das blat umdrt ist das Muster eine Trpe.*

Abb. 4.56 *Empirische* Legitimation über *perzeptuelle* Aspekte

können. In dem Fall nimmt das Kind die visuelle Struktur in den abgebildeten Folgefiguren als Treppe wahr und nutzt diese Wahrnehmung zur Begründung der Fortsetzung. Der Begriff *perzeptuell* wird dabei dem interpretativen bzw. subjektivem Anteil der Wahrnehmung gerecht.

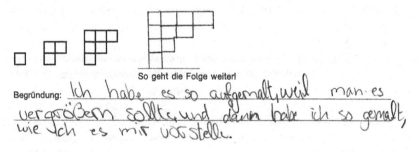

So geht die Folge weiter!

Begründung: *Ich habe es so aufgemalt, weil man es vergrößern sollte, und dann habe ich so gemalt, wie ich es mir vorstelle.*

Abb. 4.57 *Empirische* Legitimation über *perzeptuelle* Aspekte mit nicht näher verbalisierter Vorstellung

Die Begründung aus Abbildung 4.57 zeigt die Herausforderung bei der Legitimation über perzeptuelle Aspekte auf. Das Kind verwendet einerseits die wahrgenommene Vergrößerung der Teilfiguren in seiner Begründung. Andererseits schreibt es, dass es die nächste Teilfigur so gemalt hat, weil es sich diese so vorgestellt habe. Dieser Aspekt beschreibt eine eher intuitive Erfassung der Gestaltung der abgebildeten Figuren und der daraus abgeleiteten Lösung. Die besondere Herausforderung der *perzeptuellen* Begründung besteht somit darin, intuitiv wahrgenommene Aspekte soweit ins Bewusstsein zu rücken, dass diese in einer Begründung auch verbalisiert werden können.

Neben der beschriebenen Intuition kann es auch die Offensichtlichkeit wahrgenommener Aspekte sein, die eine Ausformulierung nicht nur schwierig macht, sondern vielleicht sogar unnötig erscheinen lässt. Dies kann soweit führen, dass Kinder mit Antworten wie „Das sieht man doch!" oder „Das ist doch klar!" reagieren, statt eine Begründung zu verbalisieren.

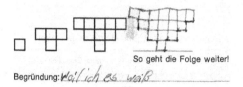

Abb. 4.58 Die Herausforderung der Verbalisierung *perzeptueller* Aspekte

Die Abbildung 4.58 zeigt ein solches Beispiel. Da durch die Rücksprache mit der Lehrkraft abgesichert wurde, dass die Folge dem Kind nicht bereits aus dem Unterricht bekannt ist, ist davon auszugehen, dass es die relevanten Strukturen perzeptuell erkannt hat, jedoch nicht verbalisieren kann oder möchte. Das Kind signalisiert mit der Aussage „Weil ich es weiß" lediglich, dass ihm die Lösung klar ist. Die Gründe sind für das Kind vermutlich zu offensichtlich oder intuitiv, als dass es diese ausführen möchte oder kann.

Entsprechende Hinweise auf solche Fälle gibt es auch in der Literatur. Almeida (2001) beobachtete bspw. im zehnten Jahrgang einen Fall, bei dem der Schüler eine Aussage in der Form „the statement was true because it was obvious"[128] zu belegen versuchte. Dies bezeichnet er als *proof by intuition*. Peterßen (2012) greift diese Kategorie als Begründungsform ebenfalls auf und veranschaulicht sie an zwei Äußerungen von Grundschulkindern aus ihrer Studie: „Ich weiß das einfach" und „Das sieht man doch!"[129]

Auch Malle (2002) erwähnt im Begründungskontext der Grundschule Antworten wie „Das ist doch klar" und ordnet diese so ein, dass die *Behauptung selbst* zur Begründung genutzt wird.[130] Hefendehl-Hebecker und Hußmann (2011) schließlich beschreiben die Warum-Frage auf theoretischer Ebene als Suche nach Gewissheit und deren mögliche intuitive Entstehung.[131]

---

[128] Almeida 2001, S. 55.

[129] Vgl. ebd., S. 53–56; Peterßen 2012, S. 56–58.

[130] Vgl. Malle 2002, S. 5.

[131] Vgl. Hefendehl-Hebeker und Hußmann 2011, S. 94.

Insgesamt zeigt sich eine Relevanz dieser Kategorie, die mit *Offensichtlichkeit* oder *Evidenz* beschrieben werden könnte. Derartige Äußerungen beinhalten jedoch keine mathematischen Begründungen. Sie weisen lediglich auf eine intuitive Erfassung relevanter Aspekte hin, die nicht aufgezeigt bzw. verbalisiert werden. Daher wurden solche Antworten im Rahmen der Studie nicht als Begründungen gewertet und werden folglich auch nicht in dem Kategoriensystem, welches sich den vielfältigen Begründungsmöglichkeiten widmet, berücksichtigt.

Tab. 4.28 *Empirische* Legitimation über eine *mentale Operation*

Legitimationsart	neue Einsichten		
	empirisch		theoretisch - analytisch
Legitimationsverfahren	perzeptuell	mentale Operation	

Im Rahmen der geometrischen Schwerpunktsetzung der Studie auf *Muster und Strukturen* sowie *Raumvorstellung* zeigten sich neben den *perzeptuellen* Begründungen der Kinder eine Reihe von Antworten, die über die Wahrnehmung bestimmter Eigenschaften, Beziehungen etc. in den Abbildungen hinausgehen. Diese Antworten sind dadurch gekennzeichnet, dass Aussagen über mentale Operationen legitimiert werden. Sie begründen die gleichnamige Kategorie des Legitimationsverfahrens *mentale Operation* (s. Tab. 4.28). Ausgehend von den Abbildungen stellen sich diese Kinder räumliche Prozesse vor. Sie versetzen sich bspw. mental in abgebildete räumliche Situationen hinein, bewegen mental abgebildete Objekte etc. Die währenddessen erfolgten Einsichten werden anschließend verwendet, um eine Aussage mit erkannten Aspekten aus der eigenen mentalen räumlichen Vorstellung zu begründen. So kann es bspw. sein, dass ein Kind ein unvollständiges Würfelnetz mental zusammenfaltet und dann entscheidet, dass an einer bestimmten Stelle eine Seite fehlt, weil der Würfel sonst oben offen wäre.

Den abgebildeten Würfelnetzen aus Abbildung 4.59 selbst kann keine fehlende bzw. offene Stelle entnommen werden. Die verwendeten Begriffe „zuzubauen" und „Dach" weisen zudem eindeutig auf räumliche Vorstellungen hin. Beide Begründungen beziehen sich auf das mentale Bild eines zusammengebauten unvollständigen Würfels, welches die Kinder über eine mentale Operation erlangt haben und sind daher in diese Kategorie einzuordnen.

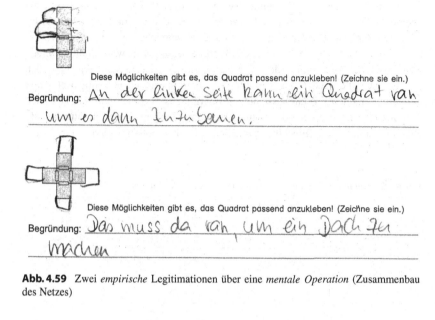

Diese Möglichkeiten gibt es, das Quadrat passend anzukleben! (Zeichne sie ein.)

Begründung: An der linken Seite kann ein Quadrat ran
um es dann zuzubauen.

Diese Möglichkeiten gibt es, das Quadrat passend anzukleben! (Zeichne sie ein.)

Begründung: Das muss da ran, um ein Dach zu
machen

Abb. 4.59 Zwei *empirische* Legitimationen über eine *mentale Operation* (Zusammenbau des Netzes)

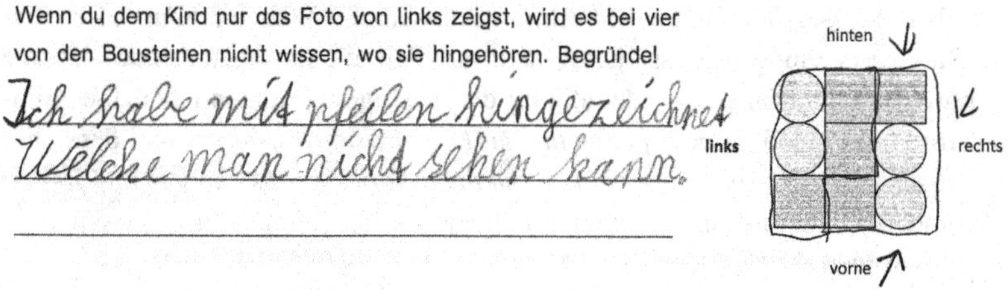

Wenn du dem Kind nur das Foto von links zeigst, wird es bei vier
von den Bausteinen nicht wissen, wo sie hingehören. Begründe!

Ich habe mit pfeilen hingezeichnet
Welche man nicht sehen kann.

hinten

links   rechts

vorne

Abb. 4.60 *Empirische* Legitimation über eine *mentale Operation* (Perspektivwechsel)

In Abbildung 4.60 begründet das Kind mit nicht sichtbaren Bausteinen. In der Aufgabe ist die Info gegeben, welcher Bausteintyp der höhere ist (der Quader). Die Begründung über die erwähnte fehlende Sichtbarkeit der markierten Bausteine ergibt sich nur über einen Perspektivwechsel als mentale Operation.

Neben dem mentalen Zusammenbauen und dem Perspektivwechsel sind bei geometrischen Aufgaben zahlreiche weitere räumliche Handlungen bzw. Veränderungen denkbar. Die Kategorie wird daher allgemeiner als *mentale Operation* bezeichnet. Im Kontext verschiedener Begründungstypen bzw. -klassifizierungen oder -vorgehen konnte eine derartige Kategorie in der Literatur nicht gefunden werden. Dies begründet sich vermutlich in dem spezifischen Geometriekontext und dem aktuellen Forschungsstand des Begründens in der Grundschule (s. auch 2.2). *Mentale Operationen* der Raumvorstellung tauchen in der Literatur bislang eher im Kontext von Einzelkomponenten oder Lösungsstrategien auf (s. auch 4.3.3).[132]

Tab. 4.29 *Empirische* Legitimation über ein *induktives* Verfahren

Legitimationsart	neue Einsichten				theoretisch - analytisch
	empirisch				theoretisch - analytisch
Legitimationsverfahren	perzeptuell	mentale Operation	induktiv a) Einzelfälle oder b) alle Fälle	strukturell	

Neben der Begründung über bestimmte Aspekte der Wahrnehmung oder mentale Raumvorstellungsprozesse ist es auch möglich, die zu begründende Aussage über ausgewählte Einzelfälle oder alle für die Aussage relevanten Fälle zu begründen. Im Unterschied zu dem *perzeptuellen Legitimationsverfahren* und dem über eine *mentale Operation* wird beim *induktiven Verfahren* (s. Tab. 4.29) jedoch aufgrund der Überprüfung konkreter Fälle auf eine gültige Verallgemeinerung geschlussfolgert.

Diese Kategorie stützende Bezüge lassen sich bei Winter (1978), Freytag (1983), Fischer und Malle (1985), Stein (1986), Harel und Sowder (1998), Meyer (2007), Stylianides (2009) und Peterßen (2012) finden.

Winter führt die *testartige Überprüfung* durch Zählen, Messen, Vorrechnen etc. als eine mögliche Argumentationsweise für die Primarstufe an und Freytag weist für die Sekundarstufe I auf die möglichen Argumentationsverfahren *Untersuchung von einzelnen Beispielen (Probieren)* und *Untersuchung von Grenz- und*

---

[132] Vgl. Maier 1999; Lüthje 2010; Plath 2014; Franke und Reinhold 2016.

Sonderfällen hin. Alle drei Verfahren entsprechen einem prüfenden *induktiven* Vorgehen.[133]

Fischer und Malle benennen das *induktive Schließen* als eine mögliche Begründungsart. Darunter verstehen sie die Verifizierung der zu begründenden Aussage an einzelnen Elementen und die Schlussfolgerung daraus auf alle Elemente der Menge der Aussage. Dies entspricht ebenfalls dem im Kategoriensystem dargestellten *induktiven* Verfahren über ausgewählte Einzelfälle und betont den Schluss der Verallgemeinerung.[134]

Auch Harel und Sowder führen *inductive* als ein Verfahren an. Bei ihnen stellt *inductive* neben *perceptual* das zweite mögliche empirische Beweisschema dar. Sie verstehen darunter die Prüfung einer Annahme an einem oder mehreren Spezialfällen. Da dieses Verfahren bei ihnen im Beweiskontext steht, weisen sie in Hinblick auf die fehlende Verallgemeinerung aber auch auf dessen begrenzte Gültigkeit hin. Dies stellt für den Kontext des Begründens in der Grundschule aus bereits genannten Gründen jedoch nur bei einigen Fällen (bei den zu begründenden Verallgemeinerungen) einen Einwand dar.[135]

Peterßen schließlich unterscheidet unterschiedliche Qualitäten von Begründungen in der Grundschule. Dabei ist die *Naive Empirie* in Anlehnung an Balacheff eine der Kategorien, die sie auch in ihren Daten der Grundschulkinder wiederfindet. *Naive Empirie* bezeichnet bei Balacheff eben das Vorgehen, bei dem die Wahrheit einer Aussage über einige Fälle bestätigt wird.[136] Peterßen weist dabei deutlich auf die beliebige Auswahl der Beispiele und die darauf basierende Schlussfolgerung auf eine Gesetzmäßigkeit hin. Auch dies stellt, je nach Aufgabenstellung, nicht unbedingt einen Einwand dar.[137]

Bei Stylianides sind *empirical arguments* eine spezifische Argumentationsform, die er nicht dem Beweisen zuordnet. Diese versteht er ähnlich wie Balacheff. *„An empirical argument is an argument that purports to show the truth of a mathematical claim by validating the claim in a proper subset of all the possible cases covered by the claim [...]. "*[138]

Stein unterscheidet ergänzend unterschiedliche Erklärungsansätze in seinem Beweismodell, die in ihrer Idee auch in den hier dargestellten Kategorien ihre Anwendung finden. Dabei differenziert er zwischen dem *induktiven Ansatz* und

---

[133] Vgl. Winter 1978, S. 294; Freytag 1983, S. 103.

[134] Vgl. Fischer und Malle 1985, S. 178–179.

[135] Vgl. Harel und Sowder 1998, S. 245, 252–253.

[136] Vgl. Balacheff 1988, S. 218–219, 222.

[137] Vgl. Peterßen 2012, S. 58–59.

[138] Stylianides 2009, S. 266.

dem *Rückgriff auf die Gesamtheit/Gesamtmenge*. Dem *induktiven Ansatz* ordnet Stein dabei solche Erklärungen zu, in denen das Kind mit Ergebnissen aus Beispielen argumentiert und solche, bei denen es „an einem (weiteren) Beispiel (noch einmal) die Richtigkeit seiner Behauptung demonstriert."[139] Bei dem *Rückgriff auf die Gesamtmenge* dagegen bezieht sich das Kind explizit darauf, dass die Behauptung nachweislich für alle relevanten Fälle gilt. Zur Veranschaulichung führt er ein Beispiel eines Fünftklässlers an, der alle Zahlen der relevanten Menge eins bis zehn in Hinblick auf die zu begründende Aussage überprüft. Der Ansatz *Rückgriff auf die Gesamtmenge* steht somit für eine vollständige *empirische* Überprüfung und ist vergleichbar mit der Variante des im Kategoriensystem dargestellten *induktiven* Legitimationsverfahrens, bei dem alle Fälle der Aussage überprüft werden.[140]

Die Unterscheidung zwischen den beiden Ansätzen Steins wird in Hinblick auf die Aussagekraft einer exemplarischen Begründung und einer vollständigen Begründung beim induktiven Vorgehen als wesentlich erachtet und daher auch in dem entwickelten System berücksichtigt. Dies geschieht jedoch nicht durch die Aufnahme einer weiteren Kategorie, sondern durch die Differenzierung zwischen dem *induktiven* Vorgehen über die Überprüfung von *a) Einzelfällen* oder *b) allen Fällen* der Aussage. Auch eine Begründung über alle Fälle wird dementsprechend als *induktives* Verfahren verstanden, da dabei ebenso aufgrund der Prüfung konkreter Fälle auf eine verallgemeinerte Aussage geschlossen wird. Letzteres ist insbesondere in der Grundschule gut möglich, da hier, wie bereits erwähnt, oft Fragestellungen zu endlichen Fällen vorliegen. Auch in den entwickelten Geometrieaufgaben der Studie gibt es sowohl Fragestellungen zu endlich definierten Aussagen (bspw. maximal vier Lösungsmöglichkeiten zu einem unvollständigen Würfelnetz oder die Bestimmung des nächsten Folgeglieds) als auch solche zu nicht begrenzten Fragestellungen (bspw. unter Bezugnahme auf eine theoretisch unendlich fortsetzbare Folge).

In Bezug auf die möglichen logischen Schlussformen im Rahmen von Begründungen soll abschließend auf die Erkenntnisse von Meyer Bezug genommen und aufgezeigt werden, warum neben der *induktiven* Schlussform an dieser Stelle nicht auch die *abduktive*, ebenfalls von den empirischen Daten ausgehende Schlussform, berücksichtigt wird. Meyer unterscheidet, basierend auf bestehender Theorie und Fallstudien von Klasse vier bis zehn zwischen den Schlussformen *induktiv*, *abduktiv* und *deduktiv*. Während *deduktiv* eindeutig der *theoretisch-analytischen* Kategorie zugeordnet werden kann (s. da), verhält es sich mit der

---

[139] Stein 1986, S. 344.
[140] Vgl. ebd., S. 343–346, 360–361.

abduktiven Schlussform weniger eindeutig. Bei der Abduktion wird etwas in vorliegenden Daten selbst entdeckt und eine erklärende Hypothese gefunden. Bei der Induktion liegt eine Hypothese vor und diese wird mithilfe von Daten geprüft. Abduktion geht von den Daten aus, Induktion von der Hypothese. Im Begründungskontext heißt das: Ist die zu begründende Aussage bereits vorgegeben und wird mithilfe vorgegebener oder selbst herangezogener Fälle begründet, ist *induktiv* passend. Ist dagegen eine eigene Aussage in vorgegebenen Fällen erst zu entdecken und anschließend zu begründen, ist *abduktiv* die passendere Bezeichnung.[141]

Damit regen die entwickelten impliziten Entdeckungsaufgaben der Studie ein abduktives Verfahren an, während die expliziten Begründungsaufgaben unter anderem ein induktives Verfahren ermöglichen.[142] Dementsprechend weist Meyer im Rahmen der Theorie der logischen Schlussformen auch auf die Nähe der Abduktion zum entdeckenden Lernen hin.[143]

Entsprechende Verweise auf Kategorien bzw. Verfahren des Begründens lassen sich nur für die Möglichkeit des induktiven Vorgehens finden. Dies erscheint insofern auch naheliegend, als dass die typische Begründungsanforderung eher dem expliziten Begründungsformat der vorgegebenen Aussage und Begründungsaufforderung entspricht.

Auch wenn die impliziten Aufgaben das Potential bieten, abduktiv vorzugehen, wurde sich dagegen entschieden, *abduktiv* als Kategorie aufzunehmen. Dies begründet sich darin, dass *abduktiv* lediglich beschreibt, dass in den vorliegenden Beispielen eine Entdeckung gemacht wird, die anschließend dazu führt, dass ein Gesetz gesucht wird, welches diese Entdeckung erklärt. Die Art, auf die das durch die Entdeckung ausgelöste Begründen dann erfolgt, ist jedoch nicht vorgegeben. Hier sind empirische wie theoretische und dabei auch deduktive Erkenntniswege in der Grundschule möglich. Für das Kategoriensystem und die im Fokus stehenden Legitimationsverfahren ist die Kategorie damit wenig aussagekräftig.[144]

Das Beispiel aus Abbildung 4.61 zeigt eine *induktive* Legitimation aus der Studie. Die zu begründende Aussage zu dem gleichen Aussehen bestimmter Folgefiguren liegt als Ausgangspunkt vor. Das Kind legitimiert die Aussage über den

---

[141] Vgl. Meyer 2007, S. 35–43.

[142] Explizite Begründungsaufforderungen sind auch über andere Wege als über die Beispiele/Fälle zu beantworten, während die impliziten Aufgabenformate zwingend nach Entdeckungen an den Fällen fragen.

[143] Vgl. Meyer 2007, S. 54.

[144] Vgl. ebd., S. 233–234.

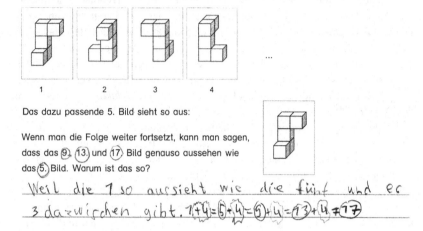

Das sind die ersten vier Bilder einer Folge, die man immer weiter fortsetzen kann.

1   2   3   4

Das dazu passende 5. Bild sieht so aus:

Wenn man die Folge weiter fortsetzt, kann man sagen, dass das ⑨, ⑬ und ⑰ Bild genauso aussehen wie das ⑤ Bild. Warum ist das so?

Weil die 1 so aussieht wie die fünf und es 3 dazwischen gibt. 1+4=5·4=⑨+4=⑬+4≠⑰

Abb. 4.61 *Empirische* Legitimation über ein *induktives* Verfahren (Legitimation über einen Einzelfall)

Einzelfall der ersten und fünften Figur, welcher in den Abbildungen erkennbar ist. Von diesem ausgehend wird auf alle weiteren Folgefiguren geschlossen: Da in diesem Fall drei Figuren dazwischen liegen bzw. der Abstand vier ist, gilt das gleiche Aussehen in der Folge auch für das 9., 13. und 17. Bild. Der Einzelfall des Zusammenhangs zwischen der ersten und fünften Figur fungiert somit als Begründung für alle Fälle der Aussage.

e) Folge c kann man aus den Teilen von Folge a und b zusammenbauen. Begründe!

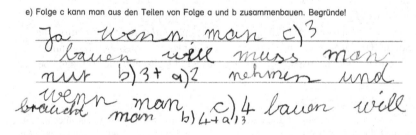

Ja wenn man c)3 bauen will muss man nur b)3 + a)2 nehmen und wenn braucht man man b)4 + a)3 c)4 bauen will

Abb. 4.62 *Empirische* Legitimation über ein *induktives* Vorgehen (Legitimation über zwei Fälle)

Das Beispiel aus Abbildung 4.62 zeigt eine weitere induktive Legitimation. Die zu begründende Aussage über den möglichen Zusammenbau zweier Folgen zu einer bestimmten dritten Folge (s. Abbildungen der Aufgabe im Anhang D im elektronischen Zusatzmaterial) liegt vor. Das Kind legitimiert die Aussage darüber, dass es die Teilfiguren der drei Folgen jeweils von eins bis vier durchnummeriert und für zwei konkrete Fälle aufzeigt, aus welchen Teilfiguren diese zusammengebaut werden können. Über diese zwei Fälle wird die Gültigkeit der Aussage für die vollständige Folge c begründet. Eine analoge Vervollständigung der Begründung für alle vorliegenden Fälle ist leicht vorstellbar, wird hier jedoch von dem Kind nicht vorgenommen.

Bei der Auswahl der Beispiele wurde deutlich, dass längst nicht jede Aufgabe überhaupt das Potential für eine Antwort in dieser Kategorie bietet. Um überhaupt *induktiv* begründen zu können, ist es nötig, dass die zu begründende Aussage eine Verallgemeinerungsmöglichkeit beinhaltet. Nur dann kann vom Einzelfall auf diese Verallgemeinerung geschlossen werden.

Hinzu kommt, dass die Aufgaben der Studie so konstruiert sind, dass sie einen gewissen Strukturgehalt beinhalten. Wird jedoch die erkannte Struktur für die Begründung genutzt und nicht nur über die Passung der Aussage für bestimmte Fälle begründet, fällt dies in die nachfolgend beschriebene Kategorie.

Tab. 4.30 *Empirische* Legitimation über ein *strukturelles* Verfahren

Legitimationsart	neue Einsichten		
	empirisch		theoretisch - analytisch
Legitimationsverfahren	perzeptuell	mentale Operation	induktiv a) Einzelfälle oder b) alle Fälle	strukturell	

Die vierte empirische Kategorie ist die des *strukturellen* Legitimationsverfahrens (s. Tab. 4.30). Entsprechend der Aufgabenkonstruktion (s. 4.3) gibt es zahlreiche Möglichkeiten über Strukturen zu begründen, die in den abgebildeten und beschriebenen konkreten Fällen in den Aufgaben enthalten sind, entdeckt und für eine Begründung genutzt werden können.

Bezüge zu ähnlichen Kategorien lassen sich im Argumentationskontext der Grundschule bei Winter (1978) und Schwarzkopf (2003) finden. Winter beschreibt die bereits im Rahmen des *perzeptuellen* erwähnte *anschauliche Modellbildung* als eine mögliche Argumentationsweise. Während der Aspekt der möglichen Einsicht durch die Betrachtung bildlicher Darstellungen bereits beim *perzeptuellen* Legitimationsverfahren berücksichtigt wurde, ist es an dieser Stelle vielmehr das bei der anschaulichen Modellbildung ebenfalls beschriebene einsichtige Erfassen gesetzmäßiger Zusammenhänge als solches, welches für die Kategorie relevant ist.[145]

Auch der zweite Bezugspunkt, die *strukturell-mathematischen* Argumente von Schwarzkopf, wurden bereits erwähnt (s. 4.8.3). Wie dort bereits festgestellt, versteht Schwarzkopf unter diesem Begriff nur Argumente, die unabhängig vom konkreten Fall bzw. konkreten Zahlen gütig sind und sieht die Funktion von konkret herangezogenen Fällen nur darin allgemeine Erkenntnisse zu erläutern. Anhand der nachfolgenden Beispiele wird deutlich, dass das Verständnis dieser Kategorie erweitert werden kann. So gibt es neben den Antworten, die mit fallübergreifend gültigen Strukturen begründen, auch Antworten, die fallbezogen verbleiben und dennoch erkannte Strukturen aufzeigen (s. Abb. 4.64). Das *strukturelle* Legitimationsverfahren steht daher im Kategoriensystem für die Entdeckung und Verwendung einzelfallbezogener wie auch fallübergreifender Strukturen. Diese Unterscheidung weist enge Bezüge zu den formulierten Niveaustufen auf, bei denen zwischen der *Einzelfallebene* und der *verallgemeinerten Ebene* unterschieden wird (s. 4.6.2). Dort wurde bereits aufgezeigt, dass auch beide Ebenen miteinander verknüpft werden können. Dabei haben die konkreten Fälle, ähnlich wie von Schwarzkopf beschrieben, oft die Funktion allgemeine Aussagen noch einmal anschaulich zu erläutern bzw. zu konkretisieren.

So geht die Folge weiter!

Begründung: *Es wird immer eine Reihe höher und diese wird auf jeder Seite einen länger.*

Abb. 4.63 *Empirische* Legitimation über ein *strukturelles* Verfahren (verallgemeinert)

In Abbildung 4.63 ist eine Antwort erkennbar, bei der die entdeckte Struktur als Begründung für die Fortsetzung angegeben wird. Die angegebene Begründung ist unabhängig davon, welches Folgeglied betrachtet wird, gültig und in diesem Sinne verallgemeinert.

---

[145] Winter 1978, S. 294.

Begründung: Beim ersten kommen 3 dazu, Beim zweiten kommen 5 dazu und beim dritten kommen 7 dazu.

Abb. 4.64 *Empirische* Legitimation über ein *strukturelles* Verfahren (am Einzelfall)

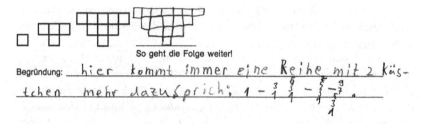

Begründung: hier kommt immer eine Reihe mit 2 küs-tchen mehr dazu (prich: 1 – 3/1 3/1 – 5/3 – 7/5 .

Abb. 4.65 *Empirische* Legitimation über ein *strukturelles* Verfahren (verallgemeinert und am Einzelfall)

In Abbildung 4.64 dagegen wird für die Begründung ebenfalls die erkannte Struktur genutzt, allerdings in konkret auf die Einzelfälle bezogener Form. Die Begründung ist nicht unabhängig von der betrachteten Folgefigur gültig, da die Struktur der unmittelbar vorangehenden Fälle aufgezeigt und von diesen auf die nächste Folgefigur geschlussfolgert wird. Dennoch wird ein erkanntes Muster als Begründung beschrieben, so dass eine solche Antwort als *strukturell* und am Einzelfall verbleibend einzuordnen ist.

Die Verbindung beider Varianten ist in Abbildung 4.65 exemplarisch dargestellt. Das Kind beschreibt die Struktur zunächst als verallgemeinerte Regel, die unabhängig vom Einzelfall gilt und veranschaulicht die erkannte Struktur bzw. deren Gültigkeit zusätzlich mithilfe von entsprechend strukturiert angeordneten Zahlen an den gegebenen Einzelfällen.

Die *theoretisch-analytische* Legitimation schließlich lässt sich über das *deduktive* Legitimationsverfahren konkretisieren (s. Tab. 4.31). Die Kinder begründen durch theoretische Grundannahmen, die sie durch logische Schlüsse auf die zu begründende Aussage beziehen. Diese theoretischen Grundannahmen stellen aus

Tab. 4.31 *Theoretisch-analytische* Legitimation über ein *deduktives* Verfahren

Legitimationsart	neue Einsichten				
	empirisch				theoretisch - analytisch
Legitimationsverfahren	perzeptuell	mentale Operation	induktiv a) Einzelfälle oder b) alle Fälle	strukturell	deduktiv „stichhaltig"

ihrer Sicht feststehende theoretische Aussagen dar, die nicht anzuzweifeln und in diesem Sinne „stichhaltig" sind. Die Kategorie ist dem Beweisen am nächsten, wenngleich an diese Kategorie noch keine formalen normativen Anforderungen gestellt werden.

Während sich im Begründungskontext und im Kontext verschiedener Formen des Begründens zahlreiche Belege zum *deduktiven* Verfahren finden lassen (bspw. Fischer und Malle 1985, Stein 1986, Meyer 2007, Brunner 2014), geht der verwendete Begriff der *stichhaltigen Begründung* auf Winter (1978) zurück.

Winter versteht unter einer *stichhaltigen Begründung* im Arithmetikunterricht der Primarstufe „eine logische Begründung von arithmetischen Aussagen durch Verweis auf hinreichende Bedingungen, durch Rekurs auf Vorwissen"[146]. Als *stichhaltig* sind hier also die angeführten Bedingungen und das Vorwissen einerseits wie auch der logische Zusammenhang zur zu begründenden Aussage andererseits zu beurteilen. Winter betont außerdem, dass ein korrektes Schließen im engeren mathematischen Sinne von den Schülerinnen und Schülern erst erlernt werden müsse und es auch in der Sekundarstufe I noch nicht möglich und auch nicht notwendig sei eine Axiomatik im engeren Sinne zu betreiben. Dementsprechend ist auch in der Grundschule noch kein formales logisches Schließen aus Axiomen nach bestimmten Regeln erwartbar. Aus diesem Grund wird auch die Bezeichnung *axiomatisch* im Kategoriensystem vermieden und auch die Beweiskategorie *axiomatic* von Harel und Sowder vernachlässigt, welche das axiomatische Denken in generalisierten Strukturen verlangt.[147]

Ein vergleichbares Verfahren beschreibt Freytag (1983), wenn er das „Verwenden von Festsetzungen und (gesicherten) Erkenntnissen, von Definitionen und Sätzen"[148] als ein mögliches Argumentationsverfahren für die Sekundarstufe definiert.

---

[146] Winter 1978, S. 295.

[147] Vgl. ebd., S. 294–295; Harel und Sowder 1998, S. 268.

[148] Freytag 1983, S. 103.

Die Idee der *stichhaltigen Begründung* ist konform zum Verständnis des *deduktiven* Vorgehens, wie es sich im Begründungskontext der Grundschule bzw. daran angrenzenden Kontexten des schulischen Argumentierens oder Beweisens vielfach finden lässt. Dabei ist jedoch immer zu berücksichtigen, dass in der Grundschule noch nicht die volle Bandbreite dessen, was *deduktiv* beschreibt, genutzt werden kann. Durch die Ergänzung des Begriffs *stichhaltig* soll daher deutlich werden, dass eher einzelne Gründe als längere Verkettungen, formale Darstellungen etc. zu erwarten sind. Dass einfache Varianten des Deduktiven auch in der Grundschule passfähig sein können, zeigen die nachfolgenden Auffassungen verschiedener Autorinnen und Autoren.

Fischer und Malle verstehen das *deduktive Schließen* bspw. als eine Begründungsart, die sie als das Anführen von Aussagen, die vom Empfänger als richtig angesehen werden und deren Richtigkeit hinreichend für die Richtigkeit der zu begründenden Aussage ist, definieren. Dieses Verständnis ließe sich auch in der Grundschule anwenden.[149]

Stein beschreibt den *begründend-deduktiven Ansatz* als einen möglichen Erklärungsansatz. Darunter versteht er die Spanne von der Nennung eines für wesentlich gehaltenen Grunds bis hin zum vollständigen Beweis. Dies veranschaulicht er an Beispielen von Kindern des sechsten und siebten Schuljahrs. Hier ist es eher der Anfang der Spannbreite, der in der Definition passfähig für die Grundschule erscheint.[150]

Meyer beschreibt *deduktiv* als logische Schlussform, bei der konkret vorliegende Fälle und Gesetze genutzt werden, um auf ein Resultat zu schließen. Dies ist so zu verstehen, dass das bereits bekannte Gesetz herangezogen wird, im Konkreten auf die Fälle angewendet bzw. bezogen wird und mithilfe des Gesetzes daraus ein gültiges Resultat geschlussfolgert wird. Dabei entstehen keine neuen Gesetze, sondern nur Schlussfolgerungen, die sich durch Schlüsse vom allgemein Geltenden zum konkreten Anwendungsfall ergeben. Die Gesetze erlauben es in ihrer Anwendung, die Gültigkeit einer konkreten und mit den Fällen im Zusammenhang stehenden Aussage zu schlussfolgern. Im Kontext des Begründens bedeutet das, dass die zu begründende Aussage auf bekannte Gesetze, Regeln, Definitionen etc. zurückgeführt wird, die in der Anwendung an den Fällen auf diese Aussage schließen lassen. Auch dies erscheint passfähig.[151]

Ebendiese Aspekte führt auch Brunner an, wenn sie die Deduktion als Begründungsart beschreibt, die vom Allgemeinen ausgehend hin zum Speziellen erfolgt und damit die Umkehrung der Induktion darstellt. Sie betont dabei ebenfalls die *wahrheitsübertragende* oder *wahrheitskonservierende Funktion*, welche darin

---

[149] Vgl. Fischer und Malle 1985, S. 179.

[150] Vgl. Stein 1986, S. 342, 346.

[151] Vgl. Meyer 2007, S. 33–34.

besteht die Wahrheit einer unbestrittenen Prämisse auf eine Konklusion zu übertragen und so zu erhalten bzw. zu *konservieren*.[152]

Die eigene Kategorie des *deduktiv stichhaltigen* Begründens steht in Übereinstimmung zu den beschriebenen Positionen. Es wird davon ausgegangen, dass dieses Legitimationsverfahren dem Beweisen in seiner Idee zwar am nächsten kommt, es wird jedoch entsprechend des Grundschulkontexts kein formales Beweisen erwartet. Vielmehr ist mit *deduktiv stichhaltigem* Begründen die Grundidee gemeint, bekannte mathematische Aussagen zu finden, die einerseits als sicher gelten und andererseits im Anwendungskontext passfähig sind. Diese bekannten mathematischen Aussagen werden im Aufgabenkontext zu Gründen. Von ihnen aus kann auf die zu begründende Aussage geschlussfolgert werden. Eine Begründung in dieser Kategorie erfordert es, die Situation zu analysieren, bekannte und gesicherte theoretische Erkenntnisse als passend zu erkennen, zu benennen und idealerweise noch den Zusammenhang zu der zu begründenden Aussage aufzuzeigen. In diesem Sinne ist das Verfahren als *theoretisch-analytisch* zu verstehen.

In Hinblick auf die Konzeption der entwickelten Aufgaben erscheint die Kategorie dahingehend gut umsetzbar, dass die Aufgaben konkrete Fälle beinhalten und auf diese bezogene Resultate zu begründen sind. Notwendig ist für eine solche Begründung jedoch bekanntes und passendes Vorwissen. Dahingehend sind die Aufgaben eher auf das Entdecken und damit das *strukturelle* Verfahren angelegt. Nichtsdestotrotz konnten einige Fälle gefunden werden, die die Kategorie exemplarisch veranschaulichen (s. Abb. 4.66, Abb. 4.67).

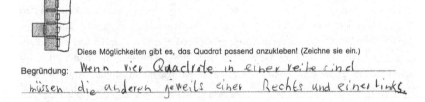

Abb. 4.66 *Theoretisch-analytische* Legitimation über ein *deduktives* Verfahren (stichhaltige Begründung)

Die Kinder aus Abbildung 4.66 und 4.67 zeigen vergleichbare *deduktiv stichhaltige* Begründungen. Beide Kinder gehen in eine Klasse, die bereits zu Würfelnetzen im Unterricht gearbeitet hat. Den Kindern ist es daher möglich, eine allgemein für Würfelnetze mit vier Flächen in einer Reihe geltende Regel

---

[152] Vgl. Brunner 2014, S. 42–43.

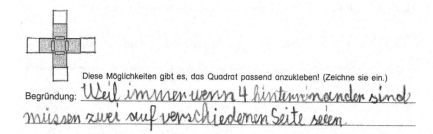

Diese Möglichkeiten gibt es, das Quadrat passend anzukleben! (Zeichne sie ein.)

Begründung: *Weil immer wenn 4 hintereinander sind müssen zwei auf verschiedenen Seite seien.*

Abb. 4.67 *Theoretisch-analytische* Legitimation über ein *deduktives* Verfahren (stichhaltige Begründung)

als Grund für die gefundenen Lösungen zu benennen. Beide haben die Würfelnetze dahingehend analysiert, dass die theoretische allgemeine Regel hier passend ist und diese folglich als Grund für ihre vier Lösungen benannt. In diesem Sinne haben sie beide *deduktiv* begründet. Ein Unterschied besteht bei besonders kritischer Betrachtung darin, dass die Begründung in Abbildung 4.66 auch alle weiteren freien Positionen für die Würfelfläche ausschließt, während bei Abbildung 4.67 zwar die gefundenen Möglichkeiten korrekt begründet werden, der Grund jedoch nicht die weiteren freien Positionen als nicht möglich ausschließt. Die Begründung aus Abbildung 4.66 ist damit weitreichender, denn sie gilt für alle Optionen und begründet dadurch gleichzeitig die Vollständigkeit der gefundenen Lösungen.

4.8.3.3 Die Legitimationsarten im zusammenfassenden Überblick

Für die Legitimationsart ergibt sich insgesamt das nachfolgende Kategoriensystem, welches die zuvor einzeln dargestellten Kategorien und Beschreibungen zusammenfasst und damit einen ersten Überblick über die Bandbreite grundschuladäquater Legitimationsmöglichkeiten bietet. Das System ist dabei, ebenso wie die vorangegangenen Kategoriensysteme unter 4.8, als ein auf Theorie und Fallbeispielen basierender Ansatz zu verstehen. Damit stellt es gleichzeitig einen Ausblick auf die weitere mögliche empirische Arbeit dar, die darin bestünde das Kategoriensystem über die Theorie und Fallbeispiele hinaus abzusichern bzw. zu überarbeiten und zu erweitern.

III. Legitimationsarten und Legitimationsverfahren

Tab. 4.32 Mögliche Legitimationsarten und -verfahren bei geometrischen Begründungsaufgaben

Legitimationsart Grundlage	bestehende Erfahrungen		neue Einsichten				
	extern	intern	empirisch				theoretisch -analytisch
	glaubwürdige Quelle	*eigene Erfahrung*	*konkrete Fälle*				*theoretische Grundannahme*
Legitimationsverfahren zugrunde liegender Prozess	anerkannte Autorität	plausible Überlegung	perzeptuell	mentale Operation	induktiv	strukturell	deduktiv „stichhaltig"
	Anerkennung einer Quelle	*Erinnerung einer analogen Situation*	*Wahrnehmung bestimmter Aspekte*	*Raumvorstellungsprozess*	*Überprüfung von a) Einzelfällen oder b) allen Fällen*	*Entdeckung einer Struktur*	*Schlussfolgerung aus einer Grundannahme*

tendenziell zunehmende Anforderung der Verfahren (von Anerkennen bis zu einer Vorstufe des Beweisens) ———>

Das Ergebnis des Abschnitts 4.8.3 zeigt ein Kategoriensystem, welches die Einordnung einer Begründung in jede Zeile erlauben soll. Eine Begründung kann somit in Hinblick auf ihre Legitimationsart als *bestehende Erfahrung* oder *neue Einsicht* eingeordnet werden und diese mit einer von jeweils zwei möglichen Eigenschaften näher beschrieben werden. Außerdem ist es möglich, jeder Begründung mithilfe des Systems auch ein konkretes Legitimationsverfahren zuzuordnen. Während diese Zuordnung bei drei von vier eingesetzten Legitimationsarten (*extern, intern und theoretisch-analytisch*) eindeutig ist, liegen bei der *empirischen* Legitimationsart gleich vier verschiedene Möglichkeiten konkreter Legitimationsverfahren vor. Hier zeigt sich die besonders weite Spannbreite an Möglichkeiten empirischer Begründungen in der Grundschule. Dieser sollen die vier Kategorien (ansatzweise) gerecht werden. Die Kategorien *perzeptuell* und *mentale Operation* stellen dabei Verfahren dar, die den geometrischen Charakter der Aufgaben besonders deutlich widerspiegeln. Insgesamt stellt das Kategoriensystem somit sieben verschiedene Varianten dar, wie Grundschulkinder begründen können.

Die Anordnung der Kategorien von links nach rechts spiegelt eine zunehmende Verallgemeinerung und Annäherung hin zum Beweisen wider. Damit ist tendenziell auch eine zunehmende Anforderung hin zum Beweisen verbunden. Zudem bildet das Kategoriensystem die enorme Bandbreite der Begründungskompetenz in der Grundschule von dem Anerkennen einer Quelle bis hin zu dem ersten logischen Schlussfolgern aus theoretischen Grundannahmen und damit einer Vorstufe des Beweisens ab.

Resümee und Diskussion 5

Durch die vier vorangegangenen Kapitel ergibt sich ein umfassendes Gesamtbild des Begründens. Dieses gliedert sich im Wesentlichen in das Begründen als zu verstehenden und im Begriffsfeld einzuordnenden Begriff, dem Begründen als bestehende Anforderung in Schulbuchaufgaben und dem Begründen als vielschichtige vorliegende Kompetenz von Grundschulkindern. Diese Kompetenz wurde in Hinblick auf bestehende Studienergebnissen näher betrachtet und mithilfe der eigenen Studie in Hinblick auf die Niveaustufen, einflussnehmende Merkmale und mögliche Charakteristika weiterführend untersucht.

5.1 Resümee

In Kapitel 1 erfolgte eine umfangreiche Auseinandersetzung mit den Begriffen *Begründen, Argumentieren und Beweisen* und ihrer möglichen Bedeutung im Kontext des Mathematikunterrichts der Grundschule. Dabei wurden auch die eng verwandten Begriffe *Argument, Argumentation, Begründung* und *Beweis* mitberücksichtigt. In der Auseinandersetzung mit zentralen mathematikdidaktischen Positionen zu diesem Begriffsfeld zeigte sich zunächst ein sehr uneinheitliches Bild mit verschiedenen Auffassungen der Relationen und Definitionen unter den Autorinnen und Autoren. Dabei konnten sowohl synonyme Begriffsverwendungen als auch unterschiedliche und einander widersprechende Definitionen und Relationen herausgearbeitet werden.

Um von den bestehenden Widersprüchlichkeiten und den sich aus den verschiedenen Auffassungen ergebenden komplexen Zusammenhänge dennoch zielführend zu einer eigenen Definition und Relationsauffassung für die vorliegende Arbeit bzw. den Kontext des Begründens in der Grundschule zu gelangen, wurden die Positionen nach der vorliegenden Relationsauffassung gruppiert

(s. 1.1, Tab. 1.1 und 1.2) und diesbezüglich näher analysiert. Der Schwerpunkt wurde dabei, im Sinne des Forschungsinteresses der vorliegenden Arbeit, auf die Relation ‚Begründen-Argumentieren' gelegt. Das Beweisen wurde anschließend ergänzend betrachtet und diesbezüglich verortet.

Im Rahmen der Relationsauffassungen und der zugeordneten Positionen konnten zentrale Merkmale der Begriffsauffassungen herausgearbeitet werden und Widersprüche zu Positionen anderer Relationsauffassungen zum Teil aufgelöst bzw. auf bestimmte betrachtete Aspekte zurückgeführt werden. In der Konsequenz der Analyse konnte eine Arbeitsdefinition des *Begründens* und *Argumentierens* gefunden werden, die eine Abgrenzung beider Begriffe voneinander erlaubt und für den Kontext der Grundschule angemessen und anwendbar erscheint. Auch die angrenzenden Begriffe wurden hierzu verortet (s. 1.2, 1.3).

In Kapitel 2 wurde der Frage nachgegangen, welche bestehenden Erkenntnisse aus empirischen Studien zur schriftlichen Begründungskompetenz von Grundschulkindern vorliegen und damit der Forschungsstand zur Thematik erarbeitet. Dafür wurden zunächst die großen Leistungsvergleichsstudien (IGLU 2001, TIMSS 1995, 2015 und der IQB-Ländervergleich 2011, 2016) für die Grundschule herangezogen (2.2.1). Dabei stellte sich zusammenfassend heraus, dass das Begründen aufgrund einer starken Fokussierung der Inhaltsbereiche und weniger der prozessbezogenen bzw. allgemeinen Kompetenzen in diesen Studienergebnissen wenig Beachtung fand. Wurde es berücksichtigt, so im Rahmen von breit definierten Kompetenzstufen, die neben weiteren Kompetenzen auch das Begründen oder umfassendere Argumentieren beinhalteten. Begründen stellte sich in diesem Kontext zudem als besonders anspruchsvolle Anforderung dar, die nur von wenigen Viertklässlerinnen und Viertklässlern auf der höchsten (TIMSS) bis maximal den oberen drei von fünf Kompetenzstufen (IQB-Ländervergleich) und dementsprechend nur von rund 5,3 % (TIMSS 2015) bis maximal 15 % (IQB-Ländervergleich 2011) der Kinder bewältigt werden konnte.

Die ergänzend betrachteten Leistungsvergleichsstudien der Sekundarstufe (TIMSS 1995 und PISA 2000, 2012, 2018) zeigten ein gemischtes Bild. So wurde das fachliche Argumentieren in früheren Studien als eine Schwäche deutscher Schülerinnen und Schüler dargestellt (TIMSS III 1995, PISA 2000), während dieses in aktuelleren Studien und bei abgestufter Berücksichtigung bereits deutlich mehr Schülerinnen und Schülern gelang. Die Spannweite geht von 1,3 %, denen es gelang innermathematisch zu argumentieren (PISA 2000, oberste Stufe) bis zu 39 %, die in der Lage waren, mathematische Begründungen abzugeben (PISA 2012, obersten drei von sechs Stufen).

Daraus resultierend wurde für das vorliegende Forschungsvorhaben die Frage abgeleitet, ob eine differenziertere Erfassung der Begründungskompetenz mit entsprechender Berücksichtigung verschiedener Anforderungen in den Aufgaben und einer Niveauabstufung in der Auswertung nicht nur zu einem wesentlich umfassenderen und aussagekräftigeren, sondern auch zu einem leistungsstärkeren Bild der Begründungskompetenz von Grundschülerinnen und Grundschülern führen würde.

Im Anschluss wurden die die Begründungskompetenz vertiefenden mathematikdidaktischen Studien betrachtet. Dies geschah zunächst in Hinblick auf das Potential von Grundschulkindern (2.2.2.1). Dabei wurde deutlich, dass Stein (1999) und Meyer (2007) in einzelnen Fallbeispielen bereits umfassende Fähigkeiten bei Grundschulkindern aufzeigen konnten. Grundschulkinder konnten in ihren Studien zum Teil präzise und in logischen Schlussketten begründen (Stein) und Aussagen formulieren, aus denen sich verbundene Abduktionen und Deduktionen rekonstruieren ließen (Meyer). Quantitative Aussagen darüber zu finden, wie viele Kinder in der Grundschule bereits in welcher Form zum Begründen fähig sind, erwies sich allerdings als schwierig. Einen Ansatzpunkt dazu lieferte lediglich Bezold (2009), die in ihrer Studie aufzeigen konnte, dass 38 % der Drittklässlerinnen und Drittklässler in einer Förderphase ihrer Interventionsstudie in der Lage waren, ihre Entdeckungen auch schriftlich zu begründen. Des Weiteren konnte sie nachweisen, dass eine deutliche Mehrheit der Kinder bei einer Gewöhnung an bestimmte Aufgabenformate und Sensibilisierung für zu begründende Aussagen dazu in der Lage ist (72 %, allerdings bei identischem Nachtest zum Vortest).

Die Studienergebnisse wiesen außerdem auf bestimmte Schwierigkeiten einiger Kinder hin. Stein (1999) beobachtete eine große Unsicherheit über die Zulässigkeit von Begründungen, Schwarzkopf (2000) erkannte Deutungsdifferenzen bzgl. der zu begründenden Aussage und auch das Erkennen der Begründungsnotwendigkeit konnte als zentrale Schwierigkeit herausgestellt werden. Dazu beobachteten sowohl Schwarzkopf (2000), Meyer (2007) als auch Peterßen (2012) die zentrale Rolle der Lehrkraft bei der Initiierung und Bewertung von Begründungen, welche eine mögliche Erklärung für Schwierigkeiten im selbstständigen Erkennen einer Begründungsnotwendigkeit darstellt. Meyer stellte dazu jedoch auch fest, dass Abduktionen diese Rolle übernehmen können. Entdeckungen führten bei einigen Kindern in seiner Studie zu selbstständig initiierten Begründungsprozessen. Peterßen stellte diesbezüglich außerdem große Klassenunterschiede fest und geht von einem Zusammenhang zwischen dem Begründungsbedürfnis und der Begründungskultur einer Klasse aus.

Insgesamt konnte auf Basis dieser Studien und den darin aufgezeigten Fähig-keiten die Vermutung aufgestellt werden, dass in der Grundschule bereits ein aus-geprägteres Potential im Begründen vorliegt, als die Leistungsvergleichsstudien dies zunächst nahelegen.

Unter 2.2.2.2 wurden anschließend die Studien betrachtet, die in ihren Ergeb-nissen Charakteristika kindlicher Begründungen feststellen konnten. Hier wiesen insbesondere die Studien von Krummheuer (1997, 2001, 2003b), Fetzer (2007, 2011) und Steinbring (2000, 2009) auf bestimmte Merkmale hin. Dies betrifft im Wesentlichen die Narrativität (Krummheuer), einfache Schlüsse und substan-zielle Argumentationen (Krummheuer, Fetzer), eine geringe Explizität (Fetzer), verbales wie nonverbales Argumentieren bzw. Arbeits- und Visualisierungsma-terial (Steinbring, Fetzer) und Beispielkontexte (Steinbring). Steinbring konnte in Unterrichtsszenen der dritten und vierten Klasse zudem feststellen, dass Grundschulkinder zwar typischerweise in Beispielkontexten argumentierten, der Übergang zu Verallgemeinerungen jedoch bereits möglich ist.

Unter 2.2.2.3 wurden die Forschungsergebnisse schließlich dahingehend gesichtet, inwieweit von einem Einfluss der Klassenstufe, Klasse und des Geschlechts auf die Begründungsleistung auszugehen ist.

Dabei zeigte sich in Bezug auf die Klassenstufe eine dürftige Forschungslage. So konnte mit Neumann et al. (2014) lediglich eine grundschulbezogene Studie gefunden werden. Diese konnte keine signifikanten Unterschiede zwischen dem erreichten Begründungsniveau in Klassenstufe drei, vier und sechs feststellen.

In Bezug auf mögliche Klassenunterschiede zeigte sich für die Grundschule ebenfalls eine Forschungslücke, für die Sekundarstufe I jedoch eine recht umfas-sende und einheitliche Studienlage. Die Befunde von Goldberg (1984), Reiss, Hellmich und Reiss (2002) bzw. Reiss, Hellmich und Thomas (2002), Küche-mann und Hoyles (2003), Heinze und Reiss (2004) bzw. Reiss und Heinze (2004) zeigten einheitlich deutliche bestehende Klassenunterschiede auf. Diese waren insbesondere bei einem höheren Anforderungsniveau (Reiss, Hellmich und Tho-mas 2002) und bei schwächeren Klassen erkennbar (Heinze und Reiss 2004). Des Weiteren konnte die Klassenzugehörigkeit als bedeutender für Lernfort-schritte beim Begründen und Beweisen herausgestellt werden als die individuelle Lernausgangslage (Heinze und Reiss 2004). Als entscheidender Aspekt wurde auch hier das unterschiedliche Begründungsbedürfnis und die daraus resultie-rende unterschiedliche Begründungshäufigkeit in den Klassen angeführt (Reiss, Hellmich und Thomas 2002). Diese einheitlichen empirischen Befunde der Sekundarstufe legen zusammenfassend auch für die Grundschule deutliche Klas-senunterschiede nahe. Dies gilt umso mehr unter Einbezug der Befunde, die auch für die Grundschule bereits bedeutende Unterschiede in Hinblick auf das Begründungsbedürfnis und die Begründungskulturen der Klassen feststellen konnten (s. 2.2.2.1).

Bezüglich der Rolle des Geschlechts bei der Begründungsleistung ließen die vorliegenden Studien ein einheitliches Bild dahingehend erkennen, dass von keinen bedeutenden Unterschieden auszugehen ist. Dies gilt sowohl vorschulisch (Lindmeier et al. 2015), grundschulbezogen (Bezold 2009) als auch umfassend für die weiterführenden Schulen (Senk 1982, Usiskin 1982, Senk und Usiskin 1983, Cronjé 1997, Küchemann und Hoyles 2003, Heinze et al. 2007). Aufgrund der Einheitlichkeit der Ergebnisse wurde dieser Aspekt in der vorliegenden Studie nicht vertiefend untersucht.

Unter 2.3 wurden in Hinblick auf das Forschungsinteresse bestehende Niveaustufenmodelle bzw. -unterscheidungen zur Begründungskompetenz betrachtet. Für die Grundschule konnten die beiden Modelle von Bezold (2009) und Neumann et al. (2014) gefunden werden. Bei Bezolds Stufen zeigte sich, dass diese eng an eine notwendige Einschätzung der Schwierigkeit der Begründung gebunden sind. Aus den Stufen ließen sich jedoch die möglichen und zum Teil später aufgegriffenen Kriterien *Korrektheit, Vollständigkeit, Schlüssigkeit* und das *Vorliegen einer Begründung in Abgrenzung zur Beschreibung* ableiten. Zudem unterscheidet Bezold (2011) die *Begründung für den Einzelfall* von der weiter entwickelten *allgemein gültigen Begründung*. Auch bei Neumann et al. zeigte sich, dass diese das Beschreiben in ihrem Modell als Abstufung „nach unten" mit einbeziehen und sie die Abstufung des *beispielbezogenen* hin zum *verallgemeinernden* Begründen aufgreifen. Zusätzliche Abstufungen ergaben sich in dem Modell jedoch durch aufgabenspezifische Aspekte und das formale Begründen, welches auch von den Autorinnen noch nicht für die Grundschule erwartet wird.

Weitere Niveauabstufungen konnten vorrangig in Bezug auf das Beweisen in der Geometrie in der Sekundarstufe gefunden werden. Dabei warf das Modell von Reiss, Hellmich und Thomas (2002) mit der darin enthaltenen zentralen Unterscheidung zwischen *einschrittig* und *mehrschrittig* die Frage auf, ob in der Grundschule bereits mehrere Argumente miteinander verknüpft werden können und diese Unterscheidung dementsprechend eine mögliche Abstufung „nach oben" darstellen könnte. Zudem erarbeitete Balacheff (1988) im Rahmen seiner formulierten Beweistypen eine weitere Ausdifferenzierung in Hinblick auf das *beispielbezogene* Begründen, bei der er zwischen *beliebigen, typischen* und *repräsentativen* angeführten Beispielen unterscheidet. In Bezug auf mehrere aufeinander aufbauend verwendete Typen stellte er fest, dass Schülerinnen und Schüler in der Regel beispielbezogen verbleiben (beliebig und typisch) oder bewusst repräsentative Beispiele auswählen und daran die allgemeine Struktur aufzeigen. Weitere vorliegende Abstufungen im Bereich des geometrischen Beweisens ergeben sich durch die möglichen Verwendung konkreter Objekte und Anschauungen hin zur zunehmenden Formalisierung und Abstraktion (Vollrath 1980, Van Hiele 1986, 1999) oder fokussieren bereits zu stark das Beweisen, als dass diese auf die Grundschule übertragbar wären.

In Kapitel 3 wurde sich der Analyse und Konkretisierung der bestehenden Begründungsanforderungen bei geometrischen Begründungsaufgaben in Klasse drei und vier gewidmet. Mit der im Zentrum stehenden Schulbuchanalyse stellt das Kapitel den ersten empirischen Teil der vorliegenden Arbeit dar. Eingangs wurden die auf die Auswahl der Schulbücher einflussnehmenden Entscheidungsträger und die Anforderungen der Bildungsstandards analysiert. Darauf aufbauend erfolgte eine systematische Auswahl von zehn Schulbuchtiteln. Dabei sollten die Schulbücher ausgewählt werden, die in (fast) allen Bundesländern zugelassen und besonders weit verbreitet sind. Diese Auswahl erwies sich aufgrund einer fehlenden zentralen Erfassung der in den Schulen verwendeten Schulbücher als unerwartet schwierig und gelang schlussendlich auf Basis der Zulassungslisten der Länder sowie der Auskünfte der Verlagsgruppen.

Eine erste Sichtung der Geometrieaufgaben führte rasch zu der Erkenntnis der Notwendigkeit, den Analysegegenstand der *Begründungsaufgabe* näher zu bestimmen und auszudifferenzieren. In diesem Sinne wurde zum einen ein Grundschema entwickelt, welches die zentrale Struktur des Begründens in Aufgaben darstellt. Zum anderen wurden die Aufgabenformate der *impliziten* und *expliziten Begründungsaufgabe* definiert (s. 3.3.2). Die Unterscheidung dieser beiden Aufgabenformate berücksichtigt die Tatsache, dass neben Aufgaben mit explizit formulierter Begründungsaufforderung auch solche vorliegen, die ein selbstständiges Erkennen der Begründungsnotwendigkeit erfordern und erwies sich für die weiterführende Arbeit der Schulbuchanalyse, aber auch der späteren Hauptstudie als wesentlich.

Die zehn ausgewählten Titel bzw. 20 Schulbücher wurden in Hinblick auf die vorliegenden expliziten wie impliziten geometrische Begründungsaufgaben qualitativ und quantitativ analysiert. Dabei stand zunächst die Frage, was für Begründungsaufgaben sich in den Schulbüchern finden lassen und wie diese charakterisiert werden können im Vordergrund. Weiterführend sollten die bestehenden Anforderungen auch quantitativ näher gefasst werden: *Wie viele Begründungsaufgaben sind in den geometrischen Aufgabenstellungen zu finden?* und *Welche Typen bzw. Inhaltsbereiche sind als Begründungsanforderung in der Geometrie vorrangig vertreten?* waren dabei Leitfragen.

Unter methodischer Orientierung an der *Grounded Theory* erfolgte eine einzelfallanalytische Betrachtung der vorliegenden 1877 Geometrieaufgaben und eine Einordnung der gefundenen 266 Begründungsaufgaben. Diese Einordnung erfolgte in Hinblick auf die vorliegende explizite bzw. implizite Begründungskompetenz, den geometrischen Inhaltsbereich und die zur Begründung auffordernden zentralen sprachlichen Indikatoren. Den Analyseprozess begleitend wurde ein aufgabenorientierter Leitfaden expliziter und impliziter Begründungsaufgaben entwickelt, der die möglichen Begründungskompetenzen theoretisch fasst und mittels der möglichen sprachlichen Indikatoren praxisnah konkretisiert (s. 3.3.4). Qualitativ konnte somit das Ziel erreicht werden, die verschiedenen expliziten und impliziten Begründungskompetenzen der Grundschule mit ihren typischen Indikatoren in Aufgaben näher zu bestimmen und theoretisch zu konzeptualisieren. Dabei erwies sich insbesondere das auch später in der Studie aufgegriffene Entdecken als besonders vielfältig in Hinblick auf das zu begründende Aussagenelement und mögliche Begründungsanlässe. Diese wurden ebenfalls theoretisch festgehalten und auch für die Aufgabenkonstruktion der späteren Hauptstudie genutzt.

Auf den erfassten und kategorial eingeordneten 266 Begründungsaufgaben aufbauend, konnten im Anschluss wesentliche quantitative Aussagen über die bestehenden Begründungsanforderungen in den Schulbüchern getroffen werden (s. 3.3.5). Dies betrifft die Verbreitung expliziter und impliziter Aufgabenformate ebenso wie die Unterschiede in Jahrgang drei und vier und die Verbreitung der verschiedenen expliziten und impliziten Begründungskompetenzen. Somit liegen zu den bestehenden Begründungsanforderungen in den Geometrieaufgaben der Schulbücher nun auch aussagekräftige quantitative Ergebnisse vor.

In Kapitel 4 schließlich stehen die vorliegenden Begründungskompetenzen von Grundschulkindern bei Geometrieaufgaben und damit die Hauptstudie der vorliegenden Arbeit im Fokus. In diesem zweiten empirischen Teil wurden die Forschungsfragen *Welche Niveaustufen schriftlicher Begründungskompetenz lassen sich in den Antworten von Kindern der dritten und vierten Klasse bei geometrischen Begründungsaufgaben identifizieren?* (1) und *Welche Niveaustufenverteilung zeigt sich in den schriftlichen Antworten von Kindern der dritten und vierten Klasse bei geometrischen Begründungsaufgaben?* (2) behandelt. Die zweite Forschungsfrage gliedert sich dabei in drei Unterfragen zu gezielten Vergleichen: *Zeigen sich Unterschiede zwischen implizit und explizit gestellten Begründungsaufgaben?* (2a), *Sind die Begründungskompetenzen im Bereich „Muster und Strukturen" höher als im Bereich „Raumvorstellung"?* (2b) und *Befinden sich die Antworten des Jahrgangs vier auf einer höheren Niveaustufe als die Antworten des Jahrgangs drei?* (2c).

Um diese Fragen beantworten zu können, wurde ein Aufgabenset schriftlicher geometrischer Begründungsaufgaben entwickelt, welches parallel so konstruiert ist, dass es in vier Varianten vorliegt und sowohl den Vergleich der *expliziten* zur *impliziten Begründungsaufforderung* als auch den Vergleich des Inhaltsbereichs *Muster und Strukturen* zu *Raumvorstellung* ermöglicht. Die entwickelten Aufgaben wurden mit einzelnen leistungsstarken Kindern in Einzelgesprächen und Kleingruppen sowie in acht Klassen schriftlich pilotiert. Die vorliegenden schriftlichen Antworten aus der Pilotstudie wurden als Datenmaterial für die Entwicklung eines Niveaustufenmodells mittels qualitativer Inhaltsanalyse verwendet. Dieses Modell stellt ein wesentliches empirisches Ergebnis der Arbeit (s. 4.6.2), aber auch ein weiterführendes Auswertungsinstrument (s. 4.6.3) dar. Mithilfe des vorliegenden Niveaustufenmodells war es möglich, die Hauptstudiendaten einzuordnen und die Forschungsfrage 2 zu beantworten. Dafür wurden die Daten von insgesamt 238 Schülerinnen und Schülern aus sechs dritten und sechs vierten Grundschulklassen erhoben. Die somit vorliegende Datenmenge umfasst 5364 Antworten, die in Hinblick auf die erreichte Niveaustufe zugeordnet wurden. Dies geschah methodisch mittels qualitativer Inhaltsanalyse unter Verwendung eines Leitfadens mit Ankerbeispielen. Dabei wurden im Wesentlichen die Kategorien *implizit, explizit, geometrischer Inhaltsbereich, Jahrgang (drei, vier)* und *Klasse* mit erfasst, so dass diese für die quantitative Auswertung und entsprechende Vergleiche zur Verfügung stehen.

In Abschnitt 4.8 wurden abschließend die Charakteristika geometrischer Begründungen fokussiert. Mithilfe der vorliegenden Theorie und vielseitiger Fallbeispiele aus der erfolgten Studie wurde ein Ansatz für die Frage geschaffen, wie Begründungen bei Geometrieaufgaben von Grundschulkindern qualitativ näher beschrieben werden können und welche vielfältigen Möglichkeiten und Besonderheiten bei dieser Kompetenz vorliegen. Die beim geometrischen Begründen in der Grundschule vorliegende Vielfalt wurde mittels eines ersten Kategorienmodells beschrieben und anhand von Fallbeispielen konkretisiert und veranschaulicht.

Die vorliegenden empirischen Ergebnisse werden nachfolgend diskutiert.

5.2   Diskussion zentraler Ergebnisse

Begründungsanforderungen in Geometrieaufgaben der Grundschule (Empirischer Teil 1)

Das Ziel der Schulbuchanalyse war es, eine Wissensgrundlage über die in der Grundschule eingesetzten Begründungsaufgaben zu erhalten und damit die bestehenden Anforderungen zu konkretisieren. Dies wurde im Kern von der qualitativen Frage nach der Gestaltung vorliegender Begründungsaufgaben und der quantitativen Frage nach deren Verbreitung begleitet.

Qualitativ erwies sich insbesondere die Unterscheidung und Fokussierung *expliziter* und *impliziter Begründungsaufgaben bzw. -aufforderungen* als zentral für die gesamte vorliegende Arbeit. Während explizite Begründungsaufgaben wohl unumstritten als Begründungsaufgaben gelten, beinhalten implizite Begründungsaufgaben immer einen Bewertungsaspekt dahingehend, ob eine Aufgabe nur mit einer Lösung zu beantworten ist oder ob diese auch dazu anregt, eine Begründung zu formulieren. Dementsprechend leichter fiel auch die Identifikation expliziter gegenüber mpliziter Begründungsaufgaben. Letztere erforderten deutlich intensivere Analysen und Vergleiche untereinander, um von der subjektiven Bewertung einer bzw. keiner impliziten Begründungsaufforderung in der Aufgabe zu objektiven Kriterien und Aufgabenbeschreibungen zu gelangen. Im formulierten Leitfaden zu den unterschiedlichen Begründungskompetenzen schlägt sich dies durch die vollständige Erfassung der sprachlichen Indikatoren und der zum Teil zusätzlich formulierten Bedingungen für das Vorliegen einer impliziten Begründungsaufgabe nieder (s. 3.3.4). Mit der zunehmenden Vollständigkeit des Leitfadens zeigte sich dieser jedoch bereits in der Analyse als hilfreiches und zunehmend besser einzusetzendes Instrument der Einordnung. Dazu ist anzumerken, dass dieser die Einordnung der Aufgaben zwar transparent macht, bei den impliziten Aufgaben jedoch sicherlich auch Definitionen und Kriterien gefunden werden könnten, die den Begriff *impliziter Begründungsaufgaben* enger bzw. weiter stecken. Die formulierten Varianten, insbesondere der impliziten Begründungsaufgaben und ihrer Indikatoren, stellen dennoch keineswegs eine beliebige, sondern eine in der Analyse und Theoriebildung begründete Setzung des Begriffsumfangs dar. Der Kerngedanke ist dabei der, dass Aufgabenstellungen, die eine Aussage verlangen, die sich in einem Strukturzugang bzw. selbst anzustellenden Überlegungen statt in eingeübten Lösungsverfahren begründet, implizit auch dazu auffordert, diese als Begründung zu verbalisieren und nachvollziehbar zu machen.

Über die Trennung impliziter und expliziter Aufgabenvarianten hinaus, erwies sich das erstellte Grundschema des Begründens in Aufgaben (s. 3.3.2) als hilfreich, um die zu begründende Aussage in einer Aufgabenstellung zu fokussieren und den möglichen Begründungsgehalt einer Aufgabe zu identifizieren. Die Unterscheidung von *zu begründender Fallaussage* und *zu begründenden Fällen* sowie die Identifikation verschiedener Begründungsanlässe mit der zugehörigen Gruppierung verschiedener sprachlicher Indikatoren erwiesen sich darüber hinaus als hilfreich, um aufgabenübergreifend Strukturen zu erfassen, Zuordnungen bzw.

Abgrenzungen vorzunehmen und den Leitfaden entsprechend weiterentwickeln zu können. Schlussendlich konnten in dem Leitfaden die drei expliziten Varianten des *Begründens, Argumentierens* und *Erklärens* sowie die vier impliziten Varianten des *Vermutens, Entdeckens, Entscheidens* und *Prüfens* zur Aufforderung zum Begründen unterschieden und theoretisch konkretisiert werden. Eine vergleichbare theoretische Zusammenstellung möglicher expliziter und impliziter Begründungskompetenzen in Aufgaben bzw. eine die Begründungsaufgaben der Grundschule in den Fokus nehmende ausdifferenzierende Theorie ist der Autorin nicht bekannt, so dass die beschriebenen qualitativen Ergebnisse als Ansatz zur Schließung der diesbezüglichen Forschungslücke gewertet werden. Das dabei verfolgte Ziel die bestehenden Anforderungen praxisnah zu konkretisieren und die Vielfalt vorliegender Begründungsaufgaben aufzuzeigen, konnte erreicht werden.

Durch die quantitativ erfassten Begründungsaufgaben in den 20 Schulbüchern konnte festgestellt werden, dass nur rund 5 % der Geometrieaufgaben in Klasse drei und vier das Begründen explizit abfragen, weitere 9 % der Geometrieaufgaben beinhalten nur implizite Begründungsaufforderungen. Dies untermauert den hohen Stellenwert des impliziten Aufgabenformats und damit sowohl dessen schulische als auch theoretische Relevanz.

Es konnte außerdem festgestellt werden, dass die absolute Anzahl an Begründungsaufgaben in Schulbüchern von Jahrgang drei zu vier steigt, der relative Anteil der Begründungsaufgaben jedoch beinahe gleich bleibt (Jahrgang drei ca. 13 %, Jahrgang 4 ca. 15 %). Dabei ist der Anteil impliziter Begründungsaufgaben nahezu gleich, während der Anteil expliziter Begründungsaufgaben von rund 3,6 % der Geometrieaufgaben auf etwa 6,7 % steigt. Damit kann eine hohe Relevanz impliziter Begründungsaufgaben auch für beide Jahrgänge festgehalten werden. Insgesamt wird in Jahrgang vier aufgrund des höheren absoluten Anteils an Begründungsaufgaben und der etwas höheren Anzahl an gestellten expliziten Begründungsaufgaben häufiger zu schriftlichen Begründungen aufgefordert und damit vermutlich auch häufiger schriftlich begründet. Es bleibt jedoch auch festzuhalten, dass die Schulbücher den Anspruch schriftlichen Begründens bereits in Jahrgang drei in (relativ) kaum geringerem Maße stellen. Umso mehr ist es von Interesse, inwieweit Grundschulkinder dieser Anforderung gerecht werden können und ob sie in der Lage sind, das selbstständige Erkennen einer Begründungsnotwendigkeit bei impliziten Begründungsaufgaben zu bewältigen (s. nachfolgend zur Begründungskompetenz).

In Hinblick auf die verschiedenen expliziten und impliziten Begründungskompetenzen und deren Verbreitung in den Schulbüchern konnte ferner herausgearbeitet werden, dass unter den expliziten Aufgaben das „reine" Begründen und unter den impliziten das Entdecken am häufigsten gefordert wird. Letzteres wies zudem die größte Vielfalt sprachlicher Indikatoren und verschiedener Begründungsanlässe auf. Entdecken lässt sich in 100 der 266 und damit rund 38 % der Begründungsaufgaben in der Geometrie finden. Damit stellt die Initiierung des Begründens über das Entdecken auch insgesamt betrachtet die verbreitetste Begründungsaufgabenvariante unter den Geometrieaufgaben dar. Demgegenüber sind andere Begründungskompetenzen wie das Argumentieren (2,3 % der Begründungsaufgaben) oder Vermuten (3,8 % der Begründungsaufgaben) als Begründungsanlass kaum etabliert. Beim Argumentieren liegt die Vermutung nahe, dass diese Kompetenz in der schriftlichen Umsetzung als zu umfassend und anspruchsvoll betrachtet wird. Eine andere Erklärung wäre die, dass Argumentieren typischerweise einen interaktiven Charakter besitzt und sich schriftlich daher nur schwer umsetzen lässt. In Bezug auf das Vermuten wäre eine mögliche Erklärung, dass dieses in der Geometrie insgesamt wenig verbreitet ist und sich eher in Themenbereichen wie der Stochastik wiederfinden lässt. Es ist somit hervorzuheben, dass die unterschiedliche Verteilung auf die Begründungskompetenzen hier nur Rückschlüsse für das Begründen in der Geometrie zulässt. Auch kann aufgrund der unterschiedlich häufigen Anforderungen nicht zwangsläufig auf ein unterschiedliches Potential geschlossen werden. Dies wäre näher zu untersuchen.

Von den geometrischen Inhaltsbereichen stellen *sich im Raum orientieren* (in 30,5 % der Begründungsaufgaben) und *geometrische Figuren* (in rund 30,8 % der Begründungsaufgaben) die am häufigsten mit einer Begründungsaufforderung verknüpften Inhalte dar. Auch hier sollte das Potential der weiteren Inhaltsbereiche noch näher betrachtet werden.

In Hinblick auf die Aussagekraft der Ergebnisse der Schulbuchanalyse bleibt darauf hinzuweisen, dass die Anforderungen lediglich für den schriftlichen und geometrischen Bereich des Begründens erarbeitet wurden.

Das Niveaustufenmodell (Empirischer Teil 2)
Das entwickelte Niveaustufenmodell differenziert die schriftliche Begründungskompetenz von Grundschulkindern in sechs Niveaustufen aus. Dabei lassen sich, ausgehend von den Daten der Pilotstudie, die drei Vorstufen *0) kein passender Zugang, 1) Lösung (Aussagenfindung) und 2) Beschreibung als deklarierte Begründung* sowie die drei Begründungsstufen *3) konkretes Begründen auf Einzelfallebene, 4) abstraktes Begründen auf verallgemeinerter Ebene* und *5) konkretes und abstraktes Begründen in logischer Schlussfolge (beide Ebenen)* unterscheiden (s. auch 4.6.2). Das Modell konnte mit der möglichen Einordnung aller 5364

Antworten und dem erneuten Auftreten aller auf Basis der Pilotierung entwickelten Stufen bestätigt werden. Es stellt somit die Antwort auf die Forschungsfrage
1 *Welche Niveaustufen schriftlicher Begründungskompetenz lassen sich in den
Antworten von Kindern der dritten und vierten Klasse bei geometrischen Begründungsaufgaben identifizieren?* dar. Die Relevanz der einzelnen Niveaustufen lässt
sich mithilfe der Niveaustufenverteilung diskutieren (s. nachfolgend).

*Das Niveaustufenmodell in Hinblick auf die Relevanz einzelner Stufen (Empirischer
Teil 2)*
Die Ergebnisse der Hauptstudie haben eine Verteilung unter den schriftlichen
Antworten der Kinder gezeigt, bei denen sich auf den Vorstufen 0, 1 und 2 rund
39,6 %, 23,5 % und 2,6 % der Antworten befinden.

In Hinblick auf die Verteilung ist damit insbesondere die Vorstufe 2 in ihrer
Relevanz zu hinterfragen. Die Stufe, bei der bei klarer Begründungsabsicht (durch
die Antwort auf die explizite Aufforderung bzw. die sprachliche Kennzeichnung des Kindes z. B. mit einem „weil") dennoch nur eine Beschreibung folgt,
kommt in nur 139 der 5364 Antworten vor. Sie wäre daher als Vorstufe am
ehesten zu vernachlässigen. Didaktisch besitzt die Stufe jedoch einen Mehrwert
dahingehend, dass sie auf eine fehlende Unterscheidung des Kindes zwischen
Beschreiben und Begründen oder eine Überforderung mit der Begründungsanforderung im Sinne einer Ausweichstrategie hinweisen kann. Sie ist somit in ihrer
Verbreitung insgesamt von geringer, didaktisch bzw. diagnostisch jedoch in den
wenigen Fällen von bedeutender Relevanz.

In Bezug auf Antworten auf eine implizite Begründungsaufforderung ist
die Stufe 2, *Beschreibung als deklarierte Begründung*, mit 0,1 % der Antworten allerdings eindeutig zu vernachlässigen. Hier haben die Daten deutlich
gezeigt, dass Kinder, die eine Begründungsintention formulieren, dies auch
erfolgreich umsetzen. Sie verbleiben dementsprechend entweder auf Stufe 1,
Lösung (Aussagenfindung), oder erreichen mindestens Stufe 3, *konkretes Begründen auf Einzelfallebene*. Dies scheint insofern nachvollziehbar, als dass implizite
Begründungsaufgaben nach einer Aussage fragen, die die Kinder auch ohne eine
Begründung auf der Stufe 1 beantworten können. Es wäre daher zu vermuten,
dass hier die weniger deutliche Erwartung einer Begründung dazu führt, dass nur
die Kinder von sich aus eine Begründung formulieren, die sich darin auch sicher
fühlen. Bei expliziten Aufgabenstellungen sind es demgegenüber immerhin 5 %
der Antworten, die auf diese Stufe fallen und bei denen dementsprechend versucht
wird, der explizit formulierten Begründungsaufforderung mit einer Beschreibung
gerecht zu werden. Das bestärkt die Vermutung, dass unter die Stufe 2 insbesondere Kinder fallen, die das Bedürfnis haben, zu antworten, ohne die Begründung
bewältigen zu können.

Rückblickend auf die theoretischen Anknüpfungspunkte der Stufe 2 (s. 2.3) und die bestehenden Modelle von Bezold (2009) sowie Neumann et al. (2014) lässt sich damit festhalten, dass das *Beschreiben* als Vorstufe des Begründens primär bei der Formulierung einer Lösung von Relevanz ist, die anschließend begründet werden kann. Dies steht in Übereinstimmung zu der Aufgabenkonstruktion bei Neumann et al. und der Stufe 1 ihres Modells. In Bezug auf Bezold passt diese Auffassung zu dem von ihr beschriebenen Baustein *Beschreiben von Entdeckungen*, der vor dem Baustein *Begründen von Entdeckungen* stattfindet (s. Abb. 1.1, S. 21). Aus Beschreibungen *herauslesbare Begründungsideen*, wie sie Bezold dagegen auf ihrer zweiten Niveaustufe benennt, würden in dem Modell der vorliegenden Arbeit bei einer Formulierung der inhaltlichen Gründe jedoch auch ohne eine sprachliche Kennzeichnung als Begründung eingeordnet werden. Für die Formulierung einer nachfolgend zu begründenden Aussage, kann das Beschreiben somit einen sinnvollen Schritt vor dem Begründen in einer Aufgabenstellung darstellen. Für die Formulierung der Begründung selbst wird dem *Beschreiben* als Vorstufe bzw. „nicht gelungene Begründung" jedoch zusammenfassend nur eine geringe Relevanz zugeordnet.

Die Begründungsstufen 3, 4 und 5 des entwickelten Niveaustufenmodells wurden in den Daten der Hauptstudie insgesamt bei 11,2 %, 21,6 % und 1,7 % aller Antworten bzw. bei 32,5 %, 62,7 % und 4,9 % der Begründungen erreicht. Damit wurden die Begründungsstufen 3 und 4, *konkretes Begründen auf Einzelfallebene* und *abstraktes Begründen auf verallgemeinerter Ebene*, in ihrem Vorkommen in der Grundschule und damit auch in ihrer Relevanz bestätigt. Stufe 5, *konkretes und abstraktes Begründen in logischer Schlussfolge (beide Ebenen)*, wäre dagegen aufgrund der geringen Anzahl an Antworten zu hinterfragen. Nur 90 von 5364 Antworten der Grundschulkinder finden auf diesem Niveau statt. Die Relevanz dieser Stufe wird vor allem in ihrer Ausdifferenzierung der Begründungskompetenz nach oben gesehen. Stufe 5 stellt eine Niveaustufe des Begründens dar, die nur von wenigen leistungsstarken Kindern erreicht wurde. Dabei ist zu berücksichtigen, dass 65 der 90 Antworten auf dieser Stufe aus Klasse vier stammen. Den Kindern der dritten Klasse gelang es nur bei rund 1 % der Antworten (bzw. 1,4 % der Begründungen) auf dieser Stufe zu antworten, während rund 2,4 % der Antworten (bzw. 3,5 % der Begründungen) aus der vierten Klasse auf dieser Stufe verortet werden konnten. Dies zeigt, wie anspruchsvoll diese Stufe insbesondere für Kinder der dritten Klasse noch ist und dass diese tatsächlich eher als möglicher Anspruch für besonders leistungsstarke Kinder zu betrachten ist. Die vorliegenden Antworten zeigen jedoch auch auf, dass einige wenige Grundschulkinder schon in der Lage sind, sowohl *konkret* am Einzelfall als auch *abstrakt* in verallgemeinerter Form zu begründen und beides in einer logischen Schlussfolge miteinander zu verknüpfen.

Rückblickend auf die bestehenden Niveaustufenmodelle (s. 2.3) bestätigen die Ergebnisse die Relevanz des *beispielbezogenen Begründens* und *verallgemeinernden Begründens* aus dem arithmetischen Kontext nach Neumann et al. (2014) in ihrer Idee auch für den geometrischen Kontext in der Grundschule. Dies gilt auch für den bei Bezold (2009) angeführten Aspekt der *Verallgemeinerung* auf ihrer höchsten, dritten Niveaustufe. Zudem werden die von Steinbring (2009) in mündlichen Argumentationen im Unterricht der dritten und vierten Klasse zur Arithmetik beobachteten *konkreten und situierten* gegenüber den *verallgemeinerten Begründungen* (s. 2.2.2.2) in ihrer Idee auch für schriftliche Begründungen in der Geometrie bestätigt.

Für die Stufe 5 liegen keine entsprechenden Anknüpfungspunkte in bestehenden Modellen der Grundschule vor. Allerdings weist die Stufe Bezugspunkte zu dem Kompetenzstufenmodell von Reiss, Hellmich und Thomas (2002) aus der Sekundarstufe dahingehend auf, dass dort *einschrittiges* und *mehrschrittiges Argumentieren und Begründen* unterschieden werden. Dieses für die Sekundarstufe I und II empirisch bestätigte Modell zeigt das auch weiterführend vorliegende Entwicklungspotential der Stufe 5 auf. Damit wird die Relevanz für besonders leistungsstarke Kinder in der Grundschule deutlich. Kinder, die auf Stufe 5 begründen, zeigen zudem auf, dass sie in ihrer Begründung einer Aussage bereits Begründungen auf verschiedenen Ebenen formulieren und logisch miteinander in die Schlussfolge stellen können. Sie sind in diesem Sinne bereits in der Lage, schriftlich *mehrschrittig* zu begründen. Mit dem Vorkommen der Stufe 5 in der vorliegenden Studie kann auch der von Steinbring (2009) in Unterrichtsepisoden beobachtete mögliche Übergang vom *konkreten situierten* zum *verallgemeinerten Begründen* in mündlichen Argumentationen einzelner Kinder für das schriftliche Begründen in seinem Vorkommen in der Grundschule bestätigt werden.

Die Antworten auf Stufe 5 zeigen, rückblickend auf Balacheff (1988), von einem oder mehreren repräsentativen Beispielen ausgehend, allgemeine Strukturen auf (s. auch 2.3). Diese Verallgemeinerung hat, im Unterschied zu dem von Balacheff formulierten Beweistyp des *generic example*, nicht immer den Anspruch eines allgemein gültigen mathematischen Zusammenhangs, sondern kann auch eine Verallgemeinerung für alle vorliegende Fälle darstellen. Diese feine Unterscheidung ist insbesondere dann relevant, wenn es um Überlegungen für grundschulgerechte Aufgabeninhalte geht. Werden die beispielübergreifenden Verallgemeinerungen für mehrere Fälle mit hineingenommen, erweitert sich das Potential für mögliche Begründungsinhalte neben „allgemeingültigen mathematischen Sätzen" und damit für Begründungen auf verschiedenen Niveaustufen.

Zusammenfassend kann die Niveaustufe 5 somit als realistische, aber anspruchsvolle Niveaustufe für wenige leistungsstarke Grundschulkinder betrachtet werden. Rückblickend auf die Forschungsergebnisse (s. 2.3) kann diese Niveaustufe, wie sie bislang nur in ähnlicher Form für die Sekundarstufe definiert wurde, zudem als mögliche Niveaustufe in entsprechend reduzierter formaler Form auch für die Grundschule bestätigt werden.

Die ergänzende Modellunterscheidung zwischen a und b auf den Stufen 3 bis 5, zwischen der *eher unbewussten Grundnennung* (Stufe 3a, 4a und 5a) und der sprachlich als solchen deklarierten und damit *bewussten Begründung* (3b, 4b und 5b), erlaubt eine zusätzliche Abstufung bei den Antworten auf eine implizite Begründungsaufforderung. Die Antworten bei den expliziten Aufgabenstellungen sind schon durch diese als Begründung deklariert und daher immer b zuzuordnen. Für die Antworten bei den impliziten Begründungsaufgaben zeigt die Einteilung jedoch auf, bei welchen bzw. wie vielen Antworten das implizite Aufgabenformat eine (eher unbewusste) Grundnennung bewirkt und bei welchen bzw. wie vielen Antworten auch sprachlich und in diesem Sinne ganz bewusst eine Begründung formuliert wird. Die Anteile unter den Antworten, die auf eine implizite Begründungsaufforderung Gründe nennen, ohne diese als Begründung zu deklarieren, sind so hoch, dass diese Stufen in ihrer Bedeutung als relevant beurteilt werden können (Stufe 3a 76,9 %, Stufe 4a 91,2 % und Stufe 5a 90,5 % der Antworten auf eine implizite Begründungsaufforderung). Dabei wird der Erkenntniswert der Abstufung zwischen a und b nicht nur darin gesehen, dass Kinder bei 3b bis 5b Gründe sprachlich mit einem „weil", „deshalb" o. Ä. verbinden. Vielmehr zeigen diese Antworten auch auf, dass die Kinder selbst erkennen, dass sie begründen.

Die Begründungskompetenz der Grundschulkinder in ihrer Niveaustufenverteilung (Empirischer Teil 2)
Die vorliegende und nach den Kriterien explizit, implizit, geometrischer Inhaltsbereich, Jahrgang drei und vier eingeordneten Daten ermöglichten die Beantwortung der Forschungsfrage 2 *Welche Niveaustufenverteilung zeigt sich in den schriftlichen Antworten von Kindern der dritten und vierten Klasse bei geometrischen Begründungsaufgaben?* sowie der untergeordneten Forschungsfragen *Zeigen sich Unterschiede zwischen implizit und explizit gestellten Begründungsaufgaben?* (2a), *Sind die Begründungskompetenzen im Bereich „Muster und Strukturen" höher als im Bereich „Raumvorstellung"?* (2b) und *Befinden sich die Antworten des Jahrgangs vier auf einer höheren Niveaustufe als die Antworten des Jahrgangs drei?* (2c). Dabei konnten mithilfe der Daten auch diesbezügliche Klassenunterschiede beurteilt und in die Beantwortung der Fragen mit einbezogen werden.

Die Forschungsfrage 2 nach der Niveaustufenverteilung in den Antworten der Kinder der dritten und vierten Klasse beim schriftlichen Begründen von Geometrieaufgaben lässt sich mit den bereits vorab diskutierten Anteilen für die definierten Stufen schlicht beantworten: 39,6 %, 23,5 %, 2,6 %, 11,2 %, 21,6 % und 1,7 % aller Antworten liegen auf den Stufen 0 bis 6.

In Hinblick auf die vorliegende Begründungskompetenz der Kinder ist dabei der hohe Anteil von 39,6 % der Antworten auf Stufe 0 kritisch zu betrachten, weist er doch auf vorliegende Schwierigkeiten hin. Es konnte festgestellt werden, dass 6,6 % der Antworten auf dieser Stufe eingeordnet wurden, weil die Aufgaben am Ende nicht mehr bearbeitet werden konnten. Damit ist ein eher geringer Teil auf Zeitgründe zurückzuführen. Zur Aufgabenschwierigkeit konnte festgestellt werden, dass es bei der tendenziell etwas leichter zugänglichen Aufgabe 1, mit durchschnittlich rund 21,3 %, etwas weniger Antworten auf Stufe 0 waren. Dies spricht zusammenfassend für die Wichtigkeit, Kindern für das Begründen auch leicht zugängliche Aufgaben anzubieten. Darüber hinaus wird deutlich, dass das Begründen für einige Kinder auch bei tendenziell leichter zugänglichen Aufgaben noch eine deutliche Herausforderung darstellt. Die über die erläuterten Aspekte hinausgehenden möglichen Ursachen für die fehlenden, vollständig fehlerhaften oder unpassenden Antworten auf Stufe 0 können mithilfe der Daten nicht eindeutig bestimmt werden.

Es kann jedoch auf zwei Aspekte hingewiesen werden. Zum einen zeigten sich an dieser Stelle deutliche Klassenunterschiede bei den am Ende fehlenden Aufgaben, sowohl insgesamt als auch innerhalb der Jahrgänge. Diese lagen zwischen 0,0 % und 20,3 %. Auch unter Einbezug aller Werte auf Stufe 0 (insgesamt fehlende, vollständig fehlerhafte und unpassende Antworten) schwanken diese in der Stichprobe klassenbezogen zwischen 28,4 % und 71,4 %. Dies spricht für einen deutlichen Einfluss des Leistungsniveaus und/oder der Begründungskultur einer Klasse. Aspekte wie das etablierte Arbeitstempo, das Anspruchsniveau, etablierte Aufgabenformate und die Bereitschaft sich auf Begründungsaufgaben einzulassen könnten hier eine Rolle gespielt haben. Dabei scheint, rückblickend auf die im Rahmen der Definition der Begründungskompetenz vorausgesetzte Begründungsbereitschaft (s. 2.1), insbesondere der letzte Aspekt von Interesse zu sein.

Zum anderen kann rückblickend auf bestehende Forschungsergebnisse, darauf hingewiesen werden, dass das Erkennen der Begründungsnotwendigkeit hier als Schwierigkeit nicht ursächlich sein kann. Auch wenn diese Schwierigkeit immer wieder in der Literatur angeführt wird (bspw. Schwarzkopf 2000, Meyer 2007, Bezold 2009, Peterßen 2012), hätte bei den impliziten Aufgaben dann zumindest Stufe 1 erreicht werden müssen. Tatsächlich liegt jedoch bei 39,2 % der

Antworten auf eine implizite Begründungsaufforderung und bei 39,9 % der Antworten auf eine explizite Aufforderung die Stufe 0 vor. Dies weist darauf hin, dass vielfach ein passender inhaltlicher Zugang zu der Aufgabe gefehlt hat. Andere vorstellbare, jedoch in ihrer Einflussnahme nicht näher zu bestimmende Faktoren wären bspw. Deutungsdifferenzen der zu begründenden Aussage (Schwarzkopf 2000), ein fehlendes Verständnis des geometrischen Inhalts oder auch sprachliche Schwierigkeiten.

Die 23,5 % der Antworten auf Stufe 1 kommen lediglich durch Aufgaben mit impliziter Begründungsaufforderung zustande. Der Wert lässt sich also darauf zurückführen, dass 47,1 % der Antworten auf eine implizite Begründungsaufforderung auf Stufe 1 verbleiben. Bei dem impliziten Aufgabenformat zeigt somit knapp die Hälfte der Kinder einen passenden Zugang zu der Aufgabenstellung, verbleibt aber dennoch bei der gefundenen Aussage, ohne diese zu begründen (s. auch vertiefend nachfolgend Forschungsfrage 2a).

Der niedrige Wert auf Stufe 2 wurde bereits im Zusammenhang mit dem Niveaustufenmodell vorab als Stufe mit didaktischem Wert, jedoch in der Häufigkeit von geringer Bedeutung, diskutiert.

Zu den Vorstufen 0 bis 2 lässt sich abschließend festhalten, dass rund 65,7 % der Antworten auf diesen Stufen verbleiben. Das ist in Hinblick auf die Begründungskompetenz der Kinder kein wünschenswertes Ergebnis. Dieser hohe Anteil ist jedoch aus verschiedenen Gründen nicht gleichzusetzen mit der Aussage, dass entsprechend viele Kinder nicht in der Lage sind, zu begründen. Dies gilt insbesondere deshalb, weil die impliziten Aufgabenformate auch ohne Begründungen sinnvoll beantwortet werden können. So sind es bei der deutlicheren, explizit gestellten Begründungsaufforderung mit 44,9 % bedeutend weniger Antworten auf den Vorstufen 0 bis 2. Es kann somit vielmehr die Aussage getroffen werden, dass es den Kindern der dritten und vierten Klasse bei rund 55,1 % der Aufgaben mit explizit gestellter Begründungsaufforderung auch gelingt, mit einer Begründung zu antworten. Dieser Wert liegt deutlich über den Werten der Leistungsvergleichsstudien (s. 2.2.1). Die dort beschriebenen Ergebnisse der Grundschule legen die Vermutung nahe, dass das Begründen eine Anforderung darstellt, der nur die Leistungsspitze (im Höchstfall 15 % der Viertklässlerinnen und Viertklässler) gerecht werden kann. Wenngleich die Aussagen der vorliegenden Forschungsarbeit sich auf Antworten und nicht Kinder beziehen[1] und daher nicht eins zu eins in den Vergleich gestellt werden können, deutet der Wert von

---

[1] Da einige Kinder bei einem Termin fehlten, gingen nicht alle Kinder mit gleicher Antwortanzahl in die Daten ein. Die Anteile unter den Antworten entsprechen daher nicht genau den Anteilen unter den Kindern.

55,1 % doch auf eine deutlich höhere Kompetenz für das schriftliche Begründen bei Geometrieaufgaben hin. Die im Fazit der Leistungsvergleichsstudien gestellte Frage, ob eine differenziertere Erfassung der Begründungskompetenz mit entsprechender Berücksichtigung verschiedener Anforderungen in den Aufgaben und einer Niveauabstufung in der Auswertung nicht nur zu einem wesentlich umfassenderen und aussagekräftigeren, sondern auch zu einem leistungsstärkeren Bild der Begründungskompetenz von Grundschülerinnen und Grundschülern führen würde, kann somit abschließend an dieser Stelle für das schriftliche Begründen bei Geometrieaufgaben bejaht werden.

Der in der vorliegenden Studie erreichte Anteil erfolgreicher Begründungen von 55,1 % bei expliziter Aufforderung liegt zudem auch über dem bei Bezold (2009) beschriebenen Wert im Vortest (29 %) und in der laufenden Intervention (38 %). Beide Werte Bezolds beschreiben, wie viele Drittklässlerinnen und Drittklässler in der Lage sind, ihre Entdeckungen auf eine explizit gestellte Aufforderung hin auch zu begründen. Auch bei ausschließlicher Betrachtung von Jahrgang drei und der Bezugnahme auf Antworten statt Kinder liegen die Anteile in der Studie höher: 44,6 % der Antworten der Drittklässlerinnen und Drittklässler sind bei expliziter Aufforderung auch erfolgreiche Begründungen (Stufe 3 bis 5).

Bei den Begründungsstufen 3 und 4 zeigten sich bedeutende Anteile unter den Antworten. So konnten 11,2 % der Antworten dem *konkreten Begründen* auf Stufe 3 und 21,6 % der Antworten dem *verallgemeinerten Begründen* auf Stufe 4 zugeordnet werden. Damit konnte überraschenderweise aufgezeigt werden, dass die Kinder vorzugsweise bereits *auf verallgemeinerter Ebene* begründeten. Dies steht der Beobachtung und Einschätzung Steinbrings (2009) beim mündlichen Argumentieren entgegen, dass Grundschulkinder vorzugsweise in Beispielkontexten bspw. mit konkreten Zahlen begründen und Verallgemeinerungen weniger typisch sind. Ob in der vorliegenden Studie die Schriftlichkeit oder andere Aspekte wie der Aufgabenkontext zu den Verallgemeinerungen führten, bleibt offen. Die Befunde bestätigen aber auch, wie ebenfalls von Steinbring angenommen, dass beide Formen bereits in der Grundschule möglich sind. Die mögliche Umsetzung in der Grundschule gilt auch für die höchste Stufe 5, die in ihrer Häufigkeit und Existenz bereits vorab diskutiert wurde.

Zeigen sich Unterschiede zwischen implizit und explizit gestellten Begründungsaufgaben? (2a)
Mithilfe der Daten konnten deutliche Unterschiede zwischen impliziten und expliziten Begründungsaufgaben festgestellt werden. Diese wurden im Rahmen von drei Thesen und deren Bestätigung bzw. Widerlegung konkretisiert (s. 4.7.3).

Es konnte nachgewiesen werden, dass implizite Begründungsaufforderungen in einigen Fällen zu selbstständigen schriftlichen Begründungen führen (These 1). Implizite Begründungsaufgaben können somit durchaus Begründungen auslösen. Da der Anteil an Begründungen unter den Antworten der impliziten Begründungsaufgaben mit 13,5 % jedoch gering ausfällt, kann davon ausgegangen werden, dass die Mehrheit der Kinder bei solchen Aufgaben nicht begründet. Dies gilt insbesondere für Kinder der dritten Klasse. Dort sind nur 8,3 % der Antworten auf eine implizite Aufforderung auch Begründungen. In der vierten Klasse sind es immerhin schon 18,4 %, so dass eine deutliche Steigerung von Jahrgang drei zu Jahrgang vier erkennbar ist. Die Ergebnisse der vorliegenden Studie bestätigen und quantifizieren damit die Feststellung Meyers (2007), dass Abduktionen, also Entdeckungen, die Rolle der Lehrkraft übernehmen und selbstständig initiierte Begründungsprozesse auslösen können, auch für das schriftliche Begründen. Des Weiteren zeigen die vorliegenden Begründungen auf, dass die Begriffserweiterung der *impliziten Begründungsaufforderung* auf Aufgaben mit Entdeckungen als Begründungsauslöser gerechtfertigt ist. Während Stein (1999) darunter lediglich Aufgaben ohne mögliche Lösungen fasste, konnten in dem für die vorliegende Studie verwendeten Aufgabenset Begründungen auch durch Entdeckungen von Auffälligkeiten, Gesetzmäßigkeiten/Regeln, Zusammenhängen/Beziehungen, Lösungsmöglichkeit(en) und Lösungsweg(-alternativen) ausgelöst werden.

Es konnte allerdings auch gezeigt werden, dass explizite Begründungsaufgaben bei deutlich mehr Grundschulkindern zu Begründungen führen als implizite (These 2). Zudem konnte nachgewiesen werden, dass die Art der Begründungsaufforderung (implizit/explizit) in einem hoch signifikanten Zusammenhang zur Verschriftlichung einer Begründungsantwort steht. Da bei expliziter Begründungsaufforderung rund 55 % der Antworten auch Begründungen sind, implizit jedoch nur rund 13,5 % und beide Aufgabenformate wider Erwarten für die Kinder etwa gleich zugänglich waren[2], stellen die expliziten Aufgabenstellungen für das gezielte Begründen in der Grundschule das geeignetere Aufgabenformat dar.

Allerdings beinhalten die impliziten Aufgabenstellungen die zusätzliche Anforderung des selbstständigen Erkennens der Begründungsnotwendigkeit, welche vorab bereits mehrfach als Schwierigkeit herausgestellt wurde. Diese Fähigkeit kann nur mit den impliziten Begründungsaufgaben geschult werden. Da in Jahrgang vier auf eine implizite Begründungsaufforderung hin bereits etwa doppelt so oft begründet wurde wie in Jahrgang drei, kann zudem von einer möglichen Entwicklung dieser Fähigkeit in der Grundschule ausgegangen werden.

---

[2] Bei impliziter Begründungsaufforderung liegt 39,2 % der Antworten *kein passender Zugang* zur Aufgabe vor (Stufe 0), bei expliziter bei 39,9 %.

Sowohl bei den impliziten als auch bei den expliziten Aufforderungen zeigten sich hoch signifikante Zusammenhänge zwischen Jahrgang (3/4) und Begründungsantwort (Begründung ja/nein) sowie zwischen Klassenzugehörigkeit und Begründungsantwort. Dabei konnte außerdem festgestellt werden, dass die Klassenzugehörigkeit sowohl bei impliziten als auch bei expliziten Begründungsaufforderungen einen stärkeren Einfluss auf die erfolgreiche Abgabe einer Begründung hat als die Zugehörigkeit zum Jahrgang drei oder vier. Damit können die für die Sekundarstufe bereits recht umfassend festgestellten Klassenunterschiede (Goldberg 1984, Reiss, Hellmich und Reiss 2002 bzw. Reiss Hellmich und Thomas 2002, Küchemann und Hoyles 2003, Heinze und Reiss 2004 bzw. Reiss und Heinze 2004) auch für das erfolgreiche schriftliche Begründen in der Grundschule bestätigt werden.

In Bezug auf die erreichte Niveaustufe der Begründung konnte außerdem gezeigt werden, dass diese wider Erwarten weitgehend unabhängig von der implizit oder explizit gestellten Begründungsaufforderung ist. Daher wurde für das implizite Aufgabenformat zusammenfassend festgestellt, dass dieses die zusätzliche Anforderung beinhaltet, die Begründungsnotwendigkeit selbstständig zu erkennen und einen individuellen Zugang zur zu begründenden Aussage ermöglicht, jedoch auch bei erfolgreicher Angabe einer Begründung keineswegs zu einem qualitativ höheren Niveau führt.

Sind die Begründungskompetenzen im Bereich „Muster und Strukturen" höher als im Bereich „Raumvorstellung"? (2b)
Zur Beantwortung dieser Forschungsfrage wurde geprüft, ob im zweidimensionalen Geometriebereich *Muster und Strukturen* häufiger erfolgreich begründet wird (These 4) und ob in diesem Bereich höhere Niveaustufen erreicht werden als in dem dreidimensionalen Bereich *Raumvorstellung* (These 5). Beide Thesen konnten durch die Daten bestätigt werden.

Den Kindern gelang es in ihren Antworten im Inhaltsbereich *Muster und Strukturen* sowohl bedeutend häufiger erfolgreich zu begründen als auch höhere Niveaustufen zu erreichen. Die Ergebnisse deuten darauf hin, dass die Ursache für den besseren Zugang zum Begründen im Bereich *Muster und Strukturen* weniger bei der leichter zu erkennenden Begründungsnotwendigkeit, sondern vielmehr im Anspruch bzw. der Zugänglichkeit des Inhaltsbereichs zu suchen ist. Der Zusammenhang zwischen Inhaltsbereich und Begründungshäufigkeit erwies sich sowohl insgesamt als auch innerhalb der impliziten Antworten, expliziten Antworten und Jahrgänge als hoch signifikant, wobei sich der Zusammenhang innerhalb des Jahrgangs vier und innerhalb der impliziten Begründungsaufgaben in seiner

Effektstärke als statistisch unbedeutend erwies. Der Effekt des Inhaltsbereichs ist somit bei expliziten Begründungsaufgaben bedeutender und scheint zudem von Jahrgang drei zu vier an Bedeutung zu verlieren.

Es konnte außerdem aufgezeigt werden, dass die höheren Niveaustufen 4 und 5 im Bereich *Muster und Strukturen* bei etwa 28 % der Antworten erreicht werden, im Bereich *Raumvorstellung* dagegen nur bei rund 18 %. Da auf Stufe 3 nur ein geringfügiger Unterschied zwischen den Inhaltsbereichen besteht, scheint insbesondere das Verallgemeinern im Inhaltsbereich *Muster und Strukturen* leichter zu fallen. Sowohl der Zusammenhang zwischen Inhaltsbereich und Niveaustufe, als auch der zwischen Inhaltsbereich und Begründungsstufe erwiesen sich als hoch signifikant.

Die einzelnen Klassen begründeten dabei (in unterschiedlich hoher Ausprägung) im Bereich *Muster und Strukturen* durchweg häufiger und auf höheren Niveaustufen. Zur Bedeutsamkeit der Klassenzugehörigkeit zeigte sich im Zusammenhang der Ergebnisse zudem, dass die Klassenzugehörigkeit für die Begründungshäufigkeit, also die erfolgreiche Formulierung einer Begründung, entscheidender ist als der Inhaltsbereich.

Dabei fiel außerdem auf, dass der insgesamt hoch signifikante Einfluss der Inhaltsbereiche auf die Niveaustufe nicht in allen Klassen zu signifikanten Unterschieden führte. Bei der Analyse der Klassenergebnisse wurde auch deutlich, dass neben dem unterschiedlich starken Einfluss der Inhaltsbereiche eine enorme Spannbreite in der Leistungsstärke der Klassen beim Begründen vorliegt. Diese zeigt sich in den unterschiedlich hohen Anteilen der Begründungsstufen innerhalb beider Inhaltsbereiche und weist damit eher auf deutliche Leistungsunterschiede bei der Begründungskompetenz insgesamt als in spezifischen Inhaltsbereichen hin.

Befinden sich die Antworten des Jahrgangs vier auf einer höheren Niveaustufe als die Antworten des Jahrgangs drei? (2c)
Diese untergeordnete Forschungsfrage wurde in Hinblick auf zwei Thesen ausdifferenziert und geprüft. Es konnte zunächst bestätigt werden, dass in Jahrgang vier bedeutend häufiger erfolgreich begründet wird als in Jahrgang drei (41,9 % zu 26,5 %, These 6). Es konnte auch aufgezeigt werden, dass der Zusammenhang zwischen Jahrgang und Begründungshäufigkeit sowohl insgesamt als auch innerhalb der vier Aufgabenkategorien (*explizit, implizit, Muster und Strukturen, Raumvorstellung*) hoch signifikant ist. Dies lässt darauf schließen, dass Jahrgang vier weniger eine spezifische Stärke als vielmehr eine insgesamt weiterentwickelte Begründungskompetenz besitzt. Der Zusammenhang zwischen Klassenzugehörigkeit und Begründungshäufigkeit erwies sich als hoch signifikant mit einem größeren Effekt in der dritten Klasse.

Darüber hinaus konnte bestätigt werden, dass in Jahrgang vier häufiger höhere Niveaustufen beim Begründen erreicht werden als in Jahrgang drei (These 7). Der Zusammenhang zwischen Jahrgang und Niveaustufe erwies sich sowohl insgesamt als auch innerhalb der vier Aufgabenkategorien als hoch signifikant. Dieses Ergebnis steht im Widerspruch zu der Studie von Neumann et al. (2014), in der kein signifikanter Zusammenhang zwischen den Jahrgängen 3, 4 und 6 bei der schriftlichen arithmetischen Begründungskompetenz festgestellt werden konnte (s. 2.2.2.3). Der Zusammenhang scheint damit, entgegen den Forschungsergebnissen von Neumann et al. (2014), zumindest im schriftlichen Begründen bei Geometrieaufgaben gegeben zu sein. Es konnte außerdem aufgezeigt werden, dass Viertklässlerinnen und Viertklässler bedeutend häufiger einen passenden Zugang zur Aufgabenstellung haben (seltener auf Stufe 0 verbleiben) und die höheren Begründungsstufen 4 und 5 häufiger erreichen. Der größte Unterschied bei den Begründungen besteht dabei auf Stufe 4, dem *abstrakten Begründen auf verallgemeinerter Ebene.* Hier konnten 16,2 % der Antworten aus Jahrgang drei und 26,7 % der Antworten aus Jahrgang vier eingeordnet werden, was auf ein höheres Potential der Viertklässlerinnen und Viertklässler im *abstrakten Begründen* schließen lässt. Im Zusammenhang mit weiteren vertiefenden Analysen zeigte sich allerdings auch, dass die Kinder im Jahrgang vier zwar im Bewältigen des Begründens stärker sind und dieses bereits häufiger (vor allem auf Stufe 4) umsetzen können, die erreichten Niveaustufen innerhalb der vorliegenden Begründungen jedoch keineswegs bedeutend besser sind. Die Antworten in Jahrgang vier sind damit zwar (absolut und relativ zu allen Antworten) häufiger auf einer höheren Niveaustufe, die vorliegenden Begründungen sind jedoch (relativ zu ihrer Anzahl) nicht auf einer höheren Begründungsstufe. Die Antworten von Drittklässlerinnen und Drittklässlerinnen, denen das Begründen gelingt, sind damit keineswegs als leistungsschwächer einzuordnen.

Die einzelnen Klassen zeigten ein weitgehend zur These 7 stimmiges Bild. Es gab in der Stichprobe jedoch auch dritte Klassen, die häufiger auf den höheren Niveaustufen begründeten als vierte. Insbesondere in Jahrgang drei ist zudem aufgrund des ausgeprägteren Klasseneffekts mit von der These abweichenden Ergebnissen zu rechnen.

Abschließende kritische Anmerkungen zu den Niveaustufen
Die beschriebenen Ergebnisse zu den Niveaustufen des Begründens sind jeweils in dem spezifischen Kontext des schriftlichen Begründens in der Geometrie in Klasse drei und vier verortet. Dabei wurden für die Geometrie die beiden Bereiche *Muster und Strukturen* und *Raumvorstellung* fokussiert. Als implizite Begründungskompetenz wurde zudem nur das *Entdecken* ausgewählt. Das

bedeutet, eine Übertragbarkeit auf andere Mathematikinhalte als die Geometrie, andere geometrische Inhaltsbereiche neben *Muster und Strukturen* sowie *Raumvorstellung*, Rückschlüsse auf angrenzende Klassenstufen, andere implizite oder explizite Begründungskompetenzen oder auch das mündliche Begründen erscheinen grundsätzlich möglich, werden durch die Ergebnisse jedoch nicht belegt.

In Bezug auf das entwickelte Modell ist zudem kritisch darauf hinzuweisen, dass weitere oder auch andere Qualitätskriterien für schriftliche mathematische Begründungen denkbar sind und berücksichtigt werden könnten. So wäre es bspw. möglich, die Exaktheit und Verständlichkeit der getroffenen Aussagen mit einzustufen oder sprachliche Aspekte wie die Verwendung mathematischer Fachbegriffe oder die Formulierung ganzer Sätze zu berücksichtigen. Die vorliegende Arbeit legt den Fokus an dieser Stelle zunächst auf die inhaltlich angeführten mathematischen Aspekte.

Des Weiteren ist kritisch anzumerken, dass die Stufeneinordnungen zwar methodisch und mithilfe eines Leitfadens und Ankerbeispielen, jedoch nur durch die eigene Person erfolgten. Eine Aussage über eine Interrater-Reliabilität ist daher nicht möglich.

Charakteristika geometrischer Begründungen (Empirischer Teil 2)
In Abschnitt 4.8 wurde abschließend ein Kategorienmodell entwickelt, welches die Charakteristika der vorliegenden geometrischen Begründungen in ihrer Vielfalt (ansatzweise) beschreibt. Aus der Theorie und den vorliegenden vielseitigen Fallbeispielen der Studie wurden Kategorien abgeleitet, die bestimmte Aspekte der Begründungen bei Geometrieaufgaben von Grundschulkindern fokussieren und die diesbezüglich verschiedenen möglichen Ausprägungen umfassen. Das die verschiedenen Kategorien enthaltende Modell zeigt somit zusammengenommen vielfältige Möglichkeiten und Besonderheiten des geometrischen Begründens in der Grundschule auf.

Die Auseinandersetzung mit bestehenden theoretischen Kategorien und den empirischen Fallbeispielen ergab einen Fokus auf drei immer wieder vordergründige Aspekte. Das Kategorienmodell beschreibt dementsprechend mögliche Kategorien zur Präsentation und Repräsentation der Begründung (s. 4.8.1), zu den angegebenen Gründen (s. 4.8.2) und den gewählten Legitimationsarten (s. 4.8.3). Diese drei Aspekte wurden auch ausgewählt, da sie so eng mit der Begründung verknüpft sind, dass sie als elementar beurteilt werden können.

Der erste Bereich der Präsentation und Repräsentation berücksichtigt die äußere und innere Darstellungsform der Begründung. Es wird somit sowohl auf die äußere Form der Begründung „auf dem Papier" als auch auf den darin beschriebenen „gedachten Modus" eingegangen. Damit berücksichtigt dieser erste Teil des Kategoriensystems die vielfältigen mentalen wie realen Visualisierungsmöglichkeiten der Geometrie. Für die (äußere) Präsentation konnten auf theoretischer Ebene drei Kategorien festgestellt werden, von denen zwei auch empirisch durch Fallbeispiele gestützt werden können. Während rein *schriftsprachliche* Begründungen und *schriftsprachliche Begründungen mit Zeichnungen bzw. Markierungen* eindeutig vorkommen, verbleibt die Begründung als *Zeichnung bzw. Markierung* auf theoretischer Ebene. An dieser Stelle legt das entwickelte Aufgabenformat der Studie mit den vorgegebenen Linien jedoch kritisch betrachtet eine schriftliche Antwort zu sehr nahe, um diese Kategorie aufgrund der vorliegenden empirischen Daten ausschließen zu können. Das Vorkommen dieser Kategorie müsste in einem offeneren Aufgabenformat empirisch geprüft werden. Für die (innere) Repräsentation wurden mit *visuell-bildlich (geometrisch)* und *sprachlich-logisch (analytisch)* zwei übergeordnete Kategorien festgelegt, die in vier Unterkategorien weiter ausdifferenziert werden konnten. Diese Kategorien berücksichtigen verschiedene Möglichkeiten, Begründungen bei Geometrieaufgaben eher geometrisch-anschaulich oder auch analytisch zu denken (s. auch 4.8.1).

Der zweite Teil des Kategoriensystems widmet sich den angegebenen Gründen und geht der Frage nach, womit bei Geometrieaufgaben begründet wird. Die formulierten Kategorien berücksichtigen zum einen die Tatsache, dass neben den *geometrischen Gründen* auch *andere Gründe (v. a. arithmetische)* angegeben werden. Zum anderen gehen die Kategorien darauf ein, dass die angegebenen Gründe einerseits einen *statisch-prädikativen*, andererseits einen *dynamisch-funktionalen Charakter* haben können (s. 4.8.2).

Im dritten Teil des entwickelten Kategoriensystems wird die gewählte Legitimationsart aufgegriffen und der Frage nachgegangen, worüber Grundschulkinder ihre Aussage bei geometrischen Begründungsaufgaben legitimieren können. In Abgrenzung zum zweiten Teil interessiert dabei nicht der inhaltlich angegebene Grund, sondern die Frage, woher die Kinder auf der Metaebene die Gewissheit nehmen, dass ihr Grund stimmt. Dabei wird in dem Modell zwischen *bestehenden Erfahrungen*, die *externer* oder *interner* Art sein können und *neuen Einsichten*, die *empirisch* oder *theoretisch-analytisch* gewonnen werden können, unterschieden. Diesen vier untergeordneten Kategorien wurden insgesamt sieben konkrete Legitimationsverfahren mit dem zugrunde liegenden Prozess, wie z. B. die Legitimation über eine *anerkannte Autorität* mit der *Anerkennung einer Quelle* oder die *mentale Operation* mit einem *Raumvorstellungsprozess,* zugeordnet (s. 4.8.3).

Das Modell gibt damit insgesamt einen Überblick über grundschuladäquate Möglichkeiten des Begründens bei Geometrieaufgaben. Es ist als didaktischer Ansatz und aufgrund der noch fehlenden umfassenden Validierung des Modells auch als empirischer Ansatz zu verstehen (s. auch 5.3).

5.3 Weiteres Forschungspotential

Begründungsanforderungen in Geometrieaufgaben der Grundschule (Empirischer Teil 1)

Die Schulbuchanalyse bietet offenes und weiterführendes Forschungspotential in mehrerlei Hinsicht. Der Schwerpunkt der Analyse der vorliegenden Arbeit liegt bei den verschiedenen Begründungskompetenzen, der Zuordnung der sprachlichen Indikatoren und der Inhaltsbereiche. Insbesondere die geometrischen Inhaltsbereiche sollten noch vertiefend in Hinblick auf ihr Begründungspotential untersucht werden. Mithilfe der eingeordneten Daten wurde bereits festgestellt, welche geometrischen Inhaltsbereiche in welchem Umfang und in Verknüpfung mit welchen Begründungskompetenzen abgefragt werden. Eine vertiefende Analyse der geometrischen Inhaltsbereiche in Hinblick auf mögliche inhaltliche Begründungsanlässe ist jedoch offengeblieben. Eine derartige Sammlung könnte einerseits die bestehenden Anforderungen genauer aufzeigen. Andererseits könnte es sich didaktisch als wertvoll erweisen, auch das in den Schulbüchern nicht umgesetzte Potential der Inhaltsbereiche genauer herauszuarbeiten und so über die bestehenden Schulbuchaufgaben hinaus aufzuzeigen, in welchen Inhalten in welchem Maße weiteres Begründungspotential für den Unterricht liegt.

Darüber hinaus ist die Analyse der Anforderungen in der vorliegenden Arbeit auf die Geometrie begrenzt. Die Analyse der bestehenden Anforderungen in den weiteren Inhaltsbereichen der Arithmetik, dem Bereich Größen usw. bietet weiteres Forschungspotential. Es könnte eine zur Geometrie vergleichbare Analyse vorgenommen werden, so dass es möglich wäre, die Ergebnisse zusätzlich in den Vergleich zu der bereits erfolgten Analyse zu stellen. Auf diese Weise wäre es möglich zu prüfen, inwieweit in anderen Inhaltsbereichen andere implizite oder explizite Begründungskompetenzen Schwerpunkte bilden und der entwickelte Leitfaden ggf. zu überarbeiten wäre. Des Weiteren wäre es auch hier von didaktischem Wert, die inhaltlichen Begründungsanlässe herauszuarbeiten.

Eine weitere Limitierung der Schulbuchanalyse besteht in den Jahrgängen drei und vier. Diese Auswahl erscheint zwar insbesondere aufgrund der schriftsprachlichen Anforderungen des Begründens und des daraus abgeleiteten höheren

Potentials an Aufgaben in den höheren Grundschuljahrgängen sinnvoll, ergänzend wäre aber auch von Forschungsinteresse, inwieweit die Schulbücher bereits in Klasse eins und zwei erste Begründungsanlässe durch Aufgaben anbieten.

Weiterführend erscheint es denkbar, neuere Schulbücher (einmalig als Vergleichsstudie oder in einem regelmäßigen Abstand als längerfristige Entwicklungsstudie) in Hinblick auf die Aufgabenanforderungen in der Geometrie zu analysieren, in den Vergleich zu stellen und ggf. vorhandene Entwicklungen bzw. Veränderungen aufzuzeigen. Diese könnten wiederum im Zusammenhang zur Entwicklung der vorliegenden Begründungskompetenz analysiert werden. Auch der Vergleich zu Schulbüchern anderer Länder wäre denkbar, um ggf. weiteres Potential für Begründungsaufgaben in der Grundschule herauszuarbeiten.

Das Niveaustufenmodell und die Begründungskompetenz der Grundschulkinder (Empirischer Teil 2)
Das Niveaustufenmodell konnte durch die vorliegenden Daten der Begründungsantworten auf geometrische Fragestellungen von Kindern der dritten und vierten Klassenstufe bestätigt worden. Allerdings wird dabei kein Anspruch auf Vollständigkeit erhoben, sondern zunächst ein Fokus auf die inhaltlich angeführten Aspekte gesetzt. Damit bietet das Modell Potential für Erweiterungen in Hinblick auf andere, bspw. sprachliche Aspekte. Ansatzpunkte für eine sprachliche Begründungsstruktur lassen sich bei Neumann et al. (2014) finden. Auch die Exaktheit im Sinne der Eindeutigkeit der Formulierungen wäre hier evtl. mit einzubeziehen. So konnten in den Daten der Studie zahlreiche Formulierungen wie „immer zwei mehr" gefunden werden, die einer Interpretation durch die Leserin oder den Leser erforderlich machen und damit streng genommen nicht eindeutig formuliert sind. Auch Fachbegriffe wurden in dem entwickelten Modell bislang nicht höher bewertet als entsprechend inhaltliche Beschreibungen und stellen einen weiteren möglichen Ansatzpunkt für eine einzubauende oder auf einer weiteren Skala zu ergänzende Niveauabstufung dar.

Darüber hinaus ist das Modell zwar anhand von Begründungen bei Geometrieaufgaben entwickelt worden, jedoch allgemeingültig formuliert. Somit liegt ein bedeutendes Forschungspotential darin, die Anwendbarkeit des Modells auf weitere Inhaltsbereiche zu prüfen und für diese zu bestätigen oder zu modifizieren.

In Bezug auf die ermittelte Niveaustufenverteilung liegt ebenfalls weiteres Forschungspotential vor, welches sich vor allem durch die Spezifität des schriftlichen Begründens in der Geometrie in Jahrgang drei und vier und den damit verbundenen Fragen der Übertragbarkeit auf angrenzende Bereiche und Altersstufen ergibt.

So wäre es möglich, mithilfe des ggf. überarbeiteten Modells weiterführend auch Begründungsantworten aus anderen Inhaltsbereichen zu erheben und einzuordnen. Anhand dessen könnte geprüft werden, inwieweit andere Inhaltsbereiche zu vergleichbaren Niveauabstufungen in Jahrgang drei und vier führen. Es könnte untersucht werden, ob dementsprechend eher eine inhaltsunabhängige Begründungskompetenz in einem bestimmten Jahrgang vorliegt oder Besonderheiten bestimmter Inhaltsbereiche die Niveaustufenverteilung beeinflussen. So zeigte sich unter den Antworten auf die geometrischen Aufgaben bspw., dass besonders häufig auf der Stufe 4 und damit *auf verallgemeinerter Ebene* begründet wurde. Dies wäre für weitere Inhaltsbereiche neben der Geometrie noch vergleichend zu prüfen. Analog zu den Inhaltsbereichen wären auch die weiteren herausgearbeiteten Begründungskompetenzen neben dem fokussierten expliziten Begründen und dem impliziten Entdecken (s. 3.3.4) noch zu untersuchen und in den Vergleich zu stellen.

Des Weiteren wäre von Interesse, ob die am Ende von Jahrgang drei und vier vorhandenen Niveaustufen von einigen Kindern bereits am Ende von Jahrgang eins oder zwei erreicht werden. Zur Prüfung dieser Fragestellung könnten altersangemessene Begründungsaufgaben entwickelt und zunächst von besonders leistungsstarken Kindern bearbeitet werden, ehe bei einem vielversprechenden Potential auch ganze Klassen getestet werden.

Ein weiteres umfassendes Forschungspotential liegt in der vergleichenden Betrachtung des mündlichen Begründens und der dort erreichten Niveaustufen. Die Beobachtungen in der Pilotierung deuten darauf hin, dass Kinder auf die gleichen Aufgaben mündlich umfassender und adressatenorientierter, jedoch von sich aus nicht auf einer höheren Niveaustufe antworten als schriftlich. Die empirischen Befunde von Fetzer (2011) zum Argumentieren bieten dazu empirische Ansatzpunkte. Die bei Grundschulkindern beobachteten oft implizit bleibenden Elemente der Argumentation sowie die Neigung auch nonverbal zu kommunizieren und beispielsweise die Gestik zu nutzen bzw. auf diese auszuweichen, deuten auf konkrete Unterschiede hin, die sich in den Niveaus der schriftlich oder mündlich formulierten Begründungen unterschiedlich darstellen könnten (s. auch 4.2, 2.2.2.2) und vergleichend zu untersuchen wären. Die sich daraus ableitende zu untersuchende Fragestellung wäre die, ob bei schriftlich gestellten Aufgaben höhere Niveaustufen erreicht werden als bei mündlichen. Bezold (2009) weist allerdings auch auf eine Hemmschwelle beim schriftlichen Argumentieren hin. Daher wäre es gleichzeitig von Interesse, zu untersuchen, ob mehr Kinder in der Lage sind, mündlich eine Begründung zu formulieren als schriftlich.

Die vorliegenden Daten bieten darüber hinaus die Möglichkeit, die erreichten Niveaustufen im Zusammenhang mit dem verwendeten Schulbuch zu betrachten und hier erste Thesen aufzustellen. Diese könnten in einer größeren Stichprobe geprüft werden. Dieses Forschungspotential wird allerdings dahingehend als schwierig bewertet, dass von vielen weiteren Einflussfaktoren auf die erreichten Niveaustufen wie bspw. dem der Lehrkraft und der Verwendung auch anderer Materialien auszugehen ist.

Das Design der erfolgten Studie bietet jedoch darüber hinaus das verbleibende Potential, die Antworten einzelner Kinder auf das implizite und explizite Aufgabenformat zu vergleichen und Gemeinsamkeiten und Unterschiede der Begründungen herauszuarbeiten. Auf diese Weise könnte die Wirkung impliziter und expliziter Aufgabenformate auf die Antwort über die Niveaustufe hinaus näher bestimmt werden. Dabei wäre es auch möglich zu prüfen, inwieweit es Kinder gibt, denen das implizite oder explizite Aufgabenformat besser liegt und die dementsprechend deutlich häufiger implizit oder explizit begründen oder auch eine höhere Niveaustufe erreichen.

Ausblick: Charakteristika geometrischer Begründungen (Empirischer Teil 2)
Das entwickelte Kategorienmodell zur Beschreibung der vielfältigen Möglichkeiten des Begründens im Grundschulalter ist noch mithilfe einer umfassenden Datenmenge zu validieren. Die bestehenden Kategorien basieren bislang auf theoretischen Ansatzpunkten sowie vorliegenden Fallbeispielen. Eine umfassende Validierung mit einer Überprüfung der vorliegenden Häufigkeiten und der dementsprechenden Relevanz der einzelnen Kategorien in der Grundschule ist jedoch noch offen und bietet das Potential, die Forschungsfrage *Wie lassen sich die Begründungen von Grundschulkindern der dritten und vierten Klasse bei Geometrieaufgaben charakterisieren?* zu beantworten.

Mithilfe des bestätigten bzw. überarbeiteten Modells wäre es von Forschungsinteresse dann, passend zu den drei Teilen des Modells, auch die nachfolgenden drei Forschungsfragen weiterführend zu untersuchen und quantitativ zu beantworten:

1) Welche Formen der Präsentation und Repräsentation werden in Begründungen bei Geometrieaufgaben gewählt?
2) Was für Gründe werden als Antwort auf geometrische Begründungsaufgaben angegeben?
3) Worüber legitimieren Grundschulkinder ihre Aussagen bei geometrischen Begründungsaufgaben?

Darüber hinaus sind zahlreiche weiterführende Forschungsfragen denkbar wie bspw. die nach der Akzeptanz der verschiedenen Begründungsarten unter den

Kindern oder Lehrkräften. Im Rahmen der Fallbeispiele entstand dazu die konkrete Frage, inwieweit Grundschulkinder (oder auch Lehrkräfte) geometrische Begründungen als ebenso ausreichend bzw. gut wie arithmetische Begründungen bewerten. Auch die Zusammenhänge zwischen den Merkmalen und der erreichten Niveaustufe könnten geprüft und ggf. näher bestimmt werden.

5.4 Bedeutung der Ergebnisse für die Praxis

Begründungsanforderungen in Geometrieaufgaben der Grundschule (Empirischer Teil 1)
Die Schulbuchanalyse hat eine Vielzahl verschiedener Aufgabenformate und sprachlicher Indikatoren aufgezeigt, die im Unterricht als expliziter oder impliziter Begründungsanlass geltend gemacht werden können. Sie hat aber auch aufgezeigt, dass der Anteil an Begründungsaufgaben insgesamt mit rund 14 % der Geometrieaufgaben in den Schulbüchern eher gering ausgeprägt ist. Werden von diesen 14 % lediglich die expliziten Aufgabenstellungen als Begründungsanlass wahrgenommen, verbleiben nur 5 % der Geometrieaufgaben für das Begründen. Für die Lehrpersonen erscheint es daher elementar, auch verschiedene implizite Begründungsaufgabenformate zu kennen, als solche wahrzunehmen und entsprechend den Schülerinnen und Schülern auch hier eine Begründungsnotwendigkeit zu vermitteln. Die Kenntnis der verschiedenen Aufgabenformate würde der Lehrkraft, zusätzlich zu dem sicheren Umgang mit den vorliegenden Schulbuchaufgaben, auch die Gestaltung eigener Begründungsaufgaben und die Stellung unterschiedlicher Anforderungen erleichtern. Der entwickelte Leitfaden bietet an dieser Stelle eine Übersicht mit zugehörigen sprachlichen Indikatoren an. Als Ziel für den Unterricht erscheint daher zusammenfassend eine Sensibilität für die verschiedenen impliziten Begründungsaufgaben auf Seiten der Lehrkräfte, ebenso wie eine entsprechend geschulte und verinnerlichte Fähigkeit im Erkennen einer Begründungsnotwendigkeit auf Seiten der Kinder, notwendig.

Das Niveaustufenmodell und die Begründungskompetenz der Grundschulkinder (Empirischer Teil 2)
Das entwickelte Niveaustufenmodell bietet den Lehrkräften der Grundschule eine Orientierungshilfe der Bandbreite dessen, was unter den Antworten der Schülerinnen und Schüler als Begründung verstanden werden kann. Eine Kenntnis der Stufen vermag dazu beizutragen, dass Antworten auf verschiedenen Niveaus wertgeschätzt werden, das Entwicklungspotential erkannt wird und eine altersangemessene Vorstellung des Begründens vorliegt, der die Kinder gerecht werden

können. Darüber hinaus erscheint auch der Einsatz als Beurteilungsinstrument für Begründungen von Kindern denkbar.

Die Ergebnisse zu den vorliegenden Niveaustufenverteilungen zeigen auf, dass alle beschriebenen Stufen in der Grundschule bereits vorkommen, wenn auch in unterschiedlich starkem Maße. Es fiel jedoch auch auf, dass viele Antworten auf den Vorstufen verbleiben. Dieses Ergebnis weist auf bestehende Schwierigkeiten hin, denen in der Schulpraxis begegnet werden sollte. Aufgrund der Tatsache, dass die Antworten auf die expliziten wie impliziten Aufforderungen beinahe gleich häufig auf der Stufe ohne passenden Zugang (Stufe 0) verblieben, erscheint das Erkennen der Begründungsnotwendigkeit hier als Schwierigkeit zweitrangig. Vielmehr erscheint es wesentlich, den Kindern anfangs besonders leicht zugängliche Begründungsaufgaben zu stellen, um deutlich häufiger bzw. mehr Kindern das Begründen zu ermöglichen und Sicherheit im Begründen zu gewinnen. Anhand vorliegender Begründungen könnte dann nach und nach auch der Anspruch an die Begründung gesteigert und mindestens mit einigen Kindern ein höheres Niveau erarbeitet werden. Die Daten zeigen auch auf, dass das Potential bei den Grundschulkindern in der dritten und vierten Klasse deutlich höher ist als es anhand bislang vorliegender Studienergebnisse angenommen werden konnte. Rund 55 % der explizit gestellten Begründungsaufforderungen konnten auf Basis des „normalen Unterrichts" erfolgreich mit einer Begründung beantwortet werden. Dies lässt auf ein hohes Potential unter den Kindern schließen, welches in der Praxis bei einer gezielten Förderung sicherlich noch deutlich weiterentwickelt werden könnte.

Bei den Begründungsstufen hat sich gezeigt, dass Stufe 3 und 4 in der Grundschule bereits bei rund einem Drittel aller Antworten erwartet werden können. Stufe 5 wäre dagegen eher als Anspruch an besonders leistungsstarke Kinder zu stellen.

Implizite und explizite Begründungsaufgaben

Implizite Begründungsaufgaben führen in einigen Fällen zu selbstständig initiierten Begründungen. Das Aufgabenformat ist damit grundsätzlich geeignet, diese bei einigen Kindern auszulösen. Allerdings lag der Anteil bei den Kindern der dritten Klasse lediglich bei 8,3 % der Antworten, bei den Kindern der vierten Klasse bei 18,4 %. Implizite Begründungsaufgaben weisen damit für den Unterricht ein selbstdifferenzierendes Potential in dem Sinne auf, dass leistungsschwächere Kinder die Aufgaben auch ohne Begründung lösen können und einige leistungsstärkere Kinder sich darüber hinaus zum Begründen aufgefordert fühlen. Für die Lehrkraft bietet die selbst zu findende (und idealerweise zu begründende) Aussage zusätzliches diagnostisches Potential in Hinblick auf den Zugang zum zu begründenden Aufgabeninhalt. Zudem kann nur bei diesem Aufgabenformat das selbstständige Erkennen der Begründungsnotwendigkeit geschult werden. Da in Jahrgang vier bei impliziten Begründungsaufgaben bereits beinahe doppelt so häufig begründet wurde wie in Jahrgang drei, ist von einer deutlichen Entwicklungsfähigkeit dieser Kompetenz in der Grundschule auszugehen und das Aufgabenformat hierfür sinnvoll einzusetzen.

Für die gezielte Förderung der Begründungsfähigkeit im Sinne des Erreichens vieler Begründungen unter den Kindern ist jedoch das explizite Begründungsformat deutlich geeigneter. Während implizit insgesamt bei rund 13,5 % der Antworten begründet wurde, waren es explizit rund 55,0 %.

In Bezug auf das Erreichen besonders hoher Niveaustufen unter den Begründungen ist es wider Erwarten nicht entscheidend, welches Aufgabenformat eingesetzt wird.

Bei beiden Aufgabenformaten wurde ein hoch signifikanter Zusammenhang zwischen Jahrgang und Begründungshäufigkeit und ein noch stärker ausgeprägter hoch signifikanter Zusammenhang zwischen Klassenzugehörigkeit und Begründungshäufigkeit festgestellt. Damit erwies sich die Klasse für die Begründungshäufigkeit relevanter als der Jahrgang. Auch wenn die Ursachen hierfür nicht näher bestimmt werden konnten, weist dieses Ergebnis auf einen maßgeblichen Einfluss der Begründungskultur einer Klasse und damit auch der Gestaltung durch die Lehrkraft hin. Dies kann sowohl als Anforderung als auch als Chance verstanden werden.

Muster und Strukturen und Raumvorstellung
Die Wahl des Inhaltsbereichs der Begründungsaufgaben nimmt einen entscheidenden Einfluss auf die Begründung. Dies zeigt sich in den Ergebnissen durch durchweg hoch signifikante Zusammenhänge zwischen dem Inhaltsbereich auf der einen Seite und der Begründungshäufigkeit, der Niveaustufe sowie der Begründungsstufe (3 bis 5) auf der anderen Seite. Für das Begründen in der Geometrie erwies sich der Bereich *Muster und Strukturen* als zugänglicher als der Bereich *Raumvorstellung*. Dies gilt sowohl in Hinblick auf das erfolgreiche Begründen als auch das Erreichen einer höheren Niveaustufe. Der geometrische Inhaltsbereich *Muster und Strukturen* wäre somit für eine Einführung in das Begründen in der Geometrie bzw. für die Förderung leistungsschwächerer Kinder im Begründen vorzuziehen. Der Bereich *Raumvorstellung* besitzt jedoch auch ein deutliches Begründungspotential für den Unterricht.

In Bezug auf die Bedeutung des gewählten Inhaltsbereichs zeigte sich allerdings einschränkend, dass die Klassenzugehörigkeit den stärkeren Einflussfaktor besitzt. Dementsprechend kann keine allgemeingültige Empfehlung für einen

besonders zugänglichen Inhaltsbereich ausgesprochen werden. Dies ist letztlich klassenspezifisch zu beurteilen. Das Ziel sollte es zudem sein, in allen
Inhaltsbereichen, ggf. auf unterschiedlichem Niveau, zu begründen.

Dritte und vierte Klasse
In Jahrgang vier wird durchschnittlich sowohl bedeutend häufiger begründet als
auch bedeutend häufiger eine höhere Niveaustufe erreicht. Der Zusammenhang
zwischen Jahrgang und Begründungsstufe sowie Jahrgang und Niveaustufe konnte
dabei jeweils insgesamt als auch innerhalb der einzelnen Kategorien (*explizit,
implizit, Muster und Strukturen, Raumvorstellung*) als hoch signifikant nachgewiesen werden. Bei Viertklässlerinnen und Viertklässlern kann dementsprechend
von einem insgesamt höheren Begründungspotential im schriftlichen Begründen bei Geometrieaufgaben ausgegangen werden als bei Drittklässlerinnen und
Drittklässlern. Dies gilt insbesondere in Bezug auf den häufiger vorliegenden
passenden Zugang zur Aufgabenstellung und das bedeutend häufigere Erreichen
des *abstrakten Begründens* (Stufe 4). Somit ist von einem deutlichen Entwicklungspotential der Begründungskompetenz von Ende Klasse drei zu Ende Klasse
vier auszugehen, welches schwerpunktmäßig im *abstrakten Begründen* zu liegen
scheint. Beim Begründen bereits vereinzelt leistungsstärkere dritte Klassen als
leistungsschwächere vierte Klassen sind dennoch möglich.

Ausblick: Charakteristika geometrischer Begründungen (Empirischer Teil 2)
Das entwickelte Kategorienmodell bietet eine Orientierungshilfe über die mögliche Vielfalt und Gestaltung der Begründungen von Grundschulkindern. Damit
stellt es ein Werkzeug dar, welches den Lehrkräften die Bandbreite des altersad-
äquaten Begründens in Bezug auf die mögliche Präsentation und Repräsentation
der Begründung, die angegebenen Gründe und gewählten Legitimationsarten
aufzeigen kann.
    Das Modell kann der jeweiligen Lehrkraft selbst helfen, einen umfassenden
und ausdifferenzierten Begriff des Begründens in der Grundschule auszubilden,
zu vermitteln und entsprechend vielfältige Begründungen von Grundschulkindern als Begründung anzuerkennen bzw. wertzuschätzen. Es bietet sich an, das
Modell als Repertoire an Möglichkeiten zu betrachten, die angeboten und akzeptiert, vermittelt, thematisiert, diskutiert und verglichen werden können. Zudem ist
es möglich, mithilfe des Modells die eigene Fokussierung im Unterricht kritisch
zu überprüfen und den Kindern gezielt evtl. für sie zugänglichere Alternativen
aufzuzeigen.

In Bezug auf die Legitimationsverfahren erscheint es darüber hinaus denkbar, die in dem Modell angedeutete Abstufung von links nach rechts (von der
Anerkennung einer Autorität bis zur stichhaltigen deduktiven Begründung) mit
den Kindern zum Teil oder nach und nach zu thematisieren. Dabei könnte bspw.
über die Qualität verschiedener Legitimationsverfahren diskutiert werden. Zudem
könnten weitere Begründungsmöglichkeiten gezielt eingeführt und verglichen
werden. Das Modell bietet der Lehrkraft somit verschiedene Ansatzpunkte zur
Weiterentwicklung vorliegender Begründungen im Rahmen der jeweiligen Möglichkeiten des Kindes und kann in diesem Sinne auch als „Orientierungshilfe"
zum Begründen in der Grundschule verstanden werden.

In der Gesamtheit zeigt das Modell eine große Bandbreite dessen auf, was
als Begründen in der Grundschule aufgefasst werden kann. Damit wird auch
der umfassende Anspruch an die Lehrkraft deutlich, die das Begründen jeder
Grundschülerin und jedem Grundschüler fachgerecht und unter Berücksichtigung der individuellen Möglichkeiten vermitteln soll. Aus der Perspektive der
Schülerinnen und Schüler lässt sich zudem in der Vielzahl möglicher Begrün-
dungsdarstellungen, Gründe und Legitimationen sowohl eine hohe Komplexität
der zu treffenden Entscheidungen als auch eine Vielzahl individueller Möglichkeiten erahnen. Diese Vielzahl produktiv im Unterricht zu erhalten, flexibel zu
nutzen und zu reflektieren stellt eine nicht zu unterschätzende Herausforderung
dar.

Literaturverzeichnis

Aeppli, Jürg; Gasser, Luciano; Gutzwiller, Eveline; Tettenborn, Annette (2016): Empirisches wissenschaftliches Arbeiten. Ein Studienbuch für die Bildungswissenschaften. 4., durchgesehene Aufl. Bad Heilbrunn: Verlag Julius Kinkhardt (UTB, 4201).

Almeida, Dennis (2001): Pupils' proof potential. In: *International Journal of Mathematical Education in Science and Technology* 32 (1), S. 53–60.

Ambrus, Andreas (1992): Indirektes Argumentieren, Begründen, Beweisen im Mathematikunterricht. Hildesheim: Franzbecker (Texte zur mathematisch-naturwissenschaftlich-technischen Forschung und Lehre, 37).

Artelt, Cordula; Baumert, Jürgen; Klieme, Eckhard; Neubrand, Michael; Prenzel, Manfred; Schiefele, Ulrich et al. (2001): PISA 2000 Zusammenfassung zentraler Befunde. Max-Planck-Institut für Bildungsforschung. Berlin. Online verfügbar unter https://www.mpib-berlin.mpg.de/Pisa/ergebnisse.pdf, zuletzt geprüft am 08.09.2017.

Balacheff, Nicolas (1988): Aspects of proof in pupils' practice of school mathematics. In: David Pimm (Hg.): Mathematics, teachers and children, S. 216–235.

Balacheff, Nicolas (1999): Is argumentation an obstacle? Invitation to a debate… In: *International Newsletter on the Teaching and Learning of Mathematical Proof* (05/06). Online verfügbar unter http://www.lettredelapreuve.org/OldPreuve/Newsletter/990506Theme/990506ThemeUK.html, zuletzt geprüft am 10.03.2017.

Bardy, Peter (2013): Mathematisch begabte Grundschulkinder. Diagnostik und Förderung. Nachdr. der Ausgabe 2007. Berlin Heidelberg: Springer Spektrum (Mathematik Primar- und Sekundarstufe).

Battista, Michael T.; Wheatley, Grayson H. (1989): Spatial Visualization, Formal Reasoning, and Geometric Problem-Solving Strategies of Preservice Elementary Teachers. In: *Focus on Learning Problems in Mathematics* 11 (4), S. 17–30.

Bauer, Andreas (2015): Argumentieren mit multiplen und dynamischen Repräsentationen. Würzburg: Würzburg University Press.

Baumert, Jürgen; Bos, Wilfried; Lehmann, Rainer H. (2002): TIMSS/III. Dritte internationale Mathematik- und Naturwissenschaftsstudie. Mathematische und naturwissenschaftliche Bildung am Ende der Schullaufbahn. In: *Zeitschrift für Erziehungswissenschaft* 5 (2), S. 345–358.

Baumert, Jürgen; Bos, Wilfried; Watermann, Rainer (2000): Mathematische und naturwissenschaftliche Grundbildung im internationalen Vergleich. In: Jürgen Baumert, Wilfried Bos und Rainer Lehmann (Hg.): TIMSS/III Dritte Internationale Mathematik- und Naturwissenschaftsstudie – mathematische und naturwissenschaftliche Bildung am Ende der Schullaufbahn. Band 1: Mathematische und naturwissenschaftliche Grundbildung am Ende der Pflichtschulzeit. Opladen: Leske + Budrich, S. 135–197.

Baumert, Jürgen; Klieme, Eckhard; Bos, Wilfried (2001a): Mathematische und naturwissenschaftliche Bildung am Ende der Schullaufbahn – Die Herausforderung von TIMSS für die Weiterentwicklung des mathematischen und naturwissenschaftlichen Unterrichts. In: Bundesministerium für Bildung und Forschung (Hg.): TIMSS – Impulse für Schule und Unterricht, S. 11–41.

Baumert, Jürgen; Rainer, Lehmann; Lehrke, Manfred; Schmitz, Bernd; Clausen, Marten; Hosenfeld, Ingmar et al. (1997): TIMSS – Mathematisch-naturwissenschaftlicher Unterricht im internationalen Vergleich. Deskriptive Befunde. Opladen: Leske + Budrich.

Baumert, Jürgen; Stanat, Petra; Demmrich, Anke (2001b): PISA 2000: Untersuchungsgegenstand, theoretische Grundlagen und Durchführung der Studie. In: Jürgen Baumert, Eckhard Klieme, Michael Neubrand, Manfred Prenzel, Ulrich Schiefele, Wolfgang Schneider et al. (Hg.): PISA 2000. Basiskompetenzen von Schülerinnen und Schülern im internationalen Vergleich. Opladen: Leske u. Budrich, S. 15–68.

Beckmann, Astrid (1997): Beweisen im Geometrieunterricht der Sekundarstufe I. Hamburg: Lit (Studienbücher für den Unterricht in Lehre und Schule, Bd. 2).

Beckmann, Astrid (2003): Mathematikunterricht in Kooperation mit dem Fach Deutsch. Hildesheim [u. a.]: Franzbecker (Fächerübergreifender Mathematikunterricht, 3).

Beckmann, Astrid (2010): Fächerübergreifend unterrichten in Mathematik und Deutsch. Arbeiten mit Gemeinsamkeiten und Differenzen. In: Gabriele Fenkart, Anja Lembens und Edith Erlacher-Zeitlinger (Hg.): Sprache, Mathematik und Naturwissenschaften. Innsbruck, Wien, Bozen: Studien Verlag (ide-extra, Bd. 16), S. 154–175.

Bender, Peter (1989): Anschauliches Beweisen im Geometrieunterricht – unter besonderer Berücksichtigung von (stetigen) Bewegungen und Verformungen. In: Hermann Kautschitsch und Wolfgang Metzler (Hg.): Anschauliches Beweisen. Stuttgart: B. G. Teubner, S. 95–145.

Benz, Christiane; Peter-Koop, Andrea; Grüßing, Meike (2015): Frühe mathematische Bildung. Mathematiklernen der Drei- bis Achtjährigen. Berlin, Heidelberg: Springer Spektrum.

Berlinger, Nina (2015): Die Bedeutung des räumlichen Vorstellungsvermögens für mathematische Begabungen bei Grundschulkindern. Theoretische Grundlegung und empirische Untersuchungen. Münster: WTM, Verl. für wiss. Texte u. Medien.

Besuden, Heinrich (1984): Knoten, Würfel, Ornamente. Aufsätze zur Geometrie in Grund- u. Hauptschule. 1. Aufl. Stuttgart: Klett.

Bezold, Angela (2008): Beweisen – argumentieren – begründen. Entwicklung von Argumentationskompetenzen im Mathematikunterricht. In: *Grundschulmagazin* (6), S. 35–39.

Bezold, Angela (2009): Förderung von Argumentationskompetenzen durch selbstdifferenzierende Lernangebote. Eine Studie im Mathematikunterricht der Grundschule. Hamburg: Kovač (Schriftenreihe Didaktik in Forschung und Praxis, 47).

Bezold, Angela (2010): Mathematisches Argumentieren in der Grundschule fördern – was Lehrkräfte dazu beitragen können. Kiel: IPN Leibniz-Institut f. d. Pädagogik d. Naturwissenschaften an d. Universität Kiel (Handreichungen des Programms SINUS an Grundschulen).

Bezold, Angela (2012): Argumentationskompetenzen im Unterrichtsalltag fördern, analysieren und bewerten. In: Anna S. Steinweg (Hg.): Prozessbezogene Kompetenzen: Fördern, Beobachten, Bewerten. Tagungsband des AK Grundschule in der GDM 2012. Bamberg: University of Bamberg Press (Mathematikdidaktik Grundschule, 2), S. 9–22.

Biehler, Rolf; Leuders, Timo (2014): Kompetenzmodellierungen für den Mathematikunterricht – Eine Zwischenbilanz aus Sicht der Mathematikdidaktik. In: *Journal für Mathematik-Didaktik* 35 (1), S. 1–5, zuletzt geprüft am 24.09.2015.

Blum, Werner; Kirsch, Arnold (1989): Warum haben nicht-triviale Lösungen von f' = f keine Nullstellen? Beobachtungen und Bemerkungen zum „inhaltlich-anschaulichen Beweisen". In: Hermann Kautschitsch und Wolfgang Metzler (Hg.): Anschauliches Beweisen. 7. und 8. Workshop zur „Visualisierung in der Mathematik" in Klagenfurt im Juli 1987 und 1988, Bd. 18 (Schriftenreihe Didaktik der Mathematik, 18), S. 199–209.

Boero, Paolo (1999): Argumentation and mathematical proof: A complex, productive, unavoidable relationship in mathematics and mathematics education. In: *International Newsletter on the Teaching and Learning of Mathematical Proof*, 1999 (4). Online verfügbar unter http://www.lettredelapreuve.org/OldPreuve/Newsletter/990708Theme/990708 ThemeUK.html, zuletzt geprüft am 01.09.2015.

Böhme, Katrin; Richter, Dirk; Stanat, Petra; Pant, Hans Anand; Köller, Olaf (2012): Die länderübergreifenden Bildungsstandards in Deutschland. In: Petra Stanat, Hans Anand Pant, Katrin Böhme und Dirk Richter (Hg.): Kompetenzen von Schülerinnen und Schülern am Ende der vierten Jahrgangsstufe in den Fächern Deutsch und Mathematik. Ergebnisse des IQB-Ländervergleichs 2011. Münster: Waxmann, S. 11–18.

Börsenverein des deutschen Buchhandels e. V. (2015): Der Börsenverein des Deutschen Buchhandels e.V. Online verfügbar unter http://www.boersenverein.de/de/portal/Boerse nverein/158389, zuletzt geprüft am 16.02.2015.

Bos, Wilfried; Wendt, Heike; Köller, Olaf; Selter, Christoph; Schwippert, Kurt; Kasper, Daniel (2016): TIMSS 2015: Wichtige Ergebnisse im Überblick. In: Heike Wendt, Wilfried Bos, Christoph Selter, Olaf Köller, Kurt Schwippert und Daniel Kasper (Hg.): TIMSS 2015. Mathematische und naturwissenschaftliche Kompetenzen von Grundschulkindern in Deutschland im internationalen Vergleich. Münster: Waxmann, 13–29.

Brousseau, Guy; Gibel, Patrick (2005): Didactical Handling of Students' Reasoning Processes in Problem Solving Situations. In: *Educational Studies in Mathematics* (59), S. 13–58.

Bruner, Jerome (1990): Acts of meaning. Cambridge, Massachusetts, London: Harvard University Press.

Bruner, Jerome S. (1971): Über kognitive Entwicklung. In: Jerome S. Bruner, Rose R. Olver und Patricia M. Greenfield (Hg.): Studien zur Kognitiven Entwicklung. Eine kooperative Untersuchung am „Center für Cognitive Studies" der Harvard-Universität. Stuttgart: Klett, S. 21–53.

Brunner, Esther (2013): Innermathematisches Beweisen und Argumentieren in der Sekundarstufe I. Mögliche Erklärungen für systematische Bearbeitungsunterschiede und leistungsförderliche Aspekte. Münster: Waxmann (Empirische Studien zur Didaktik der Mathematik, 16).

Brunner, Esther (2014): Mathematisches Argumentieren, Begründen und Beweisen. Grundlagen, Befunde und Konzepte. Berlin, Heidelberg: Springer Spektrum (Mathematik im Fokus).

Büchter, Andreas (2010): Zur Erforschung von Mathematikleistung. Theoretische Studie und empirische Untersuchung des Einflussfaktors Raumvorstellung. Online verfügbar unter https://d-nb.info/1011569639/34.

Büchter, Andreas; Leuders, Timo (2007): Mathematikaufgaben selbst entwickeln. Lernen fördern – Leistung überprüfen. 3. Aufl. Berlin: Cornelsen Scriptor.

Cervantes-Barraza, Jonathan; Cabañas-Sánchez, Guadalupe; Reid, David (2019): Complex Argumentation in Elementary School. In: *PNA* 13 (4), S. 221–226.

Cobb, Paul (1986): Contexts, Goals, Beliefs, and Learning Mathematics. In: *for the learning of mathematics* 6 (2), S. 2–9. Online verfügbar unter http://flm-journal.org/Articles/4E3 833C491495E15E4A829F8E16B8D.pdf.

Cronjé, Fienie (1997): Deductive proof: a gender study. In: Erkki Pehkonen (Hg.): Proceedings of the 21st Conference of the International Group for the Psychology of Mathematics Education. Jyväskylä, Finland: Gummerus (1), S. 227.

Deutsches Institut für Internationale Pädagogische Forschung (DIPF) (o. J.): Kompetenzmodelle. DFG-Schwerpunktprogramm Kompetenzmodelle zur Erfassung individueller Lernergebnisse und zur Bilanzierung von Bildungsprozessen. Online verfügbar unter http://kompetenzmodelle.dipf.de/pdf/Kompetenzmodelle_Flyer_d_27032012_rz.pdf, zuletzt geprüft am 29.06.2017.

Deutschschweizer Erziehungsdirektorenkonferenz (Hg.) (2013): Lehrplan 21. Überblick und Anleitung. Online verfügbar unter https://konsultation.lehrplan.ch/index.php?nav=150& code=b%7C5%7C0&la=yes, zuletzt geprüft am 07.07.2020.

Drosdowski, Günther; Müller, Wolfgang; Scholze-Stubenrecht, Werner; Wermke, Matthias (1996): Der Duden. Das Standardwerk zur deutschen Sprache. 21., völlig neu bearb. und erw. Aufl. Mannheim: Dudenverlag.

Duval, Raymond (1991): Structure du raisonnement deductif et apprentissage de la demonstration. In: *Educational Studies in Mathematics* 22 (3), S. 233–261.

Duval, Raymond (1998): Geometry from a cognitive point of view. In: Carmelo Mammana und Vinicio Villani (Hg.): Perspectives on the Teaching of Geometry for the 21st Century. An ICMI Study: Kluwer Academic Publishers (New ICMI study series, 5), S. 37–62.

Duval, Raymond (1999): Questioning argumentation. In: *International Newsletter on the Teaching and Learning of Mathematical Proof* (11/12). Online verfügbar unter http://www.lettredelapreuve.org/OldPreuve/Newsletter/991112Theme/991112ThemeUK.html.

Fahse, Christian (2013): Argumentationstypen. In: Gilbert Greefrath, Friedhelm Käpnick und Martin Stein (Hg.): Beiträge zum Mathematikunterricht 2013. Münster: WTM, Verl. für wiss. Texte u. Medien, S. 300–303.

Fahse, Christian; Linnemann, Torsten (2015): Genügt der Beweis, oder soll ich das auch erklären? Gute Begründungen und Erklärungen aus Sicht der Schülerinnen und Schüler. In: *PM – Praxis der Mathematik in der Schule* 57 (64), S. 19–23.

Fetzer, Marei (2007): Interaktion am Werk. Eine Interaktionstheorie fachlichen Lernens, entwickelt am Beispiel von Schreibanlässen im Mathematikunterricht der Grundschule. Bad Heilbrunn: Klinkhardt.

Fetzer, Marei (2009): Schreibe Mathe und sprich darüber. Schreibanlässe als Möglichkeit, Argumentationskompetenzen zu fördern. In: *PM – Praxis der Mathematik in der Schule* 51 (30), S. 21–25.

Fetzer, Marei (2011): Wie argumentieren Grundschulkinder im Mathematikunterricht? Eine argumentationstheoretische Perspektive. In: *Journal für Mathematik-Didaktik* 32 (1), S. 27–51.

Fischer, Roland; Malle, Günther (1985): Mensch und Mathematik. Eine Einführung in didaktisches Denken und Handeln. Zürich: Bibliographisches Institut (Lehrbücher und Monographien zur Didaktik der Mathematik, 1).

Flegas, Konstantinos; Charalampos, Lemonidis (2013): Exploring Logical Reasoning and Mathematical Proof in Grade 6 Elementary School Students. In: *Canadian Journal of Science, Mathematics and Technology Education* 13 (1), S. 70–89.

Fleischer, Jens; Koeppen, Karoline; Kenk, Martina; Klieme, Eckhard; Leutner, Detlev (2013): Kompetenzmodellierung: Struktur, Konzepte und Forschungszugänge des DFG-Schwerpunktprogramms. In: *Zeitschrift für Erziehungswissenschaft* 16 (1), S. 5–22. DOI: https://doi.org/10.1007/s11618-013-0379-z.

Franke, Marianne; Reinhold, Simone (2016): Didaktik der Geometrie in der Grundschule. 3. Aufl. Berlin, Heidelberg: Springer Spektrum.

Freie und Hansestadt Hamburg, Behörde für Schule und Berufsbildung (2011): Bildungsplan Grundschule Mathematik. Online verfügbar unter http://www.hamburg.de/contentblob/2481796/data/mathematik-gs.pdf, zuletzt geprüft am 24.02.2015.

Freytag, Klaus (1983): Zur näheren Bestimmung von Niveaustufen für eine Leitlinie „Argumentieren, Begründen, Beweisen" des Mathematikunterrichts der allgemeinbildenden zehnklassigen polytechnischen Oberschulen. Dissertation. Martin-Luther-Universität Halle-Wittenberg.

Freytag, Klaus (1986): Zur näheren Bestimmung von Niveaustufen für eine Leitlinie „Argumentieren, Begründen, Beweisen" des Mathematikunterrichts der allgemeinbildenden zehnklassigen polytechnischen Oberschulen. In: *Journal für Mathematik-Didaktik* 7 (2), S. 233–234.

Gasteiger, Hedwig (2010): Elementare mathematische Bildung im Alltag der Kindertagesstätte. Grundlegung und Evaluation eines kompetenzorientierten Förderansatzes. Münster: Waxmann (Empirische Studien zur Didaktik der Mathematik, 3).

Georg-Eckert-Institut (2014): Das Institut. Online verfügbar unter http://www.gei.de/das-institut.html, zuletzt aktualisiert am 19.08.2014, zuletzt geprüft am 16.02.2015.

GfK Entertainment (2018): Unternehmen. Gfk Entertainment. Online verfügbar unter http://www.gfk-entertainment.com/unternehmen.html, zuletzt geprüft am 16.07.2018.

Glaser, Barney G.; Strauss, Anselm L. (2008): Grounded Theory. Strategien qualitativer Forschung. 2., korrigierte Aufl. Bern: Hans Huber.

Goldberg, Elke (1984): Zur Bestimmung des von Schülern siebenter Klassen erreichbaren Niveaus der Fähigkeiten im Begründen und Beweisen. Dissertation. Martin-Luther-Universität Halle-Wittenberg, Halle.

Grundey, Svenja (2015): Beweisvorstellungen und eigenständiges Beweisen. Entwicklung und vergleichend empirische Untersuchung eines Unterrichtskonzepts am Ende der Sekundarstufe: Springer Spektrum (Perspektiven der Mathematikdidaktik).

Habermas, Jürgen (1999): Theorie des kommunikativen Handelns. Frankfurt am Main: Suhrkamp.

Hahn, Heike (2014): Wie fördern Grundschullehrerinnen und -lehrer die allgemeinen mathematischen Kompetenzen? In: Jürgen Roth und Judith Ames (Hg.): Beiträge zum Mathematikunterricht 2014. Münster: WTM, Verl. für wiss. Texte u. Medien, S. 471–474.

Hanna, Gila; Villiers, Michael de (2008): ICMI Study 19: Proof and proving in mathematics education. In: *ZDM – The International Journal on Mathematics Education* 40 (2), S. 329–336.

Harel, Guershon; Sowder, Larry (1998): Students' Proof Schemes: Results from Exploratory Studies. In: *CBM Issues in Mathematics Education* (7), S. 234–283. Online verfügbar unter http://www.math.ucsd.edu/~harel/publications/Downloadable/Students%27%20Proof%20Schemes.pdf, zuletzt geprüft am 04.03.2016.

Harnisch, Hanna; Schmidt, Wilhelm (1977): Bedingungen und Faktoren eines wirkungsvollen Sprachgebrauchs in der sozialistischen Gesellschaft. In: Wilhelm Schmidt (Hg.): Sprache – Bildung und Erziehung, S. 130–187.

Hartig, Johannes (2008): Kompetenzen als Ergebnisse von Bildungsprozessen. In: Kompetenzerfassung in pädagogischen Handlungsfeldern. Theorien, Konzepte und Methoden. Bundesministerium für Bildung und Forschung. Bonn, Berlin (Bildungsforschung, 26), S. 17–24.

Hartkens, Judit (2013): Reflexive Wissenskonstruktionsprozesse in argumentativ geprägten Unterrichtsgesprächen. In: Gilbert Greefrath, Friedhelm Käpnick und Martin Stein (Hg.): Beiträge zum Mathematikunterricht 2013. Münster: WTM, Verl. für wiss. Texte u. Medien, S. 416–419.

Hartkens, Judit (2018): Mathematische Reflexion in argumentativ geprägten Unterrichtsgesprächen. Eine empirisch-interpretative Untersuchung im 3. und 4. Grundschuljahr. Wiesbaden: Springer Spektrum.

Hasemann, Klaus (2007): Anfangsunterricht Mathematik. 2. Aufl. München: Elsevier, Spektrum Akad. Verl. (Mathematik Primar- und Sekundarstufe).

Hefendehl-Hebeker, Lisa; Hußmann, Stephan (2011): Beweisen – Argumentieren. In: Timo Leuders (Hg.): Mathematik-Didaktik. Praxishandbuch für die Sekundarstufe I und II. 6. Aufl. Berlin: Cornelsen Scriptor (Fachdidaktik für die Sekundarstufe I und II), S. 93–106, zuletzt geprüft am 01.10.2015.

Heinze, Aiso; Kessler, Stephan; Kuntze, Sebastian; Lindmeier, Anke; Moormann, Marianne; Reiss, Kristina et al. (2007): Kann Paul besser argumentieren als Marie? Betrachtungen zur Beweiskompetenz von Mädchen und Jungen aus differentieller Perspektive. Eine Reanalyse von vier empirischen Untersuchungen. In: *Journal für Mathematik-Didaktik* 28 (2), S. 148–167.

Heinze, Aiso; Reiss, Kristina (2003): Reasoning and proof: Methodological knowledge as a component of proof competence (International Newsletter on the Teaching and Learning of Mathematical Proof, 2). Online verfügbar unter http://www.lettredelapreuve.org/Old Preuve/CERME3Papers/Heinze-paper1.pdf.

Heinze, Aiso; Reiss, Kristina (2004): Mathematikleistung und Mathematikinteresse in differenzieller Perspektive. In: Jörg Doll und Manfred Prenzel (Hg.): Bildungsqualität von Schule. Lehrerprofessionalisierung, Unterrichtsentwicklung und Schülerförderung als Strategien der Qualitätsverbesserung. Münster: Waxmann, S. 234–249.

Holland, Gerhard (2007): Geometrie in der Sekundarstufe. Entdecken – Konstruieren – Deduzieren; didaktische und methodische Fragen. 3., neu bearb. und erw. Aufl. Hildesheim: Franzbecker (Studium und Lehre Mathematik).

Hug, Theo; Poscheschnik, Gerald (2015): Empirisch forschen. Die Planung und Umsetzung von Projekten im Studium. Unter Mitarbeit von Bernd Lederer und Anton Perzy. 2. Aufl. Konstanz: UVK-Verlagsgesellschaft mbH.

IBM Knowledge Center (2017): Dokumentation zu IBM SPSS Statistics Subscription. Kreuztabellen. Online verfügbar unter https://www.ibm.com/support/knowledgecenter/de/SSLVMB_sub/statistics_mainhelp_ddita/spss/base/idh_xtab_statistics.html, zuletzt geprüft am 17.05.2018.

Institut für Schulentwicklungsforschung (o. J.): TIMSS 2015 – Trends in International Mathematics and Science Study. Online verfügbar unter http://www.ifs.tu-dortmund.de/cms/de/Forschung/Gesamtliste-Laufende-Projekte/TIMSS-2015.html, zuletzt geprüft am 24.08.2017.

Internationale Gesellschaft für historische und systematische Schulbuch- und Bildungsmedienforschung e.V. (2015): Der Verein. Online verfügbar unter http://www.philso.uni-augsburg.de/de/lehrstuehle/paedagogik/igschub/verein/, zuletzt aktualisiert am 03.02.2015, zuletzt geprüft am 16.02.2015.

Janssen, Jürgen; Laatz, Wilfried (2013): Statistische Datenanalyse mit SPSS. Eine anwendungsorientierte Einführung in das Basissystem und das Modul Exakte Tests. 8. Aufl. Berlin: Springer.

Käpnick, Friedhelm (2014): Mathematiklernen in der Grundschule. Berlin: Springer Spektrum.

Kern, Friederike; Ohlhus, Sören (2012): Argumentieren und Argumentationskompetenz aus gesprächsanalytischer Sicht. In: Anna S. Steinweg (Hg.): Prozessbezogene Kompetenzen: Fördern, Beobachten, Bewerten. Tagungsband des AK Grundschule in der GDM 2012. Bamberg: University of Bamberg Press (Mathematikdidaktik Grundschule, 2), S. 39–54.

Kiel, Ewald; Meyer, Michael; Müller-Hill, Eva (2015): Erklären. Was? Wie? WARUM? In: *PM – Praxis der Mathematik in der Schule* 57 (64), S. 2–9.

Klein, Josef (2009): ERKLÄREN-WAS, ERKLÄREN-WIE, ERKLÄREN-WARUM. Typologie und Komplexität zentraler Akte der Welterschließung. In: Rüdiger Vogt (Hg.): Erklären. Gesprächsanalytische und fachdidaktische Perspektiven: Stauffenburg Verlag, S. 25–36.

Klein, Wolfgang (1980): Argumentation und Argument. In: *Zeitschrift für Literaturwissenschaft und Linguistik* 10 (38/39), S. 9–57.

Klieme, Eckhard (2000): Fachleistungen im voruniversitären Mathematik- und Physikunterricht: Theoretische Grundlagen, Kompetenzstufen und Unterrichtsschwerpunkte. In: Jürgen Baumert, Wilfried Bos und Rainer Lehmann (Hg.): TIMSS/III. Dritte Internationale Mathematik- und Naturwissenschaftsstudie – Mathematische und naturwissenschaftliche Bildung am Ende der Schullaufbahn. Opladen: Leske + Budrich (2), S. 57–128.

Klieme, Eckhard; Avenarius, Hermann; Blum, Werner; Döbrich, Peter; Gruber, Hans; Prenzel, Manfred et al. (2007a): Zur Entwicklung nationaler Bildungsstandards. Expertise. Hg. v. Bundesministerium für Bildung und Forschung. Bonn, Berlin. Online verfügbar unter https://www.bmbf.de/pub/Bildungsforschung_Band_1.pdf, zuletzt geprüft am 13.06.2017.

Klieme, Eckhard; Leutner, Detlev (2006): Kompetenzmodelle zur Erfassung individueller Lernergebnisse und zur Bilanzierung von Bildungsprozessen. In: *Zeitschrift für Pädagogik* 52 (6), S. 876–903.

Klieme, Eckhard; Maag-Merki; Hartig, Johannes (2007b): Kompetenzbegriff und Bedeutung von Kompetenzen im Bildungswesen. In: Johannes Hartig und Eckhard Klieme (Hg.): Möglichkeiten und Voraussetzungen technologiebasierter Kompetenzdiagnostik. Eine Expertise im Auftrag des Bundesministeriums für Bildung und Forschung. Bundesministerium für Bildung und Forschung. Bonn, Berlin (Bildungsforschung, 20), S. 5–15.

Klieme, Eckhard; Neubrand, Michael; Lüdtke, Oliver (2001): Mathematische Grundbildung: Testkonzeption und Ergebnisse. In: Jürgen Baumert, Eckhard Klieme, Michael Neubrand, Manfred Prenzel, Ulrich Schiefele, Wolfgang Schneider et al. (Hg.): PISA 2000. Basiskompetenzen von Schülerinnen und Schülern im internationalen Vergleich. Opladen: Leske u. Budrich, S. 139–190.

Knipping, Christine (2002): Die Innenwelt des Beweisens im Mathematikunterricht. Vergleiche von französischen und deutschen Mathematikstunden. In: *ZDM – Zentralblatt für Didaktik der Mathematik* 34 (6), S. 258–266.

Knipping, Christine (2003): Beweisprozesse in der Unterrichtspraxis. Vergleichende Analysen von Mathematikunterricht in Deutschland und Frankreich. Hildesheim u. a.: Franzbecker (Texte zur mathematischen Forschung und Lehre, 23).

Kohrt, Pauline; Haag, Nicole; Stanat, Petra (2017): Kompetenzstufenbesetzung im Fach Mathematik. In: Petra Stanat, Stefan Schipolowski, Camilla Rjosk, Sebastian Weirich und Nicole Haag (Hg.): IQB-Bildungstrend 2016. Kompetenzen in den Fächern Deutsch und Mathematik am Ende der 4. Jahrgangsstufe im zweiten Ländervergleich. Münster: Waxmann, S. 140–152.

Kratz, Johannes (1978): Wie kann der Geometrieunterricht der Mittelstufe zu konstruktivem und deduktivem Denken erziehen? In: *Didaktik der Mathematik* 6 (2), S. 87–107.

Krauthausen, Günter (1998): Allgemeine Lernziele im Mathematikunterricht der Grundschule. In: *Die Grundschulzeitschrift* 12 (119), S. 54–61.

Krauthausen, Günter (2001): „Wann fängt Beweisen an? Jedenfalls ehe es einen Namen hat.". Zum Image einer fundamentalen Tätigkeit. In: Werner Weiser und Bernd Wollring (Hg.): Beiträge zur Didaktik der Mathematik für die Primärstufe. Festschrift für Siegbert Schmidt. Hamburg: Kovač (Studien zur Schulpädagogik, 31), S. 99–113.

Krieg, Judith (o. J.): Rund ums Schulbuch. Cornelsen Verlag. Online verfügbar unter http://www.cornelsen.de/fm/1272/presse_schulbuch_neu.pdf, zuletzt geprüft am 16.02.2015.

Krummheuer, Götz (2003b): Wie wird Mathematiklernen im Unterricht der Grundschule zu ermöglichen versucht? – Strukturen des Argumentierens in alltäglichen Situationen des Mathematikunterrichts der Grundschule. In: *Journal für Mathematik-Didaktik* 24 (2), S. 122–138.

Krummheuer, Götz (1997): Zum Begriff der „Argumentation" im Rahmen einer Interaktionstheorie des Lehrens und Lernens von Mathematik. In: *ZDM – Zentralblatt für Didaktik der Mathematik* 29 (1), S. 1–11.

Krummheuer, Götz (2001): Narratives Argumentieren im Mathematikunterricht der Grundschule. In: Hans-Günther Roßbach, Karin Nölle und Kurt Czerwenka (Hg.): Forschungen zu Lehr- und Lernkonzepten für die Grundschule. Opladen: Leske und Budrich (Jahrbuch Grundschulforschung, 4), S. 167–173.

Krummheuer, Götz (2003): Argumentationsanalyse in der mathematikdidaktischen Unterrichtsforschung. In: *ZDM – Zentralblatt für Didaktik der Mathematik* 35 (6), S. 247–256.

Krummheuer, Götz (2010): Wie begründen Kinder im Mathematikunterricht der Grundschule? Kiel: IPN Leibniz-Institut f. d. Pädagogik d. Naturwissenschaften an d. Universität Kiel (Handreichungen des Programms SINUS an Grundschulen).

Krummheuer, Götz; Brandt, Birgit (2001): Paraphrase und Traduktion. Partizipationstheoretische Elemente einer Interaktionstheorie des Mathematiklernens in der Grundschule. Weinheim, Basel: Beltz.

Krutetskii, Vadim A. (1976): The Psychology of Mathematical Abilities in Schoolchildren. Chicago [u. a.]: Univ. of Chicago Press (Survey of recent East European mathematical literature).

Küchemann, Dietmar; Hoyles, Celia (2003): Technical Report for Longitudal Proof Project. Year 8 Survey 2000. Online verfügbar unter http://www.mathsmedicine.co.uk/ioe-proof/Y8TecRepMain.pdf, zuletzt geprüft am 12.09.2017.

Kuckartz, Udo (2016): Qualitative Inhaltsanalyse. Methoden, Praxis, Computerunterstützung. 3. überarbeitete Aufl. Weinheim: Beltz Juventa.

Kuckartz, Udo; Rädiker, Stefan; Ebert, Thomas; Schehl, Julia (2013): Statistik. Eine verständliche Einführung. 2. überarb.: VS Verlag für Sozialwissenschaften.

Kultusministerkonferenz (1997): Grundsätzliche Überlegungen zu Leistungsvergleichen innerhalb der Bundesrepublik Deutschland – Konstanzer Beschluss. Online verfügbar unter http://www.kmk.org/fileadmin/Dateien/veroeffentlichungen_beschluesse/1997/1997_10_24-Konstanzer-Beschluss.pdf, zuletzt geprüft am 07.08.2017.

Kultusministerkonferenz (2006): Gesamtstrategie der Kultusministerkonferenz zum Bildungsmonitoring. Online verfügbar unter https://www.kmk.org/fileadmin/Dateien/pdf/PresseUndAktuelles/Beschluesse_Veroeffentlichungen/Bildungsmonitoring_Brosch uere_Endf.pdf, zuletzt geprüft am 16.08.2017.

Kultusministerkonferenz (2015): Gesamtstrategie der Kultusministerkonferenz zum Bildungsmonitoring. Online verfügbar unter http://www.kmk.org/fileadmin/Dateien/veroef fentlichungen_beschluesse/2015/2015_06_11-Gesamtstrategie-Bildungsmonitoring.pdf, zuletzt geprüft am 16.08.2017.

Kuntze, Sebastian; Rechner, Markus; Reiss, Kristina (2004): Inhaltliche Elemente und Anforderungsniveau des Unterrichtsgesprächs beim geometrischen Beweisen. Eine Analyse videografierter Unterrichtsstunden. In: *mathematica didactica* (27), S. 3–22.

Kuntze, Sebastian; Reiss, Kristina (2004b): Unterschiede zwischen Klassen hinsichtlich inhaltlicher Elemente und Anforderungen im Unterrichtsgespräch beim Erarbeiten von Beweisen – Ergebnisse einer Videoanalyse. In: *Unterrichtswissenschaft* 32 (4), S. 357–379.

Lampert, Magdalene (1990): When the Problem Is Not the Question and the Solution Is Not the Answer: Mathematical Knowing and Teaching. In: *American Educational Research Journal* 27 (1), S. 29–63.

Lauter, Josef (2005): Fundament der Grundschulmathematik. Pädagogisch-didaktische Aspekte.des Mathematikunterrichts in der Grundschule. 4. Aufl. Donauwörth: Auer.

Lin, Shu-Sheng; Mintzes, Joel J. (2010): Learning Argumentation Skills through Instruction in Socioscientific Issues: The Effect of Ability Level. In: *International Journal of Science and Mathematics Education* 8 (6), S. 993–1017.

Lindmeier, Anke; Grüßing, Meike; Heinze, Aiso (2015): Mathematisches Argumentieren bei fünf- bis sechsjährigen Kindern. In: Franco Caluori, Helmut Linneweber-Lammerskitten und Christine Streit (Hg.): Beiträge zum Mathematikunterricht 2015. Münster: WTM, Verl. für wiss. Texte u. Medien, S. 576–579.

Loewenberg Ball, Deborah; Bass, Hyman (2003): Making Mathematics Reasonable in School. In: Jeremy Kilpatrick, W. Gary Martin und Deborah Schifter (Hg.): A Research Companion to Principles and Standards for School Mathematics. 2. Aufl. Reston, VA: National Council of Teachers of Mathematics, S. 27–44.

Lüken, Miriam M. (2009): Muster und Strukturen – Bedeutung am Schulanfang?! In: M. Neubrand (Hg.): Beiträge zum Mathematikunterricht 2009. Münster: WTM, Verl. für wiss. Texte u. Medien, S. 747–750.

Lüken, Miriam M. (2012): Muster und Strukturen im mathematischen Anfangsunterricht. Grundlegung und empirische Forschung zum Struktursinn von Schulanfängern. Münster [u. a.]: Waxmann (Empirische Studien zur Didaktik der Mathematik, 9).

Lüthje, Thomas (2010): Das räumliche Vorstellungsvermögen von Kindern im Vorschulalter. Ergebnisse einer Interviewstudie. Hildesheim [u. a.]: Verl. eDISSion.

Maher, Carolyn A.; Martino, Amy M. (1996): The Development of the Idea of Mathematical Proof: A 5-Year Case Study. In: *Journal for Research in Mathematics Education* 27 (2), S. 194–214.

Maier, Peter Herbert (1999b): Raumgeometrie mit Raumvorstellung – Thesen zur Neustrukturierung des Geometrieunterrichts. In: *Der Mathematikunterricht* 45 (3), S. 4–18.

Maier, Peter Herbert (1999): Räumliches Vorstellungsvermögen. Ein theoretischer Abriß des Phänomens räumliches Vorstellungsvermögen. 1. Aufl. Donauwörth: Auer.

Malle, Günther (2002): Begründen. Eine vernachlässigte Tätigkeit im Mathematikunterricht. In: *mathematik lehren* (110), S. 4–8.

Martino, Amy M.; Maher, Carolyn A. (1999): Teacher Questioning to Promote Justification and Generalization in Mathematics: What Research Practice Has Taught Us. In: *Journal of Mathematical Behavior* 18 (1), S. 53–78.

Mayring, Philipp (2015): Qualitative Inhaltsanalyse. Grundlagen und Techniken. 12. überarbeitete Aufl. Weinheim und Basel: Beltz Juventa.

Meyer, Michael (2007b): Entdecken und Begründen im Mathematikunterricht – Zur Rolle der Abduktion und des Arguments. In: *Journal für Mathematik-Didaktik* 28 (3), S. 286–310.

Meyer, Michael (2007): Entdecken und Begründen im Mathematikunterricht. Von der Abduktion zum Argument. Hildesheim, Berlin: Franzbecker (Texte zur mathematischen Forschung und Lehre, 52).

Meyer, Michael (2008): Zur (individuellen) Förderung des Argumentierens im Mathematikunterricht. In: Stephan Hußmann, Anke Liegmann, Elke Nyssen, Kathrin Racherbäumer und Conny Walzebug (Hg.): individualisieren, differenzieren, vernetzen. Tagungsband zur Auftaktveranstaltung des Projekts indive am 10.3.2007 in Dortmund. Hildesheim [u. a.]: Franzbecker, S. 120–128.

Meyer, Michael (2011): Begriffsbildung durch Entdecken und Begründen. In: Reinhold Haug und Lars Holzäpfel (Hg.): Beiträge zum Mathematikunterricht 2011. Münster: WTM, Verl. für wiss. Texte u. Medien, S. 567–570.

Meyer, Michael; Prediger, Susanne (2009): Warum? Argumentieren, Begründen, Beweisen. In: *PM – Praxis der Mathematik in der Schule* 51 (30), S. 1–7.

Mizzi, Angel (2017): The Relationship between Language and Spatial Ability. An Analysis of Spatial Language for Reconstructing the Solving of Spatial Tasks. Wiesbaden: Springer Spektrum (Essener Beiträge zur Mathematikdidaktik).

Moll, Gabriele (2013): Mathematische Begründungsaufgaben in Vergleichsarbeiten der Grundschule: Ein Dissertationsprojekt. In: Gilbert Greefrath, Friedhelm Käpnick und Martin Stein (Hg.): Beiträge zum Mathematikunterricht 2013. Münster: WTM, Verl. für wiss. Texte u. Medien, S. 1142–1143.

Müller, Horst (1991): Grundtypen des Begründens im Mathematikunterricht. In: *Mathematik in der Schule* 29 (11), S. 737–745.

Müller-Hill, Eva (2015): Mathematisches Erklären und substantielle Argumentation im Sinne von Toulmin. In: Franco Caluori, Helmut Linneweber-Lammerskitten und Christine Streit (Hg.): Beiträge zum Mathematikunterricht 2015. Münster: WTM, Verl. für wiss. Texte u. Medien, S. 640–643.

National Council of Teachers of Mathematics (NCTM) (2000): Principles and Standards for School Mathematics. Reston, Va.: NCTM.

Neumann, Astrid; Beier, Frances; Ruwisch, Silke (2014): Schriftliches Begründen im Mathematikunterricht. In: *Zeitschrift für Grundschulforschung* 7 (1), S. 113–125.

Niedersächsisches Kultusministerium (2017): Kerncurriculum für die Grundschule Schuljahrgänge 1–4. Mathematik.

Niedersächsisches Landesinstitut für schulische Qualitätsentwicklung (NLQ) (2015): Genehmigungsverfahren. Online verfügbar unter http://www.nibis.de/nibis.php?menid=3159, zuletzt aktualisiert am 03.03.2015, zuletzt geprüft am 03.03.2015.

OECD (2013): PISA 2012 Ergebnisse im Fokus. Was 15-Jährige wissen und wie sie das Wissen einsetzen können. Online verfügbar unter https://www.oecd.org/pisa/keyfindings/pisa-2012-results-overview-GER.pdf, zuletzt geprüft am 09.07.2020.

Pant, Hans Anand; Böhme, Katrin; Köller, Olaf (2012): Kompetenzstufenmodelle für den Primarbereich. In: Petra Stanat, Hans Anand Pant, Katrin Böhme und Dirk Richter (Hg.): Kompetenzen von Schülerinnen und Schülern am Ende der vierten Jahrgangsstufe in den Fächern Deutsch und Mathematik. Ergebnisse des IQB-Ländervergleichs 2011. Münster: Waxmann, S. 48–84.

Peretz, Dvora (2006): Enhancing Reasoning Attitudes of Prospective Elementary School Mathematics Teachers. In: *Journal of Mathematics Teacher Education* 9 (4), S. 381–400.

Peterßen, Katja (2007): Begründen im Mathematikunterricht der Grundschule. Eine Untersuchung in den Klassen 3 und 4. In: Beiträge zum Mathematikunterricht 2007. Hildesheim [u. a.]: Franzbecker, S. 891–894.

Peterßen, Katja (2012): Begründungskultur im Mathematikunterricht der Grundschule. Eine Untersuchung der Lehrer zu ihren Vorstellungen von Begründen und einer begründungsfördernden Unterrichtsgestaltung. Hildesheim: Franzbecker (Texte zur mathematischen Forschung und Lehre, 77).

Philipp, Kathleen (2013): Experimentelles Denken. Theoretische und empirische Konkretisierung einer mathematischen Kompetenz. Wiesbaden: Springer Spektrum (Freiburger Empirische Forschung in der Mathematikdidaktik, 1).

Plath, Meike (2014): Räumliches Vorstellungsvermögen im vierten Schuljahr. Eine Interviewstudie zu Lösungsstrategien und möglichen Einflussbedingungen auf den Strategieeinsatz. Hildesheim: Franzbecker.

Prenzel, Manfred; Sälzer, Christine; Klieme, Eckhard; Köller, Olaf (Hg.) (2013): PISA 2012. Fortschritte und Herausforderungen in Deutschland. Münster: Waxmann.

Quaiser-Pohl, Claudia (1998): Die Fähigkeit zur räumlichen Vorstellung. Zur Bedeutung von kognitiven und motivationalen Faktoren für geschlechtsspezifische Unterschiede. Münster [u. a.]: Waxmann.

Rathgeb-Schnierer, Elisabeth (2014): Sortieren und Begründen als Indikator für flexibles Rechnen? Eine Untersuchung mit Grundschülern aus Deutschland und den USA. In: Jürgen Roth und Judith Ames (Hg.): Beiträge zum Mathematikunterricht 2014. Münster: WTM, Verl. für wiss. Texte u. Medien, S. 943–946.

Rathgeb-Schnierer, Elisabeth (2015): Welche Aufgabenmerkmale erkennen und nutzen Grundschulkinder? Ergebnisse einer Studie zur Erfassung von Flexibilität. In: Franco Caluori, Helmut Linneweber-Lammerskitten und Christine Streit (Hg.): Beiträge zum Mathematikunterricht 2015. Münster: WTM, Verl. für wiss. Texte u. Medien, S. 728–731.

Rathgeb-Schnierer, Elisabeth; Green, Michael (2015): Cognitive flexibility and reasoning patterns in American and German elementary students when sorting addition and subtraction problems. In: Konrad Krainer und Nada Vondrová (Hg.): CERME 9. Proceedings of the Ninth Congress of the European Society for Research in Mathematics Education, S. 339–345.

Ratzinger, Wolfgang (1992): Beweisen und Begründen im Mathematikunterricht. Wien: VWGÖ (Dissertationen der Johannes-Kepler-Universität Linz, 94).

Rehm, Manfred (1990): Zu „beispiel-" und „repräsentantengebundenen" Beweisen im Mathematikunterricht. In: Martin Glatfeld (Hg.): Finden, Erfinden, Lernen – Zum Umgang Mathematik unter heuristischem Aspekt. Frankfurt am Main, Bern, New York, Paris: Peter Lang (Europäische Hochschulschriften: Reihe 11 Pädagogik, 442), S. 95–111.

Reinhold, Frank; Reiss, Kristina; Diedrich, Jennifer; Hofer, Sarah; Heinze, Aiso (2019): Mathematische Kompetenz in PISA 2018 – aktueller Stand und Entwicklung. In: Kristina Reiss, Mirjam Weis, Eckhard Klieme und Olaf Köller (Hg.): PISA 2018. Grundbildung im internationalen Vergleich. Münster: Waxmann, S. 187–209.

Reiss, Kristina; Heinze, Aiso (2004): Beweisen und Begründen in der Geometrie: Zum Einfluss des Unterrichts auf Schülerleistungen und Schülerinteresse. In: Aiso Heinze und Sebastian Kuntze (Hg.): Beiträge zum Mathematikunterricht 2004. Hildesheim, Berlin: Franzbecker, S. 465–468.

Reiss, Kristina; Heinze, Aiso (2005): Argumentieren, Begründen und Beweisen als Ziele des Mathematikunterrichts. In: Hans-Wolfgang Henn und Gabriele Kaiser (Hg.): Mathematikunterricht im Spannungsfeld von Evolution und Evaluation. Festschrift für Werner Blum. Hildesheim [u. a.]: Franzbecker, S. 184–192.

Reiss, Kristina; Heinze, Aiso; Kuntze, Sebastian; Kessler, Stephan; Rudolph-Albert, Franziska; Renkl, Alexander (2006): Mathematiklernen mit heuristischen Lösungsbeispielen. In: Manfred Prenzel und Lars Allolio-Näcke (Hg.): Untersuchungen zur Bildungsqualität von Schule. Abschlussbericht des DFG-Schwerpunktprogramms. Münster: Waxmann, S. 194–208.

Reiss, Kristina; Hellmich, Frank; Reiss, Matthias (2002a): Reasoning and proof in geometry: prerequisites of knowledge acquisition in secondary school students. In: Anne Cockburn und Elena Nardi (Hg.): Proceedings of the 26th Conference of the International Group for the Psychology of Mathematics Education, Bd. 4. Norwich, U.K. School of Education and Professional Development, University of East Anglia, S. 113–120.

Reiss, Kristina; Hellmich, Frank; Thomas, Joachim (2002b): Individuelle und schulische Bedingungsfaktoren für Argumentationen und Beweise im Mathematikunterricht. In: Manfred Prenzel und Jörg Doll (Hg.): Bildungsqualität von Schule: Schulische und außerschulische Bedingungen mathematischer, naturwissenschaftlicher und überfachlicher Kompetenzen. Zeitschrift für Pädagogik (45. Beiheft). Weinheim [u. a.]: Beltz, S. 51–64.

Reiss, Kristina; Roppelt, Alexander; Haag, Nicole; Pant, Hans Anand; Köller, Olaf (2012): Kompetenzstufenmodelle im Fach Mathematik. In: Petra Stanat, Hans Anand Pant, Katrin Böhme und Dirk Richter (Hg.): Kompetenzen von Schülerinnen und Schülern am Ende der vierten Jahrgangsstufe in den Fächern Deutsch und Mathematik. Ergebnisse des IQB-Ländervergleichs 2011. Münster: Waxmann, S. 72–84.

Reiss, Kristina; Roppelt, Alexander; Haag, Nicole; Pant, Hans Anand; Köller, Olaf (2017): Kompetenzstufenmodelle im Fach Mathematik. In: Petra Stanat, Stefan Schipolowski, Camilla Rjosk, Sebastian Weirich und Nicole Haag (Hg.): IQB-Bildungstrend 2016. Kompetenzen in den Fächern Deutsch und Mathematik am Ende der 4. Jahrgangsstufe im zweiten Ländervergleich. Münster: Waxmann, S. 71–82.

Reiss, Kristina; Ufer, Stefan (2009): Was macht mathematisches Arbeiten aus? Empirische Ergebnisse zum Argumentieren, Begründen und Beweisen. In: *Jahresbericht der Deutschen Mathematiker-Vereinigung* 111 (4), S. 155–177.

Rezat, Sebastian (2016): Argumentationen von Grundschulkindern durch profilierte Aufgaben anregen? In: Institut für Mathematik und ihre Informatik der pädagogischen Hochschule Heidelberg (Hg.): Beiträge zum Mathematikunterricht 2016. Münster: WTM, Verl. für wiss. Texte u. Medien, S. 1313–1316.

Richter, Dirk; Engelbert, Maria; Böhme, Katrin; Haag, Nicole; Hannighofer, Jasmin; Reimers, Heino et al. (2012): Anlage und Durchführung des Ländervergleichs. In: Petra Stanat, Hans Anand Pant, Katrin Böhme und Dirk Richter (Hg.): Kompetenzen von Schülerinnen und Schülern am Ende der vierten Jahrgangsstufe in den Fächern Deutsch und Mathematik. Ergebnisse des IQB-Ländervergleichs 2011. Münster: Waxmann, S. 85–102.

Rjosk, Camilla; Engelbert, Maria; Schipolowski, Stefan; Kohrt, Pauline (2017): Anlage, Durchführung und Auswertung des IQB-BIldungstrends 2016. In: Petra Stanat, Stefan Schipolowski, Camilla Rjosk, Sebastian Weirich und Nicole Haag (Hg.): IQB-Bildungstrend 2016. Kompetenzen in den Fächern Deutsch und Mathematik am Ende der 4. Jahrgangsstufe im zweiten Ländervergleich. Münster: Waxmann, S. 83–105.

Roppelt, Alexander; Reiss, Kristina (2012): Beschreibung der im Fach Mathematik unter-suchten Kompetenzen. In: Petra Stanat, Hans Anand Pant, Katrin Böhme und Dirk Rich-ter (Hg.): Kompetenzen von Schülerinnen und Schülern am Ende der vierten Jahrgangs-stufe in den Fächern Deutsch und Mathematik. Ergebnisse des IQB-Ländervergleichs 2011. Münster: Waxmann, S. 34–48.

Rost, Detlef H. (1977): Raumvorstellung. Psychologische und pädagogische Aspekte. 1. Aufl. Weinheim, Basel: Beltz.

Ruwisch, Silke; Beier, Frances (2013): Schriftlich begründen in der Grundschule – ein dis-ziplinübergreifendes Projekt. In: Gilbert Greefrath, Friedhelm Käpnick und Martin Stein (Hg.): Beiträge zum Mathematikunterricht 2013. Münster: WTM, Verl. für wiss. Texte u. Medien, S. 858–861.

Sälzer, Christine; Reiss, Kristina; Schiepe-Tiska, Anja; Prenzel, Manfred; Heinze, Aiso (2013): Zwischen Grundlagenwissen und Anwendungsbezug: Mathematische Kompe-tenz im internationalen Vergleich. In: Manfred Prenzel, Christine Sälzer, Eckhard Klieme und Olaf Köller (Hg.): PISA 2012. Fortschritte und Herausforderungen in Deutschland. Münster: Waxmann, S. 47–97.

Schmucker, Hans (2015b): Buch Insights. GfK Entertainment GmbH. Online verfügbar unter http://www.gfk-entertainment.com/produkte/buch/insights.html, zuletzt geprüft am 16.02.2015.

Schmucker, Hans (2015): Buch – Bestseller. GfK Entertainment GmbH. Online verfügbar unter http://www.gfk-entertainment.com/produkte/buch/bestseller.html, zuletzt geprüft am 16.02.2015.

Schwank, Inge (1996): Zur Konzeption prädikativer versus funktionaler kognitiver Struktu-ren und ihrer Anwendung. In: *ZDM – Zentralblatt für Didaktik der Mathematik* 28 (6), S. 168–183.

Schwarz, Jürg; Bruderer Enzler, Heidi (Hg.) (2017): Pearson Chi-Quadrat-Test (Kontin-genzanalyse). Unter Mitarbeit von Muriel Keller, Carla De Simoni, Simona Seidmann und Anneke Westphalen. Universität Zürich. Online verfügbar unter www.methodenbera tung.uzh.ch/de/datenanalyse/zusammenhaenge/pearsonzush.html, zuletzt aktualisiert am 30.11.2017, zuletzt geprüft am 12.04.2018.

Schwarzkopf, Ralph (2000): Argumentationsprozesse im Mathematikunterricht. Theoreti-sche Grundlagen und Fallstudien. Hildesheim [u. a.]: Franzbecker (Texte zur mathema-tischen Forschung und Lehre, 10).

Schwarzkopf, Ralph (2001a): Argumentationsanalysen im Unterricht der frühen Jahrgangs-stufen – eigenständiges Schließen mit Ausnahmen. In: *Journal für Mathematik-Didaktik* 22 (3), S. 253–276.

Schwarzkopf, Ralph (2001b): „Wir haben es herausgefunden" – argumentative Beziehungen zwischen neuem und altem Wissen. In: Gabriele Kaiser (Hg.): Beiträge zum Mathema-tikunterricht 2001. Hildesheim [u. a.]: Franzbecker, S. 564–567.

Schwarzkopf, Ralph (2003): Begründungen und neues Wissen: Die Spanne zwischen empiri-schen und strukturellen Argumenten in mathematischen Lernprozessen der Grundschule. In: *Journal für Mathematik-Didaktik* 24 (3/4), S. 211–235.

Schweizerische Konferenz der kantonalen Erziehungsdirektoren (Hg.) (2011): Grundkompe-tenzen für die Mathematik. Nationale Bildungsstandards.

Selter, Christoph; Walter, Daniel; Walther, Gerd; Wendt, Heike (2016): Mathematische Kompetenzen im internationalen Vergleich: Testkonzeption und Ergebnisse. In: Heike Wendt, Wilfried Bos, Christoph Selter, Olaf Köller, Kurt Schwippert und Daniel Kasper (Hg.): TIMSS 2015. Mathematische und naturwissenschaftliche Kompetenzen von Grundschulkindern in Deutschland im internationalen Vergleich. Münster: Waxmann, S. 79–136.

Senk, Sharon (1982): Achievement in Writing Geometry Proofs. Paper presented at the Annual Meeting of the American Educational Research Association. New York.

Senk, Sharon; Usiskin, Zalman (1983): Geometry Proof Writing: A New View of Sex Differences in Mathematics Ability. In: *American Journal of Education* 91 (2), S. 187–201.

Stanat, Petra; Pant, Hans Anand; Richter, Dirk; Böhme, Katrin; Engelbert, Maria; Haag, Nicole et al. (2012): Der Blick in die Länder. In: Petra Stanat, Hans Anand Pant, Katrin Böhme und Dirk Richter (Hg.): Kompetenzen von Schülerinnen und Schülern am Ende der vierten Jahrgangsstufe in den Fächern Deutsch und Mathematik. Ergebnisse des IQB-Ländervergleichs 2011. Münster: Waxmann, S. 131–172.

Stanat, Petra; Schipolowski, Stefan; Rjosk, Camilla; Weirich, Sebastian; Haag, Nicole (2017): Zusammenfassung und Einordnung der Befunde. In: Petra Stanat, Stefan Schipolowski, Camilla Rjosk, Sebastian Weirich und Nicole Haag (Hg.): IQB-Bildungstrend 2016. Kompetenzen in den Fächern Deutsch und Mathematik am Ende der 4. Jahrgangsstufe im zweiten Ländervergleich. Münster: Waxmann, S. 387–410.

Ständige Konferenz der Kultusminister der Länder in der Bundesrepublik Deutschland (2004): Beschlüsse der Kultusministerkonferenz. Bildungsstandards im Fach Mathematik für den Mittleren Schulabschluss. Online verfügbar unter http://www.kmk.org/filead min/veroeffentlichungen_beschluesse/2003/2003_12_04-Bildungsstandards-Mathe-Mit tleren-SA.pdf, zuletzt geprüft am 07.10.2015.

Ständige Konferenz der Kultusminister der Länder in der Bundesrepublik Deutschland (2005): Beschlüsse der Kultusministerkonferenz. Bildungsstandards im Fach Mathematik für den Primarbereich (Jahrgangsstufe 4). Online verfügbar unter http://www.kmk. org/fileadmin/veroeffentlichungen_beschluesse/2004/2004_10_15-Bildungsstandards-Mathe-Primar.pdf, zuletzt geprüft am 18.02.2015.

Statistische Ämter des Bundes- und der Länder (Hg.) (2009): Demografischer Wandel in Deutschland. Auswirkungen auf Kindertagesbetreuung und Schülerzahlen im Bund und in den Ländern. Online verfügbar unter http://www.statistik-portal.de/statistik-portal/dem ografischer_wandel_heft3.pdf, zuletzt geprüft am 17.11.2014.

Statistisches Bundesamt (Hg.) (2014): Anzahl der Einschulungen in Deutschland zu Beginn des Schuljahres 2013/14. Online verfügbar unter http://de.statista.com/statistik/daten/stu die/71863/umfrage/einschulungen-in-deutschland/, zuletzt geprüft am 17.11.2014.

Stein, Martin (1986): Beweisen. Eine Analyse des Beweisprozesses und der ihn beeinflussenden Faktoren auf der Grundlage empirischer Untersuchungen zum Argumentationsverhalten von 11–13jährigen Schülern, ausgehend von einer systematisierenden Auseinandersetzung mit didaktischen Konzeptionen und empirischen Forschungsansätzen zum Beweisen. Bad Salzdetfurth: Franzbecker.

Stein, Martin (1999): Elementare Bausteine der Problemlösefähigkeit: logisches Denken und Argumentieren 20 (1), S. 3–27.

Steinbring, Heinz (2000): Mathematische Bedeutung als eine soziale Konstruktion – Grundzüge der epistemologisch orientierten mathematischen Interaktionsforschung. In: *Journal für Mathematik-Didaktik* 21 (1), S. 28–49.

Steinbring, Heinz (2009): Children's Ways of Mathematical Argumentation in the Classroom Environment. In: *Mediterranean Journal for Research in Mathematics Education* 8 (1), S. 59–71.

Strauss, Anselm L.; Corbin, Juliet M. (1999): Grounded Theory: Grundlagen qualitativer Sozialforschung. unveränderter Nachdruck der letzten Auflage, 1996. Weinheim: Beltz.

Strübing, Jörg (2018): Grounded Theory: Methodische und methodologische Grundlagen. In: Christian Pentzold, Andreas Bischof und Nele Heise (Hg.): Praxis Grounded Theory. Theoriegenerierendes empirisches Forschen in medienbezogenen Lebenswelten. Ein Lehr- und Arbeitsbuch. Wiesbaden: Springer VS (Lehrbuch), S. 27–52.

Stylianides, Andreas J. (2007): The Notion of Proof in the Context of Elementary School Mathematics. In: *Educational Studies in Mathematics* 65 (1), S. 1–20.

Stylianides, Gabriel J. (2009): Reasoning-and-Proof in School Mathematics Textbooks. In: *Mathematical thinking and learning* (11), S. 258–288.

Toulmin, Stephen (1975): Der Gebrauch von Argumenten. 4. Aufl. Kronberg: Scriptor Verlag (Wissenschaftstheorie und Grundlagenforschung, 1).

Toulmin, Stephen E. (2003): The Uses of Argument. Updated ed.: Cambridge University Press.

Ufer, Stefan; Heinze, Aiso; Kuntze, Sebastian; Rudolph-Albert, Franziska (2009): Beweisen und Begründen im Mathematikunterricht. Die Rolle von Methodenwissen für das Beweisen in der Geometrie. In: *Journal für Mathematik-Didaktik* 30 (1), S. 30–54.

Usiskin, Zalman (1982): Van Hiele Levels and Achievement in Secondary School Geometry. The University of Chicago.

van Hiele, Pierre M. (1986): Structure and Insight. A Theory of Mathematics Education. Orlando, Florida: Academic Press.

van Hiele, Pierre M. (1999): Developing Geometric Thinking through Activities That Begin with Play. In: *Teaching Children Mathematics* (6), S. 310–316.

Verband Bildungsmedien e.V. (2007): Wir über uns. Online verfügbar unter http://www.bil dungsmedien.de/verband/wirueberuns, zuletzt aktualisiert am 18.12.2007, zuletzt geprüft am 16.02.2015.

Verband Bildungsmedien e.V. (2014): Bildungsmedien und Bildungsmedienhersteller in Deutschland. Online verfügbar unter http://www.bildungswelten.info/index.php/dow nloads, zuletzt geprüft am 16.02.2015.

Villiers, Michael de (1990): The Role and Function of Proof in Mathematics. In: *Pythagoras* 24, S. 17–24.

Vollrath, Hans-Joachim (1980): Eine Thematisierung des Argumentierens in der Hauptschule. In: *Journal für Mathematik-Didaktik* 1 (1), S. 28–41.

Walsch, Werner (2000): Zum Beweisen im Mathematikunterricht. Interview mit Herrn Prof. Dr. Werner Walsch. In: *Mathematik in der Schule* 38 (6), S. 5–9.

Walther, Gerd; Geiser, Helmut; Langeheine, Rolf; Lobemeier, Kerstin (2003): Mathematische Kompetenzen am Ende der vierten Jahrgangsstufe. In: Wilfried Bos, Eva-Maria Lankes, Manfred Prenzel, Kurt Schwippert, Gerd Walther und Renate Valtin (Hg.): Erste Ergebnisse aus IGLU. Schülerleistungen am Ende der vierten Jahrgangsstufe im internationalen Vergleich. Münster: Waxmann.

Weinert, Franz E. (2001a): Concept of Competence: A Conceptual Clarification. In: Dominique Simone Rychen und Laura Hersh Sagalnik (Hg.): Definition and Selecting Key Competencies. Seattle, Toronto, Bern, Göttingen: Hogrefe & Huber Publishers, S. 45–65.

Weinert, Franz E. (2001b): Vergleichende Leistungsmessung in Schulen – eine umstrittene Selbstverständlichkeit. In: Franz E. Weinert (Hg.): Leistungsmessungen in Schulen. 2., unveränd. Aufl. Weinheim [u. a.]: Beltz Verlag, S. 17–31.

Weis, Mirjam; Reiss, Kristina (2019): PISA 2018 – Ziele und Inhalte der Studie. In: Kristina Reiss, Mirjam Weis, Eckhard Klieme und Olaf Köller (Hg.): PISA 2018. Grundbildung im internationalen Vergleich. Münster: Waxmann, S. 13–20.

Winter, Heinrich (1972): Vorstellungen zur Entwicklung von Curricula für den Mathematikunterricht in der Gesamtschule. In: Kultusminister des Landes Nordrhein-Westfalen (Hg.): Beiträge zum Lernzielproblem. Ratingen: A. Henn Verlag (Strukturförderung im Bildungswesen des Landes Nordrhein-Westfalen, 16), S. 67–95.

Winter, Heinrich (1975): Allgemeine Lernziele für den Mathematikunterricht? In: *ZDM – Zentralblatt für Didaktik der Mathematik* 7, S. 106–155.

Winter, Heinrich (1978): Argumentieren im Arithmetikunterricht der Primarstufe. In: Beiträge zum Mathematikunterricht 1978. Hannover: Hermann Schroedel Verlag KG, S. 293–295.

Winter, Heinrich (2016): Entdeckendes Lernen im Mathematikunterricht. Einblicke in die Ideengeschichte und ihre Bedeutung für die Pädagogik. 3., aktualisierte Aufl. Wiesbaden: Springer Spektrum. Online verfügbar unter http://link.springer.com/book/10.1007%2F978-3-658-10605-8, zuletzt geprüft am 14.01.2016.

Wittmann, Erich Ch. (1981): Grundfragen des Mathematikunterrichts. 6., neubearb. Aufl. Braunschweig, Wiesbaden: Vieweg (Programm: Didaktik der Mathematik).

Wittmann, Erich Ch. (2014): Beweisen und Argumentieren. In: Hans-Georg Weigand, Andreas Filler, Reinhard Hölzl, Sebastian Kuntze, Matthias Ludwig, Jürgen Roth et al. (Hg.): Didaktik der Geometrie für die Sekundarstufe I. 2. verb. Aufl. Berlin Heidelberg: Springer Spektrum (Mathematik Primar- und Sekundarstufe I + II), S. 35–54.

Wittmann, Erich Ch.; Müller, Gerhard (1988): Wann ist ein Beweis ein Beweis? In: Peter Bender (Hg.): Mathematikdidaktik: Theorie und Praxis. Festschrift für Heinrich Winter. Berlin: Cornelsen, S. 237–257.

Schulbücher

Das Mathebuch

Keller, Karl-Heinz; Pfaff, Peter (Hg.) (2013): Das Mathebuch 3. Allgemeine Ausgabe 2013. Unter Mitarbeit von Wiebke Meyer, Hendrik Simon und Nina Simon. 1. Aufl. Offenburg: Mildenberger.

Keller, Karl-Heinz; Pfaff, Peter (Hg.) (2014): Das Mathebuch 4. Allgemeine Ausgabe 2014. Unter Mitarbeit von Wiebke Meyer, Hendrik Simon und Nina Simon. 1. Aufl. Offenburg: Mildenberger.

Das Zahlenbuch

Wittmann, Erich Ch.; Müller, Gerhard N. (2012): Das Zahlenbuch 3. Allgemeine Ausgabe 2012. 1. Aufl. Stuttgart, Leipzig: Klett.
Wittmann, Erich Ch.; Müller, Gerhard N. (2013): Das Zahlenbuch 4. Allgemeine Ausgabe 2013. 1. Aufl. Stuttgart, Leipzig: Klett.

Denken und Rechnen

Buschmeier, Gudrun; Eidt, Henner; Hacker, Julia; Lammel, Roswitha; Wichmann, Maria (2014): Denken und Rechnen 3. Ausgabe 2012 für Grundschulen in Hamburg, Bremen, Hessen, Niedersachsen, Nordrhein-Westfalen, Rheinland-Pfalz, Saarland, Schleswig-Holstein. Druck A[5]. Braunschweig: Westermann.
Buschmeier, Gudrun; Eidt, Henner; Hacker, Julia; Lack, Claudia; Lammel, Roswitha; Wichmann, Maria (2014): Denken und Rechnen 4. Ausgabe 2012 für Grundschulen in Hamburg, Bremen, Hessen, Niedersachsen, Nordrhein-Westfalen, Rheinland-Pfalz, Saarland, Schleswig-Holstein. Druck A[5]. Braunschweig: Westermann.

Einstern

Bauer, Roland; Maurach, Jutta in Zusammenarbeit mit der Cornelsen Redaktion Grundschule (2012): Einstern 3. Mathematik für Grundschulkinder. Mathematikwerk für offenes Arbeiten. Themenhefte 1–6. Allgemeine Ausgabe 2013. 1. Aufl., 1. Druck. Berlin: Cornelsen.
Bauer, Roland; Maurach, Jutta in Zusammenarbeit mit der Cornelsen Redaktion Grundschule (2013): Einstern 4. Mathematik für Grundschulkinder. Mathematikwerk für offenes Arbeiten. Themenhefte 1–6. Allgemeine Ausgabe 2013. 1. Aufl., 1. Druck. Berlin: Cornelsen.

Flex und Flo

Beerbaum, Judith; Göttlicher, Anja; Versin, Sarah; Wettels, Britta; Zippel, Stephanie in Zusammenarbeit mit der Diesterweg-Grundschulredaktion (2014): Flex und Flo 3. Lernpaket Mathematik – für die Ausleihe (Themenhefte Addieren und Subtrahieren, Multiplizieren und Dividieren, Geometrie, Sachrechnen und Größen). Allgemeine Ausgabe 2014. Druck A1. Braunschweig: Diesterweg.
Beerbaum, Judith; Göttlicher, Anja; Versin, Sarah; Wettels, Britta; Zippel, Stephanie in Zusammenarbeit mit der Diesterweg-Grundschulredaktion (2015): Flex und Flo 4. Lernpaket Mathematik – für die Ausleihe (Themenhefte Addieren und Subtrahieren, Multiplizieren und Dividieren, Geometrie, Sachrechnen und Größen). Allgemeine Ausgabe 2014. Druck A1. Braunschweig: Diesterweg.

Mathefreunde

Wallis, Edmund (Hg.) (2014): Mathefreunde 3. Ausgabe Nord. 1. Aufl. Berlin: Volk und Wissen.

Wallis, Edmund (Hg.) (2014): Mathefreunde 4. Ausgabe Nord. 1. Aufl. Berlin: Volk und Wissen.

Mathematikus

Lorenz, Jens Holger (Hg.) (2008): Mathematikus 3. Allgemeine Ausgabe 2008. Unter Mitarbeit von Klaus-Peter Eichler, Herta Jansen, Kaufmann, Sabine, Lorenz, Jens Holger und Angelika Röttger. Druck A1. Braunschweig: Westermann.

Lorenz, Jens Holger (Hg.) (2008): Mathematikus 4. Allgemeine Ausgabe 2008. Unter Mitarbeit von Klaus-Peter Eichler, Herta Jansen, Kaufmann, Sabine, Lorenz, Jens Holger und Angelika Röttger. Druck A1. Braunschweig: Westermann.

Nussknacker

Maier, Peter Herbert (Hg.) (2014): Nussknacker. Mein Mathematikbuch 3. Schuljahr. Allgemeine Ausgabe 2010. Unter Mitarbeit von Frank Lippmann, Peter Herbert Maier und Uwe Neißl. 1. Aufl. Stuttgart, Leipzig: Klett.

Maier, Peter Herbert (Hg.) (2014): Nussknacker. Mein Mathematikbuch 4. Schuljahr. Allgemeine Ausgabe 2010. Unter Mitarbeit von Frank Lippmann, Peter Herbert Maier und Uwe Neißl. 1. Aufl. Stuttgart, Leipzig: Klett.

Welt der Zahl

Rinkens, Hand-Dieter; Hönisch, Kurt; Träger, Gerhild (Hg.) (2013): Welt der Zahl 4. Mathematisches Unterrichtswerk für die Grundschule. Ausgabe 2012 Nord (Hamburg, Niedersachsen, Schleswig-Holstein). Unter Mitarbeit von Eugen Bauhoff, Elke Ketteler, Dieter Kraft, Britta Rothe und Wilhelm Schipper. Druck A^3. Braunschweig: Schroedel.

Rinkens, Hans-Dieter; Hönisch, Kurt; Träger, Gerhild (Hg.) (2014): Welt der Zahl 3. Mathematisches Unterrichtswerk für die Grundschule. Ausgabe 2012 Nord (Hamburg, Niedersachsen, Schleswig-Holstein). Unter Mitarbeit von Eugen Bauhoff, Elke Ketteler, Dieter Kraft, Britta Rothe und Wilhelm Schipper. Druck A^4. Braunschweig: Schroedel.

Zahlenzauber

Betz, Bettina; Dolenc-Petz, Ruth; Gasteiger, Hedwig; Gehrke, Helga; Ihn-Huber, Petra; Kobr, Ursula et al. (2011): Zahlenzauber 3. Mathematikbuch für die Grundschule. Ausgabe 2011 H (Bremen, Hamburg, Niedersachsen, Nordrhein-Westfalen, Schleswig-Holstein). 1. Aufl. München: Oldenbourg.

Betz, Bettina; Dolenc-Petz, Ruth; Gasteiger, Hedwig; Gehrke, Helga; Ihn-Huber, Petra; Kobr, Ursula et al. (2011): Zahlenzauber 4. Mathematikbuch für die Grundschule. Ausgabe 2011 H (Bremen, Hamburg, Niedersachsen, Nordrhein-Westfalen, Schleswig-Holstein). 1. Aufl. München: Oldenbourg.

Printed in the United States
by Baker & Taylor Publisher Services